U0229164

聚合物配注工艺的
黏损生态调控技术及应用

ECOLOGICAL CONTROL TECHNOLOGY AND
APPLICATION OF POLYMER
INJECTION PROCESSING

寇洪彬　魏　利　赵明礼　张洪强　等著

化学工业出版社

·北京·

内 容 简 介

本书是专门研究配注工艺中黏度损失和调控的著作，全书共分9章，全面、系统地介绍了聚合物的驱油机理、生产合成、配注工艺系统组成、聚合物黏度损失的影响因素及规律和同位素标记在聚合物驱油生产中的应用等内容。

本书主题新颖、内容翔实、重点突出、体系完整、写作严谨，并密切联系油田实际工程，具有较强的技术性和针对性，可供从事聚合物配注工艺及生态调控等的工程技术人员、科研人员和管理人员参考，也供高等学校环境工程、生物工程、采油工程及相关专业师生参阅。

图书在版编目（CIP）数据

聚合物配注工艺的黏损生态调控技术及应用/寇洪彬
等著．—北京：化学工业出版社，2020.12
ISBN 978-7-122-37707-4

Ⅰ.①聚… Ⅱ.①寇… Ⅲ.①聚合物-配注-研究
Ⅳ.①TQ31

中国版本图书馆 CIP 数据核字（2020）第 170793 号

责任编辑：刘兴春 刘兰妹
责任校对：李雨晴　　　　　　　　　　　　　　　装帧设计：刘丽华

出版发行：化学工业出版社（北京市东城区青年湖南街 13 号　邮政编码 100011）
印　　装：北京虎彩文化传播有限公司
787mm×1092mm　1/16　印张 29¾　彩插 5　字数 724 千字　　2021 年 1 月北京第 1 版第 1 次印刷

购书咨询：010-64518888　　　　　　　售后服务：010-64518899
网　　址：http://www.cip.com.cn
凡购买本书，如有缺损质量问题，本社销售中心负责调换。

定　　价：198.00 元　　　　　　　　　　　　　　　　版权所有　违者必究

序

石油是重要的能源，也是现代社会发展必不可少的化工材料，我们生活的方方面面都离不开石油产品。在新的替代能源没有普及之前，石油将一直是主宰国计民生的重要战略资源。在 2040 年之前，石油仍将在全球能源系统中扮演重要的角色。随着我国经济的持续发展，对石油的需求量也逐渐增大，我国的石油消费量已高居全球第一位。作为全球的第二大经济体，我国的工业生产规模已位居全球的第一位，对于石油的需求只会持续增加。

为缓解石油供需之间日益突出的矛盾，提高现有地质储量中可采储量，即提高原油采收率是一条有效的途径。随着油田开采的深入，我国已进入三次采油阶段，其中聚合物驱油是三次采油的主力，已广泛应用于我国大庆油田、胜利油田、大港油田等油田，驱油效果明显。

随着近些年来清水资源的紧缺，部分油田开始采用清配污稀和污配污稀的配注模式。在聚合物驱油过程中，聚合物溶液的黏度和黏弹性对提高驱油效率起着至关重要的作用。但是由于污水的矿化度及还原性物质、细菌等其他物质的存在，会降低聚合物的黏度，使聚合物的效果大打折扣。因此，控制聚合物配注工艺中的黏损对于保证聚合物的有效黏度、保证油田的稳定运行、提高原油的采收率具有重要的意义。

已有学者做了相应的研究，但是还没有形成系统。由哈尔滨工业大学环境学院的魏利博士、大庆油田采油七厂寇洪彬、赵明礼、张洪强、韩光鹤等共同编写的《聚合物配注工艺的黏损生态调控技术及应用》一书，填补了国内在该领域的图书空白，将对广大油田科研工作者的科学研究和工程实践具有重要的指导意义。

本书作者及其团队多年来一直从事油田相关的科学研究，并参与了多项油田一线的项目工作，积累了丰富的实践经验。以聚合物驱油工艺为主线，聚焦油田生产中的关键问题，加强技术攻关，探讨了配注工艺中影响聚合物黏度损失的因素，提出了生态调控技术，并得到了有效的现场试验效果，对于构建稳定的油田生产系统具有重要意义。另外，本书内容充分体现了理论联系实际的思想，结合生态调控机制解决实际工程问题，指导工程实践的应用。书中介绍的研究成果能够解决特定工程实际问题，具有较高应用价值。

总之，本书在遵循全面科学发展观的基础上，从聚合物驱原料生产到现场应用进行了归纳总结，将极大满足从事油田工程、环境微生物学等领域的教学、科研、工程技术人员对此类知识的需求。

大庆油田设计院
2020 年 4 月

前言

能源是工业发展的重要基石,是社会发展的重要基础。石油作为重要的化石能源之一,随着我国国民经济持续发展和人民生活水平的不断提高,其需求一定时期内仍将稳定增长。目前石油供应安全面临挑战,老油田产量急剧衰减。为促进石油产业的有序、健康、可持续发展,《石油发展"十三五"规划》提出必须加强勘探开发,加大精细挖掘,强化三次采油,提高原油采收率,以维持供需平衡,保障国内资源供给。

三次采油技术以聚合物等化学物质来改善油、气、水及岩石之间的性能进行开采原油,是提高原油采收率的重要技术。其中聚合物溶液的黏度是聚合物驱油的重要指标,是保障采油的关键。然而在聚合物的配制和注入过程中,不可避免地会受到外界因素的影响,导致聚合物黏度的降低,影响驱油的效率和效果。因此,以确定影响聚合物黏度的因素及其规律为切入点,并采用合理有效的手段和方法进行控制,对于保证聚合物的有效黏度,控制聚合物的黏度损失是目前油田地面工程研究工作的主要着力点。

《聚合物配注工艺的黏损生态调控技术及应用》是一本专门研究配注过程中聚合物的黏损和控制的专著。本书系统地阐述了聚合物驱油的机理和研究进展、聚合物配注工艺系统组成、聚合物黏度损失影响因素及控制、同位素标记在聚合物驱油生产中的应用等方面。本书以大庆油田采油七厂某配注站为研究载体,分析影响聚合物黏度损失的原因,并结合现场试验研究成果,旨在控制配注过程中聚合物的黏度损失,保障油田的稳定运行和生产。

全书共分为9章:第1章绪论,综述了不同类型聚合物工艺驱油的原理和研究进展、目前关于聚合物黏度损失的研究进展和控制方法,以及对聚合物配注工艺技术进行了展望;第2章试验材料与方法,介绍了污水不同指标的检测方法、聚合物特性检测和表征方法及生态调控检测主要指标的检测方法;第3章聚合物驱油机理及其研究应用进展,介绍了聚合物驱油的宏观和微观驱油机理及聚合物驱油的研究进展和项目进展;第4章油田聚合物的合成及生产,介绍了聚丙烯酰胺的性质、合成、应用、产业化情况,重点介绍了磺酸盐型聚丙烯酰胺和疏水缔合型聚丙烯酰胺这两种耐温抗盐性聚合物;第5章聚合物配注工艺系统及其应用,主要介绍了现行的配注模式和配注工艺、配注工艺的组成功能及其各部分对聚合物黏度的影响;第6章聚合物黏度损失的影响因素分析,主要介绍了污水成分对聚合物黏度影响的室内试验和现场试验、注入管线对聚合物黏度的影响和控制;第7章细菌对聚合物降黏的机制及效果研究,主要介绍了细菌本体、代谢产物、活性及细菌之间相互作用对聚合物溶液黏度的影响;第8章聚合物黏损生态调控技术及应用效果,主要介绍了抗盐聚合物驱运行中存在的问题和生态调控技术的应用;第9章井间示踪在聚合物驱油生产中的应用,主要介绍葡北地区的聚合物驱油情况和井间示踪技术在葡北地区的应用。

本书系统地介绍了聚合物驱油的原理、聚合物的生产合成、配注工艺系统,深入分析了污水水质各组分和细菌对聚合物黏度的影响机制和规律，提出了生态调控技术并进行了工业化的应用研究，有助于增进读者对聚合物配注工艺及配注过程中黏度损失的了解和认识。

本书由魏利、寇洪彬、赵明礼、张洪强、韩光鹤等著，具体编写人员及分工如下：第 1 章由张昕昕、欧阳嘉、赵云发、潘春波（香港科技大学霍英东研究院）等著；第 2 章由张洪强、韩光鹤、寇洪彬、赵明礼（大庆油田有限责任公司第七采油厂）、张昕昕、赵云发、欧阳嘉、潘春波（香港科技大学霍英东研究院）等著；第 3 章由周钢（大庆油田有限责任公司提高采收率项目经理部）、张昕昕、赵云发、欧阳嘉（香港科技大学霍英东研究院）、韩光鹤、寇洪彬、张洪强、赵明礼（大庆油田有限责任公司第七采油厂）等著；第 4 章由魏利、魏东、李春颖（哈尔滨工业大学）、魏博（大庆炼化公司聚合物一厂）等著；第 5 章由张洪强、赵明礼、韩光鹤、邵金祥、葛伟亮（大庆油田有限责任公司第七采油厂）、张昕昕、欧阳嘉、赵云发、潘春波（香港科技大学霍英东研究院）、曹振锟、舒志明、赵秋实、刘国宇、范晓刚（大庆油田工程有限公司）著；第 6 章由寇洪彬、赵明礼、张洪强、韩光鹤、张哲明、王丽丽、潘文卓（大庆油田有限责任公司第七采油厂）、张昕昕、欧阳嘉、赵云发、潘春波（香港科技大学霍英东研究院）著；第 7 章由魏利、魏东、李春颖（哈尔滨工业大学）、寇洪彬、赵明礼、张洪强、韩光鹤、李党员（大庆油田有限责任公司第七采油厂）著；第 8 章由魏利、魏东、李春颖（哈尔滨工业大学）、寇洪彬、赵明礼、张洪强、韩光鹤、李党员、刘忠宇、邓海平、李殿杰、王峰（大庆油田有限责任公司第七采油厂）著；第 9 章由寇洪彬、李党员、赵明礼、张洪强、韩光鹤、孟玉娟、王崇文、姜永健、武泽、王丹（大庆油田有限责任公司第七采油厂）著。全书最终由魏利、寇洪彬、赵明礼、张洪强、韩光鹤统稿并定稿。

本书的编写一直得到大庆油田有限责任公司油田科学家陈忠喜教授级高工的支持和帮助，在百忙之中为本书欣然作序，在此全体著者表示衷心感谢。大庆油田采油七厂对本书的编写给予了大力的支持与帮助，在此对支持和关心本书编写的领导、专家和同事表示衷心的感谢。同时，该书的编写和出版得到了大庆油田有限责任公司采油七厂《中低分抗盐聚合物配制过程及注入管线粘损影响因素分析研究》和《葡北聚驱污配污稀配注细菌降粘机理及治理对策研究》项目；广州市"羊城创新创业领军人才支持计划"（项目编号：2017012）；广州市科技厅项目对外科技合作专题（201704030053）；佛山科技专项（FSUST19-FYTRI03）；广州市科技规划项目（201907010005）；城市水资源与水环境国家重点实验室开放研究基金（2019TS05）以及国家创新群体项目（No.51121062）的资助。

本书的现场试验在大庆油田采油七厂三采事业部同仁的帮助和支持下完成的，书稿撰写和出版过程得到了大庆油田采油七厂领导的大力帮助，著者深表谢忱！

本书在编写过程中参考了部分相关领域的教材、专著以及国内外生产实践相关资料，在此对这些著作的作者表示感谢。

限于著者水平和编写时间，书中疏漏和不妥之处在所难免，敬请广大读者批评指正。

著　者

2020 年 4 月

目 录

第 3 章
聚合物驱油机理及其研究应用进展 / 070

第4章
油田聚合物的合成及生产 / 091

第7章
细菌对聚合物降黏的机制及效果研究 / 330

第8章
聚合物黏损生态调控技术及应用效果 / 358

第9章
井间示踪在聚合物驱油生产中的应用 / 379

第1章

绪论

1.1
聚合物配注工艺黏损研究的意义

1.1.1　研究背景

我国大多数油田都有很长的开采历史，很多油田（如大庆油田等）都经历了几十年的开采，现已进入开采的末期，原油产量均已降低，新储量的勘探难度很大，成本也越来越高。因此充分挖掘老油田的潜力、最大限度地提高老油田的采收率是最切合实际的办法。三次采油技术能有效提高原油采收率，是我国提高采收率的主要研究方向。作为国家重点科技攻关项目，三次采油技术在近年有了显著发展，理论基础进一步完善，实际应用越来越广泛，已经达到了国际领先水平。结合我国油田的实际情况，化学驱采油技术成为我国三次采油技术的主攻方向，而化学驱采油技术中聚合物驱油（聚合物驱）技术较为成熟且应用广泛。

大庆油田的原油储量十分丰富，采收率只要能够提高 1%，就相当于增加了一个玉门油田的产量，要是采收率能提高 5%，那就相当于又发现了一个克拉玛依油田。聚合物驱试验在我国很早就已经开展了，可以追溯到 1972 年的大庆油田萨北地区[1]。大庆油田的地质条件具有十分鲜明的特点，油层具有较高的渗透率，同时石油酸值、油层温度以及地层水的矿化度都较低，这都为聚合物驱试验的开展提供了良好的条件。大庆油田真正进行大规模的现场试验是在 1987～1988 年的萨北地区，随后几年又在中西部地区进行了聚合物驱扩大试验[1-3]。这些试验都取得了很好的增油效果，平均每吨聚合物能够增产原油 150t。鉴于聚合物驱油良好的经济效益，大庆油田开始将聚合物驱油技术应用到整个油田，同时还建成了聚丙烯酰胺生产工厂，实现聚合物的自给自足。大庆油田自从实施聚合物驱油以来经济效益十分显著，例如大庆油田实施聚合物驱的区块在 2002 年的产油量就已经达到千万吨级别。大庆油田聚合物驱油技术与其他油田相比具有明显的特点：应用规模大、技术含量高、经济效益好，在世界油田开发史上留下了浓墨重彩的一笔。如今，大庆油田的持续高产，采收率的提高已经离不开聚合物驱油这一重要的技术支撑。

胜利油田的聚合物驱油试验开展得也比较早，最先进行的试验是在 1992 年的孤岛油田，随后又进行了聚合物驱油扩大试验，将范围扩大到孤岛油田和孤东油田，这些试验均取得良好的经济效益，于是 1997 年在整个胜利油田进行了工业化推广应用。胜利油田也是实施聚合物驱范围很广的油田，一共有 15 个聚合物驱项目展开，实施聚合物驱油区块的总储量达到了 1.97×10^8 t，共有 749 口井实施注聚，累计增油 4.7436×10^6 t，年均增产原油 1.31×10^6 t。胜利油田有些地层属高温高盐油藏条件，经过一系列聚合物驱油项目，形成了与该地质条件相配套的聚合物驱油技术，主要包括聚合物方案设计、聚合物驱评价技术等[4-6]。

国外对于聚合物驱的研究是早于中国的，但是发展并不成熟。美国很早就已经开始进行聚合物驱的理论研究，并于 20 世纪 50～60 年代开始了聚合物驱的现场试验。随后在 1964～1969 年共实施了 61 个聚合物驱油矿场试验，增油效果较为显著，所有试验区块中采收率增值最高的达到了 8.690%。通过试验结果来看，很多性质不同的油田都适合聚合物驱，说明聚合物驱的适用范围比较广，当然在这些现场试验中也有几个试验并未取得预期的结果。后来经过分析认为，这几个现场试验失败的因素可能包括：聚合物用量不足导致波及范围过小，原油黏度较高降低了流动性，地层水矿化度高，这对聚合物的性能影响比较大；此外聚合物溶液在进入地层后窜槽严重，地面处理能力不足等。由此可知：在进行聚合物驱油时，必须根据实际油藏条件制订相应的实施方案，这样才能保证聚合物驱油的顺利进行。

20 世纪 70～80 年代是美国聚合物驱研究发展最快的一段时间，在这段时间内美国一共进行了 183 个聚合物驱油项目试验，试验区块内的原油黏度介于 0.3～160mPa·s，试验结果表明，试验区块内的聚合物驱油具有较为明显的增油效果和经济效益。但是综合统计分析试验数据发现，聚合物驱提高采收率的幅度并不明显，相比水驱采收率提高值不超过 5%，这与聚合物驱能够提高采收率 10% 相距甚远。之所以出现这种情况，是因为在这些聚合物驱油试验中聚合物用量不足，平均用量只有 46mg/(L·PV)，导致最后的采收率增值不足 5%。

除美国外，还有不少其他西方国家也开展了聚合物驱油的研究。例如苏联的阿尔兰油田，加拿大的 Horsefly Lake 油田等都进行了聚合物驱油工业化试验。这些试验均取得了预期的效果，采收率提高幅度也较大，在 6%～17%。这些油田在进行聚合物驱油项目时，聚合物的用量比较充足，范围在 123～729mg/(L·PV)。但是从 1986 年以后，由于当时的石油行业不景气，原油价格跌至谷底，同时人们对于原油价格的预测也比较悲观，导致国外科研人员对于提高原油采收率（enhance oil recovery，EOR）技术的研究失去了兴趣。国外大多数石油公司都不再进行 EOR 方面的研究，导致国外聚合物驱项目研究落入低谷。

同时聚合物驱也存在着一些问题，一是聚合物的溶解速率较慢，二是聚合物水溶液对氧、细菌、离子敏感，黏度会发生下降或损失，从而影响聚合物驱油的效果。聚合物高分子在配注过程中会发生一定的机械、化学和生物降解，聚合物降解一般是指能使高分子主链发生断裂或者保持主链不变仅改变取代基的作用，降解主要取决于该聚合物的化学结构，特别是与化学键的键能有关。另外，外界因素如应力、温度、氧、残余杂质或过渡金属等对聚合物降解也有很大影响。

目前，国内外对于聚合物驱的研究及其发展趋势，主要集中在以下几个方面。

① 研制开发新型或改性的驱油用聚合物，主要有两性聚合物、疏水缔合聚合物、梳型聚合物、复合（或多元组）型聚合物、共混聚合物及耐温耐盐单体聚合物等。目前，国内外研制的新型高效驱油聚合物——梳型抗盐聚合物在大庆油田的聚合物驱和三元复合驱现场应用中已经取得了成功，成为大庆油田新一代的高效驱油剂，正在三次采油中全面推广应用。

② 提高聚合物驱效果及后续提高采收率技术研究，主要包括化学复合驱、调驱一体化、地层残余聚合物的再利用技术等。

③ 减少聚合物溶液黏度损失及其稳黏技术研究，主要包括驱油聚合物交联技术、配注工艺设备与参数的优化、水质改性处理技术等。

1.1.2 研究意义

随着国内各大主力油田陆续进入石油开采的中后期，采出液含水质量分数已达70%~95%，污水处理规模巨大。而为维持油田的稳产增储，三次采油工艺技术大规模应用，使含聚合物污水水量更是逐年增加，含聚污水的处理问题日益严重，例如含聚污水的回注地下会导致近井地带油层的污染，近井、炮眼等被堵塞等问题的出现，直接或稀释后外排又会出现水资源浪费和环境污染等问题[7]。

从我国东部某油田三次采油采出液现状看，单元驱单井采出液中，聚合物质量浓度达到100~300mg/L，二元复合驱单井采出液中，聚合物质量浓度有的已达到1000mg/L，使含聚合物的含油污水成为一种复杂的油水体系，含油污水黏度增加，油水分离速度减慢，影响了油田污水的正常处理，严重时会导致处理后的污水含油量和悬浮物含量严重超标。常规采油污水通常具有矿化度较高、水温高、含油量高、含有悬浮固体、微生物大量存在、残存大量的化学药剂等特点。含聚采油污水不仅仅具有普通水驱采油废水的特点，同时由于聚合物的残存，含聚污水还有一些自己独特的性质。

由于采出水中含有的残余聚合物，会使含油污水的水相黏度增加。在45℃时水驱采出水的黏度一般为0.6mPa·s，而聚合物驱采出水的黏度随聚合物含量的增加而增加，一般为0.8~1.1mPa·s。这主要是因为溶液中的偶极水分子通过吸附或氢键的作用在聚丙烯酰胺分子周围，形成溶剂化层或成为束缚水，同时带电基团的静电斥力又使得聚丙烯酰胺分子变得更加舒展，无规则线团体积的增大，都增大了分子运动的内摩擦力和流动阻力，从而导致水相黏度增加。黏度的增加会增大水中胶体颗粒的稳定性，使污水处理所需的自然沉降时间增长。

此外，采出水的油珠变小了。粒径测试发现聚合物采出水中油珠粒径小于64μm的占90%以上，油珠粒径中值为3~5μm，属于典型的乳化油，单纯用静止沉降法难以去除，油水分离比较困难；微观测试结果表明聚合物使油水界面水膜强度增大，界面电荷增强，导致采出水中小油珠稳定地存在于水体中，因而增加了处理难度，使处理后的污水中油含量较高。

因油田常用的聚丙烯酰胺一般属于阴离子型聚合物，它的存在严重干扰了絮凝剂的使用效果，使絮凝效果变差，而且大大增加了药剂的用量。同时，处理后的水质达不到原有的水质标准，油含量、悬浮固体含量等指标严重超标。而且聚合物吸附性较强，携带的泥沙量较大，大大缩短了反冲洗周期，增加了反冲洗的工作量。同时由于泥沙量增大要求处理各工艺环节排泥设施必须得当，必要时需增加污泥处理环节。由于聚合物的存在，含聚合物采出液中易于形成更稳定的乳状液体系，其黏弹性使得油水界面膜强度增高，同样增大了采出液油水分离的难度。

除了聚合物驱油过程中产生的含聚合物污水量较大外，用聚合物采油也存在一些问题。一是聚合物溶解速率慢，二是对热、氧、盐、细菌等敏感，会造成其水溶液黏度下降或损失，从而影响驱油效果。聚丙烯酰胺是聚合物驱中应用最为广泛的聚合物，分子量一般在1400万以上。它对机械剪切比较敏感，当其溶液流动时所受的机械剪切应力增大至足以使聚丙烯酰胺分子链断裂时，它将产生机械降解，严重影响聚合物驱的效果。聚合物溶液的黏度还受混配污水水质矿化度、微生物等影响。近年来，随着聚合物驱油技术攻关研究的不断深入和聚合物驱矿场应用规模的不断扩大，现场逐渐暴露出聚合物注入过程中黏度损失大，黏度保留率较低，造成聚合物注入地层后的黏度与设计要求有一定的差距，影响注聚效果。

国内大部分油田多采用清水配制和注入的工艺，油田由于淡水资源比较贫乏，目前采用的是清水配制聚合物母液、污水稀释混配的注入方式。污配污稀方式虽然缓解了清水配制过程中消耗清水资源的压力，但是由于污水具有矿化度高、含有溶解氧、细菌和悬浮物含量高的特点，结垢腐蚀严重，水质净化和水质稳定技术要求高、难度大，水质没有完全达标，经污水稀释后的聚合物溶液黏度损失较大，且稳定性较差，严重影响了聚合物驱的效果和效益[8]。近年来随着研究的不断深入，发现影响聚合物黏度的因素有很多，例如浓度、温度、矿化度等。

综合现有研究，油田采取一些措施来减少污水配制过程中对黏度的影响：

① 增加聚合物溶液曝氧量。通过增加曝氧量，氧化掉污水中的还原性物质。由于影响聚合物母液黏度的主要因素为污水中的硫离子和二价铁离子，通过污水曝氧，可以有效地氧化上述离子，降低污水的还原性；同时杀灭大部分硫酸盐还原菌和其他一些厌氧菌，从而提高聚合物的黏度。

② 添加化学药剂，改善污水水质。优选强度适宜的氧化处理剂，降低污水中的二价铁离子和硫离子含量，能够有效增加聚合物溶液黏度。通过矿场试验得出，对浓度为2000mg/L的聚合物溶液，向污水中投加25mg/L氧化剂，同时在母液中投加80mg/L的FJN-1能够将聚合物溶液黏度从2.6mPa·s提高至38.9mPa·s[9]。但矿场实施过程中必须严格控制氧化剂投加量。加入化学药剂后，水质成分更复杂，后续影响还无法评价。

③ 尽快投放杀菌剂，抑制硫酸盐还原菌等细菌含量。污水中细菌含量超标，对黏度有很大影响。目前常用的杀菌剂主要是非氧化性的化学药剂，当污水中悬浮物、有机物含量高时药效降低。杀菌剂的长期使用会使硫酸盐还原菌产生抗药性，造成细菌含量超标。增加沉降罐有利于悬浮固体的去除，因此建议化学杀菌剂与物理杀菌剂联合使用，共同抑制细菌含量。

④ 降低流程压力，减少机械降解。注聚泵出口至井口段压差大，对聚合物溶液黏度降解强烈。注聚井作业后压差降低，但随着聚合物的注入，井口压力会上升4~5MPa，注聚泵、增压泵的压力也随之上调。因此在今后的注聚泵检修时，建议更换大直径、长冲程泵柱塞，降低泵的冲数。

虽然采取了上述方法，但是仍没有有效保证聚合物的工艺浓度的方法，因此找出影响聚合物配注工艺的黏损因素和控制措施是亟待解决的问题。

1.2
聚合物驱油工艺的研究现状

聚合物驱已在石油工业中应用了 40 多年，可提高采收率达原始石油储量（original oil in place，OOIP）的 5%～30%。由于近二十年来研究人员的努力，聚合物驱技术在油藏工程、采油机理、溶液性质、物理数值模拟和有效预测方法等方面取得了新的进展。聚合物驱是许多油层中最有利的提高采收率工艺之一，主要分为碱性聚合物（AP）驱油、纳米硅聚合物（NP）驱油、胶束聚合物（MP）驱油、碱性表面活性剂聚合物（ASP）驱油等与聚合物驱相结合的研究方法。

（1）工作原理

聚合物在提高采收率技术的应用中起着至关重要的作用。一个典型的聚合物驱工程包括在一段较长的时间内混合和注入聚合物，直到注入了 1/3～1/2 的储层孔隙体积。聚合物段塞发生后，继续进行长期注水，将聚合物段塞及其前方的油层驱向生产井；然后将聚合物连续注入数年，以达到所需的孔隙体积。当水注入储层时，对偏置生产井的低压区阻力最小。如果在任何情况下，此处的原油黏度高于注入的水，那么水就会通过原油，从而导致低波及效率或绕过原油[10]。根据达西定律，代表水和油的相对渗透率和黏度对分级流动影响的流度比是对油藏进行初步分析的常规筛选参数之一。聚合物的加入会增加油层水的黏度，降低油层水的相对渗透率，从而增加分级流的采收率。当流动比为 1 或更小时，水对油的驱替将是有效的，类似活塞式的驱替；当流动比大于 1 时，更多的流动水将穿过石油，将流入的石油区域留在后面[11]。

根据流度比原理，水溶性聚合物可以增加水相黏度，同时降低水对多孔岩石的渗透率，从而形成一个更有效、更均匀的前缘驱替油层，在流动含油饱和度大于零的不同储层条件下均可得到这种效应。然而，只有当渗透率 k 值较大时才能取得显著的效果，这表明流动含油饱和度较高。在油品特性方面，由于轻质油藏黏度低，渗透率大，该值具有重要意义。迁移率（M）定义为驱替流体（水）的迁移率（λ）与被驱替流体（油）的迁移率之比，迁移率为渗透率（k）除以黏度（μ），如式(1-1)所示：

$$M=\frac{\lambda_水}{\lambda_油}=\frac{\kappa_水/\mu_水}{\kappa_油/\mu_油} \tag{1-1}$$

（2）聚合物驱中使用的聚合物类型

近年来，最常用的聚合物有水凝胶聚合物、聚丙烯酰胺、水解聚丙烯酰胺（HPAM）、黄原胶和生物聚合物。

① 水凝胶聚合物在提高采收率方面的应用已有多年，主要用于控制注入水的流动性。这些聚合物是非牛顿流体，也称为假塑性流体，因为它们的黏度是剪切速率的函数。水凝胶聚合物通常与表面活性剂和碱剂一起用于提高三次采油注水的波及效率。

② 聚丙烯酰胺是一种合成聚合物，它依靠高分子量和聚合物链上离子基团的排斥而产生的链膨胀来增稠和增黏水溶液。通常，聚丙烯酰胺的性能取决于其分子量和水解程度。部分水解聚丙烯酰胺是一种具有直链聚丙烯酰胺单体聚合物形状的聚丙烯酰胺基团。

这种分子是一种被称为随机线圈的柔性链结构，由于它是一种聚电解质，它将与溶液中的离子相互作用。

③ 水解聚丙烯酰胺，是提高采收率应用中最常用的聚合物，特别是由于其相对低廉的价格和良好的黏度特性，并以其物理化学特性而闻名[12]。HPAM驱油实施相对容易，在标准油藏条件下可显著提高采收率[13]。这种聚合物的分子量可达3000万，根据盐水的硬度可在99℃以下使用。同时，改性聚合物如HPAM-AMPS共聚物和磺化聚丙烯酰胺可在104℃和120℃下使用。它通常以自由流动的粉末或自反相乳液的形式生产。以往的经验表明，它对盐度、油或表面活性剂等化学物质的存在具有较高的敏感性。如果存在显著浓度的二价阳离子，如 Ca^{2+} 或 Mg^{2+}，也会发生沉淀，这是由于聚合物的高水解度造成的。在多孔介质中注入二价阳离子时也会发生机械降解的增加。

④ 黄原胶是一种多糖，通常称为生物聚合物，是由野生的黄单胞菌（*Xanthomonas campestris*）在碳水化合物培养基底物上的微生物作用产生的[14]，含有蛋白质补充剂和无机氮源[15]。

⑤ 生物聚合物是一种细胞外黏液，在细胞表面形成。发酵的肉汤经过巴氏杀菌以杀死微生物，然后用酒精从肉汤中沉淀出来，然后浓缩。黄原胶在高盐度的水中具有优异的性能。它与三次采油配方中使用的大多数表面活性剂和其他注入流体添加剂相兼容。这种类型的生物聚合物通常以肉汤和浓缩形式生产，不需要复杂的剪切混合设备就可以很容易地稀释到工作浓度。一些经验表明，黄原胶聚合物通常含有细胞碎片，可导致堵塞。此外，在70℃以上也有明显的水解降解。目前，一些公司正在研究新的特殊制造技术，能够将其热稳定性提高到105℃。由于聚合物来源于微生物活性，因此通常会同时注入一种有效的杀菌剂来防止微生物降解。

（3）研究现状

聚合物驱是许多油层中最有利的提高采收率工艺之一。聚合物驱在砂岩储层中得到了广泛的应用，也是砂岩储层中应用最多的化学驱方法。Kamal 等从流变学、吸附、稳定性和现场应用等方面综述了一种可用于聚合物驱的聚合物体系。提高采收率的潜在聚合物体系有聚丙烯酰胺[16]、部分水解聚丙烯酰胺[17,18]、聚丙烯酰胺共聚物[19,20]、疏水改性缔合聚合物[21]、热增黏聚合物[22,23]、阳离子聚合物和生物聚合物[24]。

聚合物驱采油可提高采收率，然而，聚合物驱也存在一定的局限性，如耐温性差、耐盐性差、对氧化降解的敏感性高[25]。针对这些局限性，介绍了碱性聚合物（AP）驱油、纳米硅聚合物（NP）驱油、胶束聚合物（MP）驱油、碱性表面活性剂聚合物（ASP）驱油等与聚合物驱油相结合的研究方法。

1.2.1　碱-聚合物驱油

尽管聚合物驱自20世纪60年代初就开始在石油行业中应用，但聚合物驱也有其自身的缺陷，其局限性在于通过去除岩石表面的圈闭油珠和油层来降低残余油饱和度。由于聚合物驱性能的适宜性，20世纪80年代，在聚合物驱油前对碱性溶液注入进行了大量的研究，导致了碱-聚合物驱油［alkaline polymer（AP）flooding］的发展。

早期碱-聚合物驱油是在聚合物溶液驱油前通过注入碱进行的。注碱的作用是调动被困原油，然后注入聚合物溶液，在提高采收率的过程中提供更好的流动性控制和体积波及效率。

碱-聚合物驱油是碱性驱油和聚合物驱技术在提高采收率方面的结合。为了获得良好的采收率，所使用的聚合物溶液必须具有高黏度。由于碱的盐效应，加入碱会降低聚合物溶液的黏度，然而聚合物的水解是由碱催化的，因此也有可能加入碱会增加黏度。

（1）工作原理

在碱-聚合物驱油中，添加的碱与原油中的酸性组分发生反应，形成了聚集在油水界面的活性物质，油水界面张力（IFT）由于油与碱反应生成的活性物质而降低，从而进一步降低残余油饱和度（ROS）。碱-聚合物驱油中加入水溶性聚合物是为了控制流体的流动性，提高波及效率和采油效果[26]。因此，与聚合物驱和碱性驱相比，碱-聚合物驱出的剩余油更多。

碱-聚合物驱油比单独的聚合物驱油和碱性驱油更具有优势，因为聚合物溶液中加入碱会降低流体黏度，低黏度导致低注入率。通过碱与水和岩石的反应，还可以使流体黏度增加到较高的黏度，提高了启动注入和后期扫描效率。然而，注入的聚合物会通过吸附在岩石上而减少。因此，整体效果是碱浓度和聚合物浓度降低的平衡。

（2）碱-聚合物驱油的应用

碱-聚合物驱油技术在稠油油藏中的应用是一种较为理想的方法。为了从稠油油藏中回收原油，需要堵塞高渗透通道以提高波及效率，流体必须具有高黏度，以提高稠油的流动性或降低稠油与盐水乳化的油水界面张力。在这种情况下，普通的碱性驱油和聚合物驱油对提高采收率的影响有限。当注入碱性溶液时，在原位形成乳剂。但乳化液较弱且不稳定，仅能穿透高渗透低压区，而低渗透的稠油块状层未受影响。在聚合物驱中，采用高黏度、高浓度、大分子聚合物来控制流动性，效果不佳。此外，在高矿化度条件下，聚合物的降解速率加快。通过碱驱与聚合物驱的协同作用，可以克服碱驱与聚合物驱的缺点，使碱-聚合物驱提高稠油采收率成为可能。

（3）碱-聚合物驱油协同作用

碱驱与聚合物驱相结合会产生协同效应[26]：

① 由于碱性聚合物溶液的混合作用，降低了聚合物的吸附量和碱耗。

② 碱与聚合物的协同作用提高了采收率的波及效率和驱替效率。聚合物的黏度增加碱-聚合物驱油的解决方案，这有助于提高波及系数，单独使用碱性溶液无法达到碱和聚合物同时使用到达的区域，而碱生成活性物质降低界面张力来取代更多的石油在岩石表面。

③ 碱-聚合物驱油产生的碱性聚合物环境降低了生物降解效果。

④ 碱的加入降低了聚合物的黏度，而由于地层致密，黏度的降低可以提高井筒附近的注入能力。

（4）研究现状

Blehed 和 El-Sayed[27] 利用碱-聚合物驱油技术研究了提高采收率技术在沙特阿拉伯国家石油公司萨法尼亚油田的实施情况。用质量比为 0.1/1.0 的黄原胶-氢氧化钠配方建立了萨法尼亚原油的四分之一五点模型，总回收率为 70%。在加拿大的 David Pool 进行了碱-聚合物驱油研究的结果表明：与注水相比，采用该方法可额外回收原始石油储量的 21%。

在聚合物驱中加入碱对驱油效果的影响已经得到了许多学者的研究，碱-聚合物驱可提高油藏注入流体的流动比。碱-聚合物驱与聚合物驱相比具有更好的波及效率[27]。在高含水的条件下，经过一定的调整，碱-聚合物驱在提高采收率中仍表现出积极的效果。

1.2.2 注射纳米粒子聚合物驱油

纳米技术领域的最新发展为我们提供了一条提高油层采收率的新途径。纳米技术应用于功能材料、设备和系统的构建，通过在纳米尺度上调节物质，并利用其在该尺度上发展起来的原始特性和现象。通常，纳米颗粒的大小为<100nm。核和薄壳是纳米颗粒的两个主要特性[28]。

（1）工作原理

核心和薄壳可能具有基本结构，并且可能由多个实体组成。分子壳由尾基、烃链和活性头基三部分组成。然而，在某些情况下，这些区域中的一个或多个可能缺失。作为聚合物，烃类化合物链可能很长或完全缺失，就像在离子中一样，从而保护纳米颗粒。纳米粒子的溶解度是由其壳层的化学性质决定的，如在极性溶剂（水）中溶解的疏水亲水性纳米粒子（LHP），以及在非极性溶剂（甲苯）中溶解的疏水亲水性纳米粒子（HLP）。

设计的纳米粒子具有独特的性能，在药物、药物传递、生物学、食品添加剂、聚合物复合材料、金属离子去除、防腐、多相催化以及提高表面性能等诸多领域都显示出了良好的应用前景[29]。

注射纳米粒子聚合物驱油［nanoparticles injection with polymer（NP）flooding］由于纳米颗粒的加入可使最终采收率提高约38%[30]。之前的研究也表明，相对于水的加入，纳米颗粒的加入可以使注入流体的黏度增加约35倍[31]。因此，注入流体的流动性降低，波及效率提高。介质的润湿性是采油的重要机理，纳米颗粒的加入可以改变润湿性条件，使其达到亲水，提高原油采收率。制备纳米流体最常用的材料是二氧化硅纳米粉体。

为了评价纳米颗粒稳定乳液作为提高采收率驱替液的有效性，采用硅胶球进行了驱油实验，研究了纳米颗粒稳定乳液驱油过程中乳液水相和乳液油相界面的运动规律[32]。这些研究表明，与常规水驱相比其具有显著的增产潜力。

（2）研究现状

Zhu[33] 等在高温高盐油藏模拟条件下研究了部分水解聚丙烯酰胺（HAHPAM）疏水缔合纳米硅颗粒的流变性能和提高采收率性能。结果表明，与单用 HAHPAM 相比，复合纳米硅粒子 HAHPAM 具有更高的黏度和弹性模量。通过在 HAHPAM 中添加纳米硅，提高了聚合物的抗剪性能和长期热稳定性。试验还表明，纳米硅复合 HAHPAM 的回收率比单独使用 HAHPAM 的回收率高 5.13%。

Yousefvand 和 Jafari[31] 也对纳米硅在含盐稠油油藏聚合物驱中的性能进行了研究。以饱和重油的强亲油五点法玻璃微模型为研究对象，采用图像处理技术进行分析。通过对驱替机理的分析，确定了驱替试验的采收率。结果表明，随着聚合物中纳米硅的存在，注入液黏度有所提高。在一些微模型中，纳米硅颗粒能够改变水的润湿性。研究表明，纳米硅聚合物驱的应用使稠油油藏在盐水条件下的三次采油量增加了 10%。

Cheraghian[34] 研究了纳米硅聚合物驱在高矿化度水条件下对稠油工业的影响。研究了纳米硅颗粒对提高稠油采收率的注入液黏度和采收率增量的影响。该稠油样品取自伊朗南部某油田，黏度为 1320mPa·s。结果表明，纳米硅颗粒具有较高的黏度，驱油试验表明，与普通聚合物驱相比，单孔体积注入后提高采收率 8.3%，驱油效果非常好。这些结果表明纳米硅聚合物驱在提高采收率方面具有潜在的应用前景，可以降低纳米硅的组成，提高采收率。

1.2.3 胶束聚合物驱油

胶束驱油 [micellar polymer（MP）flooding] 又称微乳液驱油和表面活性剂聚合物驱油。该操作使用胶束溶液，将表面活性剂分散在油质或水溶剂中，可溶解大量水或油，分别形成水包油或油包水微乳液。由油、表面活性剂和水组成的微乳液以液滴的形式存在，粒径小于 1μm。因此，该方法提高了储层的微观效率。微乳液是一种稳定的半透明胶束溶液，由油、水组成，可能含有电解质和一种或多种两亲性化合物[35]。胶束聚合物驱方法于 20 世纪 60 年代初首次被 Marathon 石油公司采用并获得专利，并采用简单的 MP 驱油预测模型。该方法的注入剖面包括注入预冲洗以达到所需的盐度环境，然后注入聚合物溶液胶束段塞和驱动水，驱动水被分级为注水。

图 1-1 显示了胶束聚合物驱油方法的注入剖面。

（1）工作原理

基本上，胶束聚合物工艺是由 EOR 使用表面活性剂的两个不同概念发展起来的：第一个概念是含有选择性低浓度的表面活性剂的溶液，该表面活性剂可溶于水，并以10%~60% 的相对大的空隙体积注入储层，目的是降低油和水之间的界面张力，从而提高原油采收率；第二个概念是在相对较小的空隙体积重注入 3%~20% 的油-外部表面活性剂溶液，将相对较高浓度的表面活性剂溶液注入储层，以实现三次油的混相驱替。近年来，多组分表面活性剂混合物的理论研究也取得了很大进展[36]。

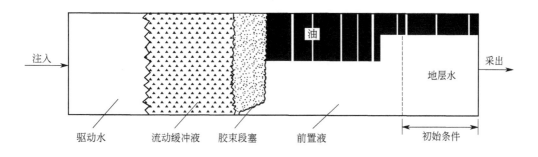

图 1-1 胶束聚合物驱油方法的注入剖面

胶束聚合物驱的工作原理如图 1-2 所示。向储层注入预冲洗的低盐度的水，然后注入胶束段塞，这一过程提供了动员控制，使其向生产井移动。段塞是一种溶液，它是由共表面活性剂、表面活性剂、盐水和油混合而成，能减少水和油之间的毛细管力和界面力。排出的油会堵住被困住的毛孔，这样水流动时就会把油冲走。胶束段塞中的共表面活性剂与溶液的黏度相匹配，可以稳定溶液的黏度，防止储层岩石吸收，加入电解质以帮助调节黏度。为了提高产量，在胶束段塞后注入聚合物增稠水进行流动性控制。为了减少化学溶液的污染，提高溶解在水中的化学物质的采收率，并通过注入井将这些化学物质泵入油藏，通常在聚合物驱之后，在驱水之前注入淡水缓冲液。该方法是目前采收率最高的方法之一，但也是实现成本最高的方法之一。

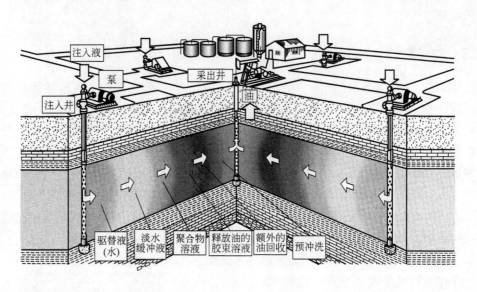

图 1-2 胶束聚合物驱的工作原理

（2）胶束聚合物驱油的优缺点

胶束体系的一个重要特性是它能溶解从烃类化合物到无机离子等多种物质。描述胶束环境中增溶过程的物理模型考虑了基质的相对疏水性或亲水性对增溶位点的依赖性[37]。已有强有力的证据表明，相对疏水分子或离子在胶束水界面的溶解是一个熵优先的过程，其主要驱动力是结合水分子或界面水分子的释放。除此之外，胶束溶液提高了疏水溶质的溶解度，否则只能少量溶于水。此外，MP 工艺在技术上适用于二次采油或三次采油。

然而，MP 驱油的缺点是在生产井中产生了一种非常稳定的水包油型乳液。即使是很小浓度的表面活性剂也能产生非常稳定的乳液，其水油比（WOR）可高达 10 或更高。这种乳化液不适合使用常规油田技术进行破胶，这既是胶束项目的收入损失，也是极其难以处理的环境危害。在碳酸盐岩储集层或储集卤水中含有过量的 Ga^{2+} 或 Mg^{2+} 的地方，它们的使用也受到限制。

（3）研究现状

聚合物驱的主要特点之一是与表面活性剂驱协同作用，形成聚合物表面活性剂，即胶束聚合物驱。聚合物的作用是增加驱油的黏度，而表面活性剂作为乳化剂，增加驱油的界面张力（IFT）。

通过稀释的胶束聚合物驱技术在胜利油田的应用进行了初步试验，确定了稀释胶束聚合物驱技术的驱油效率，并对提高采收率在胜利油田的应用前景进行了展望。自 2004 年6 月首次注入以来，试验结果表明，含水率迅速下降，产油量增加。根据最新的现场调查结果，含水率从 2004 年的 98.2％下降到 2007 年的 85.2％，较初始值下降 13％。与此同时，石油产量迅速增长，从最初的 34t/d 增长到 193t/d，增长了 159t/d[38]。

Holm 和 Robertson[39] 报道，MP 驱油由于具有高的盐水渗透性，有可能提高溶液的波及效率，因为他们的研究发现，MP 驱油已经回收了约 70% 的剩余油。Thomas 和 Ali[40] 也证明了 MP 驱对提高原油采收率的潜力，因为在他们的研究中 MP 驱的采收率在大多数情况下能够回收 50% 以上的原油。Das 等[41] 也证明了 MP 驱油在印度上阿萨姆盆地应用的可行性，他们以黑液为胶束的岩心样品试验表明，与最高采收率为 40% 的表面活性剂驱相比，MP 驱油最高采收率为 56%。

1.2.4　三元复合驱油

三元复合驱技术（alkaline-surfactant polymer flooding，ASP）是由碱驱油、表面活性剂驱油和聚合物驱油三种驱油技术发展而来。通过注入碱-聚合物-表面活性剂，可以降低界面张力，提高水驱的流度比，提高波及效率[42]。这些改进导致油水界面张力的迅速减少，使毛细管数量增加了几个数量级，达到了有效采油的有利范围。

（1）工作原理

注入的碱与原油中所含的有机酸发生反应，加入表面活性剂后，有机酸与油水界面反应生成超低的油水界面张力。油水界面张力可以通过 pH 值和表面活性剂的离子强度来控制。加入碱后可以降低表面活性剂的吸附率，降低油水界面张力。随着聚合物的加入，水相黏度增加，水相的迁移率降低。这种迁移率的降低大大提高了扫描效率。

（2）三元复合驱油的现场应用

在三元复合驱油的情况下，将碱溶液注入储层。氢氧化钠溶液与原油中的天然酸（环烷酸）发生反应，然后形成环烷酸钠形式的表面活性剂，其工作原理与合成表面活性剂相似。这样可以减少油和水相的界面张力，并增加额外量的油到油藏的流动性。碱的作用是减少表面活性剂的吸附，提高油的润湿性，使其达到亲油状态[43]。

在碱性驱油中，最适宜提取的是有机酸含量高、重力值大的石油。与常见的碳酸盐岩储层相比，砂岩储层或地层结构更有利于碱性驱油。这是因为碳酸盐地层通常由硫酸钙或硫酸钙脱水组成。这些化合物本质上是碱性的，因此碱性注射液不会对其形成造成任何重大差异。

然而，这些碳酸盐岩储层可能会形成沉淀，从而使石油的开采和回收变得更加困难。为了解决这一问题，硫酸钠可以用来降低碳酸盐离子的浓度，而钙离子[44] 碱性注射剂可以被黏土、矿物质或二氧化硅吸收。储层的温度也会影响碱的消耗，高温会导致碱的消耗增加。

尽管三元复合驱油显示出比单独的碱驱、表面活性剂驱油和聚合物驱油更好的效果，但是管道中出现结垢和腐蚀的危险会导致工业上寻找并优选一种不使用碱溶液的方法，从而在三元复合注入中采用弱碱代替强碱。注入 ASP 段塞后，随着油产液量的减少，驱替液黏度增加，乳化、结垢增加。

（3）研究现状

在大庆油田，三元复合驱技术已应用于工业规模，原油采收率达 20% 以上。其他化学采油方法存在着表面活性剂驱油吸附值降低、碱性驱油时间过长等缺点。相反，ASP 驱油不会遇到这个问题。此外，三元复合驱油具有多种化学物相性质，并能监测天然表面活性剂的生成，这使得三元复合驱油比现有的三次采油技术[44]具有更大的优越性。

目前，大庆油田可以说是自 1994 年 9 月以来实施 ASP 驱的最大规模油田[45,46]。结果表明，在孔隙率为 26%，渗透率为 $1.426\mu m^2$ 的砂岩层下，三元复合驱油提高了 60%的采油量。参照大庆油田中试结果[47]，提出了发展弱碱三元复合驱油或无碱 SP 驱油以减轻强碱影响的建议。克拉玛依、胜利等油田是目前我国 ASP 驱工程的实例，具有较好的采收率[48]。在古东油田，采收率随着石油产量的增加而提高。室内试验也表明，在双河油田 95℃ 高温条件下应用有机碱三元复合驱油的技术可行性，总采收率为 66.3%[49]。

在加拿大，如阿尔伯塔省采用三元复合驱油后，日产量从 300 桶增加到 2007 年 12 月的 1502 桶。在欧美等国家怀俄明州建立的 ASP 项目正在蓬勃发展，怀俄明州的 West Kiehl 油厂，该项目显示在短短 2.5 年时间里，原油采收率提高了 26%。在剑桥，据估计此次注入带来的石油增量为 143 万桶。在由孔隙度为 20%和渗透率为 200mD 的 Minneul-sa B 砂组成的坦纳油田，三元复合驱油提高了高达 17%的石油采收率。伊利诺伊州劳伦斯油田采用桥港砂进行 ASP 驱油，孔隙度为 20%，渗透率为 200mD，油井产量从 1%提高到 12%，效果良好[50]。印度维拉杰油田由含 30%孔隙度的砂岩和粉砂岩组成。结果表明，含水率由 83.5%降低到 71.4%，采油率由 $24.4m^3/d$ 提高到 $98.23m^3/d$。在 Jhalora 的另一次三元复合驱油先导试验中，注入约 0.17PV 三元复合驱段塞后，在油田初始产量为 2030 桶的情况下累计增加到 47000 桶，产生约 23%初始到位油的额外驱油效率。对马拉开波湖的拉格玛 LVA-6/9/21 油田进行了三元复合驱油适应性研究，油藏的孔隙度为 24%，渗透率范围为 58~1815mD，注入后采收率为 48%。

总的来说，原始石油储量的平均石油采收率增加了 21.8%，平均原油采收率减少了 18%。这是由于驱油剂的优异驱油效果，以及良好的油藏性质和驱油能力。

然而，三元复合驱油也存在一些缺点，例如三元复合驱油所用溶液的碱性，会导致结垢和腐蚀，以及油水乳化，导致废水处理困难[26]。

1.2.5　不同聚合物驱油工艺的比较

表 1-1 给出了每种驱油方法的比较。在性能方面，胶束聚合物驱油是最佳的采油工艺，其采收率最高可达 60%。然而，它只局限于碳酸盐岩储层。因此，最佳聚合物驱油方法的选择在很大程度上依赖于储层条件，必须根据储层条件进行调整。每种注水方法都有其优缺点，为了将这些方法应用于提高采收率，在确定方法之前，确定储层性质和油品性质是至关重要的。由于每一种方法都是针对不同的情况而设计的，通过考虑储层和油的性质，可以确定最合适的方法。但是，也应考虑经济因素，以便所采用的方法是可持续的。

⊡ 表 1-1　不同驱油方式的比较

驱油方式	聚合物驱油	碱-聚合物驱油	胶束聚合物驱油	注射纳米粒子(N/P)聚合物驱油	三元复合驱油
费用	低	低	高	高	低
预期采收率	高达 20%	高达 30%	10%~60%	35%	高达 20%

驱油方式	聚合物驱油	碱-聚合物驱油	胶束聚合物驱油	注射纳米粒子(N/P)聚合物驱油	三元复合驱油
敏感性和耐受性	耐机械降解	生物降解效果降低	局限于碳酸盐岩储层	通常＜100nm 的纳米颗粒	具有各种强度的碱性聚合物和聚合物
	抗微生物降解	耐高盐度环境	耐化学混合物降解	由两个实体组成:核心和薄壳	比碱-聚合物驱油和聚合物驱油更有效
	对氧气、硫化氢、pH 值或油田化学品不敏感		有效的化学混合物的设计是复杂的,必须根据储层和流体的应用特性进行调整		
效果	在石油和天然气存在时有效	黏度高于聚合物驱	溶解各种物质的能力,从烃类化合物到无机物	增加注入流体的黏度大约是水的 35 倍	形成表面活性剂,允许减少 IFT
	水的黏度在注入时增加	形成的活性物质,减少了 IFT	将油水界面张力降至超低值(小于 0.01dyn/cm)	注入流体的流动性降低,波及效率提高	
现场应用	水驱流度比高或储层非均质性高	重质酸性油藏	碳酸盐岩储层	低孔低渗储层	最适合砂岩地层储层
	黏度至少为200cP[①] 的轻、中比重油	砂岩储层形成	油和水的乳化作用		碳酸盐岩储层效果不好
	限于剩余油饱和度高于剩余油饱和度的油藏				

① 1cP=10^{-3}Pa·s。

注：1dyn=10^{-5}N。

提高采收率技术已经得到了广泛的应用，提高了原油采收率达 30%。在过去的 20 多年里人们做了大量的研究，以提高聚合物驱油与其他化学品的效率，以回收更多的石油。因此，由于 1995 年以来石油产量下降、一次和二次采收率不高、原油价格高、能源需求增加以及二次采收率剩余油量大等原因，迫切需要提高采收率技术。在比较了现有技术中使用的四种方法后，每种技术都显示了哪种应用领域最适合每种特定的聚合物。

一些研究表明，聚合物本身不足以从储层中回收更多的油，还需要与其他化学物质或技术结合，如碱性聚合物、胶束聚合物、聚合物纳米粒子注入和三元复合体系，但这些新技术都有其自身的局限性，其中一些成本效益较差，但使用这些聚合物能回收更多的油。性能方面，胶束聚合物驱是最佳的采油工艺，其采油效率最高可达 60%。然而，它只局限于碳酸盐岩储层。最终，最佳聚合物驱方法的选择在很大程度上必须根据储层条件进行调整。需要对聚合物驱进行更多的研究，以便在未来我们可以使用聚合物的新技术，它将拥有所有理想的标准，并能够满足全球的需求。

1.3
聚合物配注工艺研究进展

聚合物是一种高分子化合物，从某种角度讲，聚合物驱油就是为了增加驱替相的黏度，因此保护聚合物溶液的黏度是整个聚合物驱油地面工程设计的核心。

设计的基本原则有：

① 满足地质部门提出的聚合物驱油方案对地面建设的要求：主要是配液能力和配液黏度；

② 最大限度地保护聚合物溶液的黏度，最大限度地发挥聚合物的效能，减少聚合物的用量；

③ 尽可能节省地面建设投资；

④ 方便生产运行和管理；

⑤ 结合驱油剂性质做好安全设计。要达到以上要求，聚合物溶液配制及注入必须经过以下过程：配比—分散—熟化—泵输—过滤—储存—增压—混合—注入[51]。

如图 1-3 所示为聚合物配注的基本流程。

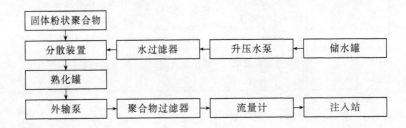

图 1-3　聚合物配注的基本流程

1.3.1　聚合物配注工艺研究发展历程

聚合物驱自 1950～1960 年始于美国，国外对聚合物驱油的研究主要集中在以下方面：

① 聚合物类型的研究；

② 多种化学剂复合配方驱油研究；

③ 聚合物在多种介质中渗流机理的研究；

④ 聚合物驱数值模拟研究。

目前对聚合物驱配注技术研究较少。

我国各油田经过多年的研究和生产实践，形成了各具技术特点的聚合物配制注入技术。大庆油田、胜利油田、大港油田、河南油田和渤海油田，经过室内研究、先导性矿场试验、工业性矿场试验、大规模工业化推广应用 4 个阶段，取得了丰富的研究成果。其中，大庆油田建成了中国乃至世界上规模较大的聚合物驱油地面工程。

大庆油田聚合物驱配制注入工艺技术的研究，始于"八五"（1991～1995 年）期间，由于工业化初期所有设备都是从国内外其他行业移植的，且这些设备又没有充分考虑聚合物溶液自身的特点，因此在现场使用过程中仍存在分散装置配液能力较小、搅拌器功率较大且熟化时间长、过滤器经常堵塞、滤芯更换频繁、静态混合器压降和黏度损失较大等问题。"九五"（1996～2000 年）末期，随着大庆油田低成本战略的实施和高水平、高效益、可持续发展的需要，开始进行聚合物配注工艺技术及优化简化研究。通过"九五"后期、"十五"（2001～2005 年）期间的研究攻关和"十一五"（2006～2010 年）的推广应用，研发了聚合物配注过程中工艺简化和优化的核心设备，包括满足各种类型聚合物配制要求的大排量聚合物分散装置，适于中分子量聚合物母液搅拌熟化的螺旋推进型搅拌器，满足聚合物驱对注入介质过滤要求的滤袋式过滤器，适合聚合物母液输送条件的大排量外输泵，用于聚合物母液分配调节计量的流量调节器，适合不同聚合物母液注入的静态混合器等。开发了"熟储合一"工艺，缩短了母液配制流程；开发了"一管两站""一泵多站"外输工艺，优化了母液外输流程；研发了"一泵多井"工艺，优化了聚合物母液注入工艺，使聚合物驱地面工程建设投资大幅度降低，"九五"（1996～2000 年）末期与"十五"（2001～2005 年）末期相比，平均单井投资降低幅度达 24.24％。在"十二五"（2011～2015 年）期间，主要进行了配注系统地面工艺、设备参数优化，确定了聚合物配注系统各个环节的黏度损失规律，确定了各工艺环节降低黏度损失的技术措施和管理措施，形成了聚合物配注系统的配制、注入介质质量的技术规定，确保聚合物实现高效低黏度损失的注入[52]。经过多年的持续研究、应用和不断改进、完善，研究开发了一系列适合大庆油田特点的具有国际领先水平的工艺设备和工艺技术，形成了简化的聚合物驱地面工艺技术，达到了简化工艺、降低投资和运行成本的目的，确保了大庆油田聚合物驱产能建设的顺利实施。

1.3.2 聚合物配注工艺的简化和优化

为了节能挖潜、降低成本，大庆油田近些年来对聚合物配注工艺进行了一系列的优化，主要可以归纳为以下几个方面。

① 大庆油田聚合物驱"集中配制、分散注入"的配注工艺流程，与"配制注入合一"相比，减少了复杂的大型设备建厂、设备和化验仪器的数量，减少了供水管道，总投资降低幅度达到约 40％，形成了简化的配注工艺[53]。

② 在大庆油田聚合物驱工业化应用初期，配制站的聚合物配制工艺采用具有储罐和转输设备的长流程，工艺过程较为完善，各个子系统可相对独立运行，可靠性较高。但由于转输设备及储罐等设备工艺设施在长流程中的存在，增加了中间环节，对黏度损失的影响较大，控制系统相对复杂，工程投资大，运行费用较高。通过现场试验，研发出熟储合一的短流程工艺，将储罐和转输设备取消，由熟化罐直接向外输泵供液。由于熟化罐各出口之间均连通，母液外输时会发生倒灌现象。通过改进外输泵供液系统自控控制程度，提高自控系统的响应能力，提高倒罐阀门的操作准确度，有效地解决了储罐倒灌问题。经过十几年的现场应用，证明短流程完全可以适应配制站的生产要求。熟储合一短流程简化了配制工艺，减少黏度损失 1.95％，较长流程每座配制站减少 2 座储罐及 6 套转输泵，推广应用 12 座配制站，节省投资 2500 万元，降低了工程投资和运行费用。

③ 在大庆油田聚合物驱工业化应用初期，母液外输系统普遍采用的工艺是"单泵单管单站"流程，每一台外输泵只能对应一座注入站。为降低建设投资，研发了"一管两站输送技术"，采用一条外输管道为两（多）座注入站供液。在成功开发低黏度损失流量调节器和大排量输送泵后，在萨南Ⅰ配制站开展了一管两站输送母液的现场试验。将南二东

1号和3号注入站串联、2号和4号注入站串联,将南三东1号和5号注入站串联、2号和3号注入站串联。试验结果表明,注入站能够按需进液,母液外输系统运行正常,配制、输送过程实现了自动化控制,在自动控制分配流量时,黏度损失≤2%。单管串联的各注入站均能按需进液,外输系统的工程投资降低30%。在一管两站的基础上,应用高扬程大排量外输泵、低黏度损失流量调节器,外输泵流量压力闭环控制,进一步开发了一泵多站和多泵多站母液外输工艺。

④ 为了降低建设投资,研发了"一泵多井"注入流程。一泵多井注入工艺的技术关键是聚合物黏度损失的控制,主要采取了两方面的措施:一是对压力接近的注入井编组,一般是3~6口井1组,既降低了能耗又降低了对聚合物的降解;二是研发低黏度损失流量调节器,测试表明流量调节器的压差不超过控制指标时,没有明显的降低母液黏度[54-56]。试验过程中,测试不同压降时母液通过流量调节器的黏度损失和流量,通过流量调节器的调节作用,注入站及注入井能够按需进液,母液注入系统运行正常,分配过程实现了自动化控制。杏北4号注入站单井流量调节器平均黏度损失为3.7%,流量调节器前后压差小于1MPa时对聚合物黏度损失影响较小,满足生产要求。

1.3.3　聚合物配注工艺的发展趋势

随着聚合物驱的进一步发展以及油田企业精细化管理的要求,配注新技术的试验研究和应用备受关注,聚合物配注技术正逐步向干粉密闭上料自动化、母液熟化配制连续化、聚合物注入分子量个性化、配注装置标准化和一体化方向发展。另外,还需要进一步优选注入设备、提高管理水平,进一步降低聚合物配注系统的黏度损失,以实现降低投资和运行成本的目的[52]。

（1）聚合物干粉密闭自动上料工艺

大庆油田所用聚合物全部为750kg袋装干粉,各站日均配制聚合物规模为30~80t。配制站卸料岗位员工使用叉车将聚合物干粉卸车至料库内,经检验合格的干粉通过吊车运至密闭加料装置,或直接运至分散装置料斗内,手动拆解密封口将聚合物干粉投加至料斗内,聚合物干粉投加过程大多需人工操作完成。

目前聚合物上料系统主要存在以下问题:

① 聚合物干粉投加工作需人工操作叉车、大吊、小吊、手动拆解、空料袋收集、托盘回收等环节,工人劳动强度大,生产管理难度较大。

② 料库及配制间粉尘较大,无有效除尘装置,工作环境差。

③ 料库桥型吊车要满足聚合物分散装置料斗的进料口高度,房屋举架高达9m以上,使得料库建筑造价提高。

为满足聚合物驱配制站产能建设、老区改造及三次采油技术标准化、有形化需要,应按照减少员工数量、降低劳动强度、强化本质安全、节省投资成本的要求,对聚合物配制站的上料方式进行工艺改进。经过现场小型试验,形成了粉料全自动传输投料工艺技术。在密闭上料的基础上,完善了输料、解袋等流程,实现干粉输送、解袋、袋皮回收、上料、除尘的全自动运行,各环节功能准确率达到95%以上,运行稳定。新的干粉自动化密闭上料工艺,可有效减少使用数量,改善员工工作环境,目前已开展现场工业性应用试验。

（2）聚合物母液连续熟化配制工艺

聚合物母液配制普遍采用"分散—熟化—外输"短流程工艺，为序批式配制工艺，对自动化要求水平高，分散及熟化装置均为间歇运行。当单座熟化罐处于低液位时，启动分散装置，当熟化罐均处于正常液位或满负荷时，分散装置自动停运，分散装置易出现频繁启停现象。由于熟化时间长，熟化罐数量多，占地面积大，导致投资较大、运行成本及能耗较高。

从两个方面展开研究，提高聚合物熟化配制效率，降低熟化配制部分的建设投资：

① 借助超重力技术，进行聚合物即时配制熟化现场试验研究；

② 研发和应用聚合物水粉研磨器，对经过润湿的聚合物干粉进行研磨，大幅降低聚合物干粉粒度，增加聚合物干粉与水的接触面积，提高聚合物干粉与水的双向扩散渗透能力，缩短聚合物干粉熟化时间，力争聚合物母液的熟化时间降低 50% 以上。

在缩短聚合物熟化时间的基础上，进行聚合物连续熟化技术的研究，以便于撬装化和模块化的建设。

（3）聚合物分子量个性化注入工艺

近年来，随着聚合物驱油藏开发对象由 I 类油层转向 II、III 类油层，油藏差异性大，需进行个性化注入，注入井及其注入过程中需要注入不同分子量的聚合物。

目前的"集中配制、分散注入"配注工艺技术虽然在配制站能够同时配制 3 种类型聚合物母液，在注入站可以注入 2 种分子量聚合物溶液。这种工艺模式，需要根据聚合物种类配套建设配制站至注入站的母液管道、注入站的母液储罐和分组汇管等，造成注入工艺复杂，管理不便，投资较高。如果有一种装置能够安装在注入站的单井母液管道上，对通过的聚合物的分子量按注入要求进行调整，这样就可以实现一座注入站所辖注入井同时注入多种分子量的聚合物。

目前研发了两种类型的单井聚合物分子量调节装置：a. 通过多级射流槽结构对聚合物分子量进行多级剪切，降低其分子量；b. 利用多孔介质对聚合物分子量进行多级剪切，多孔介质的材质包括陶瓷、碳化硅及金属丝网等。下一步开展现场应用试验，确定应用效果和技术参数。

（4）聚合物配注装置标准化和一体化工艺

按照"工艺单元模块化、设备安装撬装化、产品规格系列化"标准化设计要求，形成"撬装模块化配注模式"，实现设备重复利用。随着标准化设计不断深入，形成了一泵多井聚合物注入一体化集成装置、聚合物分散一体化集成装置等多种一体化集成装置。

另外，为避免采出污水外排，油田采用污水稀释聚合物溶液。由于污水矿化度高，在相同黏度条件下，聚合物用量比清水稀释增加 50%～60%。目前污水稀释溶液聚驱规模达到了 79.4%，需加快新型聚合物以及采出污水降低矿化度技术研究。针对聚合物注入站存在的注入泵、流量调节器和静态混合器等注入设备黏度损失大等问题，应优选高保黏注入设备，通过现场应用试验，确定其工业适用性。针对聚合物配制站、母液输送管道、注入站和单井注入管道中细菌含量高，导致聚合物黏度损失大的问题，研发适合于聚合物驱配注系统的缓释型杀菌剂，控制细菌的滋生，降低由于细菌造成的聚合物黏度损失。同时，加强生产管理，完善管理制度，提高配制质量。从化学、物理两个方面实施"冲、洗、分、修"治理措施，降低系统黏度损失。定期冲洗聚合物母液管道和单井注入管道；

定期清洗泵前过滤器、静态混合器、井口过滤器和储水罐等设备；及时维修更换存在划痕的母液流量调节器阀杆，及时维修注入泵，减少漏失、回流等造成的黏度损失；对一泵多井流程分组管理，随着泵井压差的增大，母液流量调节器黏度损失率随之增加，每缩小压差 1MPa，可降低黏度损失 2.1%。

1.4
聚合物黏度损失的研究

黏损是指在配制、注入工艺过程中，聚合物溶液由于发生降解而引起的黏度降低，称为黏度损失，简称黏损[57]。

1.4.1　聚合物黏度损失的原因

聚合物的降解是一个较为复杂的机械降解、生物降解、化学降解等作用综合起来的过程，在这个过程中聚合物分子内部结构发生一定的变化，物理、化学性质不能继续满足相应的工业需要。对于聚合物降解的研究，化学降解和生物降解是现在科学工作人员研究的重点。聚合物大分子解缠和弱键断裂假设认为聚合物水溶液并不是由于分子降解导致的溶液黏度下降，黏度降低的根本原因是大分子之间缠绕形式和程度的改变。

在高分子聚合物溶解过程中，聚合物分子量、聚合物浓度、缠绕程度、次价力作用影响着溶剂分子与聚合物分子之间的分离（溶剂化作用）。分子相对分子质量的增大意味着分子间缠绕点的增多，而溶液浓度的增大可以增大分子在一定范围内缠绕的机会，这些都会导致黏度的增加。这个理论很好地解释了高分子聚合物溶液黏度随时间变化较大而低分子聚合物溶液黏度很快就可以达到平衡的现象。因为分子量低的聚合物分子间缠绕作用小，在较短时间内就可以达到解缠和缠绕的平衡状态。同时解缠机理也解释了聚合物溶液黏度下降过程中出现急剧下降和缓慢下降两阶段的现象。聚合物大分子解缠和弱键断裂假设虽然可以很好地解释聚丙烯酰胺在有氧环境下的黏度变化，但对于在无氧环境下的聚合物高温老化现象却没有给出合理的解释。在高温环境下的无氧老化现象说明聚丙烯酰胺水溶液还可以进行自发水解反应。在水解过程中，溶液中的酰氨基转化成了羧基，这种转化的不断进行导致溶液水解度逐渐升高。相关研究表示随着转化时间的增加，水解度呈线性趋势上升。聚丙烯酰胺溶液的稳定性与溶液水解老化有着密切的联系。首先溶液黏度与其电解质强度息息相关，溶液中羧基的存在导致部分水解的聚丙烯酰胺带有负电荷，具有聚电解质性质。盐的静电屏蔽作用和溶液的酸碱度又会影响高分子构象，进一步影响了聚丙烯酰胺溶液的黏度。所以人们又进行了大量的实验，对聚丙烯酰胺等聚合物在高盐高矿化度水中的行为、温度和 pH 值对其水解度影响、聚合物链上羧基与高价金属离子的作用等进行研究[58-61]。

（1）机械降解

HPAM 的机械降解是指当在外界提供的应力足够大时，常常会因为外界应力引发聚合物分子链发生一定的反应使分子键断裂导致分子结构的破坏。在多孔介质中，不仅有孔、有喉，而且孔径大小也并不均匀。因为聚合物溶液在流动过程中存在一定的剪切力，这种剪切力是由溶液流动时候的速度差别即速度梯度产生的，当聚合物溶液流经多孔介质时，不仅受到剪切力的作用，而且还伴随着拉伸力。并且聚合物分子在流动过程中存在分子间的摩擦力，这种分子间的相互摩擦作用会随着其距离质量中心的距离增加而加大，为了与这种摩擦力进行平衡，分子张力有所改变，聚合物分子因此出现容易被攻击断裂的区段，导致其黏度的下降。

（2）化学降解

聚合物的化学降解包括氧化降解和光降解。

1）氧化降解

氧化降解过程是一个相对复杂的过程，其主要包含了自动氧化过程和连锁裂解过程两个部分。溶液中氧气的含量对 HPAM 氧化降解有重要的影响，当溶液中缺氧时，链自由基容易发生分子链间的耦合，分子链之间会因此生成交联结构，这些交联结构导致最后的溶液黏度下降。由溶液中存在的自由基引发的 α-裂解反应和 β-裂解反应使得聚合物分子进一步断裂，高分子聚合物变为低分子聚合物，经过复杂的反应，溶液黏度降低。微量的氧就将导致聚合物溶液黏度的巨幅降低。

2）光降解

配制聚丙烯酰胺溶液接受日光照射六周，观察溶液中 AAM、NH_4^+ 和 pH 值的变化情况。结果分析显示，在微生物含量没有明显变化的情况下，聚合物溶液中 AMM 含量明显升高而 NH_4^+ 浓度下降。因为微生物浓度基本没有变化，所以可以判断不是由微生物引起的生物降解。研究认为聚丙烯酰胺的光分解是由键能的大小决定的。经过臭氧层的日光缺少波长范围为 $286\sim300nm$，而断裂 C—H、C—N 键的键能均超出了这一范围，所以日光只能使得 C—C 断裂，对 C—H、C—N 键几乎没有作用。

（3）生物降解

生物降解主要是依靠微生物的生物酶作用于有机物，经过一系列的复杂反应使长链高分子有机物断裂转换为简单的化合物，致使聚合物的一些理化性质发生一定的改变。能够导致聚合物降解的微生物种类主要有细菌、真菌和藻类三类。微生物降解聚合物的过程为：微生物与聚合物接触经过一段时间的诱导适应，微生物为获得生长所需的碳源和氮源，产生可以降解聚合物的酶。降解过程中，聚合物首先在微生物分泌的菌体外分解酶作用下分解，分解酶可以导致聚合物侧链脱落、主链断裂分解。分解酶通常作用于聚合物高分子链的链端，而聚合物高分子形态往往是分子线团，链端不易被分解酶接触到，所以降解过程缓慢。其中脱氨酶作用于 C—N 键上，使得 C—N 键断裂分解出—NH_2，—NH_2 的位置被水中—OH 取代生成—COOH，增加聚合物分子间、聚合物链键间的排斥力。同时在有氧环境下，生物酶首先进攻聚合物分子链末端的—CH_3 使其与主链断开，在单加氧酶的作用下生成醇，从 H_2O 中引入 O 进一步氧化变为羧酸。相关研究表明聚丙烯酰胺可以作为微生物生长代谢过程中提供的唯一碳源，例如硫酸盐还原菌（SBR）以聚丙烯酰胺作为碳源，同时以 SO_4^{2-} 为最终电子受体，将硫酸盐、亚硫酸盐、硫代硫酸盐等还原为 H_2S。腐生菌也可以在一定浓度的聚丙烯酰胺溶液中大量繁殖，只是相对降解速率较慢[62,63]。

聚合物的降解引起黏弹性的消失、强度的降低和黏度的减少等，引起黏损过大，从而影响其使用效果。方案设计的聚合物用量达不到黏度方案要求，不得不采用提高聚合物浓度的方法实现增黏，进而聚合物干粉使用量增多，带来资源的浪费。聚合物降解后产生絮状黏团，导致注入井注入困难，影响注入效果。

1.4.2 影响聚合物黏度的因素

（1）聚合物的分子量

关淑霞等[64]通过实验进行研究，在实验条件为转速固定和室温的情况下，在HPAM的分子量不同的前提下，把HPAM均配制有着相同质量浓度的溶液，通过实验方法测定HPAM的黏度。实验结果表明：黏度具有随着HPAM分子量增大而增大的规律。HPAM作为长链高分子化合物具有分子量大、链长、缠绕度大的特点，所以聚合物溶液的黏度随着分子量的变化而变化。

（2）聚合物的浓度

关淑霞等[64]把具有相同分子量的HPAM配成具有不同质量浓度的溶液从而测定浓度对黏度的影响规律。实验结果表明：黏度随着HPAM质量浓度的增加而逐渐增大。黏度在质量浓度为$0.1\sim0.5g/L$的范围内变化较小；黏度在质量浓度大于$0.5g/L$时出现急剧增加的趋势。HPAM的质量浓度越大就会引起水中HPAM分子增加，导致分子相互缠绕从而造成黏度增加的结果。

孙红英等[65]在温度为21℃的实验条件下进行了实验研究，测定了不同含量的粉状聚丙烯酰胺去离水溶液的剪切黏度，同时也对水源水溶液的剪切黏度进行了测定，并对PAM溶液剪切黏度受PAM含量的影响进行了研究。通过实验得出结论：随着PAM含量的增加，聚丙烯酰胺溶液的剪切黏度也会增大。在高分子溶液中，分子运动时分子间相互作用力导致了黏度的产生。聚合物的高分子线团会在分子量约为10^6时发生渗透，由于渗透作用的存在就会对光的散射产生影响。在含量比较低的情况下，在溶液中聚合物以网状结构的形式存在，链间的相互缠结，同氢键相互作用形成网的节点。在含量比较高的情况下，PAM在溶液中以凝胶状的形式存在。所以，溶液的黏度随着聚丙烯酰胺的含量增加而加大。

韩岐清[66]等在常温下配制聚合物清水溶液浓度分别为100mg/L、200mg/L及400mg/L，剪切流变仪剪切速率控制在$10\sim100s^{-1}$范围内，然后用黏度计测量聚合物溶液的黏度。实验结果表明，在相同剪切速率条件下，随着聚合物浓度的升高，聚合物溶液黏度增加。

（3）离子

在离子对聚合物溶液黏度的影响方面，许多科研工作者已经做出了大量的工作[67-71]。其中Fe^{2+}、Fe^{3+}、Ca^{2+}、Mg^{2+}、S^{2-}等对聚合物溶液黏度有着较大的影响。

1）Fe^{2+}

在无氧的情况下，Fe^{2+}并不会对溶液的黏度造成较大的影响，但是在有氧的情况下却会造成溶液黏度的大幅下降。

卢大艳[70]等取不同聚合物进行室内实验评价，结果表明，当Fe^{2+}的含量大于0.5mg/L时对聚合物溶液黏度影响很大。这是因为溶液中含有的Fe^{2+}遇到溶解在水中的氧气，发生二次氧化反应，产生的·OH攻击聚合物分子主链，造成聚合物分子主链断裂，从而使黏度下降。

溶液中的 Fe^{2+} 会对聚合物产生降解作用，导致聚合物黏度损失。实验研究得出：当 $Fe^{2+}>0.5mg/L$ 时，聚合物分子链发生降解、分子量保留率小于 95％。当 Fe^{2+} 浓度达 2.0mg/L 时，聚合物分子量的降解率接近 30％。现场取样化验结果表明，由于平台配聚水由水源井水和生产污水混配而成，因此从聚合物溶液长期稳定性考虑，配聚水必须采取除铁措施，以消除其对聚合物溶液黏度的影响。

2）Fe^{3+}

Fe^{3+} 对溶液的黏度有着更大的影响，只需要微量的三价盐就会导致溶液的黏度急剧降低，这就需要对溶液当中的 Fe^{3+} 含量进行严格的控制。从相关的资料当中我们能够看到，一般来讲，国外都将 Fe^{3+} 的含量控制在 20mg/L 以下，而我国的大庆油田则将 Fe^{3+} 的含量控制在 0.99mg/L 以下[67]。

3）其他金属阳离子

在污水中 Na^+、Ca^{2+} 等离子是最主要的金属离子，而随着 Na^+ 等离子浓度的不断增加，也会使得聚合物当中的电斥力受到相应的限制。一旦离子的浓度降低到 3000mg/L 以下的时候，母液的黏度会呈现出剧烈下降的情况，而如果其黏度降低到 40mPa·s 时，离子浓度对黏度的影响会逐渐减小。与低价阳离子相比，高价阳离子更容易引起分子的聚缩，并最终导致溶液的黏度出现下降的情况。因此，与 Na^+、K^+ 等离子相比，Ca^{2+} 与 Mg^{2+} 对溶液有着更大的影响，随着这两种离子浓度的不断增加，溶液的黏度则会出现急剧下降的情况。当这两种离子的浓度大于 80mg/L 时，对于黏度的影响则会变得较为平缓，在这样的情况下 Mg^{2+} 对溶液黏度的影响要大于 Ca^{2+}[58]。

4）S^{2-}

从 S^{2-} 对黏度的影响当中我们发现，随着 S^{2-} 浓度的增加，聚合物当中的黏度也会不断的减小。当 S^{2-} 的浓度达到 6mg/L 的时候，会使得聚合物溶液的黏度降低到 10mPa·s 以下。可以说，较高的 S^{2-} 含量是造成聚合物产生较低黏度的重要影响因素。

李金环[71] 将新鲜的 Na_2S 溶液加入去离子水配制的聚合物母液中，在镉氧化的条件下测定不同 S^{2-} 含量下聚合物溶液的黏度。随着 S^{2-} 含量的增加，聚合物溶液的黏度急剧下降，在 0~1mg/L 时，溶液的黏度下降最快；继续增大 S^{2-} 含量，溶液黏度下降缓慢，当 S^{2-} 含量为 3.2mg/L 时，聚合物溶液黏度损失达 97％以上。可见少量 S^{2-} 的存在就会对聚合物溶液黏度产生强烈的影响。

（4）温度

由于分子是进行无规则运动的，而无规则运动程度的强弱直接受温度影响，分子间存在相互作用力，分子运动必须克服相互作用力。同时分子间的相互作用直接影响了黏度的大小，由于温度的变化，导致聚合物溶液的黏度也会随之变化。

孙红英等[65] 用 3 种不同含量的聚丙烯酰胺的水源水溶液为样本，通过改变温度测定不同含量的聚丙烯酰胺溶液剪切黏度。从结果看出 3 种水溶液剪切黏度随着温度升高都随之下降。分子运动会随着温度的升高而随之加快，分子间氢键会被破坏，同时分子链解缠结也会被破坏，剪切黏度就会降低。结果表明不同含量的聚丙烯酰胺溶液的剪切黏度对数与温度倒数之间是可以通过线性关系表示的。

孙琳等[72]进行了实验研究，测定了温度对碱/聚合物体系黏度的影响。从实验中得出结论：由于温度的升高，体系的黏度直线下降，而且温度每升高10℃黏度下降10%左右。提高温度导致聚合物的分子运动加剧，聚合物分子间力就会下降，在大分子中的缠结点就会松开，互相靠拢的大分子无规线团就会疏散开来，引起流动阻力的下降，导致吸附离子基团的水化作用减弱，影响大分子链收缩的效果。提高温度，溶剂水中水分子的扩散能力就会增强，分子内旋转能量增加并且线团更加卷曲。增强水的极性，和电解压缩双电层相比，大分子线团的水化膜随着温度的升高会变薄，流体力学体积随着温度的升高也会减小。升高温度能加速聚合物水解反应，升高温度也能加速O_2引发的自由基反应。因此，利用较高温度油藏进行碱/聚合物复合驱时，驱油剂中必须添加耐高温的材料作为添加剂。

武明鸣等[4]通过实验对聚合物溶液的黏度随着温度的升高而降低进行了分析讨论，温度每升高1℃就会引起黏度下降1%~10%。分子运动随着温度的升高而加剧，分子间力随着温度的升高而下降，导致大分子的缠结点由于温度的升高而松开，这样相互靠近的大分子无规线团会因温度的变化而疏离，对流动的阻力也会因温度的升高而降低，温度升高也能让溶剂的扩散能力增强，分子内旋转的能量也会随温度的升高而增加，大分子线团降解引起黏度的降低。为了提高溶液的黏度，配制溶液时必须在低温下进行。HPAM的水化和溶解在低温条件下进行的较慢，所以常温才是配制的最佳温度，应该把温度控制在10~18℃。

周忠贺[73]利用已配制的模拟采出水与聚丙烯酰胺在烧杯中配制出不同聚合物浓度的聚合物水溶液，实验温度为20℃、25℃、30℃、35℃、40℃、45℃，剪切速率为$100s^{-1}$。实验结果表明，在相同的聚合物浓度下，含聚水溶液黏度随温度升高而降低，且低温时聚合物水溶液黏度受温度影响幅度较大，随温度升高水溶液黏度减小趋势逐渐变缓；聚合物浓度越高，黏度受温度影响越大。这是由于随温度增加，聚合物分子运动加快，大分子间的缠结点解开，致使相互临近的大分子线团容易疏离，降低了流动阻力，且溶剂的扩散能力增加，分子内旋转的能量提高，大分子团更加卷曲，从而导致黏度降低；当超过一定温度后，大分子团卷曲现象基本趋于饱和，因此黏度随温度升高而逐渐变缓。

韩岐清等[66]通过实验研究发现，在聚合物浓度不变的条件下，随着聚合物溶液温度的升高，溶液黏度降低幅度较为明显，且随着剪切速率的升高，溶液黏度呈逐渐降低趋势。

（5）剪切

周忠贺[73]利用已配制的模拟采出水与聚丙烯酰胺在烧杯中配制出不同聚合物浓度的聚合物水溶液，实验温度为25℃。实验结果表明，随着剪切速率的增加，聚合物水溶液黏度快速降低；聚合物浓度越高，黏度受剪切速率影响越大，且趋于稳定的剪切速率越高。这主要是由于随剪切速率的增加，聚丙烯酰胺高分子链被剪切破坏，降低了流动阻力，减小了黏度；聚合物浓度越高，单位体积内的高分子链密度越大，黏度越大。

（6）溶解氧

影响含聚合物溶液稳定性的因素有很多，其中溶解氧是最关键的因素，由于氧存在于配注水中，黏度会由于其存在而明显下降，在氧化降解严重的驱油体系中，由于黏度的下降可能会导致体系的流度控制能力丧失。

孙琳等[72]通过实验研究，在63℃的条件下，将聚合物加入蒸馏水中，配制浓度为

1500mg/L 的溶液，将 0.8% 的活性碱 NPS 加入溶液中，测试了碱/聚合物体系黏度是如何受溶解氧影响的，溶解氧在体系中的含量增加，可以看出体系黏度明显下降，在脱氧条件下，体系黏度损失率为 25.0%，然而，当有氧气在时，损失率则高达 90.9%。在老化的最开始阶段，同有氧条件相比，空气条件下体系黏度更大，随着老化时间的推移，空气条件和有氧条件的差别越来越小。通过以上的实验，我们能够得出结论：在空气中氧含量足以使聚合物发生严重的氧化降解，导致体系黏度大大降低。

在母液当中，溶解氧对其稳定性能够起到十分关键的作用，水中的氧在配注中会使得溶液的黏度迅速下降。而在实验室条件下，空气当中的氧含量会使得聚合物产生氧化降解，从而使得黏度出现降低的情况。但是，由于污水当中含有众多的细菌，其中部分细菌又会生成乳酸。在无氧的环境下，乳酸会被硫酸盐还原为乙酸，并脱下 8 个 H，H 原子具有较强的还原能力，不仅能够使得硫酸盐还原成为 H_2S，还能够使得 Fe^{3+} 还原成为 Fe^{2+}，并且还会在聚合溶液当中生成很多具有还原性的中间物质。在无氧条件下，用这种水对溶液进行配制能够保持溶液的黏度，但如果一旦接触氧气，就会使得溶液当中发生氧化-还原反应[74]。

（7）pH 值

在 46℃ 条件下，美国的 Shupe Russell 究了驱油体系的 pH 值对聚合物黏度的影响[74]。当驱油体系的 pH 值为 9 时，聚合物溶液在 2 个月内的黏度保留率为 91%。说明聚合物溶液 pH 值大于 9 时，其溶液比较稳定，聚合物溶液的黏度保留率较高，原因是在 pH 值大于或等于 9 的条件下，酰氨基进一步水解会消耗一部分碱，使 pH 值降低，同时由于聚合物的水解作用使溶液黏度升高。pH 值为 8 时，聚合物溶液黏度迅速下降，体系极不稳定，pH 值小于或等于 8 时溶液自身不稳定，造成聚合物溶液黏度迅速下降。因此认为，聚合物溶液的 pH 值稳定在 9 左右，体系的黏度稳定性最好。

武明鸣等[4] 利用 10% HCl 溶液调节 pH 值或者 NaOH 溶液调节 pH 值，对 1500mg/L 聚合物溶液进行实验，从而测定溶液的黏度。实验结果表明：在 pH 值为酸性时，黏度和 pH 值的变化呈正相关；在 pH 为碱性时，如果 pH<10，pH 值和黏度的关系为负相关，在 pH>10 的条件下的黏度基本不变，溶液的 pH 值在 7~10 范围内变化时，黏度值大。碱性的强弱同 pH 值呈正相关，这样就会使得水解度变大，导致分子间带的负电荷变多，从而造成了分子更趋伸张，这样就会使聚合物线团间的斥力增加，黏度增大[75]。

刘美君[76] 采用杏十站三元采出液作为实验水样，其初始黏度为 10.01mPa·s，pH 值为 10.5。用（1+9）盐酸和 NaOH 调节水样的 pH 值，并用玻璃棒不断搅拌，观察溶液中聚合物析出情况，用黏度测定仪于 40℃ 条件下测定其黏度。实验结果表明，在酸性和弱碱性条件下，随 pH 值的增加，聚合物溶液的黏度逐渐增加。这是因为随着酸性物质的加入，溶液中的正离子数量逐渐增加，与聚合物分子链上的离子之间的排斥力随之增大，降低了分子链伸展的能力，从而使聚合物溶液的黏度逐渐降低。当 pH 值在 9.5 左右时，溶液的黏度值达到最大，聚合物溶液的黏度保留率最高。碱性条件下，酰氨基—$CONH_2$ 发生进一步水解，水解过程会消耗一部分碱，因而使体系的 pH 值降低；另一方面聚合物的水解作用会使溶液黏度升高，所以此时体系的稳定性最好。此后随溶液 pH 值的增加，聚合物溶液的黏度开始下降。原因是随着分子间所带负电荷的增多，分子结构逐渐趋于伸展状态，导致聚合物分子线团间的斥力增加，从而聚合物溶液的黏度逐渐降低。

（8）矿化度

矿化度对聚合物溶液黏度的影响在于盐中和了 HPAM 基团上的电性。当 HPAM 溶解于水中时，—COONa 基团上的 Na^+ 电离，使基团呈负电性。电离的 Na^+ 一部分吸附在负电基团附近，一部分扩散进入水中，在基团表面分别形成吸附层和扩散层，即双电层。当溶液中加入盐时，溶液中阳离子浓度增加，从而使吸附层的阳离子数增加，相应的扩散层电荷数减少。当阳离子浓度增大到扩散层消失时，吸附的阳离子完全中和了基团的负电，基团表面的电位达到 0。随着电性中和程度的增加，基团间的斥力减弱，分子恢复卷曲构象。分子卷曲的同时，将阳离子周围的溶剂化层水分子挤掉，使分子线团密度增大。自然卷曲状的分子流体力学等价球体积最小，与溶液接触面积最小，故分子间内擦力下降至最低限度，溶液黏度降到最低值。

魏巍等[77] 在实验室中对井口采出的不同水质的污水（含聚污水、普通污水和深度污水）进行实验测试，实验结果显示三种污水的矿化度差别不大，均在 5000mg/L 左右。通过采用电渗析技术降低污水中的矿化度，随着污水矿化度的降低，黏度均明显提高，当矿化度降低到 700mg/L 左右时，配聚黏度接近清水指标。从实验结果可以看出，有效降低污水中的矿化度可以提高配注聚合物的黏度，从而提升配注聚合物的驱油效果。

卢大艳等[70] 的实验结果表明，随着矿化度的增加，聚合物溶液黏度呈下降趋势。而聚合物浓度越高，随着矿化度的增加聚合物溶液黏度下降的幅度越小。矿化度范围在 2000～30000mg/L、聚合物浓度为 1000mg/L 时，黏度下降幅度达到 69.1%；浓度为 1500mg/L 时，黏度下降幅度达 35.4%；浓度为 1750mg/L 时，黏度下降幅度仅为 10.1%。

（9）配注过程对聚合物黏度的影响

当聚合物溶液发生变形或流动时其所承受的剪切应力或拉伸应力增大至足以使聚合物分子断裂时聚合物将出现降解；当聚合物溶液混配时或通过泵和阀门的输送过程中或者通过射孔炮眼注入时或者在井筒附近的地层以及在整个油层渗流过程中都不可避免受到高应力作用而发生降解；聚合物溶液在输送过程中由于受管道壁材质的影响而发生化学降解。钱思平[51] 研究了配注过程中搅拌器、过滤器、静态混合器、射孔炮眼、输入管线、注聚泵和流量调节器对聚合物溶液的降解。研究认为，注聚各环节对聚合物都有降解，总幅度为 50%～60%，其中搅拌器、过滤器、注聚泵、静态混合器、射孔炮眼是主要的降解环节，对现有工艺进行完善和改进，可以减少黏度损失 8%～16%，这对提高聚驱采收率、减少驱油成本、增加该技术的应用有重要意义。

陈明强等[78] 进行了聚合物驱油中驱油效率的测定实验，黏度是影响驱油效率的关键因素，如果想要控制配注过程中聚合物溶液黏度损失，加强和改变配注工艺是最好的办法。将理论分析同现场试验进行联合分析讨论，可以看到我们经常使用的配注工艺，在一些主要的工艺环节，黏度损失非常严重，损失率为 50%～60%。分析实际聚合物驱油配注条件的同时，将实际的环境情况联系起来，改进配注工艺，找到合适的设备以及参数，通过我们的努力聚合物溶液总黏度损失和过去相比，能够减少 8%～16%。

1.4.3 聚合物黏度损失的控制方法

由影响聚合物黏度的因素分析可知，聚合物的黏度主要受配制稀释聚合物用水的水质和配注工艺两方面因素的影响，因此对于聚合物黏度的控制也主要从这两方面进行。

1.4.3.1 配制污水的处理

为了保证聚合物的有效黏度，在实际的生产运行中会采取一定的措施处理聚合物配制和稀释用水，常用的方法有曝氧法、降低配制水的矿化度、添加化学药剂。

（1）曝氧法

对污水进行曝氧是指将空气中的氧通过空气压缩机强制溶解到污水水样中，增加水样中水样含氧量，氧气在与污水混合过程中，消除部分还原性物质及抑制细菌的生长。通过对溶液保氧量的增加，能够将水中的还原性物质进行氧化。污水当中的硫离子以及二价铁离子是影响溶液黏度的主要因素，利用曝氧的方法，能够对上述离子进行有效的氧化，使得污水的还原性降低；与此同时，杀灭大部分硫酸盐以及厌氧菌还能够使得聚合物的黏度得到有效的提高。通过对平台当中母液在不同曝氧时间下黏度的测量能够发现，随着时间不断增加，母液的黏度也在不断的升高；一旦曝氧时间超过 40min，其黏度上升的趋势也会变得更加平缓，其黏度最高时能够达到 60mPa·s。而在 65℃ 的条件下，想要配制 5000mg/L 的溶液最少也需要 45min 的溶解时间，因此认为曝氧时间应该保证在 45min 左右最好[74]。

（2）降低配制水的矿化度

利用离子分离器处理含聚污水是降低含聚污水矿化度的有效办法[79]，其工作原理为电渗析法，为实现溶液淡化提纯等目的，在直流电场作用下，阴阳离子以电位差作为动力通过相应的具有选择性的交换膜从溶液中被分离出来。其工作原理如图 1-4 所示。

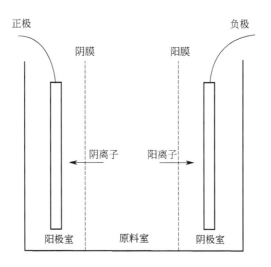

图 1-4 离子分离器工作原理

孙志涛利用污水站来水（高矿化度含聚污水）和处理后低矿化度含聚合物污水分别稀

释聚合物母液（5000mg/L）至 1000mg/L，充分摇匀在 45℃下测试其稀释后水溶液黏度。两种水质情况及其稀释聚合物母液后黏度测试结果如表 1-2 所列。

◎ 表 1-2　水质分析及稀释聚合物母液后的黏度测试情况

水质项目	污水站来水	低矿化度水
总矿化度/(mg/L)	5712	1643
总铁/(mg/L)	3.16	0.79
聚合物/(mg/L)	357.1	—
含油量/(mg/L)	36	—
悬浮物/(mg/L)	10	—
稀释聚合物母液后的黏度/(mPa·s)	18.47	36.34

由表 1-2 可知，超滤膜的应用使得污水中的含油和悬浮固体也被有效地去除，经处理后的低矿化度污水含油量、悬浮固体含量及聚合物残存含量均为痕量。低矿化度污水处理站来水经降矿化度工艺处理后，矿化度下降了 4000mg/L 左右。利用处理后低矿化度出水稀释聚合物母液黏度较原水稀释聚合物母液黏度高了近 1 倍，增粘效果显著，而且基本达到了稀释聚合物母液用于聚驱采油的标准。

同时利用含油污水低矿化污水处理站的原水进行曝氧方式处理，同样将曝氧深度水稀释聚合物母液（5000mg/L）至 1000mg/L。在 45℃下测试聚合物溶液的黏度为 20.36mPa·s，而降低矿化度出水稀释母液至相同浓度时的黏度为 36.34mPa·s，由此可以看出在提高聚合物溶液黏度方面，降低矿化度的方法优于曝氧方法，降低矿化度方法对于黏度提高率可以达到 78%。

对降矿化度方法与曝氧方法的运行成本进行对比可知，低矿化度处理站（处理量 5000m³/d）运行成本为 3.093 元/m³，其中包含主体设备的电耗 1.904 元/m³、药剂费 0.803 元/m³、人工费用 0.386 元/m³。而目前大庆油田曝气站的平均运行成本为 0.24 元/m³。从运行成本上看，每吨水用于降矿化度的运行成本是曝氧处理的 13 倍左右。曝氧工艺运行成本要明显低于降矿化度工艺。

（3）添加化学药剂

目前，对油田现场污水的处理有很多方法，大致有物理沉降法、生物降解或絮凝法以及化学药剂处理法[80]。针对污水稀释聚合物黏度过低的问题，目前保证聚丙烯酰胺溶液增黏及稳黏性能主要运用化学药剂处理，具体包括水质改性剂和稳黏剂，水质改性剂主要是使污水配聚的初始黏度提高，其中包括除铁剂、除硫剂；稳黏剂主要是使污水配聚溶液的稳定性提高，其中包括离子屏蔽剂、抗卷曲剂、交联剂及自由基抑制剂。

1）除铁剂

研究发现处理 Fe^{2+} 的方法有氧化法、沉淀法及络合法。氧化法处理是用氧化剂氧化使其变成高价离子；沉淀法是通过 Fe^{2+} 与一些物质发生沉淀，过滤而将其除去；络合法是通过 Fe^{2+} 与一些物质结合成稳定的物质，减弱其影响。有研究发现用高锰酸钾降低溶液中的 Fe^{2+}，效果很好。另外，也有研究发现[81] 利用 Fe^{2+} 在碱性条件下会产生沉淀，不仅可以除去 Fe^{2+}，而且有利于聚丙烯酰胺的水解，使长链聚合物分子链上所带的负电荷增大，聚合物分子链间的排斥力增加，黏度增加。磷酸氢二钠能够与钙镁离子形成沉淀，并能有效络合 Fe^{2+}，但磷酸氢二钠能够与钙镁离子形成的沉淀难过滤完全，可能在地下结垢。结合 Fe^{2+} 本身的特性，能与丙烯酸共聚物、邻菲罗啉、柠檬酸、酒石酸等络合形成稳定的络合物[82]。

2）除硫剂

除硫剂包括氧化型（亚硫酸钠）、强氧化型（二氧化氯、次氯酸钠、过氧化氢）及沉淀型（硝酸银）。二氧化氯作为第四代消毒剂，具有强氧化性，在废水处理杀菌消毒方面得到了广泛的认可，在油田水处理、洗井、解堵等方面也有广泛的应用，并取得明显的效果；此外它还是一种强氧化剂，能与许多还原性物质发生氧化还原反应；已有研究发现，二氧化氯因其氧化性能将还原性 S^{2-} 氧化成 S 单质，进而可以处理油田水中的 S^{2-}。关于氧化法处理 S^{2-}，氧气也是一种氧化剂，因其使用方便；在油田现场可以将油田含 S^{2-} 污水直接经过曝氧处理，这一方法的可行性已被研究证实，此外，油田污水经曝氧法处理后，水质中的另一部分还原性物质也会被氧化，曝氧法虽然比较简便，但水中氧的存在，也会造成聚丙烯酰胺的氧化降解，这不利于聚合物溶液黏度的稳定性。王莹[83] 考察了几种氧化剂除硫的方法，发现 S^{2-} 去除程度主要与加入的除硫物质的氧化性有关，氧化剂性能越好，S^{2-} 去除的效果越好，此外在氧化处理硫离子的过程中，外界的因素影响也很大，当加热至一定温度时，再用氧化剂处理，然后除去硫离子的效果最好。孟令伟等[84] 探讨了氧化剂除 S^{2-}，室内对比研究了用空气、臭氧等除硫的效果得出氧化剂的氧化性越强，除 S^{2-} 效果越好，对聚合物溶液黏度起到的增黏效果越显著。袁林等[85] 在对除硫剂在油田污水中的应用研究中，通过室内和现场应用，沉淀型除硫剂在龙庄和铜庄污水两个污水站内取得了较好的除硫化物效果；但对于采用沉淀法处理污水的硫离子时，污水中的含油量和悬浮物的含量不能过高，过高沉淀处理的效果不佳，尤其是当含油量和悬浮物高于一定值时不建议采用这种方法。

3）离子屏蔽剂

污水中 Ca^{2+}、Mg^{2+} 属于高价的阳离子，而水溶性聚丙烯酰胺分子链上有负电荷的羧基，它们之间相互作用，使聚合物分子链上的负电荷减少，分子链间的相互排斥力减弱，从而使聚合物分子链发生一定程度的卷曲，最终会使聚合物从溶液中沉淀出来，这样一来，聚合物水溶液黏度的稳定性急剧下降。加入 Ca^{2+}、Mg^{2+} 离子屏蔽剂，使之与 Ca^{2+}、Mg^{2+} 结合成稳定的络合物，从而减弱这些离子对 HPAM 负电荷的吸引，提高 HPAM 溶液的稳黏性。就目前来讲，常用的 Ca^{2+}、Mg^{2+} 离子屏蔽剂是有机酸盐和高分子物质，如醋酸盐、抗坏血酸、酒石酸盐、丙二酸等。但 Ca^{2+}、Mg^{2+} 与离子屏蔽剂形成的络合物的稳定性能受到外界温度、pH 值的影响很大，当溶液中温度过高，或者溶液的 pH 值不在屏蔽剂起作用的一个合适的范围内，聚合物在水溶液中也会产生聚沉现象，经过许多学者的研究已经得出，屏蔽剂中 pH 值适用范围宽的有柠檬酸盐、酒石酸盐。

4）稳黏剂

稳黏剂一般也是阴离子型的大分子物质，在聚合物溶液中加入稳黏剂，其可以与聚合物分子链上的羧基负电荷发生静电排斥，不至于使 HPAM 在溶液中团聚，达到一定的稳黏效果。常用 HPAM 的稳黏药剂大致有石油磺酸盐、木质素磺酸盐、十二烷基磺酸钠、羟丙基甲基纤维素等。Pojják 等[86] 研究发现在中性溶液中，十二烷基磺酸钠与聚丙烯酰胺溶液相互作用，使得聚合物溶液黏度增加。此外也有研究表明，多羟基化合物加入聚合物溶液中也可以使聚合物溶液有良好的增黏性能，发现羟乙基纤维素 CMC 具有较好的增稠、耐盐、耐酸碱的特性，将其加到油田采出水配制的聚合物溶液中，聚合物溶液的黏度也会极大地提高。近些年来，人们也开发了一些高分子交联剂，将其与聚合物高分子相互作用，进而提高聚合物溶液的黏度。

5）复配水处理剂

通过混合研制出的增黏及稳黏药剂，使 HPAM 溶液的黏度和稳定性增加，然后优化其组成成分，得到复配水处理配方，这样的复合水处理剂对提高、稳定聚合物溶液的黏度效果均佳。根据油田不同地方水质情况的差异，刘鹏等[87] 针对污水中存在 Ca^{2+}、Mg^{2+} 对聚合物初始黏度和聚合物溶液黏度稳定性的影响，以降低水质中 Ca^{2+}、Mg^{2+} 的含量为目的，室内研制高效的 Ca^{2+}、Mg^{2+} 配位剂，效果良好。林永红[88] 对抗氧剂、杀菌剂、络合剂进行复配筛选出配方 ZHD 稳黏剂，并对孤岛、孤东、胜坨污水现场验证，稳黏效果优于甲醛，成本低于甲醛。目前二元驱油运用到三次采油中比较广泛，但二元驱油存在聚合物溶液黏度稳定性不高的现状，针对此，学者们也相继研究了许多稳黏药剂，这些稳黏药剂有的是由单一药剂组成，有的是由复合药剂组成，总的来看，复合药剂所具有的效果均比单一药剂所起的效果好[89]，除此之外，在对复合水处理药剂的研制的过程中，三防药剂及高价离子转移剂也相继被研发，鲍敬伟等[8] 将增黏的药剂进行混合、优化，结果表明，混合优化后的药剂对增加 HPAM 溶液黏度的效果优于单一试剂。针对复合药剂的经济成本效益，郑伟林[90] 从药剂效果和成本出发，研制了复合水处理剂包括一些离子消除剂、屏蔽剂及相关的助剂和终止剂，优化其组成后效果很佳，这为后续研究提供了一种参考，具有很大的价值。因此，综合水处理研制的思路，对于污水配制聚合物溶液黏度和稳定性不高的问题，必须先进行增黏药剂及钙镁去除剂的选择，然后两者复配，最后筛选其他助剂——酸碱平衡调节剂、助凝剂；最后进行了对稳黏剂的筛选，两类药剂进行复配，通过增黏性能及稳黏实验验证药剂的效果。

6）杀菌剂

聚合物配制用水（尤其是配聚用采油污水）中一般都含有大量的细菌，主要是硫酸盐还原菌（SRB）、铁细菌（FB）和腐生菌（TGB）。根据国内外调研，如果聚合物溶液中硫酸盐还原菌的含量不超过 4500 个/mL、铁细菌的含量不超过 110000 个/mL、腐生菌的含量不超过 250000 个/mL 的情况下，系统对聚合物溶液黏度的影响可以忽略不计。通过分析发现，虽然硫酸盐还原菌具有一定的氧化还原性，也能导致聚合物出现降解的现象，但是其整个降解过程比较长，反应发生的时间非常慢。微生物在对聚合物进行分解合成的过程中，必须通过自身的新陈代谢来分泌出能够将聚合物进行分解的酶，然后在这种分解酶的作用下才能导致聚合物分子链中的侧基出现脱落。但是，分析聚合物的分子结构可以发现，其分子链的链端通常情况下都埋藏在聚合物的基团之中，因此，分解酶要想实现直接接触会经历漫长的时间，因此也导致其对聚合物的降解速率非常慢，整体的降解量也比较小。由此可见，硫酸盐还原菌对聚合物溶液黏度的影响完全可以忽略不计。通过上面的论述分析可以发现，虽然聚合物溶液中可能存在大量的细菌，但是细菌的生化作用对聚合物溶液黏度的影响非常小，但是细菌在新陈代谢过程中产生的一些产物会对聚合物溶液黏度造成严重的影响，因而必须添加杀菌剂以抑制细菌产生的代谢产物对聚合物的降解，保证聚合物体系的有效性。杂环基的极性效应使杂环基碳带正电荷，杂环基氧带负电荷，杂环通过带正电荷的碳与带孤对电子的胺基（—NH—）（细菌蛋白质的胺基）或硫基（—SH）（细菌酶系统的硫基）等发生亲核加成反应使细菌失去复制能力，导致新陈代谢系统紊乱，达到杀菌和抑菌的目的[91]。

1.4.3.2 配注工艺的改进

目前，我国大部分油田已经进入三次采油阶段，为了进一步提高油田的采油率，聚合物驱油技术得到普遍应用。聚合物驱油技术在应用的过程中，聚合物的黏度和稳定性是决定其驱油效果的重要指标之一。因此，在使用该技术的过程中必须要对影响聚合物黏度的因素进行详细的分析，并在此基础上采取有效的措施，进一步降低聚合物黏度损失，进而保证油田的采收率。

（1）采用螺旋型静态混合器

针对聚合物在静态混合器的不断分割、转向过程中，会对其黏度产生一定的影响，可充分利用螺旋型静态混合器的形式，以达到降低黏损的目的。

与常规的静态混合器不同，螺旋型静态混合器中的混合元件呈现出螺旋状，使得聚合物进入其中之后，可围绕其自身水力中心回转，并从轴心向管壁的方向产生流动的现象。在这种旋转流动的模式下，可使得母液保持均匀的温度、均匀的黏度等。同时，螺旋型静态混合器中，由于相邻的混合元件呈螺旋方向进行左右交替，聚合物母液在混合器中会出现相互撞击的现象，并在撞击的过程中不断扩散，使得母液和高压水的混合更加均匀。并且在混合的这一过程中，混合单元不会产生机械剪切力，进而更好地降低了聚合物母液的黏损[92]。

（2）采用低剪切母液流量调节器

在聚合物注入的过程中，母液流量调节器会对其黏损产生明显的影响，基于此可采用低剪切母液流量调节器，以减少聚合物黏损现象。与普通的母液流量调节器相比，低剪切的母液流量调节器主要采用锥形梭型杆阀芯，在进行流量调节的过程中，当阀芯在下行时产生较大压力的时候，收到锥形梭型阀芯的作用和影响，就会降低母液的缓冲速度，进而使其剪切力变小，以达到降低黏损的目的[93]。

（3）生物抑制剂的研制

针对聚合物母液在注入过程中，极易受到生物因素的影响，出现黏损降低的现象，可加强相应的生物抑制剂的研发工作，以达到控制聚合物黏度的效果。主要包括两大类：第一类，黏细菌、东方链霉菌、芽孢杆菌等，该类微生物注入管道中就会被吸附于管道中的管壁上，并通过化学作用，产生万古霉素、多黏菌素 B 和多黏菌素 E，以及管杆菌肽等，可利用其进一步降低聚合物的黏损；第二类，硝酸盐还原菌，主要是利用生长底物竞争、硫化物的氧化作用，对硫酸盐的还原菌进行抑制，进而达到降解的作用。在以往研究中显示，管道中的微生物导致聚合物母液中黏损为 8%。在实验过程中，通过生物抑制剂的方式，将活性微生物加入管道中，可使其与有害细菌进行直接接触，进而提高了作用效能，减少了黏损的现象。同时，活性微生物在应用的过程中，由于其属于本源性环境物质，不会产生环境污染。

（4）比例调节注入工艺

比例调节注入工艺综合了一泵一井和一泵多井注入的优点，比例调节注入工艺相对于一泵一井工艺增加了液力端调节机构，相对于一泵多井工艺减少了流量调节器，因此其对聚合物溶液的降解具有自身的规律，调节过程中由于泵阀不严或损坏、调节幅度不当等问题，母液由高压回到低压会对黏度造成一定的影响。通过对比例调节工艺聚合物黏度损失规律进行研究，采取各种技术措施降低黏损，不仅可以提高注入质量，减少聚合物的浪费，更是确保聚合物驱油效果的关键。比例调节注入工艺具有结构紧凑、设备重复利用率高、地面投资少、节能效果好等技术特点，目前已在喇嘛甸油田三个区块推广应用[93]。

1.5
本书的编写目的和主体内容

由于油田聚驱开发规模不断扩大，清水用量大幅度增加，造成开发成本增加，而产生的大量采出水会污染环境。因此，利用油田采出水配制聚合物的技术就显得越来越重要。大庆油田已开发出用含油采出水配制聚合物的可行技术，并已在多个聚驱区块使用，缓解了含油采出水回注困难的矛盾。但是，该技术在现场应用中也存在许多问题，经污水稀释后的聚合物溶液，黏度损失较大，且稳定性较差，严重影响了聚合物驱的效果和效益。因此，找出影响聚合物黏度的影响因素成为我们亟待解决的问题。

本书的内容基于多年的研究，具体的内容主要分为以下几个部分：

① 对聚合物驱油的机理、聚合物合成生产进行的介绍和总结，加深读者对聚合物驱油全面的了解；

② 以大庆油田采油七厂配注站为实例介绍配注系统的功能组成和配注流程对聚合物黏度的影响，并归纳总结了我国当前主要油田应用的配注工艺和改进；

③ 针对聚合物配注水质和配注管线对聚合物黏度的影响，分别研究水质成分单项因子和配注管线对聚合物黏度损失的影响，根据研究结论提出相应的治理对策，对聚合物的黏度损失有针对性地进行控制；

④ 分析细菌对聚合物黏度的影响，具体分析硫酸盐还原菌、铁细菌和腐生菌三种细菌菌体本身、代谢产物及相互作用对聚合物黏度的影响；

⑤ 根据研究结论，基于生态调控开发新型生态抑制剂和杀菌剂，通过现场试验验证对聚合物黏损的控制效果；

⑥ 以大庆油田采油七厂5口井为例，介绍井间示踪监测技术在聚合物驱油生产中的应用。

第**2**章

试验材料与方法

2.1
悬浮固体富集和分离提纯方法

① 将 10L 过滤罐反冲洗水（采集起泵 3min 内）加入下口瓶中，加入一定量汽油，充分搅拌混匀后，静沉，萃取 24h。

② 容器中的液体分为三层：下层水；中层悬浮物；上层汽油。倒弃汽油层，分离水层和悬浮物层。

③ 用离心机离心富集水层悬浮物，离心机的转速为 10000r/min，离心 10min，将离心管底部的悬浮物转移到烧杯中。

④ 将萃取得到的悬浮物层转移到分液漏斗中（悬浮物容易沾到玻璃壁上，可用少量去离子水洗除），将离心得到的悬浮物也转移到分液漏斗中，然后加入 60℃的汽油多次萃取悬浮物中的原油，直到汽油层无色为止。

⑤ 将悬浮物层转移到烧杯中，加入适量去离子水，用 0.45μm 的膜过滤，收集悬浮物质至烧杯中，并放入 60℃干燥箱中干燥至恒重。

⑥ 将得到的悬浮物放入干燥器中保存。

2.2
悬浮固体含量测定方法

根据《碎屑岩油藏注水水质指标及分析方法》(SY/T 5329—2012) 中悬浮固体含量的测定方法（即滤膜称重法）进行悬浮固体含量的测定。

具体步骤如下：

① 首先对孔径 0.45μm 微孔滤膜进行前处理，用蒸馏水浸泡 0.5h 以上，置于 90℃干燥箱内烘干至恒重。

② 打开悬浮物固体测定仪，用蒸馏水润洗。

③ 用热水清洗滤杯罩，并将其夹在抽滤口。

④ 摇匀样品，量取一定量的样品，倒入滤杯中，在抽滤压力保持在 0.1～0.15MPa 状态下进行抽滤。

⑤ 抽滤完成后，取出滤膜并烘干，按图 2-1 所示用汽油（石油醚）清洗滤膜，然后取下滤膜再次置于 90℃干燥箱内烘干 2h 左右。

⑥ 取出滤膜放于干燥器中冷却至室温。

⑦ 称量，记录并计算。

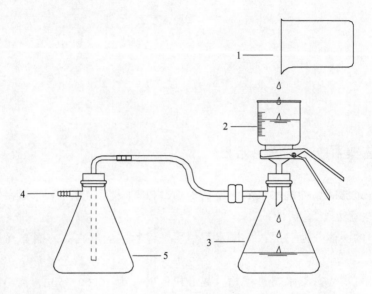

图 2-1 真空抽滤洗装置示意
1—洗涤溶液；2—过滤器；3—抽空瓶；4—接真空泵；5—缓冲瓶

2.3
含油量检测方法

含油量测定按《碎屑岩油藏注水水质指标及分析方法》(SY/T 5329—2012) 中含油量的测定方法进行测定（紫外分光光度法）。油田含聚污水中的油质可以被石油醚、汽油等有机溶剂提取，提取后的溶液深浅度与含油量呈线性关系。

（1）仪器及试剂

① 分光光度计（紫外-可见光波段）。

② 天平：感量为 0.1mg。

③ 无水氯化钙及无水硫酸钠。

④ 汽油或石油醚。

⑤ 刻度移液管：1mL 和 5mL。

⑥ 比色管：50mL。

⑦ 盐酸溶液（1+1）。

⑧ 分液漏斗：250mL 和 500mL。

⑨ 玻璃细口瓶：100mL 和 500mL。

⑩ 量筒：100mL、250mL 和 1000mL。

（2）测定步骤

① 将水样移入分液漏斗中，加盐酸溶液（1+1）2.5～5.0mL，然后用 50mL 汽油萃取水样 2 次，每次都将萃取样瓶后的汽油倒入分液漏斗中振摇 1～2min。

② 将 50mL 比色管中收集的 2 次萃取液，用汽油稀释到刻度，盖紧瓶塞然后摇匀，同时测量被萃取后水样体积（减去加盐酸体积），若萃取液浑浊，应加入无水硫酸钠（或无水氯化钙），脱水后再进行比色测定。

③ 用萃取剂（汽油）作空白样，其光密度值采用分光光度计测量，在标准曲线上查出含油量。

2.4
重金属离子测定方法

重金属离子的测定按照《原子吸收光谱法测定油气田水中金属元素》(SY/T 5982—1994)中的方法进行测定的。

（1）原子吸收原理

原子吸收光谱分析是以分散成原子蒸气状态的物质具有吸收同一物质的相同特征辐射性质为基础。金属盐溶液在火焰中受热离解，金属元素变成基态原子。当同类金属的元素灯所发出的特征光经过火焰时，基态原子吸收光量子后变成激发态。对光的吸收量正比于处于基态的原子数，即正比于金属离子的浓度，这是原子吸收法的定量分析依据。

（2）火焰发射原理

基态原子吸收火焰热能后，最外层价电子跃迁到高能态，即处于不稳定的激发态，激发态原子在很短时间内辐射出元素特有的光谱而回到基态，其辐射光线强度正比于激发态的原子数，即正比于金属元素的浓度，这是火焰发射法的定量分析依据。

（3）试剂和材料

① 盐酸溶液，2.5%。

② 硝酸溶液，5.0%。

③ 硝酸镧溶液，5.0%。

④ 氯化铵溶液，20%。

⑤ 氯化钠溶液，钠离子含量 5×10^4 mg/L。

⑥ 氯化钾溶液，钾离子含量 5×10^4 mg/L。

⑦ 硝酸铝溶液，铝离子含量 3×10^4 mg/L。

⑧ 氯化镧溶液，镧离子含量 4×10^4 mg/L。

⑨ 硝酸钙溶液，钙离子含量 3.5×10^4 mg/L。

标准溶液的配制，标准储备液 1000×10^4 mg/L，配制方法见表 2-1。

☐ 表 2-1 溶液的配制方法

储备液名称	基准物	配制方法
Cu	Cu	称取干燥的金属铜 1.0000g，溶于 40mL 硝酸溶液，加热微沸除尽氧化氮，移入 1L 容量瓶，定容、摇匀
Fe	Fe_2O_3	称取在 105～110℃烘至恒重的三氧化二铁 1.4297g，溶于 10mL 王水，移入 1L 容量瓶，定容、摇匀
Ni	Ni	称取干燥的金属镍 1.0000g，溶于 40mL 硝酸溶液，加热微沸除尽氧化氮，移入 1L 容量瓶，定容、摇匀
Cd	Cd	称取干燥的金属镉 1.0000g，溶于 40mL 硝酸溶液，加热微沸除尽氧化氮，移入 1L 容量瓶，定容、摇匀
Zn	Zn	称取干燥的金属锌 1.0000g，溶于 40mL 硝酸溶液，加热微沸除尽氧化氮，移入 1L 容量瓶，定容、摇匀
Pb	Pb	称取干燥的金属铅 3.0000g，溶于 40mL 硝酸溶液，加热微沸除尽氧化氮，移入 1L 容量瓶，定容、摇匀
Mn	Mn	称取干燥的金属锰 1.0000g，溶于 40mL 硝酸溶液，加热微沸除尽氧化氮，移入 1L 容量瓶，定容、摇匀
Co	Co	称取干燥的金属钴 1.0000g，溶于 40mL 硝酸溶液，加热至冒白烟，移入 1L 容量瓶，定容、摇匀
Cr	$K_2Cr_2O_7$	称取在 105～110℃烘至恒重的重铬酸钾 2.8288g，加水溶解移入 1L 容量瓶，定容、摇匀

标准工作液，20mg/L，将各离子标准储备液逐次稀释 50 倍。

重金属离子标准工作液，100mg/L，将各重金属离子标准储备液稀释 10 倍。

（4）材料与仪器

① 容量瓶：25mL、50mL、100mL、500mL 和 1000mL，A 级。

② 大肚移液管：1mL、5mL、10mL、25mL 和 50mL，A 级。

③ 钢瓶乙炔气：优级纯。

④ 原子吸收光谱仪，带计算机或记录仪。

⑤ 铜、铁、镍、镉、锌、铅、铬、锰、钴空心阴极灯。

（5）适用范围

适用于油气田水中含量大于 10mg/L 的重金属离子测定。它们 1‰ 吸收的特征浓度分别为：铜离子 0.025mg/L，铁离子 0.04g/L，镍离子 0.046mg/L，镉离子 0.03mg/L，锌离子 0.01mg/L，铅离子 0.12mg，铬离子 0.07mg/L，锰离子 0.025mg/L，钴离子 0.01mg/L。

（6）标准曲线绘制

吸取各种重金属离子的标准工作液分别置于 100mL 容量瓶中，分别加 10mL 硝酸溶液，于锌标准工作液中再加硝酸镧溶液 4mL，于铬标准工作液中再加氯化铵溶液 10mL，然后定容、摇匀。配成铜、铁、镍、镉、锌、铅、锰、钴、铬九种金属离子混合标准系列溶液。此标准系列溶液中硝酸浓度为 0.5‰，铜离子、镍离子、铬离子、铁离子、钴离子、锰离子浓度分别为 0.0mg/L、1.0mg/L、2.0mg/L、3.0mg/L、4.0mg/L 和 5.0mg/L，镉离子浓度分别为 0.0mg/L、0.25mg/L、0.5mg/L、1.0mg/L、1.5mg/L 和 2.0mg/L，锌离子浓度分别为 0.0mg/L、0.1mg/L、0.2mg/L、0.3mg/L、0.4mg/L 和 0.5mg/L，铅离子浓度分别为 0.0mg/L、2.0mg/L、4.0mg/L、6.0mg/L、8.0mg/L 和 10.0mg/L。

（7）样品测定

吸取一定体积经过滤后的水样于 50mL 容量瓶中，加 5mL 硝酸溶液。于测定锌的水样中再加 2mL 硝酸镧溶液，于测定铬的水样中再加 5mL 氯化铵溶液，然后定容、摇匀。稀释后水样总矿化度应小于 50g/L。与标准系列溶液同时测定、记录吸光度。在标准曲线上即可求出被测金属离子的含量。

（8）计算

$$M = AD \tag{2-1}$$

式中　M——被测金属元素离子含量，mg/L；

　　　A——从标准曲线上查得的各金属元素离子含量，mg/L；

　　　D——水样稀释倍数。

2.5
碱度测定方法

碱度的测定按《油田水分析方法》(SY/T 5523—2016) 中测定方法进行测定（HCl 滴定法）。

（1）原理

水样用标准酸溶液滴定至规定的 pH 值，其终点可由加入的酸碱指示剂在该 pH 值时颜色的变化来判断。当滴定至酚酞指示剂由红色变为无色时，溶液 pH 值约为 8.3，根据此时酸的用量可计算得出碱度。当滴定至甲基橙指示剂由橘黄色变为橘红色时，溶液 pH 值为 4.4～4.5，根据此时酸的用量可计算得出碱度。

（2）干扰及消除

水样浑浊、有色均干扰测定，可用电位滴定法（即用 pH 计检测）测定。

（3）试剂

① 无二氧化碳水：用于制备标准溶液及稀释用的蒸馏水或去离子水，临用前煮沸 15min，冷却至室温。pH 值应大于 6.0，电导率小于 $2\mu S/cm$。

② 酚酞指示剂：称取 0.5g 酚酞溶于 50mL 95% 乙醇中，用水稀释至 100mL。

③ 甲基橙指示剂：称取 0.05g 甲基橙溶于 100mL 蒸馏水中。

④ 碳酸钠标准溶液（$1/2Na_2CO_3 = 0.0250mol/L$）：称取 1.3249g（于 250℃烘干 4h）的基准试剂污水碳酸钠（Na_2CO_3），溶于少量无二氧化碳水中，移入 1000mL 容量瓶中，用水稀释至标线，摇匀。储存在聚乙烯瓶中，保存时间不超过一周。

⑤ 盐酸标准溶液（0.025mol/L）：用分度吸管吸取 2.1mL 浓盐酸（$\rho = 1.19$g/mL），并用蒸馏水稀释至 1000mL，此溶液浓度 ≈ 0.025mol/L。其准确浓度按照以下方法标定：

用吸管吸取 25.00mL 碳酸钠标准溶液于 250mL 锥形瓶中，加无二氧化碳水稀释至约 100mL，加入 3 滴甲基橙指示剂，用盐酸标准溶液滴定至桔黄色刚变成桔红色，记录盐酸标准溶液用量。按下式计算其准确浓度：

$$C = \frac{25.00 \times 0.0250}{V} \qquad (2\text{-}2)$$

式中　C——盐酸标准溶液浓度，mol/L；

　　　V——盐酸标准溶液用量，mL。

（4）步骤

① 分取 100mL 水样于 250mL 锥形瓶中，加入 4 滴酚酞指示剂，摇匀。当溶液呈红色时，用盐酸标准溶液滴定至刚刚褪至无色，记录盐酸标准溶液用量。若加酚酞指示剂后溶液无色，则不需用盐酸标准溶液滴定，并接着进行第②项操作。

② 向上述锥形瓶中加入 3 滴甲基橙指示剂，摇匀。继续用盐酸标准溶液滴定至溶液由桔黄色刚刚变为桔红色为止。记录盐酸标准溶液用量。

（5）计算

$$总碱度\left(以\ CaO\ 计,\frac{mg}{L}\right) = \frac{C(P+M) \times 28.04}{V} \times 1000 \qquad (2\text{-}3)$$

$$总碱度(以 CaCO_3\ 计,mg/L) = \frac{C(P+M) \times 50.05}{V} \times 1000 \qquad (2\text{-}4)$$

式中　P——以酚酞作指示剂时，滴定至颜色变化所消耗盐酸标准溶液的量，mL；

　　　M——以甲基橙作指示剂时，盐酸标准溶液用量，mL；

　　　C——盐酸标准溶液浓度，mol/L；

　　28.04——氧化钙（$1/2CaO$）摩尔质量，g/mol；

　　50.05——碳酸钙（$1/2Na_2CO_3$）摩尔质量，g/mol。

2.6
盐度测定方法

盐度的测定采用硝酸银沉淀滴定法。

（1）原理

在中性至弱碱性范围内（pH 值为 6.5～10.5），以铬酸钾为指示剂，用硝酸银滴定氯化物，由于氯化银的溶解度小于铬酸银的溶解度，氯离子首先被完全沉淀出来后，然后铬酸盐以铬酸银的形式被沉淀出来，产生砖红色，指示滴定终点到达。该沉淀滴定的反应如下：

$$2Ag^+ + CrO_4^{2-} \longrightarrow Ag_2CrO_4 \downarrow \qquad (2\text{-}5)$$

（2）仪器和试剂

1）仪器

① 锥形瓶：250mL

② 滴定管：25mL，棕色

③ 吸管：50mL，25mL

2）试剂

① 高锰酸钾：0.01mol/L

② 过氧化氢：30%

③ 乙醇：95%

④ 硫酸溶液：0.05mol/L

⑤ 氢氧化钠溶液：0.05mol/L

⑥ 氢氧化铝悬浮液

⑦ 氢氧化钠标准液：0.014mol/L

⑧ 硝酸银标准液：0.014mol/L

⑨ 铬酸钾溶液：50g/L

⑩ 酚酞指示剂溶液

（3）步骤

1）用吸管吸取 50mL 水样或经过预处理的水样（若氯化物含量高，可取适量水样用蒸馏水稀释至 50mL），置于锥形瓶中。另取一锥形瓶加入 50mL 蒸馏水作为空白试验。

2）如水样 pH 值在 6.5～10.5 范围内，可直接滴定，超出此范围的水样应以酚酞作为指示剂，用稀硫酸或氢氧化钠的溶液调节至红色刚刚褪去。

3）加入 1mL 铬酸钾溶液，用硝酸银标准溶液滴定至砖红色沉淀刚刚出现即为滴定终点。同样方法作为空白滴定。

（4）结果表示

氯化物含量 C（mg/L）按下式计算：

$$C = \frac{(V_2 - V_1) \times M \times 35.45 \times 1000}{V} \tag{2-6}$$

式中　V_1——蒸馏水消耗硝酸银标准溶液量，mL；

　　　V_2——试样消耗硝酸银标准溶液量，mL；

　　　M——硝酸银标准溶液浓度，mol/L；

　　　V——试样体积，mL。

2.7
硝酸根检测方法

硝酸根的测定是按照 GB 7480—1987 标准中规定的方法进行测定的（酚二磺酸光度法）。本方法的最低检出浓度为 0.02mg/L，测定上限为 2.0mg/L。水中含氯化物、亚硝酸盐、铵盐、有机物和碳酸盐时可产生干扰，含此类物质时应做适当的预处理。

（1）实验原理

硝酸盐在无水情况下与酚二磺酸反应，生成硝基二磺酸酚，在碱性溶液中生成黄色化合物，进行定量测定。

（2）仪器及试剂

1）仪器

① 分光光度计。

② 瓷蒸发皿：75～100mL。

2）试剂

① 酚二磺酸：称取 25g 苯酚（C_6H_5OH）置于 500mL 锥形瓶中，加 150mL 浓硫酸使之溶解，再加 75mL 发烟硫酸［含 13％三氧化硫（SO_3）］，充分混合。瓶口插一小漏斗，小心置瓶于沸水浴中加热 2h，得淡棕色稠液，储于棕色瓶中，密塞保存。

② 硝酸盐标准储备液：称取 0.7218g 经 105～110℃ 干燥 2h 的优级纯硝酸钾（KNO_3）溶于水，移入 1000mL 容量瓶中，稀释至标线，加 2mL 三氯甲烷作保存剂，混匀，至少可稳定 6 个月。该标准储备液每毫升含 0.100mg 硝酸盐氮。

③ 硝酸盐标准使用液：吸取 50.0mL 硝酸盐标准储备液置于蒸发皿中，加 0.1mol/L 氢氧化钠溶液使 pH 值调至 8，在水浴上蒸发至干。加 2mL 酚二磺酸，用玻璃棒研磨蒸发皿内壁，使残渣与试剂充分接触，放置片刻，重复研磨一次，放置 10min，加入少量水，移入 500mL 容量瓶中，稀释至标线，混匀。储于棕色瓶中，此溶液至少稳定 6 个月。该标准使用液每毫升含 0.010mg 硝酸盐氮。

④ 硫酸银溶液：称取 4.397g 硫酸银（Ag_2SO_4）溶于水，移至 1000mL 容量瓶中，用水稀释至标线。1.00mL 溶液可去除 1.00mg 氯离子。

⑤ 氢氧化铝悬浮液：溶解 125g 硫酸铝钾或硫酸铝铵于 1000mL 水中，加热至 60℃，在不断搅拌下，徐徐加入 55mL 浓氨水，放置约 1h 后，移入 1000mL 量筒内，用水反复洗涤沉淀，最后至洗涤液中不含亚硝酸盐为止。澄清后，把上清液尽量全部倾出，只留稠的悬浮物，最后加入 100mL 水，使用前应震荡均匀。

⑥ 高锰酸钾溶液：称取 3.16g 高锰酸钾溶于水，稀释至 1L。

（3）实验步骤

1）校准曲线的绘制

在一组 50mL 比色管中，用分度吸管分别加入硝酸盐氮标准使用液 0mL、0.10mL、0.30mL、0.50mL、0.70mL、1.00mL、5.00mL、7.00mL、10.0mL（含硝酸盐氮 0mg、0.001mg、0.003mg、0.005mg、0.007mg、0.010mg、0.030mg、0.050mg、0.070mg、0.100mg），加水至约 40mL，加 3mL 氨水使呈碱性，稀释至标线，混匀。在波长 410nm 处，以水为参比，以 10mm 的 0.001～0.01mg 比色皿测量吸光度。

由测得的吸光度值减去零浓度管的吸光度值，分别绘制不同比色皿光程长的吸光度对硝酸盐氮含量（mg）的标准曲线。

2）水样的测定

① 水样浑浊和带色时，可取 100mL 水样于具塞比色管中，加入 2mL 氢氧化铝悬浮

液，密塞振摇，静置数分钟后，过滤，弃去 20mL 初滤液。

② 氯离子的去除：取 100mL 水样移入具塞比色管中，根据已测定的氯离子含量，加入相当量的硫酸银溶液，充分混合。在暗处放置 0.5h，使氯化银沉淀凝聚，然后用慢速滤纸过滤，弃去 20mL 初滤液。

③ 亚硝酸盐的干扰：当亚硝酸盐氮含量超过 0.2mg/L 时，可取 100mL 水加 1mL 0.5mol/L 硫酸，混匀后，滴加高锰酸钾溶液至淡红色保持 15min 不褪色为止，使亚硝酸盐氧化为硝酸盐，最后从硝酸盐氮测定结果中减去亚硝酸盐氮量。

④ 测定：取 50.0mL 经预处理的水样于蒸发皿中，用 pH 试纸检查，必要时用 0.5mol/L 硫酸或 0.1mol/L 氢氧化钠溶液调至 pH=8，置水浴上蒸发至干。加 1.0mL 酚二磺酸，用玻璃棒研磨，使试剂与蒸发皿内残渣充分接触，静置片刻，再研磨一次，放置 10min，加入约 10mL 水。

在搅拌下加入 3~4mL 氨水，使溶液呈现最深的颜色。如有沉淀，则过滤。将溶液移入 50mL 比色管中，稀释至标线，混匀。于 410nm 处，选用 10mm 或 30mm 比色皿，以水为参比，测量吸光度。

空白试验：以水代替水样，按相同的步骤进行全程序空白测定。

3）计算

$$硝酸盐氮(N,mg/L)=m/V\times1000 \tag{2-7}$$

式中　m——从校准曲线上查得的硝酸盐氮量，mg；

　　　V——分取水样体积，mL。

经去除氯离子的水样，按式(2-8) 计算：

$$硝酸盐氮(N,mg/L)=m/V\times1000\times(V_1+V_2)/V_1 \tag{2-8}$$

式中　V_1——水样体积，mL；

　　　V_2——硫酸银溶液加入量，mL。

2.8
亚硝酸根检测方法

亚硝酸根的测定是按照 GB 7493—1987 标准中的规定进行测定的 [N-(1-萘基)-乙二胺光度法]。本实验方法的最低检出浓度为 0.003mg/L；测定上限为 0.20mg/L 亚硝酸盐氮。氯胺、氯、硫代硫酸盐、聚磷酸钠和高铁离子有明显干扰。水样呈碱性（pH≥11）时，可加酚酞溶液为指示剂，滴加磷酸溶液至红色消失。水样有颜色或悬浮物，可加氢氧化铝悬浮液并过滤。

（1）实验原理

在磷酸介质中，pH 值为 1.8±0.3 时，亚硝酸盐与对氨基苯磺酰胺反应，生成重氮盐，再与 N-(1-萘基)-乙二胺偶联生成红色染料。在 540nm 波长处有最大吸收。

（2）仪器及试剂

① 分光光度计。

② 无亚硝酸盐的水：于蒸馏水中加入少许高锰酸钾晶体，使呈红色，再加入氢氧化钡（或氢氧化钙），使呈碱性。置于全玻璃蒸馏器中蒸馏，弃去 50mL 初馏液，收集中间约 70% 不含锰的馏出液。亦可于每升蒸馏水中加 1mL 浓硫酸和 0.2mL 硫酸锰溶液（每 100mL 水中含 36.4g $MnSO_4 \cdot H_2O$），加入 1~3mL 0.04% 高锰酸钾溶液至呈红色，重蒸馏。

③ 磷酸 $\rho = 1.70g/mL$。

④ 显色剂：于 500mL 烧杯中，加入 250mL 水和 50mL 磷酸，加入 20.0g 对氨基苯磺酰胺，再将 1.00g N-(1-萘基)-乙二胺二盐酸盐（$C_{10}H_7NHC_2H_4NH_2 \cdot 2HCl$）溶于上述溶液中，转移至 500mL 容量瓶中，用水稀释至标线，混匀。此溶液储于棕色瓶中，保存于 2~5℃，至少可稳定 1 个月。

⑤ 亚硝酸盐氮标准储备液：称取 1.232g 亚硝酸盐钠（$NaNO_2$）溶于 150mL 水中，转移至 1000mL 容量瓶中，用水稀释至标线。每毫升含约 0.25mg 亚硝酸盐氮。本溶液储存于棕色瓶中，加入 1mL 三氯甲烷，保存在 2~5℃，至少可稳定 1 个月。储备液的标定如下：在 300mL 具塞锥形瓶中，加入 50.00mL 的 0.050mol/L 的高锰酸钾标准溶液，5mL 浓硫酸，用 50mL 无分度吸管，使下端插入高锰酸钾溶液面下，加入 50.00mL 亚硝酸钠标准储备液，轻轻摇匀。置于水浴上加热至 70~80℃，按每次 10.00mL 的量加入足够的草酸钠标准液，使红色褪去，记录草酸钠标准液用量（V_2）。然后用高锰酸钾标准溶液滴定过量的草酸钠至溶液呈微红色，记录高锰酸钾标准溶液总用量（V_1）。再以 50mL 水代替亚硝酸盐氮标准储备液，如上操作，用草酸钠标准溶液标定高锰酸钾溶液的浓度（c_1）。按式(2-9)计算高锰酸钾标准溶液浓度：

$$c_1(1/5KMnO_4) = 0.0500 \times V_4/V_3 \tag{2-9}$$

按式(2-10)计算亚硝酸盐氮标准储备液的浓度：

$$亚硝酸盐氮(N, mg/L) = (V_1c_1 - 0.0500 \times V_2) \times 7.00 \times 1000/50.00$$
$$= 140V_1c_1 - 7.00V_2 \tag{2-10}$$

式中　c_1——经标定的高锰酸钾标准溶液的浓度，mol/L；

V_1——滴定亚硝酸盐氮标准储备液时，加入高锰酸钾标准溶液总量，mL；

V_2——滴定亚硝酸盐氮标准储备液时，加入草酸钠标准溶液量，mL；

V_3——滴定水时，加入高锰酸钾标准溶液总量，mL；

V_4——滴定空白时，加入草酸钠标准溶液量，mL；

7.00——亚硝酸盐氮（1/2N）的摩尔质量，g/moL；

50.00——亚硝酸盐标准储备液取用量，mL；

0.0500——草酸钠标准溶液浓度（$1/2Na_2C_2O_4$），mol/L。

⑥ 亚硝酸盐氮标准中间液：取 50.00mL 亚硝酸盐标准储备液（含 12.5mg 亚硝酸盐氮），置于 250mL 容量瓶中，用水稀释至标线。此溶液每毫升含 50.0μg 亚硝酸盐氮。中间液储于棕色瓶中，保存在 2~5℃，可稳定 1 周。

⑦ 亚硝酸盐氮标准使用液：取 10.00mL 亚硝酸盐标准中间液，置于 500mL 容量瓶中，用水稀释至标线。每毫升含 1.00μg 亚硝酸盐氮。此溶液使用时当天配制。

⑧ 氢氧化铝悬浮液：溶解 125g 硫酸铝钾或硫酸铝铵于 1000mL 水中，加热至 60℃，在不断搅拌下，缓缓加入 55mL 浓氨水，放置约 1h 后，移入 1000mL 量筒内，用水反复洗涤沉淀，最后至洗涤液中不含亚硝酸盐为止。澄清后，把上清液尽量全部倾出，只留稠

的悬浮物，最后加入 100mL 水，使用前应震荡均匀。

⑨ 高锰酸钾标准溶液（$1/5KMnO_4$）＝0.050mol/L：溶解 1.6g 高锰酸钾于 1200mL 水中，煮沸 0.5～1h，使体积减少到 1000mL 左右，放置过夜。用 G-3 号玻璃砂芯滤器过滤后，滤液储存于棕色瓶中避光保存，按上述方法标定。

⑩ 草酸钠标准溶液（$1/2Na_2C_2O_4$）＝0.0500mg/L：溶解经 105℃烘干 2h 的优级纯无水草酸钠 3.350g 于 750mL 水中，移入 1000mL 容量瓶中，稀释至标线。

（3）实验步骤

1）标准曲线的绘制

在一组 6 支 50mL 比色管中，分别加入 0mL、1.00mL、3.00mL、5.00mL、7.00mL 和 10.00mL 亚硝酸盐氮标准使用液，用水稀释至标线。加入 1.0mL 显色剂，密塞，混匀。静置 20min 后，在 2h 以内，于波长 540nm 处，用 10mm 的比色皿，以水为参比，测量吸光度。

从测得的吸光度，减去零浓度空白管的吸光度后，获得校正吸光度，绘制以氮含量（μg）对校正吸光度的校准曲线。

2）水样的测定

当水样 pH≥11 时，可加入 1 滴酚酞指示液，边搅拌边逐滴加入（1＋9）磷酸溶液至红色刚消失。

水样如有颜色和悬浮物，可向每 100mL 水中加入 2mL 氢氧化铝悬浮液，搅拌、静置、过滤，弃去 25mL 初滤液。

分取经预处理的水样于 50mL 比色管中（如含量较高，则分取适量，用水稀释至标线），加 1.0mL 显色剂，然后按校准曲线绘制的相同步骤操作，测量吸光度。经空白校正后，从校准曲线上查得亚硝酸盐氮量。

3）空白试验

用水代替水样，按相同步骤进行测定。

4）计算

$$亚硝酸盐氮(N, mg/L) = m/V \tag{2-11}$$

式中　m——由水样测得的校正吸光度，从校准曲线上查得相应的亚硝酸盐氮的含量，μg；

　　　V——水样的体积，mL。

2.9
硫化物测定方法

油田水系统中的硫化物按溶解性分为可溶性硫化物和难溶性硫化物，可溶性硫化物以 H_2S、HS^- 和 S^{2-} 形式溶解在水中，难溶性硫化物为金属硫化物。在油田水系统中，难溶性硫化物主要为硫化亚铁，以细小颗粒形式悬浮或沉淀于系统中。

硫化物造成的设备腐蚀主要是由可溶性硫化物引起的，可溶性硫化物与管壁的铁形成腐蚀产物——难溶性金属硫化物。难溶性金属硫化物，使采出水系统中悬浮固体含量增加，导致滤料污染、油水分离困难，电脱水器运行不稳定，给油田生产造成较大的影响。因此，迅速测定油田水中硫化物特别是可溶性硫化物，对于及时了解地面水系统中硫化物腐蚀危害程度、监控硫酸盐还原菌活性状态以及采取合适的控制措施极其必要。

2.9.1 碘量法

碘量法：是按照《油田水分析方法》(SY/T 5523—2016)中的方法进行硫化物的测定。

（1）方法原理

硫化物在酸性条件下，与过量的碘作用，剩余的碘用硫代硫酸钠溶液滴定。由硫代硫酸钠溶液所消耗的量，间接求出硫化物的含量。

干扰及消除还原性或氧化性物质干扰测定。水中悬浮物或浑浊度高时，对测定可溶态硫化物有干扰。遇此情况应进行适当处理。本方法适用于含硫化物在 1mg/L 以上的水和废水的测定。

（2）仪器及试剂

1）类型

① 250mL 碘量瓶。

② 中速定量滤纸或玻璃纤维滤膜。

③ 25mL 或 50mL 滴定管（棕色）。

④ 1mol/L 乙酸锌溶液：溶解 220g 二水合乙酸锌于水中，用水稀释至 1000mL。

⑤ 1% 的淀粉指示液。

⑥ 浓硫酸。

⑦ 0.05mol/L 硫代硫酸钠标准溶液：称取 12.4g 五水合硫代硫酸钠溶于水中，稀释至 1000mL，加入 0.2g 无水碳酸钠，保存于棕色瓶中。

2）标定

向 250mL 碘量瓶内，加入 1g 碘化钾及 50mL 水，加入重铬酸钾标准溶液 $[(1/6K_2Cr_2O_7)=0.01mol/L]$ 15mL，加入硫酸 5mL，密塞混匀。置暗处静置 5min，用待标定的硫代硫酸钠标准溶液滴定至溶液呈淡黄色时，加入 1mL 淀粉指示液，继续滴定至蓝色刚好消失，记录标准液用量（同时做空白滴定）。

（3）测定方法

将硫化锌沉淀连同滤纸转入 250mL 碘量瓶中，用玻璃棒搅碎，加 50mL 水及 10.00mL 碘标准溶液，5mL 硫酸溶液，密塞混匀。暗处放置 5min，用硫代硫酸钠标准溶液滴定至溶液呈淡黄色时，加入 1mL 淀粉指示液，继续滴定至蓝色刚好消失，记录用量。同时作空白试验。水样若经酸化吹气预处理，则可在盛有吸收液的原碘量瓶中，同上加入试剂进行测定。

2.9.2 亚甲蓝比色法

亚甲蓝比色法是根据《油田水分析方法》(SY/T 5523—2016)中的方法进行测定的。

（1）方法原理

在含高铁离子的酸性溶液中，硫离子与对氨基二甲苯胺作用，生成亚甲基蓝，颜色深度与水中硫离子浓度成正比。

（2）干扰及消除

亚硫酸盐、硫代硫酸盐超过 10mg/L 时将影响测定。必要时，增加硫酸铁铵用量，则其允许量可达 40mg/L。亚硝酸盐达 0.5mg/L 时产生干扰。其他氧化剂或还原剂亦可影响显色反应。亚铁氰化物可生成蓝色，产生正干扰。

（3）方法的适用范围

本法最低检出浓度为 0.02mg/L（S^{2-}），测定上限为 0.8mg/L。当采用酸化-吹气预处理法时，可进一步降低检出浓度。酌情减少取样量，测定浓度可高达 4mg/L。

（4）仪器及试剂

1）类型

① 分光光度计，10mm 比色皿。

② 50mL 比色管。

③ 无二氧化碳水：将蒸馏水煮沸 15min 后，加盖冷却至室温。所有实验用水均为无二氧化碳水。

④ 硫酸铁铵溶液：取 25g 十二水合硫酸高铁铵溶解于含有 5mL 硫酸的水中，稀释至 200mL。

⑤ 0.2%（质量体积比）对氨基二甲基苯胺溶液：称取 2g 对氨基二甲基苯胺盐酸盐溶于 700mL 水中，缓缓加入 200mL 硫酸，冷却后，用水稀释至 1000mL。

⑥ 浓硫酸。

⑦ 0.1mol/L 硫代硫酸钠标准溶液：称取 24.8g 五水合硫代硫酸钠，溶于无二氧化碳水中，转移至 1000mL 棕色容量瓶内，稀释至标线，摇匀。

⑧ 2mol/L 乙酸锌溶液。

⑨ 0.05mol/L（$1/2\ I_2$）碘标准溶液：准确称取 6.400g 碘于 250mL 烧杯中，加入 20g 碘化钾，加适量水溶解后，转移至 1000mL 棕色容量瓶中，用水稀释至标线，摇匀。

⑩ 1%淀粉指示液。

⑪ 硫化钠标准储备液：取一定量结晶九水合硫化钠置布氏漏斗中，用水淋洗除去表面杂质，用干滤纸吸去水分后，称取 7.5g 溶于少量水中，转移至 1000mL 棕色容量瓶中，用水稀释至标线，摇匀备测。

2）标定

在 250mL 碘量瓶中，加入 10mL 的 1mol/L 乙酸锌溶液，10mL 待标定的硫化钠溶液及 0.1mol/L 的碘标准溶液 20mL，用水稀释至 60mL，加入硫酸 5mL，密塞摇匀。在暗处放置 5min，用 0.1mol/L 硫代硫酸钠标准溶液，滴定至溶液呈淡黄色时，加入 1mL 淀粉指示液，继续滴定至蓝色刚好消失为止，记录标准液用量。同时以 10mL 水代替硫化钠溶液，做空白试验。

（5）测定方法

1）校准曲线的绘制

分别取 0mL、0.50mL、1.00mL、2.00mL、3.00mL、4.00mL、5.00mL 的硫化钠

标准使用液置 50mL 比色管中，加水至 40mL，加对氨基二甲基苯胺溶液 5mL，密塞。颠倒一次，加硫酸铁铵溶液 1mL，立即密塞，充分摇匀。10min 后，用水稀释至标线，混匀。用 10mm 比色皿，以水为参比，在 665nm 处测量吸光度，并做空白校正。

2）水样测定

将预处理后的吸收液或硫化物沉淀转移至 50mL 比色管或在原吸收管中，加水至 40mL。以下操作同校准曲线绘制，并以水代替试样，按相同操作步骤，进行空白试验，以此对试样做空白校正。

2.9.3 可溶性硫化物快速检测方法——电极法

2.9.3.1 分析原理

用硫离子选择电极为指示电极，双桥饱和甘汞电极为参比电极，用标准铅离子溶液滴定硫离子，以伏特计测定电位变化指示反应终点。

$$Pb^{2+} + S^{2-} \longrightarrow PnS \downarrow \tag{2-12}$$

硫化铅的溶度积 $[Pb^{2+}][S^{2-}] = 8.0 \times 10^{-28}$。等电点时，$S^{2-}$ 浓度为 $10 \sim 14mol/L$，若在等电点前 $[S^{2-}] = 10^{-6}mol/L$，则等电点时 $[S^{2-}]$ 浓度变化 8 个数量级。根据能斯特方程得出：

$$E = E_0 + 29\lg\alpha_{S^{2-}} \tag{2-13}$$

式中　E——电极电位，mV；

　　　E_0——标准电极电位，mV；

　　　$\alpha_{S^{2-}}$——硫离子活度。

由式（2-13）可计算出，S^{2-} 浓度变化 8 个数量级时，电位变化 232mV，在终点时电位变化有突跃。确定出终点时铅标准溶液的用量，即可求出样品中硫离子的含量。从分析原理来判断，该法检测的是可溶性无机硫化物。

用配制的已知浓度的标准铅离子溶液滴定硫离子溶液，在滴定过程中记下标准铅离子溶液量和溶液电位值，反应过程中电位与标准铅离子溶液体积的变化关系如图 2-2（a）所示，图 2-2（b）是根据 2-2（a）计算得到的二次微熵曲线。

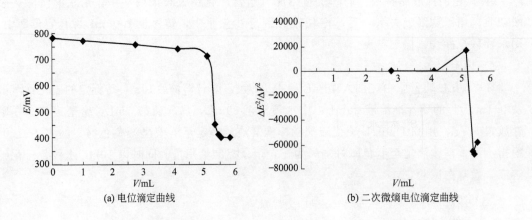

(a) 电位滴定曲线　　　　　　　　　(b) 二次微熵电位滴定曲线

图 2-2　用 0.01mol/L Pb²⁺ 滴定 Na₂S 时的滴定曲线

如图 2-2 （a） 所示，等电点前后有 200mV 以上的电位突跃。图 2-2 （b） 中曲线与横坐标的交点即为反应终点。

溶液中硫离子含量（mg/L）计算如下：

$$S^{2-}(mg/L) = (MV \times 32.06 \times 1000)/V_s \qquad (2\text{-}14)$$

式中 M——标准 Pb^{2+} 溶液浓度，mol/L；

      V——根据二次微熵［图 2-2 （b）］确定出的终点时标准 Pb^{2+} 溶液体积，mL；

      V_s——样品体积，mL。

2.9.3.2   分析仪器构成

（1）硫化物测定电极性能与制备

常用的硫离子电极为晶体膜电极与涂丝电极，参比电极有饱和甘汞电极、锑 pH 电极、铱 pH 电极。测试以上电极的电化学性能，比较其响应电位的平稳性、灵敏度和抗氧化性。选择具有电位稳定性好、灵敏度高、抗腐蚀、抗氧化、使用寿命长的电极，并将选择电极与参比电极复合，制作出硫化物复合电极，提高硫化物测定的稳定性和灵敏度。

（2）仪器组成

仪器主机硬件由操作及显示部分、自动加液部分、搅拌部分和检测部分共四个单元构成，自动加液部分最小加液体积可达到 0.01mL。

（3）仪器操作软件开发

主要通过参数设置，控制分析加液速度、标液加入量、搅拌速度与时间，将响应电位变化通过数据显示器呈现出来，找出等电点，判断出滴定终点。将滴定部分、搅拌部分、电位分析、数据处理有机连接成一个整体，实现测定自动完成。油田硫化物测定仪器提高硫化物测定的准确度，减少了人为因素带来的误差，使硫化物测定的工作量大大降低，单个样品测定时间小于 15min。

2.9.3.3   硫化物快速测定方法操作条件优化

（1）标准滴定液选择

在硫化物快速测定试验时，用铅标准溶液作为滴定剂，其中标准溶液可选择硝酸铅或乙酸铅，所以需要进行两种标准滴定液对照实验，以确定出适合的标准溶液。

配制 0.01mol/L 的硝酸铅和 0.01mol/L 的乙酸铅标准溶液，分别对同一浓度硫化物进行快速测定。对比进行了 6 个 S^{2-} 浓度水平实验，S^{2-} 浓度从最高 140mg/L 左右到最低 6mg/L 左右，对比结果见表 2-2。

⊡ 表 2-2   两种标准滴定液对分析结果的影响情况比较

序号	S^{2-} 浓度水平/（mg/L）	不同标准滴定液时的测定值/（mg/L）		相对偏差/%
		0.01mol/L 硝酸铅	0.01mol/L 乙酸铅	
1	140	135.77	136.74	0.7
2	100	98.81	98.99	0.1
3	50	51.74	51.94	0.4
4	30	28.21	29.17	3.3
5	10	11.70	12.02	2.7
6	5	5.29	6.09	13.3

由表 2-2 可见，在 S^{2-} 浓度水平在 10mg/L 以上时，使用硝酸铅标准滴定液的分析结果与使用乙酸铅标准滴定液的测定结果平均值的相对偏差均小于 4%。在 S^{2-} 浓度水平在 5mg/L 左右，使用两种标准滴定液时测定结果的相对偏差达到 13.3%，但绝对偏差小于 1.0mg/L。乙酸铅滴定结果一般高于硝酸铅，但两种滴定试剂滴定结果偏差很小，因此两种标准滴定试剂都可以用于硫化物分析测定。但在配制乙酸铅时，溶液成微浑浊状态，配制时需加入几滴乙酸，使溶液保持清澈透明状态。

（2）测定 pH 值的选择

S^{2-} 在水溶液中容易水解，溶液的 pH 值影响硫化物在水中的形态，为使溶液中 S^{2-} 滴定完全，需要控制滴定的最低 pH 值。取配制的硫化物标准溶液 25.0mL 于 50mL 烧杯中，用 1%稀盐酸溶液或 1%氢氧化钠溶液调节溶液的 pH 值，测定溶液中硫化物含量，记录滴定剂用量，考察 pH 值对测定的影响，并确定出最佳 pH 值，pH 值对测定结果的影响见图 2-3。

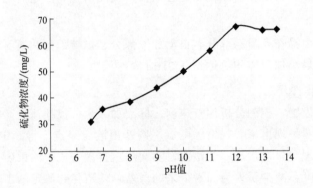

图 2-3 pH 值对 S^{2-} 测定的影响曲线

如图 2-3 可见，溶液 pH 值对测定结果影响极大，特别是溶液 pH 值在 10 以下时，影响极其显著。当溶液 pH 值大于 12 时，测定结果趋于稳定，所以确定选择 pH=12 为硫化物快速测定时最低 pH 值。溶液 pH 值对测定影响的原因在于，当溶液 pH 值较低时，溶液中硫化物以 S^{2-} 形态存在的比例减少，影响滴定产物硫化铅的生成，使分析结果偏低。通过实验确定，对于大庆油田地面采出水，50mL 水样加 5.0mL 的 5.0%氢氧化钠溶液可使 pH 值保持在 12.0 以上，满足快速测定对溶液 pH 值的要求。

（3）搅拌速率的选择

采用磁力搅拌的方式使滴定剂在溶液中迅速扩散混合，磁力搅拌速率影响滴定剂扩散速率，也影响 S^{2-} 与铅离子生成沉淀反应的平衡时间，最终影响电极信号稳定时间和响应时间。搅拌速率过慢，会延长反应平衡时间，增加信号稳定和响应时间，使分析时间增加。所以，分析时必须选择合适的搅拌速率。常用的磁力搅拌器一般为无级变速连续可调，转速范围为 100~1800r/min。本项目根据实验情况，选择三个范围的搅拌速率进行实验：速度范围一为搅拌速率 300r/min 左右；速度范围二为搅拌速率 800r/min 左右；速度范围三为搅拌速率 150r/min 左右。为表述方便，将以上三个速度范围分别称为低速搅拌、中速搅拌和快速搅拌。

取 25.0mL 配制的硫化物样品于 50mL 烧杯中，加入 5mL 的 5％氢氧化钠溶液，放入电极，选择搅拌速率，信号稳定后记录信号数据，加入一滴标准滴定液后立即用秒表计时，信号稳定后停止计时，记录信号数值和信号稳定时间。再重复以上滴定和计时操作，直到到达反应终点时完成。搅拌速率对信号稳定时间的影响如表 2-3 所列。

⊡ 表2-3　搅拌速率对信号稳定时间的影响

搅拌速率/(r/min)	低速(300左右)	中速(800左右)	快速(1500左右)
到达测定终点用时/s	125	85	67
分析结果/(mg/L)	56.43	55.14	55.14

由表 2-3 可见，低速搅拌时达到滴定终点的时间最长为 125s，中速搅拌时达到终点的时间为 85s，高速搅拌时达到终点的时间为 67s，搅拌速率越快，到达滴定终点的时间越短。三种搅拌速率对水样中 S^{2-} 的测定结果影响较小，相对偏差小于 3.0％。在滴定过程中发现，搅拌速率过快时，会加速空气中氧气进入溶液的速度，容易引起空气中氧对硫化物的氧化，对于低浓度硫化物测定的影响尤其明显。所以，综合考虑，本实验选择中速搅拌。S^{2-} 选择电极电位滴定方法测定的是溶液中可溶性无机硫化物，在等电点前后电位突跃明显，可采用二阶微熵方式确定反应终点，滴定液确定为硝酸铅标准溶液，测定时溶液 pH 值应在 12.0 以上，搅拌速率为中速（800r/min 左右），单个样品可在 15min 内分析完成。

2.9.3.4　精密度和准确度

精密度是指多次重复测定同一浓度的样品时各测定值之间彼此相符合的程度。精密度是表示测量的再现性，好的精密度是保证获得良好准确度的前提条件。一般说来，测量精密度不好，就不可能有良好的准确度，只有获得较好的精密度后，进行准确度判断才有意义。精密度通常用相对标准偏差来表示。

平行取 7 份配制的硫化物标准样品各 50mL，加入 5mL 的 5％氢氧化钠溶液，对每份标准样品进行快速检测，根据实验结果计算出精密度。分别进行了 3 个硫化物浓度水平的精密度实验，实验结果列于表 2-4 中。

⊡ 表2-4　快速测定方法精密度实验结果

S^{2-} 浓度水平		水平 1 (50mg/L)		水平 2 (10mg/L)		水平 3 (3mg/L)	
		测定值	平均值	测定值	平均值	测定值	平均值
实验序号	1	48.03		9.62		2.69	
	2	47.77		9.75		2.69	
	3	47.97		9.75		2.56	
	4	47.71	47.91	9.62	9.71	2.44	2.56
	5	48.15		9.75		2.56	
	6	47.83		9.87		2.56	
	7	47.90		9.62		2.44	
相对标准偏差/%		0.3		1.0		4.1	

由表 2-4 可见，在三个浓度水平下，可溶性硫化物快速测定方法的精密度较好，相对

标准偏差在 0.3%～4.1%。快速测定方法的准确度通过与经典的碘量法对比来获得，即分别采用这两种方法对同一个硫化物样品进行测量。为了得到科学严谨的对比结果，制备出纯度高、无其他干扰成分的硫离子标准溶液至关重要。如果标准硫离子溶液中含有亚硫酸根离子，将影响碘量法的测定结果，产生正误差，使碘量法测定结果偏高；如果标准硫离子溶液中含有一定量溶解氧，经过一段时间后硫离子会被部分氧化，使测量结果偏低，产生负误差，若硫化物氧化不完全，会使快速测定法的结果低于碘量法的结果。

实验采用氮气预吹脱制备无氧水和无氧氢氧化钠吸收溶液的方法制备标准硫离子溶液，在操作及取样过程中注意用氮气保护，最大限度地防止空气中氧的干扰。共进行了 5 个硫离子浓度水平准确度实验，硫离子浓度范围从最高 150mg/L 左右到最低 2mg/L 左右。在 3mg/L 的较低硫离子浓度水平时，碘量法与快速测定法结果的平均值绝对偏差为 0.34mg/L，相对偏差为 13.5%。可以看出，在低浓度水平时，碘量法测定结果波动幅度较大，相对标准偏差达 22.4%，快速法的重复性较好，相对标准偏差达 4.7%。与碘量法相比，快速检测法具有更好的重复性，在较高硫离子浓度水平（硫离子含量大于 10mg/L）时，快速法与碘量法测定结果相对偏差小于 8.0%；在低硫离子浓度水平（硫离子含量 3mg/L 以下）时，快速法与碘量法测定结果相对偏差为 13.5%，但绝对偏差小于 0.5mg/L。

测定水中硫化物的快速法和碘量法的特点比较见表 2-5。

⊡ 表 2-5　测定水中硫化物的快速法和碘量法的特点比较

	比较内容	快速检测方法	碘量法
1	检测对象	可溶性无机硫化物	可溶的及难溶的硫化物总量
2	检测结果与硫化物危害趋势的关系	直接反映油田水中硫化物危害趋势	间接反映油田水中硫化物危害趋势
3	抗干扰能力	抗干扰能力强，亚硫酸根、还原性物质无影响	抗干扰能力不强，亚硫酸根、还原性物质的影响严重，需要前处理去除干扰
4	操作过程简易情况	只需加碱调整溶液 pH 值，操作简单	需要经过氮气吹脱、碱吸收，氧化剂氧化、硫代硫酸钠溶液标定及滴定，操作过程较烦琐
5	分析时间	少于 15min	直接滴定需要 40min；若进行前处理需要 2h
6	人员工作强度	极低	较大
7	人员培训时间	2h 学会操作	—
8	设备投入	需要专门的测定设备，费用较高	需要氮气吹脱、碱吸收和滴定装置，费用较少
9	所需化学药品	种类较少，配制容易	种类较多，配制较烦琐，有的需要标定
10	操作人员影响	受操作人员的影响小	受操作人员的影响较大

硫化物快速测定法的主要特点在于检测的是水中可溶性无机硫化物，检测结果能够直接反映油田水中硫化物潜在危害趋势。同时，快速测定法操作简便、抗水质干扰能力较强、样品分析时间较短，快速测定法需要专门的检测设备，需要一定的设备投入。对于较多数量样品进行可溶性硫化物测定时，采用快速检测法具有明显优势。

碘量法的主要特点在于检测对象为可溶的及难溶的无机硫化物总量，检测结果反映的是油田水中硫化物已经产生和潜在危害程度的加和。碘量法是环境水体中硫化物检测的经典方法，特别适合于天然水体和某些污水中硫化物分析检测，但对于油田水水质特殊性（水质成分复杂、高矿化度等）和环境特殊性（在金属管道中或金属容器罐中），油田水中含有一定量的难溶无机硫化物，所以，碘量法检测的只能是硫化物总量，同时，油田水质中某些成分对碘量法会产生较严重的干扰。由于方法本身的要求，相对而言，碘量法操作较为烦琐，样品分析用时较长，操作人员劳动强度较大，但碘量法所需设备简单，设备投入较低。

2.10
粒径中值和粒径分布测定方法

2.10.1　粒径中值测定方法

粒径中值测定按《碎屑岩油藏注水水质指标及分析方法》(SY/T 5329—2012) 中粒径中值的测定方法进行测定（激光衍射法）。

（1）仪器及设备
① 库尔特颗粒计数器。
② 过滤器及孔径为 $0.2 \sim 0.45 \mu m$ 的滤膜或超级过滤器。
③ 烧杯：1000mL。
④ 量筒：1000mL。
⑤ 氯化钠：分析纯。
⑥ 标准颗粒：校正仪器用的标准颗粒可采用直径为 $2.09 \mu m$、$8.70 \mu m$、$13.7 \mu m$、$19.1 \mu m$ 和 $39.4 \mu m$ 的 LATEX 标准颗粒或直径相近的其他标准颗粒。

（2）测定步骤
① 取水样 $150 \sim 200 mL$ 直接放到样品架上。
② 将取样方式开关指向压力计，同时选择进样体积开关使之指向需要的体积。
③ 按照仪器操作规程进行操作。
④ 打印内容包括：每个通道的颗粒数与颗粒体积分数；水样中的颗粒总数目；取样时间；各通道（颗粒直径范围）的累计颗粒数目与累计体积分数。

2.10.2　粒径分布测定方法

粒径分布测定按《碎屑岩油藏注水水质指标及分析方法》(SY/T 5329—2012) 中粒径分布的测定方法进行测定。

（1）仪器
① 颗粒粒度分析仪。
② 微型计算机。
③ 样品杯。
④ 纯净水。

⑤ 0.9％的电解液。

（2）试验步骤

① 接通电源，打开稳压电源、粒度仪电源、微机电源。

② 打开样品室门，将样品杯中的纯净水换上0.9％的电解液。

③ 双击 Multisizer TM3 图标点 ok 进入 READY 测量画面。

④ 仪器自动进行温度补偿。

⑤ 单击 Changel1 编辑样品信息：文件名称、样品名称、检测人、检测时间。

⑥ 单击 Changel2 在 ControlMode 中输入进样时间、进样体积、计数方式等。

⑦ 单击 Apreture（选择小孔管）、Threshold（噪声及检测下限）、Current 和 Gain（电流和放大倍数）等观察以上条件是否合适。

⑧ 输入文件路径建立文件夹。

⑨ 单击 Preview 浏览，观察小孔管的进样情况，一切正常后在样品杯中加入水样。

⑩ 样品加入量控制在浓度<10％，点击 Stare 开始进行检测。

⑪ 检测完毕后打印图谱及数据，将样品杯中的水样倒掉洗涮干净。

⑫ 样品杯中装入纯净水放在样品台上，使小孔管浸在样品杯中。

⑬ 关好仪器门，退出检测画面，关闭仪器开关、电脑开关、稳压电源开关。

⑭ 清理桌面打扫卫生。

2.11
矿化度测定方法

矿化度的测定根据《油田水分析方法》（SY/T 5523—2016）中测定方法进行测定。

2.11.1　氯离子含量测定方法

氯离子含量的测定采用硝酸银沉淀滴定法。

（1）原理

在 pH 值为 6.0～8.5 的介质中，硝酸银离子与氯离子反应生成白色沉淀。过量的银离子与铬酸钾指示剂生成砖红色铬酸银沉淀，根据硝酸银离子的消耗量计算氯离子含量。其反应方程式如下：

$$Ag^+ + Cl^- \longrightarrow AgCl\downarrow（白色）$$
$$2Ag^+ + CrO_4^{2-} \longrightarrow Ag_2CrO_4\downarrow（砖红色）$$

（2）试剂及仪器

硝酸溶液：$\varphi_{HNO_3} = 50\%$；碳酸钠溶液：$\omega_{Na_2CO_3} = 0.05\%$；铬酸钾指示剂；硝酸银标准溶液；酸式滴定管；大肚移液管；三角瓶；慢速定量滤纸和 pH 试纸。

（3）试样制备

无色、透明、含盐度高的油气田水样，经适当稀释（稀释后的试样，氯离子的含量应控制在500～3000mg/L）即可测定。如水样中含有硫化氢，则在水样中加数滴硝酸溶液（$\varphi_{HNO_3}=50\%$）煮沸除去硫化氢，如水样浑浊，则用滤纸过滤，去掉机械杂质，记作滤液A，保留滤液A用于氯离子的测定。

（4）测定方法

用大肚移液管取定体积油气田水样或经处理后的试样或滤液A（试料中氯离子含量应为10～40mL）于三角瓶中，加水至总体积为50～60mL，用硝酸溶液（$\varphi_{HNO_3}=50\%$）或碳酸钠溶液（$\omega_{Na_2CO_3}=0.05\%$），调节试样pH值至6.0～8.5，加1mL铬酸钾指示剂。用硝酸银标准溶液滴至生成淡砖红色悬浮物为终点。用同样的方法做空白实验。

（5）计算

氯离子含量的计算见式(2-15)和式(2-16)。

$$c_{Cl^-}(\text{mmol/L})=c_{硝}(V_{1硝}-V_{0硝})\times 1000/V \tag{2-15}$$

$$\rho_{Cl^-}(\text{mmol/L})=c_{硝}(V_{1硝}-V_{0硝})\times 35.45\times 1000/V \tag{2-16}$$

式中　$c_{硝}$——硝酸银标准溶液的浓度，mol/L

$V_{1硝}$——硝酸银标准溶液的消耗量，mL

$V_{0硝}$——空白试验时，硝酸银标准溶液的消耗量，mL

V——试料的体积（原水水样），mL

35.45——与1.00mL硝酸银标准溶液（$c_{AgNO_3}=1.000$mol/L）完全反应所需要的氯离子的质量，mg。

2.11.2　碳酸根、碳酸氢根、氢氧根离子含量测定方法

（1）原理

用盐酸标准溶液滴定水样，依次用酚酞和甲基橙溶液为指示剂，用两次滴定所消耗盐酸标准溶液的体积，计算碳酸根、碳酸氢根和氢氧根离子的含量，反应方程式如下：

$$OH^-+H^+\longrightarrow H_2O（酚酞指示剂）$$

$$CO_3^{2-}+H^+\longrightarrow HCO_3^-（酚酞指示剂）$$

$$HCO_3^-+H^+\longrightarrow CO_2\uparrow+H_2O（甲基橙指示剂）$$

（2）试剂及仪器

盐酸标准溶液、酚酞指示剂、甲基橙指示剂、大肚移液管、三角瓶、酸式滴定管。

（3）测定方法

用大肚移液管取50～100mL刚开瓶塞的水样于三角瓶中，加2～3滴酚酞指示剂。若水样出现红色，则用盐酸标准溶液滴至红色刚消失，所消耗的盐酸标准溶液的体积（mL），记作$V_{1盐}$。再加3～4滴甲基橙指示剂，水样呈黄色，则继续用盐酸标准溶液滴至溶液由黄色突变为橙红色，所消耗的盐酸标准溶液的体积（mL），记作$V_{2盐}$。若加酚酞指示剂后水样呈无色，则继续加甲基橙指示剂至水样呈黄色，用盐酸标准溶液滴定至橙红色为终点。

（4）计算

当$V_{1盐}=0$时，表明仅有HCO_3^-，其含量计算见式(2-17)、式(2-18)：

$$c_{\text{HCOO}^-}(\text{mmol/L}) = \frac{c_{\text{盐}}V_{2\text{盐}}}{V} \times 10^3 \qquad (2\text{-}17)$$

$$\rho_{\text{HCO}_3^-}(\text{mg/L}) = \frac{c_{\text{盐}}V_{2\text{盐}} \times 61.02}{V} \times 10^3 \qquad (2\text{-}18)$$

当 $V_{1\text{盐}} < V_{2\text{盐}}$ 时，表明有 HCO_3^- 和 CO_3^{2-}，无 OH^-。CO_3^{2-} 和 HCO_3^- 含量的计算见式(2-19)、式(2-20)：

$$c_{\text{HCOO}^-}(\text{mmol/L}) = \frac{c_{\text{盐}}(V_{2\text{盐}} - V_{1\text{盐}})}{V} \times 10^3 \qquad (2\text{-}19)$$

$$\rho_{\text{HCO}_3^-}(\text{mg/L}) = \frac{c_{\text{盐}}(V_{2\text{盐}} - V_{1\text{盐}}) \times 61.02}{V} \times 10^3 \qquad (2\text{-}20)$$

当 $V_{1\text{盐}} = V_{2\text{盐}}$ 时，表明仅有 CO_3^{2-}，用式(2-21)、式(2-22)计算其含量。

$$c_{\text{CO}_3^{2-}}(\text{mmol/L}) = \frac{c_{\text{盐}}V_{1\text{盐}}}{V} \times 10^3 \qquad (2\text{-}21)$$

$$\rho_{\text{CO}_3^{2-}}(\text{mg/L}) = \frac{c_{\text{盐}}V_{1\text{盐}} \times 60.01}{V} \times 10^3 \qquad (2\text{-}22)$$

当 $V_{1\text{盐}} > V_{2\text{盐}}$ 时，表明有 CO_3^{2-} 和 OH^-，无 HCO_3^-，其含量计算见式(2-23)~式(2-26)：

$$c_{\text{CO}_3^{2-}}(\text{mmol/L}) = \frac{c_{\text{盐}}V_{2\text{盐}}}{V} \times 10^3 \qquad (2\text{-}23)$$

$$\rho_{\text{CO}_3^{2-}}(\text{mg/L}) = \frac{c_{\text{盐}}V_{2\text{盐}} \times 60.01}{V} \times 10^3 \qquad (2\text{-}24)$$

$$c_{\text{OH}^-}(\text{mmol/L}) = \frac{c_{\text{盐}}(V_{1\text{盐}} - V_{2\text{盐}})}{V} \times 10^3 \qquad (2\text{-}25)$$

$$\rho_{\text{OH}^-}(\text{mg/L}) = \frac{c_{\text{盐}}(V_{1\text{盐}} - V_{2\text{盐}}) \times 17.01}{V} \times 10^3 \qquad (2\text{-}26)$$

当 $V_{2\text{盐}} = 0$ 时，表明仅有 OH^-，其含量计算见式(2-27)、式(2-28)：

$$c_{\text{OH}^-}(\text{mmol/L}) = \frac{c_{\text{盐}}V_{1\text{盐}}}{V} \times 10^3 \qquad (2\text{-}27)$$

$$\rho_{\text{OH}^-}(\text{mg/L}) = \frac{c_{\text{盐}}V_{1\text{盐}} \times 17.01}{V} \times 10^3 \qquad (2\text{-}28)$$

式中　　　　　　$c_{\text{盐}}$——盐酸标准溶液的浓度，mol/L；

$V_{1\text{盐}}$——加酚酞指示剂时，盐酸标准溶液的消耗量，mL；

$V_{2\text{盐}}$——加甲基橙指示剂时，盐酸标准溶液的消耗量，mL；

61.02、60.01 和 17.01——分别表示与 1.00mL 盐酸标准溶液（$c_{\text{HCl}} = 1.000\text{mol/L}$）完全反应所需要的 HCO_3^-、CO_3^{2-} 和 OH^- 的质量，mg。

碳酸根、碳酸氢根和氢氧根离子含量关系见表2-6。

⊡ 表 2-6　CO_3^{2-}、HCO_3^- 和 OH^- 的含量关系

盐酸消耗	HCO_3^-	CO_3^{2-}	OH^-
$V_{1\text{盐}} = 0$	$V_{2\text{盐}}$	0	0
$V_{1\text{盐}} < V_{2\text{盐}}$	$V_{2\text{盐}} - V_{1\text{盐}}$	$V_{1\text{盐}}$	0

盐酸消耗	HCO_3^-	CO_3^{2-}	OH^-
$V_{1盐}=V_{2盐}$	0	$V_{1盐}$	0
$V_{1盐}>V_{2盐}$	0	$V_{2盐}$	$V_{1盐}-V_{2盐}$
$V_{2盐}=0$	0	0	$V_{1盐}$

2.11.3 硫酸根离子含量的测定方法

硫酸根离子（SO_4^{2-}）含量的测定采用铬酸钡分光光度法。

（1）方法原理

在酸性溶液中，铬酸钡与硫酸盐生成硫酸钡沉淀，并释放出铬酸根离子。溶液中和后多余的铬酸钡及生成的硫酸钡仍是沉淀状态，经过滤除去沉淀。在碱性条件下，铬酸根离子呈现黄色，测定其吸光度可知硫酸盐的含量。

（2）干扰及消除

水样中碳酸根也与钡离子形成沉淀。在加入铬酸钡之前，将样品酸化并加热以除去碳酸盐。

（3）仪器

50mL 比色管、250mL 锥形瓶、加热及过滤装置、分光光度计。

（4）试剂

① 铬酸钡悬浊液：称取 19.448g 铬酸钾（K_2CrO_4）与 24.448g 氯化钡（$BaCl_2 \cdot 2H_2O$），分别溶于 1L 蒸馏水中，加热至沸腾。将两溶液倾入同一个 3L 烧杯内，此时生成黄色铬酸钡沉淀。待沉淀下降后，倾出上层清液，然后每次用约 1L 蒸馏水洗涤沉淀，共需洗涤 5 次左右。最后加蒸馏水至 1L，使成悬浊液，每次使用前混匀。每 5mL 铬酸钡悬浊液可以沉淀约 48g 硫酸根离子（SO_4^{2-}）。

② 氨水。

③ 2.5mol/L 盐酸溶液。

④ 硫酸盐标准溶液：称取 1.47868g 优级纯无水硫酸钠（Na_2SO_4）或 1.81418g 无水硫酸钾（K_2SO_4），溶于少量水，置 100mL 容量瓶中，稀释至标线。此溶液 1.00mL 含 1.00mg 硫酸根离子（SO_4^{2-}）。

（5）步骤

① 分取 50mL 水样，置于 150mL 锥形瓶中。

② 另取 150mL 锥形瓶 8 个，分别加入 0.025mL、1.00mL、2.00mL、4.00mL、6.00mL、8.00mL 及 10.00mL 硫酸根标准溶液，加蒸馏水至 50mL。

③ 向水样及标准溶液中各加 1mL 的 2.5mol/L 盐酸溶液，加热煮沸 5min 左右。取下后再各加 2.5mL 铬酸钡悬浊液，再煮沸 5min 左右。

④ 取下锥形瓶，稍冷后，向各瓶逐滴加入氨水至呈柠檬黄色，再多加 2 滴。

⑤ 待溶液冷却后，用慢速定性滤纸过滤，滤液收集于 50mL 比色管内（如滤液浑浊，应重复过滤至透明）。用蒸馏水洗涤锥形瓶及滤纸 3 次，滤液收集于比色管中，用蒸馏水

稀释至标线。

⑥ 在 420nm 波长，用 10mm 比色皿测量吸光度，绘制校准曲线；

⑦ 计算硫酸根离子（SO_4^{2-}，mg/L）$= m/V$。 $\qquad$ (2-29)

式中 m——由校准曲线上查得 SO_4^{2-} 的量，μg；

V——取水样的体积，mL。

2.11.4 钙、镁、钡、锶离子测定方法

钙、镁、钡、锶离子测定采用络合滴定法。

（1）原理

镁、钙、锶、钡离子在 pH 值为 10 的缓冲溶液中，以铬黑 T 为指示剂，用 EDTA 标准溶液滴定测得总量。在 pH 值为 3～4 的介质中，用硫酸钠作沉淀剂，除去水样中钡、锶离子。除去钡、锶离子的试样，分别在 pH 值为 10 的缓冲溶液中以铬黑 T 为指示剂，用 EDTA 标准溶液滴定，测得镁、钙离子合量；在 pH 值为 12 的介质中以钙试剂为指示剂，用 EDTA 标准溶液滴定，测得钙离子含量。铁离子有干扰，当试料中铁离子含量大于 1mg 时，需除去铁离子。其反应式如下：

$$\rho_{OH^-}\,(mg/L) = \frac{c_{盐}(V_{1盐} - V_{2盐}) \times 17.01}{V} \times 10^3 \qquad (2\text{-}30)$$

当 $V_{2盐} = 0$ 时，表明仅有氢氧根离子，其含量计算见式(2-31)、式(2-32)：

$$c_{OH^-}\,(mmol/L) = \frac{c_{盐}V_{1盐}}{V} \times 10^3 \qquad (2\text{-}31)$$

$$\rho_{OH^-}\,(mg/L) = \frac{c_{盐}V_{1盐} \times 17.01}{V} \times 10^3 \qquad (2\text{-}32)$$

$$Y^{4-} + M^{2+} \xrightarrow{\text{pH 值为 10}} MY^{2-} \qquad (2\text{-}33)$$

$$Y^{4-} + Ca^{2+} \xrightarrow{\text{pH 值为 12}} CaY^{2-} \qquad (2\text{-}34)$$

$$Ba^{2+}(Sr^{2+}) + Ca^{2+} \xrightarrow{\text{pH 值为 3～4}} BaSO_4(SrSO_4) \downarrow \qquad (2\text{-}35)$$

$$Mg^{2+} + 2OH_2 \longrightarrow Mg(OH)_2 \downarrow \qquad (2\text{-}36)$$

$$Fe^{3+} \xrightarrow{\text{pH 值为 9}} Fe(OH)_3 \downarrow \qquad (2\text{-}37)$$

（2）试剂及仪器

铬黑 T 指示剂、硫酸钠溶液、EDTA 标准溶液、三乙醇胺、氨性缓冲液、硫酸钠溶液、氢氧化钠溶液（4%）、烧杯、电炉、容量瓶 250mL、大肚移液管、慢速定量滤纸。

（3）测定方法

① 用大肚移液管取一定体积 V 过滤后的水样于三角瓶中，加入 2mL 三乙醇胺，加 10mL 氨性缓冲液，加 3～4 滴铬黑 T 指示剂，用 EDTA 标准溶液缓慢滴定，使溶液由葡萄红色变至纯蓝色为终点。EDTA 消耗量记为 V_1。

② 用大肚移液管取与步骤①中同体积水样于烧杯中，加水至总体积为 120mL。置烧杯于电炉上，加热至微沸；搅拌下滴加 10mL 硫酸钠溶液，煮沸 3～5min，在 60℃下静置 4h。将溶

液和沉淀一并移入 250mL 容量瓶中，定容、摇匀。放置数分钟后，在滤纸上过滤；记作滤液 D，用大肚移液管取定体积滤液 D 于三角瓶中，按上步测定，EDTA 消耗量记为 V_2。

③ 用大肚移液管取与步骤②中同体积的滤液 D 于三角瓶中，加水至总体积为 80mL。加 10mL 氢氧化钠溶液（4%），加 3mg 钙指示剂，用 EDTA 标准溶液滴定至纯蓝色为终点，EDTA 消耗量记为 V_3。

（4）计算

$$Ba^{2+} + Sr^{2+}/(mmol/L) = c_标 \times (V_1 - V_2) \times 1000 \times 68.7/V \tag{2-38}$$

$$Mg^{2+}/(mmol/L) = c_标 \times (V_2 - V_3) \times 1000/V \times 12.16 \tag{2-39}$$

$$Ca^{2+}/(mmol/L) = c_标 \times V_3 \times 1000/V \times 20.04 \tag{2-40}$$

式中　V_1——滴定钙、镁、钡、锶离子时，消耗 EDTA 的用量，mL；

V_2——滴定钙、镁离子时，消耗 EDTA 的用量，mL；

V_3——测定钙离子时，消耗 EDTA 的用量，mL；

$c_标$——EDTA 标准溶的浓度，mmol/L；

V——取样体积，mL。

2.11.5　pH 值测定方法

pH 值的测定采用玻璃电极法。

（1）方法原理

以玻璃电极为指示电极，饱和甘汞电极为参比电极组成电池。在 25℃ 理想条件下，氢离子活度变化 10 倍，使电动势偏移 59.16mV，根据电动势的变化测量出 pH 值。许多 pH 计上有温度补偿装置，用以校正温度对电极的影响，用于常规水样监测可准确和再现至 0.1pH 单位。较精密的仪器可准确到 0.01pH。为了提高测定的准确度，校准仪器时选用的标准缓冲溶液的 pH 值应与水样的 pH 值接近。

（2）仪器

① 各种型号的 pH 计或离子活度计。

② 玻璃电极。

③ 甘汞电极或银-氯化银电极。

④ 磁力搅拌器。

⑤ 50mL 聚乙烯或聚四氟乙烯烧杯。

注：国产玻璃电极与饱和甘汞电极建立的零电位 pH 值有两种规格，选择时应注意与 pH 计配套。

（3）试剂

用于校准仪器的标准缓冲溶液，称取试剂溶于 25℃ 水中，在容量瓶内定容至 1000mL。水的电导率应低于 $2\mu S/cm$，临用前煮沸数分钟，驱除二氧化碳，冷却。取 50mL 冷却的水，加 1 滴饱和氯化钾溶液，测量 pH 值，如 pH 值在 6～7 即可用于配制各种标准缓冲溶液。

（4）步骤

① 按照仪器使用说明书准备。

② 将水样与标准溶液调到同一温度，记录测定温度，把仪器温度补偿旋钮调至该温度处。选用与水样 pH 值相差不超过 2 个 pH 单位的标准溶液校准仪器。从第一个标准溶液中取出两个电极，彻底冲洗，并用滤纸边缘轻轻吸干。再浸入第二个标准溶液中，其pH 值约与前一个相差 3 个 pH 单位。如测定值与第二个标准溶液 pH 值之差大于 0.1pH值时，就要检查仪器、电极或标准溶液是否有问题。当两者均无异常情况时方可测定水样。

③ 水样测定：先用蒸馏水仔细冲洗两个电极，再用水样冲洗，然后将电极浸入水样中，小心搅拌或摇动使其均匀，待读数稳定后记录 pH 值。

2.12
铝离子测定方法

铝离子测定方法参照 GB/T 9734—2008，测定方法有用玫红三羧酸铵（铝试剂）和铬天青 S 比色测定铝的通用方法。

（1）原理

① 玫红三羧酸铵（铝试剂）比色法原理

在 pH 值为 4～5 的乙酸介质中，铝与玫红三羧酸铵生成微溶的红色螯合物，可用于铝的分光光度法或目视比色法测定，加入保护胶体可使溶液颜色稳定。

② 铬天青 S 比色法

在 pH 值为 6 左右的弱酸性介质中，铝与铬天青 S 以及十六烷基三甲基溴化铵生成蓝色络合物，可用于铝的分光光度法或目视比色法测定。

（2）仪器

一般实验室仪器；分光光度计。

（3）测定

1）玫红三羧酸铵（铝试剂）比色法

按产品标准的规定取样并制备试液（必要时应将试液调至中性）。取 10mL 试液，加1mL 乙酸溶液（质量分数为 30%）、1mL 抗坏血酸溶液（100g/L），摇匀，加 10mL 乙酸-乙酸铵缓冲溶液（pH 值为 4～5），摇匀，加 3mL 玫红三羧酸铵溶液（0.5g/L），稀释至25mL，摇匀，放置 15min。溶液所呈红色与标准比色溶液比较。

标准比色溶液的制备是取含规定量的铝（Al）标准溶液，稀释至 10mL，与同体积试液同时同样处理。

若用分光光度计测定，应按下述条件：测定波长为 530nm，用 1cm 吸收池，以试剂空白为参比。

标准系列的配制：吸取不同量的铝（Al）标准溶液，稀释至 10mL，与同体积试液同时同样处理。

2）铬天青 S 比色法

按产品标准的规定取样并制备试液（必要时应将试液调至中性）。取 10mL 试液，加

0.5mL 盐酸溶液（1mol/L）、1mL 抗坏血酸溶液（10g/L），摇匀，加 5.0mL 铬天青 S 混合溶液及 2.5mL 乙酸-乙酸铵缓冲溶液（pH≈6.5），稀释 25mL，摇匀，放置 15min。溶液所呈蓝色与标准比色溶液比较。

标准比色溶液的制备是取含规定量的铝（Al）标准溶液，稀释至 10mL，与同体积试液同时同样处理。

若用分光光度计测定，应按下述条件：测定波长为 620nm，用 1cm 吸收池，以试剂空白为参比。

标准系列的配制：吸取不同量的铝（Al）标准溶液，稀释至 10mL，与同体积试液同时同样处理。

2.13
聚合物黏度测定方法

聚合物黏度的测定采用旋转法，参照《粘度测量方法》(GB/T 10247—2008)。

（1）测量原理

使圆筒（圆锥）在流体中旋转或圆筒（圆锥）静止而周围的流体旋转流动，流体的黏性扭矩将作用于圆筒（圆锥），流体的动力黏度与扭矩的关系可用式(2-41)表示：

$$\eta_1 = \frac{AM}{n_1} \tag{2-41}$$

式中　η_1——流体的动力黏度，Pa·s；

　　　M——流体作用于圆筒（圆锥）的黏性扭矩，N·m；

　　　n_1——圆筒（圆锥）的旋转速度，r/s；

　　　A——常数，m^{-3}。

在选定的转速下，流动动力黏度仅与扭矩有关，可按式(2-42)求得动力黏度。

$$\eta_1 = K_1 \alpha \tag{2-42}$$

式中　K_1——黏度计常数，Pa·s；

　　　α——黏度计示值。

在选定的剪切速率下，流动动力黏度仅与剪切应力有关。根据牛顿内摩擦定律，流体的动力黏度与剪切速率关系如下，可根据式(2-43)求得动力黏度。

$$\eta_1 = \frac{\tau}{\dot{\gamma}} = \frac{Z\alpha}{\dot{\gamma}} \tag{2-43}$$

式中　τ——流体作用于圆筒（圆锥）的剪切应力，Pa；

　　　$\dot{\gamma}$——流体的剪切速率，s^{-1}；

　　　Z——黏度计测量系统常数，Pa。

（2）设备和材料

① 黏度计。

② 恒温槽。

③ 温度计。

④ 取样器。

⑤ 溶剂或洗液。

⑥ 白绸或卷筒纸。

（3）测序步骤

1）安装

按黏度计安装说明书安装，有水平要求的黏度计需调节支座螺钉达到水平。

2）清洗

用适当的溶剂清洗取样器皿、测量系统，用白绸或卷筒纸擦干后备用。

3）装料

目测试样无杂质和气泡后，按规定准确取样。

4）恒温

试样在测试温度下充分恒温，以保证示值稳定。参照恒温时间：锥-板、同轴圆筒、单圆筒系统依次为 0.5h、1h、2h。

5）测量

启动黏度计，待示值稳定后读数，然后关毕电源。如此重复测量 3 次示值，其与平均值的最大偏差应不超过平均值的±1.5%，否则应重新测量。取 3 次示值的平均值为该次测量结果。

（4）结果计算

根据式(2-39)和式(2-40)计算黏度。

2.14
聚合物浓度测定方法

聚合物浓度采用淀粉-碘化镉法，这种方法用于测定含有伯酰胺支链且可溶于水的聚合物如聚丙烯酰胺的浓度，适用于测定油田水或地面水中聚合物。

（1）原理

基于酰氨基变成氨基时霍夫曼重排的第一步。聚合物溶于 pH＝3.5 缓冲液中，用溴水将酰氨基氧化，过量的溴用甲酸钠还原，在直链淀粉存在下，酰氨基氧化产物将氧化碘离子，而形成具有特性蓝色的淀粉-碘络合物，在波长 610nm 下用分光光度计对此物质进行测量。

（2）仪器

① 分光光度计（722 型或同类产品）。

② 天平（灵敏度 0.01g）。

③ 秒表或计时器（分度值 0.1s）。

④ 电炉或类似加热器。

（3）试剂

① 三水合醋酸钠。

② 水合硫酸铝。

③ 冰醋酸。

④ 饱和溴水。

⑤ 甲酸钠。

⑥ 淀粉。

⑦ 碘化镉。

（4）试剂溶液配制

1）缓冲溶液的配制

称取 NaAc·$3H_2O$ 25g 及水合硫酸铝 0.75g，精确到 0.01g，在 800mL 蒸馏水中溶解，以 HAc 调节 pH＝4.0，最后稀释至 1000mL 备用（注：水合硫酸铝加入后可增强淀粉-碘络合物的颜色）。

2）1％甲酸钠溶液的配制

用水配制 1％甲酸钠溶液。

3）淀粉-碘化镉标准溶液的配制

称取 11g 碘化镉，精确到 0.01g，溶于装有 400mL 蒸馏水的玻璃烧杯中，加热煮沸 10min，稀释至 800mL 后，加入 2.5g 可溶性淀粉，精确到 0.1g，溶解后用滤纸过滤，最终稀释至 1000mL 备用。

（5）标准曲线的绘制

用蒸馏水配制成 100mg/L 的聚合物标准溶液，在 9 个 50mL 比色管中各加入 5mL 缓冲溶液，再分别加入标准溶液 0mL、0.3mL、0.5mL、0.8mL、1.0mL、1.5mL、2.0mL、2.5mL、3.0mL，用蒸馏水稀释至 35mL，分别加入 1mL 饱和溴水，反应 15min，加入 5mL 1％甲酸钠溶液，反应 5min 后加入 5mL 淀粉-碘化镉溶液，用蒸馏水稀释至刻度，溶液显色时间为 15min，用 1cm 比色皿，在波长为 590nm 处比色。以溶液浓度为横坐标，吸光度为纵坐标，绘制标准曲线。

（6）样品的测定

按上面步骤测得样品的吸光度值，根据该吸光度值由标准曲线中即可查出样品的浓度值。

2.15
腐生菌、铁细菌、硫酸还原菌测定方法

腐生菌、铁细菌、硫酸还原菌测定采用的标准是《大庆油田油藏水驱注水水质指标及分析方法》（Q/SY DQ0605—2006）。其分析步骤如下：

① 将测试瓶排成一组，并依次编上序号，若测铁细菌时应先用无菌注射器分别向测试瓶中加入 0.3～0.5mL 指示剂。

② 将细菌测试瓶排成一组，并依次编上序号。

③ 用无菌注射器取 1mL 水样注入 1 号瓶内，充分振荡。

④ 用另一支无菌注射器从 1 号瓶内取 1mL 水样注入 2 号瓶内，充分振荡。

⑤ 再更换一支无菌注射器从 2 号瓶中取 1.0mL 水样注入 3 号瓶中，充分振荡。

⑥ 依次类推一直稀释到最后一瓶为止。根据细菌含量决定稀释瓶数，一般稀释到 7 号瓶。

⑦ 把上述测试瓶放入恒温培养箱中（培养温度控制在现场水温的 15℃内），7d 后读数。

SRB 瓶中液体变黑或有黑色沉淀，即表示有硫酸盐还原菌。TGB 瓶中液体由红变黄或浑浊即表示有腐生菌。铁细菌测试瓶出现棕红色沉淀即表示有铁细菌。菌量计量依据《碎屑岩油藏注水水质指标及分析方法》（SY/T 5329—2012）要求记数。

2.16
微生物分子生物学高通量测序方法

2.16.1　DNA 提取

推荐使用 PowerSoil DNA 和 PureLink® Genomic DNA 两款 DNA 试剂盒，用于提取环境样品的菌基因组 DNA。使用纳米微滴 1000 分光光度法测定提取物的质量和数量并存储在 −20℃ 直到使用。100μL 的 PCR 反应混合物中包含 5U 的 PFU Turbo DNA 聚合酶，1× 的 PFU 反应缓冲液，0.2mmol/L 的三磷酸脱氧核糖核苷酸，每个编码 0.1μmol/L 的引物和 20ng 基因组 DNA 模板。PCR 扩增的体系如下：94℃ 预热 5min，94℃ 变性 30s，53℃ 复性 30s，72℃ 延伸 90s，循环 30 次，最后 72℃ 延伸 10min。使用 TaKaRa 琼脂糖凝胶 DNA 纯化试剂盒来凝胶纯化扩增，并通过纳米微滴使其量化，测序可以选择上海美吉生物等公司进行测序。

2.16.2　常用的测序引物

高通量常用的测序引物见表 2-7。

▣ 表 2-7　高通量常用的测序引物

类型	引物名称	测序端	测序端引物序列	非测序端	非测序端引物序列
细菌	27F_533R	533R	TTACCGCGGCTGCTGGCAC	27F	AGAGTTTGATCCTGGCTCAG
古细菌	Arch344F_Arch915R	Arch344F	ACGGGGYGCAGCAGGCGCGA	Arch915R	GTGCTCCCCCGCCAATTCCT
真菌	ITS1_ITS4	ITS1	TCCGTAGGTGAACCTGCGG	ITS4	TCCTCCGCTTATTGATATGC
细菌	0817F_1196R	1196R	TCTGGACCTGGTGAGTTTCC	0817F	TTAGCATGGAATAATRRAATAGGA
氨氧化细菌	amoA-1F_amoA-2R	amoA-1F	GGGGTTTCTACTGGTGGT	amoA-2R	CCCCTCGGGAAAGCCTTCTTC
氨氧化细菌	amoA-F_amoA-R	amoA-F	STAATGGTCTGGCTTAGACG	amoA-R	GCGGCCATCCATCTGTATGT

类型	引物名称	测序端	测序端引物序列	非测序端	非测序端引物序列
细菌	27F_338R	27F	AGAGTTTGATCCTGGCTCAG	338R	TGCTGCCTCCCGTAGGAGT
细菌	515F_907R	515F	GTGCCAGCMGCCGCGG	907R	CCGTCAATTCMTTTRAGTTT
细菌	338F_806R	338F	ACTCCTACGGGAGGCAGCA	806R	GGACTACHVGGGTWTCTAAT
古细菌	Arch344F_Arch915R	Arch344F	ACGGGGYGCAGCAGGCGCGA	Arch915R	GTGCTCCCCCGCCAATTCCT
真菌	ITS1F_ITS2	ITS1F	CTTGGTCATTTAGAGGAAGTAA	ITS2	GCTGCGTTCTTCATCGATGC
反硝化细菌	nifH-F_nifH-R	nifH-F	AAAGGYGGWATCGGYAARTCCACCAC	nifH-R	TTGTTSGCSGCRTACATSGCCATCAT
细菌	27F_1492R	27F	AGAGTTTGATCCTGGCTCAG	1492R	GGTTACCTTGTTACGACTT

注：引物的选择要根据测序的设备以及试验目的而确定。

高通量测序选择的引物是针对细菌和古细菌的 16S rRNA 基因设置的特性区间进行的正反方向的引物，真菌是针对 ITS 间隔区序列。

2.16.3 生物信息学基础分析

2.16.3.1 OUT 分布统计

（1）OTU 聚类

OTU（Operational Taxonomic Units，运算分类单元）是在系统发生学或群体遗传学研究中，为了便于进行分析，人为给某一个分类单元（品系、属、种、分组等）设置的同一标志。要了解一个样品测序结果中的菌种、菌属等数目信息，就需要对序列进行归类操作（cluster）。通过归类操作，将序列按照彼此的相似性分归为许多小组，一个小组就是一个 OTU。可根据不同的相似度水平，对所有序列进行 OTU 划分，通常在 97% 的相似水平下的 OTU 进行生物信息统计分析。

（2）软件平台

Usearch（vsesion 7.1 http：//drive5.com/uparse/）。

（3）分析方法

对优化序列提取非重复序列，便于降低分析中间过程冗余计算量（http：//drive5.com/usearch/manual/dereplication.htmL）、去除没有重复的单序列（http：//drive5.com/usearch/manual/singletons.htmL），按照 97% 相似性对非重复序列（不含单序列）进行 OTU 聚类，在聚类过程中去除嵌合体，得到 OTU 的代表序列。将所有优化序列 map 至 OTU 代表序列，选出与 OTU 代表序列相似性在 97% 以上的序列，生成OTU 表格。

2.16.3.2 稀释性曲线

（1）分析方法

稀释性曲线是从样本中随机抽取一定数量的个体，统计这些个体所代表的物种数目，并以个体数与物种数来构建曲线。它可以用来比较测序数据量不同的样本中物种的丰富度，也可以用来说明样本的测序数据量是否合理。采用对序列进行随机抽样的方法，以抽到的序列数与它们所能代表 OTU 的数目构建 rarefaction curve，当曲线趋向平坦时说明测序数据量合理，更多的数据量只会产生少量新的 OTU，反之则表明继续测序还可能产生较多新的 OTU。因此，通过作稀释性曲线，可得出样品的测序深度情况。

（2）软件

使用 97％相似度的 OTU，利用 mothur 做 rarefaction 分析，利用 R 语言工具制作曲线图。

2.16.3.3 多样性指数

（1）分析方法

群落生态学中研究微生物多样性，通过单样品的多样性分析（Alpha 多样性）可以反映微生物群落的丰度和多样性，包括一系列统计学分析指数估计环境群落的物种丰度和多样性。

（2）指数表征

① 计算菌群丰度（Community richness）的指数有：Chao——the Chao1 estimator（http：//www.mothur.org/wiki/Chao）；Ace——the ACE estimator（http：//www.mothur.org/wiki/Ace）。

② 计算菌群多样性（Community diversity）的指数有：Shannon——the Shannon index（http：//www.mothur.org/wiki/Shannon）；Simpson——the Simpson index（http：//www.mothur.org/wiki/Simpson）。

③ 测序深度指数有：Coverage——the Good's coverage（http：//www.mothur.org/wiki/Coverage）。

（3）各指数算法

① Chao：是用 Chao1 算法估计样品中所含 OTU 数目的指数，Chao1 在生态学中常用来估计物种总数，由 Chao（1984）最早提出。

② Ace：用来估计群落中 OTU 数目的指数，由 Chao 提出，是生态学中估计物种总数的常用指数之一，与 Chao1 的算法不同。

③ Simpson：用来估算样品中微生物多样性指数之一，由 Edward Hugh Simpson（1949）提出，在生态学中常用来定量描述一个区域的生物多样性。Simpson 指数值越大，说明群落多样性越低。

④ Shannon：用来估算样品中微生物多样性指数之一。它与 Simpson 多样性指数常用于反映 alpha 多样性指数。Shannon 值越大，说明群落多样性越高。

⑤ Coverage：是指各样本文库的覆盖率，其数值越高，则样本中序列被测出的概率越高，而没有被测出的概率越低。该指数反映本次测序结果是否代表了样本中微生物的真实情况。

（4）分析软件

mothur 软件用于评估相似水平 97％的 OUT，用于指数评估的 OTU 相似水平 97％（0.97）。

2.16.3.4 分类学分析

（1）分析方法

为了得到每个 OTU 对应的物种分类信息，采用 RDP classifier 贝叶斯算法对 97％相似水平的 OTU 代表序列进行分类学分析，并在各个水平（界、门、纲、目、科、属、种）统计每个样品的群落组成。

（2）数据库选择

① 16S rDNA 细菌和古菌核糖体数据库（没有指定的情况下默认使用 silva 数据库）：Silva（Release123 http：//www. arb-silva. de）；RDP（Release 11. 3 http：//rdp. cme. msu. edu/）；Greengene（Release 13. 5 http：//greengenes. secondgenome. com/）。

② ITS 真菌：Unite（Release 7. 0 http：//unite. ut. ee/index. php）的真菌数据库。

③ 功能基因：FGR，RDP 整理来源于 GeneBank（Release7. 3 http：//fungene. cme. msu. edu/）的功能基因数据库。

（3）软件及算法

Qiime 平台（http：//qiime. org/scripts/assign _ taxonomy. htmL）；

RDP Classifier（http：//sourceforge. net/projects/rdp-classifier/），置信度阈值为 0. 7。

2. 16. 3. 5　Shannon-Wiener 曲线

（1）分析方法

Shannon Wiener 是反映样本中微生物多样性的指数，利用各样本的测序量在不同测序深度时的微生物多样性指数构建曲线，以此反映各样本在不同测序数量时的微生物多样性。当曲线趋向平坦时，说明测序数据量足够大，可以反映样本中绝大多数的微生物信息。

（2）软件

使用 97％相似度的 OTU，利用 mothur 计算不同随机抽样下的 shannon 值，利用 R 语言工具制作曲线图。

2. 16. 4　生物信息学高级分析

2. 16. 4. 1　Rank-Abundance 曲线

（1）分析方法

Rank-abundance 曲线是分析多样性的一种方式。构建方法是统计单一样本中，每一个 OTU 所含的序列数，将 OTUs 按丰度（所含有的序列条数）由大到小等级排序，再以 OTU 等级为横坐标，以每个 OTU 中所含的序列数（也可用 OTU 中序列数的相对百分含量）为纵坐标作图。

Rank-abundance 曲线可用来解释多样性的两个方面，即物种丰度和物种均匀度。在水平方向，物种的丰度由曲线的宽度来反映，物种的丰度越高，曲线在横轴上的范围越大；曲线的形状（平滑程度）反映了样本中物种的均度，曲线越平缓，物种分布越均匀。

（2）软件

R 语言工具统计和作图。

2. 16. 4. 2　OTU 分布 Venn 图

（1）分析方法

Venn 图可用于统计多个样本中所共有和独有的 OTU 数目，可以比较直观地表现环境样本的 OTU 数目组成相似性及重叠情况。通常情况下，分析时选用相似水平为 97% 的 OTU 样本表。

（2）软件

R 语言工具统计和作图。

2.16.4.3 热图

（1）分析方法

Heatmap 可以用颜色变化来反映二维矩阵或表格中的数据信息，它可以直观地将数据值的大小以定义的颜色深浅表示出来。常根据需要将数据进行物种或样本间丰度相似性聚类，将聚类后数据表示在 heatmap 图上，可将高丰度和低丰度的物种分块聚集，通过颜色梯度及相似程度来反映多个样本在各分类水平上群落组成的相似性和差异性。结果可有彩虹色和黑红色两种选择。

（2）软件及算法

R 语言 vegan 包，vegdist 和 hclust 进行距离计算和聚类分析。

① 距离算法：bray-curtis。

② 聚类方法：complete。

图中颜色梯度可自定为两种或两种以上颜色渐变色。样本间和物种间聚类树枝可自定是否画出。

2.16.4.4 群落结构组分图

（1）分析方法

根据分类学分析结果，可以得知一个或多个样本在各分类水平上的分类学比对情况，在结果中，包含了两个信息：a. 样本中含有何种微生物；b. 样本中各微生物的序列数，即各微生物的相对丰度。

因此，可以使用统计学的分析方法，观测样本在不同分类水平上的群落结构。将多个样本的群落结构分析放在一起对比时，还可以观测其变化情况。根据研究对象是单个或多个样本，结果可能会以不同方式展示。通常使用较直观的饼图或柱状图等形式呈现。群落结构的分析可在任一分类水平进行。

（2）软件

基于 tax_summary_a 文件夹中的数据表，利用 R 语言工具作图或在 EXCLE 中编辑作图。

2.16.4.5 系统发生进化树

（1）分析方法

在分子进化研究中，系统发生的推断能够揭示出有关生物进化过程的顺序，了解生物进化历史和机制，可以通过某一分类水平上序列间碱基的差异构建进化树。

（2）软件

Fast Tree（version 2.1.3 http：//www.microbesonline.org/fasttree/），通过选择 OTU 或某一水平上分类信息对应的序列根据最大似然法（approximately-maximum-like-lihood phylogenetic trees）构建进化树，使用 R 语言作图绘制进化树，结果可以用列图或

者圈图的形式呈现。

2.17
聚合物表征方法

2.17.1 核磁共振

（1）原理

核磁共振（NMR）波谱实际上是一种吸收光谱，来源于原子核能级间的跃迁。测定 NMR 谱的根据是某些原子核在磁场中产生能量分裂，形成能级。用一定频率的电磁波对样品进行照射，就可使特定结构环境中的原子核实现共振跃迁，在照射扫描中记录发生共振时的信号位置和强度，就得到 NMR 谱，谱上的共振信号位置反映样品分子的局部结构（例如官能团、分子构象等），信号强度则往往与有关原子核在样品中存在的量有关。核磁共振谱可用来计算高聚物混合物的化学组分。

（2）仪器与设备

① 核磁共振仪。

② 试样管 φ5mm。

③ 滴管、不锈钢样品勺、小试管刷等。

（3）试剂

① 混合标样：由四甲基硅烷（TMS）、氯仿、二氯甲烷、丙酮、二氧六环、环己烷按 1:12:6:2:1.5:1 配制而成。

② 参考物：TMS。

③ 溶剂：氘代氯仿（含 1%TMS）。

④ 聚苯乙烯、聚甲基丙烯酸甲酯、聚乙二醇。

（4）试验步骤

① 试样配制：将 20mg 左右的试样小心装入核磁共振试样管中，然后加入 0.5mL 氘代氯仿，盖好盖子，振荡使试样完全溶解。

② 仪器状态检查和调试：将混合标样管（或仪器所带标样管）放入探头内，检查并调试仪器状态，直至复合采样要求。

③ 设定采样参数：包括谱宽、增益等。

④ 混合标样的 ^{1}H NMR 采样和数据处理：采集或记录混合标样的共振信号，进行必要的数据处理，并绘制积分曲线。

⑤ 试样的 ^{1}H NMR 谱的测定：将混合标样管从探头中取出，换入试样管，重复上一步中的操作。

⑥ 测定完毕，从探头中取出试样管。将试样管中的溶剂等倒入废液瓶，用小试管刷蘸取洗衣粉清洗试样管直至管壁不挂水珠，依次用自来水和去离子水冲洗数次，然后置于烘箱中烘干。

2.17.2　红外光谱法

（1）原理

红外吸收光谱（IR）也称分子振动转动光谱。它是由分子动能级的跃迁（同时伴随转动能的跃迁）而产生的，物质吸收电磁辐射应满足以下2个条件：

① 辐射应具有刚好能满足物质跃迁所需的能量；

② 辐射与物质之间的偶合作用。

当一定频率的红外光照射分子时，如果分子中某个基团的振动频率和外界红外辐射频率一致就会产生共振吸收；由于构成分子的各原子因价得失电子的难易程度不同，而表现出不同的电负性，分子也因此显示不同的极性。这些偶极子本身具有一定的原有振动频率，当外界辐射频率与偶极子振动频率相同时，分子与辐射产生相互作用，而增加它的振动能，使振动加激（振幅加大），分子由原来的基态振动跃迁到较高的振动级。应用红外光谱，可测定分子键长、键角，由此推断分子的立体构型。目前使用的红外光谱仪通常为傅里叶红外光谱仪，具有高信噪比，大能量输出，高波数精度，高频宽测定范围和快速扫描的优点。

（2）试剂

系列浓度的标液：分别称取脂肪酸甲酯 0.0100g、0.0200g、0.0300g、0.0400g 和 0.0500g 于 10mL 容量瓶中，加入少量环己烷摇匀，再加环己烷至刻线位置，分别得到质量浓度为 1g/L、2g/L、3g/L、4g/L 和 5g/L 的脂肪酸甲酯标准溶液。

（3）试验步骤

① 首先打开仪器电源，稳定 0.5h，使得仪器能量达到最佳状态。

② 开启电脑，并打开仪器操作平台 OMNIC 软件，运行 Diagonostic 菜单，设置试验参数并检查仪器稳定性。

③ 扫描背景图谱：用环己烷反复清洗样品池（一般为 3 次），扫描环己烷红外谱图并保存。

④ 稀释待测试样：用稀释过的待测试样润洗样品池（2～3 次）。然后向样品池中加满试样，以环己烷为背景对试样进行扫描得到其红外谱图并保持。

⑤ 每个试样重复进行上述步骤③、④进行平行测定。

（4）试验数据分析

① 打开 OMNIC 软件，调取试验所得的试样谱图，与标样数据对比分析。

② 试验结束后，依次关闭 OMNIC 软件及仪器、主机电源，清洗样品池，使仪器周围保持干净整洁。

2.17.3　X 射线衍射

（1）原理

利用 X 射线的广角或小角度衍射可以获取高分子聚合物的晶态和液态组织结构信息。X 射线衍射分析技术是利用衍射原理，准确测定物质的晶体结构、织构及应力，精确地进行物相分析，既可定性分析，也可以结合专门的分析软件（如 Topas）进行定量分析。根据晶体对 X 射线的衍射特征（衍射线的位置、强度及数量）来鉴定结晶物质之物相的方法，就是 X 射线物相分析法。

X 射线衍射法是一种研究结构的分析方法，而不是直接研究试样内含有元素的种类及含量的方法。当 X 射线照射晶态结构时，将受到晶体点阵排列的不同原子或分子所衍射。X 射线照射两个晶面距离为 d 的晶面时，受到晶面的反射，两束反射 X 光程差 $2d\sin\theta$ 是入射波长的整数倍时，即 $2d\sin\theta = n\lambda$（n 为整数），两束光的相位一致，发生相长干涉，这种干涉现象称为衍射，晶体对 X 射线的这种折射规则称为布拉格规则。θ 称为衍射角（入射或衍射 X 射线与晶面间夹角）。n 相当于相干波之间的位相差，$n=1$，2，3……时各称 0 级、1 级、2 级……衍射线。反射级次不清楚时，均以 $n=1$ 求 d。晶面间距一般为物质的特有参数，对一个物质若能测定数个 d 及与其相对应的衍射线的相对强度，则能对物质进行鉴定。

（2）操作步骤

1）样品制备

X 射线衍射分析的样品形式主要有粉末样品、块状样品、纤维样品等。根据样品和分析目的制备样品。

2）样品测试

① 开机前的准备和检查：开启水龙头，使冷却水流通；X 光管窗口应关闭，管电流、管电压表指示应在最小位置；接通总电源，接通稳压电源。

② 开机操作：开启衍射仪总电源，启动循环水泵；待数分钟后，接通 X 光管电源。通过应用软件进行 X 光管老化，缓慢升高管电压、管电流至需要值。将制备好的试样插入衍射仪样品台，关闭防护罩；打开计算机 X 射线衍射仪应用软件，设置合适的衍射条件及参数，开始样品测试。

③ 停机操作：测量完毕，取出试样。如需关机，先缓慢逐步降低管电流、管电压至最小值，关闭 X 光管电源；15min 后关闭循环水泵，关闭水源；关闭衍射仪总电源、稳压电源及线路总电源。

3）数据处理

测试完毕后，可将样品测试数据存入磁盘供随时调出处理。原始数据需经过曲线平滑、背景扣除、谱峰寻找等数据处理步骤，最后打印出待分析试样衍射曲线和 d 值、2θ、强度、衍射峰宽等数据供分析鉴定。

2.17.4 扫描电镜

（1）原理

采用扫描电子显微镜（Scanning Electron Microscope，简称扫描电镜或 SEM）成像的方法，可以对物质表面微观成像。SEM 是介于透射电镜和光学显微镜之间的一种微观形貌观察手段，可直接利用样品表面材料的物质性能进行微观成像。而且当 SEM 与 X 射线能谱仪联用时，可以在对显微组织形貌成像观察的同时进行微区成分分析。利用 SEM 方法，可以对物质表面微观成像，通过电子图像直观反映出物质表面的形态状况，包括物质表面的光滑程度、物质微观形状以及裂痕等信息。同时可以通过局部的微观 X 射线的谱线，进行定性和半定量的成分分析。

（2）实验步骤

1）样品的制备

基本要求：试样在真空中能保持稳定，含有水分的试样应先烘干除去水分。表面受到污染的试样，要在不破坏试样表面结构的前提下进行适当清洗，然后烘干。有些试样的表面、断口需要进行适当的侵蚀，才能暴露某些结构细节，则在侵蚀后应将表面或断口清洗干净，然后烘干。

不同形状样品处理方法：块状或片状的聚合物样品可直接用导电胶固定在样品座上。粉状样品可取一块 5mm 见方的胶水纸，胶面朝上，再剪两条细的胶水纸把它固定在样品座上。取粉末样品少许均匀地撒在胶水纸上。在胶水纸周围涂以少许导电胶。待导电胶干燥后，将样品座放在离子溅射仪中进行表面镀金，表面镀金的样品即可置于电镜内进行观察。

2）样品的观察

① 打开水源，接通电源。

② 开启扫描电镜控制开关。

③ 放气，将待测样品放入样品室。

④ 抽真空，真空度达到要求后，加高压，即可进行观察。

⑤ 对感兴趣的区域，采取适当的放大倍数，通过焦距的调节，获取清晰的图像。

3）结果处理

用 Smileview 软件处理图像。

2.17.5 原子力显微镜

（1）原理

对分子表面的各种相互作用力进行测量，是原子力显微镜（AFM）的一个十分重要的功能。这对于了解分子的结构和物理特性是非常有意义的。原子力显微镜使用微小探针扫描被测高分子聚合物表面。当探针尖接近样品时，探针尖端受样品分子的范德华力推动变形。因分子种类、结构不同，范德华力的大小也不同，探针在不同部位的变形量也随之变化，从而"观察"到聚合物表面的形貌。由于原子力显微镜探针对聚合物表面的扫描是三维扫描，因此可以得到高分子聚合物表面的三维原貌。原子力显微镜还可以观察高分子链的构象，高分子链堆砌的有序情况和取向情况。

（2）实验步骤

① 依次开启电脑—控制机箱—高压电源—激光器。

② 用粗调旋钮将样品逼近微探针至两者间距<1mm。

③ 再用细调旋钮使样品逼近微探针，顺时针旋转细调旋钮，直至光斑突然向 PSD 移动。

④ 缓慢地逆时针调节细调旋钮并观察机箱上的反馈读数，Z 反馈信号稳定在−150～−250 之间（不单调增减即可），就可以开始扫描样品。

⑤ 读数基本稳定后，打开扫描软件，开始扫描。

⑥ 扫描完毕后，逆时针转动细调旋钮退样品，细调要退到底。再逆时针转动粗调旋

钮退样品，直至下方平台伸出 1cm 左右。

⑦ 实验完毕，依次关闭激光器—高压电源—控制机箱。

⑧ 处理图像。

2.17.6 透射电镜

（1）原理

透射电镜，即透射电子显微镜（Transmission Electron Microscope，TEM），是使用最为广泛的一类电镜。透射电镜是一种高分辨率、高放大倍数的显微镜，是材料科学研究的重要手段，能提供极微细材料的组织结构、晶体结构和化学成分等方面的信息。透射电子显微镜在成像原理上与光学显微镜是类似的，所不同的是光学显微镜以可见光作光源，而透射电子显微镜则以高速运动的电子束为"光源"；在光学显微镜中，将可见光聚焦成像的是玻璃透镜；在电子显微镜中，相应的电子聚焦功能是电磁透镜，它利用了带电粒子与磁场间的相互作用。

透射电镜可以用来表征聚合物内部的形貌。将待测聚合物样品分别用悬浮液法、喷雾法、超声波分散法等均匀分散到样品支撑膜表面制膜；或用超薄切片机将高分子聚合物的固态样品切成 50nm 薄的试样。把制备好的试样置于投射电子显微镜的样品托架上，用透射电镜可观察到高分子聚合物的晶体结构、形状、结晶相的分布。

（2）实验步骤

1）样品的制备

① 磨样：将铝合金样品用 1000 型号或 2000 型号的砂纸磨至 $100\mu m$ 左右。

② 冲孔：把样品用打孔钳打孔，打出 2 个直径为 3mm 的小圆片。

③ 细磨：将这些小圆片在 5000 型号的砂纸上磨至 $50\mu m$ 左右，去毛刺。

④ 电解双喷减薄：将样品夹在双喷仪中进行双喷，当观察到观察孔有光时，关闭电源，拿出样品夹，立即在装有酒精的烧杯中进行 3 次清洗，取出样品后用滤纸包好。TEM 常用 $50\sim200kV$ 电子束，样品厚度控制在 $100\sim200nm$，样品经铜网承载，装入样品台，放入样品室进行观察。

2）仪器调试

开启透射电镜，抽好真空。调试仪器，经合轴，消象散以后，即可送样观察。

3）观察记录

将欲观察的铜网膜面朝上放入样品架中，送入镜筒观察。先在低倍下观察样品的整体情况，然后在选择好的区域放大。

变换放大倍数后，要重新聚焦。将有价值的信息以拍照的方式记录下来，并在记录本上记录观察要点和拍照结果。将样品更换杆送入镜筒，撤出样品，换另一样品观察。

4）暗室处理

根据所用胶片的特性配制相应的暗室试剂，在暗室内红光条件下冲洗胶片。在红光条件下将负片印或放大成正片。

5）图片解析

根据制样条件、观察结果及样品的特性等综合分析，对图片进行合理的解析。

第**3**章

聚合物驱油机理及其研究应用进展

    工业和社会生活的发展正在增加世界对能源的需求。与其他能源生产方式如太阳能、风能等相比，如今化石燃料尤其是石油和天然气在提供能源方面发挥着重要作用[94]。为了满足世界能源需求，必须增加石油储量和生产能力。石油的年需求量正在增加，因此石油生产国应该增加石油产量[95]。石油和天然气产量的增加可以通过开发成熟的油藏或发现新的油藏来实现[96]。油藏和生产井之间的压差将原油拉向生产井，称为初级采收率[97]。在这一阶段之后，将气体或水注入储层以保持储层压力。这个阶段称为二次采油。在初级和次级采油阶段之后，出于经济考虑，不可能继续采油。由于需要更多的地面设施来分离油气和水，提高含水率和气油比（GOR）会导致从油藏中开采成本增加。因此，有必要改变生产计划。在这些阶段之后有两个选择，即弃井或采用新的生产方法。二次采油后，油层剩余油含量显著降低。因此，在很多情况下弃井并不是最好的选择。一些技术可以帮助在二次采油后从储层中产生剩余油。但三次采油方法成本高昂，而且在操作上并不总是可行，但研究人员特别关注通过这些技术提高石油产量，但如果石油价格和需求足够高，三次采油仍然是经济的。这些方法被称为提高采收率（EOR）。这个阶段被称为三次采油。

    通常提高采收率的过程可分为化学驱、热驱、混相驱和微生物驱四大类。化学强化采油（CEOR）技术是目前一些油田应用的重要提高采收率技术之一。与提高采收率相关的研究表明，全球11%的提高采收率项目都是通过化学强化采油实施的，超过77%的方法是聚合物驱油，23%是聚合物与表面活性剂结合。这一技术内容包括聚合物，用聚合物、表面活性剂、碱、乳液和它们的混合物。提高原油采收率的首选方法之一是注水开发，即向注入井注水，将原油推入生产井。然而，油和水是不可混溶的流体，这意味着它们不能混合，油和水在油藏中不能相互替代。由于油藏水黏度低，非均质性强，因此会出现指进现象，注水至生产井，而油藏中仍有大量的油。

    加入水溶性聚合物会增加水的黏度，从而改善流动性控制，同时也会降低水对于油的相对渗透率。聚合物驱已在工业上应用了50多年。一般水溶性聚合物分为合成聚合物和生物聚合物两类[98]。水解聚丙烯酰胺（HPAM）是目前聚合物驱工艺中应用最广泛的合成高分子材料。黄原胶是一种非离子型生物聚合物，已广泛应用于石油工业领域。

聚合物驱有几个优点，包括提高了注入流体的流动性，提高了垂直和面积波及效率，与水驱相比所需的水更少，与其他提高采收率的技术相比成本更低[99,100]。

3.1
聚合物驱油机理

3.1.1 聚合物宏观驱油机理

宏观上聚合物驱油机理主要有有效改善流度比、有效扩大波及面积、减少层间差异[101,102]。

聚合物驱的目的是通过提高注入流体的流动性来提高波及效率。当水作为注入流体单独注入非均质油藏时会出现指进现象，由于地层渗透率高，注入流体通过孔隙介质的速度要比石油快得多。在这一过程结束时，水没有接触到大面积的储层[103]。加入少量的水溶性聚合物会降低水的流动性，在这种情况下水的流动性比石油降低，水像活塞一样推动原油。Buckly-Leverett 方程［式(3-1)］的原理表明了流度比（M）的影响，当 $M<1$ 时分形流动曲线表现为活塞式流动，平均含水饱和度值较大。因此，剩余油的量将减少。

$$f_w = \frac{\dfrac{k_w}{\mu_w}}{\dfrac{k_w}{\mu_w} + \dfrac{k_o}{\mu_o}} = \frac{M}{1+M} = \frac{1}{1+\dfrac{1}{M}} \tag{3-1}$$

$$M = \frac{\dfrac{k_w}{\mu_w}}{\dfrac{k_o}{\mu_o}} \tag{3-2}$$

式中　k_w——水的有效渗透率；

k_o——石油的有效渗透率；

μ_o——石油的黏度；

μ_w——水的黏度。

在水中加入聚合物会改变水的流变性能。流体的流变性描述了流体的流动特性。黏度是聚合物溶液的重要流变性能。聚合物溶液不是牛顿流体[104]。式(3-3) 表示牛顿流体。在该类型流体中，剪切应力和剪切速率与流体黏度的斜率呈线性关系。

$$\tau = \mu\gamma = \mu\frac{du}{dy} \tag{3-3}$$

式中　τ——剪切应力；

γ——剪切速率；

μ——动力黏度。

但聚合物溶液的剪切应力与剪切速率的关系可以用幂指数方程［式(3-4)］来定义，因为它是剪切稀释的流体。

$$\tau = K(\gamma)^n \tag{3-4}$$

式中　K——一致性指标；

　　　n——指数项。

聚合物溶液黏度与剪切速率的关系如图 3-1 所示。在低剪切速率下，溶液表现为均匀溶液或牛顿流动。通过增加剪切速率，表观黏度开始降低，溶液的行为发生幂指数变化。当剪切速率增加到更高时，聚合物分子对溶液黏度没有影响，溶液再次表现出牛顿性质。

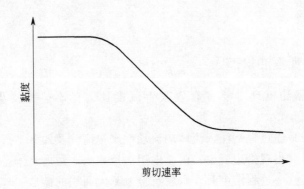

图 3-1　剪切稀化流体流变性的测井曲线

聚合物溶液的高黏度有助于在多孔介质中对油进行波及，提高采收率。为了提高聚合物驱油过程的采收率，可以通过提高聚合物在盐水中的浓度，降低溶剂的盐度，以及使用高分子量的聚合物来提高聚合物段塞的黏度[24]。

提高聚合物浓度会带来两大主要问题：一是提供高浓度聚合物的成本高；二是注入井段压力大。因此，在某些情况下，增加聚合物浓度以获得更高的黏度并不是一个好的选择。另外，与高浓度聚合物相比，使用高分子量聚合物在较低的聚合物浓度下可以提供较高的黏度。因此，在低浓度聚合物中，使用高分子聚合物可以获得更高的黏度。增加聚合物的分子量会导致其他问题，因为通过增加分子量，聚合物分子的尺寸可能会大于孔径，从而导致吸水率问题或增加不可达孔隙体积（IPV）。聚合物不能达到的孔隙空间的体积称为不可达孔隙体积。当颗粒尺寸大于孔隙尺寸时聚合物分子无法通过孔隙。

聚合物分子可以被孔隙表面吸附，也可以被狭窄的通道机械捕获[105]。聚合物保持是多孔介质和聚合物分子之间的相互作用，导致聚合物被岩石保持。聚合物驱可能会降低岩石的渗透率。在聚合物分子与岩石颗粒之间的相互作用中有两个参数：抵抗系数（RF）和残余抵抗系数（RRF）。如式（3-5）所列，RF 是一个通常用来表示聚合物溶液相对于水流动阻力的术语。例如，阻力系数为 10 意味着聚合物溶液通过系统的难度是水的 10 倍，或者注入聚合物溶液所需的压力是水的 10 倍。由于水在室温和常压下的黏度约为 1cp，所以在这种情况下，聚合物溶液通过多孔介质时，它的表观黏度为 10cp。

$$RF = \frac{\left(\dfrac{K}{\mu}\right)_{\text{waterflooding}}}{\left(\dfrac{K}{\mu}\right)_{\text{polymerflooding}}} = \frac{\Delta P_{\text{polymer}}}{\Delta P_{\text{water}}} \tag{3-5}$$

RRF 是初始注入水的迁移率与聚合物溶液后注入水的迁移率之比。式（3-6）为 RRF

的定义。例如，当聚合物驱后 $RRF = 5$ 时，意味着聚合物驱后岩石渗透率接近初始渗透率的 25%。这表明了聚合物分子在岩石中的吸附导致聚合物驱后渗透率降低的程度。

$$RRF = \frac{\left(\dfrac{K}{\mu}\right)_{\text{before polymer flooding}}}{\left(\dfrac{K}{\mu}\right)_{\text{after polymer flooding}}} = \frac{\Delta P_{\text{water after polymer flooding}}}{\Delta P_{\text{water before polymer flooding}}} \tag{3-6}$$

3.1.2 聚合物微观驱油机理

在石油开采中聚合物驱油由宏观驱油率和微观驱油率两个方面决定，宏观驱替效率作为评价度量，主要评价驱替流体与油层体积接触的有效性，而微观驱替效率主要用作评价驱替流体通过毛细力在孔隙尺度上截留油的有效性的度量。宏观驱油率和微观驱油率分别从两个角度揭示了聚合物驱油原理，宏观驱油率更加直接地给出聚合物驱油技术在驱动相和油相之间的关系作用。与直观分析相对应的是微观驱油理论，从分子相互作用角度解释驱动相和油相之间的物理化学变化。

现有研究表明微观驱油效率提高与聚合物溶液黏弹性有关，且黏弹性是聚合物的主要特征之一。

聚合物黏弹性是由聚合物长链分子的纠缠而形成的具有瞬态网络结构的聚合物溶液，在多孔介质中通过曲折和发散/收敛的通道时，表现出黏弹性行为。

此外，由于长链分子结构的变性，提高了驱油效率，使残余油可以从死角或孔喉中被拉出，并在岩石表面形成残余油[14]。当具有黏弹性的聚合物流经盲端时，除了长分子链所产生的剪切应力外，还会产生油液和聚合物之间的正应力。因此聚合物对油滴施加更大的力，把它们从死角拉出来。从盲端抽出的残油量与驱替液的弹性成正比。黏弹性聚合物将流体向前推动，并将流体从前向后拉动，而非弹性流体（水和甘油）能够将流体向前推动，但不能将油从死角拉出。因此，在聚合物驱过程中任何能够提高宏观或微观驱油效率的驱替机制都有利于提高产油量。

3.1.2.1 影响微观驱油效率的机理

（1）流度比的控制

聚合物在提高采收率过程中的主要作用是控制驱替相的迁移率。流动性被定义为流体的相对渗透率，相对渗透率表示同一岩石中，当多相流体共存时岩石对每一相流体的有效渗透率与岩石绝对渗透率的比。现有研究早已认识到流体流动控制对提高宏观驱替效率具有重要作用[106]，在驱替相中加入聚合物使水相增厚，显著减少黏性指进和通道的形成，从而降低驱替相的流动性。此外，在聚合物驱动过程中在微观世界进行着另一种驱油机理，这种机理就是由于聚合物在多孔介质中的滞留（吸附和机械滞留）降低了驱替相的相对渗透率，因此聚合物驱在提高体积波及效率方面是非常有效的。

流动比（M）是衡量驱替流体之间流动对比的重要指标，可以有效衡量驱动液流动相（例如水相）与位移相（例如油相）迁移率。因此，水驱流速比可以用式(3-7)表示[106]：

$$M = \frac{\lambda_{\text{w}}}{\lambda_{\text{o}}} = \frac{\dfrac{k_{\text{rw}}}{\mu_{\text{w}}}}{\dfrac{k_{\text{ro}}}{\mu_{\text{o}}}} = \frac{k_{\text{rw}}\mu_{\text{o}}}{k_{\text{ro}}\mu_{\text{w}}} \tag{3-7}$$

式中　　　　　λ——流动液体；

　　　　　　　k_r——相对渗透率；

　　　　　　　μ——流体黏度；

字母下标 w 和 o——水相和油相。

　　研究表明，驱替流体的迁移率应等于或小于被驱替的多相流体的总迁移率[107]。图 3-2 为相对迁移率作为含水饱和度的函数，图中除显示水相迁移率和油相迁移率外，还显示了水相迁移率和油相迁移率总和（λ_t）。此外，从图 3-2 中可以看出最小总相对迁移率与总迁移率最小值相等（λ_t 与 S_w 相对应）。

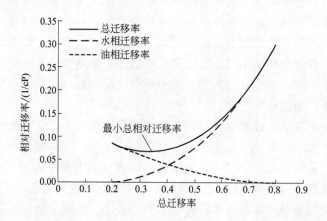

图 3-2　相对迁移率作为含水饱和度的函数[107]

　　在某些情况下，由于流动流体的饱和度未知，因此无法计算流体的总迁移率，在这种情况下，通常用最小总迁移率来确定聚合物驱所需的目标黏度值。在传统迁移概念中，M 值用于区分液体流动性，当 $M \leqslant 1$ 时认为液体具有良好的流动性；当 $M > 1$ 时认为液体流动性较差。然而 Sheng 最近论证现有的迁移率概念是无效的，并提出了一个新的迁移率概念，新的迁移率用驱替流体的迁移率与石油迁移率的比值乘以移动含油饱和度（修正后）值（$\overline{S}_O$），如式（3-8）所示。利用聚合物驱和碱-表面活性剂-聚合物驱的岩心驱油数据，通过数值模拟验证了这一新定义。根据 Sheng 的研究，新迁移率在实际生产中应用于确定浓度移动媒介（聚合物）的迁移率。

$$M = \frac{\lambda_w}{\lambda_o} \overline{S}_O = \frac{\dfrac{k_{rw}}{\mu_w}}{\dfrac{k_{ro}}{\mu_o}} \overline{S}_O = \frac{k_{rw} \mu_o}{k_{ro} \mu_w} \overline{S}_O \tag{3-8}$$

（2）不成比例渗透率降低

　　在聚合物驱油过程中，聚合物溶液可以通过增加驱动相黏度和不同比例渗透率降低法（DPR）两种机制降低置换相的迁移率。不同比例渗透率降低法（DPR）通过聚合物或者胶体降低水相相对渗透率（k_{rw}），以此获得油相最低的相对渗透率（k_{ro}）[108]。不同比例渗透率降低法（DPR）的作用主要通过流动通道隔离（油相和水相）、聚合物的收缩/膨胀取决于相流、孔壁吸附层的形成、表面湿润性的改变四个机制完成。现阶段使用聚合物技术的作用机理中，聚合物吸附层形成和流动通道隔离作为 DPR 的主导机制。

Zheng[109] 等根据以往的研究经验，将相对渗透率的降低与聚合物吸附联系起来，Zheng 等发现水解聚丙烯酰胺在亲水型和亲油型岩心上的吸附，会导致亲水型岩心相对于亲油型岩心相对渗透率的选择性降低，在轻度油湿岩心的情况下，表面润湿性变化也被认为是降低水相对渗透率的另一种机制。

Al-Sharji[110] 等对聚合物进行可视化研究，表明在亲水模型中，阳离子聚丙烯酰胺聚合物层在晶粒缝隙中聚集。基于这项研究，用吸附-缠结机理或动态形成的聚合物层来解释 DPR。然而，在亲油型岩心情况下并没有观察到 DPR 的出现，这种机制（吸附-缠绕机制）在油田中也广泛用于阴离子型聚丙烯酰胺的吸附[111]。

此外，Denys 等[112] 提出聚合物大分子在高速率下被拉伸时表现为阳离子聚丙烯酰胺的桥联吸附机理，Chauveteau 等对此理论进行了深层次的研究[113]。Stavland 和 Nilsson 等[114] 提出了"油和水在孔隙水平上的分离流动路径"机理来解释聚合物驱技术下的 DPR。目前，大多数研究认为 DPR 的发生是多种机制共同作用的结果，然而也有少量实验研究表明聚合物吸附在岩石表面是诱导 DPR 的主要机制。

（3）聚合物弹性和/或流动阻力

在聚合物驱动技术中，流动阻力是提高聚合物驱体积效率或宏观波及效率的第三种机理，Dehghanpour 和 Kuru[115] 研究了黏弹性流体流变学在"内饼"的形成（摩擦压降）影响，研究观察到具有高弹性的流体在通过多孔介质时，表现出显著的压降。在不改变剪切黏度的情况下，通过增大分子量分布可以增强这种导致附加压降的弹性效应。Urbissinova 等[116] 在评价三次采油中聚合物弹性对提高采收率的影响时也出现上述类似情况。同样，他们观察到，具有较高弹性的聚合物溶液与具有较低弹性的聚合物相比，在剪切黏度相同的情况下，其通过多孔介质的流动阻力（压降）更大，从而提高了宏观波及效率和采收率。该机理还可以提高毛细力和岩石构型对岩心固相剩余油的微观驱替效率。

在过去的十年中，有人提出聚合物驱还可以通过调动和驱替残余油饱和度来提高微观驱油效率（被毛细作用力捕获），这一现象是由于聚合物溶液的弹性造成，这种现象和猜想引起研究者强烈的争论和探讨。尽管如此，Wang 等[117] 通过评价聚合物驱在不同条件下驱替"剩余油"的效果，对这一问题进行了广泛的研究，评价了"边缘"残油、岩石上的残余油膜、残余油在孔隙喉道中被毛细管力捕获、微尺度非均质孔隙介质中未波及的剩余油四大部分，评价研究中显示聚合物驱油后剩余油减少。Xia 等[118] 采用理论和实验相结合的方法，研究了驱动流体的弹性特性对微观驱替效率的影响，黏弹性聚合物溶液在不增加压力梯度的情况下，可以有效地驱替不同类型的剩余油。Hou 等[119] 利用 CT 系统对聚合物驱微观驱油效率提高进行了观察，认为这种现象的实质是聚合物驱提高了油/水的迁移率，改变了驱替液的流动剖面，导致含油饱和度的重新分布。这种水相改道和聚合物黏弹性的共同作用，使剩余油得到了有效运移和驱替。Cheng 等[120] 分析了大庆油田聚合物驱后剩余油的分布情况，最终确定聚合物接触的储层体积厚度与水驱相比呈现增加状态，且与水驱相比聚合物驱动下含油饱和度降低了 21.4%，降至 11.9%，研究发现大庆油田聚合物驱后残余油饱和度是受毛细力作用影响。此外，Chen[121] 等对大庆油田聚合物驱模拟研究，介绍了聚合物弹性机理。在对聚合物驱现场生产性能的研究中发现，高浓度聚合物驱不仅可以提高体积波及效率，而且可以提高微观驱替效率。Meybodi 等[122] 采用图像处理技术，分析和比较了聚合物驱油和水湿多孔介质中的微观和宏观驱替行为，发现在强亲水介质中良好的微观驱替可以提高宏观波及效率，但在强亲油介质中影响微观驱替、稳定性和采收率的因素较多。

3.1.2.2 提高微观驱油效率的机理

（1）拉动作用机理

Wang 等[123,124] 研究表明如果具有弹性的流体流过死角时，除了长分子链所产生的剪应力外，还会产生油液和聚合物溶液之间的正应力。因此，聚合物对油滴施加更大的力，把油滴从死角拉出来，由此可知，从死角中抽出的残余油量与驱动液的弹性成正比关系，具体作用方式如图 3-3 所示。

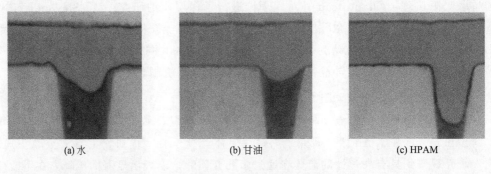

（a）水   （b）甘油   （c）HPAM

图 3-3 水相、甘油、聚合物溶液作用"死胡同"后残油（深色）状态

由图 3-3 可知，黏弹性聚合物（HPAM）将流体向前推动，并对流体进行前后拉动，而非弹性流体（水和甘油）则呈现推动流体前进，但不能把石油从死胡同里"拉出来"。

同样的，Luo 等（2006）比较了聚合物黏弹性对微观驱油效率的影响，图 3-4 为在盲端孔隙（玻璃蚀刻模型）中进行实验的图片，在该实验中，将具有不同黏弹性驱替流体注入死端，以取代被困的石油。流体的弹性用弹性模量（G'）与黏滞模量（G''）之比表示，在实验中，在静孔模型死角中加入不同弹性和 G'/G'' 值聚合物溶液（0、0.92、1.75 和 2.72）。从图 3-4（a）中可以看出在水溶液（无弹性流体）作用后残余油饱和度，图 3-4（b）和（c）表示水驱作用后残余油饱和度变化规律，可以看出驱替流体弹性的增加降低了滞留在死端孔隙中的油的饱和度。

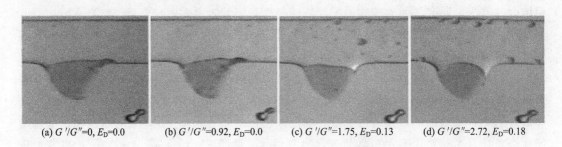

（a）$G'/G''=0$，$E_D=0.0$ （b）$G'/G''=0.92$，$E_D=0.0$ （c）$G'/G''=1.75$，$E_D=0.13$ （d）$G'/G''=2.72$，$E_D=0.18$

图 3-4 不同黏弹性聚合物溶液作用后残油分布

研究者通过对末端聚合物驱的数值模拟，进一步研究了这种效应[125,126]，这种拉力效应也适用于残余油被困在一种两端都可以流动的结构中，这种类型剩余油不动的主要原因是毛细力作用。既然这样，至少有50%的机会通过拉拔作用，可以减小油滴保留毛细力。

（2）剥离机制

在亲油多孔介质中，残余油以连续油膜的形式附着在岩石表面。Wang等[117]通过对牛顿流体和非牛顿流体在毛细管中的运动规律发现，弹性流体在毛细管壁附近速度梯度比牛顿流体大得多。因此，与水相比，聚合物溶液在流动过程中会产生更强的力，增强岩石表面的油膜剥离，最终提高驱油效率[127]。润湿性由亲油转变为亲水这种油剥离效应也会提高原油采收率。

（3）油柱或螺纹流动机构

影响聚合物弹性性能的第三种可能的机制是油路流动，由于正常的应力作用，弹性聚合物溶液能够稳定油路流动。Wang等[128]在研究中观察到聚合物溶液将油吸入油柱中，油柱与下游残余油聚集在一起，形成油螺纹，作用在油螺纹凸面上的法向力应大于作用在凹面上的法向力，正应力基本作用是防止油线变形，这种作用力可能提高驱替效率[127]。此外，这种作用力随着狄勃拉数（N_{Deh}）增加而增强，这种常用无量纲数用于描述聚合物溶液在多孔介质中的弹性。关于这个机制，Huh和Pope[129]指出油和聚合物溶液之间的界面张力可能会使长油柱不稳定，并将其分解成油滴的可能性。然而，聚合物溶液弹性能抵抗这种界面变形，油柱可以被排到更薄的横截面上，使其分解成更小的油珠，导致残余油饱和度较低，稀油柱被破碎成较长长度的油环，具有较大的移动可能性。

（4）剪切增稠效果

从理论上来说，在多孔介质中聚合物溶液的流变行为是剪切速率的函数（流速梯度），可分为牛顿型、剪切型、剪切增稠三种类型。当聚合物分子流经一系列孔体和孔喉时，流体在一定程度上发生伸长和收缩作用，只有当聚合物溶液流经多孔介质且流速过高时才会发生剪切增厚，聚合物分子没有足够的松弛时间来拉伸和反冲以适应流动速度，弹性链造成了高的表观黏度（剪切增稠）。这种特性可以帮助驱动流体快速驱油，但在小范围的非均质性中很难驱油或更有效的驱油[130]。现阶段剪切增稠效应被认为是聚合物驱提高微观驱油效率的可能机理之一，高表观黏度也有利于提高宏观尺度的波及效率[131]。

尽管剪切增稠行为是聚合物驱中一个重要的聚合物流态，但准确描述其仍是一个挑战。其原因是，即使在相似的剪切速率下，这种行为也不能通过体积流变学测量来量化，就像剪切稀化机理一样，为了量化这种流动行为，研究者提出了几个模型或方程。近年来，人们根据表观黏度（压降）与有效剪切速率（流速）的关系，对剪切增厚过程进行了更可靠、更精确的预测。Garrocuh和Gharbi提出了一种类似于达西定律的黏弹性经验模型，研究HPAM和黄原胶在多孔介质中的流动状态，该模型考虑了聚合物的弹性、黏度和多孔介质结构等因素（孔隙度和渗透率）。研究表明，迪波拉数可能不是表征多孔介质中黏弹性流动的合适参数，研究显示采用一个维数"黏弹性的数字"（Nv）表征多孔介质中黏弹性流动的合适参数似乎更合适，因为它清楚地区分黏性流动和黏弹性流动。该模型可用于预测剪切增厚过程中压降与流速的关系。

Delshad 等[130] 建立另一个 HPAM 聚合物模型，与以往模型相比，该模型的一个显著特点是剪切增稠黏度并没有随着迪波拉数的增加而无限增加，而是设置一个较准确的值，这似乎更加合理。Delshad 等试图将剪切变薄和剪切增厚区域的方程结合起来，得到适用于整个剪切速率范围的黏弹性模型，该模型同时考虑了流变学行为，并成功地用于从已发表的实验室报告中获取的历史匹配数据。Kim 等[132] 利用该黏弹性模型建立了 HPAM 聚合物溶液的数据库，其中包含了聚合物浓度、盐度、硬度和温度等参数，这使得定量聚合物溶液在油藏条件下的表观黏度变得更加实际，近年来，Sharma 等[133] 对该模型的参数进行了进一步的改进。

Zhang 等[134] 为表示 HPAM 溶液在多孔介质中的黏弹性变化情况首先建立了本构方程，由该方程可知，弹性引起的黏度增加与松弛时间、粒径、孔隙率成正比，与达西速度和弯曲度的平方根成反比。本构方程的计算值与实验值吻合较好，验证了本构方程在定量描述多孔介质剪切增厚行为中的适用性。Cheng 和 Cao[135] 将聚合物溶液通过多孔介质的流动性能分为入口收缩、孔道和挤出三个阶段，每个阶段的压降可以分为黏性压降和弹性压降。从而建立考虑聚合物流动特性和多孔介质特性黏弹性流体本构模型。利用岩心驱替得到的实验数据对新模型进行了验证，可以准确表征了聚合物溶液在多孔介质中的流变状态。

3.2
聚合物驱油研究应用进展

3.2.1 聚合物驱油实施项目进展

聚合物驱是一种提高采收率的成熟技术，早在 20 世纪 50 年代末就在油田工程中得到了应用[136]。在物流、工程设计、储层特性和监测方面，文献中有大量关于聚合物现场实施的经验、专门知识和学习。在过去 50 年的文献报告中[137]，40 个报告的聚合物项目被归类为成功的项目，6 个被评价为失败的项目。其中 3 个失败的项目只注入了 17% 的空隙体积（平均渗透率为 112mD），而成功的项目可达到 34% 的孔隙体积（平均渗透率为 563mD）。在聚合物浓度、阻力系数、剩余阻力系数、聚合物滞留量、井距、地层温度和油黏度方面，成功项目和不成功项目之间没有重大差异。

实施聚合物项目最多的国家为美国，占总体的 64%；其次为加拿大和中国，各占 8%；接下来是德国，占 5.6%。聚合物的实施地点大部分在陆上实施（66 个），少部分在海上实施（6 个）。项目中大部分的聚合物使用聚丙烯酰胺，其余部分使用生物聚合物。数据分析显示，与使用粉末型合成聚合物相比，使用乳液型合成聚合物的项目，在注入能力方面面临更多的挑战。

二次注聚项目的成功率高于三次注聚项目。由于聚合物突破和生产，在生产井中观察到的问题数量一般较低，主要与生产系统中腐蚀和乳液形成趋势增加有关。

3.2.2 不同油藏中聚合物驱油研究和应用进展

（1）在稠油油藏中的研究应用进展

为了满足世界石油需求以维持经济增长，需要增加可采储量，这可以通过勘探大型新油气藏或改善已发现油气藏的采收率来实现。地质学家和石油工程师对开发新的重要石油资源的可能性非常悲观，因此采用提高采收率的方法来提高现有储量是更有可能满足需求的方法。在新替代能源得到成熟开发和广泛应用之前，世界范围内对石油资源的需求还将继续增长。随着石油资源需求的快速增长，稠油以其巨大的储量越来越受到人们的关注[138,139]。随着常规油产量开始达到峰值，稠油油藏的开发越来越具有吸引力。据估计，世界上的稠油资源大约有 10 万亿桶，几乎是常规石油储量（OOIP）的 3 倍[140]。加拿大西部，特别是阿尔伯塔省的稠油资源丰富，是世界上最大的已知石油盆地；一些稠油油藏分布在世界其他地区，包括美国、中东、中国和拉丁美洲。

水驱、聚合物驱、表面活性剂驱、碱驱等冷采技术以及吞吐、蒸汽驱、蒸汽辅助重力排水、原位燃烧等热采技术在稠油开采中得到了广泛应用[141]。热法[142] 和混相法是成功的、有效的稠油生产技术。然而，由于技术、经济和环境等方面的原因，其在许多油藏中的应用受到限制。例如，由于覆盖层和下垫层的严重热损失，在薄层和深层地层以及有底层含水层的储集层中应用热工技术无法获得高的采收率[143]。此外，加热水需要大量的淡水和天然气资源，这本身就增加了操作成本和温室气体排放到大气中。像蒸汽萃取（VAPEX）这样的混相溶剂工艺在薄层和低压层中效率不高，因为在这种情况下重力排水不成功。许多稠油油藏的厚度只有几米，例如中国大庆油田的Ⅲ级稠油油藏厚度只有1m。因此，热混相提高采收率技术在某些油藏的应用面临着巨大的挑战。水驱是一种最简单的改良采油方法，在一次采油末期广泛应用，注水开发是提高采收率的关键技术之一，属于二次采油技术。向油藏注水会导致一种叫作孔隙置换的现象，在这种现象中我们向油藏提供压力支撑，这也是为了将石油从储集层驱至生产井。近年来，注水开发过程中储层极限动态性能和采收率评价得到了广泛的研究和评价。这种方法是在一次采油结束时实施的最常见的实践，但也存在与之相关的潜在问题。这些问题包括由于储层中流体的渗透率变化而导致的采收率不高、注入水和稠油的流动比不利影响了孔隙介质中的流体运移、早期水突破等，这些都会阻碍生产并威胁到地面处理设施。这些缺点使得注水开发在稠油油藏中应用效率低下。考虑到水驱在稠油油藏应用中面临的问题和挑战，聚合物驱已成为提高采收率更理想的选择。

聚合物驱是一种提高采收率的方法，即在油藏中注入聚合物代替水。这个过程包括在注入的水中加入少量的可溶性聚合物。注水过程中波及系数低，导致注入流体在多孔介质中产生黏性指进。聚合物注入通过增加注入流体的黏度来提高波及效率[144]。注入流体黏度的增加，降低了注入（驱替）流体的流动性比，使其小于所处的油相（驱替）的流动性比。这导致了最大的波及效率，同时减少了任何黏性指进问题，并在油藏中创建一个平滑的驱替前缘。聚合物驱由于具有降低水油比[145] 的能力，是提高水驱性能和提高采收率最成熟的技术之一。此外，与其他冷采技术相比，聚合物驱可以提高非均质油藏的波及效率。成功应用于稠油油藏，在一定程度上缓解了石油资源需求压力[146]。稠油油藏注水井的水平配置增加了向油藏注入较大聚合物段塞尺寸的可能性。聚合物驱应用于稠油油藏的这一优势，使其在经济上比 SAGD 和 ESSAGD 等其他稠油开采技术更高效，同时也更环保[147]。

研究渗流对提高稠油油藏聚合物驱油性能和提高采收率具有重要的理论指导意义。许多学者研究了聚合物溶液和稠油的流变性以及它们在多孔介质中的流动[148]。研究发现，聚合物溶液和稠油的流变性不同于牛顿流体，由于聚合物溶液和稠油均含有高分子量组分，形成空间网状结构，表现出非牛顿流体特性[149]。一些研究人员将实验和理论的流变学结果与它们在多孔介质中的流动行为相结合，以丰富和提高对它们在稠油油藏中运移的认识。例如，有人提出将聚合物溶液的流速转换为等效剪切速率来研究其在多孔介质中的流变性[150-153]，这是因为在多孔介质的流体流动中通常所指的是流速而不是剪切速率。在稠油方面，有报道指出稠油需要克服一定的屈服应力才能流动，表现出宾厄姆流体的特征[154]。当稠油开始在多孔介质中流动时，必须克服与该屈服应力相对应的阈值压力梯度（TPG）[155,156]。通过流变实验得到稠油的屈服应力，通过 TPG 测量实验得到稠油的屈服应力。为了准确测量 TPG，人们提出了许多方法，包括定常压力-速度法、不稳定法、毛细管平衡法、微流量法等。其中一些方法存在误差大、耗时长、数据采集困难等缺点。微流法是一种推荐的方法，因为它的准确性和可接受的时间要求[157]。现有的综合流动研究和准确的实验测量结果可以为稠油油藏[158] 聚合物驱的提高采收率提供有力的支持。

此外，数值油藏模拟是一种有力的手段，对研究渗流和稠油油藏聚合物驱的实验具有重要的补充作用。与实验结果相比，数值油藏模拟在有效预测聚合物驱油、评价和分析控制聚合物驱油的因素方面具有优势[159]。随着数值油藏模拟的不断完善，聚合物驱数值模拟取得了很大的进展，可以模拟大多数常规的流体特征、流动机理和过程[151,160]。此外，聚合物溶液的非牛顿流动也可以很好地解释[161]。与聚合物溶液的非牛顿流动不同，稠油非牛顿流动的特征，特别是临界压力梯度（TPG），在稠油油藏的聚合物驱数值模拟中没有得到很好地处理和考虑[152]。许多商业化的聚合物驱数值模拟装置也有类似的问题。虽然在稠油油藏水驱数值模拟中提出了一些描述 TPG 的方法，但是考虑到稠油油藏中 TPG 的聚合物驱数值模拟很少出现。这可能导致模拟结果不准确，无法为稠油油藏聚合物驱及其开发预测提供指导。因此，有必要设计一种能够准确描述稠油油藏中聚合物驱油规律的模拟装置。

（2）在碳酸盐油藏中研究应用进展

一方面，石油天然气勘探正走向全球，油田处于高含水阶段，如何实现采收率最大化是石油工程师面临的挑战。另一方面，碳酸盐岩储层的可采储量巨大，因此认为开发具有巨大的经济价值，人们将注意力从传统的砂岩储层转移到广泛分布于世界各地的碳酸盐岩储层地，如北美、欧洲北部、中国和澳大利亚[162]。在北欧地区，碳酸盐岩储层分布相对密集。坎宁盆地位于澳大利亚西北部，面积约 64 万平方公里，是一个早期勘探点。我国有两个碳酸盐岩油藏富集区，一个位于鄂尔多斯盆地，另一个位于塔里木盆地。碳酸盐岩储层孔隙度低，非均质性强。这两个特点以及油-湿混合岩石性质通常导致采收率低[163,164]。浅层碳酸盐岩储层在初次采出阶段的 OOIP 产量一般低于 10%，注水效果也很差。复杂的高渗透裂缝网络建立了有利的渗流通道，进一步影响了低采收率因素。这种基质结构和裂缝网络连通性的可变性是裂缝性碳酸盐岩储层表现出多种流动行为的主要原因，导致其评价、性能预测和管理存在很大的不确定性[165]。

世界范围内的碳酸盐岩油藏开发 EOR 项目始于 20 世纪 70 年代。在油田开发的后期阶段，化学驱提高采收率技术在经济上是可行的。化学驱技术又可分为聚合物驱、表面活性剂驱、碱驱及其组合。提高采收率的化学方法是一种成熟的技术，在碳酸盐岩储层中起着关键作用，常出现天然裂缝。化学驱采油可以避免注入气的突破，从而扩大波及效率。

为了提高累计采收率，在地层中注入高黏度聚合物，提高了注入流体的流度比，扩大了注入流体的波及效率[166]。然而，在裂缝性较强的碳酸盐岩储层中注入流体很容易突破。聚合物驱由于能在一定程度上堵塞碳酸盐岩储层裂缝，已在许多碳酸盐岩储层中得到应用。美国有 1327 个适合聚合物驱的候选油藏，其中 1/3 位于碳酸盐岩油藏中[164]。在许多油田案例中，聚合物表面活性剂被用作共注入剂，这不仅可以控制流度比，还可以降低表面活性剂的吸附，因为表面活性剂在岩石表面的吸附是确定碳酸盐岩储层化学驱项目可行性的主要考虑因素。碱/表面活性剂/聚合物（ASP）驱油在砂岩中得到了广泛的应用，因为碱的加入还可以降低阴离子表面活性剂的吸附[164]。然而，由于碱与碳酸盐之间的反应，所以不建议在碳酸盐中使用碱。因此，表面活性剂/聚合物（SP）驱油是近年来备受关注的一种驱油方式，由于其具有降低界面张力（IFT）和控制流动性的协同效应，且副作用最小，因此在许多碳酸盐岩油藏油田中得到了应用[167]。实验室实验是研究碳酸盐岩储层的特征以及聚合物驱的性能最基本的方法，例如聚合物和表面活性剂浓度的影响，分子量、温度和耐盐性特点，段塞大小和岩石类型的最终复苏[167,168]。此外，CT 扫描仪还可以作为一种实验仪器[169]，用于监测人工破碎碳酸盐岩岩心的流体相分布，定量石油采收率，评价不同的化学提高采收率替代方案。化学驱具有投资大、风险高的特点，在进行现场试验前需要制订详细的方案。然而，单凭室内实验无法对整个储层进行表征，也无法预测化学驱后储层的未来动态。因此，数值模拟是评价、优化砂岩和碳酸盐岩油藏化学驱方案的一个有吸引力的选择。两个成功的例子是中国锦州 9-3 油田西部的三元复合驱油和科威特油田油藏的采收率提高。对于砂岩储层，该方法需要获得配方浓度、段塞尺寸、注入速度、井网等注入参数的最佳组合。

（3）在高温高盐油藏中的研究应用进展

聚合物溶液在现场作业过程中的降解是一个主要问题。它可以通过氧化或受离子和温度的影响而进行化学降解。在高温和高盐度条件下，聚合物如水解聚丙烯酰胺（HPAM）对这种条件的耐受性差而失去黏度。在高温条件下，HPAM 分子水解得到负电荷。然后，在二价离子（如 Ca^{2+}、Mg^{2+}、Fe^{2+}）的存在下，这些分子被捕获。因此，地层损害和渗透率降低是由于聚合物分子捕获造成的。

目前，高温高盐油藏聚合物驱是该行业面临的重要挑战[170]。高效、低吸附的岩石表面聚合物的耐盐、热稳定性检测是高温高盐储层聚合物驱成功的重要一步[33]。为了解决这一问题，研究人员也对磺化聚合物进行了测试，他们使用岩心驱油实验，温度最高可达

100℃，结果显示出了良好的采油效果[170]。因此，使用来自 HPAM 的改性聚合物可以在高温、高盐条件下保持稳定。目前，许多类型的合成聚合物和生物聚合物被设计用于高温、高盐条件下的聚合物驱。Wang 等[23] 以 n-异丙基丙烯酰胺（PNIPAM）和聚乙烯（PEO）为主要原料，开发了一种新型热增黏聚合物（TVP）。Wang 等[171] 合成了一种适合聚合物驱的新型共聚合物，该聚合物是由疏水性单体 n-十二烷基丙烯酰胺、丙烯酰胺和极性单体 2-丙烯酰胺-2-甲基丙磺酸在水中胶束聚合而成，这种共聚物在 85℃ 和 32000×10⁻⁶ 盐度下稳定了 30d。Zhu 等[33] 将硅纳米颗粒与聚丙烯酰胺的水杂化反应应用于高温、高盐条件。结果表明，纳米二氧化硅的加入增加了 HPAM 溶液的表观黏度和弹性模量。另外，实验结果表明，它具有良好的黏度和对高温条件的耐受性。Sarsenbekuly 等[172] 研究了盐和温度对疏水改性聚丙烯酰氨基新型功能聚合物（RH-4）稳定性的影响，该聚合物通过提高矿化度和温度来提高采收率。

高分子阳离子聚合物具有良好的热稳定性和力学稳定性，在高温条件下可用于聚合物驱油。由于聚合物分子中电荷的增加，溶液的黏度增加。反之，通过增加分子量，则聚合物浓度相对于低分子量聚合物的黏度增加。此外，高分子聚合物降低了聚合物的浓度，聚合物驱油成本也随之降低。与其他聚合物相比，阳离子聚合物还没有进行深入的研究[173]。高分子量与阳离子电荷的协同作用有助于聚合物分子在高温、高盐度下的稳定性。

（4）在非均质油藏中的研究应用进展

自 1996 年以来，大庆油田聚合物驱已实现工业化，并进入商业化应用阶段。迄今为止，油田共应用了 50 多个聚合物驱区块；与水驱相比，平均提高采收率约 13%（OOIP），聚合物驱累计产油 7.92 亿桶，其中 1t 聚合物粉可增加产油约 870 桶[174,175]。由此可见，采用聚合物驱油取得可观的经济效益。

总体而言，随着聚合物产品性能和注采技术的发展，聚合物驱油效率显著提高，在一系列成功的现场经验基础上，实现了油藏工程、采油工程、地面工程和聚合物驱现场试验动态监测一体化技术。目前，聚合物驱目标油藏类型已从高渗透砂岩油藏扩展到中、低渗透砂岩油藏，从砂岩油藏扩展到砾岩油藏和复杂断块油藏[174]。根据大庆油田的沉积特征和开发现状，建立了大庆油田油藏等级标准。高渗透砂岩油藏有效厚度＞4m，渗透率大于 800×10⁻³μm²，该油藏为 Ⅰ 类油藏，是该油田的主要油藏类型。有效厚度在 1~4m，渗透率大于 100×10⁻³μm² 的砂岩油藏被视为属于中等渗透率油气藏，属于 Ⅱ 类油藏。有效厚度＜1m，渗透率小于 100×10⁻³μm² 的低渗透砂岩储层属于 Ⅲ 类油藏。在大庆油田提高采收率的实践中，研究了一种经济有效的方法，进一步从主要储层开采剩余油，进入聚合物驱开发后期；对于非均质性较强、连通性差、油层薄、砂体发育小的中渗透 Ⅱ 类油藏，已经应用了提高采收率的聚合物驱工艺，并成为成熟油田基地稳定生产水平的必要条件。

大庆油田 Ⅱ 类油藏典型区块工业化聚合物驱的实践证明，其平均提高采收率（OOIP）为 12.3%，在能源的可持续发展过程中发挥了重要作用。然而，黏性聚合物溶液的注入性能一直是聚合物驱现场应用的一个问题，在聚合物驱现场，渗透率对聚合物注入至关重要，因为低渗透地层可能会阻止聚合物分子通过孔隙或孔道流动。此外，聚合物在储层中的吸附基本上是不可逆的，被吸附的聚合物会对储层造成永久性的损害。多项实验研究探讨了聚合物驱过程中聚合物吸附的效果[111,176,177]。Wang 等[178]之前的研究识别了不同水驱程度 I 类油藏的注聚能力，并评价了高分子量、高浓度聚合物溶液在强水驱程度油藏水驱后降低剩余油的可行性。然而，残余阻力测量仅仅是在单相流中进行的，其工作中并没有提到是否可以通过油的存在来改善吸附行为，其结果也没有得到现场数据的验证。聚合物驱后的剩余油由于地层渗透率不同程度的降低，其他工艺难以回收。这就是为什么在碳酸盐岩油藏进行聚合物驱开发的项目较少的原因。

为了将实验结果扩展到现场，一个能够考虑影响注入能力的重要机理的数学模型被提出，并且 Lotfollahi 等[179]进行了聚合物驱注入能力下降的系统模拟。尽管注入能力模型可以计算岩心驱替和现场测试中的注入压力，由此可以理解不同现象对聚合物注入井压力上升的影响，但与聚合物流变性模型相结合以模拟渗透率降低的过滤模型没有考虑聚合物排屑冲洗的影响；成功的案例使用了砂岩储层，该储层也具有高平均孔隙度和高平均渗透率。此外，聚合物驱过程中注入能力的降低会显著影响油田开发的经济效益。从技术和经济两个角度评估 EOR 的成功是至关重要的。

因此，II 类油藏的聚合物驱工艺仍面临着注水效率高、注入压力大、地层堵塞破坏、不平衡吸水比、经济合理等挑战；聚合物驱油的几个关键技术，包括聚合物的筛选和评价、黏度损失控制、分层注入和偏心磨损预防等，仍然需要不断创新。此外，聚合物注入参数与实际油藏之间的匹配关系是最突出和具体的问题。

近年来，胶束聚合驱也被证明可以提高非均质油藏的采收率，已在越南非均质油藏成功应用[180]。

3.2.3　提高聚合物驱采收率研究进展

3.2.3.1　提高采收率的聚合物特性

目前有不同类型的聚合物可以用于驱油，对于不同的聚合物溶液，其性能受到许多因素的影响，包括溶液的黏度、剪切应力的影响、温度稳定性和对一系列因素的敏感性，如 pH 值、金属离子、O_2、盐度等。为了更好地合理使用聚合物，提高采收率，需要基于聚合物和油藏特性对其进行筛选，选择合适的聚合物。

（1）成本

选择最佳的聚合物不仅取决于它的性能，而且还取决于它的经济价值。首先，聚合物的成本直接影响油田作业，特别是油田需要大量聚合物进行驱油。其次，聚合物的波动成本会阻碍油田作业，导致聚合物工厂的关闭。

资本投资、运营成本、化学品成本、工艺效率、原油价格、税收和环境控制是影响聚合物驱总体经济的七个主要因素。过程相关的因素，如化学成本，取决于选择化学驱油。例如，虽然黄原胶溶液的化学成本和处理成本高于聚丙烯酰胺溶液，但与聚丙烯酰胺相比，其成本是稳定的。由于聚丙烯酰胺是从石油产品中提取的，其成本对原油价格非常敏感。其他费用，如使用除氧剂、杀菌剂和淡水的处理费用，在某些情况下也很重要。这些成本通常取决于油田的位置、深度、井距和开采时间。

（2）过滤性能

在聚合物溶液制备过程中，聚合物的无效水合和溶液中的岩屑会影响注入能力，导致近井筒堵塞。当溶解聚合物时，粒子表面的快速润湿会导致聚合物膨胀，并对内部粒子形成屏障。由此产生的溶液形成"鱼眼"或"凝胶球"，但同时剧烈搅拌和缓慢添加，它可以消除这种情况。

黄原胶表现为半刚性，在相同条件下与聚丙烯酰胺（柔性线圈结构）相比具有优异的稳定性[181]。黄原胶的高成本和井筒堵塞是黄原胶缺乏现场应用的主要原因。井筒堵塞问题可能是由细胞碎片或聚合物交联（聚合物或补充水中的杂质催化）引起的。这可以通过使用优质水和注入前聚合物溶液的过滤来避免。酶澄清和硅藻土过滤目前应用于驱替之前的聚合物溶液处理。

目前生产的聚合物可能需要通过过滤器测试，使用微米大小的过滤器（投资和运营成本高）来防止井筒堵塞。典型的过滤试验允许大约 $600cm^3$ 的聚合物溶液通过一个 $47mm$ 直径的过滤器，但是现场通过量（通过量是每流动面积的流体体积）要比这些值大得多。

（3）合适的黏度

对于油田来说，聚合物溶液最重要的特性之一就是它能在最低浓度下产生黏度。此外，众所周知，如果驱替液的黏度比现场原油低，那么驱替液在均匀可渗透油藏中的均匀运动就可以停止。这就是所谓的逆向迁移效应。此外，黏性较低的驱替流体渗透到油前缘的现象被称为不利于流动效应。这两种现象都会导致较低的扫描效率，而适当的聚合物使用可以解决这一问题。

（4）表面活性剂的兼容性

化学驱油技术在实验室研究中具有非常高的微观驱替效率。Taber[182] 用黏滞力和毛细力的比值来表示这种油的固位力，并将其表示为毛细孔数（N_{ca}）[式(3-7)]：

$$N_{ca} = (\mu_w v_w)/(\sigma_{ow}) \tag{3-9}$$

式中　μ_w——黏度；

v_w——体积流体通量；

σ_{ow}——油水界面张力。

当毛细孔数发生较大变化时原油采收率变化显著。

表面活性剂减少了聚合物对岩石表面的 IFT 和较低的吸附，从而增加了毛细孔数，足以克服毛细力，从而提高了石油的流动性[183]。在采油过程中，碱性表面活性剂聚合物（ASP）或表面活性剂聚合物（SP）的驱油效果与水驱相同，甚至更高。Trushenki[184]的研究表明，表面活性剂聚合物不相容（SPI）会增加磺酸盐（表面活性剂）的损失，从而影响采油过程的效率。磺酸盐损失是影响采油效率的主要因素，它是由于表面活性剂吸附在岩石表面，与聚合物不相容导致相分离，如果含油相的表面活性剂之间的相互作用足够大，则会在多孔介质中发生相捕获。这些损失增加了最佳驱油效率所需的表面活性剂的量。Trushenki 报道的长岩心实验和台式研究证实，SPI 表现为表面活性剂和聚合物分子的相分离，以及分离相黏度的改变。这两个被分离的相组成了两个不同的区域：一个是盐度较低的区域；另一个是由亚稳胶体分散体分隔的盐度较高的区域。

在高盐度油藏中，临界胶束浓度降低，导致胶束最终聚集到油相。因此，它导致表面活性剂和聚合物之间发生表面活性剂聚合物不相容。在最佳盐度下，由于表面活性剂相包封过程的减少，使得表面活性剂在多孔介质中的损失最小。即使是两相的胶束流体，经过低盐聚合物溶液稀释后也会变成一相[185]。因此，最佳矿化度可以使表面活性剂的损失降到最低，从而获得最佳的采油效果。当聚合物在注入前与表面活性剂混合时，获得透明稳定的水溶液是非常重要的。为了满足这些要求，通常会添加一些共同溶剂。

最近，从油田中生产生物表面活性剂的本地微生物也被分离出来并进行了强化采油测试[186]。这为聚合物与底物的相容性研究开辟了新的前景，促进了生物表面活性剂的原位生产。近年来，在油田模拟柱中注入了硝酸盐和轻烃，提高了产量。这是由于优势微生物群落产生的生物表面活性剂[187]。此外，还可以测试微生物表面活性剂的量产和注入聚合物提高采收率。

（5）耐盐性和耐钙性

在聚合物驱过程中，注入溶液必须在较长时间内保持其黏度，直到原油进入生产井。然而，在盐存在的情况下，随着水解比例的增加黏度会降低。分子电荷的吸引和斥力决定了溶液的黏度。HPAM是一种与溶液中的离子发生强烈相互作用的聚电解质。HPAM聚合物链结构的灵活性使得它与水溶液的离子强度有更强的相互作用，因此与其他聚合物如黄原胶相比，它对盐/硬度更敏感。有趣的是，我们发现黄原胶溶液在加入盐后，由于电荷的筛选，呈现出更紧密的螺旋构象。一般来说，在较低的离子强度下聚电解质采用高度膨胀的构象。然而，加入盐后，由于电荷屏蔽，构象坍塌形成更紧密的螺旋结构。黄原胶溶液（0.2%～0.5%）在加入0.1%氯化钠溶液后表现出这种特性，由于黄原胶在有序状态下结构稳定，在较低离子浓度下产生分子间缔合，其黏度增加。多价阳离子将生物聚合物（多糖）分子结合在一起，通过选择性部分堵塞来帮助提高采收率。

水溶液中的阳离子降低了HPAM聚合物主链上带负电荷的水解羧酸基团的静电斥力。阳离子具有屏蔽作用，减少了羧酸盐物种周围形成的局部负电荷双层。当盐浓度增加时，这种效应进一步增强，并且在恒定的盐浓度下盐的阳离子电荷增加。最后，随着羧酸盐基团之间没有静电场，促进聚合物脊骨链膨胀的静电斥力减小。根据经验，当NaCl浓度超过3%时，聚合物溶液的黏度每增加10倍，就会降低10倍。此外，二价阳离子（如Ca^{2+}和Mg^{2+}）比同一浓度的一价离子（如Na^+和K^+）有更大的影响。

驱油过程中，油、卤水与聚合物段塞前缘形成运动前沿，如图3-5所示。多价离子的交换发生在这一点上的接触，但是岩石存在的可交换的二价金属阳离子（如Ca^{2+}和Mg^{2+}）成分会明显影响位移过程。

此外，阴离子聚合物或表面活性剂被吸附到岩石表面，导致在驱替过程中失去流动性控制（图3-6）。高浓度油藏卤水和二价阳离子（Ca^{2+}）的缓冲溶液流动性增加，黏度降低，可能导致指进和其他驱替效率低下。

（6）热机械稳定性

聚合物溶液的水解是pH值和温度的累积效应。以丙烯酰胺为基础的聚合物为例，当温度升高到121℃以上时，丙烯酰氨基团会发生热水解。这些凝胶在与二价物质反应时进一步收缩，并发生广泛的交联，通过协同作用[188]，减少到原来溶液的1/2。酰氨基水解是引起聚丙烯酰胺降解的主要机理。水解聚丙烯酰胺与溶液中二价金属离子的相互作用使溶液黏度显著降低。虽然水解速率主要取决于温度，在 50℃ 时，水解速率相当缓慢，即使在高浓度二价离子存在的情况下，聚丙烯酰胺溶液也能稳定数月之久。但随着温度从 60℃ 增加到 70℃，水解速率增加，黏度损失速率取决于精确的温度和二价离子浓度。在 90℃ 时，水解速率快，只有当二价离子浓度小于 200×10^{-6} 时聚丙烯酰胺溶液才能稳定沉淀；当二价离子浓度为 0 时，由于聚电解质盘管的进一步膨胀，溶液黏度增加。

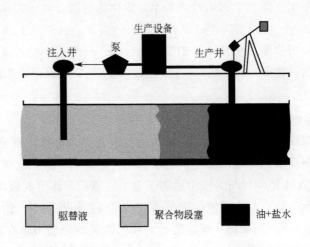

图 3-5　聚合物注入储层时的驱油过程

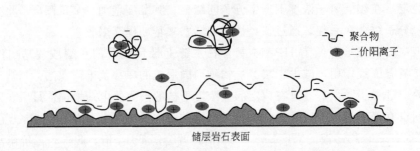

图 3-6　阴离子聚合物在储层岩石表面的吸附作用

　　Zaitoun 等[181] 对多种商用聚合物及其共聚物进行的实验研究表明，降解速率对剪切稳定性有影响，通过测量溶液通过毛细管时的黏度损失来测量。结果表明，高分子聚合物对剪切应力更敏感，表明低分子聚合物适合于更广泛应用。此外，链的灵活性是聚合物溶液对剪切降解敏感的另一个主要原因，可以通过引入对聚合物主链提供刚性的基团来降低剪切降解。例如，分别通过添加丙烯酸酯、n-乙烯基吡咯烷酮丙烯酰胺共聚物或丙烯酰胺叔丁基磺酸（ATBS）来增加抗机械降解的剪切稳定性。然而，随着盐度的增加，给聚合物主链带来稳定性的排斥电荷减少，从而增加剪切应变。因此，在选择聚合物驱油时需要考虑这些因素。

　　（7）吸水率、保持性和聚合物吸附

　　聚合物溶液的黏度随着分子量的增加而增加，从而导致石油产量的增加。但是如果分子量过高，它会导致孔喉堵塞，降低通过孔喉的流量。在提高采收率的过程中，低注入系数可能是另一个大问题，特别是对于低渗透的浅层油藏，聚合物溶液注入会进一步降低渗透率，导致注入系数很低。这最终使得低渗透浅层油藏的压力维持变得更加困难。

与石油相比，水在油藏中的流动速率很快，导致水首先到达生产井。聚合物驱通过降低水的流动性和增加水的黏度来提高水驱的整体波及效率，从而防止了不规则前缘的形成。随着聚合物的流动，水渗透性的降低是聚合物保存性的一个函数，可以证明这对采油是有害的（聚合物溶液的渗透性在岩石表面发生保存性时会降低）。

（8）微生物降解

生产液体形式的聚合物（包括聚丙烯酰胺和黄原胶），而不是传统的粉末形式，是因为粉末易于在现场中操作和混合。然而，已知老化的聚合物溶液会被微生物的生物活性降解。以液体形式制备的黄原胶原液浓度在 $1.5\% \sim 3.5\%$（质量分数），具有较好的注射性能。然而，与 HPAM 相比，黄原胶更容易被微生物（酵母、真菌、细菌）降解。此外，与 HPAM 相比，黄原胶的含水量超过 96%，对微生物的攻击非常敏感。也有人指出，HPAM 也可以作为硫酸盐还原菌的营养来源。因此，通常需要杀菌剂来防止聚丙烯酰胺和黄原胶溶液的生物降解。低浓度$[(25 \sim 100) \times 10^{-6}]$甲醛已成功应用于实验室和现场。此外，在聚合物溶液中添加叠氮化钠等杀菌剂可以有效地防止需氧菌在储藏期间的生长。在选择合适的化学品进行细菌控制之前应进行相容性试验。

在使用生物聚合物进行提高采收率时，必须注意，在进行井下注入之前生物聚合物不能降解。这可以通过在注射前精确地制备生物聚合物溶液来预防。另一方面，生物聚合物被水库内的常驻细菌利用可能导致生物堵塞。这也是合成聚合物的一个优点，因为降解合成聚合物会导致地层损害，而降解的生物聚合物是微生物生长的来源，导致生物堵塞。生物堵塞也可以通过给予另一个多价阳离子段塞来增强，该段塞可以将剩余的生物聚合物分子结合在一起进行优先部分堵塞。

（9）对氧、硫化氢和 pH 值敏感性

天然存在的物质（如氧）可以与少量溶解的铁发生反应，产生以氧为中心的自由基（例如 $\cdot$OH），导致长链聚合物降解成更简单的单位[189,190]。Seright 和 Skjevrak[191] 指出，初始氧浓度为 8000×10^{-9} 时，聚合物降解依赖于 Fe^{2+} 浓度。当不含 Fe^{2+} 但初始氧浓度较高（8000×10^{-9}）时，HPAM-ATBS 和 HPAM 聚合物在 23℃储藏 1 周后没有发现黏度损失。虽然在 23℃，初始氧为 8000×10^{-9}，但随着铁含量的增加，一周后黏度损失增加，HPAM-ATBS 达到 48%，Fe^{2+} 浓度为 30×10^{-6} 的 HPAM 达到 75%[191]。

现场操作人员必须在移除溶解氧、去除 Fe^{2+}、添加自由基清除剂或什么都不做之间做出选择，所采取的行动可能因现场情况而异。在中国胜利油田[191]，所有的 Fe^{2+} 都是在加入聚合物之前通过氧化作用从溶液中析出并应用于油田。但是，这一过程在经济上是不可行的，因为需要通过水箱和过滤对水进行大量处理。而在另一个油田，当溶解氧浓度非常低（$<10 \times 10^{-9}$），Fe^{2+} 浓度在$(0 \sim 30) \times 10^{-6}$ 时，未观察到聚合物降解[191]。

生物成因的硫化物主要发生在经过二次采油的油层中。这种硫化物的产生（也称为油层酸化）是由于油层中的硫酸盐还原细菌（SRB）将硫酸盐还原为硫化物。酸化对原油质量的降低、对工人的伤害、管道的泄漏以及聚合物溶液黏弹性的影响都是非常有害的。

pH 值对聚合物在岩石表面的吸附性能有额外的影响。这取决于溶液的性质,就像在酸性的 pH 值下,岩石表面会变得更带正电,静电吸引阴离子聚合物的负电荷群。然而,在碱性溶液中,用相同的电荷排斥岩石表面时吸附量下降。

3.2.3.2 提高采收率的实验研究

聚合物驱是提高稠油采收率(薄层油藏、深层油藏、底水油藏)的重要手段。聚合物在一定程度上可以控制水油比的不利变化,减弱水驱过程中经常出现的黏性指进现象。然而,大多数稠油的黏度高达几千兆帕,甚至达到数万兆帕,聚合物驱油无法回收。回收这些稠油的方法是通过加热或使用降黏剂来显著降低稠油黏度。在非加热方法中,稀油和乳化剂是降低稠油黏度的重要化学物质[192]。轻油常被用作油溶性降黏剂,而表面活性剂(乳化剂)常被用作水溶性降黏剂。与其他驱油过程中使用的驱油剂不同,降黏剂常用于抽气法或油井和管道中的石油输送。这些降黏剂在油藏中的波及范围往往在距井筒 50m 以内,导致不同井间有大量原油未被波及[193]。将化学降黏剂与聚合物溶液一起应用于驱替过程,可显著提高聚合物驱的效果,可明显提高适合聚合物驱的稠油黏度。然而,目前仍采用罕见的降黏剂作为水溶性驱油剂。其原因是稀油(降黏剂)不溶于水,乳化剂本身不能有效控制不利的水油比。根据 Chen 等的研究[194],正丁醇、异戊醇等中碳醇均为水溶性(不像甲醇、乙醇和异丙醇,它们微溶于水),中碳醇可以从水相扩散到重油中,降低其黏度[195],可以加入水相中,用于驱替过程中降低水-油流动比。Chen 等[196] 研究了通过中碳醇强化的热聚合物驱提高稠油采收率。结果表明,中碳醇降低稠油黏度的效果随含碳量的增加而增加;中碳醇可以从水中扩散到稠油中,显著降低稠油的黏度,其降黏效果随温度的升高而增大,停留时间在一定范围内。注砂驱油试验表明,注入热聚合物和添加中碳醇均能有效提高稠油采收率;中碳醇-聚合物驱的驱油效果随聚合物溶液温度和注入速度的增加而增大。

聚合物驱通过 3 种机理提高波及系数:a. 提高水黏度;b. 降低波及面积的透水性;c. 与大体积油藏的接触。由于纳米技术的应用,油藏工程受到了最多的关注。似乎添加纳米颗粒可以改善低剪切速率下聚合物溶液的假塑性行为[34,197]。纳米 TiO_2 矿物常用于水溶液的改进工艺中[198,199]。Goshtasp[200] 研究了聚合物驱过程中纳米二氧化钛对稠油采收率的影响。他介绍了在稠油黏度为 1320mPa·s 时聚合物注入驱油实验的结果。与基础聚合物相比,纳米聚合物在驱替实验中表现出优异的流动性能和提高采收率的性能。结果表明,高黏度聚合物驱能显著提高采收率。驱油试验表明,注入一个孔隙体积的流体后,纳米聚合物溶液的采收率比聚合物溶液提高了约 4%。

Khalilinezhad 等[201] 研究了黏土和二氧化硅纳米颗粒在聚合物驱过程中提高稠油采收率的作用。研究结果表明:纳米二氧化硅颗粒可以显著增加溶液黏度,降低聚合物对岩石的吸附量。黏土纳米颗粒也增加了溶液的黏度,降低了聚合物对岩石表面的吸附量,但与二氧化硅纳米颗粒相比,其作用较小。二氧化硅和黏土纳米颗粒的这些独特特性有助于在 CEOR (EOR and chemical enhanced oil recovery) 应用中改善聚合物溶液的性能。

水解聚丙烯酰胺(HPAM)是三次采油中应用最广泛的聚合物,因为它的成本低于其他聚合物,可以大规模生产[190,202]。由于酰氨基在高温下很容易水解成羧基,因此聚丙烯酰胺及其衍生物不能用于高温、高盐油藏。为了解决这一问题,Cao 等[203] 制备了一种新型的表面修饰纳米硅，它具有不同的官能团，包括胺基和辛基。由于其结构特点，当水解度较高（水解度 47.5%，模拟长时间浸水后的 HPAM 溶液）时，纳米硅/聚合物溶液的黏度增加了 26.08%；而当水解度较低时（水解度为 17.8%），纳米硅/聚合物溶液的黏度仅增加 0.26%，以模拟聚合物驱初期的 HPAM 溶液。在岩心驱油实验中，聚合物/纳米硅混合溶液的采收率（17.30%）高于聚合物溶液（5.00%）。通过进行流变性测试、聚合物驱可视化测试、界面活性和长期稳定性分析，系统地研究了提高采收率（EOR）的机理。纳米硅/聚合物溶液的优异性能是由于纳米硅的高界面活性和纳米硅与聚合物链之间强静电疏水相互作用的结果。这些结果表明，纳米硅/聚合物混合溶液是一种有效的驱油剂。

Rezaei 等[204] 通过实验研究了表面改性黏土纳米颗粒对水解聚丙烯酰胺（HPAM）溶液流变行为的影响，以及其对温度和盐度升高的抵抗能力。聚合物溶液黏度的增加会导致流动比的降低，从而提高聚合物驱的效率。在驱油过程中，高压会对聚合物产生相当大的剪切应力，导致聚合物链断裂。此外，在升高的温度下，某些化学反应会加速，从而迫使聚合物链压缩。这种行为（聚合物链的紧密性）也可以在盐水环境中观察到。因此，聚合物黏度和随之而来的驱油过程效率降低。为了防止聚合物的变形和增加溶液的内摩擦，某些黏土纳米颗粒的表面被特定的四面体冗余物修饰，并位于聚合物链之间。

为了确定新的纳米颗粒是否影响注入液体的驱替效率，Rellegadla[205] 评估了添加镍纳米颗粒时黄原胶稀释液黏度的变化，未加入镍纳米颗粒的黄原胶溶液黏度为 49.13dl/gm，加入镍纳米颗粒的黄原胶黏度为 55.25dl/gm；并且评价了纳米颗粒辅助聚合物驱在约 0.6PV（孔隙体积）剩余油（ROIP）的砂堆生物反应器中的驱油效果。驱油结果表明，与分别使用黄原胶和纳米颗粒的 4.48% 和 4.58% 剩余油回收率相比，使用黄原胶和纳米颗粒的混合物额外的剩余油回收率最高，为 5.98%。表明这个新型纳米颗粒辅助聚合物驱方法能够在现有方法的基础上提高采收率。

乳化驱是一种很有前途的提高中稠油波及效率的提高采收率（EOR）技术[206-208]。通过在地面或现场混合采出油所产生的乳化液，可以提高流动比，可用于提高水驱稠油油藏的波及效率。在原位成乳的方法中，一般采用注入碱或表面活性剂来降低油水界面张力。较低的界面张力不仅可以降低残余油的毛细力，还可以产生水包油（O/W）乳状液，提高流动比，进而提高波及效率[209,210]。近年来的研究表明，碱能渗透到稠油中，形成高黏度的油包水（W/O）乳状液，能有效阻挡水流通道，从而提高波及效率[211-213]。虽然各种碱性驱油的研究都显示出了提高稠油采收率的良好前景，但该工艺在稠油开采中的实际应用还受到很多其他问题的限制，如高盐度地层水中各种无机盐的析出等。因此，通过注入制备的乳液来提高扫描效率更为可行。Pei 等[214] 对聚合物增强乳液提高稠油油藏采收率进行了实验研究。乳液稳定性和流变学的研究表明，聚合物 HPAM 不仅起到了增稠剂的作用，增加水的黏度，而且还提高了 O/W 界面强度、增加界面剪切黏度，从而导致显著增加的稳定和散装乳化体系的黏度。试验结果表明，对于黏度为 350mPa·s、温度为 50℃ 的稠油，采用聚合物增强乳液驱技术，可使水驱油的采收率提高 30% 以上。微模型驱油研究表明，聚合物增强乳状液的提高采收率机理是由于较高的乳状液黏度降低了流动性比，从而显著提高了波及效率。生物柴油可以降低重油的黏度，提高重油的流动性，而表面活性剂可以将重油在水中乳化，形成 O/W 乳液，从而提高驱替效率。研究结果表明，聚合物增强乳化驱是提高稠油油藏采收率的有效方法。

离子液体（ILs）由于其在高温和热环境下的稳定性强，是一种潜在的提高采收率的方法。Sakthivel[215] 等研究了 6 种不同的烷基铵离子与十二烷基磺酸钠（SDS）对低蜡质原油-水体系界面张力随温度和驱油过程的影响。SDS/ILs 驱油后，采用水溶性聚合物（聚丙烯酰胺）作为聚合物驱油。这种复合驱称为 SDS/IL＋聚合物 EOR 驱油工艺。此外还研究了在零盐和高盐（100000×10^{-6}）油藏条件下，离子液体和 SDS 对提高采收率的评价。结果表明，高盐条件下，离子液体＋聚合物驱油与其他驱油方案相比，采收率有显著提高。在高含盐油藏中，离子液体是提高采收率的有效选择。

综上所述，聚合物驱油机理可以通过两个层面进行解释。在宏观层面上聚合物通过改善流度比、扩大波及面积和减少层间差异进行驱油，微观层面上从分子之间的相互作用来解释聚合物与油相之间的物理化学变化。同样聚合物的驱油效率由宏观驱油效率和微观驱油效率两方面决定，在聚合物驱油的过程中任何能够提高宏观和微观驱油效率的驱替机制都能提高采油量。

目前聚合物驱油已广泛应用于稠油油藏、碳酸盐油藏、高温高盐和非均质油藏的开采，并有许多学者致力于提高聚合物的采收率，如加入纳米颗粒、离子液体和乳化驱等；其中，考虑成本和性能选择合适的聚合物是提高采收率的前提。

第4章

油田聚合物的合成及生产

聚丙烯酰胺是极易溶于水的高分子工业聚合物，在对其进行分解、再结合等工作的过程中能够衍生出多种不同形式的、具备较强功能的催化剂。聚丙烯酰胺在实际的工业生产中，在大多数的领域与行业中都具有重要的作用。近年米，我国工业化进程的发展逐步加速，也进一步强化了聚丙烯酰胺生产技术的研究、发展和应用[216]。

本章主要研究耐温抗盐型聚丙烯酰胺，对我国油田用聚丙烯酰胺的生产具有现实性意义，对聚丙烯酰胺的发展具有指导性意义。

4.1
聚丙烯酰胺概述

聚丙烯酰胺（poly acrylamide，PAM）是丙烯酰胺（acrylamide，AM）与其所衍生出的共聚物与均聚物的总称[217]，在工业生产中，只要其中包含 1/2 以上的丙烯酰胺单体类聚合物的物质都可以被称为聚丙烯酰胺[216]。其结构式如图 4-1 所示。

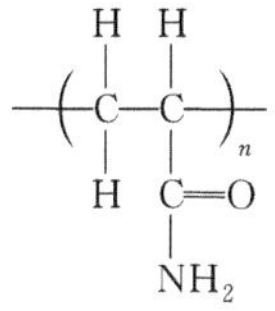

图 4-1 聚丙烯酰胺结构式

其中，我们把 n 称为聚合度，它的范围比较广泛，数值在 $10^2 \sim 10^5$ 不等，而相对应的分子量的分布也比较宽，有几千的，甚至也有上千万的。人们将它们划分为 4 个类别，依照其含有的分子量的高低分别为低分子量（不超过 100 万）、中等分子量（100 万～1000 万）、高分子量（1000 万～1500 万）以及超高分子量（大于 1700 万），PAM 的性质以及用途会由于它的分子量范围的不同而有很大的差别。

4.1.1 聚丙烯酰胺的性质

（1）聚丙烯酰胺的物理性质

聚丙烯酰胺是一种溶于水后会使水溶液产生一定黏弹性的线性水溶性高分子聚合物体

系，目前国内大量使用的是胶体和干粉这两种形式。聚丙烯酰胺是一种重要的聚合物，广泛应用于各行各业中[218]。

聚丙烯酰胺分子链的键接具有正常的头-尾结构。链的立体结构以不规则构象为主。同时干的固体 PAM 在室温下是坚硬的玻璃态聚合物。冷却干燥得到的产物是白色松散的非晶固体；由溶液沉淀后干燥得到的是玻璃状的半透明固体；在玻璃板上浇铸干燥得到的是半透明、硬脆的薄片[219]。通常商品的聚丙烯酰胺是经过干燥呈粉末状的，具有良好的吸湿性，吸湿率为 30%～80%，实际吸湿速率与 PAM 离子度成正比。水是聚丙烯酰胺的最好溶剂，它的溶解性与其产品形式、自身的结构、分子量等因素有关，其水溶液为澄清、均匀、黏度高的液体，它的水溶液黏度会随着温度、时间、剪切速率、温差、pH 值等发生变化[220,221]。聚丙烯酰胺难溶于苯、甲醇、乙醇、酯类等大部分有机溶剂[222]，只能溶于少数有机溶剂，本身的溶解能力与构成产品的分子构象、外观物理构造、溶解方式、溶解时间、温度等一些因素有关[219]。

聚丙烯酰胺水溶液在含有电解质的溶液中，具有较好的容忍性，同时对含有的大部分盐类（如氯化铵、硫酸钠等强电解质）表现不敏感，与表面活性剂能相容，在应力环境下表现为非牛顿流体特性[222]。聚丙烯酰胺耐霉菌侵蚀，但不耐其他微生物侵蚀。聚丙烯酰胺具有絮凝性，能够对悬浮的物质起到电中和的作用，达到絮凝的状态。聚丙烯酰胺具有黏合性，通过力学作用、物理化学作用，可增加聚丙烯酰胺黏度，达到更好的应用效果。聚丙烯酰胺具有降阻性，能够降低环境的摩擦阻力损失，具有极高的降阻效应。聚丙烯酰胺具有增稠性，在中性条件下和酸液中，具有很强的增稠特点，呈现半网状结构时，增稠效果最佳[223]。因此，石油开采领域实际应用过程中会根据 PAM 物理性质而灵活利用。固体 PAM 的物理性质见表 4-1[224]。

▣ 表 4-1　固体 PAM 的物理性质

性质	指标
外观	白色粉末或半透明状
气味	无臭
密度(23℃)/(g/cm³)	1.302
临界表面张力/(mN/m)	35～40
玻璃化温度/℃	188
热失重/℃	约290℃，初失重；约430℃，失重70%；约555℃，失重98%
热分解气体	小于300℃：NH_3；大于300℃：H_2、CO、NH_3
溶剂	水、乙酸、丙烯酸、二甲基甲酰胺
非溶剂	烃类、醇类、酯类

尽管有些聚合物在实验室研究过程中表现出很好的性能，展示出了很好的驱油效果，但是还需要经历小试、中试及现场试验等，所以在工业生产中还需要一些更为完善的技术指标来衡量聚丙烯酰胺的优劣，以更好地使用它。粉状驱油用聚丙烯酰胺的技术要求见表 4-2[219]。

▣ 表 4-2　粉状驱油用聚丙烯酰胺的技术要求

指标	黏均分子量 M/10⁶			
	9.5≤M<12	12≤M<16	16≤M<19	19≤M≤22
外观	白色粉末			
黏均分子量/10⁶	≥9.5	≥12	≥16	≥19

指标	黏均分子量 M/10^6			
	$9.5 \leqslant M < 12$	$12 \leqslant M < 16$	$16 \leqslant M < 19$	$19 \leqslant M \leqslant 22$
特性黏度/(dL/g)	$\geqslant 15$	$\geqslant 17.5$	$\geqslant 21.2$	$\geqslant 23.7$
固含量/%	$\geqslant 88$			
水解度(摩尔分数)/%	$23 \sim 27$			
过滤因子	$\leqslant 1.5$			—
筛网系数	$\geqslant 15$	$\geqslant 20$	$\geqslant 24$	$\geqslant 28$
水不溶物/%	$\leqslant 0.2$			
黏度(1000mg/L)/(mPa·s)	$\geqslant 31$	$\geqslant 40$	$\geqslant 45$	$\geqslant 50$
溶解速度/h	$\leqslant 2$			
残余单体/%	$\leqslant 0.05$	$\leqslant 0.05$	$\leqslant 0.1$	$\leqslant 0.1$
粒度/% ≥1.0mm	$\leqslant 5$			
粒度/% ≤0.2mm	$\leqslant 5$			

（2）聚丙烯酰胺的化学性质

聚丙烯酰胺（PAM）的形成过程主要是由丙烯酰胺（AM）单体受到引发剂引发反应下产生均聚和共聚现象而形成[222]。聚丙烯酰胺的分子结构中有一个化学性质比较活泼的侧基：酰氨基团（—$CONH_2$），它能与其他物质发生反应，得到许多种丙烯酰胺类聚合物[224]。以下是聚丙烯酰胺可以发生的几类典型反应[218,219]。

1）水解反应

聚丙烯酰胺可以通过它的侧基酰胺水解，形成含有羧基的产物。我们称之为部分水解聚丙烯酰胺，水解反应方程式见式（4-1）。

$$—CH_2—CH—CH_2—CH— \ + OH^- \longrightarrow$$
$$\qquad\qquad | \qquad\qquad |$$
$$\qquad\quad CONH_2 \quad CONH_2$$

$$—CH_2—CH—CH_2—CH— \ + NH_3 \qquad\qquad (4\text{-}1)$$
$$\qquad\qquad | \qquad\qquad |$$
$$\qquad\quad CONH_2 \quad COO^-$$

由于邻近基团的作用，水解反应不能完全进行，因此实际上得到的部分水解聚丙烯酰胺的水解度只能达到70%，一般而言小于70%时，水解度取决于所加碱的碱性强度及所处环境温度。用碱进行水解能得到相对分子质量更高、黏度更大的产品，当然所选择的碱不同，效果也不同，通常情况下为 Na_2CO_3 和 NaOH。

由于当前合成技术及工业生产的限制，HPAM 仍是聚合物驱原油开采的主力军，鉴于其油田上应用比较广，因此聚丙烯酰胺的生产一般仍是指 HPAM 的生产。考虑到它的重要性，因此在制备工艺上包括均聚共水解工艺和均聚后水解工艺，而对于水解度超过70%的一般采取共聚法。目前比较常用的仍以均聚后水解工艺为主。

2）羟甲基化反应

羟甲基化反应是指聚丙烯酰胺与甲醛在 $40 \sim 60℃$，pH 为弱碱性条件下，发生的快速反应，反应式见式（4-2）～式（4-4）。

$$CH_2=CHCONH + CH_2 = CH_2 = CHCONHCH_2OH \qquad\qquad (4\text{-}2)$$
$$\qquad\qquad\quad | \qquad\quad \|$$
$$\qquad\qquad\quad H \qquad\quad O$$

$$\begin{array}{c}
\underset{\substack{\mid \\ CH_2 \\ \mid \\ CH-CONHCH_2OH}}{} + \underset{\substack{\mid \\ CH_2 \\ \mid \\ CH-CONH_2}}{} \xrightarrow{OH^- \text{ 或 } H^+} \underset{\substack{\mid \\ CH_2 \\ \mid \\ CH-CONH-CO-CH}}{} + H_2O
\end{array} \qquad (4\text{-}3)$$

$$2\underset{\substack{\mid \\ CH_2 \\ \mid \\ CH-CONHCH_2OH}}{} \xrightarrow[\triangle]{OH^- \text{ 或 } H^+} \underset{\substack{\mid \\ CH_2 \\ \mid \\ CH-CO-CH_2-NH-CO-CH}}{} + CH_2O + H_2O \qquad (4\text{-}4)$$

反应原理实际上就是甲醛的氧原子引入了来自丙烯酰胺分子结构中酰氨基上的氢原子，进而形成新的碳氢键。当然加入酸在加热的条件下也可以发生反应，生成具有交联结构的凝胶。为了制备羟基化聚丙烯酰胺，一般需要将 pH 值调到 10.2，加入甲酸，在（32±2）℃下搅拌 2h，再调节 pH 值到 7.5 加到转鼓干燥机上，在 165℃下加热 15min。得到的该聚合物可作为表面施胶剂。此类反应常用于封堵油井出水的溶洞或裂缝。

3）磺甲基化反应

磺甲基化反应是指碱性条件下，聚丙烯酰胺与 NaHSO$_3$ 和 HCHO 生成阴离子型衍生物的化学反应，同时将 NaHSO$_3$ 加到羟甲基化聚丙烯酰胺溶液中也可以获得磺甲基化聚丙烯酰胺，反应式见式（4-5）。

$$\left[\begin{array}{c} CH_2-CH \\ \mid \\ CONH_2 \end{array} \right]_n + n\,HCHO + n\,NaHSO_3 \xrightarrow[\triangle]{NaOH} \left[\begin{array}{c} CH_2-CH \\ \mid \\ CONHCH_2SO_3Na \end{array} \right]_n \qquad (4\text{-}5)$$

磺甲基化的反应速率与温度和 pH 值有关，一般而言，pH 值在 $10\sim13$、温度在 $50\sim68$℃的区间比较好。随着磺甲基化的进行，聚丙烯酰胺分子链上的阴离子浓度逐渐增长，静电作用和空间位阻变大，导致反应速率变慢，因此磺甲基化并不能进行彻底，一般只能达到 50%。由于磺甲基聚丙烯酰胺具有对盐不敏感的磺酸基，因此也用于增稠剂。

4）霍夫曼降解反应

在碱性条件下，聚丙烯酰胺和次氯酸钠或次溴酸钠会发生霍夫曼降解反应而得到含有氨基乙烯结构单元的丙烯酸胺-氨基乙烯聚合物，反应式见式（4-6）。

$$\underset{\substack{\mid \\ OOCH_2}}{-CH_2-CH-} + NaOCl + 2NaOH \longrightarrow \underset{\substack{\mid \\ NH_2}}{-CH_2-CH-} + NaCl + Na_2CO_3 + H_2O \qquad (4\text{-}6)$$

而且氨基的引入能够增加黏土的吸附性并增强浆料的耐温性，被广泛应用于造纸行业。

5）磺烷氧基化反应

在氢氧化钾溶液中，聚丙烯酰胺与环氧乙烷经过加热可以生成烷氧基聚丙烯酰胺，再通过与硫酸反应可以制得磺烷氧基聚丙烯酰胺，如式（4-7）所表示：

$$\begin{aligned}
&\underset{\substack{\mid \\ CONH_2}}{\left(CH_2-CH \right)_n} + m\,\underset{\substack{O}}{CH_2-CH_2} \xrightarrow[13℃]{KOH} \left[\underset{\substack{\mid \\ CONH_2}}{\left(CH_2-CH \right)_{n_1}} \underset{\substack{\mid \\ CONH(CH_2CH_2O)_mK}}{\left(CH_2-CH \right)_{n_2}} \right]_n \\[2mm]
&\xrightarrow[13℃]{H_2SO_4} \left[\underset{\substack{\mid \\ CONH_2}}{\left(CH_2-CH \right)_{n_1}} \underset{\substack{\mid \\ CONH(CH_2CH_2O)_mSO_3^-K^+}}{\left(CH_2-CH \right)_{n_2}} \right]_n
\end{aligned} \qquad (4\text{-}7)$$

6）共聚反应

原则上讲，应该是丙烯酰胺与其他单体在一定条件下，采取特殊的办法进行的共聚反应，生成的共聚物，只是称呼上仍然离不开聚丙烯酰胺。

7）胺甲基化反应

聚丙烯酰胺与甲醛和二甲胺反应后在与氯甲烷反应生成含有阴离子侧基的丙烯酰胺共聚物。该反应在处理污水时能够加快澄清速度，常在污水处理技术上使用。

（3）聚丙烯酰胺的理化性质与应用性能的关系

在聚丙烯酰胺生产过程中，可以通过选择不同的引发体系及共聚单体、控制聚合反应参数等手段实现对其产品结构的调控，赋予产品丰富多样的理化性质与应用性能。聚丙烯酰胺的理化性质与应用性能之间的关系如表4-3所列[225]。

⊡ 表4-3 聚丙烯酰胺理化性质及应用性能

理化性质	结构因素	应用性能	应用范围	工业领域
吸附性	酰氨基	分散	分散助剂、表面涂布	造纸、纺织医药
	酰氨基、离子基团	黏附	增加纸张强度、钻井泥浆、建材黏结	造纸地质、石油建筑
	酰氨基	黏附	水土保持	农业
	线性长链、酰氨基、离子基团	絮凝	固体回收、污水治理、水的净化、助留和助滤	采矿、选矿环保公用事业、养殖造纸、选矿
高黏性	线性长链、离子基团	流变控制	减阻、增稠	消防、化工、舰船减阻三次采油
交联性	交联基团	凝胶	增稠、调剖	三次采油
	离子基团	凝胶	增加纸张湿强、固定土壤、保墒表面涂层	造纸农业、造林、改造沙漠、建筑
	交联基团、酰氨基、离子基团	高吸水性	保水、保液、保湿、尿布	农业植保、医用辅材
	酰氨基	生物惰性和生物相容性	体内植入填充控释药物	医药

4.1.2 聚丙烯酰胺的类型

聚丙烯酰胺最重要的结构参数是分子量，按分子量大小可分为低分子量（＜500万）、中等分子量（1000万～1500万）、高分子量（1500万～2200万）和超高分子量（＞2500万）四种类型。不同分子量的聚丙烯酰胺用途也不相同，低分子量的聚丙烯酰胺主要用作分散剂；中等分子量的聚丙烯酰胺一般用于纸张增强剂；高分子量聚丙烯酰胺使用范围最广，主要用作絮凝剂；超高分子量的聚丙烯酰胺主要应用在油田三次采油领域。

聚丙烯酰胺另一个重要的结构参数是其离子性，PAM的离子性及其离子度是影响其性能与应用的重要结构因素，离子基团的引入有诸多作用：提高聚合物的水溶性和溶解速率；提高其水溶液的黏度；分子链上带有不同的电荷，通过静电吸附作用吸附分散粒子，起到絮凝作用；引入特殊基团，从而使得整个聚合物具有特殊性质，如引入磺酸基可提高聚合物抗钙离子、镁离子的能力[217]。

PAM 根据其在水中的电离性分为离子型、非离子型（NPAM）。离子型又可分为阴离子型（APAM）、阳离子型（CPAM）、两性离子型 PAM（AmPAM）[226]。同时又可以根据聚丙烯酰胺中离子结构单元数占总结构单元数的摩尔质量分数的不同（即离子度的不同），将不同离子类型的聚丙烯酰胺分为更多种类。不同电离性的聚丙烯酰胺具有不同的吸附属性，性能也有较大差异，使用范围更加精细和专业化。

（1）非离子型聚丙烯酰胺

非离子型聚丙烯酰胺的分子链上不带可电离的阴、阳离子基团。在水中不电离，但其分子链上的酰氨基极易水解，其水溶液会呈现阴离子的电性。一般采用丙烯酰胺均聚制得，呈现电中性，使得聚合物的溶液性质及吸附性能对于处理环境的盐浓度和 pH 值要求更宽泛，能适应各类污水处理环境。反应式为：

$$m\,H_2C\!=\!\!\!=\!CH\!-\!\overset{\displaystyle O}{\overset{\|}{C}}\!-\!NH_2 + n\,H_2C\!=\!\!\!=\!CH\!-\!\overset{\displaystyle O}{\overset{\|}{C}}\!-\!NH_2 \longrightarrow \begin{bmatrix} H_2C\!-\!CH \\ | \\ \underset{\displaystyle O}{\overset{\displaystyle }{C}}\!-\!NH_2 \end{bmatrix}_{m+n} \tag{4-8}$$

（2）阴离子型聚丙烯酰胺

阴离子型聚丙烯酰胺主要由带羧酸基或者磺酸基的结构单元和丙烯酰胺共聚而成。在自身链状结构上的阴离子具有非常强的静电排斥作用，使得其链条高度扩展，产生很大的流体力学体积，因此具有非常好的絮凝能力和增稠性质。阴离子聚丙烯酰胺主要用于低盐溶液和碱性介质中。

阴离子型丙烯酰胺聚合物（APAM），在其大分子链上除了有丙烯酰胺带来的酰氨基，还有许多负电荷基团，在水中可电离成聚阴离子和小的阳离子。一般通过丙烯酰胺和阴离子单体溶液共聚或丙烯酰胺均聚后水解而制得。常见的有 AM 与阴离子单体丙烯酸钠、顺丁烯二酸酐、苯乙烯磺酸等的共聚物。

聚合体系的 pH 值影响着 AM 与阴离子单体的竞聚率，同时影响着聚合物的结构。pH 值增加时 AM 的竞聚率升高，降低聚合速率。当 pH 值为 5 时得到无规则共聚物。制备不同结构和不同分子量的共聚物可以通过调整反应体系中 AM 与丙烯酸等单体的比例和反应条件来实现，这样的聚合物可分别用作不同要求的絮凝剂、造纸添加剂、石油开采的驱油剂以及阻垢剂等。而且利用丙烯酸单元与多价金属离子的螯合作用，可赋予共聚物凝胶分散作用。反应体系的 pH 值会直接影响丙烯酸单体与 AM 单体的共聚反应性能。

APAM 一般由 AM 与阴离子单体丙烯酸钠水溶液共聚制得，其反应式为：

$$n\,H_2C\!=\!\!\!=\!CH\!-\!\overset{\displaystyle O}{\overset{\|}{C}}\!-\!NH_2 + m\,H_2C\!=\!\!\!=\!CH\!-\!\overset{\displaystyle O}{\overset{\|}{C}}\!-\!ONa \longrightarrow \begin{bmatrix} H_2C\!-\!CH \\ | \\ \underset{\displaystyle O}{\overset{\displaystyle }{C}}\!-\!NH_2 \end{bmatrix}_{n}\!\!\begin{bmatrix} CH_2\!-\!CH \\ | \\ \underset{\displaystyle O}{\overset{\displaystyle }{C}}\!-\!ONa \end{bmatrix}_{m} \tag{4-9}$$

（3）阳离子型聚丙烯酰胺

阳离子型丙烯酰胺共聚物（CPAM）由 AM 和阳离子单体共聚制得，使得分子链上带有可电离的阳电荷基团。阳离子聚丙烯酰胺带有的正电荷基团由阳离子单体提供，工业生产中常用的季铵盐类阳离子单体有丙烯酰氧乙基三甲基氯化铵（DAC）、甲基丙烯酰氧乙基氯化铵（DMC）等，叔胺型单体有丙烯酸-N，N-二甲氨基乙酯（DMAEA）、N，N-二甲氨基丙基丙烯酰胺（DMAPA）等。

早在 20 世纪 80 年代北京化工研究院曾采用 AM 与 DMC 共聚制备 CPAM。其中混合单体占总体系的 20%，混合单体中 AM 与 DMC 质量比为 3∶1，在 30～70℃的条件下采用复合引发体系进行水溶液共聚制得。阳离子电荷的介入使得其对于负电荷胶体、聚合物和固体表面的吸附性能具有很强的增幅作用，加大了聚丙烯酰胺吸附、黏合、黜浊、脱色和絮凝的功效。特别适合城市污水、污泥、造纸污泥以及其他工业污水污泥的脱水处理。

制得的 CPAM 采用的是 AM 和季铵型单体丙烯酰氧乙基三甲基氯化铵（DAC）水溶液共聚，反应式为：

$$ (4\text{-}10) $$

（4）两性离子型聚丙烯酰胺

两性聚丙烯酰胺（ZPAM）在水中可电离成聚阴离子和聚阳离子，其分子链上同时带有可电离的正电荷基团和负电荷基团。制备方法如下。

① 以丙烯酰胺和阴离子单体共聚后的产物作为原料，或者将丙烯酰胺均聚后的聚合物进行水解得到的产物作为原料，对产物大分子链上的酰氨基进行改性制得。

② 将天然高分子经接枝共聚合成两性聚丙烯酰胺。

③ 将两种或两种以上带有阴、阳离子基团的烯类单体共聚制得。

工业上常采用阴、阳离子单体和丙烯酰胺共聚制得，反应式为：

$$ (4\text{-}11) $$

两性离子聚丙烯酰胺的分子链上同时含有正、负离子电荷，它兼具了阴离子、阳离子两种聚丙烯酰胺的特性，反聚电解质效应更明显，pH 值适应范围更广，对需要处理的污水环境要求更低。

4.1.3 聚丙烯酰胺的作用机理

聚丙烯酰胺的作用原理有沉淀物网捕、压缩双电层、吸附电中和、吸附架桥作用四种。

（1）沉淀物网捕

当金属盐（如硫酸铝或氯化铁）或金属氧化物和氢氧化物（如石灰）作凝聚剂时，当投加量大得足以迅速沉淀金属氢氧化物[如 $Al(OH)_3$、$Fe(OH)_3$、$Mg(OH)_2$]或金属碳酸盐（如 $CaCO_3$）时，水中的胶粒可被这些沉淀物在形成时所网捕。当沉淀物是带正电荷[$Al(OH)_3$ 及 $Fe(OH)_3$ 在中性和酸性 pH 值范围内]时，沉淀速率可因溶液中存在阴离子而加快，例如硫酸银离子。此外水中胶粒本身可作为这些金属氧氢化物沉淀物形成的核心，所以凝聚剂最佳投加量与被除去物质的浓度成反比，即胶粒越多，金属凝聚剂投加量越少。

（2）压缩双电层

胶团双电层的构造便在胶粒表面处反离子的浓度达到最大，随着胶粒表面向外的距离越大则反离子浓度越低，最终与溶液中离子浓度相等。当向溶液中投加电解质，使溶液中离子浓度增高，则扩散层的厚度减小。

当两个胶粒互相接近时，由于扩散层厚度减小，电位降低，因此它们互相排斥的力就减小了，也就是溶液中离子浓度高的胶间斥力比离子浓度低的要小。胶粒间的吸力不受水相组成的影响，但由于扩散层减薄，它们相撞时的距离就减小了，这样相互间的吸力就大了。可见其排斥与吸引的合力由斥力为主变成以吸力为主（排斥势能消失了），胶粒得以迅速凝聚。

这个机理能较好地解释港湾处的沉积现象，因淡水进入海水时，盐类增加，离子浓度增高，淡水挟带胶粒的稳定性降低，所以在港湾处黏土和其他胶体颗粒易沉积。

根据这个机理，当聚丙烯酰胺溶液中外加电解质超过发生凝聚的临界凝聚浓度很多时，也不会有更多超额的反离子进入扩散层，不可能出现胶粒改变符号而使胶粒重新稳定的情况。这样的机理是单纯静电现象来说明电解质对胶粒脱稳的作用，但它没有考虑脱稳过程中其他性质的作用（如吸附），因此不能解释其他复杂的一些脱稳现象，例如三价铝盐与铁盐作混凝剂投量过多，凝聚效果反而下降，甚至重新稳定；又如与胶粒带同电号的聚合物或高分子有机物可能有好的凝聚效果；等电状态应有最好的凝聚效果，但往往在生产实践中 ξ 电位大于零时混凝效果却最好等。

实际上在水溶液中投加混凝剂使胶粒脱稳现象涉及胶粒与混凝剂、胶粒与水溶液、混凝剂与水溶液三个方面的相互作用，是一个综合的现象。

（3）吸附电中和

吸附电中和作用指胶粒表面对异号离子、异号胶粒或链状离子带异号电荷的部位有强烈的吸附作用，由于这种吸附作用中和了它的部分电荷，减少了静电斥力，因而容易与其他颗粒接近而互相吸附。此时静电引力常是这些作用的主要方面，但在多数情况下，其他的作用超过静电引力。举例来说，用 Na^+ 与十二烷基铵离子（$C_{12}H_{25}NH_3^+$）去除带负电荷的碘化银溶液的浊度，发现同是一价的有机胺离子脱稳的能力比 Na^+ 大得多，Na^+

过量投加不会造成胶粒再稳，而有机胺离子则不然，超过一定投置时能使胶粒发生再稳现象，说明胶粒吸附了过多的反离子，使原来带的负电荷转变成带正电荷。铝盐、铁盐投加量高时也发生再稳现象以及带来电荷变号。上面的现象用吸附电中和的机理解释是很合适的。

（4）吸附架桥作用

吸附架桥作用机理主要是指高分子物质与胶粒的吸附与桥连。还可以理解成两个大的同号胶粒中间由于有一个异号胶粒而连接在一起。高分子絮凝剂具有线性结构，它们具有能与胶粒表面某些部位起作用的化学基团，当高聚合物与胶粒接触时，基团能与胶粒表面产生特殊的反应而相互吸附，而高聚物分子的其余部分则伸展在溶液中，可以与另一个表面有空位的胶粒吸附，这样聚合物就起了架桥连接的作用。假如胶粒少，上述聚合物伸展部分粘连不到第二个胶粒，则这个伸展部分迟早还会被原先的胶粒吸附在其他部位上，此时聚合物就不能起到架桥作用，而胶粒又处于稳定状态。高分子絮凝剂投加量过大时，会使胶粒表面饱和产生再稳现象。已经架桥絮凝的胶粒，如受到剧烈的长时间的搅拌，架桥聚合物可能从另一胶粒表面脱开，又卷回原所在胶粒表面，造成再稳定状态。

聚合物在胶粒表面的吸附来源于各种物理化学作用，如范德华引力、静电引力、氢键、配位键等，取决于聚合物同胶粒表面二者化学结构的特点。这个机理可解释非离子型或带同电号的离子型高分子絮凝剂能得到好的絮凝效果的现象。

4.1.4 聚丙烯酰胺的合成方法

聚丙烯酰胺主要是由丙烯酰胺和共聚单体聚合而成，合成方法主要有水溶液法、反向悬浮法、反向乳液法、分散聚合法。不同的合成方法制备的聚丙烯酰胺产品的形态、分子量、溶解速率差别很大，应根据条件和应用需求选择合适的制备方法以满足发展的需求[227]。

4.1.4.1 水溶液法

水溶液聚合是研究时间最长、也是目前广泛使用的制备聚丙烯酰的工艺[228,229]。水是极性溶剂，原料丙烯酰胺（AM）是极性单体，若与 AM 共聚的功能单体也是极性单体，根据相似相溶原理，单体都易溶于水，形成均相的水溶液反应体系。与有机溶剂相比，水溶液反应体系的聚合反应速率和传热更容易控制。丙烯酰胺水溶液聚合的一般工艺过程为：将单体溶于水中，在氮气氛围中加入引发剂引发聚合，并保温一定时间，冷却出料，制得聚丙烯酰胺水溶胶。一般情况下，水溶胶可经造粒、干燥、粉碎、筛分等程序制备粉状聚丙烯酰胺，制得的聚丙烯酰胺干粉颗粒的粒度一般为 0.1～2mm。工业上经常用的是引发体系剂的热分解引发和氧化还原引发，使用不同种类的引发体系剂，聚合产品的结构和分子量有明显差异。常用的引发体系剂是亚硫酸盐/过硫酸盐、亚硫酸盐/溴酸盐氧化还原体系和双氮类化合物[230]。

水溶液聚合法生产工艺和生产设备简单、成本低、单体转化率高、易获得高分子量的聚合物，是目前大规模工业生产的首选聚合方法[231,232]。但聚丙烯酰胺在干燥和粉碎过程中易造成聚合物的氧化降解，使 PAM 产品的性能下降。粉碎过程中产生的粉尘对环境及工作人员有很大危害。此外，粉状聚丙烯酰胺在使用过程中存在溶解性差、溶解速率慢的不足。此法的缺点在于所得产物固含量较低，而且在反应过程中容易发生酰亚胺化反应，生成凝胶，因此得不到高分子量的聚丙烯酰胺。这些缺点限制了聚丙烯酰胺及其衍生物产品的应用范围。

4.1.4.2 反相悬浮法

反相悬浮液聚合是一种将水溶性单体在有机溶剂中分散成细小体系聚合的反应技术，分别为水相和油相，通常是聚合单体与引发剂形成水相，而以油性溶剂作为油相，聚合反应在每个细小的体系中进行或者本体聚合，形成水相悬浮在油相中的体系，这种聚合方法叫反相悬浮液聚合。反相悬浮法制得的产物一般以珠状为主，也称为珠状聚合[227]。分散介质的选择原则是与水相的密度差尽量小，能够相对减少稳定剂用量同时增强分散作用。该体系是热力学不稳定体系，反相悬浮聚合法的优点是在制备过程中易散热、聚合过程平稳，且能够直接得到颗粒状聚合产品、后处理简单。该工艺优点是操作简单，副反应少，体系黏度低，成本低，有利于实现生产工业化[233]。

4.1.4.3 反相乳液法

反相乳液法可以根据制备工艺和乳液分散相粒径的大小分为乳液、微乳液和细乳液。反相乳液聚合是在乳化剂和剪切作用下将水溶性单体的水溶液分散在疏水介质中，形成 W/O 型乳液，在此过程中形成了巨大的界面，使得疏水单体可以扩散到水相中，再以油溶性引发剂或水溶性引发剂引发聚合反应[225]；再由引发剂引发聚合。微乳液是一个热力学稳定系统。细乳液聚合在于制备细乳液过程中需要经过高强度力学剪切作用，即细乳化过程。乳液聚合制备的分散相的粒径一般为 $0.05 \sim 1.0 \mu m$。反相乳液聚合具有散热好、聚合温度可控、聚合速率快、产物溶解速率快等优点。但因乳化剂的链转移作用，使得采用乳液聚合法难以制备高分子量聚合产物。在乳液聚合中，乳化剂的选择至关重要，其纯度直接影响产物的分子量。通过选择适当的生产技术和制备工艺可以制备不同粒径的胶乳产品。

反相乳液聚合法具有如下优点[224,228]：

① 聚合反应速率快、产物分子量高且分布较窄，聚合产物含量高；
② 反应体系为乳液状态，利于搅拌，传热快、副作用少；
③ 用水为介质，安全环保，胶乳黏度低，便于管道输送、连续生产；
④ 产物后处理简单，可制成胶状、乳状等固体产品。

4.1.4.4 分散聚合法

分散聚合是在稳定剂存在条件下的一种特殊的沉淀聚合，其特征为溶于分散介质的单体通过聚合生成不溶于该介质的聚合物。分散聚合法是一种可以一步合成粒径为 $0.1 \sim 10 \mu m$ 微球的简单方法，被广泛用于制备单分散的微球、高固含的聚合物分散体。在早期研究中，丙烯酰胺的分散聚合主要在醇/水介质以及聚乙二醇水溶液中实施。近年来，以无机盐溶液为分散介质制备聚丙烯酰胺分散液受到更多研究学者的关注。

以盐溶液为分散介质制备的水溶性聚合物分散体也被称为"水包水"（W/W）乳液。分散聚合法采用的溶液的稳定性较好，性质有点像胶乳，一般不产生沉淀。采用分散聚合法制备的聚丙烯酰胺具有分子量高、反应速率快、聚合工艺简单、操作方便、合成工艺对环境友好、耗能低、生产成本低的优点。此外，分散聚合体系固含量高、表观黏度低、传热方便、聚合产物溶解快及使用方便等特点。因此，采用分散聚合法制备的聚丙烯酰胺产品有广泛的应用前景。

4.1.4.5 其他合成方法

（1）电化学聚合法

电化学聚合是指在一定的电解液中，聚合物单体在电解池的阴阳两极附近，发生氧化还原反应，产生活性中心，由此引发单体发生聚合的过程，简称电聚合。电化学聚合法操作过程较为简单，可对聚合物膜的厚度及聚合反应的进度实施有效控制，还能显著降低链转移和交联现象的发生概率。电化学聚合法已成为合成具有特定性能的高分子聚合物的常用方法，一般用于制备聚合物薄膜材料，涉及电分析领域的电极表面修饰和材料领域的导电高分子膜的制备[234]。

（2）光引发聚合法

光引发聚合是指在紫外光或可见光的作用下，使光敏剂产生活性自由基，从而引发单体发生自由基聚合的过程。光引发聚合较其他传统的合成方法而言，具有高效率、低成本、节约能源、绿色可持续、适应范围广等优势[235,236]，归纳为"5E"，特别是随着近些年来，人们的环保理念大幅提升，更加重视对环境友好型工艺的综合开发及利用，提高了对光引发聚合法的关注。

（3）胶束聚合法

胶束聚合法是指加入表面活性剂以便形成胶束，并在微区中发生自由基聚合反应的方法。胶束聚合法是目前制备疏水缔合聚丙烯酰胺类聚合物的常用方法，该方法克服了疏水单体在水相中的溶解性和混合性难题，易把疏水单体引入聚合物主链，合成的疏水改性聚丙烯酰胺（HPAM）有较强的缔合能力和增稠性能[225,231]。

除了以上介绍的几种聚丙烯酰胺的合成方法外，还有许多其他的合成方法，其特点各不相同，各有利弊，可根据需要进行选择。

4.1.5 聚丙烯酰胺的合成引发剂体系

聚丙烯酰胺的聚合主要为自由基聚合，其聚合机理是：

① 在引发剂的作用下形成初级活性自由基，引发链引发反应；

② 活性单体自由基不断加成聚合进入链增长阶段；

③ 两个活性长链自由基相互作用，发生链终止反应[229]。

由于聚合过程中还存在着初级自由基终止反应、阻聚作用以及链转移等现象，这都会对聚合物的结构与性能产生影响，而控制聚合速率和聚合物分子量的关键性步骤是链引发反应，链引发反应的主要贡献者为引发剂，故引发剂的种类和性质，对得到性质优良的高分子量聚合物的合成起着至关重要的作用。

目前，常用的自由基聚合引发剂大致分为氧化还原类、偶氮类、双官能度或多官能度类、复合类引发剂及其他类引发剂等。

4.1.5.1 氧化还原类引发体系

氧化还原引发体系包括过硫酸盐引发体系、过渡金属化合物引发体系、氢过氧化物引发体系等。

（1）过硫酸盐引发体系

过硫酸盐引发体系以过硫酸盐或其他物质可与多种还原剂构成引发剂为主要特征。常用的过硫酸盐有钾盐和铵盐，其他物质具有强氧化性的有硫脲、有机盐等，还原剂有亚硫酸氢钠、甲醛、次硫酸氢钠、功能性含氨基单体等。

范维骁[237]以丙烯酰胺（AM）、甲基丙酰氧乙基三甲基氯化铵（DMC）和丙烯酰氧乙基二甲基苄基氯化铵（AODBAC）为单体，以偶氮二异丙基咪唑啉盐酸盐（VA044）或过氧硫酸钾（KPS）/Na_2SO_3为引发剂，在水溶液中进行无外加稳定剂条件下的双水相共聚，制备出了不添加任何稳定剂的阳离子型聚丙烯酰胺分散剂。在该双水相体系的制备过程中不外加任何无机盐，也不外加任何聚合物稳定剂，生产成本低，得到的水溶性聚合物分散液的有效固含量高，不仅可用于造纸工业中的白水回收，印染工业、建材产业中的废水处理等，而且还可应用于选矿、化妆品增稠、高档纸质增强等禁用无机盐、聚合物稳定剂的场合，拓宽阳离子型水溶性聚合物水分散液的应用领域。

袁鹰等[238]以水为溶剂，用次磷酸盐-过硫酸铵为引发体系，在85~87℃，6h内一次合成多批次磷酸共聚物，合成过程中考察马来酸酐（MA）、2-丙烯酰胺-2-甲基丙磺酸（AMPS）、丙烯酸（AA）、次磷酸钠单体配比对产品阻垢性能的影响，确定了最佳单体配比为 $n(MA):n(AMPS):n(AA):n(NaH_2PO_2 \cdot H_2O)$ 为 0.50:0.05:0.45:0.15。

刘祥等[239]以过硫酸铵/亚硫酸氢钠（APS/SHS）氧化还原体系为引发剂，利用丙烯酰胺（AM）、N，N-亚甲基双丙烯酰胺（MBA）等组成的共聚交联体系实现了黏弹性聚合物冻胶的低温聚合。

为了改善现有调剖剂存在的耐温抗盐性差、交联剂污染环境的问题，潘小杰等[240]以黄原胶（XG）、2-丙烯酰胺-2-甲基丙磺酸（AMPS）为单体，以 N，N'-亚甲基双丙烯酰胺（BIS）为交联剂，以过硫酸钾（KPS）为引发剂，通过水溶液法合成了一种新型调剖剂。用红外光谱分析了原料和产物的结构，并对产物进行了耐温耐盐性能测试。结果表明：当 XG 质量分数为 0.10%、AMPS 质量分数为 10%、BIS 质量分数为 0.16%、KPS 质量分数为 0.02%、反应温度为 70℃时，调剖剂的性能达到最佳；适用地层温度为 90~150℃，地层矿化度为 0~25×10⁴mg/L 的地点，此调剖剂可应用于高温高盐油田。

（2）过渡金属化合物引发体系

过渡金属催化的原子转移自由基聚合是 1995 年发现的一种新的活性自由基聚合方法，它以 RX（X=Cl 或 Br）为引发剂，过渡金属配位化合物为催化剂，可成功地进行甲基丙烯酸甲酯、苯乙烯等单体的活性自由基聚合[241]。过渡金属化合物引发体系，主要是以化合物的配位方式和金属离子的多价态来完成电子转移。

（3）氢过氧化物引发体系

氢过氧化物引发体系，是以氢过氧化物为氧化剂与还原剂组成氧化还原体系。许文梅[242]采用过氧化氢-硫酸亚铁的氧化还原引发体系，使苯乙烯（St）在乳液聚合体系中进行均聚合，制得了含端羟基的聚苯乙烯（PSt-OH）。冯全祥等[243]以双氧水（H_2O_2）

与亚硫酸氢钠（NaHSO$_3$）为引发体系，硫酸钴（CoSO$_4$）为催化剂，异戊烯醇聚氧乙烯醚-2400（TPEG-2400）和丙烯酸（AA）为单体，二元共聚合成聚羧酸减水剂（PCA）。

4.1.5.2　偶氮类引发剂

偶氮类引发剂包含偶氮基—N—N—结构，由于其自由基产生速度均匀，无诱导分解，过程中只有一种自由基，无副反应，反应条件温和，因而广泛应用于科学研究和工业生产中。水溶性偶氮类引发剂引发效率高，残留体少，对环境无毒，产品性能优异，从而被广泛应用[231]。

蔡晓生[244]采用偶氮类引发剂引发丙烯酰胺（AM）进行双水相共聚合，制备得到稳定的阴离子型聚丙烯酰胺（APAM）水分散液。

孙鹏飞等[245]以乙醇与水的混合溶液为反应介质，丙烯酰胺（AM）为单体，聚甲基丙烯酸三硫代碳酸酯（PMAATTC）为大分子链转移剂（macro-CTA），偶氮类引发剂偶氮二异丁脒盐酸盐（AIBA）引发聚合，通过分散聚合方法制备聚丙烯酰胺（PAM）。

周阜成[246]在硫酸铵〔（NH$_4$）$_2$SO$_4$〕水溶液中，加入聚甲基丙烯酰氧乙基三甲基氯化铵（PDMC）作为分散稳定剂，通过水溶性偶氮类引发剂（V-50）引发单体丙烯酰胺（AM）和甲基丙烯酰氧乙基三甲基氯化铵（DMC）进行自由基聚合，制备了阳离子聚丙烯酰胺（CPAM）水包水乳液。

余先巍等[247]以丙烯酰胺（AM）和甲基丙烯酰氧乙基三甲基氯化铵（DMC）为共聚单体，采用氧化还原/偶氮化合物复合引发剂体系在水溶液中进行自由基聚合，合成了阳离子型聚丙烯酰胺聚合物（CPAM）。

4.1.5.3　双官能度或多官能度引发剂

双官能度引发剂指引发剂中含有两种活性基团，而多官能度引发剂中含有两个以上活性基团。与其他引发剂相比，双官能度或多官能度引发剂由于含有多个活性基团，拥有的引发点多，引发效率高，在合成分子量高的聚合物方面有很大的应用潜力[224,229,231]。

岳秀伟[248]采用自制双官能度过氧化物作为氧化剂，配合还原剂亚硫酸氢钠和水溶性的偶氮化合物组成的复合引发剂引发丙烯酰胺和阳离子单体 DAC（丙烯酰氧乙基三甲基氯化铵）水溶液共聚，制备超高分子量阳离子聚丙烯酰胺。

赵珣等[249]引入复合氧化还原引发体系，引发丙烯酰胺（AM）水溶液均相聚合，合成超高分子量水解聚丙烯酰胺（HPAM），并综合分析了水分散聚合法的时间-动力学曲线。结果表明，采用复合氧化还原剂引发 AM 聚合反应，在 AM 浓度 31%，双官能度引发剂浓度 10mg/L，聚合温度 6℃，偶氮化合物 25mg/L 用量条件下，可以合成高分子量聚丙烯酰胺。

王鸿萍[250]采用自行研制的双官能度引发剂组成的复合氧化还原引发体系引发 AM 聚合，优化聚合工艺条件为：AM 浓度 30%，双官能度引发剂浓度 10mg/L，聚合温度 6℃，偶氮化合物用量 25mg/L，EDTA 用量 60mg/L，甲酸钠用量 5mg/L，尿素用量 400mg/L。优化聚合工艺条件具有很好的重现性，得到 PAM 平均分子量高达 3.0×10^7。

苏智青等[251]采用水溶液聚合合成出一种新型部分交联结构的聚丙烯酰胺。通过实时红外追踪、二维红外相关光谱分析和动态流变测试，揭示了由三官能度功能单体形成支化结构的反应历程和交联反应受动力学控制的独特机理。

李振东等[252] 以季戊四醇为原料，合成了星形大分子引发剂 2-溴异丁酸季戊四醇四酯（PT-Br），并以此为四官能度引发剂，以 CuBr/三-（2-二甲氨基乙基）胺（Me6-TREN）原位歧化得到的初生零价铜（Cu⁰）及二价铜与配体的络合物（$Cu^{II}X_2/L$）为催化体系，室温下（18℃）在水溶液中实现了 N-叔丁基丙烯酰胺（NtBA）和丙烯酰胺（AM）的单电子转移活性自由基共聚合（SET-LRP）。

4.1.5.4 复合引发剂

复合引发剂是将两种或两种以上的不同类型的引发剂按照一定比例混合而成。复合引发剂因其可以维持溶液中低自由基浓度，广泛应用于聚丙烯酰胺的制备中。

宋华等[253] 采用氧化还原引发剂（过硫酸铵和甲醛次亚硫酸钠）与水溶性偶氮引发剂（偶氮二异丁脒盐酸盐）复配的复合引发体系引发丙烯酰胺（AM）与 2-丙烯酰胺-2-甲基丙磺酸（AMPS）共聚合成磺化聚丙烯酰胺（SPAM），考察了氧化剂与还原剂配比、复合引发剂配比、聚合引发温度、pH 值、单体浓度等条件对聚合物溶液表观黏度的影响，同时对其进行了耐温抗盐性能评价。结果显示，与工业上使用的部分水解聚丙烯酰胺（HPAM）相比，合成的 SPAM 具有更好的耐温抗盐性能。

吴林健[254] 采用水溶液自由基聚合，光引发与热引发的复合引发体系，合成 DMPC12、DAC 和 AM 的三元共聚物。

蒋世龙[255] 采用原位聚合法，以过硫酸钾（$K_2S_2O_8$）-偶氮二异丁咪唑啉盐酸盐（VA-044 引发剂）复合引发体系合成了聚硫氯化铝-聚丙烯酰胺（PACS-PAM）杂化高分子絮凝剂。

4.1.5.5 其他引发剂

赵传靓[256] 利用超声引发技术，使 BMDAC 与丙烯酰胺（AM）单体共聚，利用其形成的微多相体系，在不额外添加疏水单体、低聚物模板和小分子表面活性剂的条件下，合成了一种新型阳离子疏水微嵌段聚丙烯酰胺絮凝剂 P（AM-BMDAC）（PAB）。

郑怀礼等[257] 发明了一种紫外光引发疏水改性阳离子聚丙烯酰胺的合成方法，该发明的引发聚合时间短，且不需加热或降温控制，这样简化了生产工艺，降低了能耗，减少了生产成本。

为制备出一种聚合时间短、溶解性好、新型、高效的 HACPAM 絮凝剂，廖熠[258] 采用一种表面活性单体——丙烯酰氧乙基二甲基苄基氯化铵（AODBAC）与 AM 在紫外光引发下共聚生成疏水缔合阳离子聚丙烯酰胺 P（AM-AODBAC）（PAA）。研究表明 PAA 絮凝剂是一种高效的有机高分子絮凝剂，用于含油废水处理具有良好的应用前景。

4.1.6 聚丙烯酰胺的性能评价

4.1.6.1 耐温性测试

用蒸馏水将聚合物配制成固定浓度的溶液，在 30～90℃ 的温度下，用布氏黏度计测定出聚合物溶液不同温度时的表观黏度。

4.1.6.2 抗盐性测试

① 用表 4-4 的盐溶液配方将聚合物配制成不同矿化度、聚合物浓度一定的溶液，在

一定条件下测其表观黏度。

⊡ 表 4-4　总矿化度为 2000mg/L 的盐溶液配方

离子类别	Ca^{2+}	Mg^{2+}	Na^+	Cl^-
离子含量/(mg/L)	364.1	135.9	7254.5	12245.5

② 以蒸馏水为溶剂配制聚合物浓度相同，但 $CaCl_2$、$MgCl_2$、$NaCl$ 浓度不同的盐溶液，测出不同种类金属离子不同含量的聚合物盐溶液的表观黏度。

4.1.6.3　溶解性能

在烧杯中倒入一定体积的蒸馏水，把精确称量的聚合物产品在固定好转速的搅拌桨的搅拌下，缓慢加入盛有蒸馏水的烧杯中，搅拌一段时间，取烧杯中的聚合物溶液用布氏黏度计在一定条件下测其表观黏度，继续搅拌，隔一定的时间再取聚合物溶液测表观黏度，直到聚合物的表观黏度在测定的时候基本保持不变，聚合物溶解性的测试结束。

4.1.6.4　抗剪切性能

配制一定浓度的聚合物水溶液，通过在固定的剪切速率的搅拌下，搅拌不同的时间，定时取样测定表观黏度。

4.1.6.5　抗老化性能

将配制的一定量、一定浓度的聚合物溶液放入比色管中，通氮气除去管中的氧气，使管塞与溶液接触中间不留空隙，密封后放到 80℃ 的烘箱中老化一段时间，定时取样在一定温度下测其表观黏度。

4.1.7　聚丙烯酰胺的产业化情况

我国聚丙烯酰胺的生产初始于 20 世纪 60 年代，上海天原化工厂建成首套聚丙烯酰胺生产装置，生产水溶胶聚丙烯酰胺产品。随着概念的引入，在 20 世纪 80 年代得到初步发展，上海生物化工研究院、石油化工科学研究院等多个科研院所开展生化法生产其单体丙烯酰胺的研究工作；20 世纪 90 年代经历了短暂的下滑和迷茫期，但在这一时期上海生物化工研究所成功开发了生化法生产单体丙烯酰胺的技术，胜利油田、江西昌九农科化工有限公司等多个公司采用该技术建成了丙烯酰胺的生产装置；伴随着单体丙烯酸酰胺装置的规模化增加，21 世纪初期聚丙烯酰胺行业快速发展，2010 年后我国聚丙烯酰胺行业进入稳定发展期。经过几十年的发展，我国先后开发了水溶液聚合、反相乳液聚合、反相悬浮聚合、分散聚合等工艺，但我国大规模生产仍以水溶液聚合和反相乳液聚合为主。目前，全球聚丙烯酰胺的主要制造中心位于中国、北美和欧洲地区，我国已成为全球最大的聚丙烯酰胺生产国，产量超过全球产量的 50%。

现在我国已经能够生产非离子型、水溶液状阳离子型、粉状阳离子型聚丙烯酰胺，亚甲基型聚丙烯酰胺，磺甲基型聚丙烯酰胺，淀粉改性阳离子型聚丙烯酰胺，胺基型聚丙烯酰胺，胺甲基型聚丙烯酰胺，羟甲基型聚丙烯酰胺，部分水解型聚丙烯酰胺等，并按照分子量不同、离子度不同，干粉、水溶液、乳剂等不同，分出了许多种产品的牌号[230]。我国的聚丙烯酰胺厂家根据产品不同，可以分为阴离子型聚丙烯酰胺生产厂家和阳离子型聚丙烯酰胺生产厂家，非离子型聚丙烯酰胺和两性型聚丙烯酰胺生产厂家也有，但数量和规模均有限。目前，我国有上百家阴离子型聚丙烯酰胺生产企业，40多家阳离子型聚丙烯酰胺生产企业。2018年我国阴离子型聚丙烯酰胺主要生产厂家情况如表4-5所列，我们可以看出，阴离子型聚丙烯酰胺生产企业虽然多，但行业集中度较高，年生产能力在1万吨以上的，主要有中国石油大庆炼化、东营诺尔化工、山东宝莫、爱森（中国）、北京恒聚、安徽天润、郑州正力、张家口麦尔、安徽巨成，这九家企业生产能力共计69.2万吨，占据阴离子型聚丙烯酰胺产能的74.6%；其中，规模最大的为中国石油大庆炼化分公司，年生产能力25.4万吨，占据阴离子型聚丙烯酰胺产能的27.4%。在表4-5中，我们还可以看出，企业分布也比较集中，山东有5家企业生产阴离子型聚丙烯酰胺，这5家企业占据阴离子型聚丙烯酰胺产能的31.1%，黑龙江和山东这6家企业就占据阴离子型聚丙烯酰胺产能的58.5%，超过总阴离子型聚丙烯酰胺产能的1/2。我国阴离子型聚丙烯酰胺产品技术成熟，质量稳定，数量上基本处于净出口状态，且出口数量呈上升趋势。相比而言，我国阳离子型聚丙烯酰胺生产企业相对较少，规模相对较小，其中，规模较大的主要有东营诺尔、爱森（中国）、北京恒聚、江苏聚成、无锡新宇等。技术方面没有阴离子型聚丙烯酰胺成熟，存在产品单一、质量不稳定、高端产品还需要进口的情况。近年来，随着国家对环境保护的重视，水处理方面对阳离子型聚丙烯酰胺的需求迅速扩大，国内对阳离子型聚丙烯酰胺的研究也取得了较大进展，预计未来几年阳离子型聚丙烯酰胺行业将有较大变动。

⊡ 表4-5　2018年我国阴离子型聚丙烯酰胺主要生产厂家情况[259]

厂家	产能/万吨	地点
中国石油大庆炼化公司	25.4	黑龙江省大庆市
东营市诺尔化工有限公司	18.6	山东省东营市
山东宝莫生物化工股份有限公司	8.2	山东省东营市
爱森(中国)絮凝剂有限公司	6.2	江苏省泰兴市
北京恒聚化工集团	3.6	北京市通州工业开发区
安徽天润化工股份公司	2.8	安徽省蚌埠市
郑州正力聚合物科技公司	2.4	河南省郑州市
张家口麦尔生化有限公司	1	河北省万全区
安徽巨成精细化工有限公司	1	安徽濉溪经济开发区
山东万达化工有限公司	0.8	山东省东营市
华北石油光大石化有限公司	0.8	河北省任丘经济技术开发区
淄博天海化工有限公司	0.8	山东省淄博
东营盛立化工有限公司	0.5	山东省东营市
其他	20.7	

　　目前，我国也是聚丙烯酰胺最大的消费国，消费量超过全球消费量的50%。全球聚丙烯酰胺消费量中水处理的消费量最高，占消费总量的36.8%，其次是石油工业，占消费总量的27.4%，之后是造纸工业，占消费总量的12.2%，剩余6.7%用于其他行业；我国聚丙烯酰胺的下游消费结构与全球的消费结构不甚相同，国内石油、矿选行业的消费量最高，其次是水处理行业，之后是造纸行业，剩余用于其他行业。不过随着我国环保要求的不断加大，水处理行业的消费占比已从2010年的16.9%，增长到现在的29.8%。预

计在未来的几年里，水处理行业的消费占比将继续加大。

2018 年，我国聚丙烯酰胺的产量达到 110 万吨，消费量也超过了 100 万吨。2012～2018 年我国聚丙烯酰胺供需情况如表 4-6 所列，从表中我们看出，自 2012 年以来，除了石油、煤炭、化工行业最低迷的 2016 年，聚丙烯酰胺行业稳步增长，消费量和产量都有较高的增长率；2012～2018 年，我国聚丙烯酰胺的产量从 62.52 万吨增长到 110 万吨，年均增长率 9.87%，消费量从 58.03 万吨增长到 100 万吨，年均增长率为 9.49%；从数量上看，我国聚丙烯酰胺供大于求，整体处于净出口状态，但实际上是我国的阴离子聚丙烯酰胺处于净出口状态，高端的阳离子聚丙烯酰胺还需要进口。

⊡ 表 4-6　2012～2018 年我国聚丙烯酰胺供需情况[259]

项目	2012 年	2013 年	2014 年	2015 年	2016 年	2017 年	2018 年
产量/万吨	62.52	70.55	80.52	85.21	88.14	94.25	110
产量增长率/%	—	12.84	14.13	5.82	3.44	6.93	16.71
消费量/万吨	58.03	63.85	72.71	80.1	82.15	90.6	100
消费量增长率/%	—	10.03	13.88	10.16	2.56	10.29	10.38
产量-消费量/万吨	4.49	6.7	7.81	5.11	5.99	3.65	10

随着我国聚丙烯酰胺行业的逐步发展，预计我国未来聚丙烯酰胺产品出口数量将保持稳定增长，同时随着行业技术改造及升级，国内对聚丙烯酰胺高端产品的进口依赖将进一步降低，预计未来我国聚丙烯酰胺产量将保持稳定的增长趋势，到 2022 年预计我国聚丙烯酰胺产量将达到 112 万吨。同时，随着我国聚丙烯酰胺在水处理及造纸领域应用的增长以及聚丙烯酰胺下游应用的进一步拓展，我国聚丙烯酰胺产品需求将逐步提升，预计到 2022 年我国聚丙烯酰胺需求将达到 105 万吨。

4.2
聚丙烯酰胺的应用

丙烯酰胺聚合物在结构上的基本特点有：a. 分子链具有柔顺性，易卷曲缠结；b. 分子链上具有酰氨基和其他离子基团。这些结构特点赋予了丙烯酰胺聚合物很多应用性能，如酰氨基的强极性使丙烯酰胺具有良好的水溶性；柔性长链使聚丙烯酰胺具有良好的流变性；其他离子基团同样拓宽了聚丙烯酰胺的应用范围[225]。

目前聚丙烯酰胺已广泛应用于污水污泥的处理、油田生产、涂料工业、生物医学材料、造纸领域、农业、制糖、建材等行业[224,225,232,260,261]。在本节中主要介绍聚丙烯酰胺在油田生产中的应用和聚丙烯酰胺在驱油应用中的不足。

4.2.1　聚丙烯酰胺在油田生产中的应用

聚丙烯酰胺在我国石油开采领域中的应用是最广泛的，石油业是我国国民经济的重要支柱，关系着国家根本利益以及人民的根本利益。丙烯酰胺是油田开采领域常用的一种化学剂，在开采过程中它表现出的性能主要有增稠性能、流变调节性能、降滤失性能、调剖功能、絮凝功能等。在石油开采的酸化、钻井以及采油等工艺中被广泛使用。这对于提高我国石油开采作业效率，提高石油利用率，减少资源浪费以及促进我国石油业可持续发展具有深远的现实意义[224,232]。

在钻井作业中，聚丙烯酰胺可以对钻井液进行流变调节，可以用作黏土稳定剂，可以用聚丙烯酰胺凝胶对油井堵漏；在压裂时，可以用作压裂液的添加剂；还可以用作采油设备的缓蚀剂等。聚丙烯酰胺的主要作用是在油田开采中用作驱油剂，在一定程度上增大了石油的产量。聚合物驱和复合物驱（主要是三元复合物驱）是目前石油开采中主要应用的技术，两者都用到了聚丙烯酰胺，通过向注入水中添加聚丙烯酰胺，使得采出物中的石油含量大大提高，聚丙烯酰胺在石油开采领域得到了广泛的应用。

4.2.1.1　聚丙烯酰胺作为驱油剂

（1）聚丙烯酰胺作为驱油剂的原理

在石油生产中，驱油剂的作用主要体现在石油钻采时能够对原油的采收率进行提高。聚丙烯酰胺因其分子量较同类聚合物更大，在驱油剂中的应用较为普遍。

随着我国石油的大量开采，聚丙烯酰胺作为驱油用聚合物得到广泛使用[262]。油田三次采油阶段，为了提高油田的采收率，采取注聚开发的方式。增加了注入剂的浓度，通过聚合物的注入，调节注入剂的流变特性，改善水油的流度比，降低地层中水相的渗透率，使聚合物波及更多的区域，将注水开发没有波及的死油区的油流驱替出来，从而提高了油井的产能，达到增产的效果。

高分子聚合物使水相的黏度增大，降低水相的相对渗透率。水油流度比的下降，减少注入剂的指进现象。使注入的流体转入未波及的区域，提高波及系数。聚合物的注入，增加了波及体积，增加注入水的渗流阻力，扩大水淹的程度，从而将注入水没有波及的区域激活，提高油层的动用程度，驱替更多的油流，提高油田的采收率。

随着聚合物注入技术的深入，研究和试验了三元复合体系驱油技术措施，将聚合物、碱液和表面活性剂同时注入油层中，扩大注入的效果，提高油田采收率。以聚合物为主，改变聚合物的分子量，通过碱液的水洗作用和表面活性剂改善表面活性和储层流体的性质，提高了油井的生产能力。

（2）聚丙烯酰胺作为驱油剂的作用效果

1）分子量提升促进吸附能力

高分子量能够提高聚丙烯酰胺的水动力学半径，以此使得驱油剂在油田的生产吸附能力提高，在我国众多油田生产过程中，该类聚合物应用量最大。不过随着油田不断开发，持续开发的难度也在逐渐上涨，在矿化度以及底层的温度较高的油藏，聚丙烯酰胺驱油剂的运用效果较为有限。在生产过程中，吸附能力也有限制，此限制与聚丙烯酰胺分子量极限有关。

2）疏水缔合提升增黏性

疏水缔合类型的聚丙烯酰胺是通过阴阳单体以及非离子和疏水单体聚合得到，此类聚丙酰胺产品在增黏上性能较强，在高温及高盐的前提条件下其黏度能突破 $30mPa \cdot s$。因此，此类产品在进行应用的过程中，能使聚丙烯酰胺产品在抗盐以及耐温性能上得到有效的提高，河南油田联合大学也对该类聚丙烯酰胺产品进行合成以及实验，以期提高聚丙烯酰胺在油田生产中的应用，从而提高整体油田的生产效率。但就目前而言，该类聚丙烯酰胺产品的应用并不广泛。

3）梳形聚合物提升黏度

梳形聚合物的作用原理是指通过聚丙烯酰胺的高分子侧链引入不同亲油及亲水基团，利用二者相互排斥对分子链上的卷曲进行控制，使得分子间的缠绕减少。如此水溶液中的高分子链在排列时，会形成梳子状，分子链在刚性上得到提升，水动力学半径扩张，使得黏度以及抗盐性能都得到提高。该类聚丙烯酰胺主要通过其黏度发挥作用，油田开发难度提升后需对该类聚合物在抗盐以及耐温性上便需要进一步增强。

4）微嵌段结构聚合物提升驱油效果

微嵌段结构聚合物的形成，一般而言便是在进行聚合作用之前，先进行模板的引入。低温的情况下进行合成的分子，在主链中含有丙烯酸链段。丙烯酸链段负电荷间会相互进行排斥，并且水溶液中其还会发生自缔合反应，从而使得分子主链在卷曲情况上减小频率，使得此类聚丙烯酰胺产品在黏度性能上得到增加。在进行实际的油田生产中，对其进行应用能够有效提升驱油效果，从而能够对三类油藏的要求进行满足。

（3）聚丙烯酰胺作为驱油剂的应用

为了驱油剂的效果能够得到增强，科学家对其耐热、耐剪切、耐温等性能进行提升。主要方法是以丙烯酰胺作为基础进行，对刚性环侧基以及疏水单体等特殊结构单元进行引入，之后运用自由基共聚法便得到了酸性疏水缔合聚丙烯酰胺。在研究过程中发现，酸性疏水缔合聚丙烯酰胺的抗盐性较强，在 60℃ 以下能够保证其表观黏度。对于鲁克沁深层稠油不得规模开发的问题，在相关科研工作者的科研攻关下，对水矿度进行改善以及恒聚聚合物最优化注入浓度进行调节，总体使得稠油在采收率上达到 1.98%。大庆油田研究者曾经对聚丙烯酰胺在油田的三元复合驱中的应用进行研究，确定其稳定性较为良好。"三元"是指聚丙烯酰胺、表面活性剂以及碱，利用三元复合驱动，能够使采收率提高 10%～20%，就当前而言，三元复合驱动在大庆油田的应用已经处于大规模工业阶段。大庆油田在对原油进行实际开采中，运用三元复合驱技术，在采收率上比预期更高，平均提高 18.5%～26.5%，由此能够说明，作为驱油剂在油田生产中聚丙烯酰胺的效用极为明显。聚丙烯酰胺作为驱油剂同样为胜利油田、河南油田、新疆油田等老油田的增产稳产提供保证[263]。

4.2.1.2 聚丙烯酰胺作为堵水剂和调剖剂

由于地层的非均质性的影响，注水开发的油田会出现高渗透层过早见水或者被水淹的情况。堵水技术在非均质油田开发中是较为重要的工艺技术，能够使得油井产水量降低，油井的产油量得到增加，还能对注入的井吸水存在不均匀的现象进行改善。由此能够使得注水井在纵向波及能力上得到提升，还能对油田可储藏量进行扩大，达成对油田注水开发采收率提高的目标。当前阶段对交联聚合物应用中聚丙烯酰胺便是其中一种，其对油的渗透性是目前已知材料中最低的，在 10% 以下，而对水的渗透性超过 90%。

选择聚丙烯酰胺作为堵水剂，对油和水具有选择性，只堵水不堵油，提高聚合物的耐温特性，达到最佳的堵水效果。将聚合物和交联剂组合使用，如与改性的交联树脂结合起来则能达到更好的堵水效果。

应用聚合物的注入能够调整吸水剖面，封堵大孔道，达到调剖的状态，满足油田注水和聚合物注入的技术要求，获得更好的驱替能量，促使油井增产，达到油田开发的产能指标。

聚丙烯酰胺冻胶堵剂是目前较为常用的堵水调剖剂，现场应用存在聚合物分子量过大、支链过多，导致炮眼剪切严重、交联效果差，影响堵调效果。唐延彦[264] 采用现场污水配制不同浓度的聚丙烯酰胺溶液，与酚醛交联剂交联，测试成胶前后黏度变化、成胶强度、热稳定性、抗剪切性及封堵性能。结果表明，聚合物分子量为 800 万～1500 万，聚合物初始黏度低，成胶后强度高，热稳定性好，抗剪切能力高，封堵效果好。

HPAM 凝胶是目前国内外采用最广泛、最有效的化学堵水剂，其中苯酚/甲醛体系是HPAM 凝胶类堵水剂最常用的交联剂。但是苯酚/甲醛交联剂气味和毒性较大，尤其是高致癌性，严重限制了其在现场的应用。针对这一问题，张明锋等[265] 在室内合成了低毒无气味的水溶性羟甲基多酚 THMBPA，然后以 THMBPA 为交联剂主剂，以多乙烯多胺TET 为交联剂辅剂，研究了部分水解的聚丙烯酰胺 HPAM 与 THMBPA/TET 复合交联剂的凝胶动力学，考察了 pH 值、复合交联剂配比、温度以及盐浓度对成胶时间和凝胶长期稳定性的影响。结果表明，在 90℃和 120℃下，该凝胶体系的成胶时间可在 10～120h任意调节；凝胶长期耐温稳定性好，在 120℃下凝胶可稳定存在 90d，在 90℃下可稳定存在 100d；长砂管封堵驱油实验表明，该堵水剂具有良好的封堵能力，封堵率可达 90.6%。

郭永贵[266] 通过室内实验优选出一种适合朝阳沟油田一类区块应用的深部调剖剂，并对其进行了性能评价分析。优选结果如下：主剂为质量浓度 1200～2000mg/L 的部分水解聚丙烯酰胺，交联剂由质量分数分别是 2.23%、2.64%、1.97% 的氯化铬、乳酸、氢氧化钠组成，添加剂为质量浓度 600～800mg/L 的 NaCl、500～1500mg/L 的 $NaHCO_3$ 和 800mg/L 的硫脲，交联比为 15∶1。优选深部调剖剂性能良好，从室内岩心实验可以看出，该深部调剖剂能有效封堵裂缝，并大幅度提高采收率，平均封堵率和平均提高采收率分别达到 83.95% 和 24.9%，对现场应用具有重要的指导意义。

4.2.1.3　聚丙烯酰胺在钻井液体系中的应用

将聚丙烯酰胺作为钻井液的性能调节剂使用，提高钻井液的性能，使其具有更好的携带岩屑的能力，有效地防止井喷事故的发生。调节钻井液的流变特性，携带岩屑，润湿钻头，降低钻头施工过程中的磨阻损失，延长钻头的使用寿命。防止发生卡钻的现象，保证顺利完成钻探施工任务。与其他类型的钻井液相比，使用聚丙烯酰胺钻井液，使得钻井周期和机械钻速均得到有效提升。

经常应用部分水解聚丙烯酰胺溶液、聚丙烯酰胺钾盐等，作为钻井液的添加剂，提高机械钻速，有利于钻井施工的顺利进行。钻井液的性能优异，促进钻井施工的顺利进行，防止卡钻事故的发生，能够提高机械钻速，及时冷却钻头，方便钻具的起下，保持井眼的清洁，减少废弃钻井液对环境的污染，具有推广使用的价值。

目前国内常用的几种增黏剂如改性纤维素、改性瓜尔胶、黄原胶和聚丙烯酰胺等有了最新的研究和应用进展。聚丙烯酰胺作为合成高分子聚合物，无论在性能和原料上都有着天然高分子无法比拟的优势，在制备抗温耐盐的钻井液体系中，具有十分广阔的应用前景[267]。

罗志华等[268] 发明了一种星型聚丙烯酰胺共聚物及其制备方法和钻井液,在钻井液中仅添加该星型聚丙烯酰胺共聚物,在高温环境下,不仅可以降低钻井液的滤失量,同时还可改善钻井液的高温流变性能,降低钻井液循环系统的压力损耗。

郑伟娟等[269] 针对延长气田子长区块由于地层压实作用小、渗透性强、泥岩段吸水膨胀快,常出现全井段缩径、垮塌等现象,通过不同钻井液对岩屑回收率的测试,评价出适合延长气田刘家沟以上地层的钻井液体系。该体系以清水+聚丙烯酰胺+氯化钾为主剂配制成清水聚合物钻井液,更好地应用于延长气田刘家沟组以上地层,防止井壁垮塌、掉块等现象,为该区块低成本开发提供技术支持。

4.2.1.4 聚丙烯酰胺在压裂液体系中的应用

压裂作业便是指在进行采油生产过程中,利用水力的作用,从而使得油层产生裂缝的方法。压裂作业便是将高压、大排量、高黏度的液体排出油层,在油层因压力而出现较多的裂缝时,对裂缝进行支撑剂的添加,并进行填充,从而使得油层的渗透性能得到提高。压裂液是压裂技术中的重要部分,一般而言有酸基、泡沫、乳状、油基、水基五种类型。压裂液的作用在于对油层伤害进行减轻作用,使得成本降低,压裂效果得到提升。

水力压裂施工是油田开发致密性油藏最有效的方式之一,也是油田开发进入后期的增产增注措施。在实施水力压裂施工过程中,压裂液的性能是非常关键的。将聚合物加入压裂液体系中,增加了压裂液的黏度,使其具有低磨阻的特性,具有良好的悬砂能力,促进压裂施工的顺利进行,形成稳定的人工裂缝后提高了储层的渗透性,达到预期的水力压裂施工的效果。

优化压裂液体系,提高水力压裂的效率。减少压裂液对储层的污染,具有突出的黏弹性,通过高压泵的作用,达到高于油层破裂压力的情况,出现人工裂缝,并应用支撑剂进行支撑,使其形成永久的裂缝,达到水力压裂的技术要求。

为了满足 2500~3000m 的深井对于压裂液延时、耐温性、耐剪切性的需求,马悦[270] 以丙烯酰胺(AM)、丙烯酸(AA)、N,N-二乙基丙烯酰胺(DEAM)共聚,制备了一种高黏度、耐温的三元聚合物稠化剂 HMPAM。考察了各种反应因素对产品性能的影响,表征了化学结构,测定了溶液的流变性质。当 HMPAM 的浓度从 0.1% 增加到 0.5% 时,稠度系数 k 也由 0.960 增大到 5.872,黏度增大,且 n 值均<1,表明为非牛顿流体。HMPAM 溶液具有显著的触变性能及优异的耐温性能。

王所良等[271] 以聚合物(部分水解聚丙烯酰胺)、助排剂(氟碳表面活性剂)、黏土稳定剂(小分子阳离子聚合物)和有机金属交联剂为原料制得一种可由压裂液返排液配制的可回收压裂液体系。结果表明,部分水解聚丙烯酰胺在水中溶解迅速,可以满足现场连续混配施工;用清水配制的压裂液耐温(105℃)、耐剪切性和剪切恢复性较好,常温下的黏度损失率为 57%;压裂液弹性良好;同条件下与清水相比压裂液摩阻降低率大于 40%;压裂液在 95℃下可彻底破胶,破胶液黏度小于 5mPa·s,残渣含量为 11.7mg/L,对岩心基质渗透率的损害率为 10.94%。在破胶液中添加 0.12% 稳定剂即可作为配液水重复利用,破胶液配制压裂液的各项性能与清水配制压裂液的相当,可以满足现场压裂施工的需求。

低渗透油气田需要压裂才能实现有效的开发。目前压裂液市场的主体一直是胍胶类压裂液体系，该体系使用浓度较低，市场货源相对充足，在油田上取得了广泛的应用。但该体系不溶残渣在 5％～15％，压裂后不能全部返排残留在地层裂缝中，使支撑剂的导流能力变弱，地层渗透率下降。同时胍胶价格近年变化巨大，有时上涨达数倍，因此需要开发多种不同类型的压裂液体系。

目前压裂液市场主要使用的是胍胶类压裂液体系，但该体系不溶残渣在 5％～15％，压裂后不能全部反排，会有一部分残留在地层裂缝中，致使地层的渗透率下降。同时，近些年来，胍胶的价格变化幅度较大。为了降低残渣率和成本，周逸凝等[272] 开发出一种新型蠕虫状胶束与缔合聚丙烯酰胺共聚物的超分子结构压裂液体系，该复合压裂液在 80℃时单颗粒陶粒在不同水配制的压裂液中的沉降速率为 0.038～0.054mm/s，悬砂性较好。加入 0.3％氧化类破胶剂 30min 后的破胶液黏度为 4mPa·s，表面张力为 27.6mN/m，破胶后残渣为 10mg/L。其导流能力保持率为 90％，导流性较好。

4.2.2　聚丙烯酰胺在驱油应用中的不足

聚丙烯酰胺是三次采油阶段应用聚合物驱最重要的产品，聚丙烯酰胺在三次采油中取得了显著的驱油效果，对提高原油采收率做出了巨大的贡献，尤其是在大庆油田、胜利油田等低温、低盐油藏取得了很好的效果，但在实际应用中发现，在处理高温高盐油藏时，部分聚丙烯酰胺仍存在一些不足，这限制了聚丙烯酰胺的应用和油田的采收率，影响了油田经济效益。

聚丙烯酰胺的不足主要体现在以下几个方面[219,224]。

（1）HPAM 的分子构象无规则，抗剪切性差

尽管目前研制的部分水解聚丙烯酰胺的分子量越来越高，但不可否认的是，由于部分聚丙烯酰胺的分子链为柔性链，且结构单一，因此在长期的油藏内，由于结构易被破坏，所以不断的剪切会造成黏度下降，从而影响驱油效果。

（2）聚合物稳定性较差

由于部分水解聚丙烯酰胺本身含有的氨基及羧基基团，使其极易与酸和碱反应，而在钻井下、油藏内部，随着时间的延长，必然造成聚合物稳定性差，同时部分水解聚丙烯酰胺只能抵御霉菌的干扰，对于其他细菌的微生物抵御能力很差，这也造成聚合物稳定性差。

（3）HPAM 的耐温性能差

当进入到高温条件下的油藏时，由于 HPAM 会发生较为明显的热降解及水解作用，造成溶液黏度降低，驱油效果变得不好。在油藏温度超过 75℃时，聚丙烯酰胺就会发生热氧降解，酰胺基团发生严重的水解，会使聚丙烯酰胺溶液的黏度降低，驱油效果明显下降，因此聚丙烯酰胺不适用于高温油藏。因此，改善 HPAM 的耐高温性能是当前比较重要的课题。

（4）HPAM 的耐盐性能差

由于 HPAM 存在明显的盐敏效应，使得在高矿化度尤其是二价金属离子含量比较高的油藏会发生盐敏反应，特别是在油藏中有高价态的金属离子存在时会产生沉淀，黏度会

出现骤降，从而使 HPAM 在高矿化度的油藏不能使用，当然用污水配制 HPAM 溶液也会严重影响聚合物溶液的黏度。

聚丙烯耐盐性差的原因：聚丙烯酰胺在淡水条件下，分子状态伸展，增黏能力很强，而在盐水条件下，其分子状态卷曲，增黏能力很差。这是因为淡水中分子内羧基（—COOH）存在电性排斥作用，而在盐水中电性被盐水屏蔽，在水溶液中，水解度大于 40% 时，尽管分子出现严重卷曲，但是不会生成沉淀。然而，在含有高矿化度溶液中，它会与 Ca^{2+}、Mg^{2+} 生成絮凝沉淀，增黏效果更差。同时考虑到三次采油的时间一般都比较长，这对聚丙烯酰胺的稳定性提出更高的要求，因为在油层下聚丙烯酰胺特别不耐酸碱，同时温度越高越会加快降解，因此研制耐温抗盐聚合物以适应油藏要求变得越来越重要。

4.2.3 耐温抗盐型聚丙烯酰胺的研究

传统的聚丙烯酰胺类聚合物在耐温抗盐等性质方面存在着较大的缺陷，这限制了此类聚合物在油田实际生产中的应用，耐温抗盐型聚合物的开发是提高高温、高盐油藏采收率的关键。为了解决这一问题，研究人员提出了一系列的优化方案。

4.2.3.1 超高分子量聚合物

分子量越高，聚丙烯酰胺的表观黏度就越大。超高分子量的聚丙烯酰胺具有庞大的流体力学体积和较高的初始表观黏度，在一定程度上可以提高聚合物的耐温抗盐能力，比常规的聚丙烯酰胺抗盐抗剪的能力要好[224,273]。但是超高分子量的聚合物溶液有一定的不足，如合成工艺较为复杂、溶解时间过长、易发生机械降解和近井吸附现象等，聚丙烯酰胺的这些缺点在一定程度上限制了它的推广和应用[274,275]。

徐辉[276] 采用扫描电镜对比了常用聚合物与超高分子量聚合物（分子量大于 3500万），结果表明超高分子量聚合物在水溶液中能够形成更致密的网络结构。物理模拟试验结果表明相对于常用聚合物，超高分子量聚合物的增黏性和抗盐性高 30% 以上，耐温性高 40% 以上，威森伯格数是其 2 倍，采收率提高 6.5%。研究表明，超高分子量聚合物是一种性能更优的驱油剂，可以显著改善驱油效果。

徐辉[277] 对耐温抗盐超高分子缔合聚合物 APP5 溶液的特性及驱油效果进行研究。研究结果表明 APP5 与普通缔合聚合物 DH3 相比分子量高 1 倍，缔合单体含量低 58%，无明显的临界缔合浓度，流体力学半径更小，吸附量小 30%，注入压力低 50%，采收率提高 3.9%；研究表明，APP5 溶液特性优良，在地层中比普通缔合聚合物更容易形成活塞式推进，驱油效果更好。

4.2.3.2 疏水缔合水溶性聚合物

疏水缔合水溶性聚合物（hydrophobic associating water-soluble polymer，简称 HAWP）是指在水溶性聚合物中引入少量的疏水基团 [≤2%（摩尔分数）]，但仍能溶于水。当疏水缔合聚合物溶液的浓度较低时，聚合物分子内的疏水基团间会发生聚集，形成疏水微区；而当浓度超过一定的临界值时，聚合物主要形成分子间的疏水缔合，聚合物的流体学体积增大，从而使聚合物溶液的黏度大幅度上升。这种物理性的交联网络是不稳定的，在剪切作用下会被破坏，但当剪切变小或无剪切时，网络结构又会恢复，这种聚合物溶液具有很好的抗温和抗盐能力[278-281]。

4.2.3.3 引入功能性单体

引入功能性单体，是将丙烯酰胺与一种或多种含有特殊功能性的单体发生共聚反应。由于共聚物中功能性基团的存在，使得聚合物具有了抗温耐盐的性能，减缓丙烯酰胺在高温下的水解，同时减少在含钙离子和镁离子的溶液中发生沉淀。

表 4-7 为特殊功能性结构单元分类。

⊡ **表 4-7　特殊功能性结构单元分类**[231]

功能性结构单元	具体实例
抑制酰胺基团水解	如 N-乙烯基吡咯烷酮
增强水化能力的离子基团	如羧基、磺胺基
络合二价金属离子的聚合物	如 3-丙烯酰氨基-3-甲基丁酸钠
提高大分子链刚性	如 2-丙烯酰氨基-2-甲基丙磺酸（AMPS），主链上引入环状结构

苟绍华[282] 以丙烯酰胺（AM）、N-乙烯基吡咯烷酮（NVP）、N-羟甲基丙烯酰胺（N-MAM）为单体，过硫酸铵-亚硫酸氢钠〔$(NH_4)_2S_2O_8$-$NaHSO_3$〕为氧化还原引发剂，合成了一种水溶性共聚物 AM/NVP/N-MAM。与部分水解聚丙烯酰胺相比，该聚合物具有较好的抗剪切耐温性。当 NaCl、$CaCl_2$、$MgCl_2$ 浓度分别为 12000mg/L、1200mg/L、1200mg/L 时，该聚合物黏度保留率分别可达到 25.34%、22.21%、23.89%。此外，相对于水驱，该聚合物可提高采收率 12.63%（聚合物浓度为 1750mg/L）。

带有阳离子磺酸基疏水基团的聚丙烯酰胺具有良好的抗盐性，在较高的温度环境下能够保持较好的表观黏度[278]。

欧阳坚等[283] 研究了丙烯酰胺、3-丙烯酰胺-3-甲基丁酸钠和 N-烷基丙烯酰胺三元共聚物（CAANA）的水溶液特性，并与部分水解聚丙烯酰胺（HPAM）水溶液特性相比较。芘荧光光谱分析和激光光散射仪测量结果表明，CAANA 由于引入了疏水性单体，在水溶液中形成了分子间的疏水缔合作用，并使得 CAANA 在水溶液中具有较大的均方旋转半径，相对于 HPAM，CAANA 具有更好的耐温抗盐性能。在一定范围内，CAANA 中引入的疏水性单体形成的缔合作用越强，越有利于改善聚合物的耐温抗盐性能。

宋华等[284] 以丙烯酰胺（AM）和 2-丙烯酰氨基-2-甲基丙磺酸（AMPS）为单体，采用氧化还原引发体系在水溶液中合成二元共聚物。结果表明：采用 $(NH_4)_2S_2O_8$/$NaHSO_2CH_2OH$ 引发剂，AMPS 与 AM 单体总质量分数 25%，二者质量比 3:7，引发剂占单体总量的质量分数 0.09%，其中氧化剂与还原剂质量比 4:1，pH=6，反应温度 20℃时，AM/AMPS 共聚物表观黏度最高，与工业部分水解聚丙烯酰胺（HPAM，分子量为 3500 万）相比具有更好的耐温抗盐性能。

4.2.3.4 两性离子聚合物

两性离子聚合物是指聚合物侧链中含有两性离子基团的聚合物，这类聚合物的结构特点是聚合物分子链中同时含有阴离子基团和阳离子基团[285]。两性离子聚合物在水溶液中，其分子链内和分子链间会产生键合作用，键合作用导致分子链收缩、分子构象紧密，溶液黏度较小；但在高矿化度的水中，键合作用会被盐分子屏蔽、破坏，溶剂与高分子之间的作用能力会增强，分子结构呈舒展状，黏度会增大，这是溶液的"反聚电解质"行为，使两性电子聚合物表现出比普通部分水解聚丙烯酰胺更好的抗盐性能。两性离子聚合物是目前油田中使用较多的一种离子型聚合物，随着地层流体矿化度的增加而表现更强的增黏性，因此在高矿化度地层中具有独特的优势。

李美平等[286] 采用丙烯酸、丙烯酰胺和阳离子单体为原料合成了成本较低的含羧基的两性离子共聚物压裂液稠化剂 PADA，制备了配套的功能性有机钛交联剂 TRGWY，在此基础上构建了高温低伤害酸性聚合物压裂液。研究表明，PADA 具有良好的增黏能力，阳离子单体与阴离子单体摩尔分数为 5% 时所得产物的综合性能较好；组成为 0.6% PADA＋1.5% TRGWY 的压裂液（pH＝3～4）具有良好的耐温抗盐性能及破胶性能，可耐温 200℃ 以上，经 180℃、$170s^{-1}$ 恒温剪切 90min 后的黏度仍大于 60.0mPa·s，可满足高温油气井压裂施工需要。

邓利民等[287] 以 2-（3-甲基丙烯酰胺丙基二甲氨基）乙基亚硫酸内盐（MAPES）和双烯丙基十二烷基苯磺酰胺（DDBSA）为功能单体，在 $(NH_4)_2S_2O_8$-NaHSO_3 引发体系下改性部分水解聚丙烯酰胺（HPAM）制备了一种水溶性亚硫酸内盐型两性离子聚合物驱油剂 AM/AA/MAPES/DDBSA。通过测试及模拟试验结果表明，在同等条件下，AM/AA/MAPES/DDBSA 具有更好的增黏性、抗老化性及抗盐性。0.2%（质量分数）共聚物溶液在模拟油藏环境下（地层水矿化度 9374.13mg/L，油藏温度 75℃），提高采收率（EOR）达到了 11.5%。

彭川等[288] 以丙烯酰胺（AM）、丙烯酸（AA）、N，N-二辛基甲基丙烯酰胺（DLMB）和 3-（2-甲基丙烯酰胺丙基二甲胺基）丙磺酸盐（MDPS）为单体，通过自由基共聚制备了一种含孪尾结构的两性离子共聚物驱油剂（AADM）。共聚物 AADM 具有优异的水溶性和增黏性，在同等条件下优于 HPAM。这是由于孪尾结构的引入有效地增强了共聚物的疏水缔合能力，两性离子单体的引入削弱了分子链对盐的敏感度。

4.3
磺酸盐型聚丙烯酰胺

磺酸盐型聚丙烯酰胺（SPAM）是通过向聚丙烯酰胺侧链上引入磺酸基团，替代原来的羧酸基团，从而使耐温抗盐能力提高的聚合物。

4.3.1 磺酸盐型聚丙烯酰胺耐温抗盐机理

磺酸盐型聚丙烯酰胺由于引入了含有磺酸基团的单体，使得其性能优于丙烯酰胺类聚合物。磺酸盐型聚合物具有良好的耐温抗盐性能的主要原因如下[224,231,233]。

① 高分子聚合物的分子链的主链是碳链结构，磺酸基团的引入一般辅以刚性强的大侧基 ［主要的侧基是—$CONHC(CH_3)_2CH_2SO_3^-$］连接，使聚合物热稳定性得到提高。

② —SO_3^- 基团中有两个 S—O，属于 p-dπ 配键，S 从—OH 基吸引电子的能力增强，—OH 基团易于离解，属于强酸，离解产生的—SO_3^- 离子基团稳定，对盐离子（正离子）的吸引力也就较弱，且有强烈的静电排斥（负离子）作用。磺酸基团对盐的不敏感，有效减小金属离子的攻击从而防止聚合物黏度大幅度下降，从而使其抗盐性得到提高。

③ 磺酸基团是强阴离子性基团，具有很强的亲水作用与静电排斥作用，具有良好的水溶性并能够有效地阻碍分子链的卷曲，从而使聚合物水动力学体积增加，提高聚合物黏度。

④ 磺酸基团在高温下能够有效抑制聚合物的水解作用，保护酰胺基团从而提高聚合物的耐温性能。

⑤ 分子层面上—COOH 基团中没有 p-dπ 配键，—SO_3H 是弱酸，解离产生的—COOH 的稳定性不如—SO_3^-，对盐离子（正离子）吸引力较强，造成正离子较易进入—COOH 的水化层而较难进入—SO_3^- 的水化层，因此—SO_3^- 受盐离子的影响（特别是高价金属离子的影响）比—COOH 小；外加—SO_3^- 离子基团强烈的静电排斥（负离子）作用，使得磺酸盐型聚合物有较高的水化能力，从而提高直链的空间位阻效应，保持分子主链的伸展，黏度得以提高。

4.3.2 磺酸盐型聚丙烯酰胺中的 AMPS

4.3.2.1 AMPS 的性质

目前实验应用的带有磺酸基团的磺化单体主要有烯丙基磺酸、甲基丙烯酸磺乙酯、丙烯酸磺丙酯、乙烯基磺酸、烯丙氧基苯磺酸钠、磺甲基丙烯酰胺、磺化乙烯基甲苯、2-丙烯酰氨基-2-甲基丙磺酸（AMPS）等[233]，其中 AMPS 应用最为广泛，AMPS 固体的性质如表 4-8 所列。

⊡ 表 4-8 AMPS 固体的性质[224]

性质	指标
状态	白色晶体或粉末
气味	有刺鼻的酸味
是否易潮解	易潮解，具有强吸水性
溶解性	易溶于水、二甲基甲酰基，微溶于乙醇，不溶于丙酮、苯等
分子式	$C_7H_{13}NO_4S$
分子量	207.3
酸性	强酸，水溶液 pH 值大小决定其浓度

4.3.2.2 AMPS 的优势

AMPS 作为聚合物单体具有如下优势[231,289]。

（1）具有抗盐性能

AMPS 的结构中还含有一个重要的具有亲水性、耐受性的阴离子磺酸基团

（—SO$_3^-$），从电荷理论上讲，—SO$_3^-$ 中 S 与 O 之间的 2 个 π 键和 3 个具有强电负性的 O 原子共用 1 个负电荷，使得基团周围电荷高度密聚集，从而使其水化性变强，对外界环境中的阳离子进攻不会发生敏感效应，因此赋予了 AMPS 单体优异的抗盐性能。

（2）易发生共聚

单体 AMPS 具有较好的聚合性能，AMPS 分子链中含有活泼的不饱和乙烯基碳碳双键，这类双键很活泼、易于加成，AMPS 和 AM 的竞聚率相近，反应中极易自聚或与其他烯类单体发生共聚，合成高分子量的磺化聚合物。与丙烯酰胺的共聚物的结构简式见图 4-2。

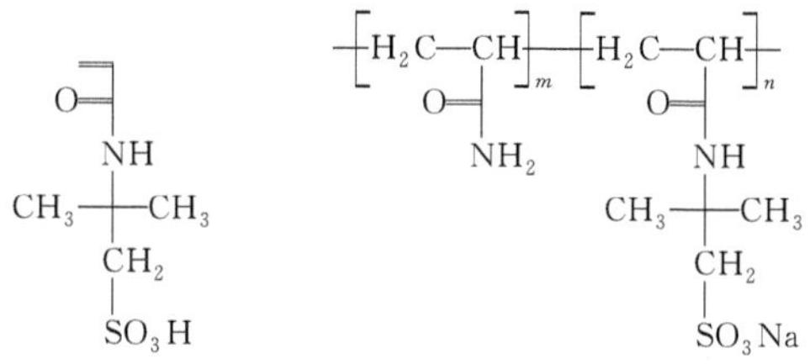

（a）AMPS 结构式　　（b）AMPS 与 AM 共聚物结构式

图 4-2　AMPS 与 AM 共聚物结构式

（3）增加聚合物水溶性

AMPS 结构中含有磺酸基团，属于强阴离子性基团，亲水性好，对聚合物的水溶性呈现积极作用。

（4）更好的耐温性能

AMPS 中的酰氨基团与 PAM 中的酰氨基团不同，PAM 中的酰氨基团只有一端连接，另一端是游离的，AMPS 中的酰胺键和 AM 中的酰胺键是封闭的，具有更好的水解稳定性，使其具有更好的耐温性能。

（5）引入大侧基

AMPS 中含有大侧基，可提高主链的刚性，提升 SG-PAM 的热稳定性。

（6）经济效益高

AMPS 价格低廉，易于保存运输，同时可大幅度提高耐温耐盐特性，提高 EOR 效率，实现较高的经济价值，成了现在广泛使用的磺化单体。

（7）聚合工艺简单，易操作

AMPS 较易溶解，对溶剂选择性低，可与水、二甲基甲酰胺等完全互溶，且磺化聚合物一般采用水溶液聚合，可沿用原来丙烯酰胺聚合的合成工艺，减少工艺再投资。

（8）具有良好的环境友好性

AMPS 原料易得，无污染，聚合物发挥作用后对地层无损害。

近年来，AMPS 在石油工业的应用研究发展迅速，涉及范围包括酸化液、井水泥外加剂、完井液、钻井液处理剂、修井液添加剂和压裂液以及用于 EOR 技术。应用形式主要是其水溶液性聚合物，很好地解决了抗盐、抗温、抗剪切三大问题。目前 AMPS 在中国最广泛的应用是在油田 EOR 过程中。

4.3.3 磺酸盐型聚丙烯酰胺的合成方法

目前磺酸盐型聚丙烯酰胺的合成方法主要有水溶液聚合、胶束聚合、微乳液聚合、反相悬浮聚合、分散聚合、离子液体聚合等[290]。

4.3.3.1 水溶液聚合法

水溶液聚合法具有反应介质易得、生产操作简单的优点，其特点是反应速率、温度等因素能够很好地控制，实现工业化生产的可能性最大，是合成 SPAM 的主要方法。

刘淑参[291] 以丙烯酰胺（AM）、丙烯酸（AA）、2-丙烯酰氨基八烷基磺酸（HAMC8S）和二甲基二烯丙基氯化铵（DMDAAC）为单体，过硫酸钾（$K_2S_2O_8$）和亚硫酸氢钠（$NaHSO_3$）为引发剂，采用水溶液聚合方法，在一定条件下合成了耐温抗盐速溶聚合物。

宋华等[292] 以 2-丙烯酰氨基-2-甲基丙磺酸（AMPS）和丙烯酰胺（AM）为原料，采用复合引发体系和绝热聚合相结合的方法在水溶液体系中合成磺化聚丙烯酰胺（SPAM）。确定 SPAM 的最佳合成条件为：单体质量分数 10%、引发剂质量分数 0.15%、AMPS 与 AM 质量比 1.0∶1、偶氮二异丁腈（AIBN）与氧化还原引发剂质量比 4∶1、pH＝6、聚合起始反应温度 40℃，在此条件下制得的 SPAM 的分子量为 6.13 ×10^6。

孙群哲等[293] 以丙烯酰胺（AM）、2-丙烯酰氨基-2-甲基丙磺酸（AMPS）和苯乙烯磺酸钠（SSS）为原料，采用氧化还原和偶氮复合引发体系，在水溶液中进行自由基聚合反应，制得磺化聚丙烯酰胺（SPAM）即三元共聚物 AM/AMPS/SSS。在最佳合成条件下制得的 SPAM 的分子量为 7.36×10^6，其耐温抗盐性能明显优于工业部分水解聚丙烯酰胺。

4.3.3.2 胶束聚合法

胶束聚合法是在反应体系中加入表面活性剂形成胶束，并在其中发生自由基聚合反应。该方法在引入磺酸基的同时也会引入疏水基团，该法制得的聚合物分子结构上带有小部分长烷基链，在盐溶液中长烷基链会聚集或缠结在一起，宏观上有增黏效果。

白小东等[294] 针对水平井、大斜度井钻井过程中井眼润滑性、岩屑携带以及钻井速度的影响等问题，通过合理的分子设计，以丙烯酰胺（AM）、2-丙烯酰胺-2-甲基丙磺酸（AMPS）和实验室自制疏水单体丙烯酸正辛醇 OA8 为原料，利用胶束聚合法，制备了一种弱凝胶成胶剂 AMAMPSOA8。研究表明：AMAMPSOA8 的抗温性能可达 160℃；聚合物溶液体系有明显的触变性，在 40min 后溶液切力增加幅度变缓。

朱科等[295] 采用丙烯酸丁酯（BA）、丙烯酸十八酯（SA）、2-丙烯酰氨基-2-甲基丙磺酸（AMPS）和 4-乙烯基联苯（VP）为单体，通过自由基聚合制备了长碳侧链表面活性聚合物 [PAS_n（n＝SA 的质量分数，分别为 1%、3%、5%、7%）]，并与小分子表面活性剂驱油体系（SAT）复配制得高分子/小分子复合驱油体系（SAT-PAS_n）。结果表明：随着 SA 质量分数的增加，表面活性剂越易聚集缔合成胶束，PAS_7 临界胶束浓度

（CMC）最低达到 1.074g/L，PAS₅ 的 γ（CMC）最低可降至 34.98mN/m。SAT-PAS₅ 可将油/水界面张力降低至 2.94×10^{-3} mN/m；随 SA 质量分数的增加，SAT-PASₙ 对原油的乳化能力增强。PASₙ 的引入可显著提高小分子驱油剂的驱替效率，SAT-PAS₅ 的增产效率最高为 12.77%。

王伟等[296] 合成了新型单体 4-烯丙基庚烷基苯酚（AHP），然后以丙烯酰胺（AM）为主要原料，引入单体 AHP，同时引入适量的 2-丙烯酰氨基-2-甲基丙磺酸（AMPS），采用水溶液自由基胶束聚合法合成了疏水缔合 AM-AMPS-AHP 三元共聚物（PAMA）。并对新合成的 AHP 和 PAMA 进行了表征，结果表明，引入 AHP 单体使共聚物具有优良的增黏和抗盐能力，含 AHP（摩尔分数为 1.0%）、质量浓度为 1500mg/L 的 PAMA 溶液在 53℃、20000mg/L NaCl 盐水中的黏度达到 178.6mPa·s，在 90℃、7000mg/L NaCl 盐水中的黏度达到 110.8mPa·s，显示出良好的耐温、抗盐性能。

4.3.3.3　微乳液聚合法

微乳液是一种油、水（或盐水）、表面活性剂（包括助表面活性剂）等成分自发形成的透明或半透明的油水分散体系。微乳液法具有稳定性好、乳胶束粒径小（几十个纳米）且分布窄、分子量高、反应速率快等优点。

刘卫红等[297] 以丙烯酰胺（AM）、丙烯酸（AA）、2-丙烯酰氨基-2-甲基丙磺酸（AMPS）、N,N-二甲基丙烯酰胺（DMAM）为单体，采用反相微乳液聚合合成了微乳液型钻井液增黏剂 AM/AA/AMPS/DMAM。该增黏剂直接以微乳液的形式加入钻井液体系中，该反相乳液增黏剂与常规钻井液增黏剂 80A-51 相比，其耐温抗盐性能有了大幅度的提高。

于洪江等[298] 以丙烯酰胺（AM）、2-丙烯酰胺-2-甲基丙磺酸（AMPS）和甲基丙烯酸十八酯为单体，过硫酸钾（K₂S₂O₈）-亚硫酸氢钠（NaHSO₃）为氧化还原引发体系，Span60 为乳化剂、煤油为分散相进行反相微乳液聚合，合成了驱油用耐温抗盐聚合物，并对该聚合物的耐温抗盐性能进行了评价。结果表明，在 AMPS 的加量为 20%、AMPS 的加量为 1%、单体的浓度为 25%、反应温度为 53℃、引发剂浓度为 0.4%、pH 值为 10、反应 7~8h 时，聚合物的黏度最大，并表现出良好的耐温抗盐性能。

4.3.3.4　反相悬浮聚合法

反相悬浮聚合法是近年来开发出的新合成方法，具有反应体系黏度低、生产成本低、便于实现工业化、产品的特性黏度较高、溶解性能好等特点。与水溶液法相比，能有效克服水溶液法在反应后期体系黏度增加，不利于反应热的移出，从而容易局部过热，产生交联，最终导致产品存在溶解慢或溶解不完全等缺点。

宋辉等[299] 用自制的引发剂通过溶液聚合反应制备了淀粉、丙烯酰胺（AM）、2-丙烯酰氨基-2-甲基丙磺酸（AMPS）三元共聚物，并以此为原料进行 Mannich 反应，制备出叔胺-磺酸型淀粉基高分子聚合物。通过表征，该三元共聚物对印染和造纸污水的固体悬浮物和 COD 去除率优于聚丙烯酰胺（PAM）。

姜志高等[300] 针对海上油田非均质性较强的特点，为了强化聚合物驱在海上油田的应用，以丙烯酰胺（AM）、2-丙烯酰胺-2-甲基丙磺酸（AMPS）、丙烯酰氧乙基三甲基氯化铵（DAC）为单体，采用反相悬浮聚合法制备了交联聚合物微球。并联岩心驱油实验表明，注入聚合物（0.145% HAP）/交联聚合物微球（0.03%）复配体系后有 20%流体转入低渗透岩心，复配体系提高原油采收率的效果比单纯的聚合物驱（0.175% HAP）高 10%以上。非均质岩心驱油实验结果也表明复配体系提高采收率比单纯聚合物驱的高 6%。交联聚合物微球能够较好地改善聚合物驱的效果。

聚丙烯酰胺（PAM）凝胶是目前堵水、调剖过程中最主要的高分子助剂，但随着我国石油开采程度的不断加深，各大油田的油层不均匀性不断扩大，传统的聚丙烯酰胺凝胶已无法满足油田开发的要求，研发可深度堵水调剖的堵水剂显得尤为迫切。陈行[301] 以丙烯酰胺与 2-丙烯酰胺-2-甲基丙磺酸（AMPS）为单体，以稳定交联剂与不稳定交联剂复合，经反相细乳液法和反相悬浮聚合法合成了不同粒度的丙烯酰氨基复合交联微球，并探讨了其延缓溶胀特性及控制方法，以及微球水凝胶增韧方法。

4.3.3.5 分散聚合法

分散聚合法合成的聚合物颗粒大小介于典型的悬浮聚合（50μm～1mm）与乳液聚合（0.05～0.2μm）之间，约为 0.5～10μm。分散聚合的溶液稳定性好，一般情况下不产生沉淀，其性质有点像胶乳。该方法的一般操作流程是在聚合初期将单体、稳定剂、无机盐和引发剂均匀地溶于一连续相中，随着引发剂分解，形成的自由基与单体反应形成低聚物，当其达到一定链时，低聚物会聚集并吸附稳定剂形成稳定的粒子核。一旦这种颗粒形成，它们会从连续相中吸附单体并在粒子核上进行反应。

聚丙烯酰胺类微凝胶具有良好的吸水性和保水性、良好的生物相容性、表面易功能化等特点，目前已广泛应用于石油开采中。孙齐伟等[302] 以偶氮二异丁腈（AIBN）为引发剂，N，N'-亚甲基双丙烯酰胺（Bis-A）为交联剂，聚乙烯吡咯烷酮（PVPK30）为稳定剂，在乙醇/水的混合介质中使亲水性丙烯酰胺（AM）与疏水性丙烯腈（AN）进行分散共聚，制得一系列 P（AM-AN）微凝胶。通过扫描电子显微镜（SEM）和差示扫描量热仪（DSC）考察了共聚单体 AN 的用量对微凝胶形态及其热稳定性的影响，结果表明，随着反应体系中 AN 用量的增大，所得微凝胶的玻璃化温度提高，有利于其在较高温度下使用。

林莉莉等[303] 在 60℃下，以丙烯酰胺（AM）、2-丙烯酰氨基-2-甲基丙磺酸（AMPS）、丙烯酸钠（SAA）为主要单体，分散稳定剂选择分子量为 35 万的聚乙烯吡咯烷酮（PVPK60），交联剂与总单体摩尔比 0.5%～0.75%，AM、SAA、AMPS 单体摩尔比 15：2：3，硫酸铵质量分数 14.5%，制备了交联聚合物微球。室内封堵实验结果表明，交联聚合物微球在中高温条件下具有一定的封堵性、良好的变形性和逐级深部调剖效果。

4.3.3.6 离子液体聚合法

离子液体法与水溶液法相类似，区别是将反应介质换成特定的离子液体。该方法具有适用单体广、反应条件温和、聚合速率快和聚合物分子量高等优点。

4.3.4 磺酸盐型聚丙烯酰胺的表征方法

磺酸盐型聚丙烯酰胺常用的表征方式有：红外光谱（IR）、核磁共振（^{1}H-NMR）、热重测试（TG-TDG）、固含量测试、相对分子质量测试、X 射线衍射（XRD）、扫描电子显微镜（SEM）。

4.3.4.1　红外光谱测试

将合成出的细粉末状的聚合物，与溴化钾（KBr）混合，采用傅里叶红外光谱仪进行分析，扫描范围为 $500\sim4000cm^{-1}$。

4.3.4.2　核磁共振测试

用德国 Burker 公司生产的 AVANCE 400MHz 超导核磁共振波谱仪测样品的分子结构，氘代水为溶剂，样品配成浓度为 10%（质量分数）的溶液置于 5mm 口径的核磁管中，得到聚合物的 ^{1}H-NMR 谱图。

4.3.4.3　热重测试

采用美国 Perkin Elmer（铂金-埃尔默）公司生产的 Diamond 型热分析仪进行热重/差热（TG/DTG）分析，氮气环境，升温速率为 10℃/min。

4.3.4.4　固含量测试

固含量是衡量聚合物质量性能的指标之一。将水分等一些易挥发性物质从磺化聚丙烯酰胺中除去后固体物质所占的百分数就称为磺化聚丙烯酰胺的固含量。通常是用百分数表示。测定步骤：把精确称量的 0.6000～0.8000g 粉状磺化聚丙烯酰胺试样倒入在（105±2）℃的温度下干燥并在冷却后称重的称量瓶中，然后将装有试样的称量瓶放到温度为（105±2）℃、真空度为 5300Pa 的真空干燥箱中，烘干 5h，取出称量瓶在干燥器中冷却 30min 后进行称量。每种共聚物做 3 个平行实验，结果取平均值，保留两位小数，每个试样的测定值要与平均值误差保持在 1% 以内。磺化聚丙烯酰胺固含量的计算如式（4-12）所示：

$$S=\frac{m}{m_0}\times100\%\qquad\qquad(4\text{-}12)$$

式中　S——磺化聚丙烯酰胺固含量，%；

　　　m——烘干后磺化聚丙烯酰胺质量，g；

　　　m_0——烘干前磺化聚丙烯酰胺质量，g。

4.3.4.5　相对分子质量的测试

使用乌式黏度计在（30±0.1）℃下测定共聚物的特性黏数：准确称量 0.0500～0.1000g 的粉末状磺化聚丙烯酰胺试样，放入 100mL 容量瓶中，然后加入蒸馏水 48mL，晃动容量瓶加快试样的溶解，待磺化聚丙烯酰胺溶解后，精确加入 2mol/L NaCl 溶液 50mL，将容量瓶放在水浴中，水温加热到（30±0.05）℃，当温度恒定后用蒸馏水定容、摇匀，之后用干燥过的玻璃砂芯漏斗对试样进行过滤，得到了 NaCl 浓度为 1mol/L、磺化聚丙烯酰胺浓度为 0.0005～0.0010g/L 的溶液。将乌氏黏度计垂直放到超级恒温水浴里，水浴温度控制在（30±0.05）℃，用移液管吸取 1mol/L 的 NaCl 空白液，加到黏度计中，恒温静置 15min，然后进行测定，记录下空白液流经黏度计的时间，重复 3 次，取时间平均值记作 t_0。采用同样的方法，测试试样的 3 次流经时间，其平均值记作 t。已知条件为 t_0、t 和试样浓度 c，由式（4-13）计算出相对黏度 η_r，再由式（4-14）计算出特性黏数 $[\eta]$，最后由式（4-15）计算出磺化聚丙烯酰胺的分子量。

$$\eta_r = \frac{t}{t_0} \tag{4-13}$$

$$[\eta] = \frac{(\eta_r - 1)\sqrt{\dfrac{2-\ln3}{\eta_r - \ln\eta_r - 1}} - 2\sqrt{\dfrac{\eta_r - \ln\eta_r - 1}{2-\ln3}}}{c\left(\sqrt{\dfrac{2-\ln3}{\eta_r - \ln\eta_r - 1}} - 1\right)} \tag{4-14}$$

$$M = 802[\eta]^{1.25} \tag{4-15}$$

式中　η_r——相对黏度；

t——1mol/L NaCl 流经时间，s；

t_0——试样流经时间，s；

$[\eta]$——特性黏度，mg/L。

4.3.4.6　X 射线衍射

聚合物的 X 射线衍射（XRD）分析在日本理学公司 D/max-2200PC 型 X 射线衍射仪上进行，采用 CuK$_\alpha$ 辐射，管电压 40kV，管电流 30mA，扫描速率 10°/min，扫描范围 10°~80°。

4.3.4.7　扫描电子显微镜

高浓度样品溶液滴在载玻片上后经冷冻处理，待液滴结冰后放入密封的装有浓硫酸溶液的容器中，使水分逐渐升华以保持聚合物在溶液中的形态结构，样品中水分完全升华后采用德国的卡尔蔡司 ΣIGMA HD/VP 高分辨率场发射扫描电镜进行 SEM 表征。

4.4
疏水缔合型聚丙烯酰胺

疏水缔合聚合物是指聚合物分子链上带有少量的疏水基团的聚合物。聚合物水溶液因疏水基团的存在会发生缔合作用，当聚合物分子内发生缔合作用时聚合物分子链的流体力学体积减小、分子链卷曲，水溶液的黏度降低；当发生分子间缔合作用，聚合物彼此之间形成网状结构，流体力学体积增加，聚合物黏度增大。

4.4.1　疏水缔合聚合物溶液特征

4.4.1.1　分子结构特征

疏水缔合水溶性聚合物是在聚丙烯酰胺分子链上引入少量特殊疏水官能团，疏水基团成为聚合物分子链的侧基或支链。因此，聚合物分子在水溶液中，由于疏水基团的疏水作用以及静电、氢键或范德华力作用而在分子间自动产生具有一定强度但又可逆的物理缔合，从而形成巨大的三维立体网状空间结构。这使得疏水缔合聚合物在较低分子量和较低浓度下仍然具有较高的黏度。

疏水缔合聚合物的结构特征如图 4-3 所示。疏水缔合聚合物在溶液中的作用力主要有

3 种：a. 疏水链之间的缔合作用；b. 离子基团之间的静电作用；c. 聚合物分子之间相互缠结作用[304,305]。

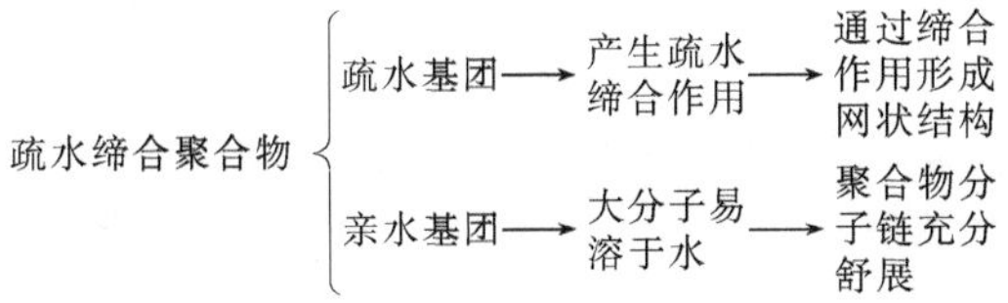

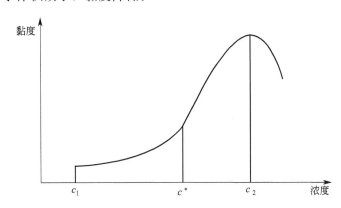

图 4-3 疏水缔合聚合物的结构特征

4.4.1.2 临界缔合浓度

疏水缔合水溶性聚合物溶液的黏度由本体黏度和结构黏度两部分组成。增加本体黏度基本上要增加聚合物的分子量或增强其分子链刚性，这将造成聚合物溶解困难、生产成本增加等弊端。通过缔合使聚合物形成非常大的超分子结构，不仅可使溶液黏度增大，而且不会过多增加生产成本。在水溶液中，此类聚合物的疏水基团由于疏水作用而发生聚集，使大分子链产生分子内和分子间缔合。在稀溶液中大分子主要以分子内缔合的形式存在，使大分子链发生卷曲，流体力学体积减小，特性黏数降低。当聚合物浓度高于某一临界缔合浓度后，大分子链通过疏水缔合作用聚集，形成以分子间缔合为主的超分子结构-动态物理交联网络，流体力学体积增大，溶液黏度大幅度升高。如图 4-4 所示，在 $c_1 \sim c^*$ 范围内，分子内缔合作用使黏度缓慢上升；在 $c^* \sim c_2$ 范围内，黏度呈数量级上升到最大值，此时多个分子链间通过疏水缔合作用形成三维网络结构，流体力学体积急剧增大以后，大分子链运动及分子间相互作用因黏度增加而受阻，局部链团聚集絮凝，离开液相趋势增加，流体力学体积减小，黏度降低。

图 4-4 疏水缔合水溶性聚合物临界浓度

c^*—临界缔合浓度

4.4.1.3 耐温抗盐性

在疏水缔合水溶性聚合物溶液中，温度对聚合物溶液黏度的影响很大。在本体黏度方面，温度升高使分子的热运动加剧，分子尺寸减小，降低了本体黏度，使黏度有下降的趋势。在结构黏度方面，升高温度导致分子之间热运动加快，也促使了聚合物分子链间的接触概率增加。这样，一方面促使了分子间缔合作用的发生，在溶液内部形成以非共价键缔合形式为主的空间网状结构，增加了结构黏度；另一方面也促使了解缔合作用的发生，降低其结构黏度，因而出现缔合与解缔合的动态平衡。当缔合作用与解缔合作用的动态平衡趋向于前者时，疏水缔合聚合物的黏度就表现出良好的增黏行为。

聚丙烯酰胺溶液的黏度随温度的升高呈下降趋势，而对于疏水缔合水溶性聚合溶液，先是黏度随温度的升高而快速增加，继续升高温度黏度开始下降，随之趋于平稳，虽然疏水缔合水溶性聚合物的浓度比聚丙烯酰胺的浓度低很多，但其黏度却一直比聚丙烯酰胺的黏度高得多。

盐对聚合物溶液黏度的影响主要有两方面，即对静电排斥作用的影响和对疏水缔合作用的影响。一方面，在聚合物溶液中加入小分子电解质时，聚合物离子基团上的电荷被屏蔽，离子之间的静电排斥作用减弱，聚合长链卷曲，分子内缔合占主导地位，宏观上表现为黏度降低；另一方面，盐的加入使溶剂极性增强，造成在水溶液中疏水基团通过进一步增强分子间疏水缔合来力求与水接触体积达到最小，相应地大分子线团的物理交联点增多，分子间缔合能力增强，流体力学体积增大，宏观上表现为溶液黏度大幅度升高。当盐对静电排斥作用的影响大于对疏水缔合作用的影响时，溶液黏度降低；当盐对疏水缔合作用的影响大于对静电作用的影响时，溶液黏度则表现为上升，这就是所说的盐增黏。

4.4.1.4　抗剪切性

缔合聚合物分子间的缔合作用使溶液内形成一个均匀布满整个溶液体系的三维立体网状结构，当溶液被高速剪切时，由于缔合聚合物的分子量较低，分子未被剪切断裂，只是拆散了部分或大部分缔合结构，聚合物的表现分子量下降。当剪切撤销或大幅度降低后，被拆散了的分子重新缔合形成连续的网状结构。正是由于缔合的特殊性，使得分子间形成的这种缔合结构可以随剪切速率的变化而发生可逆变化，克服了常规高分子溶液在高速剪切后黏度下降的不可逆过程。因此缔合聚合物具有理想的抗剪切性。

4.4.2　疏水缔合水溶液聚合物驱油机理

在聚合物稀溶液中，分子浓度相对较低，分子链之间的间隙较大，因此疏水基团之间缔合作用发生在分子内，分子内缔合并没有形成贯穿整个体系的空间三维网络结构。随着聚合物溶液浓度增加至一个特定的浓度值，即临界缔合浓度 CAC（critical association concentration）时，疏水基团间的缔合作用由分子内缔合转变为分子间缔合，分子间缔合形成贯穿整个体系的物理交联网络，从而体系流体力学体积急剧增加，宏观表现为聚合物溶液的表观黏度急剧增大。

然而在盐溶液中，无机盐离子的存在使溶液极性增加，因而疏水缔合的憎水作用被强化，表现出耐盐性质；当溶液温度升高时，分子链的热运动被加剧，利于疏水缔合作用的形成；当溶液体系存在外力剪切作用时，疏水缔合所形成的动态物理交联网络短时间内被破坏，宏观表现为溶液表观黏度降低，但剪切作用停止之后，疏水基团又会重新恢复缔合作用，空间物理网络结构重新形成，溶液表观黏度也得以恢复。因此疏水缔合聚合物在矿化度、温度、剪切的三重作用下，仍然能够具有一定的表观黏度，这为聚合物驱油奠定了良好的性质基础[306]。

4.4.3　影响疏水缔合聚合物黏度的主要因素

影响疏水缔合聚合物黏度的主要因素有疏水基团、离子基团和表面活性剂[305,307]。

4.4.3.1　疏水基团

疏水基团对水溶液黏度的影响主要体现在疏水基团的类型、数量和分布上。

（1）疏水基团类型的影响

首先是疏水基团类型对水溶液黏度的影响，目前最常用的疏水基团一共分为以下三类。

① 带有苯环结构的疏水单体。这类单体由于带有苯环，而苯环具有刚性作用，聚合分子链在溶液中不易发生卷曲，分子间摩擦力也会随之增加，聚合物溶液黏度增大，这类疏水单体的增黏效果是三类疏水基团中最好的。

② 含有氟取代烷烃的疏水单体。用这类疏水单体合成的聚合物 CAC 值较小，疏水缔合作用明显，溶液黏度较大。取代基中氟含量越高，聚合物溶解性越差。由于氟比较活泼，反应不易控制，且生产成本较高，所以工业应用前景不佳。

③ 含有普通长链烷烃的疏水单体。这类疏水单体虽然疏水缔合作用不如前两类单体，但其制备工艺简单，成本低，具有良好的工业应用价值。

一般有芳香环>氟代烷烃>氢烷烃。芳香环因其苯环的刚性作用分子链在溶液中易舒展，疏水作用得到提高；氟代烷烃疏水单体的疏水能力较强，具有很好的增黏效果且CAC 较小，形成的缔合作用较强，但是氟的量控制不好水溶性变差，且氟代烷烃的价格比较高；缺点是目前常用的疏水基团大多数属于氢烷烃疏水单体，虽然疏水缔合作用不如氟代烷烃，但是添加量能够控制，并且价格便宜，因此得到广泛的使用。对于疏水单体含量，疏水基团含量在一定范围内以分子内缔合为主，此时水溶液黏度降低；超过此范围以分子内缔合和分子间缔合为主，此时形成的缔合结构比较疏松；含量再大则以分子间缔合为主；因此疏水基团含量过高对聚合物溶解性能影响很大，因此疏水单体的含量要适当，一般摩尔比在 2% 左右。疏水单体长度对聚合物水溶液的黏度影响主要表现在当疏水单体中疏水链长度小于 12nm 时，一般起不到作用。

（2）疏水基团数量的影响

聚合物分子链中疏水基团的数量也是影响聚合物溶液黏度的一个重要因素。当疏水单体含量过少时，聚合物分子链上的疏水基团较少，分子链更容易发生卷曲，不同分子链上的疏水基团相距较远，不易发生缔合作用，此时疏水基团更倾向于与距离较近的相同分子链上的基团相互缠结缔合，导致溶液黏度大大降低。当疏水单体含量增加时，聚合物中疏水基团数目不够多，仍存在分子内缔合的现象，但分子链上疏水单体较多时，分子链会变得舒展，增加分子间摩擦力，同时不同分子上的疏水基团更容易相互缠结发生缔合作用，溶液黏度稍有增加。当继续加大疏水单体含量时，聚合物分子链完全舒展，相互之间缠结现象严重，聚合物在溶液中形成较大的网络结构，溶液黏度剧增，同时聚合物水溶性变差。

（3）疏水基团的分布

按聚合物分子的分子链分布情况可以将疏水缔合聚合物大致分为以下两类。

① 嵌段共聚物。疏水基团在该聚合物分子链上以嵌段的形式存在，主要发生分子之间缔合，在一定范围内随疏水链长度增加形成的网状结构增强，黏度增大，疏水链长度继续增加，黏度基本没有变化甚至减小。

② 无规共聚物。疏水基团在聚合物分子链上无规则排布，主要发生分子内缔合，溶液黏度降低。

4.4.3.2 离子基团

疏水缔合聚合物中疏水缔合作用对聚合物的影响尤为重要，不同的离子基团会通过静电力作用对溶液的黏度产生影响，如果在聚合物分子上引入磺酸基，聚合在高温下就会发生水解作用，分子链上的氨基和磺酸基都会由于水解而成为带有负电荷的基团。而负电荷之间会产生排斥力，让基团之间相互远离，这会使分子链段变得更加舒展，增加分子间摩擦力，同时也会减少分子缔合作用的发生，增大聚合物溶液黏度。

当聚合物浓度大于 CAC 时，水溶液的黏度受离子基团类型和距离主链远近的影响，离得越近对缔合作用的影响越小；离子疏水缔合聚合物与非离子疏水缔合聚合物的 CAC 相差较大，可能与离子基团有关；离子基团的存在增加了聚合物的溶解性。

4.4.3.3 表面活性剂

表面活性剂对疏水缔合水溶液黏度的影响主要表现在对聚合物的聚集状态上。研究发现，向聚合物溶液中添加表面活性剂，由于此时聚合分子主要的缔合方式为分子间缔合，溶入水中的表面活性剂会与分子链间已经相互缔合的疏水链发生缔合作用，增加溶液溶度，但随着表面活性剂加入量的增加，表面活性剂在溶液中溶度也增大，与疏水链之间的缔合达到饱和，再继续添加表面活性剂，溶液中的表面活性剂会与疏水链相互竞争，破坏疏水链间的相互缔合作用，此时聚合物水溶液的黏度减小。可能与表面活性剂和疏水缔合聚合物之间的作用有关系，不同结构的表面活性剂与聚合物之间的作用使水溶液黏度增大幅度也大不相同。

4.4.4 疏水缔合聚合物的合成方法

疏水缔合聚合物是在引发剂和温度的作用下，由亲水单体和疏水单体两种类型的单体聚合而成的功能性聚合物。因为亲水单体和疏水单体的同时存在，一般难以用普通方法合成。目前疏水缔合聚合物的合成方法有共溶剂法、胶束共聚法、反相乳液聚合法、活性离子聚合法、大分子反应法[308]。

4.4.4.1 共溶剂法

共溶剂法是选择一种共溶剂或使用混合溶剂作为反应溶剂，使原本互不相容的单体能够在同一介质中发生聚合反应。该方法工艺简单，易于操作，但是共溶剂和混合溶剂选择比较困难。并且使用该方法得到的聚合物不溶于有机溶剂，会在聚合过程中不断从聚合体系中沉淀出来，后续的反应无法进行，因此该方法得到的聚合物分子量比较小，聚合物溶解后黏度较小。

谢彬强等[309] 针对常规封堵剂难以对非均质渗透性储层实现有效封堵的难题，基于疏水缔合聚合物的缔合理论，采用共溶剂法，经分子结构优化设计，合成了新型的丙烯酰胺

（AM）/十八烷基二甲基烯丙基氯化铵（C18DMAAC）/丙烯酸钠（AANa）疏水缔合共聚物（HMP）。结果表明，新型疏水缔合聚合物 HMP 的重均分子量小于 10 万，对钻井液的流变性能影响小，当 HMP 分子中疏水单体 C18DMAAC 摩尔含量达到 0.66%，且 HMP 在钻井液中的质量浓度达到 0.6% 后，其具有优良的封堵性能，在高温、高压条件下可以实现对石英砂床和不同渗透率岩心的有效封堵，且形成的封堵层薄而致密。

4.4.4.2 胶束共聚法

胶束共聚法是利用表面活性剂增溶疏水单体的一种方法，表面活性剂在水中聚集成胶束，使疏水单体可以增溶形成增溶胶束，从而实现疏水单体与水溶性单体的共聚[310,311]。

胶束共聚的机理如图 4-5 所示[312]。首先，自由基引发剂引发水中的水溶性单体聚合形成大分子链自由基，逐渐延伸碰到含有疏水单体的增溶胶束引发疏水单体的聚合，从而在亲水大分子链上引入了一小段疏水链。此时，大分子链自由基继续与水溶性单体聚合，之后会用同样的方式再次引入一小段疏水链，直至大分子链自由基终止，最终形成疏水缔合聚丙烯酰胺。

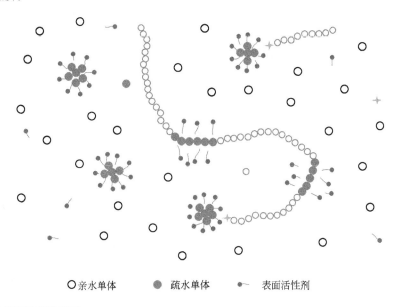

○亲水单体　●疏水单体　✦表面活性剂

图 4-5　胶束共聚的机理示意

胶束共聚法是制备增黏性好的疏水缔合水溶性聚合物的行之有效的方法。胶束共聚合常用的引发剂有过硫酸钾、过硫酸铵、偶氮二异丁腈等。合成中性或带阴离子的疏水缔合水溶性聚合物用的典型表面活性剂有十二烷基磺酸钠（SDS）及非离子的乙氧基化合物。在带阳离子的疏水缔合水溶性聚合物合成中，可以使用阳离子或非离子表面活性剂。

通过胶束共聚法可制得高分子量的聚合物，合成的聚合物的分子量受表面活性剂的纯度影响，表面活性剂的纯度越高，制备的聚合物分子量越大。在聚合过程中加入的大量表面活性剂对聚合物的缔合行为有显著影响，除去这些表面活性剂将增加后处理过程的复杂性。

胡成等[313] 采用 2-丙烯酰胺基-2-甲基丙磺酸（AMPS）与丙烯酸十八酯（SA）、丙烯酰胺（AM）通过自由基胶束共聚法合成疏水缔合聚合物 P（AM-AMPS-SA）。经红外和核磁共振表征聚合物结构，并测定在不同剪切速率、NaCl、CaCl$_2$ 浓度及温度条件下的聚合物溶液表观黏度的变化以及聚合物溶液的临界缔合浓度。结果表明，所制备的疏水缔合聚合物 P（AM-AMPS-SA），它的临界缔合浓度在 0.25～0.3g/dL，具有一定的抗温、抗盐性以及抗剪切性，且对二价盐的抗盐性比一价盐要好。

朱芮[310] 从分子结构入手，对聚丙烯酰胺进行了改性，以丙烯酰胺（AM）、2-丙烯酰氨基-2-甲基丙磺酸钠（AMPS）、丙烯酸正辛酯（*n*-octyl acrylate，OA）为原料，采用自由基胶束聚合法，合成了一种耐温抗盐型疏水缔合聚合物。该聚合物具有良好的增黏、耐温、抗盐性能，且性能远远优于分子量为 1600 万的部分水解聚丙烯酰胺，具有广泛的盐度和温度适应范围。疏水缔合聚合物与水驱相比提高了 12.8% 的采收率，较 HPAM 提高了 6.5%。

刘侨等[314] 以对正丁基苯乙烯（*n*-BS）、对乙烯基苯磺酸钠（SSS）和丙烯酰胺（AM）为原料，采用自由基胶束聚合法合成了阴离子型三元疏水缔合聚合物 PAnBS。与分子量 1970 万、水解度 19.43% 的超高分子量部分水解聚丙烯酰胺（HPAM）相比，所得 PAnBS 在 NaCl 或 CaCl$_2$ 水溶液中具有更强的增黏能力；PAnBS 在淡水或盐水溶液中于 80℃ 下的耐老化性能优于超高分子量 HPAM，表现出优良的耐温抗盐性能。

4.4.4.3 反相乳液聚合法

反相乳液聚合法是将疏水单体溶于有机相中，水溶解性单体在乳化剂的作用下分散在油相中，以油性或水溶性引发剂引发聚合反应的一种方法。利用该方法聚合速度快、分子量大、增黏效果明显、水溶性好，后续处理简单。

吴伟等[315] 采用反相乳液聚合方法制备了 AM（丙烯酰胺）/AMPS（2-丙烯酰胺-2-甲基丙磺酸）/疏水单体 M（二甲基十八烷基烯丙基氯化铵）/刚性单体 S（4-丙烯酰基氨基苯磺酸钠）的四元疏水缔合聚合物 AAMS-2，并用红外光谱对聚合物进行了表征。热重分析（TGA）表明聚合物在 240℃ 下化学结构稳定。利用扫描电镜（SEM）清晰观察到 AAMS-2 的乳液颗粒和水溶液形成的网状结构。AAMS-2 压裂液具有良好的黏弹特性、携砂、破胶和岩心低伤害特性。耐温耐剪切测试表明体系具有优良的耐温能力，0.6% 的 AAMS-2 压裂液在 150℃、170s^{-1} 条件下剪切 2h，表观黏度保持在 50mPa·s 以上。

赵禧阳[316] 以丙烯酰胺（AM）、2-丙烯酰氨基-2-甲基丙磺酸（AMPS）和一种疏水长链十八烷基二甲基烯丙基氯化铵（RM18）为单体，采用反相乳液聚合法合成两性疏水缔合聚丙烯酰胺增稠剂（AP-AM18）。表征和性能测试结果表示 AP-AM18 具有非晶体结构；乳液平均粒径在 100nm 左右，分布集中，乳液稳定；分解温度超过 500℃ 后，样品质量基本不变，具有良好的耐温性；当浓度为 2% 时，AP-AM18 在清水中的表观黏度达到 893mPa·s，在 5×10^4mg/L 矿化水中的表观黏度达到 391mPa·s，具有较好的增稠、耐盐性能；AP-AM18 属于假塑性流体，剪切 200s 后，表观黏度仍可达到 93mPa·s，表现出较强的耐剪切性能，储能模量 G' 和损耗模量 G'' 随着应力的改变基本不变，且 $G' > G''$，具有较强的黏弹性和抗应变能力。

张新[317] 以甲氧基聚乙二醇丙烯酸酯（MPEGA）和甲基丙烯酸二甲氨基乙酯（DMAEMA）为均聚单体，通过乳液聚合制备一类新型疏水缔合型聚合物 P（MPEGA-DMAEMA）。并利用 P（MPEGA-DMAEMA）作为主剂和交联剂醋酸铬形成凝胶体系，考察主剂 P（MPEGA-DMAEMA）和交联剂醋酸铬的质量分数、pH 值、温度、矿化度对新型聚合物凝胶体系成胶性能的影响。结果表明：当主剂 P（MPEGADMAEMA）质量分数为 1.2%，交联剂醋酸铬质量分数为 0.2%，pH 值为 7，温度为 45℃时，该新型聚合物凝胶体系具有最佳的成胶强度。将新型聚合物凝胶体系应用于岩心封堵，在最佳成胶条件下，堵水率高于 90%，堵油率低于 40%，具有较好的选择封堵性。

4.4.4.4 活性离子聚合法

活性离子聚合法分为活性阴离子聚合法和活性阳离子聚合法。活性离子聚合法是可以通过控制反应条件来控制聚合物分子结构和聚合物分子量，可以用来合成指定大分子链段结构的嵌段共聚物、支化聚合物和带有特定末端官能团的聚合物。但是该方法合成的聚合物溶解性较差，同时生产工艺较为复杂，不易于应用到实际的生产中[305,306]。

俞磊[318] 以 4-乙烯基吡啶（4VP）为聚合单体、正丁基锂为引发剂（n-BuLi），在大量路易斯酸三异丁基铝（i-Bu₃Al）存在下，25℃条件下实现了聚 4-乙烯基吡啶（P4VP）的负离子活性聚合，提出了 i-Bu₃Al 的双络合机理。在此基础上，还合成了聚丁二烯和聚 4-乙烯基吡啶两亲性嵌段共聚物（PB-b-P4VP），最后采用选择性溶剂加入法制备了 PB-b-P4VP 两亲性嵌段共聚物胶束，形成以 PB 嵌段为壳和 P4VP 嵌段为核的具有核壳结构的纳米微球。

林亿超等[319] 通过研究表明调节对丁烯基苯乙烯（VSt）和苯乙烯（St）的摩尔比，可控合成不同 VSt 单体含量的共聚物进而合成不同碘代率的 PSI，以达到可控合成不同接枝密度的接枝共聚物的目的。活性阴离子聚合能够很好地调控主链长度、侧链长度、侧链组成以及接枝密度。通过调节可以合成结构明确的主侧链相同和主侧链不同的梳型聚合物，为后期结构与性能关系的研究提供标准化样品。

4.4.4.5 大分子反应法

大分子反应法是聚合物疏水改性的一种方法，即在疏水侧链上引入亲水基团，或在亲水侧链上引入疏水基团的方法。利用该方法可以得到分子量较大的聚合物，但是改性后的聚合物分子量过大，聚合物黏度较大，很难混合均匀得到均一的体系[304]。

4.4.5 疏水缔合聚合物目前存在的问题

随着常规油田开采进入尾期，目前针对非常规油田的开采也已经进入攻关阶段，非常规油田的油藏环境大多比较恶劣，高温高矿化度是聚合物驱需要克服的首要难题。目前所研究的疏水缔合聚合物距离实际应用还有诸多不足[304-306]。

① 疏水缔合聚合物的溶解性是实现工业应用的基础性质，但由于不同种类疏水单体的引入，会导致聚合物本身的溶解速率下降无法快速达到溶解，甚至由于疏水单体含量过高导致聚合物只能溶胀不能溶解。聚合物黏度过高向底层注入时需要消耗较多的能源，变相地增大原油的开采成本。

② 疏水缔合聚合物溶液在高温下，表现出较差的耐温性能，疏水缔合聚合物的长期热稳定性不够好，在高温高盐油藏中的长期稳定性决定了聚合物是否能够实现其功能性。

③ 疏水缔合聚合物的抗盐性仍然有较大提升空间，疏水缔合效应因为分子链之间的舒展才得以形成，高矿化度的环境形成的电荷屏蔽效应会造成聚合物分子链卷曲导致表观

黏度下降。

④ 适当高温的油藏环境会使聚合物的分子链运动加速，从而加速疏水缔合效应，但过高温度的油藏会使聚合物热氧化降解，并且过热造成的分子链的剧烈运动打散空间缔合结构。

⑤ 目前疏水缔合聚合物合成所需的材料多经过精心设计，反应过程复杂，成本较高。

4.4.6 疏水缔合聚合物的表征方法

虽然可以通过水溶性聚合物的某些性质得到疏水基团是否存在，但是由于疏水缔合聚合物中疏水物质含量较低，因此常规的方法难以准确地确定疏水基团的结构和数量，研究中常采用紫外光谱法、红外光谱法、荧光光谱法、核磁共振法、原子力显微镜等几种方法来表征。

4.4.6.1 紫外光谱法

紫外光谱具有比较高的灵敏度和选择性，因此对于测定疏水缔合水溶性聚合物中较低的疏水物质含量具有较高的灵敏度，但该法要求被测的疏水基团必须含有紫外活性基团。将聚合物用超纯水溶解后用紫外-可见光光度仪测得。

4.4.6.2 红外光谱法

参照 4.3.4.1。

4.4.6.3 荧光光谱法

荧光光谱是探测和表征高分子微结构的重要方法，荧光基团在荧光光发射峰位置或荧光强度的变化反映了聚合物分子链的构象变化或微观聚集状态变化。

首先配制一系列浓度的共聚物溶液和 1mmol/L 芘甲醇溶液，将芘甲醇溶液按比例分别加入共聚物溶液中，使得共聚物溶液中芘浓度为 6×10^{-7} mol/L，避光条件下静置 12h。然后将混合液在荧光光谱仪上进行测试，激发波长为 334nm，测试 3 次取平均值。

4.4.6.4 核磁共振法

参照 4.3.4.2。

4.4.6.5 原子力显微镜

移取 10μL 聚合物溶液至新鲜玻璃的云母片上并尽量铺展使之成膜，室温下干燥。用美国 DI 公司生产的 Nanoscope IVa 原子力显微镜，所用探针为商用 Si_3N_4 探针，以轻敲模式在室温下观察聚合物溶液的微观形貌。

4.5
聚丙烯酰胺产业化现状和展望

4.5.1 我国聚丙烯酰胺生产与先进国家的差距

我国是一个各方面资源相对比较匮乏的国家，而且我国是世界上人口基数最大的国家，对于聚丙烯酰胺的应用与探究具有深远的战略意义。经过近 50 年的不断努力，聚丙烯酰胺给我国各行各业带来巨大效益，取得了很多的成绩。但与外国先进国家的技术水平相比还存在很大的距离，主要区别在以下几个方面。

（1）生产规模较小

根据外国生产厂的经验表明，聚丙烯酰胺单套装置生产能力的经济规模最小为 5000t/a，最好在 8000t/a 以上，而现在国内聚丙烯酰胺专业生产厂的生产规模大都在 5000t/a 以下。

（2）生产工艺相对较差

国外的大厂使用自动化控制程度高、连续化的丙烯酰胺和聚合物生产工艺，而我国的生产厂家仍使用间歇式生产工艺，生产效率低，成本高，能耗大，产品质量不稳定。

（3）质量上有差距

外国生产的聚丙烯酰胺产品分子量大都在 1800 万以上，质量均一性、耐热性、抗剪切性、水溶性好，分子量分布窄，残留单体的含量在 0.1％以下，水不溶物含量很低；而我国的厂家生产的产品分子量大都在 1000 万左右，质量均一性、耐热性、水溶性、抗剪切性差，分子量分布宽，残留单体的含量在 0.5％以下，水不溶物高，过滤因子易超标、技术经济指标落后，影响了其使用范围，使得许多高质量、高分子量的聚丙烯酰胺产品必须通过进口来解决。

（4）在产品的品种上差距较大

外国聚丙烯酰胺的产品有球状、粉状、乳液及悬浮液等很多种形式，而我国的工业化产品主要是胶体和粉剂。外国专用型产品很多，其中阳离子型聚合物产品占到了 50％以上，而我国的阳离子产品品种较少，产品大多依靠进口来解决。

随着其他国家的聚丙烯酰胺生产企业逐步进入中国，将会加大我国聚丙烯酰胺生产厂家与国外厂家的差距。因此，要使国内的聚丙烯酰胺生产工业赶上世界领先水平，首先应该采取的方针是"有所为，有所不为"，坚决不能将有限的少量资金、宝贵的技术专业人才投入到外国已经研究过并且已经在生产的那些工艺技术的科学研究上去，而应该去研究国外目前正在研究，还没有研究出来的有重大意义的科研项目；其次是不断改进现在使用的生产装置的工艺技术，提高工艺技术水平，产品的质量要稳定，使产品多样化；此外，除了继续加大聚丙烯酰胺在油田开采、水质处理以及造纸业上的使用外，还要继续研发聚丙烯酰胺在陶瓷、制糖、高吸水性树脂、感光材料、矿冶、船舶、电镀等领域中的应用，以扩大产品的使用量，来确保国内聚丙烯酰胺生产行业的可持续健康稳定发展。

4.5.2　聚丙烯酰胺作为驱油剂的发展展望

随着油田进入开发中后期，地层含水率不断升高，原油采收率降低，越来越多的油田采用三次采油技术提高原油采收率，以保持原油持续高产稳产。聚丙烯酰胺在三次采油中应用效果好、使用最为广泛。

聚丙烯酰胺作为驱油剂，其本身也是有缺点存在的。聚丙烯酰胺在实际矿场应用中聚合物驱会受到油藏条件的限制。温度、矿化度、原油黏度、注采速度以及储层非均质性等都会对聚合物驱油效果产生影响。在使用过程中，聚丙烯酰胺会发生高温水解的现象，且耐剪切性以及耐盐性也会存在一定问题。

耐温抗盐单体共聚物由于能够适合我国油藏中广泛存在的高温高矿化度等苛刻条件，近年来得到了巨大的发展。伴随油田化学技术发展，大量研究集中在改良聚丙烯酰胺特性上，通过提高分子量、引入官能团或共聚的方法来提高其耐温性、抗盐性及耐剪切性能，使其在油田开发中发挥更大的作用。

通过对聚丙烯酰胺的生产工艺技术措施的研究，提高聚丙烯酰胺的生产效率，使其更好地为油田生产服务，作为三次采油注入的原料，扩大注入剂的波及体积，达到提高油田采收率的效果。无论采用哪种聚合物的生产工艺技术措施，均需要合理控制生产参数，优化生产的工艺流程，合理设计生产加工过程中的各种影响因素，如温度条件、压力数据以及生产方式，获得符合采油生产需要的聚丙烯酰胺，达到预期的生产效率。

由于油田开发的深入进行，愈加复杂的地层构造和储层性质的变化使得常规的聚合物已经无法满足油田开发使用，因此，研发高性能聚合物就变得意义重大。未来随着油田开发难度的加大，聚丙烯酰胺的潜力仍然需要进一步挖掘，同时，油田的开发也需要一定的环保性能，这也是今后我们科研工作者需要努力的方向。

4.5.3　聚丙烯酰胺在环保领域的发展展望

随着聚丙烯酰胺下游应用的进一步拓展，我国聚丙烯酰胺产品需求将逐步提升，未来我国聚丙烯酰胺消费量将保持稳定增长的趋势。不同于全球聚丙烯酰胺的消费结构，我国用于水处理行业的消费比例较低，随着国家对环保要求的日趋严格，我国用于水处理和污水治理领域的应用将快速增长，向全球消费结构靠拢。

在我国第十二个五年规划纲要中，提出了"加快建设资源节约型、环境友好型社会，提高社会可持续发展水平，推动我国生态文明建设"。而在污水处理中，新标准要求：污泥含水量应控制在 60％以下，对于该标准，污水处理技术亟待突破。未来，在聚丙烯酰胺中添加多价金属离子，合成新的聚丙烯酰胺，能够有效降低污泥中的含水量，满足国家对污泥处理制定的标准。相信，在未来发展中，新型聚丙烯酰胺的合成路线将引入环境友好型金属离子，生产出新的高效絮凝剂，推动聚丙烯酰胺的应用与发展，突破当前污泥脱水瓶颈，推动生态文明建设的步伐。

总而言之，聚丙烯酰胺在污水处理等液体分离中发挥着重要作用。然而，当前技术制作的聚丙烯酰胺已经难以全面满足社会需求。对此，积极合成新型聚丙烯酰胺，提高液体分离的质量与速率，不仅关系着聚丙烯酰胺的有效应用，还关系着多个行业的发展建设。通过实验探讨了新型聚丙烯酰胺的合成，以期推动聚丙烯酰胺的广泛应用，带动社会进一步发展。

在科学技术与社会经济快速发展的时代背景下，聚丙烯酰胺被广泛应用到了各个行业中，聚丙烯酰胺的产品也得到了极大的丰富与创新，在为人们以及社会生产带来巨大经济效益的同时，也存在一定的发展弊端，还需要相关人员加大对聚丙烯酰胺生产的投入力度，需要相关研究人员继续深入探索，不断研发新型的产品，以项目的良性发展为根本目标，建立优化的项目运行方式，集中力度关注相应项目的管理和升级，进一步优化应用路径以及研究价值，真正助力聚丙烯酰胺项目的可持续发展。

因此，我国相关人员还需要进一步加大对聚丙烯酰胺的研究力度，提高科研水平，而且，在生产过程中还需要大量的介质以及其他化学物质，通常来说这些化学物质都具有易燃易爆、有毒等特点。这些风险因素都是客观存在的，并不以我们的意识为转移，需要研究人员以及其他人员的密切协作与配合，注重安全意识。最后，随着科学技术与社会经济的不断发展与完善，复合材料与纳米科技、生物医药等新型领域不断崛起，这也代表着聚丙烯酰胺的应用空间将不断被扩大，其应用研究也将日益丰富多彩，为人们创造更多的经济效益与生态价值。

综上所述，聚丙烯酰胺是丙烯酰胺与其所衍生出的共聚物与均聚物的总称，主要有非离子型、阴离子型、阳离子型和两性离子型四类，通过压缩双电层、吸附电中和、吸附架桥作用、沉淀物网捕4种机理进行作用。目前聚丙烯酰胺主要由水溶液法、反相悬浮法、反相乳液法、分散聚合法等方法合成。因其独特的理化性质在驱油、堵水、调剖、钻井、压裂等油田领域广泛应用。在驱油领域中，聚合物因其耐温抗盐性差而限制了应用范围，研究人员通过合成超高分子量聚合物、疏水缔合聚合物、两性离子聚合物和引入功能性单体来解决这一问题，其中应用较为广泛的是疏水缔合聚丙烯酰胺和磺酸盐型聚丙烯酰胺。

目前我国在聚合物的生产规模、生产工艺、生产质量和产品品种上与先进国家还存在一定的差距。聚丙烯酰胺在我国驱油和环保领域前景广阔，对聚丙烯酰胺的要求也越来越细化和针对化。还需加大科研力度，提高科研水平，推陈出新，以满足聚合物不断发展的需要。

第**5**章

聚合物配注工艺系统及其应用

5.1
聚合物配注工艺流程概述

5.1.1 聚合物配注工艺基本流程

聚合物溶液配制及注入过程为：配比→分散→熟化→泵输→过滤→储存→增压→混合→注入[51]。

（1）配比

配比就是在水和聚合物干粉分散混合之前，对水和聚合物干粉进行计量，并使水和聚合物干粉按一定比例进入下一道"分散"工序。

（2）分散

分散就是将聚合物干粉颗粒均匀地分散在一定量的水中，并使聚合物干粉颗粒充分润湿，为下道工序"熟化"准备条件。

（3）熟化

熟化就是将聚合物干粉颗粒在水中由分散体系转为溶液的过程。聚合物的溶解过程分两步：首先水分子渗入聚合物分子内部，使聚合物分子体积膨胀；然后聚合物分子均匀分散在水分子中，形成完全溶解的分子分散体系即溶液。

（4）泵输

所谓"泵输"是为聚合物溶液的过滤、注聚泵增压提供动力条件，一般为了减少聚合物溶液的机械降解，大多采用螺杆泵。

（5）过滤

过滤是为了除去聚合物溶液中的机械杂质和没有完全溶解的"鱼眼"，一般分为粗滤和精滤。

（6）混合和注入

将配制好的聚合物溶液经高压往复泵增压，按配制要求计量，进入高压注水管线中，与高压水经静态混合器混合稀释注入井中，至此配注过程即完成。

5.1.2 聚合物配注工艺流程特点

聚合物驱油地面工艺流程与水驱地面工艺流程相比具有以下几个特点[320]。

1) 水驱地面工艺流程中，不存在聚合物的分散、熟化、储存等问题；而聚合物的分散、熟化、储存是聚合物驱油地面工艺流程中的重要内容。

2) 水驱地面工艺流程中，水的输送、升压注入，均采用离心泵；而聚合物驱油地面工艺流程中，聚合物溶液的输送、升压注入，均采用容积式泵，其中聚合物溶液的输送多采用螺杆泵，升压注入多采用高压往复泵。这一方面是由于离心泵输送黏稠聚合物溶液效率很低，另一方面是由于聚合物溶液经过离心泵高速剪切后会造成降解。

3) 水驱地面工艺流程中，水的计量多采用速度式流量计；而聚合物驱油地面工艺流程中，聚合物溶液的计量不能采用速度式流量计，而是采用容积式流量计。这是由于聚物溶液是剪切稀化型非牛顿流体，增大压降后，剪切稀化流体的流量增大的幅度比牛顿流体要大得多。由于牛顿流体和幂律流体的压降与流量的关系不同，因此，不能把以牛顿流体压降原理设计的流量计应用于幂律流体。同时由于剪切稀化流体其压降对流量变化的反应是不灵敏的。对高度非牛顿性流体也不宜采用压降原理设计流量计。

4) 注入泵供液方式不同。水驱地面工艺流程中，注入泵多为高压离心泵，也有少量规模较小的注水站采用高压往复泵，注入泵供液方式大多是自吸式和离心泵喂液式。而聚合物驱油地面工艺流程中，聚合物溶液的注入泵采用高压往复泵，而往复泵的入口，往往需要 0.03MPa 左右的供液压力。为了满足这一条件，聚合物驱油地面工艺流程中，注入泵的供液采用了以下几种方式。

① 调速螺杆泵喂液方式。由于螺杆泵和注入泵都是容积式泵，所以为了供液和注入泵的平稳，喂液用螺杆泵必须考虑能够调整排量。

② 螺杆泵喂液加部分回流方式。这种方式是在螺杆泵选型时，使其排量稍大于注入泵的总注入量，在注入泵汇管上增加一根回流管道，将多余的聚合物回流到聚合物溶液的储存罐内，从而保证注入泵的平稳运行。这种供液方式的关键是回流管在聚合物溶液储存罐内的出口一定要高于 3.5m。

③ 高架罐自然供液方式。这种方式是将聚合物储罐高架至 3.5m 以上，然后靠聚合物溶液的自然压头给注入泵供液。

5.2
配注流程对聚合物配制质量的影响

5.2.1 干粉的影响

聚合物干粉在潮湿的环境下容易受潮结块黏结在落料斗上造成堵塞冒粉，另外加料斗滤网孔眼大，结块干粉未被过滤而进入分散装置，使干粉与水的配比不均衡，溶解不充分产生鱼眼，影响母液配制黏度，导致母液配制不合格[321-324]。

为了解决干粉受潮结块现象，在分散装置的料斗进口干粉盘外圈加了一条加热带，同时把干粉料斗设计成漏斗形状，在分散加料上段加装滤网。这些措施效果较好，可保证配制母液的质量。

5.2.2 管线的影响

秦笃国[325]研究了大庆油田采油一厂一矿断西西区块及断西东区块的黏损情况，结果表明从注入系统分阶段黏损状况可以看出，配制站至注入站输送管道黏损率相对较低，注入站至注入井井口黏度损失相对较高，其中包括静态混合器及单井注入管线两个部分。长期使用清水配制、清水稀释，可有效降低聚合物母液的黏度损失。随着注聚时间的延长，并长期使用污水作为稀释水，注入井单井管线内壁结垢并附着污水中少量的原油，加剧了聚合物溶液在注入过程中的黏度降解。因此，在注聚工程投产前，要做好注入管线内防腐。每季度对注入井单井管线进行冲洗能够有效地降低聚合物溶液在这一阶段的黏度损失。

聚合物驱注入管线内聚合物溶液剪切速率大，对聚合物黏度影响较大。因此，外输母液管线传送与管径相匹配程度是选择管线考虑的关键。选择管线应结合机泵参数与管径的匹配程度，降低母液在外输管线的应力作用对黏度的影响[323]。另外管线的腐蚀对黏度的影响也不可无视，应定期与施工单位联系清扫管线，做好管线内壁的除污工作，保证管线内壁光滑无焊疤及粗糙不平。另外管线长度不宜超过 2000km，因此在配制站与注入站的位置及管线铺接要考虑距离，从长远角度设计施工。另外在母液配制生产中，蝶阀在开启关闭时通道变狭窄也会对母液造成截流，造成聚合物分子不同程度的破坏。

5.2.3 搅拌器的影响

在聚合物的溶解过程中溶解相和分散相分子的布朗运动对溶液形成的贡献有限，主要的是对它们补充人工能量，加速溶解，在这个过程中通常使用的设备是搅拌器。搅拌器是固-液、液-液、固-固强制混合的一种设备，一般情况下搅拌器的任务就是混合，追求的是混合的高效率。对聚合物配液熟化阶段使用的搅拌器不但要满足混合的高效率，更重要的是保黏。这对该搅拌器的结构和参数提出了特殊要求。

搅拌器叶片的结构形态、转速对聚合物的黏度损失有显著影响，如果搅拌器叶片结构、参数合理，搅拌器叶片具有对聚合物的剪切率低，聚合物的溶解效果好、配液速度快等特点，那么矿场试验的聚合物黏度可以达到室内试验聚合物的黏度。之前应用较为广泛的是双层、三叶式的搅拌器叶片，在搅拌下聚合物母液黏度遭受剪切，造成机械降解。

大庆油田北Ⅲ五聚合物配制站的搅拌器采用双螺带螺杆搅拌器，它能使母液产生较复杂的四周螺旋上升、再沿搅拌轴下降的流动方式，把高剪切区和低剪切区的母液不断地进行交换，提高熟化罐内母液的均一化速度，减少熟化时间，搅拌器的螺带外廊接近于搅拌罐内壁，搅拌直径增大，强化了近罐壁液体的上循环，非常适用于高黏度的液体搅拌[321]。

谢明辉等经过研究表明大直径新型轴流翼型搅拌器 LKCX 能够在较短的时间有效溶解聚合物，得到黏度较大的聚合物溶液，是一种适合聚合物溶解熟化的搅拌器形式[326,327]。

聚合物溶解是一个从多相到单相、从低黏到高黏的变化过程，单一搅拌器用于聚合物的溶解过程存在诸多的问题。吴华晓[328]和林苏奔[329]等研究了组合式搅拌器对聚合物溶解熟化的影响。林苏奔[329]等采用适用中低黏度的翼形搅拌器（KCX）和适用高黏度的锚框式搅拌器（MS）的组合，通过实验研究了翼形搅拌器不同操作方式（上翻或下压）和锚框式搅拌器不同转速等操作工况对聚合物溶解熟化过程中的作用，并将翼形搅拌器功率的实验数据与数值模拟的结果进行了比较。研究结果表明：翼形和锚框式搅拌器在聚合物不同的溶解熟化过程中其作用是不一样的；双搅拌器的同向运行可以促进罐内的流动和整体循环，加速聚合物的溶解和熟化；采用翼形搅拌器下压操作（KCXD）与 MS 搅拌器同向运转操作方式最利于聚合物的溶解和熟化。

5.2.4 过滤器的影响

聚合物驱存在一个分子尺寸与地层孔隙喉道半径匹配的问题，研究结果表明，岩石孔隙半径中值与聚合物在溶液中的回旋半径之比大于 5 时就不会发生堵塞，满足这个条件才能保持高的驱油效率。这不但要求要认真考虑聚合物分子量的选择，而且在配液过程中要保持聚合物的完全溶解。而在矿场应用中往往由于种种工程上的原因，聚合物不能完全溶解，存在"鱼眼"甚至大的团块，在它们入井前必须筛选出来，这就需要过滤器。

母液过滤器是聚合物驱油中关键的设备之一，由于聚合物母液中总会含有一定量的杂质，如果不经过滤，杂质将进入地层，堵塞岩心，造成注入无法进行，原油也无法采出，不但起不到增油的效果，相反会使采油无法进行，严重影响原油产量，因此在注入聚合物过程中需将母液进行过滤，使大于一定尺寸的固体颗粒在注入之前被清除掉，尽管在注入聚合过程中过滤器的种类较多，包括泵入口的角式过滤器、井口过滤器等，但最常用也是最关键的过滤器是由熟化罐向储罐转输泵出口的粗精细过滤器[330]。

目前，母液过滤器多采用柔性滤袋，从过滤机理看，当聚合物溶液的熟化效果很好时，溶液比较均匀，杂质及不溶颗粒很少，过滤过程主要表现为深层过滤，纳污能力较强，初始过滤压降较低；应用抗盐聚合物后，由于分散熟化效果变差，母液中含有较多未完全溶解的颗粒及水不溶物，在介质过滤的作用下，滤材表面迅速形成滤饼，加上深层过滤的作用，过滤压差上升迅速。由于实际使用过程中压差控制不好，滤网再生受到种种限制，故黏度损失更大。

降黏的主要原因是滤网本身对聚合物分子的剪切以及滤饼形成后减少了滤网的渗透性导致的剪切降解，因此要采取如下措施[51]。

（1）减少杂质的来源

减少聚合物配制和稀释水中的固体杂质，即在来水方向增加过滤器，这个过滤器的精度可以高一点，因为它不存在剪切降解的问题。

（2）适当增加过滤面积，减少流体的流速

流体的流量与剪切速率遵循公式 $\gamma=32q/S$，剪切速率与流量成正比，与过滤面积成反比。

（3）减少滤网的目数

在流量一定的情况下，孔眼的直径越小黏度损失的变化率在加快，因此减少滤网的目数，可以有效减少黏度损失。

（4）减少过滤器级数

在配注站未完全溶解的聚合物颗粒使用过滤器滤掉是不必要的，而且聚合物溶液经过井口到井底的长距离、高温环境可以进一步使聚合物颗粒得到完全溶解，达到专用熟化设备熟化的效果，因此在正常情况下两级过滤不必要，可以考虑取消。而且从中原油田聚合物驱的试验情况看，即使有少量的固体颗粒也不会造成地层堵塞或影响驱油效果。

（5）定期更换粗精过滤器的滤袋

滤袋中滞留的杂物可导致母液黏度的降解，及时更换滤袋确保及时清除杂物，防止母液降解，避免滞留在滤袋中的杂物对母液黏度的持续影响，也是保证母液配制的关键[323]。根据质量标准，把粗过滤器滤袋更换周期定为20d，精过滤器滤袋更换周期定为40d，可以有效地清除聚合物母液中的杂物、大块鱼眼及胶结物，保证了配制母液的质量。另外，还要对泵前过滤器进行定期清洗，避免泵前过滤器堵，造成停泵[321]。

5.2.5　母液流量调节器的影响

在聚合物注入的过程中，通过母液流量调节器，可对一泵多井工艺下的母液量进行调节。在具体调节的过程中，主要是利用调节锥形阀芯的开度，对母液的流量以及速度进行调节和控制。结合以往的实验结果显示，母液流量调节器的调节阀压差越大，其开度就越小，在调节过程中所造成的黏损也会随之升高；反之，调节阀压差越小，其开度就越大，在调节过程中所造成的黏损也会随之降低[92]。

在聚合物注入的过程中，母液流量调节器会对其黏损产生明显的影响，基于此，可采用低剪切母液流量调节器，以减少聚合物黏损现象。常规的高压母液流量调节器为基于文丘里效应的锥阀结构，低压差时黏损较低，高压差情况下黏损较大。与普通的母液流量调节器相比，低剪切母液流量调节器主要是采用锥形梭型杆阀芯，在进行流量调节的过程中，当阀芯在下行时产生较大压力的时候，受到锥形梭型杆阀芯的作用和影响，就会降低母液的缓冲速度，进而使其剪切力变小，以达到降低黏损的目的。曾黎[331]通过现场实验验证了新型调节器和普通调节器前、后压差相近，低剪切母液流量调节器的黏度损失率范围为2.06%～3.00%，平均黏损为2.53%；同样，注入压力越大，黏度损失率越高。与普通母液流量调节器相比，低剪切母液流量调节器的平均黏度损失率降低了2.02%。

5.2.6 注聚泵的影响

注聚泵是聚合物驱地面增压系统的关键设备,主要类型是三柱塞往复泵。它的作用与注水泵一样,都是给入井液增压,二者唯一不同的是在高速运转的情况下注水泵对注入介质——水本身没有损害,而注聚泵对聚合物溶液有损害——力学剪切。损害的实质是溶液中的高分子聚合物的碳链断裂,宏观表现是聚合物溶液黏度下降。这种损害是单向的,一经发生黏度就不可恢复,因此这就要求注聚泵在结构方面与注水泵有明显不同。注入流体对注聚泵的运行参数(如注塞运行速率、注塞直径、通道面积)、弯曲程度、光滑度、材质等都有特殊要求[51]。

注聚泵主要由液力部分、传动部分、减速部分、动力部分等组成。泵中液体的输送过程实际上就是液力端吸入和排出液体的过程,因此可以推断,注聚泵对聚合物的降解应该主要发生在液力端。而液力端是由不锈钢制成的,所以可以排除化学降解,且泵送时流体温度一般不超过 35℃,故也可以排除热降解,因此只可能存在机械降解。液力端的主要组成为液缸(壳体)、柱塞、吸入阀和排出阀、密封填料等,往复泵的工作原理决定了机械降解只可能发生在吸入阀和排出阀处。因此,分析得出以下几点引起黏损的原因[332]:

① 泵的容积效率偏低,泵阀处的流体存在回流现象。

② 流体流道狭窄且流动过程中变向较多。

③ 冲程冲次影响大。

④ 密封不好,间隙大,易泄漏,对高聚物的黏度影响也很大。

针对以上问题,提出了以下几点改造措施[332]:

① 采用整体式结构的壳体,吸入阀和排出阀上下直通式布置,增强泵输送高黏度介质的能力。

② 采用上导向弹簧 120°锥阀,如图 5-1 所示,更适合高黏度聚合物输送。

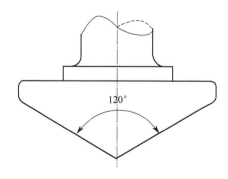

120°

图 5-1 120°锥阀

③ 中间隔套设计成锥孔,有效降低流道阻力。

④ 增大阀门开启高度,降低阀隙流速,减少介质流速。

⑤ 壳体内介质过流通道均圆滑过渡,能有效降低对介质的机械降解。

⑥ 孔的形状应改为锥孔，如图 5-2 所示。

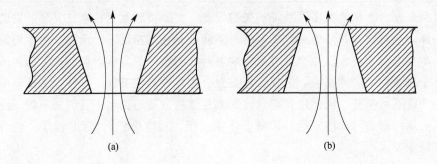

图 5-2　锥孔

⑦ 在变径处加工成 45°倒角，如图 5-3 所示。

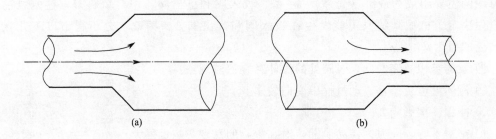

图 5-3　45°变径

⑧ 带有一定角度的插板分流无抽丝现象，对流动有利，如图 5-4 所示。

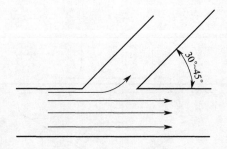

图 5-4　插板分流

⑨ 缓慢转弯流动无抽丝现象。

⑩ 采用大柱塞、长冲程、低冲次，可提高容积效率。

⑪ 阀芯和阀座接触长度的大小和黏损率成反比。

有研究表明，影响聚合物配制质量的注聚泵因素还包括泵速、阀口导流面积、管道内表面造型等[51]。

同时，在聚合物注入的过程中，极容易受到泵柱塞运动的影响。在研究中发现，泵注塞的往返运用，增加了母液的压力，并将其注入地层。同时，在泵注塞的往返运动中，母液的黏度也会产生一定的损失现象。尤其是在小排量泵注塞的影响下，其往返运动更加频繁，母液黏度损失情况更为严重[92]。

5.2.7 静态混合器的影响

静态混合器是相对于动态混合（如搅拌器）而提出的，所谓静态混合就是在管道内放置特别的结构规则构件，当两种或两种以上流体进入管道后不断被分割和转向，使之充分混合，这种混合方式因为管道内的构件不动，所以称为静态混合。这种特制的构件称为静态混合单元，许多单元装在管道内组成静态混合器。虽然研究人员不断地在探索混合效果更好，对聚合物剪切降解最小的静态混合器，但由于混合器结构的原因，只要混合器存在，剪切降解就不可避免。

目前油田现场使用的静态混合器有以下缺点[333]：

① 在静态混合器工作过程中聚合物的剪切机械降解过大。研究发现，由静态混合器所导致的聚合物黏损是聚合物黏度损失的主要环节，也是配制注入系统将黏损的主攻方向[334]。

② 混合较好的静态混合器，能耗较大，具体表现为流经静态混合器两端时压降过大[335]。

③ 能耗较小的静态混合器，在混合过程中混合物料不均匀。

针对目前地面系统配注工艺中聚合物母液黏度损失较大，影响开发注聚效果，增加生产成本等问题，研制并试验了可增强径向力从而提高混合均匀度的新型螺旋式静态混合器，可以避免常规混合单元产生的机械剪切力，有效降低黏度损失[336]。现场实验表明，螺旋形低剪切静态混合器利用两相流体对撞、扩散、旋转运动实现聚合物母液和高压水的良好混合，避免了常规 SX、SK、SV 等混合单元导致的聚合物母液力学剪切[331,334]。通过现场测试发现，螺旋形低剪切静态混合器导致的聚合物黏度损失率均小于 7%，平均黏损率为 5.57%，较常规静态混合器的黏损率下降 2.65%，螺旋形静态混合器的平均混合不均匀度为 5.81%，较常规静态混合器降低 1.59%[334]。

K 型混合器对聚合物的剪切作用小，X 型混合器的分散强度高。周钢等[337] 针对 K 型混合器和 X 型混合器两者的优点，研制出 K＋X 型组合式静态混合器，既克服了 X 型混合器对聚合物剪切作用大的缺点，又可以弥补 K 型混合器分散强度较小的问题。试验结果表明：聚合物溶液的降解率随着静态混合器混合单元数目的增多而增大，混合不均匀度随着静态混合器混合单元数目的增多而减小；现场聚合物溶液流量范围在 2.89～3.88m³/h 条件下，组合式静态混合器与 X 型静态混合器相比平均黏损降低了 2.42 个百分点，混合均匀度提高了 1.73 个百分点，可以满足聚合物驱的配注要求。

张吕鸿等[335] 针对目前油田常用静态混合器能耗较高、混合效果不好等问题，开发出了一种静态混合器组合。将新型的 Kenics 型与 SMX 型静态混合器组合，流体先经过 Kenics 静态混合器，紧接着通过 SMX 型静态混合器。基于计算流体力学理论，通过数值模拟与实验测试研究流体在混合器内的流动情况及混合效果，并与两种工业用混合器的性能进行了对比。研究结果表明：模拟结果与实验数据拟合较好；该混合器组合能耗较低，流体流经混合器组合后浓度分布均匀，完全适用于油田聚合物驱油过程。

5.3
聚合物配注模式

目前聚合物配注分为 3 种模式：清水配制，清水稀释（简称"清配清稀"）；清水配制，污水稀释（简称"清配污稀"）；污水配制，污水稀释（简称"污配污稀"）[338,339]。

5.3.1 清配清稀

我国石油企业处于开采的中后期，提高采收率是保证开采量的关键。三次采油技术的发展对于保证采收率，维持原油稳定生产，缓解供需压力具有重要的意义[340,341]。

清配清稀即聚合物母液配制及单井稀释过程均采用清水，该模式为聚驱开发应用的成熟模式，截至 2018 年年底，大庆油田采油一厂~六厂聚驱开发区块中，采用清配清稀模式的共有 19 座配制站，40 个注入站。近些年受油田采出污水过剩的影响，清水稀释区块逐年减少。同时，如何有效控制清水水质矿化度、钙镁离子含量是清配清稀模式下提高注入质量的关键因素。

该技术完全依赖于清水资源，随着聚合物驱油技术广泛的应用和推广，清水资源的供应也日益紧张，成为该技术发展的瓶颈[342]。

5.3.2 清配污稀

清配污稀即聚合物母液配制采用清水，而单井稀释过程采用污水[343]。聚合物驱是我国油田采用的主要驱油技术。随着聚合物驱工业化的推广，油田消耗清水量越来越多，同时也造成污水过剩而大量外排的问题。不仅会造成资源的浪费，也会造成严重的环境污染[344]。

为了解决这一矛盾，使油田污水得以循环利用，清配污稀模式在近些年大庆油田聚驱开发中得到推广应用。清水配制污水稀释聚合物溶液能够缓解清水配制清水稀释聚合物溶液在配制清水成本以及污水处理成本上的压力，实现了总配制成本的降低以及资源再利用的双赢结果，是一种环保高效的驱油手段。

截至 2018 年年底，大庆油田采油一厂~六厂聚驱开发区块中，采用清配清稀模式的共有 9 座配制站，36 个注入站。在聚合物驱油过程中，聚合物溶液的黏度和黏弹性对提高驱油效率起到了至关重要的作用。但是，由于污水的矿化度及水中添加剂、细菌、还原性物质的存在会导致聚合物的黏度下降[79,345-348]，使聚合物的下效果大打折扣。因此，开展污水治理措施是提高清配污稀聚驱开发的技术关键。

同时使用抗盐聚合物进行驱油是解决这一问题的另一个思路。王雪艳[349] 针对大庆油田清配污稀聚驱区块普遍存在污水矿化度高、体系黏度保留率低、聚合物用量大的问题，开展了抗盐聚合物的室内筛选评价工作，优选出 LH2500 新型抗盐聚合物，并在杏六区中部 3 号站投入矿场试验。由于 LH2500 新型抗盐聚合物分子线性度高，其增黏性、抗盐性和抗吸附性强于普通聚合物，动态变化特征与普通聚驱存在较大差异。依据大庆油田首个抗盐聚驱现场试验的开发过程，研究抗盐聚驱动态变化特征。结果表明，LH2500 新型抗盐聚合物具有较强的注入能力，对中低渗透层改善效果更明显，较普通聚合物驱见效快；中心井最大含水降幅高达 19.8%，高于普通聚合物驱 5.4 个百分点，含水低值期长达 18 个月；在注入 0.854PV 时，试验区提高采收率达到 15.54 个百分点，预计最终可提高采收率达到 18 个百分点，高于清配清稀普通聚驱 4.63 个百分点。

5.3.3 污配污稀

污配污稀即聚合物母液配制及单井稀释过程均采用污水[350]。污水配注聚合物驱油是近年来三次采油领域的研究热点之一，此方法具有高效、环保、节能等特性，可节约水资源、减少环境污染等，其应用前景比较广泛。有研究表明生活污水处理成"中水"也可替代清水用于三次采油聚合物溶液的配制[351]。

在聚合物驱油过程中，聚合物溶液的黏度和黏弹性对提高驱油效率起到了至关重要的作用。目前现场已经普遍采用清水配制聚合物母液，污水稀释聚合物溶液。但随着聚驱污水越来越多，含聚合物浓度高，使得聚驱污水处理的难度加大，含聚污水处理后，由于含聚合物，其他指标难以控制，水驱薄差层难以利用。同时由于含油、悬浮物含量经常超标，聚驱也很难利用。目前采用专性微生物处理含聚污水前景较好，但由于处理过程中引入了好氧微生物，好氧微生物对聚合物溶液有较大的影响，因此若要使用微生物处理后的含聚合物污水配制稀释聚合物，首先要对含聚污水进行杀菌。经过大庆油田五厂试验大队的研究，含聚污水经过合适的药剂杀菌后稀释聚合物具有较高的黏度稳定性及较好的黏弹性，但含聚污水污配污稀聚合物选用何种杀菌剂及杀菌剂浓度需进一步研究，同时含聚污水污配污稀聚合物对聚驱采收率及对配制系统设备是否有影响也需进一步研究[352]。

目前，污水配注聚合物驱油技术的主要问题是聚合物用量大、降解幅度大、油藏的适应性差、没有大规模应用等。有研究表明，在等黏的条件下，污水配制聚合物体系与油层配伍性好，注入能力强，聚驱采收率提高值高于清水聚合物体系 2.2~4.6 个百分点，但聚合物用量高于清水聚合物体系 74%[353]。虽然采用污水配制聚合物方式聚合物用量大，但将油田采出污水作为配制聚合物用水，既可解决配制水来源，又可避免采出污水外排带来的环境污染问题，具有较好的社会效益。如果污水聚合物体系多采出的油量能够弥补聚合物用量过大带来的损失，该项技术仍具备良好的推广应用前景。

5.3.4 三种配注模式比较

5.3.4.1 聚合物黏度与配注模式的关系

对于普通聚合物，其黏度稳定性与水质有关，清配清稀最好，污配污稀杀菌曝氧后的最差，氧对污配污稀体系抗剪切性有负面影响，高含聚污水有助于提高抗剪切性；对于抗盐聚合物，清配污稀（厌氧）最好，污配污稀杀菌曝氧前（厌氧）最差，氧对清配污稀体系抗剪切性有较大的负面影响，当体系浓度高于 1200mg/L 后，从剪切后 30d 的黏度保留率看，体系黏度随浓度升高而反弹。

杀菌曝氧措施可使聚合物体系黏弹性在 $0\sim30d$ 内保持稳定；清配清稀初始黏弹性最高，其次是杀菌曝氧的污配污稀，未杀菌曝氧的最差；两种聚合物对比，抗盐聚合物弹性更强，稳定性更好。

5.3.4.2 聚合物抗剪切性与配注模式的关系

对于普通聚合物，其抗剪切性与水质有关，清配清稀最好，清配污稀（未隔绝氧气）最差，氧对污配污稀体系黏度稳定性有负影响，高含聚污水有助于黏度稳定性提高；对于抗盐聚合物，污配污稀杀菌曝氧后的黏度稳定性最好，其次是清配清稀、清配污稀（厌氧），再次是污配污稀杀菌曝氧前（厌氧），清配污稀（未隔绝氧气）的稳定性最差。

5.3.4.3 聚合物注入能力与配注模式的关系

普通聚合物在 $250\times10^{-3}\mu m^2$ 岩心中可注入。污水中残余聚合物浓度越高，阻力系数和残余阻力系数越高。其中清配清稀最高，清配污稀次之，污配污稀最低。抗盐聚合物在 $100\times10^{-3}\mu m^2$ 岩心中的注入能力与配注模式无关，与抗盐聚合物的浓度有关，当其浓度 $\leqslant1000mg/L$ 时，能够注入；当其浓度 $\geqslant1200mg/L$，将会发生堵塞[338]。

5.3.4.4 聚驱采收率与配注模式的关系

张承丽等[354]研究了不同配注模式对聚合物溶液驱油效果的影响，运用数值模拟方法，在历史拟合的基础上对试验区剩余油分布进行了描述，并设计了 4 种不同水质条件下的聚合物配制方案，进行聚驱效果影响研究。研究结果表明，在聚合物浓度和注入速度均相同的前提下，清配清稀配制的聚合物溶液驱油效果最好，污配污稀曝氧后驱油效果略好于污配污稀曝氧前，未曝氧的清配污稀驱油效果最差。与水驱相比，采收率分别提高了 10.11%、9.04%、8.59% 和 8.18%。

污水中的残余聚合物具有良好的增黏性，含聚污水对聚合物体系性能具有一定的提升[355]，污水中残余聚合物浓度高，对提高采收率有利。

5.4
聚合物配注发展现状

5.4.1 油田配注站建设现状

经过多年的发展，聚合物配注工艺已经日臻成熟，取得了良好的应用效果和明显的经济效益，目前已在大庆油田、胜利油田、河南油田等油田进行全面的工业化推广应用[52,356-358]。

大庆油田拥有世界上最大规模聚合物驱油技术——三次采油阶段采油地面工程系统，聚合物注入站领先于其他国的家的发展水平。应用聚合物驱油区块 61 个，聚合物配制站 20 余座，注入站 246 座，注入井累计达到 15979 口，聚合物驱油技术产油量占大庆油田年产的30%以上。自1995年聚合物驱油技术首次应用以来，聚合物地面工程逐渐实现自动化，逐步代替人工，大大提高了数据的精确度，同时工程建设投资比例减小，单井建设平均投资减少近1/2。聚合物驱油地面工程经过不断发展和改善，形成集中配制、分散注入的配注工艺和具有特色的一点分、二段合采出液脱水工艺，两级沉降除油、两次压力过滤采出液处理工艺，以及多种辅助技术，使聚合物驱油地面工程应用完善，适用广泛[359]。

通过电磁流量计输出信号，调节注入不同井聚合物驱替介质流量，从而实现自动化控制流量调节泵，是聚合物驱油地面工程又一技术飞跃，不但节约管线、阀门及个别仪表使用量，还可以流程简单、高效实时调节等优点。同样，由于研究的局限性，聚合物驱油地面工程也存在一些缺点，如调剖适应性不高、母液瞬时流量稳定性差、个别泵偷停等现象，攻克此类问题还在进一步的研究中。虽然存在一定的不足，一泵多井注入技术应用广泛，特别是地质条件相对复杂的零散聚合物驱油井应用较多，以大港油田为例，许多小规模的聚合物驱油区块均采用一泵多井注入技术。在日常生产中，低重复利用率、高人力、物资投入和较长的施工投产周期等劣势逐渐显现出来，如此低的投入产出比不禁让石油工作者深思，在这个背景下，一种新型注入站诞生了。我国于1998年独立研制出可以解决上述问题的撬装聚合物注入装置，能够较好地完成石油现场单井组聚合物注入工作。撬装注聚装置具有很多优点，装置结构由多个小单元部分活头连接，石油现场安装、拆卸方便，运输难度低，重复利用率高；撬装注聚装置功能组合全面，石油现场应用性强，可以满足同等水平固定注聚站工作强度；根据石油现场不同驱油情况需要，撬装注聚装置可调整不同使用模式以达到二元、三元复合驱油技术；撬装注聚装置还能较容易地做到一泵多井的注入工艺；撬装注聚装置可批量预制，制作使用地点不统一，管理灵活性强。以采油二厂6号注入站为例，采用自适应控制技术实验，在运行时间内，单井瞬时误差较小，在±0.05%以内，满足误差要求，且遇突发状况，注入装置迅速自动恢复设定状态，运行稳定性强，效果较好。撬装注聚装置的研制标志着我国聚合物注入站发展前进了一步，有效推进了注聚设备国产化进程。同样撬装注聚装置也存在一些不足，例如对操作技术要求较高，对单井配比精确度要求较高等一系列问题。

5.4.2　油田聚驱地面工艺流程

从大范围来看，油田聚驱地面工艺流程可以分为配注合一流程和配注分开流程两大类[320]。

（1）配注合一流程

所谓配注合一流程，就是将聚合物溶液的配制过程和注入过程合二为一，统一建在一个站内的流程，配注合一流程主要适用于配制注入量较小的小规模聚合物驱油区块。

一体式配注站如图5-5所示。

（2）配注分开流程

配注分开流程，就是集中建设大型聚合物配制站，分散建设注入站，一座聚合物配制站供给多个注入站的流程，配注分开流程更适合于大规模聚合物驱油的区块。

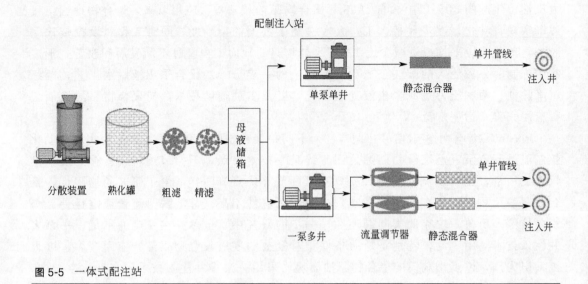

图 5-5　一体式配注站

分开式配注站如图 5-6 所示。

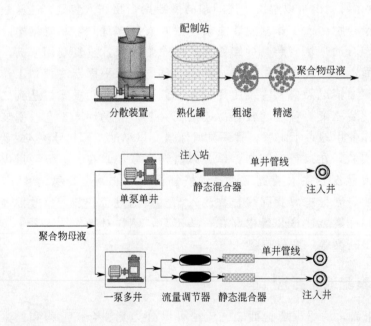

图 5-6　分开式配注站

5.5
油田现行的配注工艺

（1）聚合物常用注入工艺分类

聚合物常用的种类有粉剂聚合物和胶体聚合物，根据聚合物的种类可分为粉剂聚合物注入工艺和胶体聚合物注入工艺[320]。

1）粉剂聚合物注入工艺

为了进一步提高注聚工艺技术水平，对已建工程聚合物溶液在配制过程中的各个环节经过功能分析、反论证、咨询及现场调查，一方面取消了倒罐泵、大型过滤器及聚合物母液储罐等中间设备；另一方面提高自动化生产水平。该流程充分利用几个交替工作的熟化罐的熟化及储液双重功能，根据熟化罐的工作情况控制其进、排液阀的运行状态。简化了流程，节约了占地面积，降低了运行费用，减少了母液黏度损失。目前，此流程已在胜利及其他油田得到了广泛的应用，如图5-7所示。

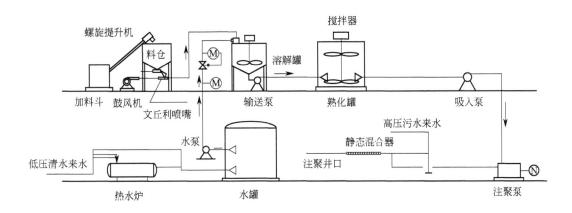

图5-7 粉剂聚合物注入工艺流程

2）胶体聚合物注入工艺

胶体聚合物是聚合物干粉的半成品，呈方形或圆柱形块状。选用对聚合物的分子链破坏作用小的造粒机，将聚合物胶块（或胶条）粉碎造粒。造粒机采用液压传动，具有震动小、噪声低、主机旋转部件少、工作性能稳定等特点。该工艺集造粒、溶解、熟化、注入为一体，采用集中控制，在每一个挤压循环过程中，实现了各动作部件的联动控制。同时具有手动控制功能，当联动部分出现故障时，可使用手动控制系统来完成。该流程在孤东油田二区层交联聚合物试验站采用，如图5-8所示，投产一次成功，运行良好。

（2）聚合物配注工艺分类

根据配注现场的条件及配注的需要，可将配注工艺分为常规聚合物配注工艺和撬装式聚合物配注工艺[345]。

1）常规聚合物配注工艺

在清水聚合物驱配注工艺基础上，通过研究、简化、优化，形成了污水聚合物配注工艺技术。考虑到污水与清水的差异、污水聚合物驱通常采用的高分子量聚合物的溶解性，目前现场采用的污水聚合物驱地面主体配注工艺流程为：对配注聚合物用的污水进行处理→聚合物分散→熟化→螺杆泵→注聚泵→通过计量的聚合物母液与一定量的高压水混合→静态混合器→注入井口。

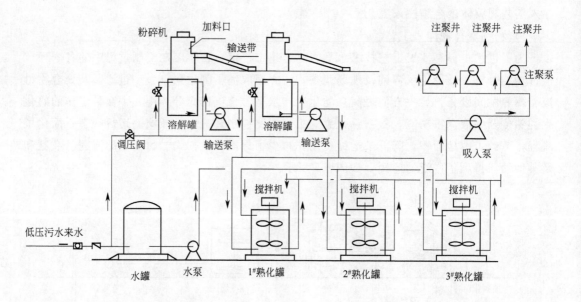

图 5-8 胶体聚合物注入工艺流程

对配注聚合物用的污水采用催化曝气除铁及紫外线杀菌工艺处理后，一部分污水用于混配聚合物母液，一部分污水通过升压后用于混配聚合物母液；在聚合物分散方式上，将原来的鼓风机强制混配改为文丘里短流程混配，并在其后端工艺流程上安装旋流除气装置及管道泵等，使得初步分散的聚合物干粉与污水加速了均匀混合、溶解，且聚合物母液熟化时间缩短至 90min，简化了地面工艺；现场配制的聚合物母液分散、溶解效果好，无"鱼眼"且性能稳定。

该工艺技术早已得到了应用，现场工艺适应性分析结果表明：整个聚合物母液配制系统下粉稳定，各熟化罐不同部位及各熟化罐之间配制的聚合物母液黏度均匀；现场配制的高浓度聚合物母液与一定量的高压水混合成聚合物溶液后，混配均匀，完全达到了设计要求。

2）撬装式聚合物配注工艺

聚合物分散装置根据实施规模的需要，采用撬装式单体单翼或一体两翼方式。通过撬装式污水聚合物驱配注工艺的优化研究，实现了在独立的撬装房内进行 2～3 口注入井聚合物溶液的配注过程。做到了聚合物配注设备的撬装化，其结构紧凑、合理，便于搬迁，重复利用性强。聚合物配注方式采用聚合物母液集中配制、集中注入或分散注入的方式。该工艺基本满足了常规油藏污水聚合物驱的需求。

撬装式污水驱聚合物驱的制备工艺随着油田进入水驱开发的中后期，使用油田的输出污水分配聚合物势在必行，但大量二价铁和其他活性物质在污水中使用。用新鲜污水直接分配聚合物会导致聚合物严重降解。为此，开发了一种聚合物短流程工艺和设备。该技术将干燥聚合物粉末分散工艺改成短流复合工艺。最初制备的聚合物储备溶液通过文氏管压力直接进入老化罐（储罐），无需鼓风机、溶解罐、传输螺杆泵和聚合物液体储罐等；熟化罐同时进行老化和储存，聚合物溶液直接从熟化罐送到外部泵供应。通过工艺改进，聚合物溶液熟化槽的混合时间变为 90min，部分熟化槽和相关工艺流程被省略。在老化和储存的短期工艺过程的基础上，创新开发了一种撬装聚合物复合工艺和装置。采用撬块的设计理念，优化设备部件的选型和布局。这个过程不仅保证了整套设备的灵活性，而且保证了设备功能齐全，满足断块油田聚合物驱的要求。

撬装式聚合物配注装置的特点：

① 现场安装，调试周期短。由于混凝土砌块的模块化设计，混凝土砌块和撬装野营房的设备在工厂已经组装调整，只需简单的提升，固定和外围集流管连接即可投入使用。施工期可以缩短 1/3～1/2。

② 移动方便。由于设计简单，使用 1～2 台起重机和 4～5 辆卡车进行搬迁和迁移，完成搬迁任务。

③ 设备的重用率高。当聚合物注入在 3～6 年内完成时，该装置可以快速移动到另一个区块进行聚合物驱油。

④ 质量可靠，性能稳定。经过不断的技术进步和严格的设计制造标准化，保证了整个设备的运行稳定性和质量。

⑤ 投资成本低。由于采用了蹲步式设计，地面基础设施、砖混结构或彩色钢结构房屋的建设被淘汰，只有现场建设必要的绊脚石基础，并且建设成本可以降低很多。

随着聚合物驱技术为主的三次采油技术的不断扩大，撬装聚合物配制装置的灵活性和现场适应性更加符合复杂断块油田对聚合物驱污水的需求，具有广阔的市场前景。但是，地面准备过程的优化和简化仍有很大空间。为了进一步减少投资并提高经济效益，必须进一步优化。

5.5.1 海上油田

我国是石油消费大国，石油产品成为我国最重要的进口资源类商品之一，并且我国对石油需求量仍在不断增加。经过几十年的开采，东部地区陆上油田的开采已进入中后期。研究表明，未来中国石油储量增长的主要领域在西部和海上，而海上油田又是开发的重点。从近期勘探和资源潜力分析来看，石油勘探应主要在前陆盆地、大型隆起带、地层岩性油藏、渤海湾盆地浅层、海相碳酸盐岩及海域（包括滩海）。这些将是中国今后进一步加强勘探的主要目标区[360]。

我国从 20 世纪 50 年代开始对海洋石油进行勘探，到 1970 年左右主要进行的是基础勘探工作，海上油田还未进入大规模的生产阶段。从 20 世纪 70 年代末开始，我国的海洋石油开发进入了一个新的发展阶段，大量新技术的应用使海上油藏的开发有了很大的进步，探明储量和产量也有了较大提高。目前我国近海油气田的开发主要集中在渤海、珠江口、琼东南、莺歌海、北部湾和东海 6 个含油气盆地，已形成了 4 个油气开发区：渤海油气开发区、珠江口油气开发区、南海西部油气开发区和东海油气开发区。据保守估计，根据勘探预测，在上述海域石油资源量达到 275.3 亿吨，天然气资源量达到 10.6 万亿立方米，而目前原油的发现率仅为 9.2%，因此中国近海海域极具勘探开发潜力[360]。

5.5.1.1 海上聚合物驱油面临的挑战

聚合物驱在我国陆上油田开展了近 20 年，取得了很多理论和实践成果，已经是相当成熟的技术。这对在海上油田应用聚合物驱提高采收率技术会有很大的帮助，许多理论成果与实践经验及教训都可以借鉴。但是在海上油田进行聚合物驱具有与陆上油田不同的特点，主要面临以下几大挑战[361]。

① 平台空间有限。由于所有采油工艺措施都是在海上平台上进行的，不可能预留很大空间摆放调剖或注聚设备。根据调研确定该设备允许占用面积 80m²，因此在满足注入工艺要求的前提下，设备应尽可能体积小、质量轻。

② 海上平台缺乏淡水。传统聚合物驱技术配制聚合物溶液用淡水，同时还产出大量的污水。如果利用污水配注，必须大幅度提高聚合物的使用浓度。而海上聚合物驱几乎不可能使用淡水配制聚合物，只能考虑用海水（矿化度 32000～35000mg/L）或地层产出污水。

③ 配液量大，配液浓度高。海上采油一般采用九点井网，单井注水量大。当注水井实施调剖堵水或注聚驱油时，要求装置的配液量大，配液浓度高。如果以陆地聚合物配注装置为模式，则会加大配注流程规模。

④ 设备的吊装和运输受到限制。海上平台所需的各种设备、材料都要通过运输船运送到海上平台。在运输过程中，单元设备的质量不能超过运输和吊装所能承受的额定载荷能力，因此其单元质量应小于 7t。

⑤ 自动化程度要求高。由于海上平台远离陆地，设备维修等作业较为困难。因此，海上平台采用集中自动化管理，要求设备性能可靠，操作简单，安装维修方便，噪声低。在调剖或注聚驱油过程中，必须实现装置从溶液配制到注入的全过程自动化控制和检测。

⑥ 安全环保要求严格。在整个流程中，所有电气设备均采用Ⅳ级防爆型。设备的吊装点均需进行抗拉强度校核，对于运动部件采用固定螺栓固定在平台上并垫有胶皮，以消除振动和噪声。另外，调剖或注聚驱油工艺实施过程中会产生一些污水和残液，为防止污水和残液造成环境污染，必须通过管汇将其送至平台的污水处理系统[362]。

另外，海上油田聚合物驱油对聚合物具有以下特殊要求。

① 抗盐性。注入水的矿化度高（尤其是钙镁离子含量高达 600～1200mg/L），要求聚合物具有较强的耐盐性。

② 速溶性。平台空间狭小，不允许配聚装置体积庞大，要求聚合物快速溶解。

③ 抗剪切性。绕丝筛管砾石充填的防砂完井方式和大排量注入，要求聚合物具有很强的抗剪切能力。

④ 稳定性。大井距、厚油层，要求聚合物在地层中具有长期稳定性。

⑤ 平台采出液处理流程受限和海上环境保护的高标准，要求聚合物对采出液处理的影响尽可能小。

因此，需要根据海上油田聚合物驱油的特点，研制出新型聚合物驱油剂，这样聚合物驱油技术才有可能在海上油田实施。

5.5.1.2 海上油田聚合物驱油工艺的优化原则

由于受到海上平台空间有限这一特点，在海上进行聚合物驱油的工艺应满足以下

原则[361]:

① 在满足注入工艺要求的情况下，尽可能减少对采油平台的占用，装置流程紧凑，体积小，质量轻，安装方便。

② 方便生产运行和管理，要求地面流程自动化程度高，操作简单，维修方便。

③ 满足环保和安全的要求。

5.5.1.3 海上油田配注工艺流程

海上油田聚合物驱平台配注工艺由干粉输送系统、分散系统、熟化系统和注入系统4个部分组成[361]。通过自动化控制，各个系统各自发挥功能。聚合物干粉投入到输送系统中，通过低压水与其混合输送到分散系统中，溶解后经输送泵将混合液输送到熟化系统，混合液在熟化系统中经过搅拌后熟化，形成聚合物母液，经过喂液泵将其输送到注入系统。注入系统中的高压水和母液混合后形成目标液，经过处理后注入目标井。这种连续的配液、进液、出液系统，可以保证整个配注过程的连续性，使平台的整个流程更加顺畅。

5.5.1.4 海上油田配注工艺系统组成

通过对陆上油田配注技术和系统进行研究，结合海上油田的特点，研究出了适合海上油田作业的配注系统和工艺。海上油田聚合物配注工艺具有明显的特征，其系统组成也是完全配合海上作业的需要而发明的。海上油田聚合物驱平台配注系统的4个子系统都实现了自动控制，并对4个系统进行撬装化设计，分成几大撬装板块，包括配液间、控制间和熟化罐等[361]。

（1）配液间

配液间是混合液的制作环节，包括上料器、给料器、料槽、鼓风机等设备和配套的管道设备。配液间和熟化器以及注入系统、供水系统间通过接口相连接，实现迅速给液。配料间的功能通过其配套设备实现。

① 通过上料器、料槽和给料机进行加料，通过鼓风机、喷射器和开关控制，对聚合物干粉进行输送。

② 低压水的提供主要是通过自动化的供水管路、流量计和调节阀进行水量控制。

③ 混合液在水粉混合头中进行分散。

④ 使用溶解罐和搅拌器将聚合物和水进行搅拌，使其溶解。

⑤ 将混合溶液通过输送泵送至熟化器。

⑥ 喂液泵把熟化的母液输送到注入系统

（2）熟化系统组

熟化罐中包括很多独立空间，每个空间都设置单独的搅拌器。聚合物混合液从第一个空间流入到下一个空间，经过一级一级的熟化后在最后一个空间内熟化成聚合物母液。母液最后被输送泵送到注入系统。这种熟化系统，第一级的混合液刚注入，完成熟化的母液已经从出口排入到注入系统，可以保证进液到出液的自动化，减少熟化的程序和熟化罐的数量；同时，减少了设备投入和占用空间，也给设备维修和保养工作节省了很多时间，间接节约了生产成本。

（3）控制间

控制间是海上油田聚合物驱平台配注系统的重要程序之一，包括电气控制开关柜、

PLC 控制柜、值班房等多个程序。通过控制间的操作，可以使配液系统到注入系统的正常运行，极大地提高了配注效率，实现了油田聚合物配注的自动化。控制间对电表和仪表进行连接，通过自动化软件，对系统的各个子系统中的电气设备和阀门、仪表等进行自动化控制。可以对配注过程中液体、水的流量和压力，以及对液体温度等进行监测和管理。保证配注过程中，数据的收集、整理和存储、分析等。通过对收集到的数据进行动态分析，还可以对配注系统运行以来的所有历史数据进行分析，不断改进和完善系统功能。通过对配注工艺技术参数的分析，能够实现控制过程的科学化和有效化，及时避免海上作业中的风险。为了满足海上安全作业的需求，还对电气间进行了防爆设计，极大地保证了作业人员和平台的安全。

5.5.1.5 海上油田配注工艺系统的优势和特点

对于这种专门为海上作业研究的配注系统，其工艺的使用为海上油田作业提供了很大的便利。这种配注工艺中，自动化的上料机可以节省人工劳动成本；其配液间采用间歇配液工艺，保证了聚合物混合液在熟化系统中的熟化时间；低压水和干粉量自动调节装置，保证了聚合物母液的科学配比；鼓风机等分散系统，能够防止干粉溶解过程中的成团和鱼眼现象；剪切式输送泵，在输送聚合物溶液时自带剪切功能；螺旋混合器还能使母液和高压水进行有效的混合。

（1）占用空间少

由于海上作业空间小，作业难度大，对吊装要求高。因此，这种工艺系统支持下的配注设备，将陆地油田的设备和系统进行精简。每个撬装设备的重量都不会超过 9 t，极大地减少了对海上平台空间的占用，满足了海上小平台作业的需求。

（2）撬装化

海上油田基于平台操作，空间受到限制。为了更加简化，节省成本和空间，海上油田聚合物驱平台配注系统被设计成几个撬块，每个撬装模块高度集成，充分利用平台空间。每个撬块之间通过简单的连接可以进行作业。系统运行时，只需要借助平台的低、高压水和电源，就能运行。整个配注过程方便快捷，高度自动化。

（3）布局合理

为了节省海上平台空间，配注工艺系统也进行了空间占用的设计。通过将设备集中布置，立体设计，科学化的布局，使设备间的连接和维护更加方便。在施工过程中对平台影响不大，转移和运输也十分方便，极大地节约了平台空间。

（4）高度自动化

配注系统实现了整个运行过程的自动化。对每一个子系统通过控制系统进行数据的收集、整理和分析，对系统运行进行监测。对人工需求比较小，节约了人工成本，也保证了操作的安全性，避免了操作中的人工失误。

（5）抗剪切性

聚合物溶液的抗剪切性会随着其注入量和浓度的增加而减少，因此，海上油田聚合物驱平台配注系统通过选用合理的管道材料，加上自动化的控制，对聚合物溶液的输送量进行控制，保证其浓度和注入量能够达到最小的剪切力状态。

5.5.1.6 海上油田聚合物注入质量浓度优化新方法

聚合物驱为油田进入高含水阶段后一种最主要的提高采收率的方法，室内实验和矿场实践均表明，其在提高油田最终采收率方面起着重要作用。海上油田开发有别于陆上油田，主要在于海上油田的平台寿命有限，这决定了海上油田必须实施高速高效的开采方法。因此，早期注聚便在海上进行了矿场试验及应用。早期注聚后，储层地下渗流特征和剩余油分布特征较晚期注聚更复杂，不同井组之间的差异也更大。注入浓度设计不合理会导致聚合物的利用率降低，油田开发效果变差。

在海上油田早期注聚方案设计中，由于不同井组之间的差异表现还没有那么明显，故不同注聚井的注入质量浓度设计为同一值。随着油田开发的进行，由于不同井组间储层物性、非均质程度、开采速度等方面的差异，造成不同井组间的含水率与采出程度不同，再使用同一注聚质量浓度，显然不符合油田实际。因此，有必要根据井组间的含水率差异进行单井注聚质量浓度设计，从而节约聚合物驱成本，提高聚驱效果[363]。

王立垒等[363]从聚合物溶液调整水油流度比的基本原理出发，综合考虑聚合物质量浓度与黏度、阻力系数的关系，同时结合油田的相渗曲线和分流量方程，首次绘制出了不同含水率下聚合物最优注入质量浓度的理论关系图版，创新性地提出了一种海上油田单井聚合物质量浓度优化的新方法。该方法简便易行，已应用于渤海全部3个化学驱油田，首次实现化学驱注入质量浓度调整，起到了降水增油效果，同时节约了聚合物用量。其中，L油田实施4个井组，受效井含水率下降4%，平均日增油33.0m³，累计增油达1.2×10⁴m³。

5.5.1.7 渤海油田配注系统改进和优化

（1）渤海油田配注工艺的改进

渤海油田是中国海上最大的油田，是我国第二大原油生产基地[364,365]。2003年，渤海绥中36-1油田的成功施用是我国首次开展海上油田矿场试验，并取得了显著的增油效果[366]。随后，逐渐开发出适合海上平台的聚合物配注工艺与系统，逐渐在渤海油田得到应用。

随着聚合物驱技术在渤海油田的成功应用，注聚规模越来越大，单个平台的注聚井数和配注量也渐渐增多，原有的配液系统配注效率较低，系统的占地面积较大，尤其是海上平台空间狭小，承载有限，要求设备撬装化、小型化、高度集成[367,368]。为此，对原有的配注工艺及系统进行了改进，形成了渤海油田特有的聚合物连续配注工艺和系统，满足了当前海上油田的注聚需求。

原有的配注工艺主要由四大单元组成，即干粉输送系统、分散系统、熟化系统、注入系统。这四大系统均依据各自的主要功能进行划分，且均由自动化控制系统控制。原有的配注工艺流程如图5-9（a）所示，聚合物干粉通过人工投加到干粉输送系统，通过输送系统将定量的聚合物干粉送至水粉混合头，与低压水初步混合，并进入分散系统进行初步溶解；而后通过输送泵将水与粉的混合液输送至1#熟化系统或者2#熟化系统，在熟化系统内不断搅拌并完成熟化，形成聚合物母液；再通过喂入泵将聚合物抽送至注入系统，经过增压使计量的母液与平台高压水按一定比例混合后形成目标液，经流量调节后注入目标井。

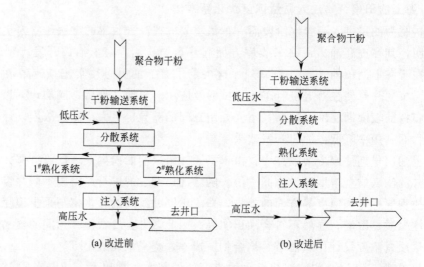

图 5-9　改进前后聚合物配注工艺[369]

原配注工艺中 $1^{\#}$ 熟化系统和 $2^{\#}$ 熟化系统轮流向外输液，需要不断切换流程。在现场应用中，切换流程时往往容易导致熟化系统向外输液不足，造成注入系统中的喂入泵抽空，使得喂入泵压力处于非正常工作压力范围内，容易导致喂入泵由于自我保护功能而停泵，从而导致整个注聚过程的中止。

对原有的配注工艺进行了改进，形成如图 5-9（b）所示的新型配注工艺。按照功能划分需求，改进后的配注工艺仍然由同样的四大单元组成，但只需要一个熟化系统，其进口和出口始终保持开启状态，进口持续接受来自分散系统的供液，同时出口持续向注入系统输液并注入井中，也就是说，这一个熟化系统，一边进液一边出液，并保证从进液开始到出液的过程中母液完成熟化。这种连续的配注方式不需要切换流程，有效避免了喂入泵抽空导致的停泵。从现场应用情况看，喂入泵压力基本保持在正常工作范围内，整个流程运行平稳。

通过对渤海油田聚合物驱配注工艺的改进，形成了渤海油田特有的连续配注工艺与系统，满足了该地区对聚合物驱系统集成化、撬装化、小型化的要求，并且聚合物配注效率高。改进后的聚合物配注工艺与系统已在渤海某井组注聚中得到初步应用，取得了良好的效果。

（2）渤海油田配注工艺的优化

国内陆地油田聚合物驱油技术较成熟，逐渐成为油田开发后期重要的稳产手段。陆地油田配注系统，建有专门的配制站、注入站，而海上平台空间狭小，承重有限，要求聚合物配注系统撬装化、结构小巧、布置紧凑。"十一五"期间，中海油开发出了海上平台单井和井组注聚的配注系统，应用于渤海油田多个区块。随着注聚井数增多，配注量增大，原有配注系统无法满足现场需求，成为中海油"十一五"期间聚驱技术方面需要解决的问题之一。

渤海油田聚合物驱早期注聚配注工艺流程如图 5-10 所示，人工将聚合物干粉投加到下料槽，干粉经过螺旋给料机进入落料斗，通过鼓风机将干粉送到混合头与低压供水混合后进入溶解罐初步溶解，再由输送泵输送到熟化罐完成熟化，形成聚合物母液。喂入泵将聚合物母液输送到高压注聚泵，经高压注聚泵升压后与高压注水按一定比例汇合，经过混合器混合成目标液注入目的层。

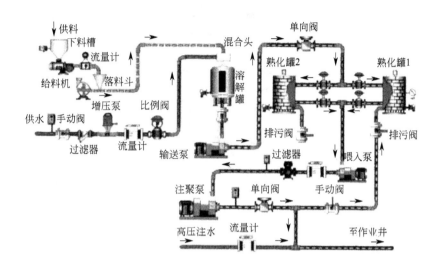

图 5-10 渤海油田聚合物驱工艺流程

该工艺比较成熟，但仍有几个方面有待改进[370]。

① 聚合物干粉投料不方便。早期系统的下料槽容积约为 $0.5m^3$，随着注聚井数和注聚量的增加，下料槽也增大约为 $1.5m^3$，下料槽开口位置也随之增高，投料人员需要携带袋装聚合物干粉爬约 1m 高度才能投料。

② 干粉与水在混合头处混合效果差。随着聚合物干粉用量的增大，当送料速度达到 500kg/h 时，干粉和水在混合头混合不均，会出现"鱼眼"现象。

③ 聚合物熟化时间相对较长。原来的熟化罐一直采用二叶斜桨式搅拌器，该搅拌器需要搅拌 1 个多小时才能使聚合物 AP-P4 满足注入要求，熟化效率较低。随着注聚井数增多，该搅拌器已不符合海上平台对设备的使用需求。

④ 一泵对一井的泵注方式使系统配制未达到优化。渤海油田早期注聚井数少，采用的是一泵对一井的泵注方式，随着注聚井数增多，需要采用新的泵注方式。

基于以上问题，对配注系统进行了如下的优化[370]。

① 投料方式改进。增加一套小型的电动上料装置。配注系统的撬装内有富余空间，可安装小型电动上料装置，现场投料人员只需将物料投加到小型料斗即可，干粉通过电动螺旋上料机被输送到下料槽，既不会影响现有设备布局和尺寸，也不改变聚合物干粉的包装袋，投入也不大。

② 混合头优化。新的混合头将原来混合头的进水区封闭后增加 8 个定向水嘴包围出粉口，经过水嘴后水的流速大大增加，并定向向出粉口喷射，与喇叭口分散后的粉料混合后进入溶解罐。如图 5-11 所示，新的混合头改了流体流动方向，使得气体射流方向与水射流方向斜交，改善了水粉混合效果。改进后的混合头应用到渤海锦州 9-3 油田井组注聚

和渤海南堡 35-2 油田调驱，从清理过滤器的次数来看，"鱼眼"现象基本消失，分散效果也大大增强。

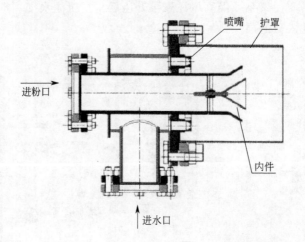

图 5-11　新型混合头

③ 熟化罐搅拌器优化。透过调研对比，优选出了针对聚合物 AP-P4 的大直径新型轴流翼型搅拌器，其运行能耗低、搅拌效率高，缩短了聚合物溶解时间。

④ 泵注方式优化。采用一泵对多井的泵注方式，将 1 台高压注聚泵泵注的母液分流，与相对应的高压注水混合成目标液，再注入目的井。由于每口井的注入量和注入压力不同，所以需要在泵出口的分支上设立流量调节器，同时增加低剪切球阀进行调节、关断，另外在每个分支上用电磁流量计计量流量，井口配备压力表计量井口处压力。

5.5.2　大庆油田

5.5.2.1　大庆三元配注工艺发展历程

大庆油田是世界上最大的三次采油基地[371]，其三元配注工艺的发展经历了 4 个阶段[372]。

（1）三元配注地面工艺的初步确立

为满足开发的要求，大庆油田在 20 世纪 90 年代配合开发矿场试验，陆续建成了 4 座三元配注试验站，由于试验规模较小，均采用目的液流程。

2005 年年初，开发提出了北一区断东、南五区和北二区西部三元复合驱工业化矿场试验的正式开发方案，在充分研究了 4 座小型已建试验站以及近几年科研成果的基础上，展开三元复合驱工业化推广地面配注工艺研究。

根据开发方案对地面工程提出的单泵对单井目的液注入流程，便于单井个性化设计与调整要求，在经过国内外现有设备调研检索后，最终确定应用多联泵作为三元配注工艺的核心设备。根据选取的核心配注设备，地面工程研究出了复合体系点滴配注，单泵单井单剂的工艺。该工艺通过以多联泵为核心的升压混配装置，把三种化学剂按复合体系配方依次与计量后的高压水混配，形成目的浓度的三元复合体系输送至注入井注入，解决了开发方案对地面工程提出的单泵对单井目的液注入流程，便于单井个性化设计与调整要求。

（2）三元配注工艺的应用及改进

为满足开发生产的需要，北一区断东、南五区和北二区西部三元配注试验站相继在2005年年底建成，投产注水。与此同时，进一步加快了三元复合驱工业化推广的进程，在2006年年初，相继安排了南一区西西块、杏一～二区东部和北东块的三元复合驱开发。2006年7月，在北一区断东和南五区三元试验站的三元体系配注装置投入运行后，经过近2个月的生产运行考核和现场技术跟踪，发现早期提出的工艺存在一些问题，并对这些问题提出了解决方案。

① 通过完善配注装置的计量，解决了实际生产中存在误差的问题。由于原工艺母液的流量靠混合液流量计和污水流量计差值计算得出，2个流量计现场显示计量数值不同，造成了调整配比困难。3座三元试验站设计时要求各装置制造厂在介质入口管线预留了在线标定接口，以便确定计量泵的实际流量，指导生产。因此，按检定周期2个月考虑，在北一区断东、南五区和北二西三元配注试验站分别配制部分移动标定装置，利用移动标定装置定期检定计量泵的流量，避免了用2块流量计数值之差的方法引起的计量误差。

② 通过对静态混合器安装方式的优化，解决了目的液混合不均匀的问题。已建站内安装的静态混合器大部分为立式，部分采用卧式。从检测结果看，立式安装优于卧式。因此对部分已建站内的静态混合器进行改造和更换。通过上述技术改造，基本满足了试验站的生产要求。

（3）三元配注工艺的简化与推广

2007年2月，为研究开发最新的三元配注体系，总结了地面已建三元配注站的经验，提出了三元复合驱配注工艺简化方案。该方案通过熟化罐配制低压三元液，与注入站高压二元混合注入、外输管道连续配制低压三元液，与注入站高压二元混合注入，以及注入站配制低压三元液，同时与高压二元混合注入三套方案对比，最终确立了低压三元、高压二元的地面工程三元配注站新工艺。

该工艺站内流程如下所述。

1）低压三元配制部分

碱和表面活性剂通过接卸装置进入储罐，配制站来的聚合物母液进入调配罐，根据不同规模设置设2～4座调配罐交替使用。母液进入调配罐后，启动搅拌器，先把碱定量加入调配罐，搅拌0.5h后，再把表面活性剂加入调配罐，继续搅拌1.5h，配制成目的浓度的碱和表面活性剂低压三元液。

2）高压二元混配部分

碱和表面活性剂分别用隔膜泵按碱在前、表面活性剂在后的顺序加入高压水管道，通过静态混合器混配成含目的液浓度碱和表面活性剂的高压水，在注水阀组进行流量调节和分配。

3）目的液体系混配部分

调配的低压三元液用三柱塞泵以单泵单井方式升压，在注水阀组与高压AS水混合，通过单井静态混合器混配成符合指标的三元复合体系，至注入井注入。通过该地面三元配注工艺的优化简化，与原先的单泵单井单剂三元配注工艺相比，可节约建设投资20%以上，有效地提高了三元复合驱开发的综合经济效益，同时也为低压三元部分采用一泵多井工艺及进一步简化三元配注工艺奠定了基础。

（4）三元配注工艺进一步简化的方向

为进一步降低地面工程投资，提高三元复合驱开发的整体经济效益，进一步优化简化三元地面配注工艺势在必行。目前开发提出的单井聚合物浓度可调、碱和表面活性剂相对浓度不变的要求下，改变现行的碱和表面活性剂在三元配注站分散复配为碱和表面活性剂在注水站及配制站集中复配是目前优化简化的方向，此措施可将碱和表面活性剂相关设施集中建设，大幅度简化三元注入站工艺。同时，利用新技术及新设备，减少三元注入站运行设备的数量，可降低后期设备管理维护成本，并在一定程度上进一步降低三元配注系统的投资。

5.5.2.2　杏北三元配注工艺

杏北油田自2007年三元复合物工业化推广以来，经过大量的技术探究与现场试验，探索出"低压一元、高压二元"、管混式"低压三元、高压二元"、罐混式"低压三元、高压二元"三种配注工艺[373]。

（1）"低压一元、高压二元"配注工艺运行情况

杏北油田共有4座注入站应用"低压一元、高压二元"配注工艺。本工艺是根据三元体系配方，将碱（A）和表面活性剂（S）分别用泵定量按顺序点入高压水管道，配成一定浓度的A、S二元水溶液；聚合物母液（P）通过增压泵增压，按比例与高压A、S二元水溶液在注水阀组处通过静态混合器混合成三元体系，注入各三元注入井。

工艺流程如图5-12所示。

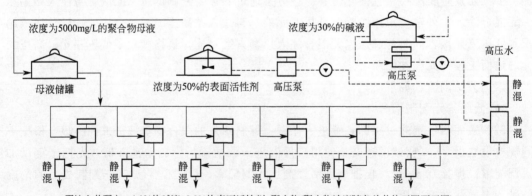

图5-12　"低压一元、高压二元"配注工艺流程

该工艺最大的缺点是现场混配的三元体系中，聚合物母液在目的液中的浓度发生变化时，碱、表面活性剂浓度也会随之发生变化，无法达到开发标准指标要求。

（2）管混式"低压三元、高压二元"配注工艺运行情况

由于"低压一元、高压二元"配注工艺不能满足开发指标要求，将其完善为"低压三

元、高压二元"配注工艺。目前,杏北油田有2座注入站分别应用静、动态混合器,管混"低压三元、高压二元"配注工艺。

其工艺流程如图5-13所示。

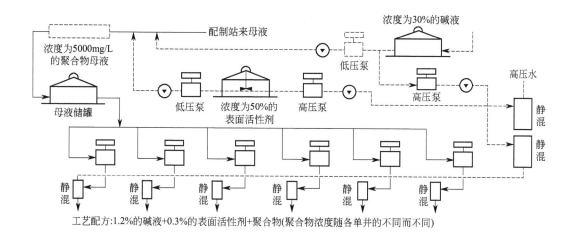

图5-13 管混式"低压三元、高压二元"配注工艺流程

在应用管混式"低压三元、高压二元"配注工艺中,通过静态混合器混配的三元体系,管道长度大于30m才能混合均匀。为此,增加了动态混合器,动态混合器是指配备搅拌器的小型容器,混合效果得到进一步改善。

(3)罐混式"低压三元、高压二元"配注工艺运行情况

聚合物母液、碱、表面活性剂按照预先设定的量,依顺序进入调配罐进行熟化,每个熟化罐的运行状态有三种,即配制三元液、外输三元液、熟化。三种状态在三元调配罐之间动态切换,以上过程由自控系统与碱泵、表面活性剂泵、进出口阀的连锁自动实现。

配注工艺流程如图5-14所示。

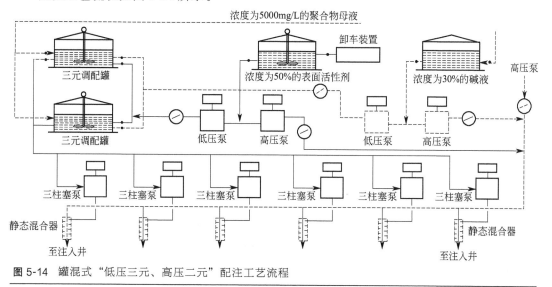

图5-14 罐混式"低压三元、高压二元"配注工艺流程

杏北油田有 4 座注入站设计工艺为罐混式"低压三元、高压二元"配注工艺。应用该工艺后，跟踪分析显示，全站碱浓度、表面活性剂浓度波动较大，超出开发要求范围，聚合物黏度的合格率仅为 77.5%，界面张力合格率仅为 78.2%，均不能满足开发要求。同时，罐混式"低压三元、高压二元"配注工艺由于自控点多，对于自动化程度、仪器精密配合程度要求很高，实际运行中，各自控点的配合程度难以达到设计要求，易发生调配罐入口阀门未按指令开启，而机泵正常启动等故障，影响系统正常运行。

"低压一元、高压二元"配注工艺仍存在适用范围的限制，虽然注入体系中黏度和界面张力的合格率均能达到 90% 以上，但碱、表面活性剂的浓度波动范围较大。应用实践表明，使用动态混合器混配低压三元的管混式"低压三元、高压二元"配注工艺，能较好地满足开发要求。罐混式"低压三元、高压二元"配注工艺对自控系统及泵阀的连锁要求较高，受自控系统的制约，系统存在一定波动。

5.5.2.3 "低压二元＋高压二元"配注工艺

（1）"低压二元＋ 高压二元"配注工艺概况

三元复合驱应用规模不断扩大，三元配注工艺不断简化完善，先后经历了目的液的配注工艺、单泵单井单剂点滴配注工艺、低压三元＋高压二元配注工艺，但随着简化工艺流程、降低能源消耗、节约成本等要求的不断提出，原有工艺存在了一定的弊端，因此配注工艺逐渐演变为"低压二元＋高压二元"集中配制、分散注入模式，即：表面活性剂投加到低压配制水中，随曝氧深度污水一同输往配制站，用于配制二元聚合物母液，再输往注入站；高压碱、表面活性剂在二元站集中升压后与高压水进行二元液的集中混配，再输往各三元注入站；三元注入站将低压二元液升压后与高压二元水按比例混合后输至站外三元注入井，完成整个三元配注全过程。该工艺减少了地面建设投资，解决了低压部分结垢问题对配注质量的影响，较原有的三元配注工艺优势明显。

（2）"低压二元＋ 高压二元"配注工艺指标情况

① 配制工艺低压二元体系合格率达到较高水平，聚合物浓度合格率 100%、聚合物黏度合格率 100%，能够满足现场生产需求。

② 碱液管输工艺运行平稳。常规碱液运输采用罐车拉运方式，碱液管输工艺将 8% 浓度液碱升温升压后由管道输送，运行过程中碱液进站浓度稳定，碱浓平均度 7.74%，浓度误差率 3.3%，管线温差及压差运行平稳。

③ 注入体系合格率较高，基本能够满足开发方案要求。单井聚合物浓度合格率达到 99.5%、碱浓度合格率达到 100%、表面活性剂浓度合格率 100%；界面张力合格率 100%。

（3）"低压二元＋ 高压二元"配注工艺存在问题及对策

陈海军[374] 对"低压二元＋高压二元"配注工艺进行了研究，发现"低压二元＋高压二元"配注工艺存在以下问题。

① 聚合物浓度分级多，碱浓度方案符合率低，二类油层发育差异较大，单井聚合物注入浓度分级多，受"低压二元、高压二元"配注工艺影响，碱浓度随聚合物浓度反向变化，导致碱浓度方案符合率低。调整二元调配站运行方式，将原来的高压二元单一碱浓度

调整为三种碱浓度，尽量适应个性化需求；同时上调聚合物母液浓度，降低碱浓度的调配误差，调整后碱浓度方案符合率由 42.5% 上升到 67.1%。

② 配注系统结垢严重，影响注入质量。弱碱三元区块主段塞注入 45d 出现结垢现象，现场采取酸洗措施清垢，取得较好的清洗效果，能够保证注入质量。

③ 石油磺酸盐凝固点低，卸车困难。石油磺酸盐表面活性剂采用罐车拉运方式输送，来液浓度 38%，受物理性质影响，石油磺酸盐流动性差，卸车速度缓慢，卸车泵电机空转。建议石油磺酸盐卸车工艺中增加卸车管线加热设施，提高液体流动性；缩短卸车管线长度，增大卸车管线管径，增强供液能力；卸车泵增加变频装置，罐车低液位时卸车泵变频运行。

综上所述，"低压二元＋高压二元"配注工艺基本可以满足开发需求，但在设计过程中需要考虑相应的地质方案调整措施；碱液管输工艺运行平稳，能够满足现场实际需求；清防垢措施能够降低配注系统结垢对注入质量的影响，但现有的清防垢技术存在一定的问题，技术上需要进一步完善。

5.5.2.4 喇北东配注工艺

为验证弱碱体系三元复合驱开发效果，2015 年在对喇北东块强碱三元复合驱试验层系组合优选的基础上，计划利用原井网开展葡Ⅱ4～9 油层弱碱三元复合驱现场试验，在喇北东块二区中部喇 8-24 井区开展高Ⅱ1～18 油层三元复合驱试验。该区块地面工艺配套建设喇 1# 配制站、喇Ⅱ-1 深度污水站、喇北东块三元配注站、三元 291 的 1#～4# 计量间、三元 291 试验站（转油脱水站＋污水处理站）、喇Ⅱ-1 联合站。试验区处理后的净化油外输喇Ⅱ-1 脱水，处理后的污水外输至喇Ⅱ-1 注水站[375]。由于开发方式由强碱改为弱碱，碱和表面活性剂的物性均发生变化，需对已建系统进行调整改造，以满足开发需要。

（1）已建系统现状

为满足单井化学剂浓度可调的开发需要，喇北东块三元配注站设计采用三剂可调的单泵单井单剂注入工艺，建有注入泵 49 台，担负着 45 口注入井的三元配制调试及计量注入等试验任务。其中，聚合物母液由喇 1# 配制站供给；表面活性剂采用罐车拉运，其浓度为 50% 的烷基苯磺酸盐，称重后卸车进入表面活性剂储存罐；罐车拉运 30% NaOH 碱液至本站储存。储存后的化学剂根据单井的配注量，由各井所配备的三元配注装置（三联泵）按浓度要求注入至井口。

（2）优化调整后模式

1）配制工艺

在满足现场试验的同时，复合驱配注工艺不断发展，由单泵单井单剂逐步形成目前常用的集中配制、分散注入的"低压三元、高压二元"工艺模式。"低压三元、高压二元"工艺是将一部分碱和表面活性剂与高压水配成目的浓度的二元体系，将另一部分相同浓度碱和表面活性剂与母液配成目的浓度的三元体系。该工艺优点是单井聚合物浓度可调，碱和表面活性剂浓度不受影响。缺点是碱和表面活性剂的混配工艺需新建较多的调配储罐，投资略高；低压三元中的碱液极易造成泵阀体结垢、盘根漏失等问题，维修工作量大。为进一步减少建设投资，建议对工艺流程进一步简化，设计采用集中配制低压二元工艺流程，即将含目的浓度表面活性剂的低压曝氧深度水，输至配制站配制成低压二元母液返输至注入站，目的浓度的碱和表面活性剂点滴进入高压污水中。"低压二元、高压二元"工艺的优点是单井聚合物浓度可调，表面活性剂浓度不受影响，投资较低。缺点是碱浓度受一定影响。

2）化学剂输送储存

将罐车拉运浓度为 30% NaOH 运至站上储存，改为罐车拉运浓度为 24% Na_2CO_3（弱碱）运至站上稀释为 8% 溶液或应用碱分散装置将固体碳酸钠配制为 8% 溶液进行储存。烷基苯和石油磺酸盐表面活性剂均采用罐车拉运，其中烷基苯商品浓度为 50% 左右，石油磺酸盐表面活性剂为 38%。由于闪点低烷基苯需采用防爆设计，石油磺酸盐表面活性剂由于流动性差需将商品浓度稀释 1 倍进行储存。

3）注入工艺

由于现配注站为 45 井式单井注入工艺，根据开发安排仍需增加注入井 12 口。为充分利用已建注入泵房，建议调整为一泵多井工艺。以 62 井式采用单泵单井流程的三元注入站为例，若采用一泵多井注入工艺，注入泵数量可减少 51 台，单站降低投资 345.42 万元，平均单井投资降低 5.57 万元，建筑面积和占地面积也大幅减少。

配注系统的"低压二元、高压二元"工艺是对常规"低压三元、高压二元"的进一步简化，具有投资低、维护工作量小的优势。

5.5.2.5 某三元注入站配注工艺

大庆油田某三元注入站于 2006 年 5 月建成投产，平均单井注入量为 53m³/d，三元主段塞平均单井日注复合体系量为 42m³/d，NaOH 商品浓度 30%，表面活性剂有效含量 50%，分子量为 1200 万～1600 万聚合物有效（固）含量为 88%。

全站占地面积为 10050m²，站内主要设备有撬装式三元体系配注装置 49 套，固定式三元体系配注装置 3 套，高压配水阀组 49 套，70m³ 玻璃钢聚合物母液储罐 1 座，175m³ 碱液储罐 2 座，60m³ 表面活性剂储罐 2 座[376]。

（1）工艺流程

站内主要工艺流程详见图 5-15。

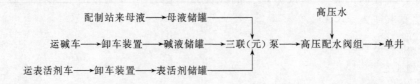

图 5-15 大庆油田某三元配注站工艺流程

（2）工艺特点

最初为低压端混合注入流程（见图 5-16），这种流程的缺点是：聚合物、碱液、表面活性剂的浓度在单井上不可调；注聚泵存在一定的漏失量，造成最终的混配浓度不能满足配注要求。

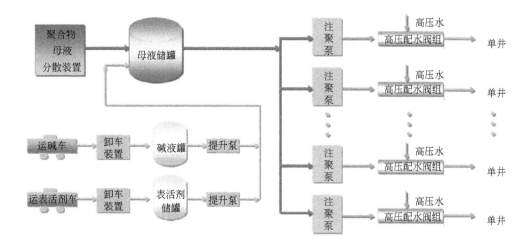

图 5-16 低压端混合注入流程

在此问题的基础上，现场采用多元体系通过三联泵分别升压后与高压污水按一定比例经静态混合器稀释混合后注入地层的技术。这种装置，对于不同药剂的注入量进行分别控制，并且缩小了安装尺寸，节省空间，对于聚合物、表面活性剂以及碱的动态调整更为方便。

三联泵注入流程如图 5-17 所示。

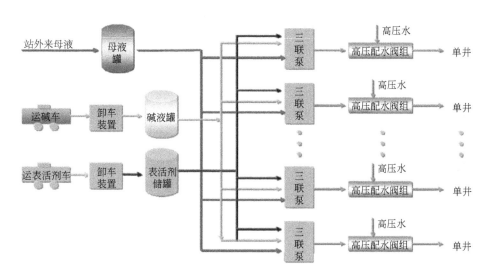

图 5-17 三联泵注入流程

另外，注聚站的注聚泵变频技术采用 PLC 控制，利用 PLC 实现 PID 编程连锁，在计算机系统上对泵的变频进行设定，根据压力变化自动调节。大大减少操作工人的劳动强度。

5.5.2.6 萨北开发区配注工艺

(1) 大庆油田某注入站工艺现状

聚合物注入环节是聚合物驱油技术的核心环节,影响着聚合物驱油技术效果的优劣。聚合物注入站的任务是将聚合物配制站生产的聚合物母液加入一定比例的水,之后将重新配比之后的聚合物溶液注入注水井,起到聚合物驱油技术的效果。

在大庆油田萨北开发区内 5 所未投入运行注入站中选取其中一所注入站进行实验研究。对该聚合物注入站进行工艺现状调查,现状为注入站内设有比例调节泵装置 16 套,备用 2 套,每套比例调节泵输出 3 口注入井,共负责 51 口注入井的注入工作,柱塞泵装置 3 套,1 套备用,分别对应 3 口注入井[359]。

注入站内设备平面简图如图 5-18 所示。

此注入站具有代表性,可以看出,聚合物注入方式有两种,分别为单泵单井和单泵多井方式。

1) 单泵单井工艺流程

通过注入站平面简图可以看出,注入站内含有 3 口注入井,采用柱塞泵单泵对单井注入工艺,单泵单井是最早形成的一种注入方式,应用于聚合物注入现场时间较长。该方式的优点为注入效率较高,稳定性强,流量控制简单,母液注入量及浓度精度高。单泵对单井注入过程中,当其中一个柱塞泵出现故障时,不影响系统中其他泵注入,对系统影响小。

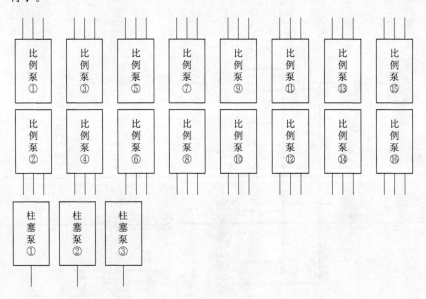

图 5-18 大庆油田某注入站内设备平面简图

单泵单井工艺原理如图 5-19 所示。

从单泵单井工艺原理图中可以看出,一台柱塞泵对应一口注入井,柱塞泵加压向注入井注入聚合物母液,柱塞泵按照指令将聚合物母液与清水按比例配比后,设定规定流量,向静态混合器注入聚合物溶液。单泵单井注入工艺的缺点是,为满足多口注入井注入需要,需要的注入设备数量较多,空间占用较多,人员管理难度大。单泵单井注入工艺现多应用于注聚表剂、普通聚驱等注入站。

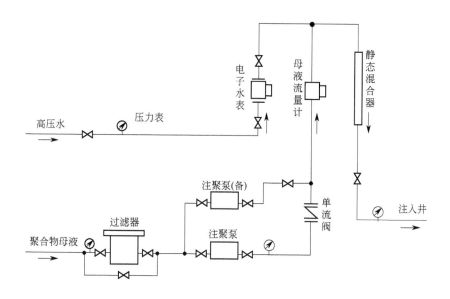

图 5-19 单泵单井工艺原理

2）单泵多井工艺流程

如图 5-20 所示，该注入站采用比例调节泵，单泵多井注入工艺。单泵多井注入工艺是为了提高注入泵使用效率，在单泵单井注入工艺的基础上研发出来。单泵多井注入工艺的优点是，相对于单泵单井注入方式，单泵多井注入工艺简单，注入阀组撬装化，组合方便，占用空间小，注入泵的工作效率高。

单泵多井工艺原理如图 5-20 所示。

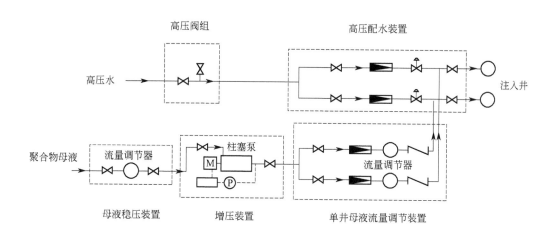

图 5-20 单泵多井工艺原理

从单泵多井工艺原理图中可以看出，一台注入泵对应多口注入井，利用电磁流量计的信号输出控制流量调节器流量大小，人员管理简便。单泵多井注入工艺的缺点是，在调节其中一口注入井流量时，易造成其他口注入井流量干扰，致使注入的聚合物母液与清水混合比例误差较大。另一方面由于一台注入泵同时控制多口注入井，当注入泵出现故障时，它所控制的注入井都将受到影响。

（2）注入站工艺流程分析及存在的不足

综上所述，可以得出该注入站综合注入工艺流程如图 5-21 所示。

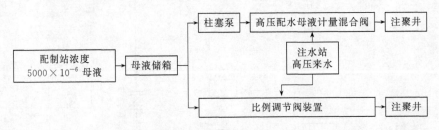

图 5-21　注入站综合注入工艺流程

注入站工艺流程为：聚合物配制站输出聚合物母液（浓度 5000×10^{-6}），进入母液储箱短暂停留分别进入两种注入工艺装置中：a. 经柱塞泵在静态混合器中，高压母液与高压水混合配比，稀释到规定浓度后注入注聚井；b. 进入比例调节泵内，高压母液与高压水混合配比，稀释到规定浓度后，一对三注入注聚井。

注入站工艺流程存在的不足：调查该注入站于 2016 年 9 月注入量统计表进行分析，地质方案要求注入浓度为 1000×10^{-6}。根据配注量的参数要求，设计方案应满足不同注入浓度要求，比例调节泵按 $30\% \sim 100\%$ 调节范围调节，取额定排量 30% 考虑，得出该注入站内比例调节泵流量调节范围为 $0.62 \sim 2.2 \mathrm{m}^3/\mathrm{h}$。取注入站比例调节泵的调节下限为 $0.62 \mathrm{m}^3/\mathrm{h}$，但在实际运行中，仅 10.4% 注入井满足比例下限要求，该注入站无法完成地质方案任务。

（3）注入站工艺流程优化

针对以上问题，需要对注入站工艺流程进行优化，优化通过改造注入环节、增设变频器和比例调节泵内部改造方式进行。

1）改造注入环节

实际运行中，比例调节泵流量调节范围不满足实际工作需要，因此通过改造注入环节，扩大比例调节泵的流量范围，使得单井聚合物注入流量处于流量调节范围之内，以完成地质方案要求。为达到扩大聚合物注入泵的流量调节范围，采用的具体措施为将比例调整泵注入环节更改为一泵多井注入方式，之后为单泵单井注入方式。做法是在比例调节泵成套装置增设母液流量调节器及高压汇管，并将装置之间的高压母液汇管相连通。

改造注入环节后的综合注入工艺流程如图 5-22 所示。

从改造注入环节后的综合注入工艺流程图中可以看出，原柱塞泵对应单井注入工艺并没有发生改变，仅将比例调节泵更换为三个柱塞泵，出液汇于出液总管，形成一泵多井工艺。

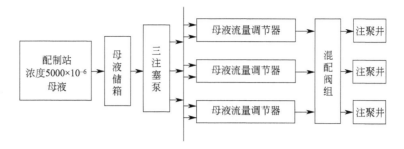

图 5-22 改造注入环节后注入站工艺流程

改造后注入站现场如图 5-23 所示。

从改造后注入站现场图中可以看出，装置中原有静态混合器、流量计、流量控制单元、压力表、阀门等仪器利旧，同新增母液流量调节器组合。母液由母液流量调节器流至静态混合器与高压水混合，达到要求配比后，注入注驱井中。改造注入环节后，不但比例调节泵的流量范围扩大，可以满足地质方案要求，而且结构紧密，空间占用小，便于拆装及多次利用，减少人工用量，便于管理。

图 5-23 改造后注入站现场

2）增设变频器

聚合物注入站在生产运行过程中，负载设备较多，聚合物注入泵在通电开启瞬间，波动范围较大，发生瞬间压力突升，当压力值高于临界压力，将导致自动停泵，造成流量调节器阀门控制出口调节能力降低，重复开启阀门后，阀门安全性能下降，影响机组运行。针对这一问题，在调节装置中增设 8 台 37kW 变频器（型号 6SE6440-2UD33-7EA1），利用变频器输出功率的变化对比例调节泵排量进行调节。

增设变频调节原理是通过变频器的调频功能调节电动机转速，从而改变比例调节泵的排量。原理公式如下所述。

排量与理论流量公式：

$$q_t = nV \tag{5-1}$$

式中 q_t——理论流量即注入泵在 1h 内输出的溶液体积，m^3/h；

n——注聚泵转速，r/h；

V——泵排量即诸如泵泵轴旋转 1 周排出溶液体积，m^3/r。

交流电动机实际转速公式：

$$n = 60f(1-s)/p \tag{5-2}$$

式中 n——交流电动机实际转速，r/min；

f——电流交变频率，Hz；

s——同步转速 n_1 与电动机转速差率；

p——电机定子磁极对数。

从式（5-2）中可以看出，当转速差率 s 波动范围较小时，电源交变频率 f 与电动机转速 n 成正比关系，呈线性递增。通过改变电源交变频率 f 即可达到增大调速范围的目的；当转速差率 s 波动幅度较大，同步转速 n_1 与电动机转速之差即为转子在旋转磁场内的切割速度，协调控制电压，使磁通稳定不变，完成通过改变电源交变频率 f 即可达到对转速、矩阵的调节目的。

型号 6SE6440-2UD33-7EA1 变频器，设定频率范围区间 0~600Hz，额定电流 75A，电机功率 37kW；三相异步电动机频率 50Hz。针对不同频率下比例调节泵调节流量大小，进行现场测试实验。

实验结果见表 5-1。

⊡ 表 5-1　不同频率下比例调节泵实测数据

变频器频率/Hz	最大排量/（m^3/h）	最小排量/（m^3/h）
30	0.9	0.316
40	1.3	0.405
50	1.7	0.496

从实验结果可以看出，调整变频器频率可以扩大比例调节泵的流量范围。在调节装置中增设变频器后能保证注聚泵平稳启动，杜绝了瞬时压力突升现象，保护了注聚泵的安全性，使机组平稳运行；利用变频调速装置调节电机转速，扩大注聚泵流量调节范围，达到注入站工艺流程优化目的。

3）比例调节泵内部改造

比例调节泵是聚合物注入站内的重要环节，对比例调节泵内部优化改造，也可以达到扩大注聚泵流量调节范围目的。

注入泵内外部分形成低压回流能够控制聚合物注入站内比例调节泵的流量控制，此种工艺的优点是降低母液剪切损失；缺点是注入单耗较大，对调节泵的钢桶损坏率较高，泵头调节装置保压能力差，易造成聚合物母液外溢现象。

影响比例调节泵排量最主要的因素是柱塞冲次及柱塞直径尺寸，两者关系为随着柱塞冲次和柱塞直径尺寸的增大，比例调节泵排量增大，呈线性关系。因此，改变柱塞冲次和柱塞直径尺寸即可达到调整调节泵排量的目的。可采取利用普通柱塞泵替换调整泵装置的方式改造。

比例调节泵内部改造方法如下。

① 改变柱塞冲刺。电机通电后带动皮带运转，传导到曲柄连杆箱，推动比例调节泵内柱塞往复运动。因此当皮带带动的曲柄连杆箱转速改变时，注聚泵柱塞冲刺随之发生改变。改造具体措施缩小电机皮带轮尺寸，调整后电机皮带与皮带轮之间夹角大于130°即可满足要求。

当改变电机皮带与皮带轮之间夹角时，皮带与转轮间接触弧长也发生改变，接触弧长的大小影响着接触面间的摩擦力，摩擦力过小会产生皮带打滑，当包角不小于120°才能满足皮带稳定运行，应对包角进行核算。

包角计算公式：

$$á=180\pm\frac{d_2-d_1}{a}\times57.3 \tag{5-3}$$

式中　　$á$——包角；

　　　　d_1——动轮直径；

　　　　d_2——电动机皮带轮直径；

　　　　a——轴间距；

　　　　$\pm$——大轮包角取＋，小轮包角取－。

经计算，大轮和小轮包角均大于120°，满足要求。

缩小皮带轮尺寸实体如图5-24所示。

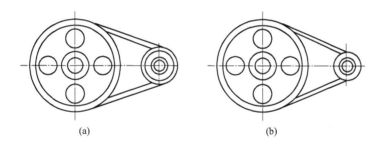

(a)　　　　　　　　　　　(b)

图5-24　缩小皮带轮尺寸实体示意图

② 改变柱塞直径尺寸。对单井柱塞改造，改变了占用泵腔内的体积，柱塞在一个往复周期运动过程中母液的吸入量和排出量随着柱塞直径的改变而发生变化，达到单井流量可调范围增大的目的。

（4）注入站工艺流程优化效果

聚合物注入站经过3种方式改造后，简化了工艺流程，单井流量可调范围扩大至0～2.5m³/h，可以满足单井注入要求，完成地质开发各阶段需求任务。在扩大流量调节范围的同时，增加了注入站内注聚泵的稳定性，站内注聚井方案全部符合，降低自动停泵的可能性。

5.5.3　其他油田

5.5.3.1　港东油田

港东油田经历40多年的开发，目前综合含水率＞95％，油田开发中存在水驱效率及产量下降快、递减加大等问题，采用常规手段很难明显改善老油田开发效果。因此在港东油田规模应用了聚合物驱提高采收率技术，通过近几年对聚合物驱配注工艺的研究与实践应用，形成以撬装化、模块化、自动化、数字化为标准的撬装模块化配注模式，实现了聚合物驱配注站连续、稳定地运行[377]。

（1）工艺流程

聚合物驱配注工艺流程见图5-25。经污水处理站处理后的低压污水，通过低压供水管道输送至撬装模块化聚合物配注站内的储水罐，在储水罐中充曝气，曝气过程中添加一定浓度的杀菌剂及预氧化剂；处理后的一部分污水经低压管道至溶解间用于聚合物母液配制；将混合后的聚合物溶液输送至熟化槽，进行在线连续熟化；充分熟化的聚合物母液通过螺杆泵升压后输送至注聚泵喂入管道，经注聚泵升压分别输送至各注聚井口，通过自动流量分配器按单井配注调节注入量。

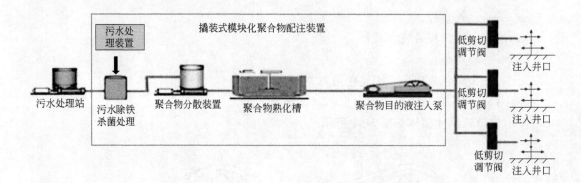

图5-25 聚合物驱配注工艺流程

（2）地面配注工艺组成

地面配注工艺由以下8个模块组成。

① 污水曝气模块。由储水罐、曝气电机等组成。来水经过曝气并加入杀菌剂和预氧化剂处理后，污水用于配制聚合物母液或用于掺水稀释聚合物母液。

② 聚合物溶解模块。由加料装置、离心泵、文丘里、分散泵等组成。聚合物干粉通过加料装置，配制成高浓度聚合物溶液。

③ 母液熟化模块。由熟化槽、搅拌电机等组成。配制的高浓度聚合物溶液在熟化槽内连续熟化。

④ 母液喂入模块。由螺杆泵、过滤器等组成。聚合物母液经喂入螺杆泵升压输送至注聚泵喂入管道。

⑤ 聚合物溶液注入模块。由供水泵、静态混合器、变频控制器、注聚泵等组成。曝气后污水与聚合物母液经静态混合器充分混合至目的液浓度，通过注聚泵升压进入注聚管网。

⑥ 辅剂注入模块。由储液罐、比例泵等组成。向曝气罐中加入一定浓度的预氧化剂、杀菌剂、稳定剂，以提高聚合物溶液的稳定性。

⑦ 自动控制模块。由PLC控制柜、压力变送器、液位变送器、逻辑控制软件等组成。通过对设备主要工艺参数的设定，自动接收设定参数及现场各种传感器采集的运行数

据，并控制设备的执行部件工作，实现工艺流程自动化运行。

⑧ 监控模块。由计算机、摄像头、监控软件等组成。采用计算机画面动态实时显示系统运行状态，远程监控，便捷设定工艺运行参数。

该地面配注工艺具有如下优点：

① 采取撬装式模块设计。采用撬装模块化配注工艺，各模块具有独立性、互换性、通用性、高度集约性，较常规注聚配注工艺相比节省了占地面积，建设周期短，投资小；可以实现母液掺水稀释成目的液和配制目的液两种配注方式；采用注入井集中注入，单泵（机组）对多井注入方式。

② 自动化程度高。通过工艺自动化控制系统实现配注工艺过程自动运行和调节，聚合物溶液流量分配器自动调节各井注入量；设置故障报警，提高安全性能，降低工作强度。

③ 实现生产数字化管理。计算机画面动态实时显示系统运行状态，随时掌握各系统运行状态和参数变化，实现远程监控。

④ 安全防护性能高。高压出口注聚泵采用工频＋变频方式，配备安全保护装置，提高了配注工艺的安全性能，消除了安全隐患。

5.5.3.2 辽河油田

辽河油田 10 亿多吨的注水开发储量进入开采中后期，濒临废弃，标定采收率只有 34.9%。为保证辽河油田千万吨稳产，辽河油田开展了化学驱技术攻关，历时三年，辽河化学驱实现了从强碱、弱碱到无碱的重大跨越。辽河油田锦 16 块是无碱二元驱率先获突破的区块，目前，锦 16 块二元驱试验区块日产油 350t，综合含水 83%。较水驱开发产量增加了 11.6 倍，含水率下降了 13.5%，达到中石油同类油藏开采的最好水平。无碱二元驱地面工艺的核心技术是控制聚合物溶液的黏度损失率，黏度损失率增加会导致驱油效果下降，同时增加运行成本。根据测算，无碱二元驱地面工艺每增加 1% 黏度损失率，开采 1t 原油将增加 5.37 元药剂成本，因此需要采取多种技术手段相结合降低地面工程黏度损失[378]。

（1）无碱二元驱地面工程配制、注入工艺

锦 16 块 Ⅱ 层系部署 24 个注入井组，区块整体位于大凌河河套内，由于受大凌河的影响本工程将聚合物母液配制站与注入站分开布置。在大凌河河套内新建注入站；在大凌河河套外新建聚合物母液配制站。配制站配制的聚合物母液通过母液管线输送到注入站，在注入站与二元驱污水配制成目的液，再经静态混合器充分混合后注入目的井，工程总投资 1.24 亿元。

（2）聚合物母液配制工艺

1）配制聚合物母液水源

配制聚合物母液水源为欢三联软化污水，进入储水罐储存、杀菌后由供水泵提升至 0.72Pa 后输送至聚合物分散溶解装置溶解聚合物干粉；同时欢三联来二元驱污水经杀菌后也输至注入站，为注入站提供高压掺水水源。

2）聚合物干粉分散及熟化工艺

分散溶解装置主要由储料斗、下料器、水射器、混合箱、螺杆泵等组成。聚合物干粉

（每袋 75kg）由吊车吊到储料斗上方，将聚合物干粉倒入储料斗，经下料器精确计量后（下粉量控制在±2%）进入水射器，由供水泵提升的软化污水在水射器装置形成一股环状高压射流，将聚合物干粉带入混合箱，再由转输泵提升进熟化罐，聚合物熟化时间 2h。为了使母液在熟化罐熟化过程中更加彻底，在熟化罐顶端装有双螺带螺旋桨，螺旋桨转数为 10~19r/min。熟化完成后的聚合物母液由外输泵（螺杆泵）增压，经两级过滤器过滤，滤除"鱼眼"及杂质，通过聚合物母液管线输送到注入站。

3）恒浓度表面活性剂掺入工艺

在配制站将表面活性剂原液按目的液表面活性剂浓度直接掺入聚合物母液去熟化罐管线及二元驱污水去注入站管线，实现目的液表面活性剂浓度恒定。

（3）目的液注入工艺

注入流程采用单泵对单井和单泵对多井两种注入工艺。

1）单泵对单井注入工艺

单泵对单井注入工艺是每一台注入泵对着一口注入井。配制站来的聚合物母液经注入泵升压至 16MPa 后经单流阀及手动控制阀，再经流量计计量后进入静态混合器的母液进口端；同时从配制站来的二元驱污水经高压掺水泵提升至 16MPa 后进入配水汇管，在每一根高压水支管上均装有手动阀、流量计、电动阀及单流阀，二元驱污水通过高压阀组分配后进入静态混合器高压水进口端，两种液体按要求形成定比例、定量的目的液，再经静态混合器充分混合后去目的液注入井口注入地下。

2）单泵对多井注入工艺

配制站来的聚合物母液经注入泵升压至 16MPa，经单流阀、手动控制阀、流量计计量后进入配聚汇管（多井母液调节装置），在汇管上的每一根母液支管上均装有手动阀、流量计、低剪切调节器及单流阀，母液经多井母液调节装置分配后进入静态混合器母液进口端；同时从配制站来的二元驱污水经高压掺水泵提升至 16MPa 后进入配水汇管，在每一根高压水支管上均装有手动阀、流量计、电动阀及单流阀，二元驱污水通过高压阀组分配后进入静态混合器高压水进口端，两种液体按要求形成定比例、定量的目的液，再经静态混合器充分混合后去目的液注入井口注入地下。

5.5.3.3　克拉玛依油田

克拉玛依油田七中区克下组油藏是新疆油田第一个二元复合驱工业化试验区，含 18 口注聚井、26 口采油井。2010 年 10 月开始注聚合物前置段塞，2011 年 11 月开始注入二元液。配制与注入工艺是复合驱工业化试验项目的重要组成部分，通过研究使配制注入工艺满足油藏工程注入参数和技术指标的要求[379]。

（1）试验区油藏的特点

七中区克下组油藏为山麓冲积-洪积相沉积，试验区面积为 1.63km²，目的层段平均有效厚度 12.5m，大体分三个小层。试验目的层段主要处于扇顶亚相主槽微相，砂砾岩体厚度大，且连片分布，物性较好，储量丰度大。地下原油黏度低、酸值高、地层温度适中，有利于复合驱。目的层为洪积相的近物源沉积，单层层内平均渗透率变异系数 1.0~2.0，突进系数 3.3~7.3，级差 40~259，属中等—强非均质储层。储层原始状况下，岩石表面润湿性特征总体表现为中弱亲水。储层非均质性要求聚合物浓度个性化调节，岩石表面润湿性、流体性质无明显差异的特点决定对表面活性剂不作个性化调节要求，即要求"一元可调"。

（2）"一元可调低压稀释目的液"配制注入工艺原理

试验用聚合物为 1000 万～2500 万分子量聚丙烯酰胺，设计聚合物母液配制量为 432～576m³/d，聚合物母液浓度为 5000mg/L；目的液配制量为 1080～1440m³/d，目的液聚合物浓度为 1500～2000mg/L，表面活性剂浓度为 3000～3500mg/L。"一元可调低压稀释目的液"工艺中的参数按下式计算：

$$注入井聚合物目的液量（m³/d）=\frac{注入井配注液量（m³/d）×注入井聚合物浓度（mg/L）}{熟化罐目的液聚合物浓度（mg/L）}$$

$$(5-4)$$

$$注入井表面活性剂液调剂量（m³/d）=注入井配注液量（m³/d）-注入井聚合物目的液量（m³/d）$$

$$(5-5)$$

可将"一元可调低压稀释目的液"配制注入工艺流程分为以下 3 个段（图 5-26）。

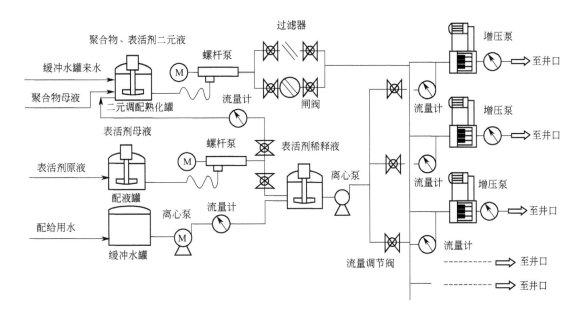

图 5-26　一元可调低压稀释目的液配注流程

1）聚合物母液、表面活性剂稀释液配制

用干粉料斗、螺旋上料机将干粉输送到刮板下料器。缓冲罐内的水经离心泵加压后与干粉在水粉混合器混合后进入分散罐，配成聚合物母液。表面活性剂原液用螺杆泵加压进入原液罐，原液再经螺杆泵加压到表面活性剂稀释罐，缓冲罐内的水经离心泵加压后也进入表面活性剂稀释罐，表面活性剂原液与水在表面活性剂稀释罐分散、稀释，配成表面活性剂稀释液，内设搅拌器。

2）二元目的液配制

缓冲罐内的水经离心泵加压后进入二元调配熟化罐，分散罐内的聚合物母液、表面活性剂原液。罐内的表面活性剂原液分别经螺杆泵加压后进入二元调配熟化罐，水、聚合物母液、表面活性剂原液在二元调配熟化罐内熟化 2h，配制成二元目的液，内设低剪切搅拌器。二元目的液与表面活性剂稀释液的表面活性剂浓度相同。

3) 过滤、泵入

二元目的液经螺杆泵加压后进入粗、细两级过滤器，去除"鱼眼"、杂质，再经柱塞泵通过单井地面管线打进注入井。如果部分井需要降低聚合物浓度，只需要通过离心泵将表面活性剂稀释液送到注塞泵前端并在低压处与二元目的液按规定的比例混合。

（3）技术应用效果

2011 年 8 月 25 日～9 月 2 日在保持单井注入量和聚合物浓度不变的前提下，用清水稀释聚合物母液浓度，调试结果是，17 口井的聚合物浓度由 1767.86mg/L 下降到 1180.57mg/L。注入泵前、井口聚合物浓度误差分别为 1.8%、1.6%。2012 年 10 月 16 日启用一元可调系统，将基液聚合物浓度由 1600mg/L 提高至 2400mg/L，T72272、T72273 井聚合物浓度由 2400mg/L 降至 1200mg/L，其他聚合物浓度由 2400mg/L 降至 1600mg/L，再次证明一元可调系统运行可靠。注入站投产以来一直运行正常。在中控室可监视二元调配熟化罐、表面活性剂原液罐、表面活性剂稀释罐、缓冲水罐的液位，只要输入各井的液量和聚合物浓度，地面系统可自动调配注入液。

5.5.3.4 河南油田

（1）工艺流程

河南油田聚合物驱采用的配注工艺的总体流程为"集中配制、分散注入"流程。这种流程与配注合建流程相比大大降低工程投资，河南油田共建设了 4 座集中配制站，在站内将聚合物干粉配制成浓度为 4500～5000mg/L 的聚合物母液，然后外输至各注入站进行注入[376]。

（2）工艺特点

在配制、注入工艺的优化设计上，河南油田充分考虑到含油污水的利用与聚合物溶液性能达标的结合，工艺系统的设计特点包括以下几个方面。

1) 采用污水配制聚合物

通过室内实验研究和现场跟踪，得出配聚水影响聚合物溶液的黏度顺序是 S^{2-} > Fe^{2+} > Fe^{3+} > Mg^{2+} > Ca^{2+} > $K^+(Na^+)$。通过对配聚污水进行除硫处理，解决了污水中 S^{2-} 对聚合物黏度的影响。采用污水除硫深度处理工艺技术是实现污水配聚的有效技术之一。

油田为此技术新建曝氧脱硫塔，严格控制曝氧量，控制含硫量在 1mg/L 以下，溶解氧在 0.5mg/L，满足注聚开发要求。

2) 密闭隔氧聚合物配制

采用水射流式分散溶解模式。有效隔离进入聚合物溶液配制系统的氧气含量，降低含氧量对 Fe^{2+}、Fe^{3+}、S^{2-} 的影响，提高聚合物溶液的有效黏度。

3) 聚合物母液输送优化

取消了传统的聚合物母液储罐，采用熟化罐-转液泵-注聚泵的工艺流程。这种方式充分利用几个交替工作的熟化罐的熟化及储液的双重功能，简化了流程，减少了中间环节，节约了占地面积，降低了运行费用。并在转液泵出口设置压力变送器，与转液泵的变频联锁，通过注聚泵的需求母液量来控制转液泵的转速和排量，实现动态调配。

4）注聚设备优化

注聚泵应采取变频调速功能，以便适用注聚量的动态调整；增加了智能混配装置，同时控制污水流量计以及母液流量计的精度，提高了调节精度。

5.6
大庆油田采油七厂中低分聚合物配注站工艺系统

5.6.1　开发和地面概述

葡北油田于 1979 年投入开发，含油面积 197.73km^2，地质储量 12220.98 万吨。经过井网一次加密调整、非均匀二次加密调整及配套注采系统调整后，截至 2013 年 4 月，综合含水 93.27%，有效厚度水淹比例 96.7%，已进入特高含水期开发阶段，但采出程度仅为 29.69%，并且目前仍存在着含水上升快、产量递减快、措施效果差等问题，继续水驱挖掘剩余油潜力的经济效益变差。2000～2006 年，在葡北二断块 60～64 排优选试验区开展了聚合物驱油试验，试验区采用五点法井网，注采井距 212m（局部 300m），中心井提高采收率 6.80 个百分点，说明在葡北油田局部河道砂发育较好的井区开展聚合物驱油是可行的，但试验中也存在注采井距大、聚驱控制程度低、注入压力高等问题，为解决这些问题，开展了葡北地区窄薄砂体井网加密及提高采收率现场试验，试验通过加密调整与三次采油相结合的方法，研究缩小井距条件下提高采收率技术及配套的注入参数、注入工艺，探索特高含水期挖掘剩余油潜力及提高油田采收率的新途径。大庆油田采油七厂配注站平面图如图 5-27 所示。

图 5-27　采油七厂配注站平面图

优选葡北油田葡 65-84 井区作为试验区，在精细油藏地质特征认识基础上，确定了加密调整方式为排间加排、列间加列，设计注采井距 150m，井网优化调整后，试验区注入井 18 口，采出井 36 口。结合室内实验研究结果，初步设计了聚合物驱油方案，选用中低分抗盐聚合物，聚合物溶液采用污配污稀方式，注入速度 0.15pV/a，注入浓度 700mg/L，聚合物用量 455mg/(L·pV)，预测注聚期间采出井平均单井日产油 2.5t，预计提高采收率 11.82 个百分点，油价按 $80/bbl（1bbl＝1 桶，1t＝7.3 桶，下同）计算，内部收益率 25.35%。

葡北 1# 聚驱试验站位于大同区八井子乡葡二联合站东北方向，由大庆油田建设设计研究院设计，建设集团第七工程处承建，占地面积 6563m^2，建筑面积 2355m^2。试验站采用"四站合一"建设，包含配制站、注入站、注水站、曝氧站 4 部分设施，站内机泵 35 台、500m^3 污水罐 1 座、500m^3 曝氧罐 1 座、200kW 真空加热炉 2 台、50m^3 熟化罐 4 座、分散装置 2 台、密闭上料装置 1 台。2015 年 8 月投产注聚，采用曝氧深度污水配制分子量为 800 万中低分抗盐聚合物，设计曝氧能力 1100m^3/d，注入能力 1100m^3/d，配制能力 150m^3/d。

葡北 1# 聚驱试验站流程如书后彩图 1 所示。

5.6.2 建站目的及工艺流程

5.6.2.1 建站目的

以经济效益为中心，充分挖潜利用已建站的剩余能力，合理控制新增规模及工程量，积极采用成熟的新工艺、新技术，简化地面工艺，实现降低工程投资、降低生产能耗的目的，提高油田开发建设的综合经济效益。由于已建葡二联、葡Ⅱ-1 注水站水质与本次聚驱水质不同，无法满足新井配注需求，同时考虑到区域周围有已建的 DN200 低压污水管线，距离拟建配制注入站 1.5km，因此本方案规划在区域中心新建配注站 1 座、注水曝氧站 1 座，2 座站合建。采用集中配制注入的地面配注工艺，新井就地配制、就地注入。同时考虑到本次为单一建设的试验站，从方便管理的角度，规划新建配注站与注水曝氧站合一建设，根据开发预测，试验区块共建注入井 18 口，单井平均最大注入量为 60m^3/d，针对注入站内母液增压工艺，结合采油七厂开发要求，该区块属开发试验区，为保障开发试验效果，需避免井间干扰，确定新建注入站采用"单泵单井"注入工艺。

5.6.2.2 工艺流程

采用集中配制注入的地面总体配注工艺，即 5000mg/L 母液集中在配制站配制，低压转输至与配制站合建的注入站；在注入站内与注水站输送来的高压水按比例混配均匀，最终形成目的液输送至注入井井口，注入地层。

配制、注入系统设计参数如表 5-2 所列，注水站及曝氧站主要设备参数如表 5-3 所列，配注站主要设备参数如表 5-4 所列。

⊡ **表 5-2 配制、注入系统设计参数**

序号	项目名称	设计参数
1	聚合物母液	聚合物母液浓度 5000mg/L，注入站聚合物储存时间 1.0h
		低分子抗盐聚合物（螺旋推进Ⅱ）设计熟化时间 3h
		配制站母液过滤设计压力损失 0.6MPa
		聚合物母液设计进站压力 0.35MPa

序号	项目名称	设计参数
2	注水系统	注水站储罐设计缓冲时间 4～6h
		注水站设计泵管压差不大于 0.5MPa
		系统设计总压差不大于 1.0MPa

⊡ **表 5-3　注水站及曝氧站主要设备参数**

序号	项目名称	单位	数量	备注
1	来水缓冲罐 $500m^3$	座	1	
2	升压泵 $Q=42m^3/h$，$H=40m$，$P=15kW$	台	2	运1备1
3	水射器 $100m^3/h$，	台	2	运1备1
4	曝氧储水罐 $500m^3$	座	1	
5	柱塞泵 $23m^3/h$，20MPa，130kW	台	3	运2备1
6	罐间阀室	m^2	130	
7	建筑面积	m^2	400	

⊡ **表 5-4　配注站主要设备参数**

	序号	名称	单位	数量	备注
注入站	1	注聚阀组	套	18	
	2	注入泵（单泵单井），$0.36m^3/h$，18MPa，$P=3kW$	台	20	运18，冷备用2
	3	变频器 3kW	套	18	
	4	$50m^3$ 母液储槽	座	1	
	5	来液母液流量调节器（$DN150$）	台	1	
	6	注入站化验仪器	套	1	
	7	废液回收装置	套	1	
	8	建筑面积	m^2	860	
配制站	1	$30m^3/h$ 离心泵，90m，$P=11kW$ 运1备1	台	2	
	2	清水过滤器	台	2	
	3	$20m^3/h$ 分散装置，$P=4kW$，运1备1	套	2	
	4	$50m^3$ 玻璃钢熟化罐，运3备1	座	4	
	5	螺旋推进Ⅱ搅拌器，$P=37kW$，运3备1	套	4	
	6	$7m^3/h$，母液转输泵，120m，$P=15kW$，运1备1，螺杆泵	台	2	
	7	$7m^3/h$ 母液精粗过滤器，2.4MPa	套	2	
	8	主厂房及料库	m^2	1040	
	9	密闭上料除尘系统	套	1	
	10	熟化罐平台	m^2	210	
	11	天吊 2t	台	1	

5.6.3　配注工艺的组成及功能说明

本站配注工艺组成分为注水、曝氧、配制及注入四个部分。在注水工艺方面采用曝氧杀菌处理工艺，在聚合物配制工艺方面采用"分散-熟化-转输-过滤"的短配制流程，注入工艺方面采用了"母液储箱-泵前过滤-注入泵-静态混合单元-注入井"的单泵单井工艺。

5.6.3.1　污水处理工艺段

（1）油田污水组成成分

油田污水是一种更复杂的多相系统，含有固体杂质、液体杂质、溶解气体和溶解盐。

根据油田污水处理的观点，将原水中的杂质分为五类[345]。

1）悬浮物

粒径范围为 $1\sim100\mu m$，因为粒径大于 $100\mu m$ 的固体颗粒在加工过程中容易沉降。这部分杂质主要包括以下几个方面。

① 混合砂：$0.05\sim4\mu m$ 的黏土，$4\sim60\mu m$ 的淤泥和大于 $60\mu m$ 的细砂。

② 各种腐蚀产物和氧化物 Fe_2O_3、CaO、MgO、FeS、$CaSO_4$、$CaCO_3$ 等。

③ 细菌：硫酸盐还原菌（SRB）$5\sim10\mu m$，腐生菌（TGB）$10\sim30\mu m$。

④ 有机物质：重油，如树胶、沥青质和石蜡。

2）胶体

粒径为 $1\times10^{-3}\sim1\mu m$。它主要由沉积物、腐蚀结垢产物和精细有机物质组成。材料成分基本上与悬浮固体相似。

3）分散油和浮油

油田污水一般具有约 $1000mg/L$ 的原油，偶尔有 $2000\sim5000mg/L$ 的峰值，其中约 90% 为 $10\sim100\mu m$ 的分散油和大于 $100\mu m$ 的浮油。

4）乳化油

污水中含有约 10%（$0.001\sim10\mu m$）的乳化油。

5）溶解物质

溶解物质分为阳离子和阴离子两种组分。

① 阳离子组分

Ⅰ. 钙：钙是原水的主要成分，Ca^{2+} 可以快速与碳酸盐或硫酸根离子结合，并且附着了悬浮固体的结垢或沉淀，因此通常是导致地层堵塞的主要原因之一。

Ⅱ. 镁：镁离子浓度通常比钙离子浓度低得多，但镁离子和碳酸根离子的组合也会引起结垢和堵塞问题。但是，镁诱导的碳酸镁垢是可溶的，而硫酸钙是不溶的。

Ⅲ. 铁：地层水中天然铁的含量非常低，因此水体系中铁的存在达到一定水平，通常表明存在金属腐蚀。

Ⅳ. 钡：原水中的钡离子很重要，它主要是由于 SO_4^{2-} 结合生成 $BaSO_4$，极难溶解，甚至少量 $BaSO_4$ 的存在也会造成严重的堵塞，与此类似原水中的锶离子（Sr^{2+}）也会导致严重的结垢和堵塞。

② 阴离子组分

Ⅰ. 氯化物：主要来源是盐，如氯化钠，所以有时使用水中的氯离子浓度来衡量水中的盐含量。氯离子可能的影响主要是由于水中盐含量的增加和水的腐蚀性的增加。因此，在相同条件下，水中氯离子浓度的增加意味着更容易造成腐蚀，特别是点蚀。

Ⅱ. 碳酸盐和碳酸氢盐：在水的碱度测量中，以 CO_3^{2-} 浓度表示的碱度称为酚酞碱度，以 HCO_3^- 浓度表示的碱度称为甲基橙碱度。

Ⅲ. 硫酸盐：由于 SO_4^{2-} 能与钙、锶、钡等生成不溶性的垢，所以 SO_4^{2-} 的含量也是生水中值得注意的问题。

（2）油田污水的处理方法

一直以来，油田采出水的处理技术方法主要包括物理法、化学法、物理化学法及生物化学法等[380]。

1）物理法

① 重力分离。该方法就是依靠油水密度不同而实现含油等污染物分离，油田广泛采用的主要设备有自然沉降除油罐和斜板沉降除油罐。在分离过程中，密度比较大的颗粒物质沉降到底部，而上层密度较轻的浮油则被分离出来。

② 离心分离。离心分离是使盛装污水的容器高速旋转，形成离心力场，因颗粒和污水的质量不同，受到的离心力也不同。质量大的会受到较高的离心力作用而被甩向外侧，质量小的污水则留在内侧，各自通过不同的出口排出，达到净化分离的目的。按照离心力产生的方式可分为水力旋流分离器和离心分离器两类。

③ 粗粒化。粗粒化方法又被称为聚结，该方法在运行过程中，用填充粗粒化材料的床层来改善含油污水的分离性能。主要是利用粉状、纤维状、粒状和烧结状材料对油珠的亲和作用，使油珠黏附在粗粒化材料上，随着时间变化，黏附在材料上的油珠逐渐加大，最终形成油膜。脱落下来的油膜形成较大的油珠，根据 Stokes 公式，对温度一定的含油污水，油珠的上浮速度与油珠粒径平方根成正比。

④ 过滤。悬浮液流经颗粒介质或表层层面进行固液（或液液）分离的过程称作过滤，污水过滤机理可从滤料截留悬浮杂质的作用原理和过滤过程两方面进行分析。对于滤料截留悬浮杂质的确切作用过程，一般认为必须通过微小颗粒向滤料表面的"输送"以及在滤料表面的"附着"两个阶段才能达到，也就是说，悬浮于水中的絮粒、油粒、悬浮物、微生物及胶体颗粒必须首先被送到贴近滤料颗粒的表面，然后才能被滤料截留。前者称为"输送"过程，后者称为"附着"过程，"输送"过程大致是受物理的、水力学的一些涉及物质输送的作用支配，而"附着"过程主要受界面化学作用所支配。

⑤ 膜过滤。膜过滤法除油是利用微孔膜，包括超滤膜、反渗透膜和混合滤膜等，主要作用在于去除乳化油和溶解油。油田采出水中的油一般以漂浮油、分散油和乳化油的状态存在，前两种比较好处理，而乳化油含有表面活性剂以及可起到同样作用的有机物，油分以微米数量级大小的粒子存在，分离难度大。近几十年来发展起来的膜过滤法分离油水过程中，不产生含油污泥，浓缩液可焚烧处理，过流量和水质较稳定，不随进水中油分浓度波动而变化。膜过滤法适合低渗透油田或特低渗透油田的清水和污水深度处理。但膜过滤法处理油田污水的主要问题在于膜易污染，频繁更换组件致使污水处理成本高。

2）化学法

① 混凝沉淀。通过向含油污水中加入化学混凝剂，使得含油污水破乳。混凝沉淀法就是借助絮凝剂对胶体粒子的静电中和、吸附、架桥等作用使胶体粒子脱稳，在絮凝剂的作用下，发生絮凝沉淀以去除污水中的悬浮物和可溶性污染物质。同时该方法对乳化油也有良好的去除效果，经过处理后油滴发生凝聚粒径变大，浮力也随之增大，促使油水发生分离。

② 氧化还原。氧化还原法主要是利用催化剂和强氧化剂等对污水中的污染物进行氧化分解，使得污水变成易降解的污水，从而去除其中的有机物。其中，催化剂使用一定时间后可以再生，但该方法的主要问题在于反应器腐蚀严重，造成污水的处理成本高。

已有研究表明油田采出水的化学处理方法主要是用于处理采出水中不能单独用物理方法和生物法去除的一部分胶体和溶解性物质，特别是采出水中的乳化油。

3）物理化学法

气浮和吸附是处理油田污水的两种最主要的物理化学方法。

① 气浮。气浮法是一个气-固吸附与固-液分离的过程，主要利用气体的作用使密度较轻的悬浮物上浮而得到去除。目前该法种类繁多，按气泡产生的方式可分为分散空气气浮法、电解气浮法、生物和化学气浮法以及溶气气浮法。在油田污水处理领域主要是先用混凝法破乳，再用加压溶气气浮法去除油和悬浮物。作为一种高效、快速的固液分离技术，该方法已在污水处理领域得到了广泛的应用。

② 吸附。吸附法主要是利用固体吸附剂去除污水中的多种污染物。根据固体表面吸附力的不同，吸附可分为表面吸附、离子交换吸附和专属吸附三种类型。表面吸附是因为固体具有巨大的表面积和表面能而存在的吸附作用，为物理吸附。离子交换吸附在于吸附质在静电的作用下，每吸附一部分离子，也释放出等当量的粒子，为物理化学吸附。其在油田中的应用主要是利用亲水性材料吸附水中的油，但是问题在于常用材料如活性炭吸附容量有限，成本高，再生困难。因此近年来寻找新的吸附剂方面的研究主要集中在：一是要把具有吸油性能的无机填充剂与交联聚合物相结合，提高吸附量；二是提高吸油材料的亲油性，改善其对油的吸附性能。

4）生物化学法

生物化学法主要是利用微生物的生理生化作用，将复杂的有机物分解为简单的物质，将有毒物质转化为无毒物质，使污水得以净化。近年来已有大量的研究针对油田采出水开展生化处理技术探索及应用，并从多层面解释了复杂水质特性下的生化作用机制。

（3）污水配制和稀释聚合物对聚合物黏度的影响

1）放置时间对聚合物黏度的影响

研究表明随着放置时间的延长，曝氧水导致黏损增大，曝氧不能消除黏损；过滤后的污水配制聚合物溶液黏度高，说明悬浮物使黏损增大[345]。

2）污水矿化度对聚合物黏度的影响

污水中主要离子对聚合物溶液初始黏度降低的影响程度为：$Fe^{2+}>Mg^{2+}>Ca^{2+}>Na^+>K^+$。其中$K^+$、$Na^+$、$Ca^{2+}$和$Mg^{2+}$导致聚合物溶液黏度降低的原因可以解释为：在$K^+$、$Na^+$、$Ca^{2+}$和$Mg^{2+}$没有进入聚合物 stern 层之前，由于聚合物中某集团负离子的电斥力，从而使聚合物溶液保持一定的黏度。当上述离子进入聚合物 stern 层之后，这种电斥力将会受到屏蔽，从而使分子线团卷曲，最终导致溶液黏度降低。对于不同离子，价数越高，聚合物溶液初始黏度降低率越大；对于同种离子，离子半径越小，进入 stern 层和扩散层的数量越多，且它们带有相同的电荷数，所以同种离子，离子半径小的压缩双电层的能力大，也就是说半径越小的离子对聚合物溶液黏度的影响越大[381]。

研究发现，低矿化度下离子对聚合物黏度影响作用占主导，在高矿化度下矿化度对聚合物黏度影响占主导[382]。研究表明，虽然油田污水的矿化度较高，但高矿化度不会大幅度降低其配制的聚合物溶液黏度，同时污水配制的聚合物与地层有良好的配伍性。因此，用油田污水配聚造成降黏的原因主要是微生物及还原性物质[383]。

3）细菌和还原性物质的影响

研究表明影响污水配制聚合物溶液体系黏度的主要原因是采出污水里包含大量的腐生

菌、硫酸盐还原菌以及铁细菌，它们中的一部分细菌生长增殖过程中会生成乳酸，在厌氧环境下，乳酸又可以被硫酸盐还原菌氧化生成乙酸，乙酸可以脱下 8 个氢，并且具有较强的还原性，可以让硫酸盐被还原成 H_2S，同时也让 Fe^{3+} 被还原成 Fe^{2+}，并且还会生成大量具有还原性的物质，利用这些油田污水在无氧的环境下配制的聚合物溶液可以具有比较高的黏度稳定性，但是，如果在有氧的环境下配制，聚合物溶液体系中就会发生氧化还原反应，进而导致聚合物体系的黏度急剧下降[91]。

4）悬浮固体含量的影响

悬浮固体含量对聚合物浓度有一定的影响，污水中悬浮物浓度固体含量越高，配聚反应黏度越低，可以通过减少污水中的悬浮固体含量来提高聚合物驱油效果。

总的来说，污水中的矿化度、细菌和还原性物质是造成污水配制聚合物黏度损失的主要因素，悬浮物含量不是影响黏度的主要因素。

（4）增黏措施

1）NaOH 沉淀法处理 Fe^{2+}

通过 NaOH 能与 Fe^{2+} 形成沉淀，将体系中的 Fe^{2+} 除去，从而消除了 Fe^{2+} 对聚合物溶液黏度的影响。此外，溶液的碱性增大，有利于聚合物的水解，使聚合物分子链上带的负电荷增多，宏观上表现黏度进一步增大。

2）屏蔽法处理 Ca^{2+}、Mg^{2+}

研究表明 Mg^{2+}、Ca^{2+} 屏蔽剂对聚合物溶液的增黏顺序依次为：酒石酸钾＞四草酸钾＞EDTA＞柠檬酸钠，酒石酸钾的效果最好[384]。

3）曝氧法

① 曝氧法原理

Ⅰ. 曝氧法去除污水中的细菌。在适宜的环境条件下，大多数细菌都可以在油田污水系统中生长繁殖，其中危害最大的是硫酸盐还原菌（SRB）、铁细菌（FB）、腐生菌（TGB）。SRB 是厌氧异养菌，FB 和 TGB 是好氧菌，3 种细菌的菌数增减与水中的溶氧量及生长条件息息相关。而水中溶解氧下降的耗氧作用主要包括好氧有机物降解的耗氧，生物呼吸耗氧。SRB 厌氧环境下可生成 Fe^{2+} 等还原性物质，从而使聚合物分子链发生断裂，产生小分子降解产物，小分子中的—COOH 可作电子供给体，以硫酸盐作末端电子受体而繁殖。此外，—COOH 的消耗又会促进聚合物分子的进步降解，降解的结果又为SRB 的生长繁殖提供了更多的营养物质，使 SRB 在其中的代谢旺盛且持久。FB 为好氧型细菌，在有氧气情况下细菌含量会略微增加；TGB 是以腐生方式生活的微生物，是以有机质为生的有机体[383]。

通过对污水进行曝氧后，可以维持氧气与水的有效接触，在生物氧化作用不断消耗氧气的情况下保持水中一定的溶解氧浓度；同时溶解氧可与污水中的还原性物质发生充分的化学反应；曝氧可以使污水的混合液具有一定的运动速度，使悬浮物在混合液中始终保持悬浮状态，便于除去悬浮物，起到气浮的作用。污水中的有机物是 SRB 分解代谢的能源，曝氧后溶解氧与有机物充分反应，可以有效地杀灭 SRB 等细菌，抑制自由基反应的发生，相应减少了聚合物的降解。同时有效减少了 SRB 等厌氧菌带来的聚合物生物降解，增加聚合物溶液黏度的稳定性。当曝氧量达到一定值后，污水中氧气饱和率趋于饱和状态，溶解氧量增加幅度变缓，并且杀灭 SRB 后还有剩余氧，聚合物分子链会受到氧分子作用而发生断裂，导致聚合物溶液黏度降低。因此为使污水稀释聚合物溶液黏度达到注入标准，应优化污水最佳曝氧量，最大程度利用污水，增加所配聚合物溶液的黏度稳定性。

Ⅱ. 利用曝氧除去污水中 S^{2-}、Fe^{2+} 的机理。Fe^{2+} 通常呈现浅绿色，具有比较强的还原性质，可以和很多氧化剂发生氧化还原反应，例如和氧气反应。在水中含有氧气的情况下，Fe^{2+} 和 O_2 的反应式为：

$$2Fe^{2+} + O_2 + H_2O \longrightarrow 2Fe^{3+} + 2OH^- + -O \tag{5-6}$$

所以，在水中含氧量增大的时候，Fe^{2+} 浓度会迅速减小，由第 4 章的结论可知，Fe^{2+} 对聚合物溶液的黏度会造成很大影响，因此，曝氧处理可以有效地减少 Fe^{2+} 的存在，进而提高溶液的黏度。

S^{2-} 因为拥有比较强的还原性，它可以和污水中的很多物质发生反应，例如氧气，当采出污水中含有氧气时，S^{2-} 和 O_2 的化学反应式为：

$$S^{2-} + O_2 + H_2O \longrightarrow S + 2OH^- + -O \tag{5-7}$$

当 Fe^{2+} 存在，并且水中溶解氧气时将发生以下反应：

$$2Fe^{2+} + O_2 + H_2O \longrightarrow 2Fe^{3+} + 2OH^- + -O \tag{5-8}$$

这时，以上两种反应产生的 S^{2-} 和 Fe^{3+} 将继续反应：

$$2Fe^{3+} + S^{2-} \longrightarrow 2Fe^{2+} + S \downarrow \tag{5-9}$$

由此可见，当污水中含有氧气时，S^{2-} 的含量会显著下降，通过第 4 章的实验结果可以知道 S^{2-} 的存在会对聚合物体系的黏度造成很大影响，所以对污水进行曝氧处理可以在一定程度内限制 S^{2-} 的含量，进而达到增加聚合物体系黏度的效果。

② 曝氧法的优势

由于油田污水含有大量有机物，污水整体处于还原性环境。污水中的铁元素主要是可溶性的二价铁，一般以 Fe^{2+} 的形式存在。污水中的铁含量一般在 $1 \sim 5mg/L$，超过 $10mg/L$ 是很少见的。污水的碱度也很少低于 $1mg/L$，所以污水中通常只含有碳酸氢亚铁，很少含有硫酸亚铁。当水中存在溶解氧时，水中的二价铁容易氧化成三价铁[345]。

油田污水的特点决定了污水中铁离子的去除必须首先将二价铁氧化成三价铁，并且在 pH 值为 6 的条件下，氧化产生的三价铁以 Fe(OH)$_3$ 的形式沉淀出来，可以通过过滤去除。

有许多可以使用的氧化剂。最便宜的氧化剂是空气。然而，空气直接氧化亚铁的反应相对较慢。理论计算表明，完全氧化通常需要 10h 以上，所以在现场和设备上的投资相对较大。在污水中加入一定量的二氧化锰，催化剂在其作用下，反应速率大大加快，通气除铁效果明显提高。但是，有必要对锰砂表面进行改性以提高催化剂的活性，并确保大颗粒催化过滤材料也具有足够的催化能力。

通过曝气，Fe^{2+} 和 Mn^{2+} 可分别氧化成 Fe(OH)$_3$ 和 MnO_2 沉淀。上述工艺处理后的污水质量能够满足污水注入聚合物污水水质指标的要求。

4) 杀菌剂

目前大庆油田所使用的杀菌剂按其杀菌机理可分为氧化型杀菌剂和非氧化型杀菌。氧化型杀菌剂有二氧化氯、氯胺络合物，非氧化型杀菌剂主要有季铵盐类、醛类、二硫氰基甲烷及其由它们复配而成的复合杀菌剂[385]。

二氧化氯发生器杀菌：二氧化氯发生器的杀菌原理在于反应生成的 ClO_2 和 Cl_2 溶于水释放出原子氧，原子氧氧化细菌的细胞壁、细胞核，从而杀死细菌。其反应方程式如下：

$$2NaClO_3 + 4HCl \longrightarrow 2NaCl + 2ClO_2\uparrow + Cl_2\uparrow + 2H_2O \qquad (5-10)$$

$$2ClO_2 + H_2O \longrightarrow 2HCl + 5[O] \qquad (5-11)$$

$$Cl_2 + H_2O \longrightarrow 2HCl + [O] \qquad (5-12)$$

二氧化氯对菌类杀生能力强，作用速度快但药效持续时间短，而且容易造成设备腐蚀，ClO_2 和 Cl_2 溶于水产生的盐酸极易与磁铁矿发生反应，造成滤料的浸蚀。其反应方程式如下：

$$6HCl + Fe_2O_3 \longrightarrow 2FeCl_3 + 3H_2O \qquad (5-13)$$

$$2HCl + FeS \longrightarrow FeCl_2 + H_2S\uparrow \qquad (5-14)$$

由于二氧化氯具有作用速度快但药效持续时间短的特点，因此应选择好加药点，把加药点选在缓冲罐前，但会对滤料中磁铁矿有腐蚀作用，而且对井口菌类达标不太理想。所以理想加药点应选在泵进口，但腐蚀率应注意控制在平均腐蚀率为 0.076mm/a 指标以内。

宋丽明研究表明[386]，某采油厂污水处理站使用的杀菌剂比较单一，长期使用一种药剂使细菌产生抗药性，造成杀菌剂杀菌效果逐渐变差，使细菌在管道中繁殖速度加快，注水管网菌类超标严重。所以在杀菌剂的投加上，应采用每两个月更换一种杀菌剂，氧化性和非氧化性，交替进行投加，提高杀菌效果，保证处理后水质合格。

5）稳定剂

HPAM 聚合物的热氧降解是自由基反应，其反应历程可简写如下：

$$O_2 \longrightarrow O\cdot \qquad (5-15)$$

$$O\cdot + P(HPAM) \longrightarrow P\cdot \qquad (5-16)$$

式（5-15）为自由基引发，是调控所有自由基反应速率的基元反应。O_2 裂解成 $O\cdot$ 的过程中伴随有化学键的断裂，反应的活化能高。在聚合物溶液体系中未含有还原剂时，只有在较高的温度下反应才会发生。所以在 45℃ 条件下，曝氧污水配制的 HPAM 溶液前期化学降解作用较慢。式（5-16）是自由基的传播或增长，产生的自由基 $O\cdot$ 向 HPAM 分子链进攻，使 HPAM 分子断链而产生新的相对分子质量较低的自由基 $P\cdot$。当 HPAM 溶液存在还原剂时，其反应历程为：

$$O_2 + 还原剂 \longrightarrow O\cdot \qquad (5-17)$$

$$O\cdot + O_2 + 还原剂 + 稳定剂 \longrightarrow O^{2-} \qquad (5-18)$$

式（5-17）和式（5-15）相比，O_2 与还原剂间构成了一种中间过渡态，降低了 O_2 裂解成 $O\cdot$ 的活化能，使产生 $O\cdot$ 变得容易。因此还原剂在 $O\cdot$ 的形成过程中起到了催化剂的作用，它加快了 $O\cdot$ 产生的速度或者说降低了 $O\cdot$ 产生所需的温度，使 HPAM 溶液在较低的温度时也发生 HPAM 的降解反应。新鲜污水 HPAM 溶液含有还原剂如 S^{2-}、Fe^{2+} 和硫酸盐还原菌等，自由基降解反应在常温条件下就能发生，在配制 HPAM 溶液时就发生明显的降解反应,其配制的初始黏度往往很低。式(5-18)是稳定剂的作用:一是稳定剂与还原剂作用,抑制还原剂降低反应活化能能力,使产生自由基的速度减缓;二是稳定剂与 O· 作用产生稳定态的 O^{2-},不使 O· 攻击聚合物而断链。

综上所述,在大庆油田实施聚合物驱技术时,无论应用新鲜污水或是曝氧污水,都会发生严重的自由基降解反应。新鲜污水 HPAM 溶液含有还原剂,其降解反应发生得较早且较快,曝氧污水 HPAM 溶液不含有还原剂,早期降解反应速率较慢缓慢,后期降解反应仍较快。因此,建议无论使用新鲜污水或是曝氧污水配制 HPAM 溶液时,加入适量的稳定剂以减缓降解反应速率[387]。

(5)具体设备

综合分析油田污水的组分含量对聚合物驱油的影响,在实际开发过程中,针对回注配注污水进行二次处理,在注水站对污水进行缓冲沉降、曝氧除菌、二次过滤等处理,水质达标后满足聚驱开发需求。具体设备参数概述如下。

1)污水罐

图 5-28 为污水罐,容量为 $500m^3$。污水罐储存来站的回注污水,管线二次污染后的污水在储罐中经过一段时间停留,污水的少量泥沙、碎屑及悬浮油污在罐底及罐体上部液面沉降富集。提高储罐液位,增加污水在罐内停留时间可改善配注污水质量。

2)曝氧罐

图 5-29 为曝氧罐。曝氧罐储存充分的曝氧配注污水,提供每日配注聚合物溶液所需的污水。

图 5-28　污水罐

图 5-29　曝氧罐

3)污水过滤器

图 5-30 为污水过滤器。污水过滤器可实现对聚合物配制所需的污水进行精细过滤,过滤量满足 $150m^3/d$。过滤器为内置袋式结构,过滤袋精度为 $25\mu m$,更换周期为 $40d$。

4)射流曝氧装置

近些年来,油田逐步应用采出污水配制聚合物溶液,通过研究表明厌氧菌的存在是造成聚合物液黏度下降的主要原因,因此,油田普遍使用污水曝氧之后配制聚合物溶液的方法，来减小厌氧菌对污水配制的聚合物溶液的影响。通过不断的改进完善，曝氧工艺技术已日趋成熟。较为成熟的曝氧工艺有两种：一种是压缩曝氧；另一种是射流曝氧。

图 5-30　污水过滤器

① 压缩曝氧采用的气源是压缩机，压缩机直接将呈气柱状的气体注入压力溶气罐，在压力溶气罐中与污水进行混合，由于来自压缩机的空气气泡较大，所以在压力溶气罐内的气液混合只是初步。需要在反应罐中进一步粉碎气泡，使之变小，达到气体氧化效果。由于压缩机和压力溶气罐溶气效果差，直接导致气液混合物需要在反应罐继续溶气曝氧，曝氧后再进行气体稀释，所以在反应罐需要停留较长时间才能达到充分反应。

② 射流曝氧工艺的主要设备是射流器。射流器采用文丘里喷嘴，工作水泵出水通过射流器的喷口，随着喷嘴直径变小，液体以极高的速度喷射进水气混合室，高速流动的液体通过水气混合室时，在水气混合室形成真空，通过导气管吸入大量空气，空气被吸入混合室后，在喷水压力的作用下被分割成大量微小的气泡，与水形成混合体。射流曝氧比压缩曝氧减少了空压机、反应罐、压力溶气罐等工艺设备，大大降低了地面工程建设的投资。同时，与固定式的压缩曝氧相比，具有安装方便灵活、投资省、见效快的优点。射流曝氧的缺点是当污水处理量波动较大时，会造成水射器过水流量偏离正常工作条件，达不到曝气条件，应考虑采用适当的射流器规格组合，便于在不同生产条件下能够及时调整，

图 5-31　射流曝氧装置

确保污水处理的效果，而且在生产运行中必须保证射流器的入口压力及额定排量等工艺条件。

油田应用曝氧工艺处理配制污水试验初期采取的是压缩曝氧方式，但采用空压机将空气打入压力容器罐内与污水混合，并需要转入反应罐内释放并反应 2h，地面工程规模较大，投资高，目前普遍采用射流曝氧技术处理油田污水。

图 5-31 为射流曝氧装置。污水射流曝氧装置工艺采取了自动吸氧方式，通过增压泵加压，控制射流器入口压力及排量参数，可满足污水曝氧后水中含氧量指标。本站射流器入口压力 0.3MPa，瞬时排量在 $30m^3/h$，经过检测曝氧后污水中溶解氧含量为 $6\sim7mg/L$，满足配制要求。

5）杀菌剂加药装置

图 5-32 为杀菌剂加药装置。杀菌剂加药装置可采取不同结构，本站加药装置可实现连续加药，容器采用防腐材质，连续泵实现低排量稳定供液，瞬时排量 $0.1\sim0.3L/min$。二次投加杀菌剂后，回注污水中的硫酸盐还原菌、腐生菌及铁细菌指标可以得到有效控制。

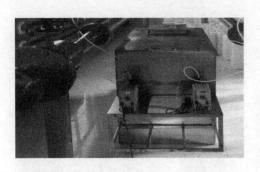

图 5-32 杀菌剂加药装置

5.6.3.2 分散工艺段

整个母液配制的工艺过程大概可以分为紧密配合的供水和供料部分、分散转输部分、熟化储存部分和外输部分四个阶段[388]。聚合物干粉通过料斗及输送部分在溶解罐中与清水进行初步的润湿和溶解，然后由转输泵将溶液排入熟化罐中，同时表面活性剂掺母液泵也将表面活性剂储液罐中的表面活性剂排入熟化罐中，然后通过搅拌器的搅拌使它们进一步充分溶解。这一过程称为聚合物的"熟化"，熟化后的聚合物溶液称为"混合液"，混合液由高压外输泵以稳定的压力输出且经不同精度的过滤器滤除杂质后送去聚合物注入站，再由注入泵将其注入油井，从而完成注聚合物驱油的全部过程。

聚合物分散溶解是整个聚合物配注系统中的核心，这套装置的性能将直接影响整套注聚合物系统的运行和驱油效果的优劣。分散装置的主要技术参数包括供水压力、额定配制溶液量、额定配液浓度、整机功率等。聚合物分散是指将聚合物干粉定量与水混合，配制成具有一定浓度精度的聚合物溶液，然后输送到熟化罐中熟化。这就决定了聚合物干粉分散装置的工作原理和基本结构大致上都是相同或相似，其差别只是规模的大小和自动化控制程度的高低。一般聚合物干粉分散装置都由以下 5 个基本部分组成：a. 加聚合物干粉部分；b. 加清水部分；c. 混合、搅拌部分；d. 混合溶液输送部分；e. 自动控制部分[389]。

（1）聚合物分散装置分类

关于聚合物分散装置的分类，现在还没有统一的方法，但人们习惯根据水粉的接触方式来分类，按照这种分类方法，现在使用的聚合物分散装置有喷头型、水幔型、射流型和瀑布型几种类型。

1）喷头型

是指水和聚合物干粉的接触集中在一个喷头中进行，喷头需特殊设计制作，水由入口沿芯子切线方向进入水粉混合器，并在水粉混合器的下部形成一个封闭旋转的圆形水幔，聚合物干粉从入口进入，并迅速扩散，干粉遇水后迅速溶解，制成混合溶液。封闭的有机玻璃外罩起到封闭溶液、便于观察和隔绝外部气流干扰、利于水幔形成的作用。这种形式的聚合物分散装置在大庆油田应用的比较多。

2）水幔型

是指在聚合物干粉与水接触之前，水流先形成一个水幔，水由四周向中间流，聚合物干粉撒落在水幔的旋涡中，然后由输送泵直接输送至聚合物熟化罐。这种类型的聚合物分散装置能否平稳运行，其关键在于是否能够形成稳定的水幔。

3）射流型

是指用压力水经过水喷射器直接将聚合物干粉从水喷射器的进粉口吸入，然后水和聚合物干粉经水喷射器的喉管和扩散管进行混合，混合后进入混合罐。这种分散装置在孤岛采油厂应用比较广泛，这种类型的聚合物分散装置的一个弱点在于，水喷射器的进粉口，容易因受潮而黏结聚合物，每隔一段时间就需要清理一次。

4）瀑布型

是指在聚合物干粉与水接触之前，水流先从分散罐壁四周喷出，形成一个类似于瀑布的流态，聚合物干粉撒落在瀑布形成的旋涡中，然后由输送泵直接输送至聚合物熟化罐。

（2）聚合物水粉混合方式

聚合物分散溶解装置中常用的水粉混合方式有两种：一种是文丘里射流水粉混合，其主要是利用射流泵原理形成负压，将聚合物引入水中，实现水粉混合；另一种是风送水粉混合，通过鼓风机及供水泵，将聚合物和水混合。两种混合工艺形成的混合溶液到达搅拌罐后，并搅拌作用进一步实现分散溶解，达到更充分的均匀分布[390]。

1）聚合物水粉混合装置原理

水射流装置原理：将干料斗内储存的聚合物干粉通过干粉定量供给及检测部分向混合器供料，利用高压水射流产生的负压将聚合物干粉吸入，与高速水流充分混合后进入溶解罐，再由转输泵输送至熟化罐进行熟化。整个配制过程干粉的供给与来水量按照工艺要求的配比自动跟踪，实现整个配制过程的全自动化运行。

气力输送装置原理：将干料斗内储存的聚合物干粉通过干粉定量供给及检测部分将聚合物干粉定量地输入气力输送装置中，使干粉随气流均匀进入水粉混合器内，通过水粉混合并在溶解罐内进行搅拌，配制一定浓度的聚合物水溶液，待完成后将配制好的溶液输送至熟化系统。整个配制过程干粉的供给与来水量按照工艺要求的配比自动跟踪，实现整个配制过程的全自动化运行。

由于以上两种方式经计算后均不能达到高浓度、大配制量所需的举升力，所以高浓度、大配制量分散装置单一应用水射流技术或气力输送技术都有很大不足；我们经多年研发与试验，采用水射流和风力输送相结合的方式，同时为了避免射流器潮湿后粘粉阻塞，为射流器配制一个吹干风机，由 PLC 控制启停，这样我们分散的配比浓度大大加强，理论上浓度可达到 12000×10^{-6} 以上[389]。

① 物料输送部分：气力输送风机、吹干风机、文丘里射流器、射流式分散头、物流仪、气输管线。

② 高速水流部分：电动球阀、电动调节阀、压力变送器、电磁流量计。

2）聚合物水粉混合方式发展概况及特点

① 聚合物水粉混合方式发展概况。水射流方式起源于美国惠瑞公司的小型短流程式分散溶解装置（$5 \sim 10 m^3/h$，5000×10^{-6}），而气力输送方式起源于澳大利亚的联合胶体公司水幔式分散溶解装置（$50 \sim 60 m^3/h$，5000×10^{-6}）。随着 20 世纪 90 年代大庆油田聚合物驱油的推广，这两种方式都得到了广泛应用，并且在国外先进技术的基础上，国内一些三次采油设备公司对他们进行了改进，生产出配制量更大、更可靠的分散装置。

水射流技术是近 30 年来发展起来的一门新技术，主要用来对物料进行切割、破碎、清洗。注聚合物驱油技术经过近 20 年大规模的推广应用已日臻成熟，成为改善老油田提高采收率较为理想的驱油方式，但其具有高投资、高成本、高风险的特点。因此，简化流程、降低工程投资和运行成本是注聚驱油工艺发展的必然选择。

气力输送方式是最早的聚合物母液配制方式，水幔式分散装置是典型的聚合物分散溶解方式。气力输送系统由鼓风机、文丘里供料器、电热漏斗、物流监测仪和气输管线等组成（见图5-33）。由于该结构干分流动力稳定、响应快，所以不易阻塞气输管线，且浓度精准，自20世纪90年代后，国内外对其应用较为广泛，尤其是油田三次采油的各种药剂混配。

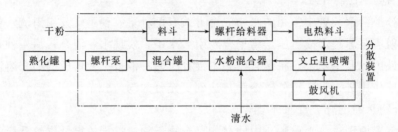

图5-33 聚合物气力输送系统

② 聚合物水粉混合方式的特点。水射流聚合物分散装置是运用射流变压的原理，水流经水射器高速射出后，在喷嘴周围形成局部真空，产生负压，提供下粉的辅助动力，同时高速水流还能提供足够的能量，强制聚合物干粉与水的混合，避免了凝块和"鱼眼"现象的产生。聚合物干粉入料风力输送管线如图5-34所示。

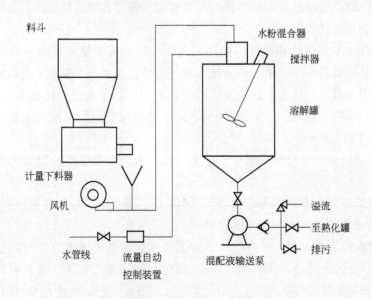

图5-34 聚合物干粉入料风力输送管线

该装置主要由投料部分、提升部分、储料部分、射流分散部分、下料及计量部分、自控部分六大部分构成。完成从分散到熟化整个工艺流程的自动控制。

整机特点：结构撬装化，运输、安装方便，能再次整套利用；溶解采用水喷射式结构，占地面积小，缩短了工艺流程，降低了故障率；浓度稳定性好，配水系统采用PID

闭环控制，精确下料器采用变频调节，混配浓度精度高，误差小。

混配采用特殊结构设计，水射流携带干粉，强制混合，减少了"鱼眼"和气泡现象的发生，能提高后续流程中注聚泵的容积效率。

整套装置采用PLC控制生产流程，自动化程度高，主要电器元件、控制件均采用国外技术成熟的优质产品，确保整套装置技术先进，性能稳定，运行可靠。

水射流聚合物分散装置设计中，料仓采用筒体锥底结构，集干粉储存、计量为一体，结构紧凑，低料位由料位计控制，料位计采用进口元件，检测准确。精确下料计量器采用螺旋计量的原理，传动机构采用减速机与螺旋体直连形式，完成一级变速，再用变频器进行二级无级变频调速，以保证干粉用量的准确可调，精确下料器采用拉料式结构，结构紧凑，运行可靠。

水射流聚合物分散装置工作流程：清水罐的来水经过增压后（压力为0.8MPa），流经手动蝶阀、电动调节阀及电磁流量计计量后，再由水射器高速喷出，形成局部真空，携带经精确下料器计量的干粉，强制混合，再经提升泵提升完成干粉和水的初步混合，依次流经单向阀、手动蝶阀、电动阀，再输送到熟化罐中进行熟化，完成聚合物的溶解输送过程。

水射流分散溶解装置工作流程比较简单，流程设计合理，设备和管阀件节点少，有利于减少运行中的各类故障。

气力输送分散装置主要由投料部分、提升部分、储料部分、供粉动力部分、母液传输部分、初步搅拌部分、下料及计量部分、自控部分八大部分构成。投料部分、提升部分、储料部分、下料及计量部分、自控部分与水射流分散装置基本相同，不同之处在于射流分散部分。

气力输送式分散装置自带一台鼓风机，干粉经下料器下到漏斗里被鼓风机吹到分散装置的溶解罐中与清水进行初步混合和搅拌，再有一台螺杆泵传输到熟化罐进行熟化。在水射流分散装置中，聚合物干粉是由高速喷出的清水形成漩涡造成局部真空，把干粉带到熟化罐中；而水幔式分散装置中的干粉是先通过鼓风机把干粉携带到溶解罐中，之后再与清水在溶解罐中初步混合。

整个工作过程是：鼓风机把高压气流输送到文丘里供料器，在通过文丘里供料器的喷嘴后，气体流动速度增大，在喷嘴处产生负压区，通过该负压区把聚合物干粉吸入气输管线，并输送到水粉混合头，在混合头处，高速干分流与高速水流在特殊结构下充分润湿混合，达到精确配比的无黏团、"鱼眼"的合格聚合物母液。该结构干分流动力稳定，响应快，所以不易阻塞气输管线，且浓度精准，故障率极低。

每一种方式都有其优点，现场工业化应用都较为广泛。但目前油田使用中存在如下问题：a. 雨季，射流式分散溶解装置易发生射流器阻塞现象；b. 无论气力输送式还是射流式配比浓度很难突破6000×10^{-6}，且瞬时浓度与累积浓度都存在一定误差；c. 配制站系统中供水量的不稳定（随机性地大于或小于螺杆泵泵效），导致螺杆泵频繁启、停，且全是硬启动，设备震动大，易对泵的机械密封、十字轴、转子、定子和整个系统造成损害，导致维修费用大幅提高；d. 射流式分散溶解装置和气力输送式分散溶解装置吸入压力有一定的吸入压力变化，不能恒气压供料，尤其是气力输送式分散装置耗能过大，噪声较大。

（3）干粉上料装置

在聚合物配制站，由于聚合物干粉的添加、下料等操作过程都直接暴露在空气中，因此在配制站的空气中弥漫着大量的粉尘。这些粉尘不利于员工的身体健康，对环境有一定的污染，另外当粉尘遇到地面的水分时，将形成黏性很大的液体，极易造成滑倒、跌伤等人身安全问题。密封除尘上料装置的发明有效地解决了这以问题[391]。因此许多注入站采用密封除尘上料装置，使得工人在生产车间能够更加舒适的工作，在一定程度上保证员工的身体安全，同时对生产过程也进一步加强稳定化[330]。

1）粉尘的来源

各配制站接收炼化公司所需物料均经货车拉运至目的地，在运输的过程难免有个别料袋破损，导致大部分料袋外侧附有粉料，为后期注料过程中料袋的运移提供了粉尘来源。分析配制系统粉尘的来源有以下3个方面[392]。

① 料袋由料库输送至配制间。料库与配制间一般会有几十米的距离，且物料均由叉车和天吊输送，大部分料袋外侧附有粉料，同时输送过程中伴随着设备的振动，因此，物料由料库输送至配制间的过程中产生了一定的粉尘。

② 注料过程中。在注料口将物料投入分散装置的过程中产生大量的粉尘。在此过程中粉尘之所以会产生是因为它受到了某种力的作用，一般来讲粉尘会受到机械力、随机力和黏性力的作用。在聚合物或碱注料的过程中，粉尘颗粒可能受到设备部件给它的作用力，从而使它以较高的初速度向某方向运动，像被投掷的物体一样，从而离开粉体或物体，这就是机械力对粉尘的作用。由于气体分子在不停地做无规则的热运动而使微细颗粒做无规则的布朗运动所受力的随机性，因而称该力为随机力。室内空气的流速一般控制 $0.2\sim0.5m/s$，通过送风装置送入车间内的空气流速可达到 $1\sim2m/s$，而粉尘本身没有离开空气的作用力而独立运动的能力，为此黏性力也是粉尘产生的一个主要原因。

③ 空料袋回收。空料袋的回收过程是粉尘产生的又一来源，当物料卸完之后，空料袋要由天吊输送至地面以便回收，在此过程中料袋内及表面残留的物料在设备的振动力及重力的作用下成为粉尘的又一来源。

经调研分析显示，各配制站粉尘污染比较严重。由于干粉含有较细颗粒，干粉生产运输过程导致料袋外壁附着部分干粉，在干粉的投加过程中难免会造成颗粒较细小的粉尘外溢沉落。加之配制间及料库内现有的旋风除尘设备主要是吸除空气中的粉尘，对落地粉尘的除尘效果较差，导致工作环境中粉尘量较大，对岗位员工的身体造成了不同程度的伤害。在配料的过程中，用肉眼可清晰看到含粉尘的雾状气体；在配制间内待上几分钟手上便会有发黏的感觉；配制间每天至少冲洗一遍，仍能看到地面上粉尘颗粒的存在。检测数据显示粉尘的分布在注料口粉尘浓度最高，料库内粉尘浓度最低，由此可见，下料的过程是粉尘产生的主要来源。

2）密封除尘上料装置

① 设计原理。首先，通过对传统上料除尘工艺效果的分析，确定了粉尘的产生主要是在下料的一瞬间，因此，把下料的过程密闭起来，这样即使产生粉尘，粉尘也被密闭在一个小的空间内。根据配制站空间及生产的要求，设计了密封加料仓。其次，就是要解决输送物料的问题，要把密封加料仓与分散加料罐的连接也做到密封，这样才能保证在送料

的过程中粉尘不外溢，因此，在密封加料仓与分散加料罐之间用密闭的输送轨道连接，输送轨道内用螺旋绞龙对物料进行推进。

上料工艺已经密闭，但在密封加料仓内仍然会产生许多粉尘，一旦开启仓门，粉尘仍然会外溢，因此除尘系统要与整个密闭过程结合。由于下料的一瞬间，粉尘向上飞起，因此，选择在密封加料仓的顶端安装了二级引风除尘系统，使仓内保持负压，除尘系统一级过滤为螺旋离心式风料初级分离，通过空气在设备内的旋转将较大的粉尘颗粒利用离心力引到设备底部，进行初级风料分离；二级分离为水膜雾化处理，将含有中小颗粒粉尘的空气引入多级旋转塔内，通过螺旋固定式叶片上喷出的水雾，对空气加湿，以增加空气湿度，空气中的粉尘相对密度增大，通过离心力沿着塔壁随着水珠流入塔底[392]。

② 装置工艺流程。岗位员工使用叉车每次将干粉包袋（以下简称包袋）搬运到自动传输设备上，设备自动整理托盘与包袋的位置，并自动将其输送到下一单元；自动储料传料设备接收到上一单元传送的包袋信号后，自动向前移动形成一个新的空位，等待接收下一个包袋，直至整个传送储料系统储存满，通过光电控制信号使其停止；传送机构储满料后，加料仓料位低报信号控制过渡设备逐一接收、摆正包袋，将其传至自动升降载台；自动升降载台将包袋提升至工作平台高度并通过限位信号停止；动力提升系统将包袋提升并传输至自动卸袋装置，整袋摆位器调整摆位后，自动破袋装置进行破袋，干粉投加至加料仓内；含有残留干粉的料袋经料袋分离设备，通过旋转离心作用将残留干粉去除，空料袋自动传送到储存仓内，定期回收。承载托盘在包袋提升后通过自动码垛系统将空托盘自动码垛回收至托盘摆放区。库房中的料袋可通过天吊倒运到密封加料仓处加料，同时引风除尘系统启动，料在引风除尘系统产生的负压状态下向料仓内卸料，卸入仓内的粉料同时被提升转换设备提升至水平推进分料装置，再由分送料设备通过自动控制系统将料按不同的分子量输送到各个罐口[392]。

具体工艺流程如图 5-35 所示[391]。

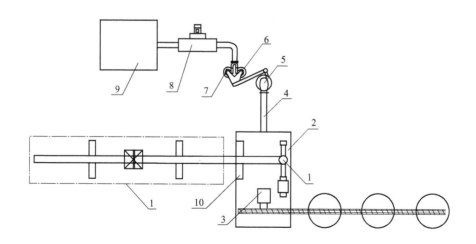

图 5-35 密封除尘上料装置工艺流程

1—牵引上料器；2—卸料仓；3—调配送料器；4—负压管络；5——级旋风除尘器；6—二级旋风除尘器；

7—三级旋风除尘装置；8—引风机；9—烟尘处理室；10—密封舱

③ 现场应用效果。目前，该装置已在大庆油田采油三厂、采油四厂、采油六厂等配制站投入使用。2013 年 5 月 15 日，密闭式上料除尘装置在采油六厂试验大队喇 4[#] 配制站投入使用[393]，并取得了良好的运行效果。

Ⅰ. 自动化程度高。配制站传统加药方式，在投药时需要 1 名员工在料场将重 750kg 的聚合物干粉挂上天吊，另 1 名员工操作天吊，并从料场步行到配制泵房，经扶梯至约 3m 高的分散装置加药料口，解开捆扎药品的绳子，将药品投放至分散装置内，投料完毕后再次将天吊移至料场，将空袋子取下。试吊后经测算，操作员工每加一袋药品平均用时 12～15min，往返路程约 70m，每班次加药平均用时 70～90min。

在使用密闭上料除尘后，工人在上料时不需在装置平台往返操作，由于机械化程度的提高，大大减轻劳动强度，以前需要 2～3 名工人才能完成的工作，现在 1 人就可以完成；操作工的工作时间也由 3h 降低到了 1h，降低了人工成本，提高了工人工作效率，同时也避免了在操作过程中起重药品存在的安全隐患。

Ⅱ. 粉尘污染量少。使用密闭式上料除尘装置后，可将粉尘对人体口腔、眼睛、呼吸道、皮肤、黏膜组织等伤害降到最低，厂房内粉尘含量远低于国家规定的标准，传统的加药方式中员工吸入的粉尘颗粒已超出了工作场所空气中粉尘容许浓度（不超过 $10mg/m^3$）。在使用密闭式上料除尘装置后，聚合物添加岗位的粉尘浓度由 $17.7mg/m^3$ 降低至 $0.2mg/m^3$，显著地改善了配制厂房内的卫生状况，能够解决配制站在上料过程中的粉尘问题。

Ⅲ. 操作方便。在使用密闭式上料除尘装置后，不需在分散装置加料口加药，只需用叉车将药品移至除尘装置门前，用小吊运送即可。在上料过程中，缩短行吊距离，降低了天吊的使用频率。在设备运行当中若有药物结块堵塞天窗，或继电器出现故障等问题，除尘装置发出报警，同时密封舱内的螺杆停止运转，药物不会加到分散装置内，通过点击触摸屏检查故障原因，消除报警，排除故障点击复位键即可恢复设备运行。

④ 存在的问题及解决途径

Ⅰ. 上料机天窗容易堵塞。配制站密闭式上料除尘装置的下料滤网需经常清理。如果长时间不清理就会造成积料堵塞滤网并导致系统停运，影响生产正常运行。针对这一问题，对下料看窗固定螺丝加装一个把手并在看窗处加装了清理漏斗，使得操作员工随时可以进行清理，避免结块干粉掉落到分散装置中。经过一段时间的使用，从改进后的现场应用情况看，极大地减轻了设备清理工作的难度，缩短了清理时间，提高了工作效率。

Ⅱ. 螺杆有空转现象，易烧坏电机。密闭式上料除尘装置为手动控制加料，高料位自动停止，因此在密闭储料仓内聚合物干粉不足时，分散料斗无法达到高料位，整体上料系统运行将无法停止，造成供料机、提升机以及螺旋输送机一直连续运转，直到再次将密闭储料仓内干粉加满，分散料斗达到高料位后整个上料系统才会停止。针对生产的实际情况，在密闭储料仓壁，主螺旋上方约 5cm 处安装物料检测探针，检测信号连接至 PLC 控制柜，当聚合物干粉料位低于旋转指针高度时，系统程序设定约 10min 延时，随后供料机、提升机以及螺旋输送机依次自动停止运行。这样避免了加药过程中上料系统空转对电机的损伤，又不需要岗位员工在投料后长时间等待，降低了员工的劳动强度，且因程序自动停运减少了电量消耗。

Ⅲ. 提升机入料口加装防聚合物脱落挡板。提升机是物料输送过程的中间环节，密闭仓内聚合物干粉通过供料机运送到提升机，再由螺旋输送机把提升机输送来的干粉运至分散装置内。但在实际生产中，当上料系统停止后，密闭储料仓内干粉因重力作用从供料管道漏到提升机内，当积累到一定重量后，提升机将因重量故障导致无法运行，造成上料系统崩溃。为了避免这种现象的发生，在提升机上料轨道入料口，即供料机供料管道末端安装防聚合物干粉脱落的挡板。与安装防干粉脱落挡板前相比，清理提升机堵塞的故障频次由原来的每周 1.5 次，降为现在的 0 次；每次清理提升机堵塞约有 50kg 的聚合物干粉损耗，累计年节省干粉量约 3.6t，改造后没发生提升机堵塞故障。加装防聚合物脱落挡板后，既减轻了员工的劳动强度，降低了密闭空间操作风险，减少聚合物干粉损耗，还提升了设备使用率。

3）大庆油田采油七厂配注站所采用的上料装置

如图 5-36 所示，大庆油田采油七厂配注站采用密封除尘上料装置。该装置可实现自动传送料功能，储仓内可一次性投加干粉 1.5t，仓门开关由自动系统完成，开启仓门，风机开启，内有小型天吊一台，额定载重 1.0t，关闭仓门后，螺旋上料装置工作，干粉通过提升机传至横向传输机构，横向传输机构将干粉投加入制定分散装置系统，全程密闭上料满足环境无害要求，降低操作工人污染风险。

如图 5-37 所示为分散装置干粉罐，储存配制用聚合干粉，内壁为防腐钢制结构，外壁设置高、低料位报警器，实现自动下料功能。

图 5-36 密封除尘上料装置

图 5-37 分散装置干粉罐

（4）干粉下料

随着颗粒流体力学理论研究的不断深入和多相流技术的发展，气力输送技术越来越多地被广泛应用于众多行业的干燥粉状物料的输送。与机械输送方式对比，气力输送具有适应物料范围广、无粉尘、占据空间小、易于作业、维修便捷等突出优点。因此，气力输送在化学、冶金、医药、矿物加工等领域得到了普遍地使用。广大学者的研究表明，通常来说气力形式的输送系统在主要方面的表现要比机械形式的输送系统好。

作为气力输送系统中的关键设备，气-固喷射器被广泛应用于石油、化工和能源产业当中，对散体颗粒进行气力输送。图 5-38 为文丘里喷射器在物料输送过程中的应用。气-固两相流喷射器是在粉体与散料运输过程中常见的设备，它的工作原理是带一定压力的压

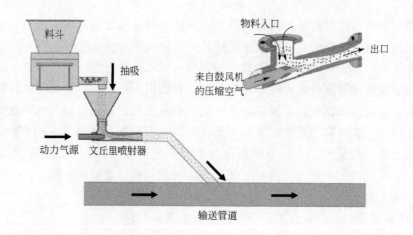

图 5-38 文丘里喷射器在物料输送过程中的应用

缩空气由喷嘴射出,形成高速流体,由于高速流体带走内腔的空气从而形成的卷吸以及紊动扩散作用,产生文丘里效应,使该处产生负压(真空)。在自然环境大气压和粉料自身重力的双重影响下,粉料颗粒进入内腔,被喷嘴射出的气流携带,经过文丘里管部分颗粒得到进一步提速,并从出口流出不断向后端的输送管道输送[394]。

如图 5-39 所示,为大庆油田采油七厂配注站干粉分散下料用文丘里管,利用喷嘴的动力学原理,在干粉吸入处形成一个涡流区,其压力低于大气压,聚合物干粉从吸入口被吸入,由排出口进入风力输送管道。

(5)聚合物溶解

鼓风射流型分散装置在油田被普遍用于聚合物溶液配制。聚合物干粉首先通过螺旋下料器进入文丘里管,再由鼓风机输送至水粉混合头,与配制水混合后进入溶解罐,经过初步搅拌后由转输泵输送至熟化罐。聚合物的溶解是快过程,熟化是慢过程,干粉的溶解效果不好会影响熟化,即使后期长时间熟化也不会均匀[395]。

图 5-40 所示为分散装置溶解罐。分散装置溶解罐的作用是进行初步混合聚合物溶液,

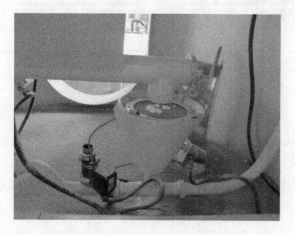

图 5-39 分散下料器文丘里管

图 5-40 溶解罐

罐体内壁为防腐钢制结构，外壁设置高、低料位报警器，实现超限报警功能，罐体上部含除气单元和搅拌单元，满足聚合物干粉溶解溶胀过程均匀搅拌，罐体下部包含转输螺杆泵，排量为 $30m^3/h$，满足聚合物溶液及时配制，及时转输至熟化罐。

（6）聚合物熟化

熟化过程指聚合物在水中部分水解，并充分溶解，以获得所要求黏度的化学变化和物理变化的综合过程[396]。

大庆油田采油七厂采用的是聚合物母液熟化装置，具体结构如图5-41所示。该装置包含罐体，在罐体的上部设有搅拌驱动装置、减速装置、透光孔、通风孔、护栏，罐体外部设有电伴热带、保温层、防护层、人孔、熟化罐电伴热控制装置、高低液位检测口，在罐体内设有搅拌轴、搅拌桨，罐体底部设有进液口、出液口。其特征在于聚合物与水的混合液由罐体下部进液口进入罐体内，搅拌驱动装置连接减速装置，带动与减速装置相连接的搅拌轴及搅拌桨将聚合物与水的混合液溶解熟化，熟化后的聚合物母液由罐体下部的液口排出罐外，装置罐体采用玻璃钢材料制作，玻璃钢材料具有防腐性强、耐老化的优点。本装置在同类产品中具有最小的剪切降解率，以保证黏度值达到最佳状态；同时还要保证该设备可在室外连续工作[397]。

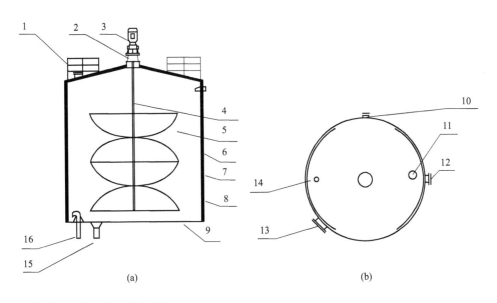

图5-41 聚合物母液一体化熟化装置
1—护栏；2—减速装置；3—搅拌驱动装置；4—搅拌轴；5—搅拌桨；6—电伴热带；7—保温层；8—防护层；
9—罐体；10—液位检测口；11—罐定透光口；12—溢流孔；13—人孔；14—通风孔；15—出液口；16—进液口

如图5-42为大庆油田采油七厂配注使用的熟化罐，罐体直径4.5m，高4.5m，罐体上部有排气孔、观察孔。具有防腐功能，实现聚合物母液的精细搅拌，外壁设置高、低料位报警器，实现超限报警功能，聚合物母液在熟化罐中的搅拌熟化时间一般为 $150\sim180min$。结合聚合物母液全天用量和熟化时间，本站熟化罐总数设计运三备一。

图 5-42 熟化罐

母液熟化罐为室外玻璃钢罐，在冬季生产运行过程中，由于聚合物溶液黏度高、在罐内熟化时间长，所以极易在罐壁上冻结积聚，大大缩小了罐内的有效容积，降低配制站的生产运行能力。为了保证生产的稳定，在母液罐上安装了辐射式电热保温及智能控制装置[398]。

（7）搅拌器

1）搅拌器概况

搅拌设备主要由搅拌装置、轴密封装置和搅拌罐三大部分组成。其中搅装置是由传动装置、搅拌轴以及叶轮组成的，搅拌轴和叶轮放在一起又组成了搅拌器，如图 5-43 所示。搅拌设备在石油工业和工业生产中有着很广泛的应用，特别是在工业生产中，大部分化工生产都会用到搅拌操作。在许多生产场所中搅拌设备经常被作为反应器来应用。由于搅拌设备的温度、停留时间、浓度等操作条件的可控制范围很广，又能满足各种各样的生产，所以搅拌设备的应用范围很广[399]。

从图 5-43 可以看出搅拌设备有如下作用：

① 使液-液、固-液、气-液等实现均匀混合；

② 使液相中的气体得到充分地扩散；

③ 使液相中的固体微粒均匀地悬浮；

④ 使不相溶的一种或者是几种液体充分的混合；

⑤ 强化相间的传质（如吸收等）；

⑥ 强化传热。

对于像配制聚合物驱油母液这种混合，主要是①、⑥两点。混合所需要的时间长短、混合效果以及传热效果，都会制约着反应结果。对于非均相液体系统，则还会影响液体相接面的大小和相间的传质速度，情况就会变得更加复杂。所以搅拌设备情况的改变，经常会间接

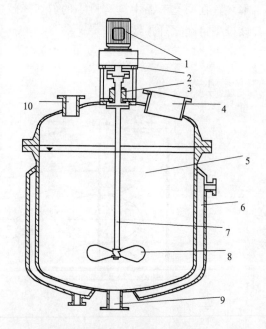

图 5-43 传统的典型搅拌设备构造
1—电动机和减速器组成的传动装置；2—搅拌机支架；3—附带密封装置的轴承；4—可视孔；5—搅拌罐；6—内壁夹套；7—搅拌设备的搅拌轴；8—搅拌器的叶轮；9—出液口；10—进液口

地影响产品的质量和产量等数据的提高。在两种或者更多种的高黏度液体聚合反应装置中，在聚合过程中搅拌设备主要起到的作用是：加速反应容器内各种物料的充分流动，使反应容器内物料充分扩散从而达到均匀分布，增大传质和传热系数。在聚合物混合反应过程中，经常会随着转化率的增加，聚合物母液的黏度也会随之增加。假如搅拌设备的搅拌

情况不好，就会造成传热系数降低或者局部过热，使聚合物母液和催化剂分散不够均匀，影响聚合物母液的聚合的质量，也会导致聚合物母液粘在壁上，使聚合反应操作不能够顺畅地进行下去。

因为在石油工业生产中大量应用催化剂、酶、表面活性剂、添加剂等高黏度液体，这样将会对搅拌设备有相当大的需求量，而且还会间接影响石油的产量。由于所需要的混合液体的操作条件比较复杂和多变的性质，对搅拌设备的要求也变得比较复杂。

2）搅拌器的发展趋势

① 多功能化与智能化。由于搅拌设备本身的特点使得搅拌设备的操作很方便，更加适合于批量小、更新速度快、工艺流程使用计算机操控的间歇性操作的精细化工生产。对于受外界因素干扰多的搅拌反应器来说，我们应该采用传感器测控，对搅拌容器内的整个反应过程进行预测控制和模糊控制，使设备运行更加稳定可靠，产品质量更好。另外，对特定的生产需求，我们可以把几个或者多个功能放在一起，在同一个搅拌容器内完成，实现多功能一体化。这种设备具有结构紧凑、无连接管道、损耗少、效率高、易于满足卫生要求等优点。

② 搅拌器的两极化发展。一方面，搅拌器随着工业生产的需要，装置会逐渐进入到大型化趋势；另一方面，在医疗机构和科学实验研究中，在个别的条件下会使用相当精密的微型搅拌器来满足各种需求。

③ 流场的模拟及其放大技术的研究与应用。目前，搅拌器的结构选型和结构设计在一定程度上都靠实验和经验之谈，对放大技术的研究还缺乏一定的认识，对于成本和能源消耗来说只能在生产出来之后做出比较才能得出结论。20 世纪 80 年代末以来，在整个社会都提倡资源循环利用的情况下我们对产品的回收率也做出了一定的要求，同时在计算机快速发展的情况下，我们利用先进的计算机技术来对搅拌器进行研究，Solidworks 和 UG 等三维仿真设计软件也促进了自动化程度的提高。以 CFD 为基础，在计算机模拟软件和测量技术支持下，研究人员开始对搅拌器的三维流场展开数值模拟研究，逐步开发出新型搅拌器，并对搅拌器的搅拌性能及其流动特性进行数值模拟研究。此外，在国外有许多研究者采用计算机仿真模拟与实验验证结果相结合的方法，对各种搅拌器的流场及传热传质等性能进行研究，尤其在生化反应器的研究中，取得了大量的成果。

3）搅拌器的工作原理

涡轮式搅拌器的工作原理就是机械输送液体的工作原理。搅拌轴在电机带动下旋转，其圆盘式桨叶同时旋转，充满搅拌器反应釜中的流体在圆盘式桨叶的带动下也随之转动，流体因为惯性离心力的作用促使自己从搅拌轴附近抛向筒壁边缘的过程中获得了能量，使搅拌器圆筒外缘的液体压强提高，同时也增大了流速。由于搅拌容器中流道逐渐加宽，液体的流速逐渐降低，使筒壁出口处液体的压强进一步提高。当搅拌器内液体从搅拌轴中心被抛向外缘时，在中心处形成了低压区，由于筒壁周围的压强大于搅拌轴中心处的压强，在此压差的作用下液体便经筒壁的上部和底部连续地被吸入圆筒内，以补充被排出的液体，只要搅拌器不停地转动，液体便不断地被吸入和排出。由此可见，涡轮式搅拌器之所以能够进行顺利的搅拌操作，主要是依靠搅拌轴旋转产生的离心力，液体在离心力的作用下获得了能量以提高压强，这样即产生了被搅拌液体流动的连续性，使流型更复杂，达到理想的搅拌效果。

4）搅拌器的分类及典型搅拌器

按流体流动形态分，搅拌器可以分为轴向流搅拌器、径向流搅拌器和混合流搅拌器。

从按搅拌器的结构上可分为平叶、折叶、螺旋面叶。按照搅拌器的用途可分为低黏度流体用搅拌器和高黏度流体用搅拌器。用于低黏度流体的搅拌器有推进式、长薄叶螺旋桨、桨式、开启涡轮式、圆盘涡轮式、布尔马金式、板框桨式、三叶后弯式、MIG 和改进 MIG等。用于高黏度流体的搅拌器有锚式、框式、锯齿圆盘式、螺旋桨式、螺带式（单螺带、双螺带）、螺旋-螺带式等。桨式、涡轮式、框式和锚式的桨叶都分为平叶和折叶两种结构；推进式、螺杆式和螺带式的桨叶为螺旋面叶。

　　搅拌器的径向、轴向和轴径混合流型的图谱见表 5-5。

⊡ 表 5-5　搅拌器类型及图示

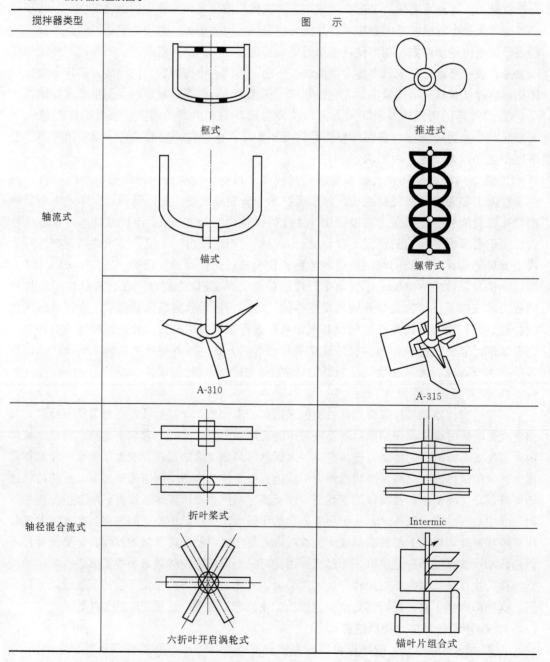

搅拌器类型	图　　示	
	框式	推进式
轴流式	锚式	螺带式
	A-310	A-315
轴径混合流式	折叶桨式	Intermic
	六折叶开启涡轮式	锚叶片组合式

搅拌器类型	图　示	
轴径混合流式	Mic	六箭叶圆盘涡轮式
	泛能式	六折叶圆盘涡轮式
径流式	六弧叶圆盘涡轮式	平直叶圆盘涡轮式
	锯齿圆盘式	后弯叶圆盘涡轮式
	六直叶开启涡轮式	三叶后掠式
	后弯叶开启涡轮式	布尔马金式

① 桨式搅拌器。桨式搅拌器是搅拌器中结构最简单的一种搅拌器，如图 5-44 所示，一般叶片用扁钢制成。焊接或用螺栓固定在轮上，叶片数是 2 片、3 片或 4 片，叶片形式可分为平直叶式和折叶式两种。主要应用在：液-液系中用于防止分离、使罐的温度均一，固-液系中多用于防止固体沉降。但桨式搅拌器不能用于以保持气体和以细微化为目的的气-液分散操作中。

桨式搅拌器主要用于流体的循环，由于在同样排量下，折叶式比平直叶式的功耗少，操作费用低，故轴流桨叶使用较多。桨式搅拌器也可用于高黏度流体的搅拌，促进流体的上下交换，代替价格更高的螺带式叶轮，获得良好的效果。桨式搅拌器的转速一般为 $20\sim100\text{r/min}$，最高黏度为 $20\text{Pa}\cdot\text{s}$。其常用参数见表 5-6。

⊡ 表 5-6 桨式搅拌器常用参数

常用尺寸	常用运转条件	介质黏度范围	流动状态	备注
$d/D=0.35\sim0.8$ $b/d=0.1\sim0.25$ 折叶式 $\theta=45°,60°$	$n=1\sim100\text{r/min}$ $v=1\sim5\text{m/s}$	$\leqslant2\text{Pa}\cdot\text{s}$	低转速时水平环向流为主，转速高时为径向流，有挡板时为上下循环流 折叶式有轴向、径向和环向分流作用	当 $d/D=0.9$ 以上，并设置多层桨叶时可用高黏度液体低搅拌速度，适合介质黏度达到 $100\text{Pa}\cdot\text{s}$ 以上

注：n—转速；v—叶端线速度；d—搅拌器直径；D—容器直径；θ—折叶角。

② 推进式搅拌器。推进式搅拌器（又称船用推进器）常用于低黏度流体中，如图 5-45 所示，标准推进式搅拌器有三瓣叶片，其螺距与桨直径 d 相等。搅拌时，流体由桨叶上方吸入，下方以圆筒状螺旋形排出，流体至容器底再沿壁面返至桨叶上方，形成轴向流动。推进式搅拌器搅拌时流体的湍流程度不高，但循环量大。容器内装挡板、搅拌轴偏心安装或搅拌器倾斜，可防止漩涡形成。推进式搅拌器的直径较小，$d/D=1/4\sim1/3$，叶端速度一般为 $7\sim10\text{m/s}$，最高达 15m/s。

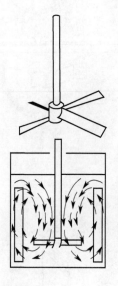

图 5-44 桨式搅拌器

图 5-45 推进式搅拌器

推进式搅拌器结构简单，制造方便，适用于黏度低、流量大的场合，利用较小的搅拌功率，通过高速转动的桨叶能获得较好的搅拌效果，主要用于液-液系混合，使温度均匀，在低浓度固-液系中防止淤泥沉降等。推进式搅拌器的循环性能好，剪切作用不大，属于循环型搅拌器。

其常用参数见表5-7。

⊡ 表5-7 推进式搅拌器参数

常用尺寸	常用运转条件	介质黏度范围	流动形态	备注
$d/D=0.2\sim0.5$ $b/d=1\sim2$	$n=100\sim500$r/min $v=3\sim15$m/s	<2Pa·s	轴向流循环速率高,剪切力小	最高转速可达到1750r/min,最高叶转速可达到25m/s。使用介质黏度可达到50Pa·s

③ 涡轮式搅拌器。涡轮式搅拌器（又称透平式叶轮）是应用较广的一种搅拌器，能有效地完成几乎所有的搅拌操作，并能处理黏度范围很广的流体。图5-46中给出一种典型的涡轮式搅拌器结构。

涡轮式搅拌器可分为开式和盘式两类。开式有平直叶、斜叶、弯叶等；盘式有圆盘平直叶、圆盘斜叶、圆盘弯叶等。开式涡轮常用的叶片数为2叶和4叶；盘式涡轮以6叶形式最为常见。为改善流动状况，有时把桨叶制成凹形或箭形。涡轮式搅拌器有较大的剪切力，可使流体微团分散得很细，适用于低黏度到中等黏度流体的混合、液-液分散、液-固悬浮，以及促进良好的传热、传质和化学反应。平直叶剪切作用较大，属剪切型搅拌器。弯叶是指叶片朝着流动方向弯曲，可降低功率消耗，适用于含有易碎固体颗粒的流体搅拌。

其常用参数见表5-8。

⊡ 表5-8 涡轮式搅拌器常用参数

型号	常用尺寸	常用运转条件	介质黏度范围	流动形态	备注
开式涡轮	$d/D=0.2\sim0.5$(以0.3居多) $b/d=0.2$ 折叶式:$\theta=30°,45°,60°$ 后弯叶式:$\beta=30°,45°,60°$ β为后弯角	$n=100\sim300$r/min $v=4\sim10$m/s 折叶式 $v=1\sim6$m/s	<50Pa·s 折叶和后弯叶小于10Pa·s	平直叶、后弯叶为直向流型,在有挡板时以桨叶为界形成上下两个循环流 折叶的还有轴向分流近于轴流型	最高转速可达600r/min 圆盘上下液体的混合不如开式涡轮
盘式涡轮	$d/D=0.2\sim0.5$(以0.3居多) $b/d=0.2$ $\theta=45°,60°$ $\beta=45°$	$n=100\sim300$r/min $v=4\sim10$m/s 折叶式 $v=2\sim6$m/s	<50Pa·s 折叶和后弯叶小于10Pa·s		

④ 锚式搅拌器。锚式搅拌器结构简单，如图5-47所示。它适用于黏度在100Pa·s以下的流体搅拌，当流体黏度在10~100Pa·s时，可在锚式桨中间加一横桨叶，即为框式搅拌器，以增加容器中部的混合。锚式或框式桨叶的混合效果并不理想，只适用于对混合要求不太高的场合。

图 5-46 涡轮式搅拌器

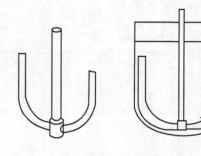

图 5-47 锚式搅拌器

由于锚式搅拌器在容器壁附近的流速比其他搅拌器大，能得到大的表面传热系数，故常用于传热、晶析操作，也常用于搅拌高浓度淤浆和沉降性淤浆。当搅拌黏度大于100Pa·s的流体时应采用螺带式或螺杆式。

其常用参数见表5-9。

表 5-9 锚式搅拌器参数

常用尺寸	常用运转条件	介质黏度范围	流动形态	备注
$d/D=0.9\sim0.98$ $b/d=0.1$	$n=1\sim100$r/min $v=1\sim5$m/s	<100Pa·s	不同高度上 水平环向流	为了增大搅动范围，可根据需要在桨叶上增加立叶和横梁

5）搅拌器的选用

搅拌操作涉及流体的流动、传质和传热，所进行的物理和化学过程对搅拌效果的要求也不同，至今对搅拌器的选用仍带有很大的经验性。搅拌器选型一般从搅拌目的、物料勃度和搅拌容器容积的大小三个方面考虑。选用时除满足工艺要求外，还应考虑功耗、操作费用，以及制造、维护和检修等因素。常用的搅拌器选用方法如下。

① 按搅拌目的选型。如果互溶液体的混合及在其中进行化学反应时，三叶折叶涡轮、六叶折叶开启涡轮、桨式、圆盘涡轮、推进式适用于低黏度流体的湍流，桨式、螺杆式、框式、螺带式适用于高黏度流体层流；固-液相分散及在其中溶解和进行化学反应时，桨式、六叶折叶开启式涡轮、三叶折叶涡轮、推进式适用于低黏度湍流，螺带式、螺杆式、锚式适用于高黏度流体层流；液-液相分散（溶的液体）及在其中强化传质和进行化学反应时，三叶折叶涡轮、六叶折叶开启涡轮、桨式、圆盘涡轮式、推进式适用于低黏度流体湍流；液-液相分散（不互溶的液体）及在其在强化传质和进行化学反应中，三叶折叶涡轮、六叶折叶开启涡轮、桨式、圆盘涡轮式、推进式适用于低黏度流体湍流，螺带式、螺杆式、锚式适用于高黏度流体层流；气-液相分散及在其中强化传质和进行化学反应时，三叶折叶涡轮、六叶折叶开启涡轮、桨式、圆盘涡轮式、推进式适用于低黏度流体湍流，螺带式、螺杆式、锚式适用于高黏度流体层流。

② 按搅拌器形式和适用条件选型。表5-10是以操作目的和搅拌器流动状态选用搅拌器的。由表5-10可见，对低黏度流体的混合，推进式搅拌器由于循环能力强、动力消耗小，可应用到很大容积的搅拌容器中。涡轮式搅拌器应用的范围较广，各种搅拌操作都适用，但流体黏度不宜超过50Pa·s，在小容积的流体混合中应用较广，对大容积的流体混合，则循环能力不足，对于高黏度流体的混合，则以锚式、螺杆式、螺带式更为合适。

▫ 表5-10 搅拌器的形式和使用范围

搅拌器形式	对流循环	湍流扩散	剪切流	低黏度混合	高黏度混合	分散	溶解	固体悬浮	结晶	传热	液相反应	搅拌器容积/m³	转速范围/(r/min)	最高黏度/(Pa·s)
涡轮式	√	√	√	√	√	√	√	√	√	√	√	1~100	10~300	50
桨式	√	√		√	√		√	√	√	√	√	1~200	10~300	50
推进式	√	√		√			√	√	√		√	1~1000	10~500	2
折叶开启涡轮式	√	√		√			√	√	√	√	√	1~1000	10~300	50
布鲁马金式	√	√									√	1~100	10~300	50
锚式	√			√								1~100	1~100	100
螺杆式	√			√		√						1~50	0.5~50	100
螺带式	√			√		√						1~50	0.5~50	100

6）大庆油田采油七厂使用的母液罐搅拌器

配制聚合物母液属固液混合过程，由于聚合物干粉的密度较水大，溶解过程中聚合物易沉淀，造成母液浓度不均匀，熟化时间增长。因此，要求聚合物分散度足够高。聚合物配液熟化阶段使用的搅拌器不但要满足混合的高效率，更重要的是保黏。这对该搅拌器的结构和参数提出了特殊要求[51]。熟化罐搅拌器一般由电机、减速箱、联轴器、搅拌轴、叶片和搅拌器支架等构成（见图5-48）。目前大庆油田使用的母液罐搅拌器主要有螺旋推

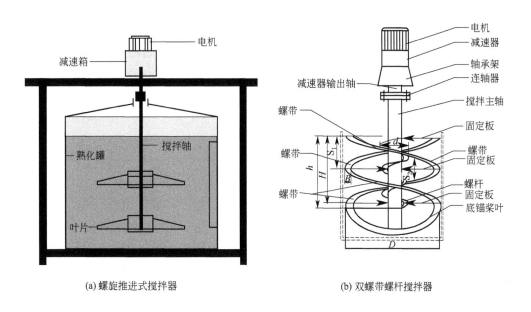

(a) 螺旋推进式搅拌器　　　　　　(b) 双螺带螺杆搅拌器

图5-48 熟化罐搅拌器

进式搅拌器和双螺带螺杆搅拌器两种。根据普通型中低分聚合物的溶解熟化特点，通过浆型优选试验，制作了螺旋推进式搅拌器。大型抗盐聚合物配制站多采用双螺带螺杆搅拌器，与螺旋推进式搅拌器相比，能够大幅度降低熟化时间。

搅拌器系列应用的技术界限如表 5-11 所列。

表 5-11 搅拌器系列应用的技术界限

搅拌器名称	适应聚合物类型	适应聚合物分子量	熟化时间/min	功率/kW
螺旋推进搅拌器	中分子量聚合物	1700 万以下	120	22
改进型螺旋推进搅拌器	高分子量聚合物	1400 万～2100 万	180	30
双螺带螺杆搅拌器	超高分子量聚合物抗盐聚合物	2500 万及以上抗盐	180	37

（8）螺杆泵

螺杆泵是液压泵的一种，是一种将机械能转换为液压能的能量转换装置。液压系统中所涉及的各种形式的液压泵，其工作原理都是通过改变液压泵密封工作腔的容积来实现吸油和压油动作的，这样就可以确定构成液压泵的基本条件[400]：a. 形成密封工作腔；b. 密封工作腔的容积能够实现大小交替变化，来完成吸油和压油动作；c. 吸油口和压油口不相通。

螺杆泵属于转子容积泵，按螺杆根数，通常可分为单螺杆泵、双螺杆泵、三螺杆泵和五螺杆泵等几种。它们的工作原理基本相同，只是螺杆齿形的几何形状有所差异，使用范围有所不同。

1）螺杆泵工作原理

螺杆泵的工作原理及其结构是靠相互啮合螺杆做旋转运动把液体从吸入口输送到排出口的，即当螺杆旋转时，装在泵套中的相互啮合的螺杆（单螺杆泵则为相互啮合的螺杆与泵套）把被输送的液体封闭在啮合腔内，并使液体由吸入口沿着螺杆轴向作连续、匀速地运动，推至排出口。其作用原理可看成螺杆与"液体螺帽"的相对运动。

如图 5-49 所示为螺杆泵送液原理。

2）螺杆泵的分类

螺杆泵是转子式正排量泵（或称容积式泵）的一种特殊形式。在螺杆泵中，通过输液元件的

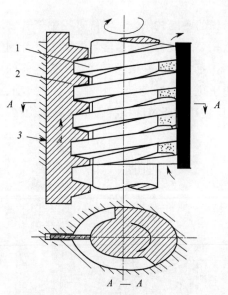

图 5-49 螺杆泵送液原理
1—螺杆（转子）；2—衬套（定子）；3—壳体

液体流动是轴向的。当螺杆一边转动一边啮合时，液体被一个或几个转子上的螺旋槽带动，并沿轴向排送。在所有其他转子泵中，液体是被迫沿周向移动的。因此，轴向流动均匀和内部速度低的螺杆泵具备众多优点，它可以用在不允许有液体发生搅动和旋转的许多使用场合。螺杆泵按螺杆根数的不同分为单螺杆泵（见图 5-50）、双螺杆泵（见图 5-51）、三螺杆泵（见图 5-52）、五螺杆泵等[401]。

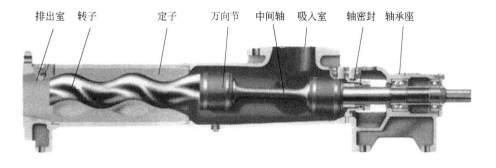

图 5-50　单螺杆泵

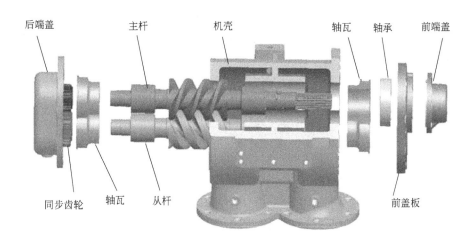

图 5-51　双螺杆泵

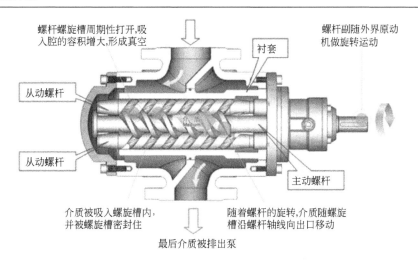

图 5-52　三螺杆泵

螺杆泵应用范围如表 5-12 所列。

◉ 表 5-12 螺杆泵应用范围

泵型	流量/(m³/h)	压力/MPa	最高温度/℃	允许运动黏度/(mm²/s)	输送液体性质
单螺杆泵	<570	0.6~2.4	300	10^5	含小颗粒,有腐蚀性
双螺杆泵	<2000	5~8	400	$5×10^5$	含微小颗粒,有腐蚀性
三螺杆泵	<800	25	300	$5×10^4$	无腐蚀性润滑液体
四螺杆泵	其他应用条件与五螺杆泵相似				
五螺杆泵	1000	1.0			无腐蚀性润滑液体

3) 螺杆泵优势

各类液压泵的主要技术参数见表 5-13。

◉ 表 5-13 各类液压泵的主要技术参数

类型			压力/MPa	排量/(mL/r)	转速/(r/min)	最大功率/kW	容积效率/%	总效率/%	最高自吸能力/kPa	流量脉动/%
齿轮泵	外啮合		≤25	0.5~650	300~7000	120	70~95	63~87	50	11~27
	内啮合	楔块式	≤30	0.8~300	1500~2000	350	≤96	≤90	40	1~3
		摆线转子式	1.6~16	2.5~150	1000~4500	120	80~90	65~80	40	≤3
螺杆泵			2.5~10	25~1500	1000~2300	390	70~95	70~85	63.5	≤1
叶片式	单作用		≤6.3	1~320	500~2000	320	80~94	65~82	33.5	≤1
	双作用		6.3~32	0.5~480	500~4000	320	80~94	65~82	33.5	≤1
柱塞泵	轴向	直轴端面配流	≤10	0.2~560	600~2200	730	88~93	81~88	16.5	1~5
		斜轴端面配流	≤40	0.2~3600	600~1800	260	88~93	81~88	16.5	1~5
		阀配流	≤70	≤420	≤1800	750	90~95	83~88	16.5	<14
	径向轴配流		10~20	20~720	700~1800	250	80~90	81~83	16.5	<2
	卧式轴配流		≤40	1~250	200~2200	260	90~95	93~88	16.5	≤14

由于螺杆泵的转动部分的惯性较小,所以它可以在排量差别不大的情况下,以比其他转子泵和往复泵更高的转速运转。螺杆泵和其他转子式容积泵一样,是可自吸的,并且具有基本上不依赖于压力的流量特性。为了能够使螺杆泵具有液体输送性能,必须使液体在输送中形成密封腔,而且进液腔和排出腔也要隔离开来,以保证压差的存在。双螺杆泵独特的结构使它可以实现无搅拌、无脉动、平稳地输送各种介质。

4) 双螺杆泵

其中,双螺杆泵因其具有输送流量大、输送介质黏度范围广,且可以进行气液多相混输等优越的性能,约占总产量的 50% 以上,在海洋钻井平台油气分离、船用柴油机供油、化工等行业得到广泛应用。单从结构上而言，双螺杆泵是外啮合的螺杆泵。它利用相互啮合、互不接触的两根螺杆来抽送液体。由于泵体结构保证泵的工作元件内始终存有泵送液体作为密封液体，因此双螺杆泵有很强的自吸能力，且能气液混输。双螺杆泵的特殊设计还保证了泵有高的吸入性能，即很小的 $NPSHr$ 值。

在结构形式上双螺杆泵也很齐全，有卧式、立式、带加热套等各种类型，可以输送有颗粒的低黏度或高黏度介质，根据颗粒大小调节螺杆间距，选用正确的材质，甚至可以输送许多腐蚀性介质。

从轴承布置方面，双螺杆泵可分为内置轴承和外置轴承两种形式。在内置轴承的结构形式中轴承由输送物进行润滑。外置轴承结构的双螺杆泵则是工作腔同轴承分开。这种泵的结构和螺杆间存在侧间隙，独立润滑的外置轴承允许其输送各种非润滑性介质。此外，调整同步齿轮使得螺杆不接触，同时将输出扭矩的一半传给从动螺杆。如所有螺杆泵一样，外置轴承式双螺杆泵也有自吸能力，而且多数泵输送元件本身都是双吸对称布置，可消除轴向力，也有很大的吸高。这种优势使外置轴承式螺杆泵在油田化工和船舶工业中得到了广泛的应用。它还可根据各种使用情况分别采用普通铸铁、不锈钢等不同材料制造，输送温度可达 250℃，而且具有不同方式的加热结构，理论流量可达 2000m³/h。

从螺杆泵密封性能方面，双螺杆总体上可分为非密封型双螺杆泵和密封型双螺杆泵两类。其中，密封式双螺杆泵的吸入室和排出室是以转子的紧密啮合来彼此分开的，非密封式螺杆泵，其吸入室和排出室都没有密封性。

非密封型双螺杆泵，泵是外支承型，从杆由主杆借助同步齿轮传动达到工作型面间无接触运行，且因其两根轴都有左、右螺旋，不产生由于油压的轴向推力，从而保持水平的平衡。其螺杆端面齿形通常有矩形、梯形、方牙形等，能输送多相混合液体和非润滑液体，具有很好的吸入性能，主要应用在石油、化工、环保冶金工业等需运输两相或三相流体的地方。

密封型双螺杆泵，由主杆直接带动从杆，主从螺杆间、螺杆与泵套间无设计间隙，仅存在安装间隙，即要求其严格的密封。密封型双螺杆泵用于输送纯净的单相液体，发展起步较非密封型双螺杆泵晚，但在可靠性方面超过非密封型双螺杆泵，设计、加工制造难度更高。

如图 5-53 所示为密封型双螺杆泵示意图，密封型双螺杆泵作为输送泵、燃油泵、滑油泵和封液泵，在密封性能、广泛适应性、降低成本、减少能耗、方便管理等方面有突出优势，具有很多其他类型液压泵所欠缺的优越性，在军事、电力、船舶等支柱产业中发挥重要作用。

① 双螺杆泵的优势。双螺杆泵主要有以下几个方面的优点。

Ⅰ.结构合理，节能环保：螺杆转子不会出现单边磨损，泄漏量低，泵效率高。

Ⅱ.节电效果显著：与同样流量的离心泵相比省电达 35.7%。

Ⅲ.输送流量大：双螺杆泵中主、从螺杆受到的液压力近于平衡，螺杆容易实现动平衡，转速仅受吸入条件限制，可以达到很高，因此与其他同样体积的泵相比，可以输送更大的流量。

Ⅳ.输送介质黏度适应范围广：相比齿轮泵、往复泵，双螺杆泵能输送黏度从低到高的液体，输送流量、扬程不会随着的液体黏度的增加而降低，当液体黏度较大时，也不会产生气蚀现象，具有更良好的工况适应性。

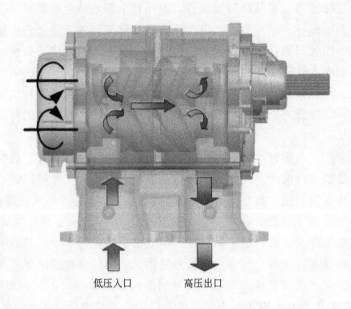

低压入口　　　高压出口

图 5-53　密封型双螺杆泵示意

　　Ⅴ. 液力脉动小：输送流体时作纯轴向运动，不会产生搅拌现象而影响工作介质润滑性能。因而双螺杆泵逐步取代了齿轮泵广泛应用在各种作为压力源的液力系统中。

　　Ⅵ. 平稳可靠、寿命长：双螺杆泵轴向力平衡，啮合处摩擦损失小，且相比柱塞泵和凸轮转子泵，无闭死容积，不会产生困油，因而其具有运转平稳、噪声小的特点，工作寿命长。

　　以单螺杆泵和双螺杆泵为例，对螺杆泵的排量、进出口压力和效率等一系列线性指标进行了综合对比，见表 5-14。

表 5-14　双螺杆泵与单螺杆泵的综合对比

线性指标	双螺杆泵	单螺杆泵
排量	一般<400m³/h	一般<60m³/h
进出口压力	一般可达 2.5MPa	一般可达 1.5MPa
泵效率	高,输纯液时>70%	低
抗砂能力	怕砂和杂质、离不开过滤器,需要常清洗过滤器,含沙量应小于 2%	不怕砂和杂质,适应高含水和各种黏度的介质,可取消过滤器
适应含气比	95%以内	80%以内
适应段塞流	20min	3～5min
过滤要求	配特制篮式过滤器 20 目	配篮式过滤器 5 目
转速	一般<1500r/min	一般<500r/min
密封	金属波纹管机械密封	填料密封
封液系统	热缸吸常压润滑油,低于介质压力,介质润滑机封接触面复杂,要求高	无,介质润滑机封接触面简单,要求低
现场管理价格	高	中等略低
体积	结构紧凑,占地少	轴向较长,占地多
2 年维修频率	低	高
2 年维修费用	低	高
年运行耗电费用	低	高

② 双螺杆泵的发展及研究现状。传统意义上的双螺杆泵均属于非严格密封型螺杆泵，泵套通常由金属材料制成，内部两个相割的圆柱腔内带有两条互相啮合的螺杆，相啮合螺杆的齿形使得泵套与螺杆间形成若干个相互独立的密封腔。随着螺杆的旋转，密封腔在泵内由低压区向高压区移动。为了减小工作长度，螺旋采用较小的螺旋角，这样螺旋的导程尺寸就会减小，轴向流速也会降低，这也是导致螺杆泵吸上性能好的原因所在。传统双螺杆泵由于存在非严格密封的不足，使得泵内工作压力不高，但仍可以输送黏度范围非常宽广的各种介质，并可以实现气液混输、固液混输。正是由于双螺杆泵的这些特点，各个行业都对它寄予了极大的开发兴趣，特别是石油、化工行业[400]。

双螺杆泵的发展历史较晚，美国麻省理工学院的 Warren 于 1890 年发明了全球第一台双螺杆泵。20 世纪 20 年代中期，法国人勒内·莫依诺发明设计出螺杆泵并由莫依诺原理获得专利。在随后的几十年内，美国、苏联以及加拿大等国家都对螺杆泵的技术和制造工艺进行了改良和完善，并在 50 年代中期将莫依诺原理（Moyno Theory）用于钻井工业中，大大提高了生产效率。从 20 世纪 70 年代开始，国外开始了油气多相混输泵的研制开发，20 世纪 80 年代初期，Kois&Myers 公司制造出了首批采油螺杆泵将其应用到石油工业的人工举升设备中，并将其作为一种代替常规举升工艺的技术推向市场，实现了石油开采技术的又一次变革。1935 年所研制的螺杆泵转子、定子的几何形状直到 1972 年还被行业市场广泛应用。经过几十年的发展和技术创新，螺杆泵（包括单、双及多螺杆泵）的研制开发和制造工艺都已日趋成熟，双螺杆泵以其优异的输送性能在石油工业中，特别是在海上或陆地的油气混输中得到了最为广泛的应用。目前，国内外的石油公司都十分看好双螺杆混输泵，将其广泛应用在了油田的开发和开采工作上。

在海上钻井平台及陆上油井成功应用多相流混输泵的基础上，许多公司考虑到水下钻井的特殊作业环境，开发了水下多相流混输泵。20 世纪 80 年代，阿吉普（AGIP）、Snamprogetti 和新比隆（Nuove Pignone）三方借助欧共体的支持，开始合作开发采用双螺杆多相流混输泵的水下增压系统，并且设计产品通过了实际试验验证。加拿大的 CAN-K 公司也为推出"井下双螺杆泵采油系统"花费了 40% 的预算资金用作新产品的研制开发，并与美国的 Baker Hughes Centilift 公司签订了 100 口生产井的现场采油试验合作协议。

相对于国际的领先水平，我国对螺杆泵的开发研制起步较晚，最早的螺杆泵研制是由原天津市工业泵厂于 20 世纪 60 年代初期研制成功的船用高压小流量三螺杆泵，在此基础上逐步开展了单、双、三螺杆泵的研制和专业生产。随后原沈阳水泵厂也开始了双螺杆泵和三螺杆泵的批量生产。20 世纪 80 年代，天津工业泵总厂先后与世界著名的德国阿尔维勒公司和 Boremann 公司签订了螺杆泵的制造技术转让合同，引进先进的螺杆泵的制造技术，并由此成了国内螺杆泵制造行业的龙头企业。但是国内对螺杆泵的研究多集中在轴流式多相泵，而对双螺杆多相泵的研究多集中在技术综述和外文翻译上，高校和科研机构在双螺杆泵的产业化开发和流体流动性方面进行了分析计算，并对混输泵在理论分析方面做了研究。

为了应对新的发展形势和市场需求，满足稠油井、斜井以及水平井举升的需要，许多公司相继进行了电动潜油螺杆泵的研制开发。高原公司、辽河油田研制成功的井下电潜螺杆泵系统在油井中试用取得了良好的收油效果。此外，对于螺杆泵的探索主要集中在金属定子螺杆泵、等壁厚定子螺杆泵、合成材料螺杆泵、插入式螺杆泵和多吸入口螺杆泵等新型泵上，结合 CFD、CAD、CAPP、CAT 等智能化软件研究排量大、扬程高、传力性能和密封性能优良，高效节能，无泄漏或少泄漏的环保型螺杆泵将是未来一段时间内的一个新的研究重点。

图 5-54　螺杆泵

5) 采油七厂采用的螺杆泵

螺杆泵，也称传输杆泵，是聚合物母液从熟化罐外输给注入站的主要设备，具有低剪切、黏损小的特点，黏损率一般小于 2%。

图 5-54 为大庆油田采油七厂采用的螺杆泵，本站采用的是单螺杆泵，排量为 $10m^3/h$，泵排出压力 0.08MPa。

（9）精粗过滤器

1) 过滤概述

过滤可以定义为把混在气体和空气中的固体颗粒从中分离出来。在干式、湿式过滤过程中，在其表面或内部截留固体颗粒，达到固体与液体或气体分离的多孔物称为过滤介质。过滤介质性能的好坏直接影响过滤设备和分离效果。

过滤介质的过滤机理有：表层过滤、深层嵌滤、深层过滤和成饼过滤四种。

过滤介质的种类很多，分类标准也各有不同，通常分为滤芯、刚性过滤介质、编织过滤介质、松散介质、非织造过滤介质和膜六种类型。D. B. Purchas 将过滤介质分为以下几种类型，每种类型的最小截留颗粒直径有很明显的界限。

过滤介质根据组成材料的不同可以分为以下几种：

① 固定组合件，包括扁平的楔形金属丝网、金属丝绕管、层叠环。

② 刚性多孔介质，包括多孔陶瓷和刚瓷、烧结金属、多孔塑料等。多孔陶瓷由陶瓷粉末烧结制成，孔径范围 $2\sim2000\mu m$，耐冷热酸、碱溶液及高温热气体，耐高压，但质地脆，抗振性差。多孔塑料不耐低温，适用于不超过 100℃ 的环境。常用材料有聚氯乙烯、聚乙烯和聚四氟乙烯等。

③ 金属片材：包括打孔片状介质、金属丝网等。打孔片状介质是用带孔的金属片做过滤介质，适用于粗过滤或其他过滤介质的骨架。用于金属丝网的材料有不锈钢、黄铜、青铜、铬金、镍等。本书中的滤芯就属于此类，作为滤袋的骨架。

④ 塑料片材：包括单纤维编织网、多孔薄板等。

⑤ 滤芯：包括片状制品、线绕管、黏结层等。滤芯有非金属和金属两类。非金属滤芯分为纤维烧结、纤维缠绕及聚丙烯折叠等；金属滤芯分为纤维烧结、粉末烧结及丝网折叠和多层网烧结等。

⑥ 纺织物：如滤布，常用的纺织物是织造滤布，采用棉、毛、丝、麻纤维等天然纤维，或涤纶、维纶、尼龙、聚酯纤维等化学合成纤维。

⑦ 非织造介质：包括纤维板、毛毡、滤纸及黏结介质等。滤纸比较紧密，过滤精度较高，通常用于小粒径颗粒的过滤。滤纸耐酸碱，但湿后强度变低，一般用滤布或金属编

制网作为支撑。滤毡是纤维制成的片状过滤介质，常用材料有合成纤维、羊毛及金属纤维。

2）母液过滤器结构

过滤器是聚合物驱油中关键的设备之一，由于聚合物母液中总会含有一定量的杂质，如果不经过滤，杂质将进入地层，造成地层堵塞，不但起不到增油的效果，相反会使采油无法进行，严重影响原油产量，因此在注聚合物过程中，必须将母液进行过滤，使大于一定尺寸的固体颗粒在注入之前被清除掉，尽管在注入聚合物过程中，过滤器的种类较多，包括泵入口的角式过滤器、井口过滤器等，但最常用也是最关键的过滤器是滤袋式母液过滤器。

聚丙烯酰胺在配制过程中，在滤袋内会产生大量的胶状杂质，且这些杂质中存在大量的无机离子、有机物质及细菌，这些杂质的存在将会严重腐蚀设备本身，同时使注入的聚丙烯酰胺产生较强的絮凝效果，这将会严重影响聚合物的驱油效果。辛泽宇等[402] 通过试验的方法分析了聚合物母液胶状杂质的组分，进而对上述杂质产生的原因进行探讨，经过分析计算发现：对于金属浓度较高的情况，这样的环境会导致聚丙烯酰胺产生交联反应，而交联反应是导致聚丙烯酰胺母液产生胶状杂质的直接原因；此外，在密闭的环境下，很容易使细菌滋生，产生金属环境，促进凝胶反应的发生，这也间接地促进了胶状杂质的产生。

在聚丙烯酰胺的应用过程中有时会发生滤袋阻塞、滤袋内压差增大、过滤效率低甚至滤袋胀破的现象，这是由于聚丙烯酰胺工作过程中，滤袋内会产生大量的高分子线团，这些线团相互缠结，并伴有黄色胶状物的产生。吴栋等[403] 基于此问题分析了影响聚丙烯酰胺母液的过滤袋更换周期的主要因素，在此基础上提出了延长滤袋更换周期的思想，并对其可行性进行分析；分别从聚丙烯酰胺母液性质（浓度配制用水矿化度、分子量、细菌含量、胶状杂质、固体悬浮物等）、操作条件（过滤速度、熟化时间、分散程度等）、滤袋性质（过滤介质的选择、滤袋尺寸等）方面进行分析，认为合理的选用聚丙烯酰胺母液的分子量，且聚丙烯酰胺溶液浓度较低，配制聚丙烯酰胺母液时采用低矿化度水源；使用过程中，采用合理的方法控制细菌含量及胶状杂质的产生；过滤过程中，控制好过滤流量与过滤速度；适当增加分散程度、合理延长熟化时间，设计好过滤袋尺寸。采用这些方法能够有效延长滤袋更换周期。

滤袋式母液过滤器其总体结构主要包括壳体、滤芯和辅助装置三部分。如图 5-55 所示。

3）滤袋对母液过滤器的影响

① 滤袋分类。从根本上说，滤袋是由纱线编制而成，所以纤维的材质、纱线构成方式及

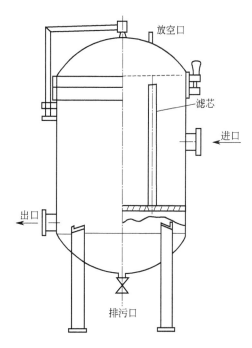

放空口

滤芯

进口

出口

排污口

图 5-55　滤袋式母液过滤器总体结构

图 5-56　油田聚合物液体滤袋

滤袋的编制方式直接影响滤袋的过滤性质。滤袋的分类可以直观地反映出滤袋的性能（图5-56）。通常滤袋的分类方法有三种，即按滤袋材质分类、按滤袋纱线构成分类、按滤袋的编制方法分类。

Ⅰ. 按滤袋材质分类。按照材质，滤袋可以分为化学合成纤维和天然纤维两类。化学合成纤维包括涤纶、腈纶、尼龙、维纶、聚酯纤维等。由于材质不同，性能差别很大。以涤纶、尼龙和丙纶为例：涤纶有较强的耐酸性，但是耐碱性较差；尼龙有较强的耐碱性，但是耐酸性较差；而丙纶的耐酸、耐碱性都不错。而且丙纶在抗有机酸的腐蚀性上，比尼龙和涤纶都好。天然纤维的种类有毛丝、棉、麻等。化学合成纤维的材质对滤袋的物理性能和化学性能有很大影响，例如：天然纤维的使用温度要低于合成纤维，天然纤维的耐酸、碱性要差于合成纤维。

Ⅱ. 按滤袋纱线构成分类。按照编制纱线的不同，滤袋有单丝、复丝和短纤维纱织物三种类型。单丝织物是指直径在$3\sim30\mu m$的尼龙、聚酯、聚丙烯、聚氯乙烯和聚四氯乙烯等单丝织成的织物。单丝织物的经、纬纱线具有相同的直径，编制方法是简单的一根在上，一根在下。单丝织物弯曲能力差，强力高，不易形成紧密织物。孔径范围很宽，平纹织物的孔径在$5\sim25\mu m$，流动阻力低。它的优点就是过滤效率高，不易堵塞，卸饼容易。单丝织物有它的应用范围，如油、染料的过滤与筛分等。复丝纱线是由两根或两根以上的连续单丝纱捻制而成，单丝纱的长度有短也有连续的。由复丝形成的织物孔径非常小，可压缩性较强，可以阻止小粒径的颗粒，截留性能很好，但是滤饼的剥离性能和织物再生性能较差。复丝织物的断裂强力非常高，拉伸强度高，卸渣性能比短纤维织物高很多。复丝纱线制成的织物主要用于靠机械振动或者利用反吹气流清灰的过滤系统。

短纤维纱是用短纤维捻制而成的一股连续的纤维线。其具有绒毛状纤维，颗粒截留性能良好，而且密封性能极佳。所以，由短纤维织物制成的过滤介质的颗粒滞留作用良好。其过滤作用由纱线和纤维内部空间共同来完成。一般平纹和斜纹织物采用较高的密度。短纤维织物的表面粗糙多毛，松散的表面结构对细小颗粒有良好的滞留作用和抗渗透性。短纤维纱织物制成的过滤介质一般用在采用反吹气流或机械振动的方式进行清灰的过滤系统。

Ⅲ. 按滤袋编制方法分类。滤袋编制方法对滤袋的过滤性能影响很大，相同质量的纱线采用不同的编制方法得到的滤袋，即使渗透率相同，但是对细小颗粒的截留率相差很多。即使截留率相同，卸饼能力的差别也是很大的。织物的一般编制方式有平纹、斜纹和缎纹三种；另外，还有倒置（平反）荷兰纹组织、人字纹织法和荷兰织法等。

a. 平纹织法。此种织法没有正反面的区别。这种组织交织点多，结构紧密，孔隙率小，一般用于对细小颗粒的过滤。如棉帆布。如图5-57所示。

b. 斜纹织法。斜纹组织的经组织点（或纬组织点）连续成斜线。与平纹组织相比，在组织循环内交织点少，有浮长线，透气率高，织物柔软，光泽较好。斜纹组织织物适用于真空和离心过滤。如图5-58所示。

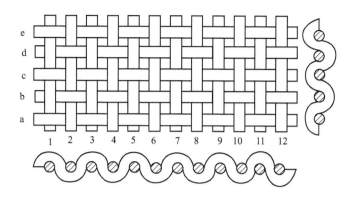

图 5-57 平纹织法

图 5-58 斜纹织法

c. 缎纹织法。缎纹组织的形式是单独的、互不连续的经组织点（或纬组织点）在组织循环中有规律的均匀分布。缎纹织物浮长线较长，结构松散，截留能力较弱，但质地柔软、表面光滑，易于卸饼。如图 5-59 所示。

图 5-59 缎纹织法

d. 密斜纹织法。属于非对称的纤维织物，它正反两面的光滑程度不同。与滤饼接触的面比较光滑。在滤袋的加工过程中还可以采用轧光的工序，更进一步提高滤袋表面的光滑程度，使之更有利于滤饼的剥落。这种编制方法一般适用于胶状或泥浆颗粒的过滤。如图 5-60 所示。

e. 荷兰织法。荷兰织法制成的织物孔隙较大，形成的滤饼或者存在空隙中的颗粒容易被卸掉，所以一般适用于晶体颗粒的过滤。如图 5-61 所示。

图 5-60　密斜纹织法

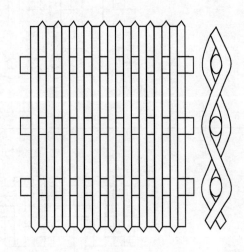

图 5-61　荷兰织法

② 不同滤袋对过滤性能的影响。编制滤袋的纱线不同会影响滤袋的过滤速率、卸饼能力、使用寿命等过滤性能。不同类型的纱线织成的滤袋过滤性能优先顺序见表 5-15。

⊡ 表 5-15　不同类型纱线对滤袋过滤性能的影响

过滤性能	滤液透明度	过滤速率	滤饼含湿滤	卸饼能力	使用寿命	再生性能
小 ↓ 大	单丝滤袋	短纤维纱滤袋	单丝滤袋	单丝滤袋	单丝滤袋	短纤维纱滤袋
	复丝滤袋	复丝滤袋	复丝滤袋	复丝滤袋	复丝滤袋	复丝滤袋
	短纤维纱滤袋	单丝滤袋	短纤维纱滤袋	短纤维纱滤袋	短纤维纱滤袋	单丝滤袋

过滤性能与编制方式的关系见表 5-16。

⊡ 表 5-16　过滤性能与编制方式的关系

过滤性能	滤液澄清度	通过阻力	滤饼水分	卸饼难易程度	寿命	被堵程度
差 ↓ 好	缎纹	平纹	平纹	缎纹	缎纹	平纹
	斜纹	平纹倒置荷兰纹	平纹倒置荷兰纹	斜纹	斜纹	平纹倒置荷兰纹
	平纹倒置荷兰纹	斜纹	斜纹	平纹	平纹倒置荷兰纹	斜纹
	平纹	斜纹	斜纹	平纹倒置荷兰纹	平纹	缎纹

4）大庆油田采油七厂所使用的过滤器

图 5-62 为大庆油田采油七厂所使用的精粗过滤器系统。精粗过滤器可对聚合物母液进行精细过滤，使分散的微粒从液体中部分或全部分离去除，安装多孔介质的装置称为过滤器，通常把多孔介质称为滤芯，注聚合物所用的过滤器结构是桶式的，工作方式分为内

进外出和外进内出两种模式，过滤器包括粗过滤器和精过滤器两种，液体经过滤芯后，粒径大于过滤孔隙度的固体颗粒被截留在滤芯外表面，形成了滤饼，滤后的液体进入集液腔，再经过滤器出口完成过滤。滤袋一般为针织毡、涤纶等材质，粗过滤袋最大孔径为 $100\mu m$，精过滤袋最大孔径为 $25\mu m$。

（10）母液储箱

母液储箱，为注聚泵提供聚合物母液，一般距离地面 2.5m 以上，利用重力压力实现聚合物母液的稳定供液，箱体上部有观察孔，侧壁设置高低液位报警器。

图 5-63 为容积为 30m³ 母液储箱。在冬季运行中需进行保温。

图 5-62　精粗过滤器

图 5-63　母液储箱

5.6.3.3　注水工艺段

柱塞式注水泵是往复泵的一种，它既是大型的旋转机械部件，同时也是往复运动部件。作为通用机械的一种，其在石油工业生产领域得到广泛应用。

（1）柱塞式注水泵存在的问题

往复泵在油气田中使用的作业环境复杂、工况恶劣，在设计往复式增压注水泵以及进行强度、疲劳寿命等校核时，核心问题是怎么延长注水泵易损零部件的服役寿命，以适应生产要求，当前国内注水泵还存在以下主要不足。

1）注水泵工作时泵效低下

通过调研发现，对注水泵工作效率影响较大的因素主要有包括以下几个方面。

① 注水泵的生产质量低下和大修质量不达标，导致注水泵工作效率下降。在油田上要求泵在工作 1 万小时后，其泵的工作效率下降不能多于 2%，少数泵生产质量低下，而且大修后其质量仍不达标，使得注水泵工作效率的下降幅度超过规定。除此之外，少数注水泵在服役工作超过 10000h 或 20000h 之后，虽然其工作效率下降超过规定，但仍然在低效率地工作而没有淘汰。

② 注水泵往往难以保证工作在高效区。该问题通常是由两方面的原因导致的，一方面是管理方面的问题，在供电系统异常的情形下，要确保各种设备安全作业，通常会压低负荷，这时常常难以迅速实时地做出调整，导致注水泵在偏离高效区的工况下工作；另一方面就是匹配方面的问题，也就是注水泵的性能工作参数和外部系统注水参数难以实时完

成匹配，如果注水井是采用不稳定注水，在一定的时间内注水量会变化较大，导致注水站难以及时调节相应的开泵台数，只能使用泵阀来调节流量，导致注水泵的工作偏离高效区。

为实现提高注水泵工作效率的目标，一方面就是推行系统的管理方法，加强对注水泵生产质量和大修质量的监管力度，在实际操作方面的管理上，将自动监控系统引进注水站，该系统能够完成自动巡视、调节、打印资料以及保护等功能，可使注水泵满足高效率工作的条件。另一方面则是将变频调速技术引入油田注水系统，胜利油田当前的柱塞泵注水站（380V 电压）正在试点使用，注水泵工作和节能表现优良，此外，大港油田的大注水站通过引入变频调速技术，也发现泵在稳压注水和节能方面表现优异。

2）注水寿命问题

通常说的注水泵寿命包括两种含义：一种含义是指使用寿命，使用寿命是指设备从安装运行开始到设备报废经历的年限，油田上设备的报废周期通常在 10 年以上；另一种含义是指正常运行寿命，正常运行寿命是指泵在作业工作过程中其易损零部件的使用寿命以及按照注水泵的性能指标考核进行的大修年限。对注水泵的寿命影响较大的因素通常包括水质、注水泵零部件材料和注水泵零部件的加工装配质量。一般考虑通过改善水质并且在注水泵前外加防垢器，来缓解油田上因水质而引起的腐蚀和结垢等现象，此外，通过强化注水泵的过流零件的材质，如使用防腐蚀材料，同时提高零部件生产制造精度以及装配质量，也能够有效延长泵的服役寿命。

3）注水泵选型问题

注水泵行业没有形成权威的增压注水泵产品标准，给产品设计的标准化、系列化以及现场选型带来困难。当前我国各个油田规模大小不同，油田油气藏类型也是各有特点，所以油田上相应配套的注水系统要求也是大有不同。如断块油田上，其注水系统要求注水量较小，还有少数油田区块要求的注水压力一般在 16MPa 左右，一旦采用高效率的柱塞式注水泵，若只配备少数注水泵则难以达到对注水量的需求，但如果采用离心泵，固然排量可以达到 80～100m³/h，但是泵的工作效率却只有 61%～70%，不能满足泵效大于 75%的泵效规定，所以，在选取小排量高效率的离心泵方面还存在选型的问题。

（2）三柱塞泵工作原理

目前大庆油田采油七厂采用的是高压三柱塞注水泵，因此这里我们介绍柱塞泵的工作原理。

泵的种类很多。就结构而言，泵可以分为齿轮泵、叶片泵和柱塞泵。由于结构不同，各自的性能和使用特点也不同。将这三种泵的性能进行比较：齿轮泵的优点是体积小、重量轻、结构简单、制造方便、价格低、工作可靠、自吸性能较好、对油液污染不敏感、维护方便等。齿轮泵的缺点是流量和压力脉动较大，噪声大，排量不可变等。叶片泵的优点和齿轮泵相比具有流量均匀、运转较为平稳、噪声低、压力高压可达。但它对油液等污染比齿轮泵较为敏感。另外，由于叶片的结构特点，其转速也达不到齿轮泵的转速，但也不能太小。一般其转速为 600～2400r/min。与齿轮泵相比最大的缺点是结构复杂，吸入性较差。

柱塞泵具有效率高、转速高、驱动功率大、额定压力高、容积效率高等各项优点。所以被广泛应用于高压、大流量、大功率的场合，例如大功率的拉床、工程机械和深海钻井等。

柱塞泵的种类分为轴向柱塞泵和径向柱塞泵。所谓轴向柱塞泵和径向柱塞泵是指活塞或柱塞与运动轴的方向相同还是与轴的方向垂直。轴向柱塞泵就是柱塞的运动与运动轴的方向一致。而径向柱塞泵就是柱塞的运动与其传动轴的轴线垂直。两者在结构上不一样，在性能上也各有特点。轴向柱塞泵因其柱塞的运动方向和轴平行，具有结构紧凑、体积小的优点。但因其柱塞和斜盘有磨损，具有噪声大的缺点。

如图 5-64 所示为斜盘式轴向柱塞泵结构示意。泵由斜盘、柱塞和承载柱塞的缸体、配油盘、传动轴组成。图中固定不动的是斜盘和配油盘。传动轴带动缸体以一定的转速作匀速回转运动。缸体带动柱塞也一起运动。柱塞靠机械装置或液压油的作用压紧在斜盘上。单个柱塞在回转一周也就完成一压一缩的过程。在配油盘的配合下，柱塞的一次压入过程就将液体压到配油盘的一侧，一次吸入过程就从配油盘的另一侧将液体吸入缸体。于是单个柱塞回转一周，就能完成从配油盘的一侧将液体吸入柱塞泵的缸体，然后再从泵的缸体将液体压到配油盘的另一侧，就完成将液体加压的过程。当然这样的柱塞泵可由多个柱塞构成，多个柱塞同时完成这项工作，就增大了排量。增大排量的方法还可以从调节配油盘的角度来改变。从图 5-64 中看出，柱塞向缸体内的推动，压缩缸体内的空间，形成了打压压力。而推动柱塞的动力就是靠斜盘的推动作圆周的柱塞，这样固定的斜盘和运动的柱塞端部产生滑动的摩擦。正是这个摩擦影响了斜盘的寿命从而影响整个泵的寿命[404]。

径向柱塞泵的种类也比较多，图 5-65 就是一种径向柱塞泵，可以看出各个柱塞的分布就是沿圆周的直径方向布置，故名径向柱塞泵。转子带动柱塞在定子内做圆周运动，定子和转子不同心，它们之间有一个偏心量 e。每旋转一周，柱塞被定子压迫在转子径向移动，行程为 $2e$。柱塞的运动就完成了流体的吸压动作。

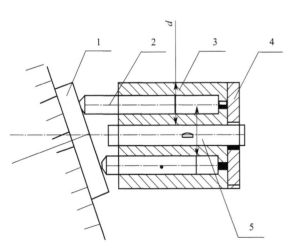

图 5-64　斜盘式轴向柱塞泵结构示意
1—斜盘；2—柱塞；3—缸体；4—配油盘；5—传动轴

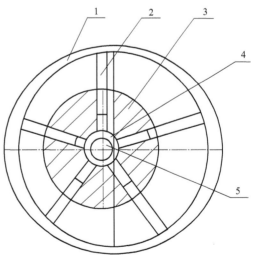

图 5-65　径向柱塞泵结构示意
1—定子；2—柱塞；3—转子；4—衬套；5—配流轴

三柱塞泵输出轴固定三件成120°夹角的凸轮，三个柱塞通过连杆装置分别固定在偏心套（凸轮）上，通过偏心套（凸轮）旋转实现柱塞往复运动。当凸轮由最高点向下旋转时带动柱塞往下运动，使虹体内密封工作腔容积不断增加，产生局部真空，输出管的单向阀关闭，从而将水泥溶液由吸入管吸入；凸轮转至最低点处后，继续旋转，带动柱塞往上运动，使虹体内密封工作腔容积不断减少，压力不断增大，吸入管单向阀关闭，使水泥从输出管向外压出。输出轴每转一圈，每个柱塞往复运动一次，完成吸、排动作一次。

图 5-66 所示为柱塞泵的组成及工作原理。

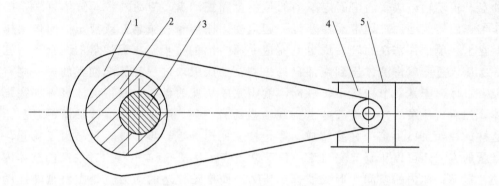

图 5-66 径向柱塞泵结构
1—连杆；2—偏心套；3—转动轴；4—活塞；5—缸体

大庆油田采油七厂配注站采用母液稀释工艺，单井混液阀组实现聚合物溶液与污水的不同配比，从而试验注入井不同浓度的注入，注水部分与常规水驱相同，利用高压注水泵提供稳定注入泵压，实现在线实时配比注入。

如图 5-67 所示为高压三柱塞注水泵。

(a)   (b)

图 5-67 高压三柱塞注水泵

5.6.3.4 聚合物注入工艺段

聚合物注入就是聚合物母液经过增压、计量、混合稀释后形成聚合物目的液，再经过注入管网输送到注入井口的过程。

聚合物注入工艺段如图 5-68 所示。

（1）泵前过滤器

泵前过滤器可以防止聚合物母液输送管道中残留的较大固体杂质，避免进入注聚泵影响注聚效率。

为了延长泵前过滤器的清洗周期，要做到以下几点[405]：

① 严格执行聚合物干粉管理规定，保证干粉质量合格率达到 100%。

② 严格按照水质化验周期进行水质检验，及时了解水质变化，及时调整水粉配比，保证母液配制质量。

③ 严格执行粗精过滤器的滤袋更换周期，可以有效地清除聚合物母液中的杂物、大块"鱼眼"及胶结物，保证了配制母液的质量。

④ 严格执行泵前过滤器的清洗周期，避免泵前过滤器堵塞造成停泵，影响正常生产。

图 5-69 为大庆油田采油七厂配注站使用的泵前过滤器。桶式结构，内部采用滤网结构，外部采用法兰连接，便于拆卸清洗，清洗周期一般为 90d。

图 5-68 聚合物注入工艺段

图 5-69 泵前过滤器

（2）注聚泵

通常用于注水的高压柱塞泵，并不适用于聚合物注入，注聚泵要求过流部件采用不锈钢制造或者采用可靠的涂层，减少聚合物的化学降解，要有足够的过流面积且变化幅度不大，以减少聚合物的力学剪切，同时易于放出泵腔内部所存空气。柱塞泵入口应设置过滤器，泵进、出口设置压力显示及过压保护，泵出口设置缓冲器、安全阀、回流阀，配制变频器。安全阀为了防止泵液缸内及出口管路系统压力过高。回流阀主要起到配合泵试运转及保证泵软启动两个作用。

1）注聚泵的原理和结构

注聚泵是聚合物驱油地面系统的重要设备之一。在各种容积式泵中，综合考虑各种因素，柱塞泵是最佳的选择。为了最大限度降低力学剪切，对注聚用柱塞泵的总体要求是冲程要长，冲次要低。对柱塞泵的液力端也要进行改造，原则是流道通畅，避免锐角。另外，对吸入阀、排出阀的结构和弹簧强度也要进行合理设计，柱塞泵主要由两部分组成，即动力端和液力端（图 5-70）。

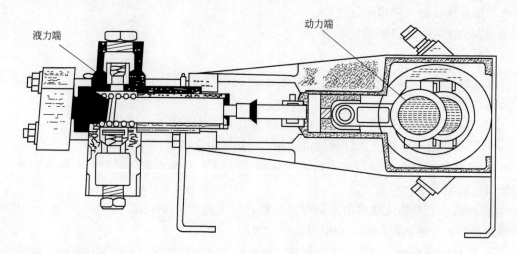

图 5-70　柱塞泵结构

柱塞泵动力端主要由机体、曲轴（主轴）、连杆、十字头及润滑、冷却等辅助设备组成。

柱塞泵液力端由液缸、柱塞、吸入和排出阀、密封填料等组成。影响泵性能的主要成因素是液力端，液力端零部件对精度影响较大的是吸入阀、排出阀及柱塞的密封。

图 5-71 为大庆油田采油七厂配注站使用的注聚泵。

图 5-71　注聚泵

2）注聚泵常见故障及日常管理

注聚泵常见故障如下[406]。

① 烧轴瓦

Ⅰ. 故障现象。曲轴箱温度升高，电机电流增高，润滑油颜色变黑，一旦发现此现象要立即停泵检查。

Ⅱ. 原因判断：a. 润滑油变质，润滑油杂质过多。润滑油进水后变质呈乳白色，黏度下降，导致轴瓦、轴承润滑不好，摩擦力增大，温度升高，最后发生烧瓦事故；b. 注聚泵油位过低，低于下限，造成轴瓦与轴颈之间供油不足，不能形成润滑油膜，出现轴瓦轴颈干磨，发生烧瓦；c. 使用润滑油型号不对，黏度过大或过小都会造成润滑不好，产生高温；d. 液力端阀片损坏，连杆受高压水对轴瓦轴颈造成冲击次数增多，最后引起轴瓦温度升高。

Ⅲ. 处理措施：a. 发现润滑油变质后应立即清洗曲轴箱并更换型号对应、质量合格的润滑油，润滑油加注应符合"润滑油三滤"制度；b. 发现润滑油油位过低时应及时补加润滑油，确保补加的润滑型号对应，质量合格；c. 润滑油在加注前要检查型号是否对应；d. 定期检修液力端吸排液阀片，确保阀片完好。

② 泵整机震动

Ⅰ.故障现象：一般表现为整机震动，噪声增大，管线颤动，压力表指针摆动过大，发现后应立即停泵检查。

Ⅱ.原因判断：a.曲轴轴向窜动过大；b.十字头与柱塞连接处卡子松动；c.曲轴箱轴瓦连接螺丝松动；d.电机故障、电机转子动平衡不合格，电机轴承损坏；e.泵基础固定螺丝松动；f.泵进口供液不足，发生抽空；g.液力端阀片故障，泵效下降。

Ⅲ.处理措施：a.检修曲轴及轴瓦；b.定期紧固十字头与柱塞连接卡子；c.发现电机故障应及时停机检修；d.定期紧固泵基础固定螺丝；e.及时检查储罐液位，确保泵进口供液充足。

定期检修液力端吸排液阀座，确保运行正常。

③ 电机轴承跑高温

Ⅰ.故障现象：易发生在电机前轴承，温度升高超过80℃，电机噪声增大，有"咕噜咕噜"声音，发现后应立即停机。

Ⅱ.原因判断：a.电机轴承内缺油，造成滚动体与滚道之间干磨，摩擦阻力增大，产生热量使轴承部位温度升高；b.润滑油脂牌号不对或油脂变质，导致轴承温度升高；c.电机轴承跑外圆，使轴承与镗孔干磨，轴承温度升高；d.轴承装配不当、偏斜，导致滚动体与滚道偏磨，导致温度升高。

Ⅲ.故障处理：a.发现电机轴承缺油应及时进行补加，如润滑脂变质则应进行更换，更换前检查润滑脂牌号，确保型号一致，加注量至油盒的2/3处；b.正确装配轴承，发现轴承跑内、外圆应更换同型号新轴承。

④ 烧皮带

Ⅰ.故障现象：表现为皮带打滑，有焦糊味，皮带弹跳，泵转速降低，有丢转现象，发现后要及时停机调整皮带松紧。

Ⅱ.原因分析：a.两皮带轮槽不对正，四点一线误差大，皮带与轮槽偏磨，误差在±2mm；b.皮带过松，使皮带打滑，导致烧皮带；c.更换新皮带后，皮带过长未及时调整松紧度；d.皮带上有油污，降低摩擦系数，产生打滑现象；e.皮带轮轮槽磨损，造成皮带与轮槽接触面减小，导致皮带打滑而烧皮带。

Ⅲ.故障处理：a.更换皮带时应检查皮带轮槽是否完好，两轮端面是否在同一平面，更换新皮带后应调整四点一线误差在规定范围内；b.新皮带运行72h后应调整松紧度；c.确保皮带清洁无油污、打滑现象。

（3）比例调节泵

大庆油田聚合物驱油工业化应用初期，均采用单泵单井注入工艺。单泵工艺的优点是注入压力、注入量匹配、压力调节时无大幅度节流，能量利用充分。但设备数量多，占地面积大。随着聚合物驱工业化应用的推广，通过研发应用高压低剪切流量调节器和大排量注入泵，简化形成了一泵多井注入工艺。近几年，在普通往复泵的基础上研发出来新式的比例调节泵。与普通注聚泵不同，比例调节泵的缸体上设有可调节该缸排量的调节装置。比例调节泵注入工艺即泵的液力端的3~5个柱塞缸，出口分别与3~5口注入井的管道相连。比例调节泵的注入工艺与一泵多井工艺相比，黏损降低10%，不仅有利于提高聚合物驱油效果，还节省聚合物用量；同时，比例调节泵的注入工艺系统的压力损失还可以降低15%。

比例调节泵结构示意如图 5-72 所示。

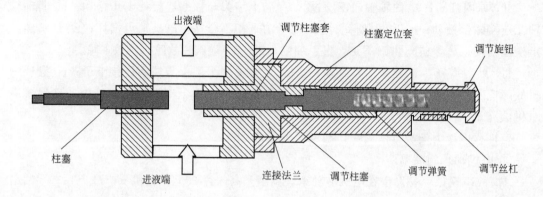

图 5-72 比例调节泵结构示意

比例调节泵液力端每个液缸都有一个流量调节装置，独立工作，有各自的进排液系统，通过调节柱塞嵌入泵液缸体中的多少来实现排量的线性调节，单缸流量可实现理论排量的 50%～100% 随意调节。但流量调节幅度越大，高压聚合物溶液回流率越大，聚合物被剪切得越严重。

$$回流率计算公式 \quad R=(Q_{max}-Q)\times100/Q_{max} \tag{5-19}$$

式中　Q——配注流量，m^3/h；

Q_{max}——单缸最大流量，m^3/h。

要保证聚合物母液的黏度，需要通过以下措施来控制比例调节注入工艺的黏损[93]。

1）合理控制单井母液回流滤

通过调小比例调节泵单井柱塞直径，降低单缸最大流量，从而降低单井母液回流率。

2）改进调节机构减少力学剪切

比例调节泵在进行流量调节时，调节柱塞会对聚合物溶液造成降解，通过技术革新对注入泵的调节装置进行改进，采用高压氮气气囊作为主要调节元件，根据不同单井母液配注量，对气囊的压力进行设定，实现流量调节。

3）提高比例调节泵容积效率

①定期清洗泵进口过滤器。比例调节泵的注入工艺。地面工艺流程简化，相对于一泵多井取消了母液汇管与流量调节器，但为了防止机械杂质进入泵头，在每台泵进口均安装了过滤器，从现场运行情况看，通常 2～3 个月后过滤器表面会形成堵塞或杂质，加大了对聚合物溶液的降解，同时造成柱塞泵供液不足，导致注聚泵容积效率下降，因此注聚泵的泵头过滤器的清洗周期应结合柱塞泵的一级保养进行（通常间隔 600h）。

②及时清洗或更换泵阀组件。聚合物溶液注入过程中，液体主要通过液力端的吸入和排出实现增压输送过程，当泵阀密封不严或泵阀弹簧变形损坏时，高压下泵阀处流体发生倒流现象，这样一部分流体反复在泵阀处被剪切，导致聚合物被降解。需要及时对密封

不严的泵阀进行清洗，对损坏的泵阀进行更换，保证了区块注入时率的同时控制住了比例调节泵的黏损。

（4）静态混合器

静态混合器的静态是相对于搅拌器的机械动力而言的，静态混合器不需要任何外动力。静态混合器的定义为"借助流体管路的不同结构，得以在很宽的范围内使流体混合而没有机械转动的流体管路结构体"，是 20 世纪 70 年代初开始发展的一种先进混合器，其混合原理为依靠固定在管道内的螺旋叶片等不同形式的混合单元体来改变管道内流体的流动状态，进而实现不同流体间的相互分散和充分混合。相比于其他混合设备，静态混合器的优势在于体积小、能耗低、效率高、投资省且容易实现连续化生产。静态混合器中的流体运动遵循"分割-移位-汇合"的规律，而在混合过程中又以移位起主要作用[407]。

1）静态混合器的应用

在石油化工领域，静态混合器主要应用于油品精制、萃取、脱硫、原料油脱盐、油品调和及蜡脱油等工艺过程[408]。

① 油品调和

Ⅰ. 燃料油调和。减压渣油生产过程中，产品达不到装卸、输送和使用要求，必须加入一部分催化轻柴油，降低其黏度。安庆石油炼油厂之前使用喷嘴调和的方法对原油进行调和，实践证明在重质黏油工艺中其调和质量不均匀，采用波纹板静态混合器对燃料油进行调和，能很好地满足多种燃料油和不同比例柴油调和的要求，降低柴油的添加比例。上海高桥石化炼油厂裂化车间使用 SV 型静态混合器对油品调和，同样取得了良好的效果；日本采用东丽型静态混合器将 A、B 重油调和成船用燃料油，做到了船舶燃料的经济混合。

Ⅱ. 润滑油调和。润滑油组分与添加剂的调和方式较多，但较为先进的系统则是美国胡拉克公司开发的静态混合系统，静态混合器是该系统的主要元件之一。

Ⅲ. 沥青调和。以往的沥青调和主要采用低温风搅拌，但产品达不到高质量、重交通对沥青的要求，而采用机械搅拌方法时，其混合效果较差，有可能完全分层。茂名石化在采用静态混合器对沥青进行调和过程中，很好地达到了对沥青特性的要求。

② 萃取。萃取操作中，两相不容易均匀混合，从而影响萃取效率。采用静态混合器使两相有控制地均匀混合，既能提高萃取效率又能有效控制液滴大小，有利于后续澄清分离。

③ 脱硫。汽油脱硫醇是改进汽油质量的重要工序。目前，我国已有多套脱硫醇装置采用静态混合器，并取得良好的效果。大连石化炼油总厂在汽油脱硫醇装置采用 2 台 DK 型混合器替代塔式设备，节省了投资和操作费用且效果显著。

④ 脱蜡及脱盐

Ⅰ. 脱蜡。原油脱蜡是根据油、蜡对溶剂的溶解能力不同，使蜡形成均匀的结晶，以便使用过滤的方法将油蜡分离。与搅拌器相比，静态混合器不容易磨损，具有能耗低、无噪声、维修简单、清洗方便等特点，特别适用于高黏度物质以及粉粒状物料的混合。

Ⅱ.脱盐。江汉油田原油综合含水 60％ 以上，含盐量高达 $16×10^4$ mg/L，油气集输流程中采用加药、管道破乳、粗粒化陶粒降脱水及掺水洗盐电脱水，处理后的原油含水可降到 0.5％ 以下，但盐含量仍高达 300mg/L，高于原油外输指标。在原油输送上端安装了 SV 型静态混合器后，原油的平均含水低于 0.1％，含盐量为 188mg/L，达到了原油外输标准。武汉石油化工厂常减压装置在扩能改造后，脱盐装置出现脱后含盐、含水量上升等问题，通过对装置改造后的情况进行分析，在原工艺过程中增设静态混合器，脱盐效率得到了有效的提高；中国石化总公司北京设计院设计的 SK 型静态混合器，用于山东胜利炼油厂常减压装置的电脱盐过程，从运行结果看，效果良好，脱盐后的盐量从原来的 3～10mg/L 下降到 2mg/L 以下，水油混合均匀，电极不易短路且未引起原油乳化，同时压降也有所降低。

静态混合器除了在上述工艺过程中得到应用外，还可应用到石油化工行业中的传热、反应、分散以及苯类试剂生产等工艺过程。

2）静态混合器的特点

与传统的混合设备如孔板、搅拌器、均质器及某些萃取塔相比，它具有投资少、效率高、处理量大、体积小、能耗小、便于实现连续化生产等优点，广泛应用于混合、传热、吸收、萃取等化工单元操作，是国内外大力推行的高效节能设备。

静态混合器具有以下特点[409,410]：

① 可以获得近似于活塞流的效果，从而可以正确地控制其混合状态。

② 无活动部件，能耗小。

③ 体积小，投资少，不存在转动或移动的部件，便于修理维护。

④ 在管道中混合，产品与外界大气隔绝，防止环境污染。

⑤ 静态混合器可以采用上流、下流、横流或斜向流等。

⑥ 能够实现气、液两相间连续混合、分散、乳化，工作过程可以实现整装化和系统化。

⑦ 装置内流体残留量小，迅速进入正常稳定状态，提高装置的处理量。

⑧ 混合效率高，流体的混合形式在静态混合器里比较稳定，容易操纵。

⑨ 混合单元结构容易，便于安装，可以在各种流动中加以应用。

⑩ 混合单元的特殊结构决定了混合器内流体残留量很少，便于反复操作，有利于增大物料处理量。静态混合器相比于常规混合存在的优势如表 5-17 所列。

表 5-17　静态混合器相比于常规混合存在的优势

静态混合器	常规混合
空间要求小	空间要求大
设备成本低	设备成本高
除了泵抽吸力外无外力作用	高能耗
除了泵以外无其他运动部件	搅拌器驱动和密封部件
停留时间短	停留时间长
易清洗、易更换	不易清洗与更换

3）静态混合器的研究方向

严格意义上讲，静态混合器的研究历史不足半个世纪，虽说已日臻成熟，但在很多应用场合仍存在着许多问题，其中如何在有限的混合距离内最大限度地实现两种物质的快速、完善的混合仍是一个难以解决的问题。

目前静态混合器研究方向有以下几个方面[411]。

① 大型化。随着生产工艺不断扩容，大尺寸的静态混合器需求程度越来越大。可以通过将静态混合器并联、增加混合元件延伸混合长度、增大静态混合器直径三种方式来实现扩容设计。

② 多效化。多效化的静态混合器可统筹提高物料的混合、热传递和热均匀化效果，整个过程达到了既有宏观混合又有微观混合的有效混合目的。静态混合器的多效化实现路径有两类：一是混搭使用不同类型的混合元件；二是研发新型多效化混合器。

③ 精细化。目前，静态混合器大部分还是应用于通用化工行业，生物医学、医疗和粮油食品等精细化行业只有少许需求量，这是由于新型静态混合器设计起步较晚，尚处于大量的优化设计和验证阶段。

4）静态混合器的混合机理

现代絮凝动力学理论包括微涡旋絮凝、亚微观传质、絮凝破碎理论等[412]。在局部各向同性湍流，微涡旋理论认为湍流是由各种不同尺度的涡旋组成，并且随流体随机运动，形成湍流脉动。由于黏性力作用，大涡旋会逐渐转化为小涡旋。理论上微涡旋的微尺度为λ_0，可由下式表示：

$$\lambda_0 = \left(\frac{\varepsilon_0^3}{v}\right)^{\frac{1}{4}} \tag{5-20}$$

$$\varepsilon_0 = \frac{\varepsilon}{\rho} \tag{5-21}$$

式中　ε_0——单位质量水体的消耗；

v——流体的动力黏度，$v = \frac{\mu}{\rho}$；

ε——单位水体的能耗；

ρ——水的密度。

颗粒尺寸决定了混凝传质的方式，微小颗粒以扩散传递为主，而大颗粒以流速梯度传递和差降传递为主。

流体混合由于机理不同可以分为主动混合与被动混合两种。主动混合主要指机械混合，机械混合水头损失较小，对冲击负荷适应性好且混合充分、效果好，但是机械混合设备安装、管理复杂，运行成本及维护费用高。被动混合主要指水力混合，水力混合除克服水头阻力消耗能量外，不产生额外的能量消耗。水力混合方式的优点有：设备简单，维护管理方便；不需土建构筑物，节省占地；不需外加动力设备。

水力混合方式具体可分为静态混合器混合、扩散混合器混合、跌水混合。其中静态混合器混合是常用的水力混合方式。静态混合器利用分流剪切作用和径向混合作用产生离心力，这种离心力会导致相分离，从而有利于流体混合均匀

① 分流、合并。由于混合器叶片单元对流体进行分流，分流后流体分化为不同流向沿叶片流动。很多叶片形式会使水流形成环流，环流在离心力作用下流速不同，从而产生涡旋。在通过此叶片单元后，不同流向的流体会重新汇合，之后继续沿管壁流动，继续分

散混合。

② 剪切。剪切主要指雷诺数较大的流体在通过叶片单元时，在垂直于流速方向形成速度梯度，产生局部小旋涡。根据微混合理论，当流体形成的微涡旋与分散相的尺寸接近时，混合效果最好。湍流剪切力是有利于能量耗散，即大涡旋转化为小涡旋，从而有利于混合的进行。

③ 聚集。相互分离的分散相受到分子间作用力，可能会重新汇合。这个过程不利于混合，应减少它的发生。

当管内水流状态为层流时，叶片将流体分割成不同流向的流体单元，分散相在叶片的分流合并作用下与水混合，这个过程不断重复，周而复始，最终实现混合均匀。由于层流过程中流速较小，分散相容易再次聚集，不利于混合过程。

在水处理过程中，由于水的黏度较小，而流体混合时流速较大，一般雷诺数较大，呈现湍流混合。当管内水流状态为湍流时，叶片使水流方向发生转变，破坏平行流产生二次流，诱导横向流动，使得高雷诺数的流体发生急转或回流，从而增强混合。除了叶片对流体的分流作用及水流合并后形成的扰动外，由于流体雷诺数较大，每个流体微元的运动状态及瞬时速度，都是不稳定且无规律的，会在垂直于流速方向形成速度梯度，即速度脉动。温度、浓度等物理量也存在脉动现象，脉动会导致流体产生旋涡，通过分裂、拉伸的形式使水流产生褶皱和断裂，利于流体的均布混合。

5）静态混合器的发展阶段

将静态混合器的发展分成了 3 个阶段[411]。

① 第 1 阶段。在 20 世纪 70 年代，第一代静态混合器的设计大多是基于物理洞察力和直觉，本质上和单元件多层静态混合器的设计思路没有区别。最初开发的产品主要用于层流流体混合，虽然初期静态混合器应用范围有限，但刺激了大量的行业尝试应用和学术调查开展，这对加快其普及有着开创性意义。

② 第 2 阶段。20 世纪 80 年代末到 90 年代初为第二阶段。在保留了第一代静态混合器的设计概念基础上，第二代细化了混合元件几何形状及其应用范围，计算流体力学开始被应用于产品设计中。在此阶段静态混合器可选用的结构类型极其丰富，成熟应用于工业中的主要有：国外瑞士苏尔士公司的 SV、SMX 和 SMXL 型，日本东丽研发的 HI 型，以及美国凯尼斯公司研发的 KENICS 型；国内的静态混合器规格型号有 SH、SK、SL、SV 和 SX 等。

第 2 阶段静态混合器各种类型层出不穷，根据混合元件结构形式不同可分为三大类：第一类是使用空间交叉排列的横条作为混合元件；第二类由波纹板构成；第三类由螺旋元件组成。

各类性能特点总结比较见表 5-18。

⊡ 表 5-18 静态混合器分类比较

混合元件种类	典型代表	特　点
交错横条类	SMX 和 SX 型	结构简洁、成本低、处理量大
波纹板类	SMV 和 SV 型	结构相对复杂、能耗高、特别适合低黏度物料；热传递效果明显
螺旋类	KENICS、HI 和 SH 型	维修成本高，适用于有特殊要求的场合；混合效果好、热均匀化效果好

③ 第 3 阶段。第三代静态混合器充分使用计算流体力学（computational fluid

dynamics，CFD）来探索新的概念设计，针对特定应用进行全局优化，特别是在某种意义上对于给定应用最佳的设计。作为一般结论，CFD 已经成为理解静态混合器性能的必要工具，这是由于它能精确完成实验所不能进行的复杂几何结构混合元件混合效果局部测量。

第三代静态混合器由于其精细化设计，几乎可适用所有有特殊性要求的场合，高效低阻优势更加明显。

6）静态混合器的类型

① 国外的静态混合器。全世界有 100 多种静态混合器专利，但最主要的有凯尼斯（Kenics）型、苏尔士（Sulzer）SMV 型、苏尔士 SMX 型、苏士 SMXL 型和东丽 Hi 型五种[413]。

Ⅰ. Kenics 型静态混合器。其是由美国的 Kenics 公司开发的，可以分为标准型和修正型两种型号，它们的混合单元都是扭转一定角度的叶片，标准型扭转 180°，修正型扭转 270°，相邻的单元安装时呈 90°交叉并分别为左旋和右旋。当流体流入 Kenics 型混合器后，在导缘处被分为两股，并在单元的作用下，使流体分散并围绕其自身水力中心回转产生自轴心向管壁的径向流动，由于单元是左旋与右旋相间安装的，因此流体被强迫忽而左旋，忽而右旋产生"自身搅拌"作用，且径向流动方向也必然不断改变，由此造成不同流体的各自分散和彼此混合[414]。

Kenics 型静态混合器如图 5-73 所示，Kenics 型静态混合单元如图 5-74 所示。

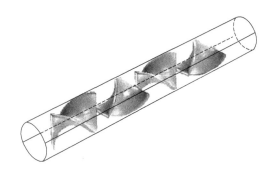

图 5-73　Kenics 型静态混合器

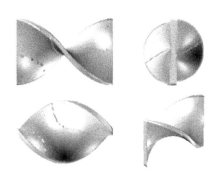

图 5-74　Kenics 型静态混合单元

Ⅱ. 瑞士苏尔士（Sulzer）SMV 型、SMX 型、SMXL 型。SMV 型、SMX 型、SMXL 型静态混合器由瑞士 Sulzer 公司开发研制，SMV 型静态混合器的混合单元由平面斜向为 45°的波纹片交错重叠而成，且相邻的混合元件波纹片错开 90°。当流体流入 SMV 型混合器后在管内做空间三个方向的运动，每个单元的边缘对流体起着切割作用，相交通道的汇合点起着混合小池的作用，从前一单元到后一单元，液体的径向速度分量发生 180°转向，流体由此受到撕裂、破碎而混合[414]。SMV 型静态混合器混合单元如图 5-75 所示。

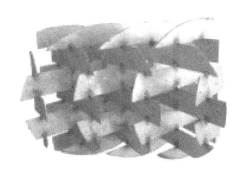

图 5-75　SMV 型静态混合器混合单元

SMX型静态混合器混合单元是由垂直交叉的横条组成，横条与管轴线呈45°，标准的SMX型单元水利直径是管径的1/4。流体流入SMX型混合器后被狭窄的倾斜横条分流，由于横条放置方向与流动方向不垂直，绕过横条的分流体，并不是简单的合流，而是出现次级流，这种次级流起着"自身搅拌"的作用，该静态混合器适合层流混合。SMX型静态混合单元如图5-76所示。

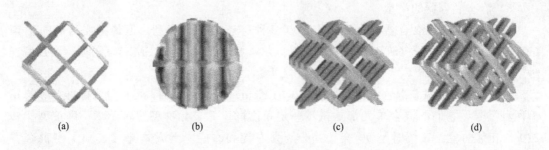

(a)   (b)   (c)   (d)

图 5-76 SMX 型静态混合单元

SMXL型静态混合器实质上是一种低压降的SMX型，横条与管轴成30°，标准的SMXL水利单元直径是管径的1/2，其适合于高黏度的流体热交换。

Ⅲ. 东丽Hi型。东丽Hi型静态混合器是由日本某公司生产的[415]。该混合器由多个内部混合器及管道、连接部件组成。Hi型静态混合器的一个混合单元具有两个通道排口，其通道中螺旋叶片被卷制成180°的叶片，而每个叶片又将通道分成多个通道。在两个内部混合器之间有一个湍流段，因内部混合器叶片的旋转角度不同，混合器可以在不同的应用中改变内部叶片数目。

② 国内静态混合器。国内的静态混合器主要有以下5种[410,416]。

图 5-77 SV 型静态混合器结构

Ⅰ. SV型静态混合器。其内部结构是对称的纸板层与轴线有倾斜角，分布在管线的两端，混合单元的对称纸板层张开90°。在三维空间中，由于存在这种混合元件，不同的流体产生特殊的流动，所以，有时流体不仅朝向周边围绕着中心流动，改变流动方向的流体有时也会做Z形的流动，在分散后混合在一起。轴向的流体流动的截面中，直线的斜率和质量、速度的梯度发生很大程度的降低。SV型静态混合器能够得到最好的流体混合状态，居于其他混合器之上。乳化时，流体的分割范围为$0.6\sim3\mu m$，混合不均匀度系很小。主要用于黏度低于$0.1Pa\cdot s$的液相或气相流体间的混合等过程。SV型静态混合器结构如图5-77所示。

Ⅱ. SL型静态混合器。结构是板条错开，有规则的排成X状，板条与管轴线形成一定的角度。广泛用于石化工业领域中，一般的工作黏度范围在$106Pa\cdot s$以内，特别是在混合高分子聚合物时应用广泛。混合不均匀度系数$\leqslant5\%$。SL型静态混合器结构示意如图5-78所示。

Ⅲ. SX型静态混合器。它的结构是板条斜着排列延伸开来，构成与轴线半直角状态，每块板条之间错开。该混合器与前两种混合器的混合效果相当,在比较低的流体黏度范围内应用较多,有时,在工程上也可以用在传热上。乳化时,流体被分割的程度范围在 3～6μm,混合不均匀度系数≤2%,尤其是在大量混合时,工作性能更稳定。如果实际生产中需要,可以自行设计满足工业需求的小型的 SX 静态混合器。

结构示意如图 5-79 所示。

图 5-78　SL 型静态混合器

图 5-79　SX 型静态混合器

Ⅳ. SH 型静态混合器。SH 型静态混合器的结构呈轴对称形式,分布在轴线两端叶片呈平角扭转,被扭转的叶片螺旋排列,间隔地套在管内,它的内部由螺旋的板条转成半个圆周构成,相邻的板条之间转成 1/4 个圆周,管腔内可以提供流体流动的间隔室,达到分散流体的作用,流体液滴的不均匀度≤2%～6%。该混合器一般应用在干净的物料混合工艺中,而且混合工艺的精度要求较高,结构示意如图 5-80 所示。

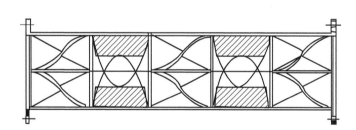

图 5-80　SH 型静态混合器

Ⅴ. SK 型静态混合器。SK 型静态混合器又称单螺旋形静态混合器,是目前应用最多的静态混合器之一,很早以前,某个研究部门就研究出了 SK 型静态混合器。该混合器的元件结构是由旋向互为相反的板条组成,板条分别被机械压制成 1/2 周角和 3/4 周角,相邻的板片形成直角。虽然 SK 型混合器的混合效果不如前面几种,但是此种混合器疏通效果好,即使在比较恶劣的原液环境中也可以应用。乳化时,流体分割程度在 9μm 左右,混合不均匀度系数<5%。众多学者针对 SK 型静态混合器进行了大量的研究,并获取许多有用的结论,结构示意如图 5-81 所示。

7)螺旋形静态混合器

在聚合物地面配注系统中,聚合物母液黏度损失较大,影响开发注聚效果、增加生产成本。聚合物的母液和水混合在一起以后就会引起黏度损失,从室内的实验数据能够看出

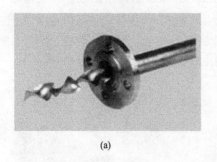

(a)

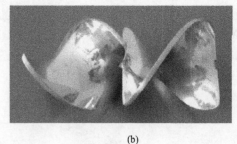

(b)

图 5-81　SK 型静态混合器结构

在这个混合的过程中黏损率是比较大的。通过原因分析我们能够知道静态混合器会使 2 种以上（包括 2 种）的液体在分割旋流作用下进行分割、转向，最终改变流体的分布、分散规律，形成最初混合效果。正因如此也同时会使聚合物分子发生降解反应，致使分子的特性发生变化，所以导致了黏度的降低。在实验中我们还发现，如果对剪切分割的过程程度加以控制，那么又会致使混合物难以混合均匀，这就是一个矛盾的对立面[417]。现场调研发现，由静态混合器所导致的聚合物黏度损失高达 8% 左右，是聚合物黏度损失的主要环节，也是配制注入系统降低黏损的主要方向。目前广泛使用的常规静态混合器采用 SK、SX、SV 等混合单元，导致聚合物溶液所受的机械剪切力大、黏损高；针对这一结果开展新型低剪切静态混合器的研制与应用，制订合理的降黏损措施，对今后地面配注工艺建设具有指导意义。

　　① 螺旋型静态混合器结构。螺旋型静混器结构示意如图 5-82 所示，静混器两端采用法兰连接，并采用 7 个螺旋型混合单元实现流体的均匀混合，螺旋型静混器的工作过程可以简述为[418]：当高压水和聚合物母液的混合液体流经螺旋型混合单元时，由于混合单元呈螺旋状，迫使混合液体围绕其自身水力中心回转，产生自轴心向管壁的径向流动，这种旋转流动有利于促进径向的组分分布以及温度和黏度的均匀。此外，由于沿相邻两个混合单元流动的液体旋向相反，由此将导致旋向相反的两股（或多股）混合液体相互碰撞和扩散，最终实现高压水和聚合物母液的均匀混合。

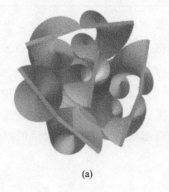

(a)

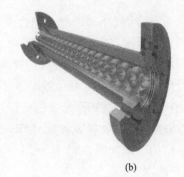

(b)

图 5-82　螺旋型静态混合器结构示意

与常规静态混合器相比，螺旋型低剪切静态混合器中的液体沿螺旋型混合单元流动，依靠径向旋转、对流和扩散的原理实现高压水和聚合物母液的均匀混合，避免了常规混合单元产生的机械剪切力，由此可以降低静混器导致的黏度损失。

② 螺旋型静态混合器的混合机理。螺旋混合器的混合单元由左旋和右旋两部分组成。流体在入口处被混合单元分割成两股流体，流体按照螺旋叶片旋向旋转流出前一个混合单元，继而再被分割成两股流体进入下一个混合单元，螺旋叶片也使流体流动方向不断发生改变，流体在流动过程中不断交流混合，同时螺旋叶片将中心流体及周边流体以相反的方向相互搅动，使物料能够在半径方向得到充分混合[415]。

Ⅰ. 分流作用。物料流经一个扭旋混合单元时，叶片将流体分割，使流体从叶片的不同侧流入的同时按照螺旋叶片旋向旋转。当物料流经下一个扭旋混合单元时，叶片同样切割混合流体。显然，如果物料流经 n 个扭旋混合单元，叶片切割流体 n 次，使得流体被切割的层数增加至 $S=2^n$，其中 n 为混合单元的个数，物料流经的混合单元数越多，其混合效果越好。

Ⅱ. 径向混合作用方式。静态混合器中流体沿着管壁向前流动，扭旋单元迫使流体发生以管轴线为中心的旋转运动。同时，流体也会产生绕某一截面的中线、做一定速度的自身旋转运动，所以能够实现流体在沿管壁方向移动的同时能够沿半径方向移动。并且研究表明，流体的这种自身旋转方向与因扭转单元而被迫旋转的方向相差180°。

由于自身旋转的存在，使得流体径向混合效果得到明显加强。流体经过螺旋叶片的分割作用分成两个主要分流，一部分流体从两侧绕过，另一侧沿表面由上侧流过。由于螺旋叶片的阻碍作用，流速减慢，从而导致后面的流体被阻滞，因此消耗部分动力，静压降低，在该部位形成一个低压区。由速度矢量图也可看到漩涡的形成，结合流体力学理论可知低压区易形成漩涡。大漩涡分布在叶片中央，小漩涡分布在器壁周围，大小漩涡的存在促进了流体的流动，从而使管道内流体分布得更加均匀。另外，在混合的过程中大漩涡受到叶片边缘的剪切作用，被撕裂成小漩涡，随着分裂的进行，整体呈现较为均匀的混合阶段。

如图 5-83 所示，由于相连的混合单元中螺旋叶片之间错开一定角度及扭旋方向发生改变，使螺旋叶片迫使流体在混合容腔内发生翻动，增加流体运动的湍动程度，从而使混合管的径向混合作用得到提高。

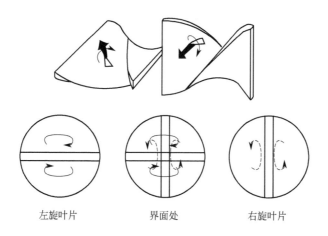

左旋叶片 　　　 界面处 　　　 右旋叶片

图 5-83 流体在管内自旋转示意

8）其他静态混合器

① 三角形管壁叶片式静态混合器[419]

Ⅰ.三角形管壁叶片式静态混合器的基本结构。三角形管壁叶片式静态混合器的基本结构如图 5-84 所示，其包括单元节筒体和固定安装在筒体内壁的叶片。图 5-84(a) 中实线部分为叶片，虚线或点划线部分为圆管；图 5-84(b) 为图 5-84(a) 的轴侧图。叶片是由制作筒体所用的管材直接切割形成的三角形管壁叶片，3 片三角形管壁叶片呈 120°均匀分布在管内壁上，可将流体物料分隔成相互不完全断流的 3 个大致区域。

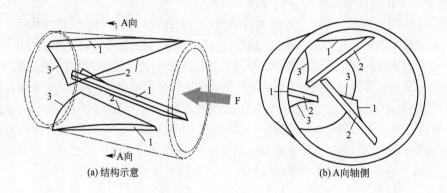

(a) 结构示意　　　　　　　(b) A向轴侧

图 5-84　三角形管壁叶片式静态混合器基本结构示意
1—与管内壁贴合焊接的三角形叶片的三角边；2—三角形叶片悬空在管筒中间的三角边；3—三角形叶片的底边；
F—流体的流向

Ⅱ.工作原理。由于叶片的弧形叶面 1 为偏斜转向安装，流体物料在轴向移动的同时受到叶片的导流作用，其在每块叶片区域内形成向筒内壁方向的偏旋转向，"轴向移动"与"向筒内壁方向的偏旋转向"的结合使 3 个区域流体形成小螺旋涡流前行；当流体离开叶片底面 3 后，各区域流体汇合，在各自原有的惯性流作用下整体流围绕轴心产生旋转前行流动。如此，流体物料进入下一混合器基本单元节内，继续下一个"逐渐分隔、旋转、汇合"周期。

② 仿柳叶形静态混合器。付鑫亮[420] 利用验证后的数学模型对仿柳叶形静态混合器的混合特性进行了研究，结果显示，叶片尾迹区所产生的纵向涡，加剧了低速区与高速区之间的物质混合；高低浓度区域的间隔分布增加了物质分子的扩散效率；静态混合器区域出现轴向返混现象增强了与来流之间的物质和动量交换；高湍流动能耗散率区域的存在使微观混合得到了强化，而高湍流动能区则加剧了介观混合作用。并与已经市场化应用的 3 种静态混合器的流动与混合特性进行试验对比。结果表明，仿柳叶形静态混合器具有良好的湍流动能耗散率分布和后续混合能力，在牺牲了一定压降的情况下有着优异的短距离混合表现。

图 5-85　仿柳叶形混合单元示意

图 5-85 为仿柳叶形混合单元示意。

傅鑫亮等[421] 对仿柳叶形静态混合器内混合气流进行了速度场与浓度场的试验研究，结果表明该混合器内速度场与浓度场偏差均达到了非常理想的效果（优于国家标准偏差值）。同时采用 CFD 软件对该静态混合器内的流场进行了数值模拟，试验与模拟的数值结果以及两者的浓度云图分布都有着较好的一致性。随后的研究结果表明：在混合元件尾迹区域出现了纵向涡和发卡涡来促进混合；在经过混合元件区域时因为湍流动能耗散率增加形成的高湍流动能耗散率区能够使物质交换更加频繁；整个静态混合器的流动阻力也主要发生在该区域，随之出现的返混现象也在一定程度上加强了混合效果。如图 5-86 所示为 ABS 加工的混合单元视图。

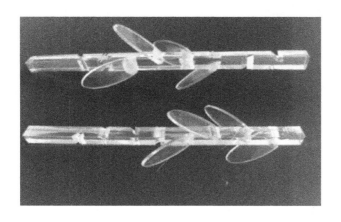

图 5-86 ABS 加工的混合单元视图

③ HEV 型静态混合器。HEV 型静态混合器又称内置翼片式静态混合器，它是 Chemineer 公司在传统的 Kenics KM 型静态混合器的基础上，为更好解决湍流混合而设计出的新型静态混合器。自 20 世纪 90 年代问世以来，因其具有结构简单、能耗低、混合性能好、操作弹性大等诸多优点，得到了广泛的应用[422]。

HEV 型静态混合器结构如图 5-87 所示。

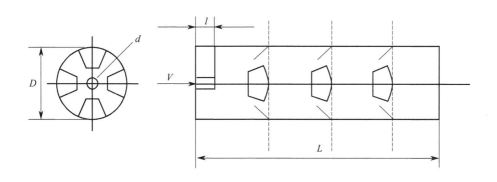

图 5-87 HEV 型静态混合器结构

④ 重力式翅片静态混合器。周云[423] 研发了一种重力式翅片静态混合器，其结构如

图 5-88 所示。重力式翅片静态混合器与行业内相关掺混器对比具有如下优势。

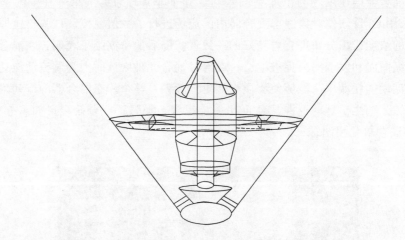

图 5-88 重力式翅片静态混合器

Ⅰ．通用性：经过尺寸的适当比例放缩，可与绝大部分锥体料仓适配安装。

Ⅱ．安装灵活性：对于在造料仓或者使用中的料仓可以整体安装或拆卸拼接安装，施工难度不大。

Ⅲ．产品制造简单，结构强度高，成本低。

Ⅳ．物料靠自身重力掺混，运行成本低。

Ⅴ．使用范围广，可针对不同物料调整内组件、引流片和翅片角度进行混合精度调节。

经过使用验证，产品微粉含量降低 5% 左右。重力式静态混合器特别适用于长径比较小的中心流料仓，重力式翅片静态混合器是国内 SAP 行业第一套设计、制造并投用，年产达 8 万吨的生产装置，填补国内行业空白，应用前景较为广阔。

9）静态混合器的评价参数[412]

① 压力指标。压降是表征静态混合器水力条件的重要指标。压降反映了水头损失，进而决定了泵的选型和耗电量。压降直接影响运营管理的成本。

Ⅰ．层流流动的阻力计算。对于层流流体，静态混合管中 Δps 的计算一般同直管道中流体阻力的计算类似：

$$\Delta ps = \lambda_s \frac{l}{d} \times \frac{\rho u^2}{2g} \tag{5-22}$$

式中　l——混合器混合单元长度，m；

　　　d——混合器管道半径，m；

　　　ρ——流体密度，m^3/s；

　　　λ_s——采用经验阀测出（k 值或计算公式受管径影响，具体数据由厂家提供）。

　　　g——重力加速度，常量。

Ⅱ．湍流流动的阻力计算。

a. SK 型混合器湍流阻力计算。根据流线与轴线的关系，流体的流动可分解为两个方向的流动：沿轴线的直线流动，以及绕轴线的旋转流动。直线流动产生的压降为 Δp_1，旋转流动产生的压降为 Δp_2。其中：

$$\Delta p_1 \frac{\pi d^2}{4} = \left(\tau_1 \frac{\pi d}{2} + \tau_2 dl \right) \times 2 \qquad (5\text{-}23)$$

式中 d——混合管内径，m；

l——混合器计算长度，m；

τ_1——沿管道圆周方向单位长度的流体阻力；

τ_2——沿管道轴线方向单位长度的微元流体压降。

但关于 SK 型混合器旋流压降 Δp_2 的计算研究较少，理论研究还不充分。

b. SX 型混合器湍流阻力计算。SX 型混合器压降为管壁沿程损失压降 Δp_1 和混合叶片局部压降 Δp_2 及交错位置压降 Δp_3 三者之和。将管壁上的流动看作是流体在宽平板上的湍流流动来计算 Δp_1；Δp_2 与管道两侧压力成比例；Δp_3 受单元形状、长度影响较大，难以定量计算。

由以上理论分析可知，管式混合器压降的理论计算非常复杂，公式受叶片形态、角度、长径比等因素影响较大。本书主要通过计算机模拟的方法计算管式混合器的压降，并通过实验验证。

② 动力学指标

动力学指标包括湍动强度和湍动能。

Ⅰ. 湍动强度。湍动强度是分析流动状态的重要依据，计算公式如下：

$$I = \frac{u'}{\bar{u}} = 0.16 (Re_{\mathrm{DH}})^{-\frac{1}{8}} \qquad (5\text{-}24)$$

式中 u'——湍流脉动速度；

$\bar{u}$——湍流平均速度；

Re_{DH}——管道直径 D_{H} 的雷诺数。

Ⅱ. 湍动能。湍动能即湍流的总动能，湍动能随时间的变化率表明了流体动能的扩散情况。通常利用湍流强度来表征湍流动能变化情况。

$$k = \frac{3}{2} (uI)^2 \qquad (5\text{-}25)$$

式中 u——平均速度，m/s；

I——湍流强度，%；

k——湍流动能，m/s^2。

③ 剪切指标。通过将絮凝池的流场简化为简单的一维剪切流，速度梯度被用来评价絮凝池的混合效果。速度梯度即 G 值，由于摩擦力作用，流体内部以及流体和界面之间速度发生差别，形成速度场。G 值越来越多地被用来表征各种混合器的混合效果。

对于内嵌式混合器，G 值由混合单元的水头损失计算得出：

$$G = \sqrt{\frac{P}{\mu V_{\mathrm{m}}}} = \sqrt{\frac{Q \Delta p}{\mu V_{\mathrm{m}}}} \qquad (5\text{-}26)$$

式中 P——混合单元功率损失量；

V_{m}——混合元件的体积，m^3；

Q——体积流量，m^3/s；

Δp——混合单元压降，Pa。

④ 均匀性指标。评价混合效果的参数很多，目前广泛应用的指标有相对标准偏差、变异系数、停留时间分布、拉伸值、剪切率等。考虑到本次研究的实验对象，软件模拟和实验检验的可行性，拟采用均匀系数 COV 作为评价混合效果的指标。

均匀系数 COV 值定义为：在进口处加入一定量分散相，在特定的截面上将整个区域分成大小相等的 N 个区域，将第 i 个区域内分散相的浓度用 c_i 表示，浓度用体积分数计算得出。

$$COV = \frac{\sigma}{\bar{c}} = \frac{\sqrt{\frac{1}{N}\sum(c_i - \bar{c})^2}}{\frac{1}{N}\sum c_i} \tag{5-27}$$

式中　c_i——第 i 个区域分散相的浓度；

　　　$\bar{c}$——整个界面分散相的体平均浓度。

由公式数学定义可知，COV 值在 0~1 之间，且 COV 值越小表明混合越均匀。工业上，COV 值＜0.05 时认为混合已均匀。

为衡量 COV 值变化趋势，选用不同的混合长度作为评价指标。其中，空管段混合长度表示叶片末端至混合均匀处的混合长度。总混合长度为叶片起始端至混合均匀处的混合长度，总混合长度为空管段混合长度与安装长度之和。

10) 静态混合器的选择

目前，在研究开发静态混合器的结构过程中，根据实际需要对其进行的选择工作尚不够完善，不能形成既定的系列，在一个工艺上选择什么样的静态混合器，主要是靠实际经验的估算和基础的理论研究。不同的静态混合器，流体在其内的运动性状会存在一定的区别。在对混合器选型的时候，我们需要研究流体的性质、混合指标、流体压降以及混合器的当量直径大小、对流体的剪切率高低以及传热、传质等因素；除此之外还应该审视前期的投资，设备操作的复杂程度以及拆卸、修理与安装的便利性等。因此，通过实际参考数据的对比以及基础研究成果的支撑就可以进行初步的选择。但是，某些特殊的工艺，应该介入实验数据的支撑，判定所选的静态混合器能不能有效地得以应用。实验研究有静态混合器的合理选型、混合流体的特性、测定器械的布置和加热以及冷却设备等几步；测量范围包括压力降、流体停留时间分布、混合效果以及传热、传质性能等参数[410]。

当流体互溶时，选择静态混合器，按照以下步骤进行。

① 在掌握各种类型静态混合器的性能和适用范围的基础上，根据物料的特性、体积分数和一些特定的条件来选定。

② 选好混合器后，根据混合条件，查找相关资料，确定混合器的 L/D 数值，并按照现实工作所采用的初始压力、单位时间的物料流量、操作方法等条件筛选出的具体参数数值来加以优化。

③ 确定静态混合器的长径比 L/D 后，为了达到工程要求，还要对压力降进行计算，然后决定混合器的其他体积参数。

在对静态混合器进行选择时不能够忽略以下几点。

① 中、高黏度的流体在混合时，作用一般发生在层流，流体速度范围为 0.1~0.3m/s。

② 低、中黏度的流体在混合时，作用一般在除了层流以外的其他两个流动形态中发生，流体的速度区域为 0.8～1.2m/s。

③ 低黏度流体在混合时，作用一般在紊流状态中发生，流体速度范围为 0.8～1.2m/s。

④ 涉及气、液等流体的混合，主要流动状态为湍流，气体的表观流速范围在 1.2～1.4m/s。

⑤ 液-固混合，主要在湍流条件下进行。一般来说流速不小于固体颗粒在液体中的沉降速度。

另外，静态混合器长度选取方法有：

① 湍流时，混合器长度对混合效果不构成影响，常规下 $L/D=7～10$。

② 层流时，经常取混合器的长径比为 $L/D=15～35$。

③ 乳化、慢化学反应在选择混合器长度时需要根据工艺要求决定，$L/D=50～100$。

综上，静态混合器选型时需统一考虑流体形态、压力降、混合器长度以及流体混合效果。

11）大庆油田采油七厂配注站采用的静态混合器

静态混合器，将高浓度聚合物母液与水混合稀释成目的浓度的聚合物溶液，静态混合器的形式种类较多，有 H 型、X 型、K 型等，本站使用的型号是 KX 型结构，由 K 型、X 型两种混合结果组合，混合效果较好，它对混合介质起到分流、合流、旋转和自动搅拌等作用，既克服了 X 型对聚合物剪切大的缺点，也弥补了 K 型分散强度较小的不足。通过放大静态混合器和注入管道的通径比，可以减少静态混合器的压降，当其通径与注入管道内径之比为 1∶6.1 时混合不均匀度最小，对聚合物黏度损失的影响也较小。选用的静态混合器上部增加预混器，具有预混功能，起到分散、搅拌和预混合的作用，使聚合物溶液和水在普通静态混合器之前基本分布均匀，有利于减少黏度损失，平均黏损率减少 1.5％，为防止聚合物母液管道中的杂物堵塞预混器，应该定期进行反冲洗，本站清洗周期为 90d。混液阀组如图 5-89 所示。

图 5-89 混液阀组

综合而言，聚合物的配注工艺流程与水驱地面工艺流程存在很大差异，主要分为配制、分散、熟化、泵输、过滤、储存、增压、混合和注入几个工艺段。目前聚合物驱在海上油田、大庆油田、大港油田、辽河油田、河南油田、克拉玛依等油田广泛应用，不同的油田配注工艺存在差异，但油田的配注工艺流程总体上可以分为配注合一流程和配注分开流程两大类，配注模式有清配清稀、清配污稀和污配污稀三种模式。

在实际的油田生产中，选用何种配注工艺要综合考虑场地、成本、运输、环保等因素。有研究表明，在聚合物配注的过程中，聚合物的黏度会受到影响，为了维持有效的黏度，采油七厂通过对配制污水进行曝氧、过滤、投加药剂以减轻黏度损失；通过优选搅拌器、使用螺杆泵和聚合物母液一体化熟化装置减轻装置对聚合物的力学剪切；另外，考虑到员工的健康和上料的方便，采用了密封除尘上料装置。

第6章

聚合物黏度损失的影响因素分析

大庆油田采油七厂窄薄砂体井网加密及提高采收率现场试验应用的聚合物类型为中低分抗盐聚合物，配注体系采用的是污配污稀方式。试验初期发现，配制的母液及井口稀释后目的液黏度指标普遍偏低，存在一定程度的降解及剪切问题，导致黏度损失，造成聚合物干粉浪费，影响吨聚增油量和区块开发效果。为了摸清黏度损失原因，找出问题症结和关键所在，及时制订治理对策，开展中低分抗盐聚合物配制过程及注入管线黏损影响因素分析研究，确定影响聚合物配制黏度的主要因素及影响规律，开展治理对策研究，为进一步降低黏度损失提供技术支持。

6.1
配注水水质对聚合物黏度影响研究进展

聚合物驱最开始采用的是清水配制和清水稀释聚合物，随着清水资源的紧缺及聚驱采出水水量的增大，大部分油田开始采用污水配制及污水稀释聚合物。但是采用污水配制和稀释聚合物会影响聚合物的黏度，导致聚合物的黏度下降，影响聚驱的效果。本节主要介绍目前污水成分对聚合物黏度影响的研究及治理措施。

6.1.1 影响聚合物黏度的污水成分

（1）悬浮物

悬浮物对聚合物黏度影响的原因可能有以下几点[424]。

① 由于聚合物分子链吸附于固体悬浮物颗粒表面，从而导致大分子链不能充分伸展，黏度降低。

② 带负电的水解聚丙烯酰胺分子中—NH_2基团的N原子具有孤对电子，—COOH

与硅铝酸盐和碳酸盐垢表面羟基间的氢键、范德华力等结合到硅铝酸盐和碳酸盐垢的表面。水解聚丙烯酰胺分子与悬浮固体形成稳定的结构，压缩双电层，负电性减少，导致聚合物溶液黏度降低。

田津杰等[425] 针对海上某高温高盐油藏条件，通过室内模拟实验研究了产出污水中固体悬浮物对干粉溶解、配制目标液黏度及抗剪切性能的影响。结果表明，随着固体悬浮物含量的增加，聚合物溶液黏度先缓慢下降，悬浮物含量大于 50mg/L 后聚合物溶液黏度快速降低，最后缓慢趋于稳定，在最佳的经济条件下固体悬浮物含量应控制在 50mg/L 左右。

吴晓燕等[426] 研究了高温高盐油藏下，含聚污水中固体悬浮物对配制聚合物溶液的影响。结果表明，悬浮物的存在对聚合物溶液的黏度具有一定的不利影响，随着悬浮物含量的增大，聚合物溶液的黏度呈下降趋势，且聚合物目标液的浓度越高，受到的影响越大。

王雨等[427] 用模拟水稀释聚合物驱污水站沉降罐出水，得到不同浊度的含聚污水，用粗滤纸过滤除去杂质，配制 0.1% 的聚合物溶液，考察含聚悬浮物对聚合物溶液黏度的影响。结果表明，对于不同浊度的聚合物驱采油污水，较高悬浮物含量（浊度大于 20NTU）对聚合物溶液的黏度有不利影响，造成黏度大幅度降低。当悬浮物含量较高时，因固体表面的吸附损耗，聚合物分子发生絮凝沉降，造成溶液黏度降低。

针对杏北油田利用聚驱污水稀释聚合物溶液黏度低的问题，张继红等[424] 进行了一系列的实验研究，其中悬浮物质量浓度一开始增加时聚合物溶液黏度下降并不明显，随着悬浮固体质量浓度超过 30mg/L，聚合物溶液的黏度下降变快。当悬浮固体质量浓度超过 40mg/L 时，黏度下降趋势变缓。

（2）离子

离子对聚合物黏度影响的原因可能有以下几点[81,428,429]。

① Na^+、K^+、Ca^{2+}、Mg^{2+} 等金属阳离子对聚合物黏度的影响主要是因为其所带的正电荷可取代水分子与 HPAM 溶液分子链上的羧酸基负离子结合，使得 HPAM 分子发生去水化作用，扩散双电层变薄，分子链收缩，溶液黏度降低。

② Fe^{2+} 和 S^{2-} 是因为其引发氧化还原反应，生成了氧自由基和羟基自由基，诱发一系列自由基反应，强氧化性的自由基会使 HPAM 分子链断裂，生成短链聚合物，从而使聚合物溶液的黏度降低。

李景岩[430] 研究了水中离子浓度对聚合物溶液黏度的影响程度，结果表明，无论是阴离子还是阳离子，随着离子浓度的增加，聚合物溶液黏度均降低，但是阳离子对聚合物溶液黏度影响较大，不同阳离子对黏度影响顺序为 $Fe^{2+} > Fe^{3+} > Mg^{2+} > Ca^{2+}$；阴离子对聚合物黏度稳定性影响相对较小，不同阴离子对黏度影响顺为 $S^{2-} > Cl^- > SO_4^{2-} > HCO_3^- > CO_3^{2-}$。其中 Fe^{2+} 影响最大，离子质量浓度为 1mg/L 时即可产生 30% 的黏度损失。

张林彦[431] 在研究油田污水中常规离子对恒聚聚合物溶液黏度的影响中，实验结果为：$Fe^{2+} > S^{2-} > Mg^{2+} > Ca^{2+} > Na^+$。

胡渤等[432] 通过单因子试验，分析了油田配聚污水中 Na^+、K^+、Ca^{2+}、Mg^{2+}、

Fe^{2+} 以及 S^{2-} 单独作用时对水解聚丙烯酰胺黏度的影响。试验结果表明,上述离子均会造成 HPAM 溶液黏度下降,其中 Fe^{2+} 的影响最为显著,二价阳离子的影响大于一价阳离子。通过红外光谱和扫描电镜试验结果分析,得出 Na^+、K^+、Ca^{2+}、Mg^{2+} 对 HPAM 黏度的影响是由正电荷屏蔽 HPAM 分子羧酸基上的负电荷,造成聚合物大分子卷曲引起的。Fe^{2+} 则是由还原性引发自由基链式反应,造成 HPAM 分子链断裂,从而使 HPAM 黏度下降。

张铁刚[433] 研究了 K^+、Na^+、Ca^{2+}、Mg^{2+} 四种离子对聚合物黏度的影响,研究结果表明:聚合物溶液的黏度随金属阳离子浓度的增加先迅速下降后下降平缓。特别是 Mg^{2+}、Ca^{2+} 两种离子的浓度对聚合物的黏度影响较大,较小的浓度提升就能够引起 HPAM 溶液黏度的大幅度下降。

周敏[434] 考察了 Fe^{2+} 对聚合物黏度稳定性的影响程度,结果表明,随着 Fe^{2+} 含量的增加,聚合物溶液黏度保留率急剧下降,Fe^{2+} 通过加速氧化降解作用对聚合物黏度的影响十分明显,当 Fe^{2+} 含量为 0.5mg/L 时,聚合物溶液黏度保留率为 61.6%,当 Fe^{2+} 含量为 2mg/L 时,聚合物溶液黏度的保留率仅为 46.1%。说明聚合物溶液的黏度对配注污水中的 Fe^{2+} 含量十分敏感。

张继红等[424] 通过研究表明,Fe^{2+} 和 Na^+ 是导致杏北油田污水配制聚合物溶液黏度降低的主要原因。其中 Fe^{2+} 具有还原性,是影响含聚污水稀释聚合物溶液黏度的主要因素,Na^+ 虽然对黏度的影响较小,但是含量较多,也会对聚合物溶液的黏度产生影响。

通过以上的研究我们可以进行以下的总结:

① 不同离子对聚合物溶液黏度产生的影响程度不同,但无论是阴离子还是阳离子,随着离子浓度的增加,聚合物溶液黏度均降低。

② 阳离子对聚合物溶液黏度的影响较阴离子大。

③ 综合来看,其中 Fe^{2+} 对聚合物溶液的黏度影响最大。

④ 在评价实际污水中离子对配制聚合物溶液黏度的影响时,还要考虑到离子含量的多少。

（3）细菌

研究表明,对聚合物黏度影响较为明显的细菌主要是硫酸盐还原菌（SRB）、腐生菌（TGB）和铁细菌（FB）。

樊剑等[348] 研究表明,在 25℃、65℃时,生物影响聚合物黏度的主要菌种为铁细菌（FB）、硫酸盐还原菌（SRB）和腐生菌（TGB）,其影响顺序为 FB＞SRB＞TGB,硫酸盐还原菌对聚合物溶液黏度的综合影响受温度影响较大。确定了采油用污水配制聚合物溶液时各细菌的限度指标:FB＜100 个/mL、TGB＜10000 个/mL、SRB＜10000 个/mL。

韩斯琴等[435] 研究了硫酸盐还原菌、腐生菌和铁细菌及代谢产物对聚合物黏度的影响。结果表明,总体上,腐生菌或其代谢产物对聚合物黏度的影响很小;铁细菌可以利用聚合物生长,其是破坏聚合物黏度的主要微生物类群;硫酸盐还原菌不能直接利用大分子量聚合物,可以利用小分子或分子链断裂的聚合物生长。

宋景新[436] 研究发现,在 25℃下,污水中铁细菌的菌数大于 1000 个/mL 时,聚合物溶液黏度明显降低;而腐生菌在 65℃下对聚合物溶液黏度的影响较为明显。硫酸盐还原菌为厌氧菌，该细菌在无氧条件下以有机物为碳源，通过还原 SO_4^{2-} 成为 S^{2-} 而完成代谢。因此，SRB 菌对聚合物黏度的影响较大。3 种细菌对聚合物黏度的影响为 FB＞SRB＞TGB。

（4）矿化度

水矿化度指的是 1L 水中盐的总克数。水中化学成分的总量被称为总矿化度。

夏丽华[382] 通过在室内配制不同矿化度以及含有不同金属离子的模拟污水，并用此模拟污水配制超高分子量的聚合物溶液，测量聚合物溶液的黏度，共分析了五种常见离子（K^+、Na^+、Ca^{2+}、Mg^{2+}、Fe^{3+}）及矿化度对聚合物溶液黏度的影响，研究发现，低矿化度下离子对聚合物的黏度影响占主导，在高矿化度下矿化度对聚合物的黏度影响占主导，并提出了配制聚合物溶液时各离子的浓度限度，为油田现场用污水替代清水配制聚合物溶液提供参考依据。

王娜娜[437] 研究了清水配制污水稀释聚合物溶液的可行性。与低矿化度清水配制聚合物相比，污水配制的聚合物其黏度值相对较低，而且污水矿化度越高，所配制的聚合物溶液黏度值越低。

龚振楠[345] 为了检测污水配制聚合物的可行性，使用电渗析来降低污水中的矿化度。随着污水矿化度的降低，黏度显著增加，当矿化度下降到 700mg/L 时其黏度接近清水指标。研究表明，有效降低污水中的矿化度可以提高配制聚合物的黏度，从而提高注入聚合物的驱油效果。

（5）含油量

为研究渤海油田聚合物驱中产出污水对新鲜聚合物溶液性能的影响，田津杰等[425] 通过室内模拟实验研究了污水含油对干粉溶解、配制目标液黏度及抗剪切性能的影响。研究结果表明，污水含油的存在，对配制聚合物溶液产生不利影响，特别是聚合物母液影响较大，当含油量达到 200mg/L 时聚合物母液的黏度损失率达 30%。

魏巍等[438] 在实验室中配制三种不同浓度的聚合物（中分子聚合物、高分子聚合物和抗盐聚合物），调整污水中含油量从 3mg/L 增加到 23mg/L，聚合物黏度变化在 2mPa·s 以内，说明含油量对配聚黏度影响较小。

通过室内研究和现场应用情况，分析了污水稀释聚合物的影响因素，孙志涛[79] 和王玉婷[439] 得出相同的结论，即含油量对聚合物的黏度基本没有影响。

6.1.2 降低配制水对聚合物黏度影响的措施

为了降低配制污水对聚合物黏度的影响，保证有效的聚合物黏度，在实际生产中会采取一定的措施。目前常用的保黏措施有曝氧、杀菌和投加药剂。

6.1.2.1 曝氧

采用化学氧化法可有效去除配聚污水中的还原性物质，提高聚合物黏度。在污水处理领域，双氧水、Fenton 试剂、臭氧及氯气等都是常用的氧化剂。目前，油田中应用最为广泛的氧化法是曝氧法。

通过对溶液曝氧量的增加，能够将水中的还原性物质进行氧化。污水中的 S^{2-} 以及

Fe^{2+}是影响溶液黏度的主要因素,利用曝氧的方法,能够对上述离子进行有效的氧化,使得污水的还原性有效的降低,避免发生自由基反应造成聚合物黏度损失较高;与此同时,杀灭大部分硫酸盐以及厌氧菌,还能够使聚合物黏度得到有效的提高。

曝氧法降低聚合物黏度损失的原理如下:

① 曝氧处理方法可以使污水中的Fe^{2+}转化为Fe^{3+},同时氧化S^{2-}。有研究表明,Fe^{3+}较Fe^{2+}对聚合物体系黏度影响较小,通过对污水的曝氧预处理可以有效地降低Fe^{2+}的含量,使之转变成Fe^{3+},从而改善聚合物体系的黏度稳定性[440]。其化学方程式如下:

$$4Fe^{2+} + O_2 + 2H_2O =\!=\!= 4Fe^{3+} + 4OH^- \qquad (6\text{-}1)$$

② 油田采出污水里含有相当数量的厌氧微生物以及细菌,含有氧气的富氧环境对厌氧细菌具有很强的杀菌作用,能够保证聚合物溶液的稳定性。硫酸盐还原菌为一类能够于厌氧环境下将硫酸盐物质还原为硫化物,并以有机物质作为主要营养物的细菌。在厌氧的环境中,其能够生成Fe^{2+}还原物,并与聚合物溶液当中的氧发生反应,造成聚合物的分子链发生断裂,从而使得聚合物溶液的黏度下降。在曝氧的环境中,氧能够杀死绝大部分包括硫酸盐还原菌在内的厌氧细菌以及微生物,并有效抑制其生长,从而减小其对聚合物溶液的降解[441]。

张文帅[441]进行室内实验,采用曝氧污水及厌氧污水配制聚合物溶液的方法,研究氧分子对于聚合物溶液黏度以及稳定性的影响。实验结果发现,使用曝氧污水所配制聚合物溶液的黏度要高于使用厌氧污水所配制聚合物溶液的黏度,在此基础上确定污水最佳曝氧浓度约为5mg/L。

李亚[442]针对现场需求,应用室内曝氧、厌氧实验方法,研究了氧对化学驱油剂黏度和界面张力的影响。研究结果表明,曝氧污水配制的聚合物溶液和三元复合体系的黏度要高于厌氧条件下的黏度值,其配制的三元复合体系的界面张力要比厌氧条件下的界面张力值低。利用曝氧采出污水配制化学驱油剂是节能减排的有效方法。

王志华等[443]研究表明曝氧工艺处理油田采出水可基于溶气、反应、释放过程的特征,利用其去除还原性物质、钝化厌氧微生物的作用而改善水质特性,有效控制配制聚合物溶液的黏度损失。随着曝氧处理程度的增大,曝氧对黏度损失的控制能力提升。采出水充分曝氧后,聚合物溶液黏度增幅能够达20%左右,抗剪切性和弹性行为也在一定程度上得以改善,配液浓度越大,黏度损失的控制效果越明显。

韩斯琴等[435]比较了厌氧和曝气处理后的油田采出水配制聚丙烯酰胺溶液的黏度及该体系中腐生菌、铁细菌和硫酸盐还原菌的数量变化。结果表明,曝气有利于聚合物溶液黏度的保持,黏度损失率明显低于厌氧采出水-聚合物体系。

但值得注意的是,当污水中的氧气含量较少时溶液中所含有的氧不足以将厌氧菌全部消灭,以此种污水配制成的聚合物溶液,其黏度依然会受到剩余的厌氧菌的不利作用;而如果污水当中的氧气含量较大时,将厌氧细菌消灭之后,污水当中会有部分的氧剩余,以此种污水配制成的聚合物溶液,聚合物的分子链会由于氧的作用导致出现断裂,从而影响聚合物溶液的黏度[444]。因此,在实际的运行中要进行优选实验,确定合理的曝氧量。

6.1.2.2 杀菌

硫酸盐还原菌、铁细菌、腐生菌以及其他微生物大量繁殖,造成了聚驱中聚合物黏度的下降，极大影响化学驱效果；同时还会引起设备、管线及其他金属材料的严重腐蚀，并堵塞管道，损害油层，致使生产井产量下降，造成极大的经济损失[445]。所以在油田生产中要严格控制硫酸盐还原菌、铁细菌和腐生菌的数量，油田中常用的灭菌方法主要有两种：一种是对污水进行紫外光照射预处理杀菌；另一种是向污水中添加杀菌剂。

（1）紫外光照射预处理杀菌

紫外线杀菌技术的优势有：

① 高效率杀菌。紫外线杀菌技术具有其他技术无可比拟的杀菌效率，紫外线杀菌技术的杀菌效率可达 99%～99.9%。

② 杀菌广谱性。紫外线杀菌技术的广谱性是最高的，它对几乎所有的细菌、病毒都能高效率杀灭。

③ 无二次污染。由于紫外线杀菌技术不添加任何化学药剂，因此它不会对水体和周围环境产生二次污染，不会改变水中任何成分。

④ 运行安全可靠。投加化学药剂方式进行杀菌，杀菌剂本身的使用对操作现场人员和周围环境安全会产生潜在的威胁。紫外线杀菌系统相对于杀菌剂杀菌系统是一种对周边环境及操作人员相对安全可靠的杀菌技术。

⑤ 运行维护费用低、操作简便。紫外杀菌技术运行维护简单，运行成本低，杀菌装置安装、操作简便，可连续运行。

紫外光照射预处理杀菌技术具有以上许多优点，但是随着运行时间的延长，杀菌装置中的灯管会被污水中的原油、污泥及细菌的代谢产物包围，透光性变差，严重影响杀菌效果[430]。

（2）杀菌剂

在现场的实际生产中，投加杀菌剂也是常用的杀菌方法，并且杀菌效果较好。

杀菌剂的作用方式主要有以下 4 类[446]。

1）阻碍菌体的呼吸作用

细菌在呼吸时要消耗糖类、碳水化合物，以维持体内各种成分的合成。这个过程主要靠一种酶，如果杀菌剂进入菌体，影响酶的活性，使能量代谢中断或减少，呼吸就会停止而死亡。

2）抑制蛋白质合成

组成蛋白质的氨基酸分子通过肽键依次缩合成多肽链，成为生命的物质基础。当杀菌剂进入菌体后，如果阻止了某一步肽链的形成，即能破坏蛋白质的合成，或者破坏了蛋白质的水膜或中和了蛋白质的电荷，使蛋白质沉淀而失去活性，达到抑制或致死的作用。

3）破坏细胞壁

细胞壁是细菌同外界进行新陈代谢，同时保持细胞壁内外平衡的一种起屏障作用的物质，细胞壁主要由肽聚糖组成，如果杀菌剂能溶化细胞壁，或者阻止介质中蛋白酶的作用，这样就破坏了细胞壁，也破坏了内外环境的平衡，达到杀菌的目的。

4）阻碍核酸的合成

核酸是生物体遗传的物质基础，如果杀菌剂加入，破坏了核酸分子的某一环节，从而使核酸的特异结构发生任何改变时，都可引起突变或使原有活性的丧失或改变，从而破坏了菌体本身的生长和繁殖。

目前可选择的杀菌剂的种类很多，其杀菌机理也各不相同，但是只要具备以上条件之一，就可以抑制细菌或杀死细菌，保证聚合物的黏度。

需要注意的是，化学杀菌剂的杀菌效果虽好，但是一般与化学驱体系不配伍。因此，应用于化学驱的杀菌剂不但要有很好的杀灭效果，而且还不能对聚合物黏度和界面张力有负面影响，否则将会影响化学驱的效果。

6.1.2.3 投加药剂

（1）去除 Ca^{2+}、Mg^{2+}

腐殖酸具有多种功能团和复杂的结构，因而具有较强的吸附性能和反应活性。腐殖酸钠表面的负电性可以与重金属离子发生反应，利用离子交换、配位反应和吸附作用去除钙镁离子。腐殖酸钠的价格比较昂贵，可以用 NaOH 和草炭配制腐殖酸钠溶液代替腐殖酸钠处理污水中的 Ca^{2+}、Mg^{2+}[447]。

Ca^{2+}、Mg^{2+} 含量在 $0\sim200mg/L$ 时聚合物溶液黏度严重损失，黏度损失率分别达到最大值 63.2% 和 70.7%。万小迅[448] 采用腐殖酸钠络合钙镁离子时，腐殖酸钠溶液用量为 8.0mL 时对 Ca^{2+} 的吸附率达到 77.50%，腐殖酸钠混合液用量为 6.0mL 时对 Mg^{2+} 的吸附率达到 83.60%，说明腐殖酸钠对 Ca^{2+}、Mg^{2+} 吸附效果良好。室内实验结果证实了利用腐殖酸钠络合 Ca^{2+}、Mg^{2+} 防止聚合物溶液黏度降低的可行性，为现场试验提供参考。

（2）去除 Fe^{2+}

王芳[429] 通过实验研究结果表明，高锰酸钾、双氧水、次氯酸钠、过氧化脲、过盐酸钾、过氧单磺酸钾等氧化剂可有效去除油田污水中的 Fe^{2+} 并使 HPAM 黏度大幅提高。通过可行性和性价比分析，得出 NaClO 固体可快速有效去除 Fe^{2+}，增黏效果最好，成本最低，且运输、储存方便。

（3）去除 S^{2-}

高锰酸钾、双氧水、次氯酸钠和过氧化脲可有效去除油田污水中的 S^{2-} 并使 HPAM 溶液的黏度大幅提高。通过可行性和性价比分析，其中高锰酸钾能使 HPAM 初始黏度恢复率达到 65%，处理成本最低，且储存、运输方便[429]。

6.2
配注水水质对聚合物黏度影响规律的室内分析研究

针对油田污水配制聚合物所面临的问题，研究污水水质对聚合物黏度的影响规律，分别研究配制水的各项因子对聚合物黏度的影响。

研究主要分为 2 个部分：

① 对配注现场，从进站污水、配注工艺及井口进行了多次的水质分析，确定了水质波动区间以及各个主要影响因子的浓度范围。

② 室内试验评价污水成分中对聚合物黏度影响的主要因子、次要因子和微弱影响因子，确定采油七厂污配污稀工艺黏损的主要原因。

6.2.1　现场配注水单项因子波动监测

为了确定葡北聚驱现场注水中各项因子的波动范围，确定室内试验中各项指标的浓度梯度，对现场配注污水水质指标进行了 11 轮次的连续取样跟踪，重点关注水质的异常波动情况。现场配注水重要节点单项因子含量变化见表 6-1 和表 6-2。

⊡ **表 6-1　现场配注水重要节点单项因子含量变化（一）**

取样点	Al^{3+}	Cl^- /(mg/L)	HCO_3^- /(mg/L)	Ca^{2+} /(mg/L)	Mg^{2+} /(mg/L)	SO_4^{2-} /(mg/L)	$Na^+ + K^+$ /(mg/L)	矿化度 /(mg/L)
来水(1)	1.5	1381.70	2573.20	28.45	10.94	3.45	1814.67	5812.41
曝氧后(1)	1.0	1210.63	2430.75	32.05	6.32	0.00	1652.93	5332.68
曝氧加药(1)	1.2	1217.21	2670.19	31.45	2.79	0.00	1754.81	5676.45
来水(2)	2.1	1184.78	2561.08	27.76	7.72	6.94	1626.95	5415.23
曝氧后(2)	1.8	1180.24	2582.30	23.79	8.18	5.35	1636.92	5436.78
曝氧加药(2)	1.3	1175.35	2678.35	25.75	9.25	4.45	1687.35	5580.50
来水(3)	3.3	1205.45	2476.23	28.74	9.66	5.06	1786.24	5511.38
曝氧后(3)	2.4	1145.32	2284.45	30.56	10.34	4.87	1687.32	5162.86
曝氧加药(3)	2.6	1236.23	2298.42	29.42	10.75	4.43	1634.24	5213.49
来水(4)	1.6	1439.23	2645.83	32.16	12.04	5.73	1924.25	6059.24
曝氧后(4)	2.3	1412.42	2587.33	35.38	9.16	4.85	1743.83	5792.97
曝氧加药(4)	1.9	1428.15	2784.27	32.17	8.37	3.73	1843.23	6099.92
来水(5)	4.6	1298	2862	25.74	9.23	8.32	1864	6067.29
曝氧后(5)	4.8	1305	2761	26.24	8.42	7.45	1734	5842.11
曝氧加药(5)	4.2	1328	2678	25.76	8.63	7.73	1823	5871.12
来水(6)	5.0	1274.73	2718.12	31.45	8.57	8.32	1823.53	5864.72
曝氧后(6)	4.4	1356.74	2485.23	23.75	8.74	7.73	1873.21	5755.40
曝氧加药(6)	3.9	1343.72	2674.74	28.74	8.02	7.45	1742.26	5804.93
来水(7)	3.1	1276.74	2764.85	26.75	9.73	8.65	1784.72	5871.44
曝氧加药(7)	3.5	1284.73	2245.75	22.74	7.82	6.74	1873.27	5441.05
来水(8)	2.6	1376.64	2874.83	25.87	8.74	8.84	1841.23	6136.15
曝氧加药(8)	2.7	1364.73	2672.88	28.74	9.82	8.83	1784.82	5869.82
来水(9)	1.9	1374	2984	29.42	8.74	9.63	1873	6278.79
曝氧加药(9)	1.2	1487	2874	30.42	8.34	8.72	1972	6380.48
来水(10)	4.6	1287	2584	28.72	8.53	9.23	1982	5899.48
曝氧后(10)	4.1	1323	2674	39.82	9.23	9.29	1989	6044.34
来水(11)	3.9	1384	2783	28.87	8.53	9.23	1982	6195.63
曝氧加药(11)	3.5	1372	2852	29.34	9.23	9.29	1989	6260.86

注：CO_3^{2-} 的含量为 0mg/L，OH^- 的含量为 0mg/L。

取样点	SS /(mg/L)	油 /(mg/L)	硫化物 /(mg/L)	二价铁 /(mg/L)	总铁 /(mg/L)	硫酸盐还原菌 /(个/mL)	腐生菌 /(个/mL)	铁细菌 /(个/mL)
来水（1）	6.84	35.88	2.04	0.3540	0.5649	2.5×10^{1}	2.0×10^{2}	6×10^{2}
曝氧后（1）	8.82	8.14	1.32	0.3475	0.7438	1.3×10^{3}	$\geqslant2.5\times10^{4}$	5×10^{2}
曝氧加药（1）	10.25	6.94	0.84	0.3284	0.7024	6.0×10^{0}	2.5×10^{3}	5×10^{1}
来水（2）	5.93	4.93	2.16	0.6146	0.8534	2.5×10^{2}	2.0×10^{2}	5×10^{2}
曝氧后（2）	7.75	5.62	1.23	0.5922	0.8142	1.25×10^{2}	2.0×10^{4}	2.5×10^{2}
曝氧加药（2）	8.36	5.04	0.64	0.5184	0.7985	5.0×10^{0}	2.5×10^{3}	1.0×10^{2}
来水（3）	22.98	8.75	1.81	0.4212	0.7284	2.25×10^{2}	2.0×10^{2}	1.5×10^{3}
曝氧后（3）	11.33	7.74	0.97	0.4826	0.8934	1.0×10^{3}	$\geqslant2.5\times10^{4}$	2.5×10^{2}
曝氧加药（3）	9.82	7.35	0.49	0.4235	0.7632	6.0×10^{0}	2.25×10^{3}	5.0×10^{1}
来水（4）	14.28	21.51	2.94	0.6426	0.7549	2.5×10^{3}	2.0×10^{2}	6.0×10^{1}
曝氧后（4）	20.86	5.69	1.53	0.5432	0.9240	1.5×10^{3}	$\geqslant2.5\times10^{4}$	2.0×10^{2}
曝氧加药（4）	21.52	4.26	0.44	0.5242	0.8644	6.0×10^{1}	2.5×10^{3}	1.5×10^{2}
来水（5）	10.24	5.93	3.18	0.8349	1.4235	2.5×10^{1}	2.5×10^{1}	6.0×10^{1}
曝氧后（5）	15.73	6.25	1.46	1.0468	1.3827	6.0×10^{1}	6.0×10^{2}	2.5×10^{2}
曝氧加药（5）	30.42	5.84	3.70	0.8180	1.0723	6.0×10^{1}	2.5×10^{3}	1.0×10^{2}
来水（6）	11.43	22.67	2.03	0.7293	0.9862	3.0×10^{3}	6.0×10^{2}	1.5×10^{3}
曝氧后（6）	56.64	23.86	3.28	0.5132	0.7831	1.25×10^{3}	$\geqslant2.5\times10^{4}$	1.0×10^{3}
曝氧加药（6）	21.05	28.70	1.30	0.5234	0.8254	2.0×10^{3}	3.0×10^{3}	1.0×10^{3}
来水（7）	9.76	17.10	2.43	0.4752	0.7654	2.25×10^{3}	5.0×10^{2}	1.5×10^{2}
曝氧加药（7）	15.00	24.25	0.99	0.4382	0.8657	3.0×10^{2}	2.0×10^{2}	8.0×10^{2}
来水（8）	32.35	67.08	0.60	0.5482	0.7624	4.0×10^{3}	3.25×10^{2}	1.0×10^{2}
曝氧加药（8）	40.63	19.68	0.41	0.5236	0.7365	2.5×10^{2}	1.25×10^{2}	6.0×10^{1}
来水（9）	13.89	39.24	4.08	0.6874	0.8742	3.0×10^{3}	2.0×10^{1}	5.0×10^{2}
曝氧加药（9）	30.00	33.98	1.07	0.5027	0.7642	2.0×10^{2}	1.5×10^{3}	1.0×10^{2}
来水（10）	130.00	34.70	3.41	0.5845	0.8123	4.5×10^{2}	3.5×10^{2}	5.0×10^{2}
曝氧加药（10）	150.00	38.04	1.20	0.4785	0.7643	5.0×10^{1}	4.0×10^{2}	2.0×10^{2}
来水（11）	40.00	22.64	3.14	0.4784	0.6874	4.5×10^{3}	3.5×10^{1}	3.0×10^{2}
曝氧加药（11）	50.00	22.13	2.24	0.3764	0.5982	5.0×10^{2}	6.0×10^{2}	1.0×10^{2}

通过对现场水质检测数据行分析，确定了配注水各项因子日常波动范围，见表 6-3。

⊡ 表 6-3　配注水各项因子日常波动范围统计

因子	Al^{3+} /(mg/L)	Cl^{-} /(mg/L)	CO_3^{2-} /(mg/L)	HCO_3^{-} /(mg/L)	OH^{-} /(mg/L)	Ca^{2+} /(mg/L)	Mg^{2+} /(mg/L)	SO_4^{2-} /(mg/L)	$Na^{+}+K^{+}$ /(mg/L)
波动范围	1～5	1100～1500	0	2200～2900	0	20～40	2～13	0～10	1600～1900

因子	矿化度 /(mg/L)	SS /(mg/L)	油 /(mg/L)	硫化物 /(mg/L)	二价铁 /(mg/L)	总铁 /(mg/L)	硫酸盐还原菌 /(个/mL)	腐生菌 /(个/mL)	铁细菌 /(个/mL)
波动范围	5000～6400	5～150	4～40	0.4～4.1	0.3～1.1	0.5～1.5	5～4500	200～25000	50～1500

6.2.2 配注水单项因子对聚合物黏度影响规律分析

根据现场配注水单项因子的波动范围，确定室内各项因子评价浓度梯度。室内试验设计配制聚合物浓度为 5000mg/L，采用去离子水进行配制，再分别稀释到 1000mg/L 和 700mg/L 两个浓度，分析评价单项因子对三种浓度聚合物黏度的影响程度及变化规律。

6.2.2.1 悬浮物对聚合物黏度影响规律分析

收集悬浮物，并用悬浮物配制浓度为 5000mg/L、1000mg/L 和 700mg/L 的聚丙烯酰胺溶液。

具体的试验步骤如下：

① 采用离心机以 5000r/min 的转速离心七厂配注水来收集悬浮物。

② 将悬浮物放入 1L 除氧的蒸馏水中，配制高浓度悬浮物溶液，用单膜法测悬浮物含量。

③ 称量一定质量的高浓度悬浮物溶液，然后用经氮吹脱除氧的蒸馏水补至 400mL（采用称重法），使悬浮物达到设定浓度，再用氮气吹 5min，打开搅拌器，加入 2.22g 聚丙烯酰胺，用保鲜膜密封，每隔 1h 用氮气吹 5min，在 400r/min 的转速下搅拌 4h，配制成 5000mg/L 的聚丙烯酰胺溶液。

④ 母液搅拌完后，称取 129g 除氧的蒸馏水，加入一定质量的高浓度悬浮物溶液使其与母液的悬浮物浓度相同，称取 21g 母液加入，用磁力搅拌器搅拌 30min，配制 700mg/L 的聚丙烯酰胺溶液。

⑤ 称取 120g 除氧的蒸馏水，加入一定质量的高浓度悬浮物溶液，使其与母液的悬浮物浓度相同，称取 30g 母液加入，用磁力搅拌器搅拌 30min，配制 1000mg/L 的聚丙烯酰胺溶液。

⑥ 在配制完成后的 0h、4h、12h、24h 和 48h 分别测定聚丙烯酰胺溶液的黏度。

（1）悬浮物对 5000mg/L 聚合物黏度的影响

根据现场悬浮物监测数据，悬浮物波动范围为 5~150mg/L，室内设计 0~200mg/L 6 个浓度梯度，分析黏度变化规律，选取 0~48h 共 5 个时间点进行化验检测。

悬浮物对 5000mg/L 聚合物黏度的影响见表 6-4。

⊡ 表 6-4 悬浮物对 5000mg/L 聚合物黏度的影响

序号	悬浮物 /(mg/L)	黏度/(mPa·s)				
		0h	4h	12h	24h	48h
1	0	781.9	795.4	802.7	799.8	789.4
2	10	722.6	693.7	675.3	666.7	651.2
3	20	644.1	622.5	605.7	596.2	571.7
4	50	540.2	480.3	450.4	421.1	401.6
5	100	484.2	440.4	421.9	405.3	390.4
6	200	354.8	331	318.7	304.8	292.7

如图 6-1 所示，悬浮物对聚合物的黏度影响很大，而且是持续降黏，配制 0h 的时候，不同浓度的悬浮物直接的黏度损耗为 54.62%，其中 20mg/L 的悬浮物 48h 后的黏度损耗为 11.33%，200mg/L 的悬浮物 48h 后的黏度损耗为 17.47%，悬浮物主要由有机悬浮物和无机悬浮物以及细菌等组成，对聚合物的黏度有持续降黏的效果。

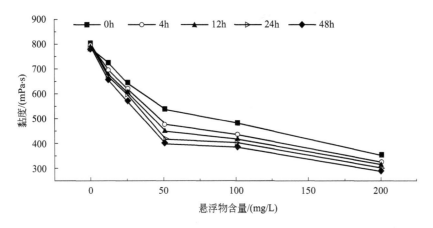

图 6-1 悬浮物对 5000mg/L 聚合物黏度的影响

（2）悬浮物对 700mg/L 聚合物黏度的影响

悬浮物波动范围为 5～150mg/L，室内设计 0～200mg/L 6 个浓度梯度，分析黏度变化规律，选取 0～48h 共 5 个时间点进行化验检测。

悬浮物对 700mg/L 聚合物黏度的影响见表 6-5。

表 6-5 悬浮物对 700mg/L 聚合物黏度的影响

序号	悬浮物/(mg/L)	黏度/(mPa·s)				
		0h	4h	12h	24h	48h
1	0	61.95	66.12	61.69	55.96	53.05
2	10	55.2	52.49	50.7	48.61	44.24
3	20	47.3	45.66	42.97	40.06	36.71
4	50	37.08	30.04	25.12	22.62	19.23
5	100	27.03	15.46	11.41	9.087	7.891
6	200	18.92	10.4	6.136	5.261	4.221

如图 6-2 所示，同样在配制 0h，不同浓度的悬浮物直接的黏度损耗为 69.45%，其中 20mg/L 的悬浮物 48h 后的黏度损耗为 22.38%，200mg/L 的悬浮物 48h 后的黏度损耗为 77.69%，悬浮物对 700mg/L 的聚合物黏度的损耗比较迅速，表现出持续降黏的特性。

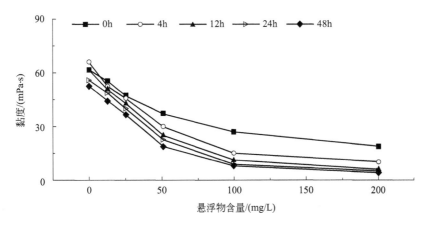

图 6-2 悬浮物对 700mg/L 聚合物黏度的影响

（3）悬浮物对 1000mg/L 聚合物黏度的影响

悬浮物波动范围为 5～150mg/L，室内设计 0～200mg/L 6 个浓度梯度，分析黏度变化规律，选取 0～48h 共 5 个时间点进行化验检测。

悬浮物对 1000mg/L 聚合物黏度的影响见表 6-6。

⊡ 表 6-6　悬浮物对 1000mg/L 聚合物黏度的影响

序号	悬浮物 /(mg/L)	黏度/(mPa·s)				
		0h	4h	12h	24h	48h
1	0	96.04	95.23	95.86	91.87	91.5
2	10	84.76	82.17	78.8	73.29	67.09
3	20	78.59	74.23	72.1	68.01	61.35
4	50	64.72	52.64	46.2	41.38	35.29
5	100	52.12	33.42	24.66	20.82	16.05
6	200	20.93	14.57	4.66	4.013	3.519

如图 6-3 所示，同样在 0h 的时候，不同浓度的悬浮物直接的黏度损耗为 78.20％，悬浮物对聚合物的黏度随着浓度的增加发生着瞬间的降黏，其中 20mg/L 的悬浮物 48h 后的黏度损耗为 21.93％，200mg/L 的悬浮物 48h 后的黏度损耗为 83.18％，悬浮物对 1000mg/L 的聚合物黏度的损耗比较迅速，同时表现出持续降黏的特性。

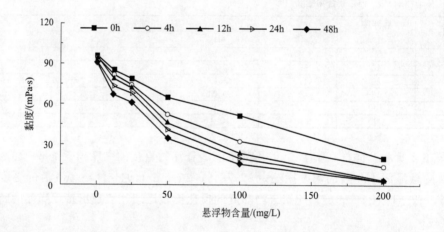

图 6-3　悬浮物对 1000mg/L 聚合物黏度的影响

通过黏度变化曲线分析，三种浓度聚合物黏度与悬浮物含量的变化规律基本一致，均呈现随悬浮物增加而降低的趋势；同时，随时间的延长继续降黏，证实悬浮物对聚合物黏度的影响较大。以现场悬浮物 20mg/L 计算，最大的黏度损耗为 18.17％。

6.2.2.2　Fe^{2+} 对聚合物黏度影响规律分析

室内配制方法为：

① 在 500mL 除氧的蒸馏水中加入一定质量的 $FeSO_4·7H_2O$ 配制高浓度硫酸亚铁溶液；

② 称量一定质量的硫酸亚铁溶液，然后用经氮吹除氧的蒸馏水补至 400mL（采用称

重法），使 Fe^{2+} 达到设定浓度；

③ 再用氮气吹 5min，打开搅拌器，加入 2.22g 聚丙烯酰胺，用保鲜膜密封，每隔 1h 用氮气吹 5min，在 400r/min 的转速下搅拌 4h，配制成 5000mg/L 的聚丙烯酰胺溶液；

④ 母液搅拌完后，称取 129g 除氧的蒸馏水，加入一定质量的硫酸亚铁溶液使其与母液的 Fe^{2+} 浓度相同，称取 21g 母液加入，用磁力搅拌器搅拌 30min，配制 700mg/L 聚丙烯酰胺溶液；

⑤ 称取 120g 除氧的蒸馏水，加入一定质量的硫酸亚铁溶液，使其与母液的 Fe^{2+} 浓度相同，称取 30g 母液加入，用磁力搅拌器搅拌 30min，配制 1000mg/L 聚丙烯酰胺溶液。

（1）Fe^{2+} 对 5000mg/L 聚合物黏度的影响

现场 Fe^{2+} 波动范围为 0.3～1.1mg/L，室内设计 0～10mg/L 6 个浓度梯度，分析黏度变化规律，选取 0～48h 共 5 个时间点进行化验检测。

Fe^{2+} 对 5000mg/L 聚合物黏度的影响见表 6-7。

表 6-7　Fe^{2+} 对 5000mg/L 聚合物黏度的影响

序号	Fe^{2+} /(mg/L)	黏度/(mPa·s)				
		0h	4h	12h	24h	48h
1	0	781.9	795.4	802.7	799.8	805.3
2	0.5	688.8	672.6	667.7	656.1	631.8
3	1	553.1	539.6	549.4	527.6	519.4
4	2	445.6	419.4	428.9	402.1	398.7
5	5	397.6	384.8	387.3	357.2	342.3
6	10	318.5	295.8	288.4	274.3	265.6

如图 6-4 所示，Fe^{2+} 对聚合物的黏度影响很大，而且是持续降黏，在 0h 的时候，不同浓度的 Fe^{2+} 直接的黏度损耗为 59.26%，表现为瞬间的降黏，其中 1mg/L 的 Fe^{2+} 48h 后的黏度损耗为 6.10%，200mg/L 的 Fe^{2+} 48h 后的黏度损耗为 16.61%。整体而言 Fe^{2+} 表现为瞬间降黏，随着作用时间的延长有一定的黏度损耗。

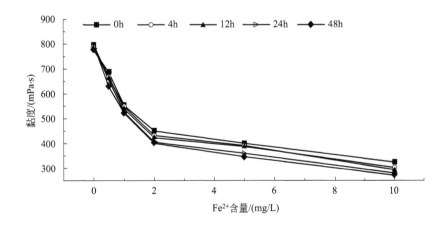

图 6-4　Fe^{2+} 对 5000mg/L 聚合物黏度的影响

（2）Fe^{2+}对700mg/L聚合物黏度的影响

由表6-8可见，室内试验同样设置了6个梯度，在5000mg/L的母液配制后进行稀释。

⊡ 表6-8 Fe^{2+}对700mg/L聚合物黏度的影响

序号	Fe^{2+} /(mg/L)	黏度/(mPa·s)				
		0h	4h	12h	24h	48h
1	0	61.95	66.12	61.69	55.96	53.05
2	0.5	49.02	46.51	49.12	44.1	47.02
3	1	39.73	36.06	37.04	36.47	35.29
4	2	26.54	26.51	26.43	26.54	23.39
5	5	15.37	15.22	14.93	14.94	12.08
6	10	9.08	9.02	8.14	8.36	8.4

如图6-5所示，配制在0h不同浓度的Fe^{2+}直接的黏度损耗为85.34%，降黏的幅度巨大；其中1mg/L的Fe^{2+}48h后的黏度损耗为11.75%，10mg/L的Fe^{2+}48h后的黏度损耗为7.5%，Fe^{2+}对700mg/L聚合物黏度的损耗比较迅速，主要表现为瞬间降黏。

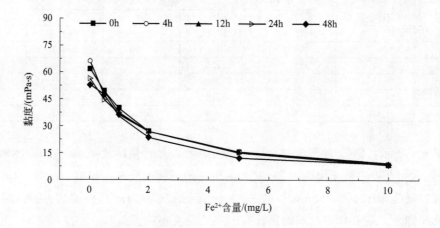

图6-5 Fe^{2+}对700mg/L聚合物黏度的影响

（3）Fe^{2+}对1000mg/L聚合物黏度的影响

由表6-9可见，研究在5000mg/L的基础上进行了1000mg/L的污配污稀的试验。

⊡ 表6-9 Fe^{2+}对1000mg/L聚合物黏度的影响

序号	Fe^{2+} /(mg/L)	黏度/(mPa·s)				
		0h	4h	12h	24h	48h
1	0	96.04	95.23	95.86	91.87	91.5
2	0.5	66.61	65.01	66.93	64.77	60.23
3	1	51.64	46.94	44.4	41.06	41.77
4	2	40.3	39.24	35.84	32.69	33.75
5	5	27.17	24.28	26.88	23.52	24.82
6	10	10.9	9.189	6.108	1.887	1.154

如图 6-6 所示，在 0h 配制不同浓度的 Fe^{2+} 直接的黏度损耗为 88.65%；其中 1mg/L 的 Fe^{2+} 48h 后的黏度损耗为 19.13%，10mg/L 的 Fe^{2+} 48h 后的黏度损耗为 89.41%，Fe^{2+} 对 1000mg/L 的聚合物黏度的损耗比较迅速，同时表现出快速瞬间的降黏和持续降黏的特性。

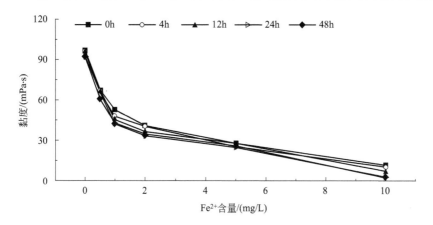

图 6-6　Fe^{2+} 对 1000mg/L 聚合物黏度的影响

通过对黏度变化曲线分析，三种浓度聚合物黏度与 Fe^{2+} 含量的变化规律基本一致，均呈现随 Fe^{2+} 增加而降低，同时，随时间的延长降黏略有损耗，证实 Fe^{2+} 对聚合物黏度的影响较大且为迅速降黏，现场 Fe^{2+} 的含量在 1.0mg/L，此时最大的黏损率为 46.23%。

6.2.2.3　硫化物对聚合物黏度影响规律分析

室内配制的方法为在 500mL 蒸馏水中加入 10g $NaS_2 \cdot 9H_2O$ 配制硫化钠溶液，用碘量法确定硫化物的含量，称量一定质量的硫化钠溶液；然后用经氮吹除氧的蒸馏水补至 400mL（采用称重法），使硫化物达到设定浓度；再用 N_2 吹 5min，打开搅拌器，加入 2.22g 聚丙烯酰胺，用保鲜膜密封，每隔 1h 用氮气吹 5min，在 400r/min 的转速下搅拌 4h，配制成 5000mg/L 的聚丙烯酰胺溶液。母液搅拌完后，称取 129g 除氧的蒸馏水，加入一定质量的硫化钠溶液使其与母液的硫化物浓度相同，称取 21g 母液加入，用磁力搅拌器搅拌 30min，配制 700mg/L 聚丙烯酰胺溶液；称取 120g 除氧的蒸馏水，加入一定质量的硫化钠溶液，使其与母液的硫化物浓度相同，称取 30g 母液加入，用磁力搅拌器搅拌 30min，配制 1000mg/L 聚丙烯酰胺溶液（配制的方法同 6.2.2.2 部分，只是加入的物质不同）。

（1）硫化物对 5000mg/L 聚合物黏度的影响

现场硫化物波动范围为 0.4～4.1mg/L，室内设计 0～15mg/L 9 个浓度梯度，分析黏度变化规律，选取 0～48h 共 5 个时间点进行化验检测。硫化物对 5000mg/L 聚合物黏度的影响见表 6-10。

▣ 表 6-10　硫化物对 5000mg/L 聚合物黏度的影响

序号	硫化物 /(mg/L)	黏度/(mPa·s)				
		0h	4h	12h	24h	48h
1	0	781.9	795.4	802.7	799.8	784.2
2	0.5	740.4	713.5	698.2	672.4	655.8
3	1	724.5	698.4	672.5	632.1	588.6

序号	硫化物/(mg/L)	黏度/(mPa·s)				
		0h	4h	12h	24h	48h
4	2	717.3	649.1	569.9	521.3	466.5
5	3	699.5	622.6	520.5	497.3	423.4
6	5	652.2	609.3	517.9	430.8	371.5
7	8	605.6	557.2	428.4	382.3	342.5
8	12	557.1	478.2	411.2	369.4	281.7
9	15	459.6	398.5	365.2	285.3	269.7

如图 6-7 所示，硫化物对聚合物的黏度影响很大，而且是持续降黏，在 0h 的时候，不同浓度的硫化物直接的黏度损耗为 41.22%，其中 2mg/L 的硫化物 48h 后的黏度损耗为 34.96%，15mg/L 的硫化物 48h 后的黏度损耗为 41.32%。整体而言硫化物表现为持续降黏。

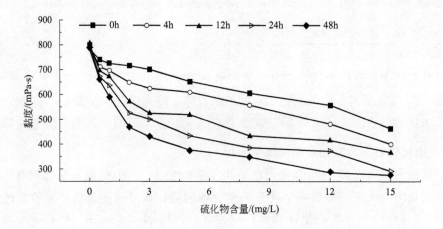

图 6-7　硫化物对 5000mg/L 聚合物黏度的影响

（2）硫化物对 700mg/L 聚合物黏度的影响

由表 6-11 可见，研究在 5000mg/L 的基础上进行了 700mg/L 的污配污稀的试验。

⊡ **表 6-11　硫化物对 700mg/L 聚合物黏度的影响**

序号	硫化物/(mg/L)	黏度/(mPa·s)				
		0h	4h	12h	24h	48h
1	0	67.95	66.12	65.69	63.96	63.05
2	0.5	60.46	58.66	53.96	50.54	42.08
3	1	56.09	53.63	48.42	38.62	34.51
4	2	54.42	52.37	44.07	32.63	27.44
5	3	48.53	45.23	35.63	28.53	25.03
6	5	41.32	34.79	28.62	22.44	20.47
7	8	36.88	30.77	22.15	17.97	18.79
8	12	29.82	25.54	16.71	13.09	12.47
9	15	24.82	22.52	15.32	12.15	12.04

如图 6-8 所示，在 0h 的时候，不同浓度的硫化物直接的黏度损耗为 63.47%，降黏的幅度巨大；其中 2mg/L 的硫化物 48h 后的黏度损耗为 49.57%，15mg/L 的硫化物 48h 后的黏度损耗为 51.49%，硫化物对 700mg/L 的聚合物黏度的损耗比较迅速，主要表现为持续降黏。

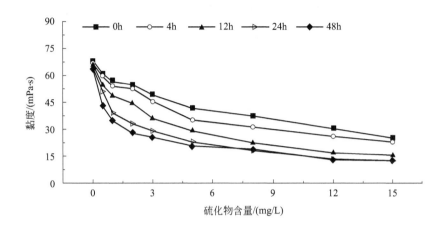

图 6-8 硫化物对 700mg/L 聚合物黏度的影响

（3）硫化物对 1000mg/L 聚合物黏度的影响

由表 6-12 可见，研究在 5000mg/L 的基础上进行了 1000mg/L 的污配污稀的试验。

⊡ **表 6-12 硫化物对 1000mg/L 聚合物黏度的影响**

序号	硫化物 /(mg/L)	黏度/(mPa·s)				
		0h	4h	12h	24h	48h
1	0	96.04	95.23	95.86	91.87	91.5
2	0.5	89.82	83.41	81.32	78.74	68.08
3	1	87.16	72.53	67.53	60.76	58.64
4	2	75.83	66.57	60.17	52.61	44.95
5	3	73.01	59.53	48.32	42.57	38.48
6	5	61.23	52.53	43.92	38.92	28.46
7	8	52.54	43.28	37.82	34.48	23.92
8	12	41.32	38.93	32.57	25.26	21.16
9	15	40.65	30.42	22.14	20.2	15.32

如图 6-9 所示，0h 配制不同浓度的硫化物直接的黏度损耗为 57.67%，硫化物对聚合物的黏度随着浓度的增加发生着瞬间的降黏，而且黏损率较高；其中 2mg/L 硫化物 48h 后的黏度损耗为 40.72%，15mg/L 的硫化物 48h 后的黏度损耗为 62.31%，表现为持续地严重降黏。

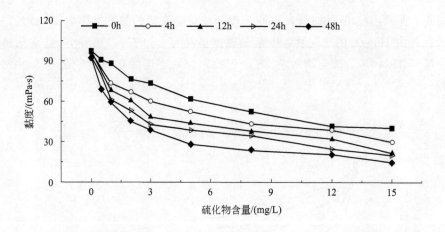

图 6-9 硫化物对 1000mg/L 聚合物黏度的影响

通过对黏度变化曲线分析，三种浓度聚合物黏度与硫化物含量的变化规律基本一致，均呈现随硫化物增加而降低的趋势；同时，随时间的延长继续降黏，证实硫化物对聚合物黏度的影响较大。按照七厂现场硫化物波动范围，最大黏损为 21.04%。

6.2.2.4 硫酸盐还原菌对聚合物黏度影响规律分析

硫酸盐还原菌通过硫酸盐还原菌培养试剂瓶，接种采油七厂配注站的来水，进行培养，培养 7d 后，在厌氧操作条件下，进行不同试剂瓶的混合，然后统一测定试剂瓶中硫酸盐还原菌的数量。试验方法用经氮吹除氧的蒸馏水补至 400mL（采用称重法），使硫化物达到设定浓度，再用氮气吹脱 5min，打开搅拌器，加入 2.22g 聚丙烯酰胺，用保鲜膜密封，每隔 1h 用氮气吹 5min，在 400r/min 的转速下搅拌 4h（配制 700mg/L 和 1000mg/L 的污配污稀的方法同 6.2.2.2 部分）。

（1）硫酸盐还原菌对 5000mg/L 聚合物黏度的影响

由表 6-13 可见，现场硫酸盐还原菌波动范围 5~4500 个/mL，室内设计 0~10^5 个/mL 6 个浓度梯度，分析黏度变化规律，选取 0~48h 共 5 个时间点进行化验检测。

▣ 表 6-13 硫酸盐还原菌对 5000mg/L 聚合物黏度的影响

序号	硫酸盐还原菌 /(个/mL)	黏度/(mPa·s)				
		0h	4h	12h	24h	48h
1	0	781.9	795.4	802.7	799.8	756.4
2	10^1	669.3	642.1	601.7	538.6	494.3
3	10^2	527.2	471.1	433.2	377.5	266.5
4	10^3	345.1	285.3	245	205.5	152.6
5	10^4	268.3	230.7	165.6	128.4	82.8
6	10^5	187.7	98.4	92.05	88.67	51.53

如图 6-10 所示，硫酸盐还原菌对聚合物的黏度影响很大，而且是持续降黏。试验在配制在 0h 的时候，不同浓度的硫酸盐还原菌直接的黏度损耗为 75.99%，其中 10^3 个/mL 的硫酸盐还原菌 48h 后的黏度损耗为 55.75%，10^5 个/mL 的硫酸盐还原菌 48h 后的黏度损耗为 72.55%。整体而言，硫酸盐还原菌表现为持续降黏。

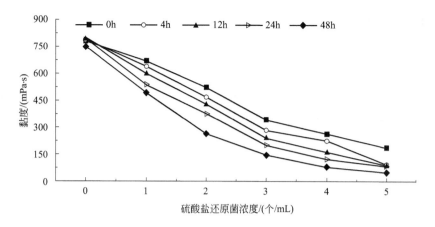

图 6-10 硫酸盐还原菌对 5000mg/L 聚合物黏度的影响

注：横坐标代表 10^n。

（2）硫酸盐还原菌对 700mg/L 聚合物黏度的影响

由表 6-14 可见，研究在 5000mg/L 的基础上进行了 700mg/L 的污配污稀的试验。

表 6-14　硫酸盐还原菌对 700mg/L 聚合物黏度的影响

序号	硫酸盐还原菌/(个/mL)	黏度/(mPa·s)				
		0h	4h	12h	24h	48h
1	0	61.95	66.12	61.69	55.96	53.05
2	10^1	56.85	55.47	51.69	47.89	42.19
3	10^2	48.94	47.42	42.77	41.85	30.21
4	10^3	38.74	34.01	28.94	22.62	16.15
5	10^4	25.67	23.96	19.64	15.63	10.21
6	10^5	15.93	14.84	13.81	11.02	4.532

如图 6-11 所示，配制 0h 的不同浓度的硫酸盐还原菌直接的黏度损耗为 74.28%，降黏的幅度巨大；其中 10^3 个/mL 的硫酸盐还原菌 48h 后的黏度损耗为 58.31%，10^5 个/mL 的硫酸盐还原菌 48h 后的黏度损耗为 71.55%，硫酸盐还原菌对 700mg/L 的聚合物黏度的损耗比较迅速，主要表现为持续降黏。

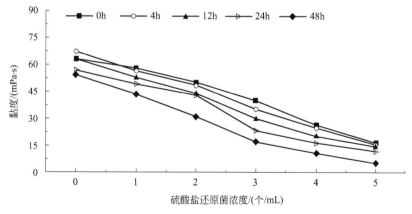

图 6-11 硫酸盐还原菌对 700mg/L 聚合物黏度的影响

注：横坐标代表 10^n。

（3）硫酸盐还原菌对 1000mg/L 聚合物黏度的影响

由表 6-15 可见，研究在 5000mg/L 的基础上进行了 1000mg/L 的污配污稀的试验。

⊡ 表 6-15　硫酸盐还原菌对 1000mg/L 聚合物黏度的影响

序号	硫酸盐还原菌 /(个/mL)	黏度/(mPa·s)				
		0h	4h	12h	24h	48h
1	0	96.04	95.23	95.86	91.87	91.5
2	10^1	80.52	79.65	71.62	70.77	60.03
3	10^2	74.63	70.37	66.14	62.36	51.35
4	10^3	56.85	51.28	47.32	42.16	33.54
5	10^4	49.52	40.57	38.69	30.58	20.27
6	10^5	25.65	20.89	20.06	18.83	9.164

如图 6-12 所示，试验 0h 配制的不同浓度硫酸盐还原菌直接的黏度损耗为 73.29%，硫酸盐还原菌对聚合物的黏度随着浓度的增长黏度发生下降，而且黏损率较高；其中 10^3 个/mL 的硫酸盐还原菌 48h 后的黏度损耗为 41.0%，10^5 个/mL 的硫酸盐还原菌 48h 后的黏度损耗为 64.27%，表现为持续的严重降黏。

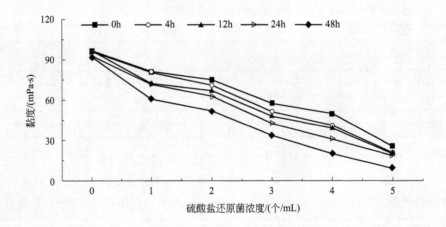

图 6-12　硫酸盐还原菌对 1000mg/L 聚合物黏度的影响

注：横坐标代表 10^n。

通过对黏度变化曲线分析，三种浓度聚合物黏度与硫酸盐还原菌含量的变化规律基本一致，均呈现随硫酸盐还原菌增加而降低的趋势，同时，随时间的延长继续降黏，证实硫酸盐还原菌对聚合物黏度的影响较大。聚合物溶液浓度为 1000mg/L 时，按照七厂现场硫酸盐还原菌波动范围，最大黏损为 40.81%。

6.2.2.5　腐生菌对聚合物黏度影响规律分析

腐生菌通过腐生菌专用的培养试剂瓶，接种采油七厂配注站的来水，进行培养，培养 7d 后，在厌氧操作条件下进行不同试剂瓶的混合，然后统一测定试剂瓶中腐生菌的数量。

试验方法用经氮吹除氧的蒸馏水补至 400mL（采用称重法），使硫化物达到设定浓度，再用氮气吹 5min，打开搅拌器，加入 2.22g 聚丙烯酰胺，用保鲜膜密封，每隔 1h 用氮气吹 5min，在 400r/min 的转速下搅拌 4h（方法同 6.2.2.2 部分）。

（1）腐生菌对 5000mg/L 聚合物黏度的影响

由表 6-16 可见，现场腐生菌波动范围 200～25000 个/mL，室内设计 0～10^5 个/mL 6 个浓度梯度，分析黏度变化规律，选取 0～48h 共 5 个时间点进行化验检测。

如图 6-13 所示，腐生菌对聚合物的黏度影响很大，而且是持续降黏，在 0h 的时候，不同浓度的腐生菌直接的黏度损耗为 64.86%，其中 10^3 个/mL 的腐生菌 48h 后的黏度损耗为 52.29%，10^5 个/mL 的腐生菌 48h 后的黏度损耗为 73.75%。整体而言，腐生菌表现为持续降黏。

▫ **表 6-16 腐生菌对 5000mg/L 聚合物黏度的影响**

序号	腐生菌/(个/mL)	黏度/(mPa·s)				
		0h	4h	12h	24h	48h
1	0	781.9	795.4	802.7	799.8	818.6
2	10^1	652.4	628.5	582.3	518.6	497.3
3	10^2	580.4	505.7	441.3	384.7	346.8
4	10^3	411.9	356.5	324.5	284.9	196.5
5	10^4	336.2	261.6	218.7	163.6	114.4
6	10^5	274.7	204.9	158.4	93.2	72.1

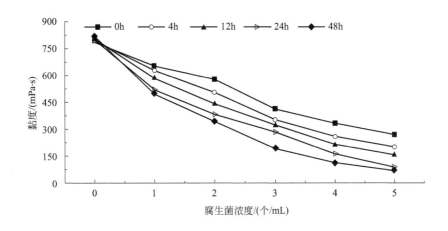

图 6-13 腐生菌对 5000mg/L 聚合物黏度的影响

注：横坐标代表 10^n。

（2）腐生菌对 700mg/L 聚合物黏度的影响

如表 6-17 所列，研究在 5000mg/L 的基础上进行了 700mg/L 的污配污稀的试验。

▫ **表 6-17 腐生菌对 700mg/L 聚合物黏度的影响**

序号	腐生菌/(个/mL)	黏度/(mPa·s)				
		0h	4h	12h	24h	48h
1	0	62.25	68.32	60.30	57.68	55.47
2	10^1	58.50	58.3	52.63	50.25	46.23

序号	腐生菌/(个/mL)	黏度/(mPa·s)				
		0h	4h	12h	24h	48h
3	10^2	56.25	56.62	50.12	48.57	40.20
4	10^3	45.73	43.66	32.36	28.10	23.57
5	10^4	39.04	33.02	27.25	23.32	18.25
6	10^5	32.37	30.85	22.32	20.10	15.85

如图 6-14 所示，试验在 0h 配制不同浓度的腐生菌直接的黏度损耗为 48.00%，降黏的幅度巨大；其中 10^3 个/mL 的腐生菌 48h 后的黏度损耗为 48.46%，10^5 个/mL 的腐生菌 48h 后的黏度损耗为 51.03%，腐生菌对 700mg/L 的聚合物黏度的损耗比较迅速，主要表现为持续降黏。

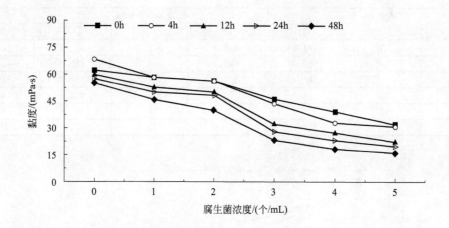

图 6-14 腐生菌对 700mg/L 聚合物黏度的影响

注：横坐标代表 10^n。

（3）腐生菌对 1000mg/L 聚合物黏度的影响

如表 6-18 所列，研究在 5000mg/L 的基础上进行了 1000mg/L 的污配污稀的试验。

▣ **表 6-18** 腐生菌对 1000mg/L 聚合物黏度的影响

序号	腐生菌/(个/mL)	黏度/(mPa·s)				
		0h	4h	12h	24h	48h
1	0	96.04	95.23	95.86	91.87	91.5
2	10^1	85.34	83.12	77.26	72.31	64.61
3	10^2	78.61	73.56	69.73	65.42	57.98
4	10^3	65.38	60.14	54.5	48.72	36.82
5	10^4	53.68	47.26	41.53	35.6	29.16
6	10^5	41.47	32.42	27.38	17.61	11.32

如图 6-15 所示，在 0h 不同浓度的腐生菌直接的黏度损耗为 56.02%，腐生菌对聚合物的黏度随着浓度的增加发生着瞬间的降黏，而且黏损率较高；其中 10^3 个/mL 的腐生

菌48h后的黏度损耗为43.68%，10^5个/mL的腐生菌48h后的黏度损耗为72.21%，表现为持续地严重降黏。

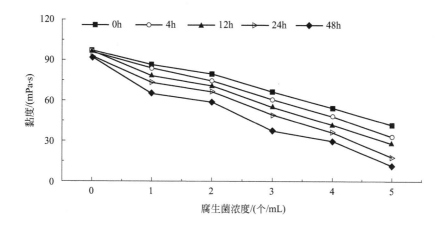

图6-15 腐生菌对1000mg/L聚合物黏度的影响
注：横坐标代表10^n。

通过对黏度变化曲线分析，三种浓度聚合物黏度与腐生菌含量的变化规律基本一致，均呈现随腐生菌增加而降低的趋势；同时，随时间的延长继续降黏，证实腐生菌对聚合物黏度的影响较大。聚合物溶液浓度为1000mg/L时，按照七厂现场腐生菌波动范围，最大黏损为31.91%。

6.2.2.6 铁细菌对聚合物黏度影响规律分析

铁细菌通过铁细菌专用的培养试剂瓶，接种采油七厂配注站的来水进行培养，培养7d后，同样在厌氧操作条件下进行不同试剂瓶的混合，然后统一测定试剂瓶中铁细菌的数量。试验方法用经氮吹除氧的蒸馏水补至400mL（采用称重法），使铁细菌达到设定浓度，再用N_2吹5min，打开搅拌器，加入2.22g聚丙烯酰胺，用保鲜膜密封，每隔1h用氮气吹5min，在400r/min的转速下搅拌4h（配制方法同6.2.2.2部分）。

（1）铁细菌对5000mg/L聚合物黏度的影响

如表6-19所列，铁细菌是通过培养皿进行培养，然后加入蒸馏水中配制水样，现场铁细菌波动范围为200～25000个/mL，室内设计0～10^5个/L 6个浓度梯度，分析黏度变化规律，选取0～48h共5个时间点进行化验检测。

⊡ 表6-19 铁细菌对5000mg/L聚合物黏度的影响

序号	铁细菌 /(个/mL)	黏度/(mPa·s)				
		0h	4h	12h	24h	48h
1	0	781.9	795.4	802.7	799.8	798.4
2	10^1	667.2	655.5	639.8	616.5	538.2
3	10^2	628.7	603.7	588.4	567.1	504.8

序号	铁细菌 /(个/mL)	黏度/(mPa·s)				
		0h	4h	12h	24h	48h
4	10^3	516.3	499.3	392.2	373.2	324.6
5	10^4	495.5	387.8	358.5	343.4	298.5
6	10^5	326.2	310.1	247.2	226.7	174.2

如图 6-16 所示，铁细菌对聚合物的黏度影响很大，而且是持续降黏，在 0h 的时候不同浓度铁细菌直接的黏度损耗为 58.28%，其中 10^3 个/mL 的铁细菌 48h 后的黏度损耗为 37.13%，10^5 个/mL 的铁细菌 48h 后的黏度损耗为 46.59%。整体而言，铁细菌表现为持续降黏。

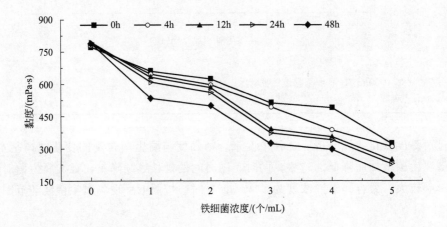

图 6-16 铁细菌对 5000mg/L 聚合物黏度的影响
注：横坐标代表 10^n。

（2）铁细菌对 700mg/L 聚合物黏度的影响

由表 6-20 所列，研究在 5000mg/L 的基础上进行了 700mg/L 的污配污稀的试验。

⊡ **表 6-20　铁细菌对 700mg/L 聚合物黏度的影响**

序号	铁细菌 /(个/mL)	黏度/(mPa·s)				
		0h	4h	12h	24h	48h
1	0	67.95	66.12	61.69	62.96	63.05
2	10^1	63.04	59.52	53.28	49.67	42.16
3	10^2	46.06	44.25	39.34	35.46	28.32
4	10^3	42.71	40.92	37.75	33.62	26.47
5	10^4	37.98	34.36	24.58	15.16	13.21
6	10^5	20.32	15.29	8.783	7.109	6.32

如图 6-17 所示，在 0h 不同浓度的铁细菌直接黏度损耗为 64.86%，降黏的幅度巨大；

其中 10^3 个/mL 的铁细菌 48h 后的黏度损耗为 52.31%，10^5 个/mL 的铁细菌 48h 的黏度损耗为 73.91%，铁细菌对 700mg/L 的聚合物黏度的损耗比较迅速，主要表现为持续降黏。

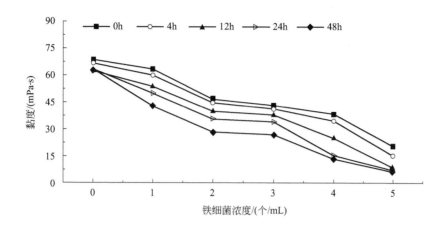

图 6-17 铁细菌对 700mg/L 聚合物黏度的影响

注：横坐标代表 10^n。

（3）铁细菌对 1000mg/L 聚合物黏度的影响

如表 6-21 所列，研究在 5000mg/L 的基础上进行了 1000mg/L 的污配污稀的试验。

⊡ **表 6-21　铁细菌对 1000mg/L 聚合物黏度的影响**

序号	铁细菌 /(个/mL)	黏度/(mPa · s)				
		0h	4h	12h	24h	48h
1	0	96.04	95.23	95.86	91.87	91.5
2	10^1	79.75	77.54	74.19	70.08	62.54
3	10^2	71.38	66.29	59.07	56.19	49.18
4	10^3	60.51	57.28	42.79	38.71	30.32
5	10^4	49.91	44.92	32.17	29.51	26.15
6	10^5	36.52	30.16	28.68	24.27	11.42

如图 6-18 所示，配制 0h 不同浓度的铁细菌直接的黏度损耗为 61.97%，铁细菌对聚合物的黏度随着浓度的增加发生着瞬间的降黏，而且黏损率较高；其中 10^3 个/mL 铁细菌 48h 后的黏度损耗为 49.89%，10^5 个/mL 的铁细菌 48h 后的黏度损耗为 68.73%，表现为持续的严重降黏。

通过对黏度变化曲线分析，三种浓度聚合物黏度与铁细菌含量的变化规律基本一致，均呈现随铁细菌增加而降低的趋势；同时，随时间的延长继续降黏，证实铁细菌对聚合物黏度的影响较大。聚合物溶液浓度为 1000mg/L 时，按照七厂现场铁细菌波动范围，最大黏损为 25.67%。

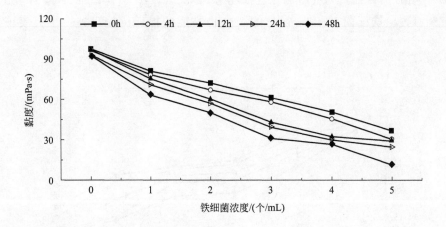

图 6-18 铁细菌对 1000mg/L 聚合物黏度的影响

注：横坐标代表 10^n。

6.2.2.7 盐度对聚合物黏度影响规律分析

试验在 400mL 蒸馏水中加入一定质量的分析纯固体 NaCl，使盐度达到设定浓度，打开搅拌器使 NaCl 固体完全溶解后，加入 2.22g 聚丙烯酰胺，在 400r/min 的转速下搅拌 4h；母液搅拌完后，称取 129g 水，加入一定质量的 NaCl 使其与母液的盐度相同，NaCl 完全溶解后，称取 21g 母液加入，用磁力搅拌器搅拌 30min，配制 700mg/L 聚丙烯酰胺溶液；称取 120g 水，加入一定质量的 NaCl 使其与母液的盐度相同，NaCl 完全溶解后称取 30g 母液加入，用磁力搅拌器搅拌 30min，配制 1000mg/L 聚丙烯酰胺溶液（方法同 6.2.2.2 部分）。

（1）盐度对 5000mg/L 聚合物黏度的影响

如表 6-22 所列，盐度研究使用药剂是 NaCl，现场盐度因子波动范围为 4000～5500mg/L，室内共设计 0～35000mg/L 9 个浓度梯度，分析黏度变化规律，选取 0～48h 共 5 个时间点进行化验检测。

表 6-22 盐度对 5000mg/L 聚合物黏度的影响

序号	盐度 /(mg/L)	黏度/(mPa·s)				
		0h	4h	12h	24h	48h
1	0	781.9	795.4	802.7	799.8	798.5
2	1000	618.3	618.6	608.9	628.2	638.3
3	3000	481.5	485.2	481.9	464.4	475.1
4	5000	472.3	471.5	423.7	444.2	451.8
5	8000	364.8	379.4	354.6	355.6	354.9
6	11000	333.4	317.2	331.4	331.3	339.2
7	15000	295.8	294.1	295.3	311	294.4
8	20000	263.6	257	266	257.2	258.5
9	35000	257.7	241.7	240	229.1	229.5

如图 6-19 所示，不同的盐度对聚合物的黏度影响很大，表现为迅速降黏，配制 0h
不同浓度的盐度直接的黏度损耗为 67.04%，其中 5000mg/L 的盐度 48h 后的黏度损耗
为 4.3%，35000mg/L 的盐度 48h 后的黏度损耗为 10.94%，盐度对聚合物表现为迅速
降黏。

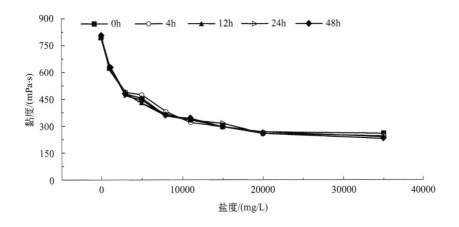

图 6-19 盐度对 5000mg/L 聚合物黏度的影响

（2）盐度对 700mg/L 聚合物黏度的影响

由表 6-23 可见，研究采用了 700mg/L 浓度的聚合物进行试验。

表 6-23 盐度对 700mg/L 聚合物黏度的影响

序号	盐度/(mg/L)	黏度/(mPa·s)				
		0h	4h	12h	24h	48h
1	0	61.95	60.24	61.69	59.96	63.05
2	1000	43.78	42.15	41.39	42	40.91
3	3000	39.11	37.52	35.05	36.99	37.01
4	5000	31.87	31.59	30.7	32.54	30.49
5	8000	29.7	28.24	28.3	25.58	24.3
6	11000	28.45	25.08	26.17	27.66	25.17
7	15000	21.82	21.53	20.6	20.54	21.1
8	20000	22.4	20.53	19.87	17.5	18.4
9	35000	15.15	16.06	17.4	15.03	14.07

如图 6-20 所示，700mg/L 的聚合物溶液，盐度同样对聚合物的黏度影响很大，同样
表现为瞬间的降黏，在配制 0h 不同浓度的盐度直接的黏度损耗为 75.44%，其中
5000mg/L 的盐度 48h 后的黏度损耗为 4.33%，35000mg/L 的盐度 48h 后的黏度损耗为
7.13%。整体而言，盐度表现为瞬间黏度的损耗。

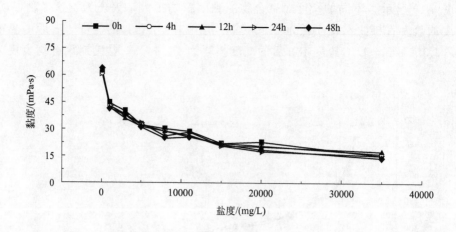

图 6-20 盐度对 700mg/L 聚合物黏度的影响

（3）盐度对 1000mg/L 聚合物黏度的影响

由表 6-24 可见，研究配制了 1000mg/L 的污配污稀的聚合物溶液。

⊡ **表 6-24** 盐度对 1000mg/L 聚合物黏度的影响

序号	盐度 /(mg/L)	黏度/(mPa·s)				
		0h	4h	12h	24h	48h
1	0	96.04	95.23	95.86	91.87	91.5
2	1000	82.11	80.12	80.21	79.6	78.5
3	3000	74.12	74.5	73.25	74.43	73.67
4	5000	70.35	69.91	68.5	68.2	69.45
5	8000	56.59	51.3	50.98	50.4	53.3
6	11000	42.3	43.2	44.4	46.8	43.2
7	15000	41.25	39.83	39.68	39.5	34.8
8	20000	39.8	38.14	36.04	35.78	39.5
9	35000	21.86	24.16	23.21	22.43	24.1

如图 6-21 所示，试验 0h 配制不同浓度的盐度溶液直接的黏度损耗为 77.23%，表现为瞬间的降黏；其中 5000mg/L 的盐度 48h 的黏度损耗为 1.21%，35000mg/L 的盐度 48h 的黏度增加为 10.1%。整体而言盐度表现为瞬间的降黏。

通过对黏度变化曲线分析，三种浓度聚合物黏度与盐度的变化规律基本一致，均呈现随盐度增加而降低，不随时间的延长继续降黏，证实盐度对聚合物黏度的影响较大且为迅速降黏。聚合物溶液浓度为 1000mg/L 时，按照七厂现场盐度波动范围，最大黏损为 26.74%。

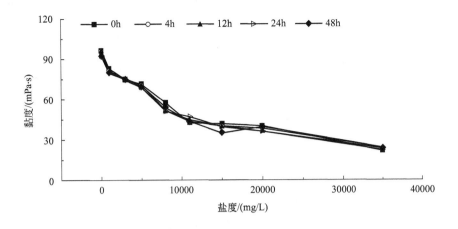

图 6-21 盐度对 1000mg/L 聚合物黏度的影响

6.2.2.8 氯离子对聚合物黏度影响规律分析

试验的方法为在 400mL 蒸馏水中加入一定质量的分析纯固体 KCl，使 Cl⁻ 达到设定浓度，打开搅拌器使 KCl 固体完全溶解后，加入 2.22g 聚丙烯酰胺，在 400r/min 的转速下搅拌 4h。母液搅拌完后，称取 129g 水，加入一定质量的 KCl 使其与母液的 Cl⁻ 浓度相同，KCl 完全溶解后，称取 21g 母液加入，用磁力搅拌器搅拌 30min，配制 700mg/L 聚丙烯酰胺溶液；称取 120g 水，加入一定质量的 KCl 使其与母液的 Cl⁻ 浓度相同，KCl 完全溶解后，称取 30g 母液加入，用磁力搅拌器搅拌 30min，配制 1000mg/L 聚丙烯酰胺溶液（方法同 6.2.2.2 部分）。

（1）氯离子对 5000mg/L 聚合物黏度的影响

如表 6-25 所列，氯离子研究使用的是 KCl，现场氯离子波动范围为 1100～1500mg/L，室内共设计 0～35000mg/L 7 个浓度梯度，分析黏度变化规律，选取 0～48h 共 5 个时间点进行化验检测。

⊡ **表 6-25 氯离子对 5000mg/L 聚合物黏度的影响**

序号	氯离子 /(mg/L)	黏度/(mPa·s)				
		0h	4h	12h	24h	48h
1	0	783.3	785.4	790.2	799.8	801.4
2	500	655.4	651.9	660.4	655.8	620.3
3	1000	532.3	538.2	534.6	540.7	528.7
4	2000	427.7	423.8	430.5	421.3	460.6
5	3000	384.3	380.8	391.2	380.7	388.1
6	4000	370.3	374.8	388.5	400.5	390.8
7	5000	343	342.6	345.2	367.1	395.6

如图 6-22 所示，氯离子对聚合物的黏度影响很大，总体表现为迅速降黏，初始配制 0h 不同浓度的氯离子直接的黏度损耗为 56.21％，其中 1000mg/L 的氯离子 48h 的黏度损耗为 0.67％，5000mg/L 的氯离子 48h 的黏度增加为 13.94％，氯离子对聚合物的黏度迅速降黏的效果，随着时间的延长有所增加，与盐度影响因子的表现规律接近。

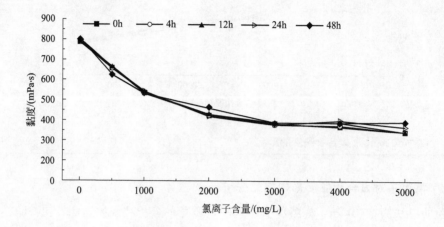

图 6-22 氯离子对 5000mg/L 聚合物黏度的影响

（2）氯离子对 700mg/L 聚合物黏度的影响

如表 6-26 所列，研究在 5000mg/L 的基础上进行了 700mg/L 的污配污稀的试验。

⊡ **表 6-26** 氯离子对 700mg/L 聚合物黏度的影响

序号	氯离子 /(mg/L)	黏度/(mPa·s)				
		0h	4h	12h	24h	48h
1	0	65.96	66.87	67.97	68.09	66.05
2	500	50.11	51.15	53.25	52.7	53.1
3	1000	42.36	42.37	39.97	40.96	41.37
4	2000	39.89	38.7	35.56	33.85	33.62
5	3000	35.21	33.56	29.09	30.33	34.54
6	4000	29.07	28.92	26.18	23.12	25.68
7	5000	29.74	27.4	22.8	23.99	24.58

如图 6-23 所示，试验 0h 不同浓度的氯离子直接的黏度损耗为 54.91％，表现为瞬间的降黏，其中 1000mg/L 的氯离子 48h 后的黏度损耗为 2.33％，5000mg/L 的氯离子 48h 后的黏度损耗为 17.35％。整体而言氯离子表现为瞬间的降黏，随着作用时间的延长也发生了一定的黏度损耗。

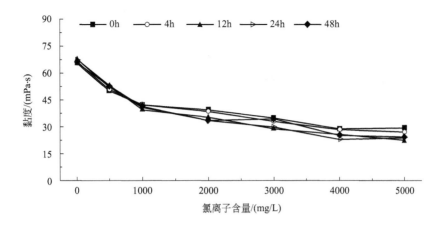

图 6-23 氯离子对 700mg/L 聚合物黏度的影响

（3）氯离子对 1000mg/L 聚合物黏度的影响

如表 6-27 所列，采用污配污稀的方法，在 5000mg/L 的基础上进行 1000mg/L 溶液的配制试验。

⊡ **表 6-27 氯离子对 1000mg/L 聚合物黏度的影响**

序号	氯离子 /(mg/L)	黏度/(mPa·s)				
		0h	4h	12h	24h	48h
1	0	98.05	96.52	95.86	93.65	94.5
2	500	80.09	79.64	80.63	75.3	76.7
3	1000	71.4	69.3	67.2	69.3	70.1
4	2000	61.78	59.66	56.14	55.8	56.44
5	3000	50.11	51.8	54.4	49.6	51.8
6	4000	40.71	38.5	36.4	37.5	32.9
7	5000	30.99	30.26	31.8	32.6	31.45

如图 6-24 所示，配制在 0h 不同浓度的氯离子直接的黏度损耗为 68.39%，表现为瞬间的降黏，其中 1000mg/L 的氯离子 48h 后的黏度损耗为 1.82%，5000mg/L 的氯离子 48h 后的黏度增加为 1.48%。整体而言氯离子表现为瞬间的降黏，随着作用时间的延长黏度有部分发生升高。

通过对黏度变化曲线分析，三种浓度聚合物黏度与氯离子的变化规律基本一致，证实氯离子对聚合物黏度的影响较大且为迅速降黏。聚合物溶液浓度为 1000mg/L 时，按照七厂现场氯离子波动范围，最大黏损为 37.27%。

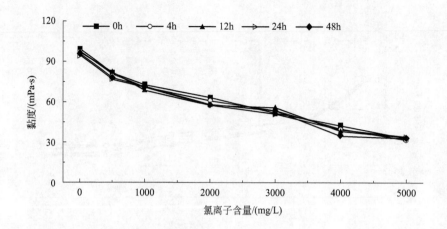

图 6-24 氯离子对 1000mg/L 聚合物黏度的影响

6.2.2.9 矿化度对聚合物黏度影响规律分析

试验方法为在 1L 蒸馏水中加入一定质量的 NaCl、KCl、$NaHCO_3$、$MgCl_2$ 和 $CaCl_2$ 配制高浓度碱度溶液。量取一定体积的矿化度溶液，之后用蒸馏水补至 400mL，使碱度达到设定值，打开搅拌器，加入 2.22g 聚丙烯酰胺，在 400r/min 的转速下搅拌 4h（试验方法同 6.2.2.2 部分）。

（1）矿化度对 5000mg/L 聚合物黏度的影响

如表 6-28 所列，现场矿化度波动范围 5000～6400mg/L，室内共设计 0～20000mg/L 7 个浓度梯度，分析黏度变化规律，选取 0～48h 共 5 个时间点进行化验检测。

▣ 表 6-28 矿化度对 5000mg/L 聚合物黏度的影响

序号	矿化度/(mg/L)	黏度/(mPa·s)				
		0h	4h	12h	24h	48h
1	0	781.9	795.4	802.7	799.8	779.4
2	2500	622.7	633.7	599.4	596.8	604.2
3	5000	498.9	511.3	493.3	486.3	456.7
4	8000	401.6	396.4	379.4	366.6	408.4
5	12000	352.3	356.7	354.4	355.4	360.6
6	15000	320.9	338.3	331.4	315.2	340.5
7	20000	296	314.7	316.3	285.9	314.7

如图 6-25 所示，在 0～24h 内，不同的矿化度均对聚合物的黏度影响很大，表现为迅速降黏。但是随着时间的推移，在 48h 时，大部分聚合物的黏度增加。试验结果表明，矿化度对聚合物表现为迅速降黏的效果，但是随着时间的延长聚合物的黏度会有所增加。

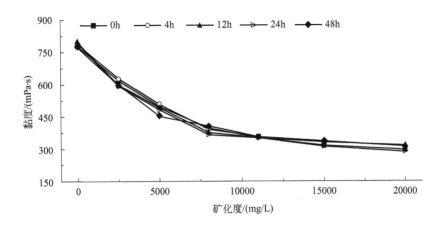

图 6-25 矿化度对 5000mg/L 聚合物黏度的影响

（2）矿化度对 700mg/L 聚合物黏度的影响

如表 6-29 所列，研究在 5000mg/L 的基础上进行了 700mg/L 的污配污稀的试验。

▣ **表 6-29** 矿化度对 700mg/L 聚合物黏度的影响

序号	矿化度 /(mg/L)	黏度/(mPa·s)				
		0h	4h	12h	24h	48h
1	0	61.95	66.12	61.69	55.96	53.05
2	2500	48.5	45.1	44.09	43.9	42.66
3	5000	38.25	32.63	37.44	32.11	31.26
4	8000	30.24	29.75	28.56	26.45	22.75
5	12000	19.19	14.31	15.98	15.05	12.33
6	15000	18.33	14.05	15.47	14.5	13.6
7	20000	15.42	10.95	11.23	12.24	10.47

如图 6-26 所示，配制在 0h 不同浓度的矿化度直接的黏度损耗为 75.11%，表现为瞬间降黏，其中 5000mg/L 的矿化度 48h 后的黏度损耗为 18.27%，20000mg/L 的矿化度 48h 后的黏度损耗为 32.10%。整体而言矿化度表现为瞬间降黏，随着作用时间的延长有一定的黏度损耗。

（3）矿化度对 1000mg/L 聚合物黏度的影响

如表 6-30 所列，研究在 5000mg/L 的基础上进行了 1000mg/L 的污配污稀的试验。

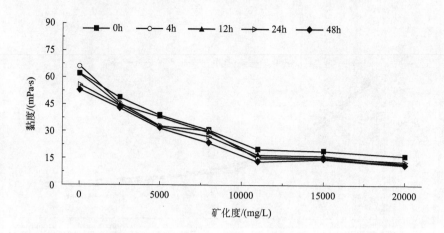

图 6-26 矿化度对 700mg/L 聚合物黏度的影响

⊡ 表 6-30 矿化度对 1000mg/L 聚合物黏度的影响

序号	矿化度 /(mg/L)	黏度/(mPa · s)				
		0h	4h	12h	24h	48h
1	0	115.7	122.6	114.5	116.9	115.3
2	2500	113.3	107	105.5	103.3	97.2
3	5000	82.04	87.5	79.6	82.8	79
4	8000	78.65	71.53	76.52	68.4	69.1
5	12000	60.48	55.9	52.8	54.9	55
6	15000	52.88	45.49	49.2	47.3	45.8
7	20000	41.37	44.83	44.9	41.5	41.4

如图 6-27 所示，配制在 0h 不同浓度的矿化度直接的黏度损耗为 64.24％，表现为瞬间降黏，其中 5000mg/L 的矿化度 48h 后的黏度损耗为 3.70％，20000mg/L 的矿化度 48h 后的黏度增加为 0.07％。整体而言矿化度表现为瞬间降黏，随着作用时间的延长黏度有部分发生升高。

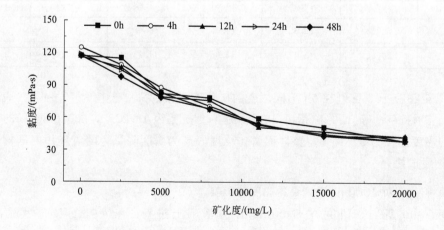

图 6-27 矿化度对 1000mg/L 聚合物黏度的影响

通过对黏度变化曲线分析，三种浓度聚合物黏度与矿化度的变化规律基本一致，均呈现随矿化度增加而降低的趋势，不随时间的延长继续降黏，证实矿化度对聚合物黏度的影响较大且为迅速降黏。聚合物溶液浓度为 1000mg/L 时，按照七厂现场矿化度波动范围，最大黏损为 28.66%。

6.2.2.10 羟基自由基（·OH）对聚合物黏度影响规律分析

整个试验在厌氧条件下操作，试验方法为加入一定体积的 H_2O_2 和与之相同物质的量的 Fe^{2+}，之后用蒸馏水补至 400mL（采用称重法），使·OH 达到设定浓度，打开搅拌器，加入 2.22g 聚丙烯酰胺，在 400r/min 的转速下搅拌 4h。母液搅拌完后，加入一定体积的 H_2O_2 和与之相同物质的量的 Fe^{2+}，之后用蒸馏水补至 129mL 使其与母液的·OH浓度相同，称取 21g 母液加入，用磁力搅拌器搅拌 30min，配制 700mg/L 聚丙烯酰胺溶液；加入一定体积的 H_2O_2 和与之相同物质的量的 Fe^{2+}，之后用蒸馏水补至 120mL 使其与母液的·OH 浓度相同，称取 30g 母液加入，用磁力搅拌器搅拌 30min，配制 1000mg/L 聚丙烯酰胺溶液。

（1）·OH 对 5000mg/L 聚合物黏度的影响

如表 6-31 所列，·OH 是按照现场污水各种阳离子所占比例，同比例增加的方式配制水样，·OH 在水中是瞬间发生的，而且不易测量，根据现场水质确定现场·OH 的范围为 0～0.5mg/L，室内共设计 0～0.5mg/L 6 个浓度梯度，分析黏度变化规律，选取 0～48h 共 5 个时间点进行化验检测。

▣ 表 6-31 ·OH 对 5000mg/L 聚合物黏度的影响

序号	·OH 浓度 /(mg/L)	黏度/(mPa·s)				
		0h	4h	12h	24h	48h
1	0	781.9	795.4	762.4	777.1	768.3
2	0.01	703.9	700.7	700.9	699.8	694.7
3	0.03	642.3	641.6	642.1	640.5	630.8
4	0.05	570.4	560.5	558.9	559.7	562.2
5	0.1	500.6	498.4	497.6	495.6	499.3
6	0.5	447.6	451.3	443.2	452.9	448.7

如图 6-28 所示，·OH 对聚合物的黏度影响很大，而且是迅速降黏，配制在 0h 不同浓度的·OH 直接的黏度损耗为 42.75%，其中 0.03mg/L 的·OH 48h 后的黏度损耗为 1.79%，0.5mg/L 的·OH 48h 后的黏度增加为 0.25%，·OH 对聚合物的黏度有迅速降黏的效果，随着时间的延长黏度有增加的趋势。

（2）·OH 对 700mg/L 聚合物黏度的影响

如表 6-32 所列，研究在 5000mg/L 的基础上进行了 700mg/L 的污配污稀的试验。

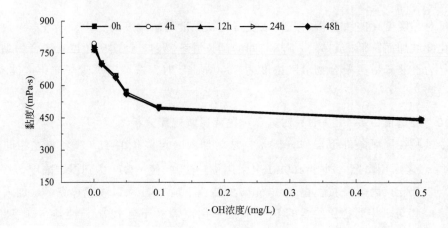

图 6-28　·OH 对 5000mg/L 聚合物黏度的影响

⊡ 表 6-32　·OH 对 700mg/L 聚合物黏度的影响

序号	·OH 浓度 /(mg/L)	黏度/(mPa · s)				
		0h	4h	12h	24h	48h
1	0	78.65	76.12	74.69	75.96	73.05
2	0.01	65.76	64.71	65.12	66.1	63.47
3	0.03	59.85	58.25	58.51	57.47	57.21
4	0.05	57.48	55.65	56.42	55.39	55.76
5	0.1	51.45	52.15	50.28	50.29	51.08
6	0.5	46.89	48.45	45.37	47.37	47.04

如图 6-29 所示，配制在 0h 不同浓度的·OH 直接的黏度损耗为 40.38%，表现为瞬间黏度的损耗，其中 0.03mg/L 的·OH 48h 后的黏度损耗为 4.41%，0.5mg/L 的·OH 48h 后的黏度增加为 0.32%。整体而言·OH 表现为瞬间降黏，随着作用时间的延长，黏度有所增加，但是增加的幅度较小。

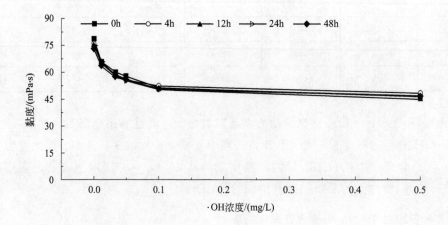

图 6-29　·OH 对 700mg/L 聚合物黏度的影响

（3）·OH 对 1000mg/L 聚合物黏度的影响

由表 6-33 可见，研究在 5000mg/L 的基础上进行了 1000mg/L 的污配污稀的试验。

表 6-33　·OH 对 1000mg/L 聚合物黏度的影响

序号	·OH 浓度 /(mg/L)	黏度/(mPa·s)				
		0h	4h	12h	24h	48h
1	0	95.6	96.1	94.6	94.8	96.7
2	0.01	90.85	90.56	91.05	90.02	91.15
3	0.03	89.96	86.2	87.13	86.78	88.77
4	0.05	78.67	77.98	79.09	78.32	79.04
5	0.1	75.48	74.17	74.85	75.25	73.96
6	0.5	68.15	66.13	65.43	68.45	67.47

如图 6-30 所示，配制在 0h 不同浓度的 ·OH 直接的黏度损耗为 28.71%，表现为瞬间降黏，其中 0.03mg/L 的 ·OH 48h 后的黏度损耗为 1.32%，0.5mg/L 的 ·OH 48h 后的黏度损失为 0.09%。整体而言 ·OH 表现为瞬间降黏，随着作用时间的延长黏度基本不变。

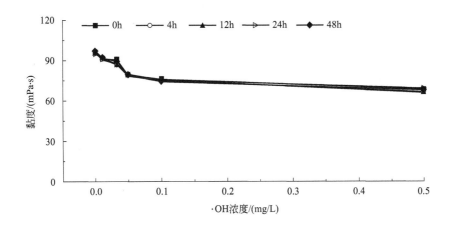

图 6-30　·OH 对 1000mg/L 聚合物黏度的影响

通过对黏度变化曲线分析，三种浓度聚合物黏度与 ·OH 的变化规律基本一致，均呈现随 ·OH 浓度增加而降低，不随时间的延长继续降黏，证实 ·OH 对聚合物黏度的影响较大且能迅速降黏。

6.2.2.11　含油量对聚合物黏度影响规律分析

含油量影响聚合物降黏试验的方法为，用 30~60℃ 沸点的石油醚萃取石油，40℃ 水浴加热 5min 后，测含油量。称量蒸馏水 400g，水浴加热到 40℃，加入一定体积萃取原油的石油醚，打开搅拌器，加入 2.22g 聚丙烯酰胺，用保鲜膜密封，每隔 1h 用氮气吹 5min，在 400r/min 的转速下搅拌 4h。母液搅拌完后，称取 129g 除氧的蒸馏水，水浴加热到40℃，加入一定体积的萃取原油的石油醚使其与母液的含油量相同，称取21g母液加入，用磁力搅拌器搅拌30min，配制700mg/L聚丙烯酰胺溶液；称取120g除氧的蒸馏水，水浴加热到40℃，加入一定体积的萃取原油的石油醚使其与母液的含油量相同，称取30g母液加入，用磁力搅拌器搅拌30min，配制1000mg/L聚丙烯酰胺溶液。

（1）含油量对5000mg/L聚合物黏度的影响

如表6-34所列，含油量是在聚驱试验区采油井中取的原油，加入蒸馏水中配制水样，现场含油量波动范围为0~50mg/L，室内共设计为0~50mg/L 6个浓度梯度，分析黏度变化规律，选取0~48h共5个时间点进行化验检测。

⊡ 表6-34 含油量对5000mg/L聚合物黏度的影响

序号	含油量 /(mg/L)	黏度/(mPa·s)				
		0h	4h	12h	24h	48h
1	0	881.9	895.4	862.4	877.1	868.3
2	5	861.6	859.3	863.5	858.7	860.8
3	10	871.2	873.5	869.7	876.3	870.2
4	20	877.8	872.7	873	874.6	872.4
5	30	866.5	868.9	869.8	869.9	866.6
6	50	852.4	862.1	865.9	868.8	863.4

如图6-31所示，含油量在0h的时候，随着含油浓度的增加聚合物的黏度基本没有变化，随着作用时间的延长，聚合物黏度有增加的趋势。

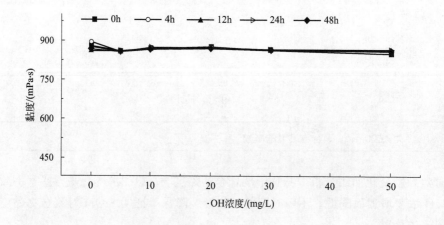

图6-31 含油量对5000mg/L聚合物黏度的影响

（2）含油量对7000mg/L聚合物黏度的影响

如表6-35所列，研究在5000mg/L的基础上进行了700mg/L的污配污稀的试验。

序号	含油量/(mg/L)	黏度/(mPa·s)				
		0h	4h	12h	24h	48h
1	0	88.65	86.12	84.69	85.96	83.05
2	5	87.4	85.23	86.86	84.89	87.26
3	10	83.62	84.41	85.52	84.68	84.32
4	20	85.23	86.12	84.97	85.81	86.21
5	30	80.15	82.37	83.19	81.71	83.29
6	50	78.23	82.71	81.26	83.09	80.16

　　如图 6-32 所示，在 0h 的时候，不同浓度含油量未造成黏度的损失，其中 5mg/L 的含油量 48h 后的黏度增加 0.1%，50mg/L 的含油量 48h 后的黏度增加为 2.46%。石油类对聚合物黏度的损耗不明显，不是聚合物黏损的主要因子。

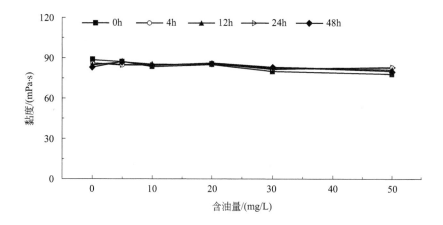

图 6-32　含油量对 700mg/L 聚合物黏度的影响

（3）含油量对 1000mg/L 聚合物黏度的影响

　　如表 6-36 所列，研究在 5000mg/L 的基础上进行了 1000mg/L 的污配污稀的试验。

⊡ 表 6-36　含油量对 1000mg/L 聚合物黏度的影响

序号	含油量/(mg/L)	黏度/(mPa·s)				
		0h	4h	12h	24h	48h
1	0	115.2	116.1	114.6	115.2	111.5
2	5	113.9	114.3	112.8	115	115.8
3	10	113.7	114	116.2	114.9	115.1
4	20	116.8	115.2	114.5	115.5	116.3
5	30	116	116.7	115	115.7	114.8
6	50	113.8	115.3	116.2	114.9	115.7

如图 6-33 所示，对整个图进行趋势分析，聚合物黏度有轻微的增加，没有对聚合物的黏度造成损失，表现规律同 700mg/L 的情况。

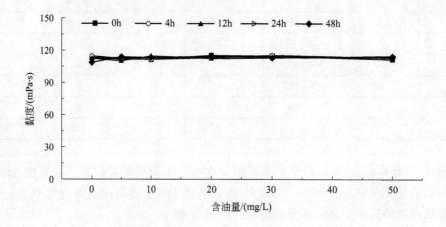

图 6-33 含油量对 1000mg/L 聚合物黏度的影响

通过对黏度变化曲线分析，三种浓度聚合物黏度与含油量的变化规律基本一致，基本不随含油量增加而变化，证实含油量对聚合物黏度的影响不大。

6.2.2.12 Ca²⁺ 对聚合物黏度影响规律分析

在 400mL 蒸馏水中加入一定质量的硝酸钙，配制高浓度硝酸钙溶液（污配污稀的方法同配制 700mg/L 和 1000mg/L 聚合物的方法）。

（1）Ca^{2+} 对 5000mg/L 聚合物黏度的影响

如表 6-37 所列，钙离子研究使用的是硝酸钙，现场 Ca^{2+} 波动范围为 20～40mg/L，室内共设计 0～50mg/L 7 个浓度梯度，分析黏度变化规律，选取 0～48h 共 5 个时间点进行化验检测。

▣ 表 6-37 Ca^{2+} 对 5000mg/L 聚合物黏度的影响

序号	Ca²⁺ 含量 /(mg/L)	黏度/(mPa·s)				
		0h	4h	12h	24h	48h
1	0	781.9	795.4	802.7	799.8	818.6
2	5	748.8	765.3	779.1	765.1	771.2
3	10	740.3	751	731.9	765.6	765.3
4	15	754.7	762.8	752.9	778.2	763.6
5	20	725.8	703.4	709.5	752.6	751.3
6	30	710.1	717.1	706	704.9	721.7
7	50	664.4	685.2	688.4	691	693

如图 6-34 所示，在 0h 的时候，不同浓度 Ca^{2+} 含量黏度略有损失，其中 10mg/L 的 Ca^{2+} 48h 后的黏度增加 2.99%，50mg/L 的含油量 48h 后的黏度增加为 4.3%。

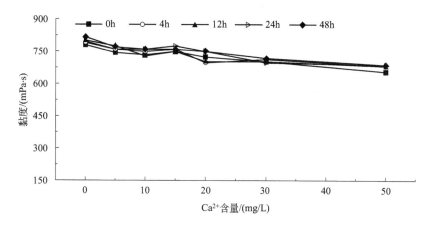

图 6-34 Ca^{2+} 对 5000mg/L 聚合物黏度的影响

（2） Ca^{2+} 对 700mg/L 聚合物黏度的影响

如表 6-38 所列，研究在 5000mg/L 的基础上进行了 700mg/L 的污配污稀的试验。

☑ **表 6-38** Ca^{2+} 对 700mg/L 聚合物黏度的影响

序号	Ca^{2+} 含量 /(mg/L)	黏度/(mPa·s)				
		0h	4h	12h	24h	48h
1	0	66.95	66.12	65.69	65.42	63.05
2	5	67.24	65.35	65.61	64.18	64.75
3	10	66.47	63.99	64.74	59.22	64.55
4	15	66.1	62.95	66.3	60.47	61.87
5	20	64.54	60.48	63.78	65.68	62.03
6	30	63.19	61.06	60.2	59.07	56.5
7	50	56.97	55.84	55.56	59.92	56.86

由图 6-35 所示，配制 0h 不同浓度 Ca^{2+} 未造成黏度的损失，其中 10mg/L 的 Ca^{2+} 48h 后的黏度损失为 0.1%，50mg/L 的 Ca^{2+} 48h 后的黏度损失为 0.1%。Ca^{2+} 对聚合物黏度的损耗不明显，不是聚合物黏损的主要因子。

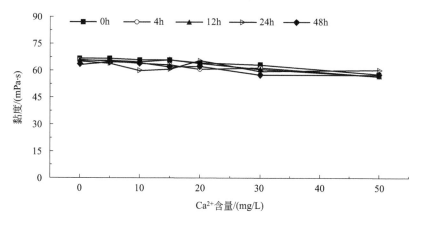

图 6-35 Ca^{2+} 对 700mg/L 聚合物黏度的影响

（3）Ca²⁺对 1000mg/L 聚合物黏度的影响

如表 6-39 所列，研究在 5000mg/L 的基础上进行了 1000mg/L 的污配污稀的试验。

表 6-39 Ca²⁺对 1000mg/L 聚合物黏度的影响

序号	Ca²⁺含量 /(mg/L)	黏度/(mPa·s)				
		0h	4h	12h	24h	48h
1	0	96.04	95.23	95.86	91.87	91.5
2	5	95.8	93.5	94.1	98.25	94.9
3	10	93.97	92.74	93.91	92.07	97.23
4	15	93.97	92.11	93.82	88.75	92.02
5	20	86.43	83.92	86.15	87.92	83.22
6	30	89.4	83.59	84.43	86.67	82.82
7	50	87.81	82.78	80.5	77.39	77.9

由表 6-39 和图 6-36 可见，同时对整个图的趋势进行分析，聚合物黏度有轻微的增加，没有对聚合物的黏度造成损失，表现规律同 700mg/L 的情况。

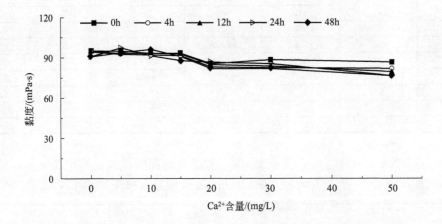

图 6-36 Ca²⁺对 1000mg/L 聚合物黏度的影响

通过对黏度变化曲线分析，三种浓度聚合物黏度与 Ca²⁺的变化规律基本一致，随 Ca²⁺增加而小幅度降低，证实在现场污水中 Ca²⁺含量对聚合物黏度的影响不大。

6.2.2.13 Mg²⁺对聚合物黏度影响规律分析

在 400mL 蒸馏水中加入一定质量的硫酸镁，配制高浓度硫酸镁溶液（试验方法同 6.2.2.2 部分）。

（1）Mg²⁺对 5000mg/L 聚合物黏度的影响

如表 6-40 所列，Mg²⁺波动范围为 2~13mg/L，室内共设计 0~20mg/L 7 个浓度梯度，分析黏度变化规律，选取 0~48h 共 5 个时间点进行化验检测。

□ 表 6-40 Mg²⁺ 对 5000mg/L 聚合物黏度的影响

序号	Mg²⁺ 含量 /(mg/L)	黏度/(mPa·s)				
		0h	4h	12h	24h	48h
1	0	781.9	795.4	802.7	799.8	808.3
2	1	804.4	820.3	814	795.3	803.6
3	3	792	799.6	786.5	789.3	793.1
4	5	765.7	729.4	766.7	763.5	778.7
5	10	789.4	741.8	744.5	734.6	776.7
6	15	765.2	735.9	720.4	758.3	734.6
7	20	699.6	684.2	696	667.5	661.7

如图 6-37 所示，在 0h 的时候，不同浓度 Mg²⁺ 使聚合物黏度略有损失，其中 10mg/L 的 Mg²⁺ 48h 后的黏度损失为 1.82%。Mg²⁺ 对聚合物黏度的损耗不明显。实际的污水中 Mg²⁺ 的含量在 10mg/L 左右，而且很稳定，因此对聚合物黏度的损耗不大。

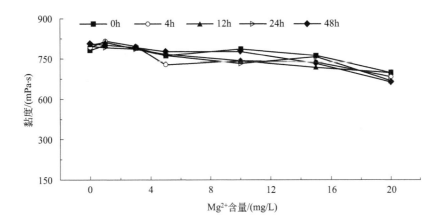

图 6-37 Mg²⁺ 对 5000mg/L 聚合物黏度的影响

（2） Mg²⁺ 对 700mg/L 聚合物黏度的影响

如表 6-41 所列，研究在 5000mg/L 的基础上进行了 700mg/L 的污配污稀的试验。

□ 表 6-41 Mg²⁺ 对 700mg/L 聚合物黏度的影响

序号	Mg²⁺ 含量 /(mg/L)	黏度/(mPa·s)				
		0h	4h	12h	24h	48h
1	0	61.95	66.12	61.69	65.96	63.05
2	1	63.19	62.1	65.97	62.79	63.02
3	3	65.79	64.07	61.29	65.65	64.91
4	5	65.92	64.88	64.51	65.14	62.8
5	10	59.54	59.66	59.02	60.71	63.49
6	15	56.68	55.06	54.3	56.27	59.56
7	20	54.63	52.94	50.63	50.62	53.34

如图 6-38 所示，在 0h 的时候，不同浓度 Mg²⁺ 未造成聚合物黏度的损失，其中

10mg/L 的 Mg^{2+} 48h 后的黏度增加 6.63％。Mg^{2+} 对聚合物黏度的损耗不明显，不是造成聚合物黏损的主要因子。

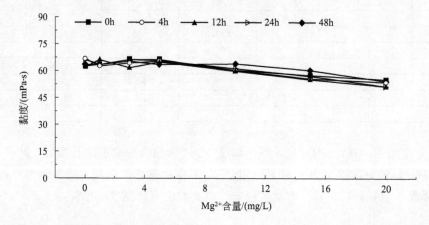

图 6-38 Mg^{2+} 对 700mg/L 聚合物黏度的影响

（3） Mg^{2+} 对 1000mg/L 聚合物黏度的影响

如表 6-42 所列，研究在 5000mg/L 的基础上进行了 1000mg/L 的污配污稀的试验。

⊡ **表 6-42** Mg^{2+} 对 1000mg/L 聚合物黏度的影响

序号	Mg^{2+} 含量 /(mg/L)	黏度/(mPa·s)				
		0h	4h	12h	24h	48h
1	0	102.04	105.23	105.86	101.87	101.5
2	1	107	105.1	106.5	105.7	107.6
3	3	103.5	103.2	103.9	101.6	102.4
4	5	95.79	95.38	96.81	98.99	92.65
5	10	92.19	93.04	89.63	91.49	92.92
6	15	88.31	85.93	86.54	88.5	88.16
7	20	84.14	82.03	80.64	82.04	85.73

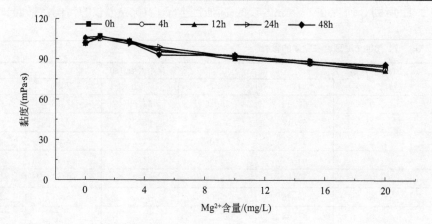

图 6-39 Mg^{2+} 对 1000mg/L 聚合物黏度的影响

如表 6-42 和图 6-39 所示，同时对整个图的趋势进行分析，聚合物黏度有轻微的增加，没有对聚合物的黏度造成损失，表现规律同 700mg/L 的情况。

聚合物厂家也证实，该聚合物对 Ca^{2+} 和 Mg^{2+} 有一定的抗损性，通过对黏度变化曲线分析，三种浓度聚合物黏度与 Mg^{2+} 的变化规律基本一致，随 Mg^{2+} 增加而小幅度降低，证实在现场污水中 Mg^{2+} 含量对聚合物黏度的影响不大。

6.2.2.14 Al^{3+} 对聚合物黏度影响规律分析

在 400mL 蒸馏水中加入一定质量的硫酸铝，配制高浓度硫酸镁溶液。称量一定质量的硫酸镁溶液，之后用蒸馏水补至 400mL（采用称重法），试验方法同 6.2.2.2 部分。

（1） Al^{3+} 对 5000mg/L 聚合物黏度的影响

如表 6-43 和图 6-40 所示，在 0h 的时候，不同浓度 Al^{3+} 含量使聚合物黏度略有损失，其中 10mg/L 的 Al^{3+} 48h 后的黏度损失为 1.21%。Al^{3+} 对聚合物黏度的损耗不明显，不是聚合物黏损的主要因子。实际的污水中 Al^{3+} 的含量在 5mg/L 左右，而且很稳定，因此对聚合物黏度的损耗不大。

⊡ 表 6-43 Al^{3+} 对 5000mg/L 聚合物黏度的影响

序号	Al^{3+} 含量 /(mg/L)	黏度/(mPa·s)				
		0h	4h	12h	24h	48h
1	0	781.9	795.4	802.7	799.8	818.6
2	1	805.7	759.9	752.2	776.8	793
3	3	799.6	790.2	784.3	779.6	777.1
4	5	809.5	754.7	792.5	778.2	792
5	10	814.1	792.7	792.8	774.8	766.9
6	15	775	780.5	765.1	776.5	780.4
7	20	750.3	738.4	740.9	777.8	786

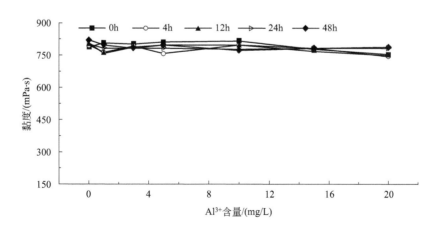

图 6-40 Al^{3+} 对 5000mg/L 聚合物黏度的影响

（2） Al^{3+} 对 700mg/L 聚合物黏度的影响

如图表 6-44 和图 6-41 所示，试验 0h 不同浓度 Al^{3+} 未造成聚合物黏度的损失，其中 5mg/L 的 Al^{3+} 48h 后的黏度增加 8.72%。Al^{3+} 对聚合物黏度的损耗不明显，不是聚合物黏损的主要因子。

⊡ 表 6-44　Al^{3+} 对 700mg/L 聚合物黏度的影响

序号	Al^{3+} 含量/(mg/L)	黏度/(mPa·s)				
		0h	4h	12h	24h	48h
1	0	70.95	76	75.69	75.96	73.54
2	1	79.05	75.19	74.76	72.64	74.22
3	3	76.35	71.99	74.9	72.22	75.38
4	5	74.84	73.59	70.47	69.44	68.31
5	10	65.13	66.28	66.12	63.23	64.84
6	15	66.31	64.34	62.52	58.5	64.23
7	20	59.29	59.55	58.64	55.53	56.73

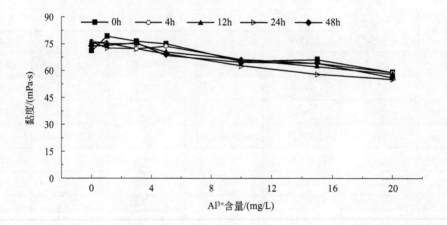

图 6-41　Al^{3+} 对 700mg/L 聚合物黏度的影响

（3） Al^{3+} 对 1000mg/L 聚合物黏度的影响

如表 6-45 和图 6-42 所示，对整个图的趋势进行分析，聚合物黏度有轻微的增加，没有对聚合物的黏度造成损失，表现规律同 700mg/L 的情况。

⊡ 表 6-45　Al^{3+} 对 1000mg/L 聚合物黏度的影响

序号	Al^{3+} 含量/(mg/L)	黏度/(mPa·s)				
		0h	4h	12h	24h	48h
1	0	98.04	95.23	97.61	91.87	93.5
2	1	94.3	91.6	92.1	94.04	89.1
3	3	92.53	90.6	94.1	90.51	92.1

序号	Al^{3+} 含量 /(mg/L)	黏度/(mPa·s)				
		0h	4h	12h	24h	48h
4	5	86.3	89.2	88.4	86.5	83.06
5	10	76.3	72.9	77	75.8	79.8
6	15	67.22	64.63	66.69	61.84	67.66
7	20	52.5	58.46	55.11	59.06	56.96

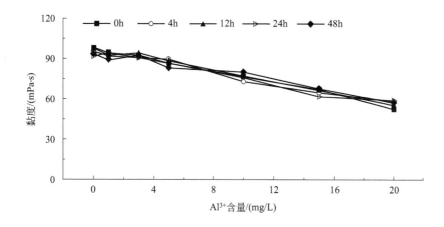

图 6-42 Al^{3+} 对 1000mg/L 聚合物黏度的影响

通过对黏度变化曲线分析，三种浓度聚合物黏度与 Al^{3+} 的变化规律基本一致，随着 Al^{3+} 含量增加而小幅度降低，证实在现场污水中 Al^{3+} 含量对聚合物黏度的影响不大。

6.2.2.15 碱度对聚合物黏度影响规律分析

在 1L 蒸馏水中加入一定质量的 NaHCO$_3$ 和 NaOH，配制高浓度碱度溶液。现场碱度波动范围为 2200~2900mg/L，室内共设计 0~5000mg/L 6 个浓度梯度，分析黏度变化规律，选取 0-48h 共 5 个时间点进行化验检测。

（1）碱度对 5000mg/L 聚合物黏度的影响

如表 6-46 和图 6-43 所示，在 0h 的时候，不同碱度使聚合物黏度略有损失，其中 2000mg/L 的碱度 48h 后的黏度损失为 3.8%。碱度对聚合物黏度的损耗不明显，实际的污水中碱度在 2000mg/L 左右，而且很稳定，因此对聚合物黏度的损耗不大。

▸ **表 6-46　碱度对 5000mg/L 聚合物黏度的影响**

序号	碱度 /(mg/L)	黏度/(mPa·s)				
		0h	4h	12h	24h	48h
1	0	749.6	765.4	752.2	744.1	768.1
2	1	734.5	755.8	743.4	754.5	745.8
3	3	709.5	717.9	734.8	724.8	736.7
4	5	723	737.8	724	736.2	740.9
5	10	699.7	709.5	697.9	710.4	706.8
6	15	711.7	724.1	709.4	699.3	700.2

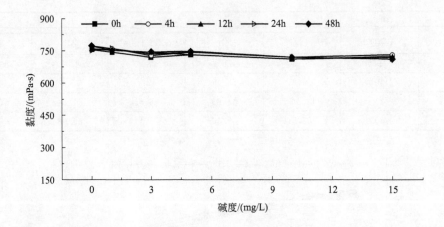

图 6-43　碱度对 5000mg/L 聚合物黏度的影响

（2）碱度对 700mg/L 聚合物黏度的影响

如表 6-47 和图 6-44 所示，在 0h 的时候，配制的不同碱度的溶液未造成黏度的损失，其中 2000mg/L 的碱度 48h 后的黏度增加 3.65％。碱度对聚合物黏度的损耗不明显。

表 6-47　碱度对 700mg/L 聚合物黏度的影响

序号	碱度 /(mg/L)	黏度/(mPa·s)				
		0h	4h	12h	24h	48h
1	0	63.5	66.7	63.7	65.96	63.5
2	1	62.4	61.4	61.45	63.4	60.27
3	3	63.01	60.65	61.51	62.21	65.31
4	5	59.17	60.84	62.3	61.47	60.3
5	10	61.43	58.99	60.96	61.31	62.94
6	15	61.31	62.57	58.47	55.7	57.38

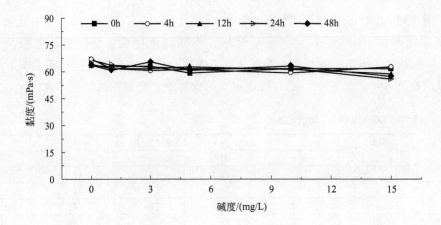

图 6-44　碱度对 700mg/L 聚合物黏度的影响

（3）碱度对 1000mg/L 聚合物黏度的影响

如表 6-48 和图 6-45 所示，同时对整个图的趋势进行分析，聚合物黏度有轻微的增加，没有对聚合物的黏度造成损失，表现规律同 700mg/L 聚合物黏度的情况。

▣ 表 6-48 碱度对 1000mg/L 聚合物黏度的影响

序号	碱度 /(mg/L)	黏度/(mPa·s)				
		0h	4h	12h	24h	48h
1	0	96.04	95.23	95.86	94.8	95.5
2	1	93.33	95.8	93.7	94.4	93.6
3	3	93.6	91.1	90.3	94.09	94.31
4	5	89.11	89.4	87.9	85.2	84.7
5	10	88.61	86.6	87.4	86.5	81.9
6	15	80.65	80.6	81.4	82.7	79.7

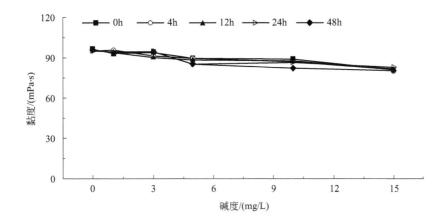

图 6-45 碱度对 1000mg/L 聚合物黏度的影响

通过对黏度变化曲线分析，三种浓度聚合物黏度与碱度的变化规律基本一致，随碱度增加略有下降，证实在现场污水中碱度对聚合物黏度的影响不大。

6.2.2.16 SO_4^{2-} 对聚合物黏度影响规律分析

在 400mL 蒸馏水中加入一定质量的无水硫酸钠，配制高浓度硫酸钠溶液。称量一定质量的硫酸钠溶液，之后用蒸馏水补至 400mL（采用称重法），试验方法同 6.2.2.2 部分。现场 SO_4^{2-} 波动范围为 0～10mg/L，室内共设计 0～50mg/L 7 个浓度梯度，分析黏度变化规律，选取 0～48h 共 5 个时间点进行化验检测。

（1） SO_4^{2-} 对 5000mg/L 聚合物黏度的影响

如表 6-49 和图 6-46 所示，在 0h 的时候，不同浓度 SO_4^{2-} 的含量使聚合物溶液黏度略有损失，其中 10mg/L 的 SO_4^{2-} 48h 后的黏度损失为 3.8%。SO_4^{2-} 含量对聚合物黏度的损耗不明显，不是聚合物黏损的主要因子。实际的污水中 SO_4^{2-} 的含量在 5～10mg/L，而且很稳定，因此对聚合物黏度的损耗不大。

⊡ 表 6-49 SO_4^{2-} 对 5000mg/L 聚合物黏度的影响

序号	SO_4^{2-} 含量 /(mg/L)	黏度/(mPa·s)				
		0h	4h	12h	24h	48h
1	0	781.9	795.4	802.7	799.8	805.6
2	5	783	755.9	760.4	754.5	805.5
3	8	787.6	781.8	779.2	787.4	790.8
4	10	755.9	775.2	767.9	778.2	787.4
5	15	787.3	805.9	770.3	782.2	782.8
6	30	750.7	755.1	756.9	761.5	763.3
7	50	760.1	745.3	769	772.4	765.7

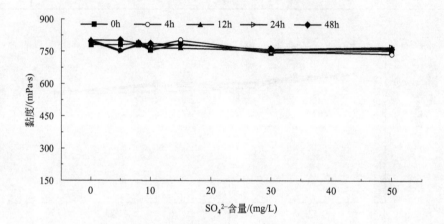

图 6-46 SO_4^{2-} 对 5000mg/L 聚合物黏度的影响

（2） SO_4^{2-} 对 700mg/L 聚合物黏度的影响

如表 6-50 和图 6-47 所示，在 0h 的时候，不同含量 SO_4^{2-} 未造成聚合物黏度的损失，其中 10mg/L 的 SO_4^{2-} 48h 后的黏度增加 1%。SO_4^{2-} 含量对聚合物黏度的损耗不明显，不是聚合物黏损的主要因子。

⊡ 表 6-50 SO_4^{2-} 对 700mg/L 聚合物黏度的影响

序号	SO_4^{2-} 含量 /(mg/L)	黏度/(mPa·s)				
		0h	4h	12h	24h	48h
1	0	65.95	66.12	66.69	64.96	65.21
2	5	64.41	61.77	63.23	65.65	64.96
3	8	63.32	65.22	64.75	63.42	65.3
4	10	61.84	64.28	64.11	64.2	63.61
5	15	63.64	62.84	63.5	63.75	64.51
6	30	60.92	61.47	61.23	62.04	61.07
7	50	60.67	62.01	60.18	61.22	62.21

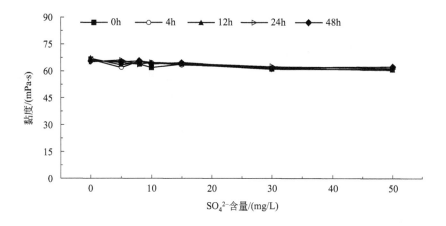

图 6-47 SO_4^{2-} 对 700mg/L 聚合物黏度的影响

（3） SO_4^{2-} 对 1000mg/L 聚合物黏度的影响

如表 6-51 和图 6-48 所示，同时对整个图的趋势进行分析，聚合物黏度有轻微的增加，没有对聚合物的黏度造成损失，表现规律同 700mg/L 聚合物黏度的情况。

⊡ **表 6-51** SO_4^{2-} 对 1000mg/L 聚合物黏度的影响

序号	SO_4^{2-} 含量/(mg/L)	黏度/(mPa·s)				
		0h	4h	12h	24h	48h
1	0	106.4	105.23	105.86	101.87	101.5
2	5	100.3	101	100.7	100.1	100.8
3	8	102.9	105.6	102.1	101.9	101.4
4	10	98.28	100.8	99.62	98.45	101.9
5	15	100.4	99.74	100.1	99.55	100.8
6	30	89.61	90.36	91.85	92.57	93.79
7	50	88.99	89.15	90.02	88.8	89.2

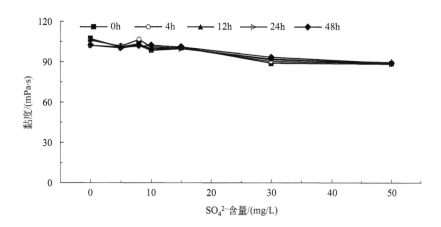

图 6-48 SO_4^{2-} 对 1000mg/L 聚合物黏度的影响

通过对黏度变化曲线分析，三种浓度聚合物黏度与 SO_4^{2-} 含量的变化规律基本一致，随 SO_4^{2-} 含量增加基本不变，证实 SO_4^{2-} 对聚合物黏度无影响。

6.2.2.17　NO_3^- 对聚合物黏度影响规律分析

在 400mL 蒸馏水中加入一定质量的 $NaNO_2$，配制高浓度 $NaNO_2$ 溶液（方法同 6.2.2.2 部分）。室内共设计 0～20mg/L 7 个浓度梯度，分析黏度变化规律，选取 0～48h 共 5 个时间点进行化验检测。

（1）NO_3^- 对 5000mg/L 聚合物黏度的影响

如表 6-52 和图 6-49 所示，在 0h 的时候，不同浓度 NO_3^- 的含量使聚合物黏度略有损失，其中 3mg/L 的 NO_3^- 48h 后的黏度增加为 2.7%。NO_3^- 对聚合物黏度的损耗不明显，不是聚合物黏损的主要因子。实际的污水中 NO_3^- 的含量在 3～5mg/L，而且很稳定，因此对聚合物黏度的损耗不大。

⊡ 表 6-52　NO_3^- 对 5000mg/L 聚合物黏度的影响

序号	NO_3^- 含量 /(mg/L)	黏度/(mPa·s)				
		0h	4h	12h	24h	48h
1	0	781.9	795.4	802.7	799.8	768.3
2	1	759.7	743.5	751.1	755.4	744.4
3	3	725.3	730.7	740.5	766.3	745.6
4	5	771.8	776.8	766.4	781.5	776.7
5	10	792.9	809	817.9	786.3	802.6
6	15	786.1	797.3	809.8	753.8	793.5
7	20	797.1	812.9	790.8	813.4	787.5

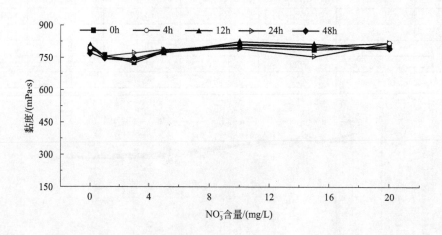

图 6-49　NO_3^- 对 5000mg/L 聚合物黏度的影响

（2）NO_3^- 对 700mg/L 聚合物黏度的影响

如图表 6-53 和图 6-50 所示，试验 0h 时不同浓度的 NO_3^- 未造成聚合物黏度的损失，其中 3mg/L 的 NO_3^- 48h 后的黏度增加 1%。NO_3^- 对聚合物黏度的损耗不明显，不是聚合物黏损的主要因子。

⊡ **表 6-53 NO_3^- 对 700mg/L 聚合物黏度的影响**

序号	NO_3^- 含量/(mg/L)	黏度/(mPa·s)				
		0h	4h	12h	24h	48h
1	0	67.9	68.2	67.4	66.96	68.5
2	1	67.75	68.03	68.32	66.41	70.3
3	3	65.08	64.29	64.34	67.21	65.8
4	5	70.2	67.82	70.66	67.21	68.38
5	10	72.86	72.86	72.62	70.97	71.07
6	15	68.53	68.51	68.19	69.41	70.98
7	20	68.84	68.67	69.2	69.91	71.38

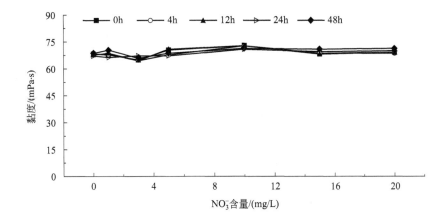

图 6-50 NO_3^- 对 700mg/L 聚合物黏度的影响

（3） NO_3^- 对 1000mg/L 聚合物黏度的影响

如表 6-54 和图 6-51 所示，试验 0h 时不同浓度 NO_3^- 未造成聚合物黏度的损失，其中 3mg/L 的 NO_3^- 48h 后的黏度增加 4.95%。 NO_3^- 对聚合物黏度的损耗不明显，不是聚合物黏损的主要因子。

⊡ **表 6-54 NO_3^- 对 1000mg/L 聚合物黏度的影响**

序号	NO_3^- 含量/(mg/L)	黏度/(mPa·s)				
		0h	4h	12h	24h	48h
1	0	102.4	105.3	103.8	106.7	105.1
2	1	104.4	104.9	105.4	107.8	109.2
3	3	99.95	100.48	102.64	103.6	104.9
4	5	108.7	106.9	108.2	103.1	106.7
5	10	110.7	105.6	106.8	103.8	110.2
6	15	102.8	104.6	104.2	105.9	109.4
7	20	102.7	105.5	106.4	106.8	105.4

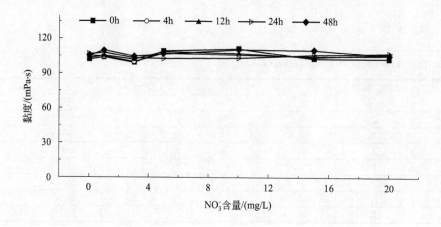

图 6-51 NO_3^- 对 1000mg/L 聚合物黏度的影响

通过对黏度变化曲线分析,三种浓度聚合物黏度与 NO_3^- 的变化规律基本一致,随 NO_3^- 含量增加基本不变,证实 NO_3^- 对聚合物黏度无影响。

6.2.2.18 NO_2^- 对聚合物黏度影响规律分析

在 400mL 蒸馏水中加入一定质量的 $NaNO_2$,配制高浓度 $NaNO_2$ 溶液(方法同 6.2.2.2 部分)。室内共设计 0~100mg/L 9 个浓度梯度,分析黏度变化规律,选取 0~ 48h 共 5 个时间点进行化验检测。

(1) NO_2^- 对 5000mg/L 聚合物黏度的影响

如图表 6-55 和图 6-52 所示,试验 0h 时不同浓度 NO_2^- 的含量使聚合物黏度略有损失,其中 3mg/L 的 NO_2^- 48h 后的黏度损失为 0.1%。NO_2^- 对聚合物黏度的损耗不明显,不是聚合物黏损的主要因子。实际的污水中 NO_2^- 的含量为 5~10mg/L,而且很稳定,因此对聚合物黏度的损耗不大。

表 6-55 NO_2^- 对 5000mg/L 聚合物黏度的影响

序号	NO_2^- 含量 /(mg/L)	黏度/(mPa·s)				
		0h	4h	12h	24h	48h
1	0	781.9	795.4	802.7	799.8	786.2
2	1	807.7	794.5	796.4	801.3	800.6
3	3	803.4	791.5	802.6	799.8	802.2
4	5	797	796.1	809.4	815.5	797.2
5	10	767.2	790.1	795.9	799.2	803.3
6	15	819	824.7	815.9	801.7	804.4
7	25	802	794.6	805.6	808.4	794.5
8	50	827.8	789.5	817.2	807.6	805
9	100	807.2	816.4	801.3	794.2	799.9

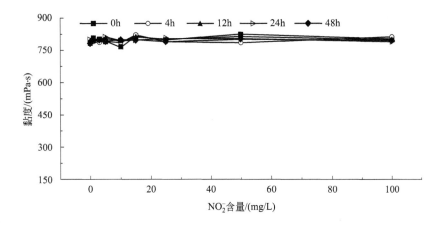

图 6-52 NO$_2^-$ 对 5000mg/L 聚合物黏度的影响

（2） NO$_2^-$ 对 700mg/L 聚合物黏度的影响

如图表 6-56 和图 6-53 所示，配制 0h 时不同浓度 NO$_2^-$ 未造成聚合物黏度的损失，其中 3mg/L 的 NO$_2^-$ 48h 后的黏度增加 1%。NO$_2^-$ 含量对聚合物黏度的损耗不明显，不是聚合物黏损的主要因子。

▣ **表 6-56** NO$_2^-$ 对 700mg/L 聚合物黏度的影响

序号	NO$_2^-$ 含量 /(mg/L)	黏度/(mPa·s)				
		0h	4h	12h	24h	48h
1	0	73.95	76.12	71.69	75.96	73.05
2	1	74.32	72.32	75.34	75.96	72.25
3	3	72.58	74.14	76.4	75.3	74.1
4	5	75.68	74.99	76.78	77.61	77.42
5	10	71.57	72.3	72.74	73.48	74.23
6	15	71.71	72.11	71.91	72.68	71.8
7	25	73.92	74.02	75.33	75.94	73.5
8	50	73.65	74.15	72.66	74.66	75.41
9	100	71.48	72.08	74.41	75.11	73.29

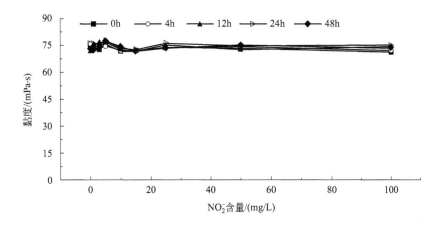

图 6-53 NO$_2^-$ 对 700mg/L 聚合物黏度的影响

（3） NO_2^- 对 1000mg/L 聚合物黏度的影响

如表 6-57 和图 6-54 所示，试验配制 0h 时不同浓度 NO_2^- 未造成聚合物黏度的损失，其中 3mg/L 的 NO_2^- 48h 后的黏度增加 4.95%。NO_2^- 含量对聚合物黏度的损耗不明显，不是聚合物黏损的主要因子。

▣ **表 6-57 NO_2^- 对 1000mg/L 聚合物黏度的影响**

序号	NO_2^- 含量 /(mg/L)	黏度/(mPa·s)				
		0h	4h	12h	24h	48h
1	0	93.95	93.12	93.95	94.96	93.05
2	1	94.30	92.32	93.52	94.95	93.24
3	3	92.62	92.40	93.64	94.30	94.13
4	5	95.42	94.99	95.32	94.61	94.24
5	10	92.60	92.10	91.87	91.48	91.02
6	15	92.70	92.11	93.45	92.86	92.21
7	25	93.85	94.02	94.20	94.94	93.40
8	50	93.65	93.10	93.59	93.60	93.30
9	100	92.52	91.85	92.14	92.01	92.07

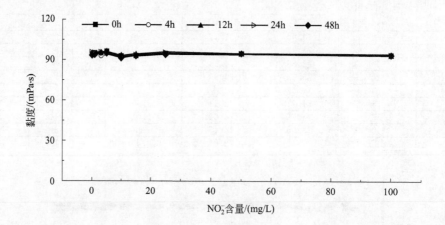

图 6-54 NO_2^- 对 1000mg/L 聚合物黏度的影响

通过对黏度变化曲线分析，三种浓度聚合物黏度与 NO_2^- 含量的变化规律基本一致，随 NO_2^- 含量增加基本不变，证实 NO_2^- 对聚合物黏度无影响。

通过对以上 18 个配注水单项因子对聚合物的黏度影响分析，结果表明在 18 个影响因子中，二价铁离子、硫化物、悬浮物、硫酸盐还原菌、铁细菌、腐生菌是影响大庆油田采油七厂污配污稀工艺中聚合物黏度的主要影响因子。在现场的实际运行中应重点注意这几个因素，控制其对聚合物黏度的影响。

6.3
配注水水质对聚合物黏度影响结论的现场认证及治理对策

根据配制污水成分单因子对聚合物黏度影响的室内试验结果，进行了相应结论的现场认证。

6.3.1 配制水水质对聚合物黏度影响研究结论的现场认证

6.3.1.1 悬浮物

现场取样的配注水中悬浮物初始浓度为 10mg/L，利用高速离心机获取的悬浮物对配注水进行浓度添加，现场共设计 10～200mg/L 5 个添加浓度梯度，分析黏度变化规律，检测周期为 0～48h 5 个时间点。

（1）悬浮物对 5000mg/L 聚合物黏度影响评价

如表 6-58 和图 6-55 所示，聚合物黏度随悬浮物增加而降低，且随时间的延长继续降黏。在 0h，曲线中横向上悬浮物最大黏度损耗为 41.36%，当悬浮物浓度为 20mg/L 时曲线中纵向上最大黏度损耗为 25.01%。

▣ 表 6-58 悬浮物对 5000mg/L 聚合物黏度影响评价

序号	悬浮物含量/(mg/L)	黏度/(mPa·s)				
		0h	4h	12h	24h	48h
1	10	331.2	320.3	310.3	292.3	289.1
2	20	280.3	254.5	231.3	224.4	210.2
3	30	234.4	206.3	193.6	185.2	170.5
4	60	220.4	195.3	187.4	177.4	166.4
5	110	215.3	190.3	181.3	169.3	154.3
6	210	194.2	185.2	168.5	158.4	149.3

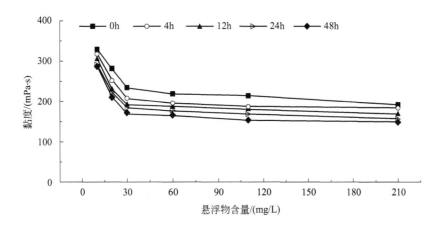

图 6-55 悬浮物对 5000mg/L 聚合物黏度的影响

（2）悬浮物对 700mg/L 聚合物黏度影响评价

如表 6-59 和图 6-56 所示，黏度变化规律与 5000mg/L 聚合物一致。在 0h，曲线中横向上悬浮物最大黏度损耗为 57.61%，当悬浮物含量为 20mg/L 时，曲线中纵向上最大黏度损耗为 25%。

⊡ 表 6-59　悬浮物对 700mg/L 聚合物黏度影响评价

序号	悬浮物含量 /(mg/L)	黏度/(mPa·s)				
		0h	4h	12h	24h	48h
1	10	24.3	23.2	22.4	20.2	19.3
2	20	19.2	18.3	17.6	15.3	14.4
3	30	15.3	14.2	13.2	12.4	10.3
4	60	13.1	11.3	9.3	9.2	8.0
5	110	11.0	10.1	8.2	7.3	6.8
6	210	10.3	9.3	7.1	5.5	3.3

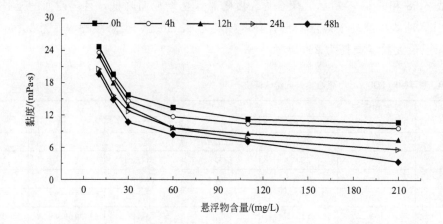

图 6-56　悬浮物对 700mg/L 聚合物黏度的影响

（3）悬浮物对 1000mg/L 聚合物黏度影响评价

如表 6-60 和图 6-57 所示，黏度变化规律与 5000mg/L 聚合物一致。在 0h，曲线中横向上悬浮物最大黏度损耗为 65.07%，当悬浮物含量为 20mg/L 时，曲线中纵向上最大黏度损耗为 35.29%。

⊡ 表 6-60　悬浮物对 1000mg/L 聚合物黏度的影响

序号	悬浮物含量 /(mg/L)	黏度/(mPa·s)				
		0h	4h	12h	24h	48h
1	10	44.1	40.3	38.8	36.3	34.2
2	20	35.7	30.4	28.5	25.7	23.1
3	30	28.5	23.2	21.5	20.5	17.4

序号	悬浮物含量 /(mg/L)	黏度/(mPa·s)				
		0h	4h	12h	24h	48h
4	60	24.6	20.1	17.8	15.3	13.9
5	110	18.5	17.5	15.8	12.8	11.6
6	210	15.4	14.6	8.7	6.0	4.5

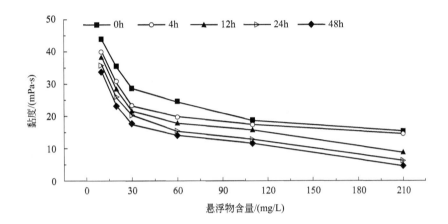

图 6-57 悬浮物对 1000mg/L 聚合物黏度的影响

通过三种浓度聚合物黏度随悬浮物含量变化曲线可见，黏度变化规律与室内评价结论一致，验证了室内结论的准确性。

6.3.1.2 Fe^{2+}

现场取样的配注水测量 Fe^{2+} 初始浓度为 0.4mg/L，利用 $FeSO_4$ 提供 Fe^{2+} 对配注水进行浓度添加，现场共设计 0.4~10.40mg/L 5 个浓度梯度，分析黏度变化规律，检测周期为 0~48h 5 个时间点。

（1） Fe^{2+} 对 5000mg/L 聚合物黏度的影响

如表 6-61 和图 6-58 所示，聚合物黏度随 Fe^{2+} 增加而降低，且随时间的延长继续降黏。在 0h 曲线中横向上 Fe^{2+} 最大黏度损耗 67.60%，当 Fe^{2+} 浓度为 1.4mg/L 时，曲线中纵向上最大黏度损耗为 9.61%。

▣ **表 6-61 Fe^{2+} 对 5000mg/L 聚合物黏度的影响**

序号	Fe^{2+} 浓度 /(mg/L)	黏度/(mPa·s)				
		0h	4h	12h	24h	48h
1	0.4	324.6	315.6	313.4	309.2	308.5
2	1.4	208.6	199.4	196.6	193.2	190.3
3	2.4	185.4	175.5	169.3	170.8	169.5
4	4.4	148.5	135.2	133.9	126.3	111.1
5	7.4	129.4	115.9	111.1	110.4	108.1
6	10.4	105.2	98.5	95.7	98.1	97.5

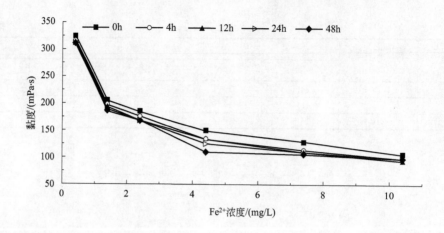

图 6-58 Fe²⁺ 对 5000mg/L 聚合物黏度的影响

（2）Fe²⁺ 对 700mg/L 聚合物黏度的影响

如表 6-62 和图 6-59 所示，700mg/L 聚合物黏度变化规律与 5000mg/L 聚合物黏度变化一致。在 0h，曲线中横向上 Fe²⁺ 最大黏度损耗为 87.24%，当 Fe²⁺ 浓度为 1.4mg/L 时，曲线中纵向上最大黏度损耗为 14.94%。

⊡ **表 6-62** Fe²⁺ 对 700mg/L 聚合物黏度的影响

序号	Fe²⁺ 浓度 /(mg/L)	黏度/(mPa·s)				
		0h	4h	12h	24h	48h
1	0.4	24.3	24.0	23.4	23.1	22.5
2	1.4	15.4	15.2	14.9	13.9	13.1
3	2.4	10.3	9.8	9.3	8.3	8.3
4	4.4	8.31	7.8	7.6	7.3	6.3
5	7.4	5.1	4.6	4.9	4.1	4.4
6	10.4	3.1	2.9	2.6	2.3	2.3

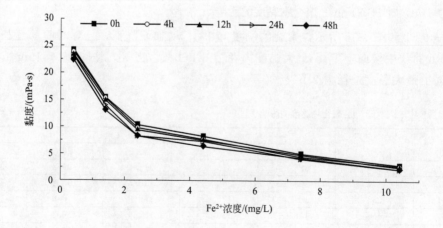

图 6-59 Fe²⁺ 对 700mg/L 聚合物黏度的影响

（3）Fe^{2+} 对 1000mg/L 聚合物黏度的影响

如表 6-63 和图 6-60 所示，1000mg/L 聚合物黏度变化规律与 5000mg/L 聚合物黏度变化一致。在 0h，曲线中横向上 Fe^{2+} 最大黏度损耗为 83.21%，当 Fe^{2+} 浓度为 1.4mg/L 时，曲线中纵向上最大黏度损耗为 19.39%。

⊡ 表 6-63　Fe^{2+} 对 1000mg/L 聚合物黏度的影响

序号	Fe^{2+} 浓度 /(mg/L)	黏度/(mPa·s)				
		0h	4h	12h	24h	48h
1	0.4	42.3	40.3	38.4	38.5	38.4
2	1.4	26.3	23.7	23.0	21.4	21.2
3	2.4	19.3	18.3	16.4	16.2	16.3
4	4.4	12.3	11.3	10.4	8.2	8.3
5	7.4	8.4	8.2	7.7	7.9	7.1
6	10.4	7.1	6.4	6.5	5.2	5.1

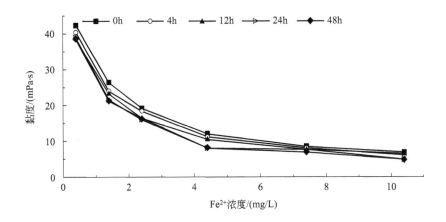

图 6-60　Fe^{2+} 对 1000mg/L 聚合物黏度的影响

通过三种浓度聚合物黏度随 Fe^{2+} 浓度变化曲线可以看出，黏度变化规律与室内评价结论一致，验证了室内结论的准确性。

6.3.1.3　硫化物

现场取样的配注水测量硫化物初始浓度为 0.6mg/L，利用硫化钠提供硫化物对配注水进行浓度添加，现场共设计 0.6～15.6g/L 8 个浓度梯度，分析黏度变化规律，检测周期为 0～48h 5 个时间点。

（1）硫化物对 5000mg/L 聚合物黏度的影响

水质的监测发现，进站的来水中就含有部分的硫化物，在整个聚合物配注过程中，硫化物的含量在不同的工艺段有减少和增加的趋势，硫化物浓度的增加主要来源于硫酸盐还原菌的代谢。

如表 6-64 和图 6-61 所示，聚合物黏度随硫化物增加而降低，且随时间的延长继续降黏。在 0h，曲线中横向上硫化物最大黏度损耗为 60.43%，当硫化物浓度为 2.6mg/L 时，曲线中纵向上最大黏度损耗为 32.81%。

⊡ 表 6-64　硫化物对 5000mg/L 聚合物黏度的影响

序号	硫化物 /(mg/L)	黏度/(mPa·s)				
		0h	4h	12h	24h	48h
1	0.6	349.3	335.4	325.6	310.4	305.5
2	1.6	330.4	312.1	282.7	276.5	261.6
3	2.6	275.8	251.6	230.8	202.5	185.3
4	3.6	260.5	246.3	224.2	208.6	190.3
5	4.6	214.2	205.6	182.3	156.9	130.5
6	6.6	199.5	165.3	155.7	130.3	125.7
7	9.6	188.5	145.7	139.5	129.5	115.7
8	12.6	142.6	130.4	120.4	110.8	99.62
9	15.6	138.2	114.5	106.5	98.52	82.7

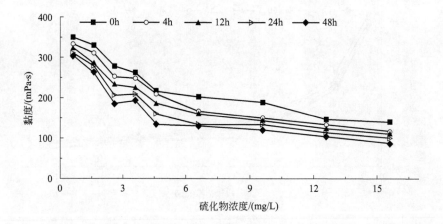

图 6-61　硫化物对 5000mg/L 聚合物黏度的影响

（2）硫化物对 700mg/L 聚合物黏度的影响

如表 6-65 和图 6-62 所示，700mg/L 聚合物黏度变化规律与 5000mg/L 聚合物黏度变化一致。在 0h，曲线中横向上硫化物最大黏度损耗为 67.72%，当硫化物浓度为 2.6mg/L 时，曲线中纵向上最大黏度损耗为 23.30%。

⊡ 表 6-65　硫化物对 700mg/L 聚合物黏度的影响

序号	硫化物 /(mg/L)	黏度/(mPa·s)				
		0h	4h	12h	24h	48h
1	0.6	28.5	26.4	24.9	23.7	22.7
2	1.6	24.3	22.7	20.9	18.7	16.3
3	2.6	20.6	19.7	18.7	17.3	15.8

序号	硫化物 /(mg/L)	黏度/(mPa·s)				
		0h	4h	12h	24h	48h
4	3.6	18.5	16.3	14.3	12.8	11.4
5	4.6	16.3	14.2	10.4	9.4	8.2
6	6.6	14.2	12.4	9.5	7.3	7.0
7	9.6	12.5	11.3	9.3	6.9	5.1
8	12.6	10.3	9.2	8.4	6.3	4.2
9	15.6	9.2	8.1	6.5	5.3	3.2

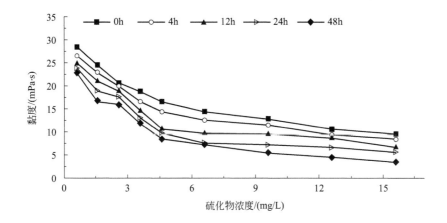

图 6-62 硫化物对 700mg/L 聚合物黏度的影响

（3）硫化物对 1000mg/L 聚合物黏度的影响

如表 6-66 和图 6-63 所示，1000mg/L 聚合物黏度变化规律与 5000mg/L 聚合物黏度变化一致。在 0h，曲线中横向上硫化物最大黏度损耗为 64.57%，当硫化物浓度为 2.6mg/L 时曲线中纵向上最大黏度损耗为 24.50%。

☑ **表 6-66 硫化物对 1000mg/L 聚合物黏度的影响**

序号	硫化物 /(mg/L)	黏度/(mPa·s)				
		0h	4h	12h	24h	48h
1	0.6	44.6	42.6	40.3	38.7	35.7
2	1.6	36.5	35.0	32.5	30.0	28.1
3	2.6	30.2	28.8	26.2	24.7	22.8
4	3.6	28.0	26.7	24.9	23.0	21.9
5	4.6	26.5	24.3	22.2	21.3	19.4
6	6.6	23.9	22.4	21.8	19.0	16.3
7	9.6	21.0	18.8	16.2	15.3	13.3
8	12.6	18.1	16.7	14.2	13.1	12.3
9	15.6	15.8	13.5	12.9	10.2	8.7

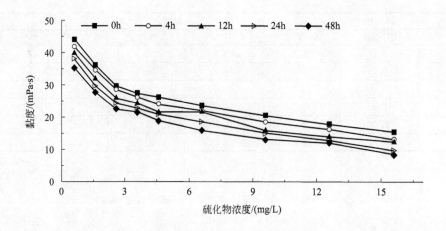

图 6-63　硫化物对 1000mg/L 聚合物黏度的影响

通过三种浓度聚合物黏度随硫化物含量变化曲线可以看出，黏度变化规律与室内评价结论一致，验证了室内结论准确。在一定的程度上硫酸盐还原菌、铁细菌以及腐生菌作为"催化剂"，其本身对聚合物降黏的同时，代谢产物如硫化物、二价铁离子同样对聚合物黏度的损耗起着重要的作用。

6.3.1.4　硫酸盐还原菌

现场取样的配注水硫酸盐还原菌初始浓度为 1.2×10^1 个/mL，利用室内培养的硫酸盐还原菌对配注水进行浓度添加，现场共设计 $1.2 \times 10^1 \sim 1.2 \times 10^6$ 个/mL 5 个浓度梯度，分析黏度变化规律，检测周期为 $0 \sim 48h$ 5 个时间点。

（1）硫酸盐还原菌对 5000mg/L 聚合物黏度的影响

如表 6-67 和图 6-64 所示，聚合物黏度随硫化物增加而降低，且随时间的延长继续降黏。在 0h，曲线中横向上硫酸盐还原菌最大黏度损耗为 87.06%，当硫酸盐还原菌浓度为 1.2×10^3 个/mL 时，曲线中纵向上最大黏度损耗为 35.61%。

⊡ 表 6-67　硫酸盐还原菌对 5000mg/L 聚合物黏度的影响

序号	硫酸盐还原菌 /(个/mL)	黏度/(mPa·s)				
		0h	4h	12h	24h	48h
1	1.2×10^1	350.2	342.1	301.2	278.6	224.3
2	1.2×10^2	237.1	211.2	198.2	180.5	170.5
3	1.2×10^3	190.1	185.3	173.4	158.4	122.4
4	1.2×10^4	128.4	110.7	85.6	78.4	72.8
5	1.2×10^5	77.7	68.4	62.1	54.7	50.5
6	1.2×10^6	45.3	38.4	29.4	25.8	21.5

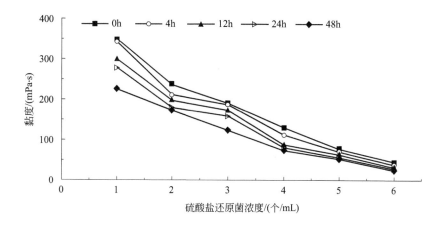

图 6-64　硫酸盐还原菌对 5000mg/L 聚合物黏度的影响（横坐标表示 1.2×10^n）

（2）硫酸盐还原菌对 700 mg/L 聚合物黏度的影响

如表 6-68 和图 6-65 所示，700mg/L 聚合物黏度变化规律与 5000mg/L 聚合物黏度变化一致。在 0h，曲线中横向上硫酸盐还原菌最大黏度损耗为 83.13%，当硫酸盐还原菌浓度为 1.2×10^3 个/mL 时，曲线中纵向上最大黏度损耗为 34.75%。

▣ 表 6-68　硫酸盐还原菌对 700mg/L 聚合物黏度的影响

序号	硫酸盐还原菌 /(个/mL)	黏度/(mPa·s)				
		0h	4h	12h	24h	48h
1	1.2×10^1	24.9	23.5	22.7	21.8	20.1
2	1.2×10^2	20.4	18.4	17.8	16.9	14.2
3	1.2×10^3	18.7	17.0	16.9	15.6	12.2
4	1.2×10^4	11.9	9.8	8.8	6.0	4.5
5	1.2×10^5	6.9	5.3	4.8	3.2	2.5
6	1.2×10^6	4.2	3.8	3.1	2.1	1.0

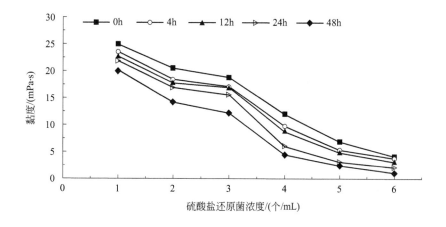

图 6-65　硫酸盐还原菌对 700mg/L 聚合物黏度的影响（横坐标表示 1.2×10^n）

（3）硫酸盐还原菌对 1000mg/L 聚合物黏度的影响

如表 6-69 和图 6-66 所示，700mg/L 聚合物黏度变化规律与 5000mg/L 聚合物黏度变化一致。在 0h，曲线中横向上硫酸盐还原菌最大黏度损耗为 84.61%，当硫酸盐还原菌浓度为 $1.2×10^3$ 个/L 时，曲线中纵向上最大黏度损耗为 51.53%。

⊡ 表 6-69　硫酸盐还原菌对 1000mg/L 聚合物黏度的影响

序号	硫酸盐还原菌 /(个/mL)	黏度/(mPa·s)				
		0h	4h	12h	24h	48h
1	$1.2×10^1$	45.5	43.7	31.6	28.8	25.0
2	$1.2×10^2$	38.4	31.3	29.1	26.4	20.4
3	$1.2×10^3$	24.8	21.3	19.3	17.2	14.5
4	$1.2×10^4$	18.4	17.6	16.6	15.3	13.3
5	$1.2×10^5$	15.5	14.9	13.2	12.3	9.3
6	$1.2×10^6$	7.0	6.2	5.3	4.3	2.1

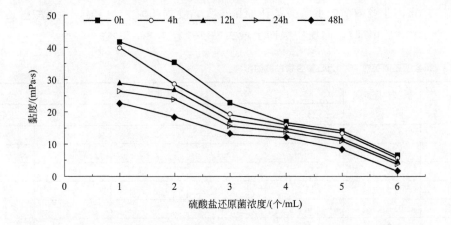

图 6-66　硫酸盐还原菌对 1000mg/L 聚合物黏度的影响（横坐标表示 $1.2×10^n$）

通过三种浓度聚合物黏度随硫酸盐还原菌含量变化曲线可以看出，黏度变化规律与室内评价结论一致，验证室内结论的准确性。

6.3.1.5　腐生菌

现场取样的配注水腐生菌初始浓度为 $2.0×10^2$ 个/mL，利用室内培养的腐生菌对配注水进行浓度添加，现场共设计 $2.0×10^2 \sim 2.0×10^8$ 个/mL 5 个浓度梯度，分析黏度变化规律，检测周期为 0~48h 5 个时间点。

（1）腐生菌对 5000mg/L 聚合物黏度的影响

如表 6-70 和图 6-67 所示，聚合物黏度随腐生菌增加而降低，且随时间的延长继续降黏。在 0h，曲线中横向上腐生菌最大黏度损耗为 79.75%，当腐生菌浓度为 $2.0×10^3$ 个/mL 时曲线中纵向上最大黏度损耗为 20%。

⊡ 表 6-70　腐生菌对 5000mg/L 聚合物黏度的影响

序号	腐生菌/(个/mL)	黏度/(mPa·s)				
		0h	4h	12h	24h	48h
1	2.0×10^2	332.4	328.5	312.3	298.6	287.3
2	2.0×10^3	290.4	275.7	261.3	254.7	232.3
3	2.0×10^4	211.9	186.5	174.5	164.9	156.1
4	2.0×10^5	186.2	173.6	169.7	153.6	144.3
5	2.0×10^6	120.7	84.9	78.4	73.2	62.3
6	2.0×10^8	67.3	53.4	49.4	45.8	45.5

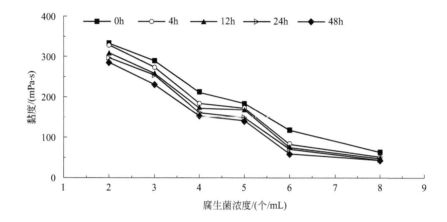

图 6-67　腐生菌对 5000mg/L 聚合物黏度的影响（横坐标表示 2.0×10^n）

（2）腐生菌对 700mg/L 聚合物黏度的影响

如表 6-71 和图 6-68 所示，700mg/L 聚合物黏度变化规律与 5000mg/L 聚合物黏度变化一致。配制在 0h，曲线中横向上腐生菌最大黏度损耗为 74.73%，当腐生菌浓度为 2.0×10^3 个/mL 时，曲线中纵向上最大黏度损耗为 33.74%。

⊡ 表 6-71　腐生菌对 700mg/L 聚合物黏度的影响

序号	腐生菌/(个/mL)	黏度/(mPa·s)				
		0h	4h	12h	24h	48h
1	2.0×10^2	28.1	25.3	21.3	19.3	17.4
2	2.0×10^3	24.3	22.1	21.4	18.6	16.1
3	2.0×10^4	15.7	14.3	13.2	13.4	10.1
4	2.0×10^5	12.7	11.3	10.1	9.5	7.6
5	2.0×10^6	9.0	7.2	6.3	4.3	2.2
6	2.0×10^8	7.1	4.3	3.5	2.2	1.4

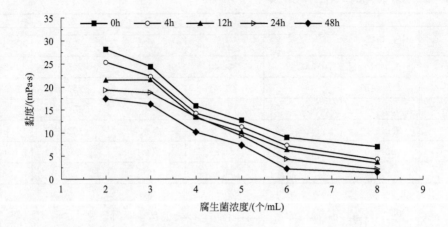

图 6-68　腐生菌对 700mg/L 聚合物黏度的影响（横坐标表示 2.0×10^n）

（3）腐生菌对 1000mg/L 聚合物黏度的影响

如表 6-72 和图 6-69 所示，1000mg/L 聚合物黏度变化规律与 5000mg/L 聚合物黏度变化一致。在 0h，曲线中横向上腐生菌最大黏度损耗为 81.37％，当腐生菌浓度为 2.0×10^3 个/L 时曲线中纵向上最大黏度损耗为 16.18％。

▣ 表 6-72　腐生菌对 1000mg/L 聚合物黏度的影响

序号	腐生菌 /(个/mL)	黏度/(mPa·s)				
		0h	4h	12h	24h	48h
1	2.0×10^2	48.3	45.1	43.3	40.3	38.6
2	2.0×10^3	34.6	33.6	32.7	30.4	29.0
3	2.0×10^4	25.1	23.1	20.4	19.3	18.8
4	2.0×10^5	18.4	16.2	14.5	12.6	10.0
5	2.0×10^6	14.4	13.4	12.4	11.6	10.3
6	2.0×10^8	9.0	7.2	5.3	4.3	2.3

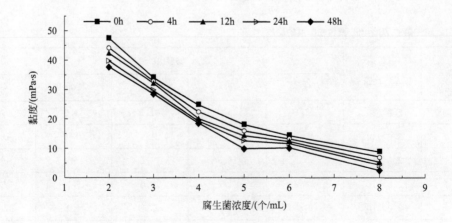

图 6-69　腐生菌对 1000mg/L 聚合物黏度的影响（横坐标表示 2.0×10^n）

通过三种浓度聚合物黏度随腐生菌含量变化曲线可以看出，黏度变化规律与室内评价结论一致，验证了室内结论的准确性。

6.3.1.6　铁细菌

现场取样的配注水铁细菌初始浓度为 $1.2×10^1$ 个/mL，利用室内培养的铁细菌对配注水进行浓度添加，现场共设计 $1.2×10^1 \sim 1.2×10^6$ 个/mL 5 个浓度梯度，分析黏度变化规律，检测周期为 $0 \sim 48h$ 5 个时间点。

（1）铁细菌对 5000mg/L 聚合物黏度的影响

如表 6-73 和图 6-70 所示，聚合物黏度随硫化物增加而降低，且随时间的延长继续降黏。在 0h 曲线中横向上铁细菌最大黏度损耗为 82.05%，当铁细菌浓度为 $1.2×10^3$ 个/mL 时曲线中纵向上最大黏度损耗为 47.31%。

表 6-73　铁细菌对 5000mg/L 聚合物黏度的影响

序号	铁细菌/(个/mL)	黏度/(mPa·s)				
		0h	4h	12h	24h	48h
1	$1.2×10^1$	347.2	325.5	319.8	316.5	310.2
2	$1.2×10^2$	308.7	299.5	284.4	277.1	256.8
3	$1.2×10^3$	217.3	198.3	165.2	143.4	114.5
4	$1.2×10^4$	128.5	118.5	108.5	98.4	96.5
5	$1.2×10^5$	106.2	99.1	87.2	84.7	80.2
6	$1.2×10^6$	62.3	55.4	46.4	34.8	30.2

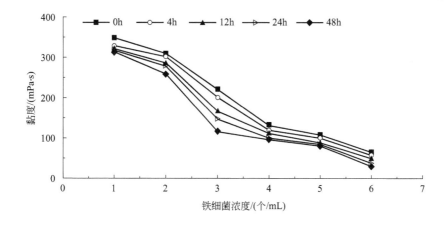

图 6-70　铁细菌对 5000mg/L 聚合物黏度的影响（横坐标表示 $1.2×10^n$）

（2）铁细菌对 700mg/L 聚合物黏度的影响

如表 6-74 和图 6-71 所示，700mg/L 聚合物黏度变化规律与 5000mg/L 聚合物黏度变化一致。在 0h，曲线中横向上铁细菌最大黏度损耗为 74.17%，当铁细菌浓度为 $1.2×$

10^3 个/mL 时曲线中纵向上最大黏度损耗为 35.60%。

◨ 表 6-74　铁细菌对 700mg/L 聚合物黏度的影响

序号	铁细菌 /(个/mL)	黏度/(mPa·s)				
		0h	4h	12h	24h	48h
1	1.2×10^1	24.0	23.1	22.3	21.2	20.2
2	1.2×10^2	22.2	21.3	19.3	17.5	15.4
3	1.2×10^3	17.7	15.3	13.3	12.3	11.4
4	1.2×10^4	12.3	11.4	11.2	9.3	9.2
5	1.2×10^5	8.1	7.3	6.7	5.1	5.3
6	1.2×10^6	6.2	5.3	4.8	3.2	2.4

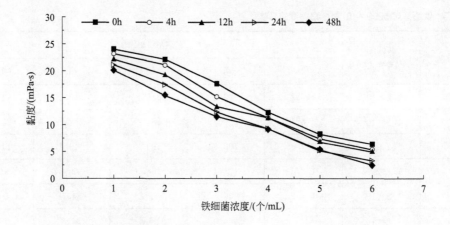

图 6-71　铁细菌对 700mg/L 聚合物黏度的影响（横坐标表示 1.2×10^n）

（3）铁细菌对 1000mg/L 聚合物黏度的影响

如表 6-75 和图 6-72 所示，1000mg/L 聚合物黏度变化规律与 5000mg/L 聚合物黏度变化一致。在 0h，曲线中横向上铁细菌最大黏度损耗为 83.40%，当铁细菌浓度为 1.2×10^3 个/mL 时曲线中纵向上最大黏度损耗为 18.23%。

◨ 表 6-75　铁细菌对 1000mg/L 聚合物黏度的影响

序号	铁细菌 /(个/mL)	黏度/(mPa·s)				
		0h	4h	12h	24h	48h
1	1.2×10^1	48.8	47.5	44.2	40.3	39.5
2	1.2×10^2	41.4	39.3	37.1	34.2	32.2
3	1.2×10^3	39.5	37.3	35.8	34.7	32.3
4	1.2×10^4	29.9	24.9	22.2	18.5	16.3
5	1.2×10^5	16.5	15.2	14.6	13.3	12.4
6	1.2×10^6	8.1	7.2	5.4	4.4	3.4

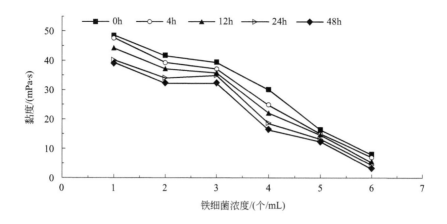

图6-72 铁细菌对1000mg/L聚合物黏度的影响（横坐标表示 1.2×10^{n}）

通过三种浓度聚合物黏度随铁细菌含量变化曲线可以看出，黏度变化规律与室内评价结论一致，验证了室内结论的准确性。

6.3.1.7　盐度

现场取样的配注水盐度初始浓度为4000mg/L，利用NaCl对配注水进行浓度添加，现场共设计4000～35000mg/L 8个浓度梯度，分析黏度变化规律，检测周期为0～48h 5个时间点。

（1）盐度对5000mg/L聚合物黏度的影响

如表6-76和图6-73所示，聚合物黏度随盐度增加而降低，但随时间的延长黏度变化不明显。

▫ **表6-76　盐度对5000mg/L聚合物黏度的影响**

序号	盐度/(mg/L)	黏度/(mPa·s)				
		0h	4h	12h	24h	48h
1	4000	382.5	375.2	371.1	374.5	375.2
2	5000	377.9	370.3	365.7	374.4	368.9
3	6000	355.9	342.1	333.7	340.4	338.4
4	7000	322.3	321.4	313.6	304.2	301.5
5	8000	264.2	259.2	254.2	255.4	254.3
6	11000	233.4	217.4	221.3	217.4	216.4
7	15000	195.8	184.3	195.2	185.8	182.2
8	20000	165.3	154.3	158.3	152.9	156.7
9	35000	157.8	151.7	155.6	149.1	149.2

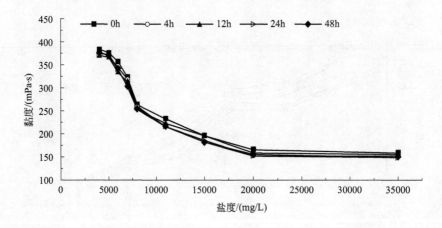

图 6-73　盐度对 5000mg/L 聚合物黏度的影响

（2）盐度对 700mg/L 聚合物黏度的影响

如表 6-77 和图 6-74 所示，浓度为 700mg/L 聚合物黏度随盐度变化规律与 5000mg/L 一致。

⊡ 表 6-77　盐度对 700mg/L 聚合物黏度的影响

序号	盐度 /(mg/L)	黏度/(mPa·s)				
		0h	4h	12h	24h	48h
1	4000	28.1	27.5	26.3	26.2	26.3
2	5000	28.1	27.3	27.1	26.3	26.1
3	6000	26.9	25.8	25.3	24.9	25.1
4	7000	25.2	24.5	23.0	24.5	23.3
5	8000	19.7	18.3	18.4	18.8	18.7
6	11000	18.3	18.8	17.4	17.6	16.4
7	15000	16.8	14.4	15.5	15.4	14.3
8	20000	14.4	13.4	12.5	12.4	12.4
9	35000	12.8	11.2	11.3	11.3	10.3

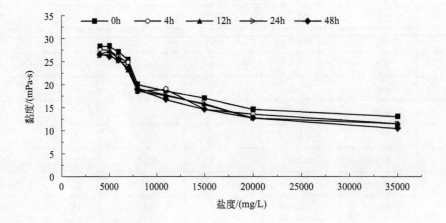

图 6-74　盐度对 700mg/L 聚合物黏度的影响

（3）盐度对 1000mg/L 聚合物黏度的影响

由表 6-78 和图 6-75 所示浓度为 1000mg/L 聚合物黏度变化规律与 5000mg/L 一致。

☐ 表 6-78　盐度对 1000mg/L 聚合物黏度的影响

序号	盐度/(mg/L)	黏度/(mPa·s)				
		0h	4h	12h	24h	48h
1	4000	44.8	42.5	43.4	43.5	43.3
2	5000	41.3	39.8	39.7	39.5	39.4
3	6000	39.9	38.7	36.9	38.5	38.1
4	7000	38.9	36.0	36.8	36.0	35.9
5	8000	32.6	30.4	31.1	31.8	30.3
6	11000	28.8	26.9	25.7	25.3	26.8
7	15000	26.5	24.7	24.3	24.3	24.4
8	20000	21.9	20.6	19.6	19.3	19.2
9	35000	19.2	17.5	18.4	18.5	18.8

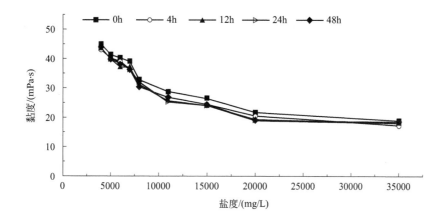

图 6-75　盐度对 1000mg/L 聚合物黏度的影响

通过三种浓度聚合物黏度随盐度含量变化曲线可以看出，黏度变化规律与室内评价结论一致，验证了室内结论的准确性。

6.3.1.8　氯离子（Cl⁻）

现场取样的配注水 Cl⁻ 初始浓度为 1100mg/L，利用 KCl 对配注水进行浓度添加，现场共设计 1100~5600mg/L 6 个浓度梯度，分析黏度变化规律，检测周期为 0~48h 5 个时间点。

（1）Cl⁻ 对 5000mg/L 聚合物黏度的影响

如表 6-79 和图 6-76 所示，浓度为 5000mg/L 聚合物黏度随 Cl⁻ 增加而降低，且随时间的延长黏度变化不大，证实 Cl⁻ 含量对聚合物黏度的影响为迅速降黏。在 Cl⁻ 含量为 2100mg/L 时，随着时间推移聚合物黏度从 0h 的 264.1mPa·s 降低到 48h 248.2mPa·s，随时间推移黏度变化不明显。

⊡ 表 6-79　Cl⁻ 对 5000mg/L 聚合物黏度的影响

序号	Cl⁻ 含量/(mg/L)	黏度/(mPa·s)				
		0h	4h	12h	24h	48h
1	1100	345.3	340.3	333.4	331.5	330.8
2	1600	287.3	273.4	278.3	269.5	267.3
3	2100	264.1	265.4	245.3	250.4	248.2
4	2600	250.1	244.2	238.3	241.1	232.7
5	3600	244.1	235.4	235.3	229.4	218.2
6	4600	187.1	175.2	172.3	181.1	176.7
7	5600	154.3	145.2	143.2	142.2	140.3

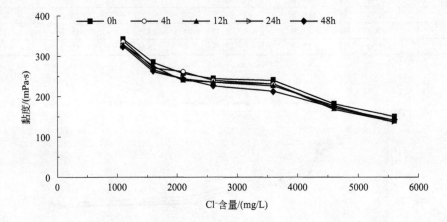

图 6-76　Cl⁻ 对 5000mg/L 聚合物黏度的影响

（2）　Cl⁻ 对 700mg/L 聚合物黏度的影响

如表 6-80 和图 6-77 所示，浓度为 700mg/L 聚合物黏度随 Cl⁻ 增加而降低，且随时间的延长黏度变化不大，证实 Cl⁻ 含量对聚合物黏度的影响为迅速降黏。在 Cl⁻ 含量为 2100mg/L 时，随着时间推移聚合物黏度从 0h 的 15.9mPa·s 降低到 48h 的 13.9mPa·s，随时间推移黏度变化不明显。

⊡ 表 6-80　Cl⁻ 对 700mg/L 聚合物黏度的影响

序号	Cl⁻ 含量/(mg/L)	黏度/(mPa·s)				
		0h	4h	12h	24h	48h
1	1100	23.6	22.2	21.9	22.6	21.7
2	1600	19.4	18.0	18.3	17.7	17.2
3	2100	15.9	14.2	13.7	15.3	13.9
4	2600	13.6	12.1	12.1	11.5	11.6
5	3600	13.0	11.3	10.4	10.7	10.0
6	4600	11.3	10.4	9.5	9.4	9.3
7	5600	8.8	7.2	6.9	7.0	6.3

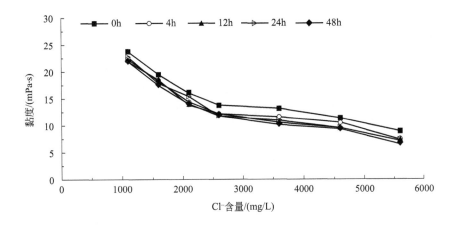

图 6-77 Cl⁻ 对 700mg/L 聚合物黏度的影响

（3） Cl⁻ 对 1000mg/L 聚合物黏度的影响

如表 6-81 和图 6-78 所示，浓度为 1000mg/L 聚合物黏度随 Cl⁻ 含量增加而降低，但随时间的延长黏度变化不大，证实 Cl⁻ 含量对聚合物黏度的影响为迅速降黏。在 Cl⁻ 含量为 2100mg/L 时，随着时间推移聚合物黏度从 0h 的 29.1mPa·s 降低到 48h 的 27.9mPa·s，随时间推移黏度变化不明显。

▣ **表 6-81** Cl⁻ 对 1000mg/L 聚合物黏度的影响

序号	Cl⁻ 含量/(mg/L)	黏度/(mPa·s)				
		0h	4h	12h	24h	48h
1	1100	51.4	48.5	49.8	48.8	48.8
2	1600	35.8	33.9	31.9	32.9	31.2
3	2100	29.1	28.4	28.6	28.3	27.9
4	2600	25.3	22.2	19.8	21.3	22.5
5	3600	23.9	22.0	21.5	21.2	20.0
6	4600	18.4	17.8	17.8	16.6	16.8
7	5600	15.3	14.8	13.3	13.0	12.3

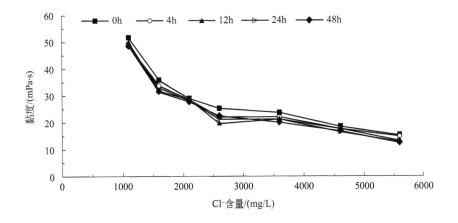

图 6-78 Cl⁻ 对 1000mg/L 聚合物黏度的影响

通过三种浓度聚合物黏度随氯离子含量变化曲线可以看出，黏度变化规律与室内评价结论一致，验证了室内结论的准确性。

6.3.1.9 矿化度

矿化度研究使用的是按照现场水质等比配制而成的溶液，现场配注水测出矿化度5500mg/L，现场共设计5500～25500mg/L 6 个浓度梯度，分析黏度变化规律，检测周期为 0～48h 5 个时间点。

（1）矿化度对 5000mg/L 聚合物黏度的影响

如表 6-82 和图 6-79 所示，浓度为 5000mg/L 聚合物黏度随矿化度增加而降低，但随时间的延长黏度变化不大，证实矿化度对聚合物黏度的影响为迅速降黏。在矿化度为5500mg/L 时，随着时间推移聚合物黏度从 0h 的 378.9 mPa·s 降低到 48h 356.4mPa·s，黏度损失率为 5.9%，由此可知随时间推移黏度变化不明显。

☉ 表 6-82 矿化度对 5000mg/L 聚合物黏度的影响

序号	矿化度/(mg/L)	黏度/(mPa·s)				
		0h	4h	12h	24h	48h
1	5500	378.9	368.5	363.2	356.1	356.4
2	6500	354.4	346.4	333.4	323.2	321.2
3	7500	334.1	328.5	325.6	320.5	318.9
4	8500	284.4	274.7	269.9	257.7	256.7
5	10500	234.1	224.5	220.6	238.8	216.1
6	15500	190.9	188.5	178.5	168.4	168.5
7	25500	168.4	156.9	154.5	148.6	145.3

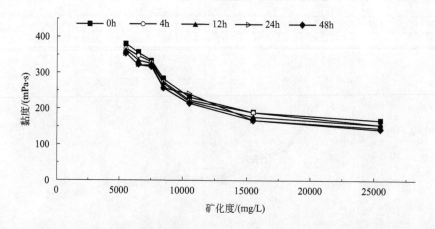

图 6-79 矿化度对 5000mg/L 聚合物黏度的影响

（2）矿化度对 700mg/L 聚合物黏度的影响

如表 6-83 和图 6-80 所示，浓度为 700mg/L 聚合物黏度随矿化度增加而降低，但随时间的延长黏度变化不大，证实矿化度度对聚合物黏度的影响为迅速降黏。

□ **表 6-83　矿化度对 700mg/L 聚合物黏度的影响**

序号	矿化度/(mg/L)	黏度/(mPa·s)				
		0h	4h	12h	24h	48h
1	5500	23.2	22.6	21.4	21.1	21.2
2	6500	22.1	21.8	20.6	20.5	19.7
3	7500	20.2	19.3	19.2	18.1	18.3
4	8500	19.1	18.8	17.6	17.5	16.7
5	10500	18.2	17.4	17.2	17.1	17.3
6	15500	16.3	15.2	17.5	15.5	14.6
7	25500	13.3	12.5	12.2	11.1	11.3

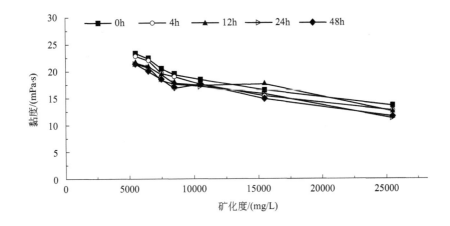

图 6-80　矿化度对 700mg/L 聚合物黏度的影响

（3）矿化度对 1000mg/L 聚合物黏度的影响

由表 6-84 和图 6-81 所示，浓度为 1000mg/L 聚合物黏度随矿化度增加而降低，但随时间的延长黏度变化不大，证实矿化度对聚合物黏度的影响为迅速降黏。在矿化度 5500mg/L 时，随着时间推移聚合物黏度从 0h 的 48.0mPa·s 降低到 48h 44.3mPa·s，黏度损失率为 7.7%，由此可知随时间推移黏度变化不明显。

□ **表 6-84　矿化度对 1000mg/L 聚合物黏度的影响**

序号	矿化度/(mg/L)	黏/(mPa·s)				
		0h	4h	12h	24h	48h
1	5500	48.0	47.5	45.6	44.4	44.3
2	6500	45.6	43.5	42.5	42.4	41.1
3	7500	40.3	39.5	38.5	39.5	35.7
4	8500	38.6	37.5	35.5	34.4	33.1
5	10500	35.3	33.5	32.5	30.5	31.7
6	15500	31.5	30.4	29.2	27.3	27.5
7	25500	24.3	23.2	22.6	21.5	21.4

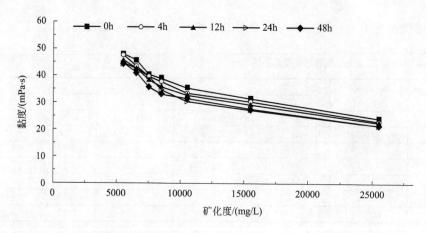

图 6-81 矿化度对 1000mg/L 聚合物黏度的影响

通过三种浓度聚合物黏度随矿化度含量变化曲线可以看出，黏度变化规律与室内评价结论一致，验证了室内结论的准确性。

6.3.1.10 含油量

取现场配注水测得含油量为 5mg/L，因此现场设计 5～55mg/L 5 个浓度梯度，分析黏度变化规律，检测周期为 0～48h 5 个时间点。

（1）含油量对 5000mg/L 聚合物黏度的影响

如表 6-85 和图 6-82 所示，浓度为 5000mg/L 聚合物黏度随含油量增加无明显变化，且随时间的延长黏度亦无变化，证实含油量对聚合物黏度的影响为不明显。

表 6-85　含油量对 5000mg/L 聚合物黏度的影响

序号	含油量/(mg/L)	黏度/(mPa·s)				
		0h	4h	12h	24h	48h
1	5	372.2	373.5	369.7	376.3	370.2
2	10	367.8	372.7	373.0	374.6	382.4
3	25	366.5	368.9	369.8	379.9	366.1
4	35	362.4	362.5	365.9	368.2	364.2
5	45	372.1	365.3	362.3	372.3	360.1
6	55	364.3	361.4	365.4	368.8	363.4

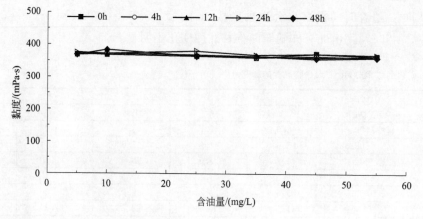

图 6-82 含油量对 5000mg/L 聚合物黏度的影响

（2）含油量对 700mg/L 聚合物黏度的影响

如表 6-86 和图 6-83 所示，浓度为 700mg/L 聚合物黏度随含油量增加无明显变化，且随时间的延长黏度亦无变化，证实含油量对聚合物黏度的影响为不明显。

⊡ 表 6-86　含油量对 700mg/L 聚合物黏度的影响

序号	含油量 /(mg/L)	黏度/(mPa·s)				
		0h	4h	12h	24h	48h
1	5	27.4	26.2	26.9	26.9	27.3
2	10	26.6	26.4	25.5	28.7	27.3
3	25	25.3	26.1	28.4	26.8	26.2
4	35	27.2	26.4	25.3	26.5	25.5
5	45	28.2	27.7	26.3	28.1	29.2
6	55	27.2	26.1	26.2	27.3	28.4

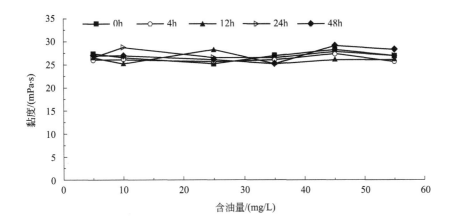

图 6-83　含油量对 700mg/L 聚合物黏度的影响

（3）含油量对 1000mg/L 聚合物黏度的影响

如表 6-87 和图 6-84 所示，浓度为 1000mg/L 聚合物黏度随含油量增加无明显变化，且随时间的延长黏度亦无变化，证实含油量对聚合物黏度的影响为不明显。

⊡ 表 6-87　含油量对 1000mg/L 聚合物黏度的影响

序号	含油量 /(mg/L)	黏度/(mPa·s)				
		0h	4h	12h	24h	48h
1	5	48.9	46.3	45.8	45.4	45.8
2	10	46.7	45.4	46.2	45.4	45.1
3	25	46.8	45.2	44.5	45.5	46.3
4	35	46.1	46.7	45.3	45.7	46.3

序号	含油量/(mg/L)	黏度/(mPa·s)				
		0h	4h	12h	24h	48h
5	45	48.8	47.4	46.3	45.9	46.4
6	55	47.3	46.3	47.3	45.2	45.3

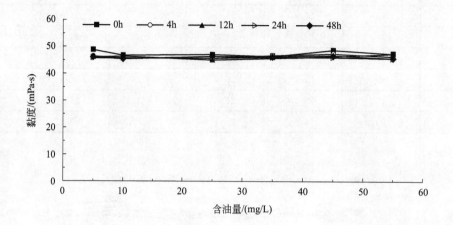

图 6-84 含油量对 1000mg/L 聚合物黏度的影响

通过三种浓度聚合物黏度随含油量变化曲线可以看出，黏度变化规律与室内评价结论一致，验证室内结论的准确性。

6.3.1.11 碱度

取现场配注水测得其碱度含量为 2500mg/L，采用 NaHCO₃ 对现场配注水进行投加碱度设定，现场共设计 2500～5000mg/L 5 个浓度梯度，分析黏度变化规律，检测周期为 0～48h 5 个时间点。

（1）碱度对 5000mg/L 聚合黏度的影响

如表 6-88 和图 6-85 所示，浓度为 5000mg/L 聚合物黏度随碱度增加无明显变化，且随时间的延长黏度亦无变化，证实碱度对聚合物黏度的影响为不明显。

表 6-88 碱度对 5000mg/L 聚合黏度的影响

序号	碱度/(mg/L)	黏度/(mPa·s)				
		0h	4h	12h	24h	48h
1	2500	372.2	373.5	369.7	376.3	370.2
2	3000	367.8	372.7	373.0	374.6	382.4
3	3500	366.5	368.9	369.8	379.9	366.1
4	4000	364.4	364.3	366.9	368.2	364.2
5	4500	372.1	365.3	362.3	372.3	361.1
6	5000	364.3	361.4	365.4	368.8	363.4

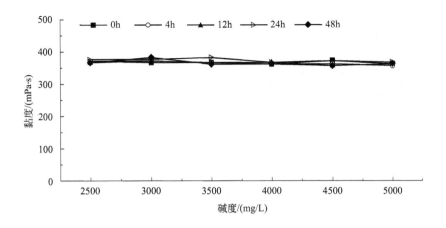

图 6-85 碱度对 5000mg/L 聚合物黏度的影响

（2）碱度对 700mg/L 聚合黏度的影响

如表 6-89 和图 6-86 所示，浓度为 700mg/L 聚合物黏度随碱度增加无明显变化，且随时间的延长黏度亦无变化，证实碱度对聚合物黏度的影响为不明显。

☑ **表 6-89 碱度对 700mg/L 聚合物黏度的影响**

序号	碱度/(mg/L)	黏度/(mPa·s)				
		0h	4h	12h	24h	48h
1	2500	26.6	26.4	25.5	28.7	27.3
2	3000	25.3	25.3	26.4	26.8	26.2
3	3500	27.2	26.4	25.3	26.5	25.5
4	4000	28.2	28.1	26.3	28.5	29.2
5	4500	27.2	26.1	26.2	27.3	28.4
6	5000	26.2	26.4	26.2	26.3	26.7

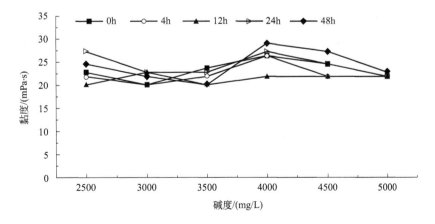

图 6-86 碱度对 700mg/L 聚合物黏度的影响

（3）碱度对 1000mg/L 聚合黏度的影响

如表 6-90 和图 6-87 所示，浓度为 1000mg/L 聚合物黏度随碱度增加无明显变化，且随时间的延长黏度亦无变化，证实碱度对聚合物黏度的影响为不明显。

⊡ 表 6-90　碱度对 1000mg/L 聚合物黏度的影响

序号	碱度 /(mg/L)	黏度/(mPa·s)				
		0h	4h	12h	24h	48h
1	2500	46.7	44.4	46.2	45.4	44.1
2	3000	46.8	45.2	44.5	45.5	46.3
3	3500	47.1	43.7	44.3	44.7	45.3
4	4000	47.9	47.4	46.3	45.9	46.4
5	4500	46.5	46.3	47.9	45.3	45.3
6	5000	46.3	45.3	46.2	42.2	45.9

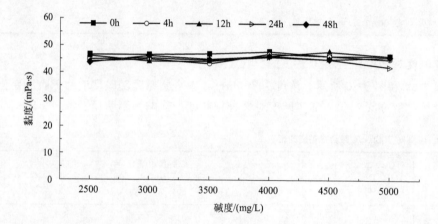

图 6-87　碱度对 1000mg/L 聚合物黏度的影响

通过三种浓度聚合物黏度随碱度含量变化曲线可以看出，黏度变化规律与室内评价结论一致，验证了室内结论的准确性。

6.3.1.12　钙离子（Ca²⁺）

取现场配注水测得其 Ca^{2+} 浓度为 28.9mg/L，采用 $CaSO_4$ 对现场配注水提供 Ca^{2+} 进行投加浓度设定，现场共设计 28.9～78.9mg/L 6 个浓度梯度，分析黏度变化规律，检测周期为 0～48h 5 个时间点。

（1）Ca^{2+} 对 5000mg/L 聚合物黏度的影响

如表 6-91 和图 6-88 所示，浓度为 5000mg/L 聚合物黏度随 Ca^{2+} 浓度增加无明显变化，且随时间的延长黏度亦无变化，证实 Ca^{2+} 对聚合物黏度的影响为不明显。

⊡ 表 6-91　Ca^{2+} 对 5000mg/L 聚合物黏度的影响

序号	Ca^{2+} 浓度 /(mg/L)	黏度/(mPa·s)				
		0h	4h	12h	24h	48h
1	28.9	381.4	395.6	377.4	386.2	381.8
2	33.9	368.8	365.1	379.9	388.2	390.1

序号	Ca²⁺ 浓度 /(mg/L)	黏度/(mPa·s)				
		0h	4h	12h	24h	48h
3	38.9	379.4	382.6	371.4	365.6	383.3
4	43.9	368.9	366.1	357.9	369.2	363.6
5	48.9	359.6	388.4	369.5	358.6	351.3
6	58.9	375.6	366.3	374.9	355.6	371.6
7	78.9	364.4	365.8	388.4	379.6	362.8

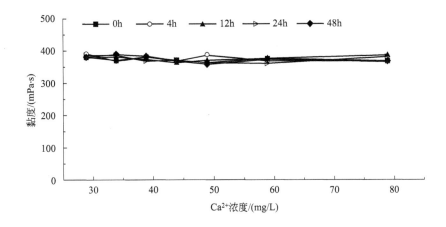

图 6-88 Ca²⁺ 对 5000mg/L 聚合物黏度的影响

（2） Ca²⁺ 对 700mg/L 聚合物黏度的影响

如表 6-92 和图 6-89 所示，随 Ca²⁺ 浓度增加无明显变化，且随时间的延长黏度亦无变化，证实 Ca²⁺ 对聚合物黏度的影响为不明显。

⊡ **表 6-92** Ca²⁺ 对 700mg/L 聚合物黏度的影响

序号	Ca²⁺ 浓度 /(mg/L)	黏度/(mPa·s)				
		0h	4h	12h	24h	48h
1	28.9	26.51	26.12	25.67	25.43	23.05
2	33.9	27.22	25.35	25.61	24.81	24.63
3	38.9	25.48	23.99	24.74	24.66	24.59
4	43.9	26.13	24.98	25.44	26.12	25.11
5	48.9	24.65	26.12	24.76	25.61	23.98
6	58.9	26.77	25.87	26.49	25.17	26.55
7	78.9	26.93	25.78	26.45	26.66	26.38

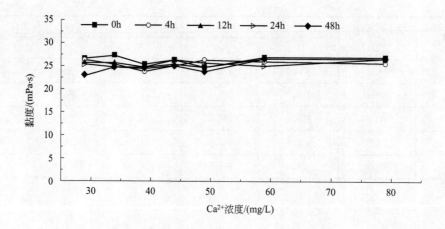

图 6-89 Ca²⁺ 对 700mg/L 聚合物黏度的影响

（3）Ca²⁺ 对 1000mg/L 聚合物黏度的影响

如表 6-93 和图 6-90 所示，浓度为 1000mg/L 聚合物黏度随 Ca²⁺ 浓度增加无明显变化，且随时间的延长黏度亦无变化，证实 Ca²⁺ 对聚合物黏度的影响为不明显。

⊡ **表 6-93 Ca²⁺ 对 1000mg/L 聚合物黏度的影响**

序号	Ca²⁺ 浓度 /(mg/L)	黏度/(mPa·s)				
		0h	4h	12h	24h	48h
1	28.9	49.62	48.88	44.62	50.11	48.35
2	33.9	47.77	49.65	48.23	48.25	47.69
3	38.9	45.68	46.77	48.99	49.56	47.23
4	43.9	46.87	47.69	48.86	48.75	47.69
5	48.9	49.55	48.76	46.83	46.99	47.61
6	58.9	48.65	47.69	46.82	46.67	47.85
7	78.9	47.81	46.86	47.24	49.37	47.99

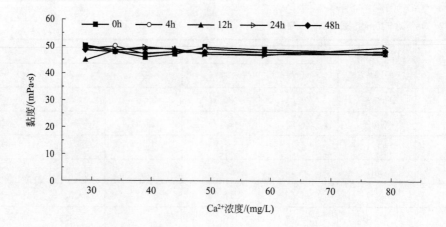

图 6-90 Ca²⁺ 对 1000mg/L 聚合物黏度的影响

通过对黏度变化曲线分析，三种浓度聚合物黏度与 Ca^{2+} 的浓度变化规律基本一致，均不随 Ca^{2+} 浓度增加而发生变化，亦不随时间的延长而发生变化，证实 Ca^{2+} 对聚合物黏度无影响，与室内评价结果一致。

6.3.2 配注水对聚合物黏度影响治理对策研究

根据研究结果，污水中的悬浮物、硫化物、Fe^{2+} 以及三种细菌（硫酸盐还原菌、铁细菌和腐生菌）对聚合物黏损影响较大；含油量虽然对聚合物的黏度影响不大，但是可能会包裹一些其他的物质会对黏度造成影响。这些因子都会影响聚合物的黏度，需要采取一定的措施进行控制。

总体上可以通过膜过滤技术处理进站污水，可去除污水中的悬浮物、部分硫化物以及降低三种细菌的含量，降低含油量；同时采用高效气浮技术，可降低悬浮物和含油量，对硫化物以及 Fe^{2+} 等具有好的氧化作用。

6.3.2.1 抑制或杀灭硫酸盐还原菌、铁细菌和腐生菌

对于硫酸盐还原菌、铁细菌和腐生菌可以通过以下措施进行抑制或杀灭。

① 可以通过提高杀菌剂的浓度改善杀菌的效果；

② 在进站污水和管线部位增设杀菌系统，可以是紫外杀菌、等离子杀菌或者催化氧化杀菌装置，有效地杀灭和控制细菌的滋生；

③ 针对精滤罐和熟化罐中产生的细菌，添加生态抑制剂进行控制，在控制细菌的同时可以减少硫化物产生以及降低腐蚀速度。

6.3.2.2 控制矿化度、盐度和氯离子对黏度的影响

矿化度、盐度和氯离子三者对于黏度的损耗，不是累加的关系，矿化度本身的组成成分中包含氯离子的含量，盐度中也体现了氯离子的含量，在大庆油田采油七厂的污水和地下油藏中，水中的盐度在 4000mg/L 左右，矿化度在 5000mg/L 左右。

三种因子的治理方法，通常是采用过滤渗透反渗透污水处理系统，去除来水中的氯离子和钠离子，从而有效地降低盐度、矿化度，虽然污水处理技术成熟，但是处理成本较高，在 4 元/吨左右。

但是需要注意的是即使地面系统对污水进行了处理，控制了三种因子的含量，但是地下的盐度和矿化度以及氯离子含量是不变的，所以提高聚合物的抗盐性是对抗这 3 种因子对聚合物黏度影响的关键。目前采油七厂所使用的聚合物为低分子抗盐聚合物，该聚合物已经预留出了盐度、矿化度和氯离子的黏度损失空间。

6.3.2.3 抑制羟基自由基（·OH）对黏度的影响

对聚合物黏度影响的因子中比较特殊的一个是·OH，其在水中的产生是瞬间发生的，其形成机制复杂，通常是 Fe^{2+} 和一些氧化剂瞬间发生的电子传递和氧化过程，如果有效地控制了 Fe^{2+} 的产生，可以抑制·OH 的产生，不用额外添加工艺和药剂。

如果要彻底地去除硫化物和 Fe^{2+}，可以通过添加臭氧处理设备或者投加氧化剂等方法，将其有效地去除，但处理成本较高。

6.4
注入管线对聚合物黏度损失的原因分析及治理对策研究

在聚合物配制和注入地层时，由于地面管线的剪切速率较大，会影响注入聚合物的黏度。因此，确定注入管线对聚合物黏度损失的原因，并加以改进对减小注入管线对聚合物的剪切具有重要的意义。

6.4.1 注入管线对聚合物黏度损失的原因分析

6.4.1.1 基于流体力学模拟的管道角度黏损分析

通过室内模拟不同角度下，聚合物溶液流动状态、应力分布等情况，利用 ANSYS Fluent 软件进行模拟分析，研究确定不同弯管角度 β 对聚合物黏度的影响。

（1）弯道模型的建立

弯管的模型使用 ANSYS DesignModeler 建立（图 6-91），已知弯管的直径 $D=50\text{mm}$，计算时弯管的其他参数选取如下：

弯管曲率 $R=D=50\text{mm}$；

进口直管段长度 $L_{\text{inlet}}=4D=200\text{mm}$；

出口直管段长度 $L_{\text{outlet}}=4D=200\text{mm}$；

弯管角度 β 取值分别为 45°、60°、90°、120°、150°及 180°，其中当 β 角度为 180°时表示是一段直管，这段直管模拟的长度为 400mm。

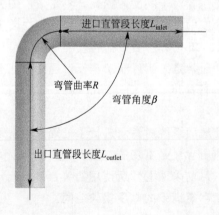

图 6-91 弯管各项基本参数

计算中需要模拟不同弯管角度 β 下的黏度损失，不同弯管角度的模型如图 6-92 所示：

（2）弯管室内模拟

使用 ANSYS Fluent 进行流动模拟前，需要先确定一些模型参数，如介质黏度模型及边界条件等。在这些模型参数确认后就可以对弯管进行黏度损失的分析。

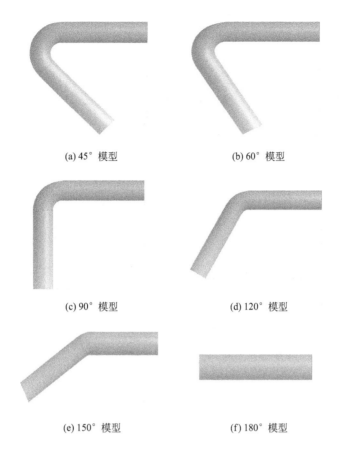

(a) 45°模型   (b) 60°模型

(c) 90°模型   (d) 120°模型

(e) 150°模型   (f) 180°模型

图 6-92　不同弯管角度的模型

（3）介质黏度模型选取

管内流动的介质是一种剪切稀化流体，也称为伪塑性流体。伪塑性流体是非牛顿流体的一种，与牛顿流体不同，其黏度不是常数，而是随着流体的应变率变化而变化。

常用的非牛顿流体模型有幂律（Power Law）模型，针对伪塑性流体的 Carreau 模型、Cross 模型和针对 Bingham 塑性流体的 Herschel-Bulkley 模型等；其中 Carreau 模型常用于伪塑性流体的黏度模型，因此选用 Carreau 模型来描述高分子聚合物的黏度变化。

1）模型参数的确定

Carreau 模型的黏度和应变率表达式如下：

$$\eta = H(T)\left[\eta_\infty + (\eta_0 - \eta_\infty)(1 + \gamma^2\lambda^2)^{(n-1)/2}\right] \tag{6-2}$$

式中　$H(T)$——温度对黏度的影响；

　　　　λ——时间常数；

　　　　n——幂指数；

η_0——零应变率时的黏度；

η_∞——应变率无穷大时候的黏度。

已知聚合物浓度为 700mg/L，摩尔质量为 7.0×10^6 g/mol，η_0 为 23mPa·s。参考夏惠芬的《黏弹性聚合物溶液的渗流理论及其应用》，η_∞ 取 5mPa·s。参考已知的黏度数据曲线来拟合当前参数条件下的聚合物黏度随应变率变化曲线，确定 $\lambda=1.902$，$n=0.4$。

2）边界条件的设置

在 ANSYS Fluent 中，设置进口速度边界通常是在进口位置设置一个均匀的速度，采用管道中心速度高的速度剖面形状。由于黏度损失与流动速度密切相关，在黏度损失计算前，将延长弯管进口端进行一次模拟。

均匀速度剖面如图 6-93 所示，充分速度剖面如图 6-94 所示。

图 6-93　均匀速度剖面　　　　　　　　图 6-94　充分速度剖面

如图 6-95 为进口延长后的弯管模型，延长段的长度为 2m。初次计算的时候，在最右端的进口边界上施加均匀速度 0.2829m/s，计算收敛后把实际边界的速度剖面保存下来作为后续计算使用的进口边界速度剖面。

充分速度剖面　　　　　　　　　　均匀速度剖面

图 6-95　进口延长后的弯管沿流向速度剖面变化

3）模拟结果

如书后彩图 2～彩图 5 所示，分别为弯管角度为 45°时管道的中剖面、进口和出口截面的黏度、应变率、速度及压力分布。

从进口直管段进入的充分发展的速度剖面，在经过弯管位置后出口直管段速度分布变得非常不均匀，靠近外侧管道的流速高，而靠近内侧的速度很小。

如书后彩图 6～彩图 9 所示，分别为弯管角度为 60°时管道的中剖面、进口截面和出口截面的黏度、应变率、速度及压力分布。

如书后彩图 6、彩图 7 所示，可以看到角度为 60°时，在弯管和出口直管段外侧位置流速较大而内侧位置流速较小，甚至出现漩涡，导致出口的黏度分布不规则。

如书后彩图 10～彩图 13 所示，分别为弯管角度为 90°时管道的中剖面、进口截面和出口截面的黏度、应变率、速度、压力以及流线分布。

从书后彩图 10、彩图 11 所示，经过弯头后出口管段的流速依然是不均匀的，出口截面的黏度分布也是不规则的。

如书后彩图 14～彩图 17 所示，分别为弯管角度为 120°时管道的中剖面、进口截面和出口截面的黏度、应变率、速度、压力以及流线分布。

如书后彩图 14、彩图 15 所示，弯管和出口管段内侧仍然存在较大的低速区域，但是高速区域开始有所扩散，从截面可以看到高速区域比 45°、60°和 90°要大，而出口截面的黏度变得更加不均匀。

如书后彩图 18～彩图 21 所示，分别为弯管角度为 150°时管道的中剖面、进口截面和出口截面的黏度、应变率、速度、压力以及流线分布。

当角度增大到 150°时，弯管处的速度剖面跟进口直管段比较相似，而低速区域向出口直管段移动，但是相对小角度的弯管，其流动高速区域较大，在出口截面处可以看到 U 字形的高速区域。

如书后彩图 22～彩图 25 所示，分别为弯管角度为 180°（直管）时管道的中剖面、进口截面和出口截面的黏度、应变率、速度、压力以及流线分布。

当角度为 180°时，实际上管道是一段 400mm 长的直管，因而剖面的速度分布与弯管的很不同，可以看到直管的进出口速度剖面、黏度分布基本上是一致的，因而进出口的黏度损失是很小的。而由书后彩图 22、彩图 23 可见，流线基本上是均匀的，可以看到直管段的压力从进口到出口段是线性减少的。

通过对不同弯管角度管线的黏度进行室内模拟，得出平均进、出口黏度，并计算出黏损。如表 6-94 所列。

⊡ 表 6-94　不同角度管线的黏度损失

弯管角度	进口平均黏度/(mPa·s)	出口平均黏度/(mPa·s)	黏损/%
45°	22.72	22.40	1.41
60°	22.72	22.51	0.92
90°	22.72	22.61	0.48
120°	22.72	22.67	0.22
150°	22.72	22.69	0.13
180°	22.72	22.71	0.04

根据表 6-94 可知，管道角度越大，聚合物的黏度损失越小。在设计管道时，在合理的条件下，应把管道的角度设计更大，会降低管道对聚合物的黏损。

6.4.1.2　注入管线降黏分析

根据现场注入井口黏度较低的现象，跟踪典型的 4 口注入管线黏度损失较大的注入井，通过对静混器及井口进行取样化验，确定注入管线始、末端还原性物质和三种细菌的含量变化，分析是否由于还原性物质和细菌滋生导致黏度损失。

根据表 6-95 可见，黏度损失较大的注入井管线始、末端三种细菌及硫化物滋生问题严重，结合室内评价及现场验证的单项因子对聚合物黏度的影响结论，确定造成注入管线黏度损失的主要原因为长期注入过程中，细菌及硫化物等还原性物质大量滋生造成生物降黏。

⊡ 表 6-95　注入管线始、末端还原性物质含量变化情况

取样点		硫酸盐还原菌 /(个/mL)	铁细菌 /(个/mL)	腐生菌 /(个/mL)	硫化物 /(mg/L)	黏度 /(mPa·s)
65-84	静混器	$1.0×10^3$	$1.5×10^3$	$2.5×10^3$	1.01	90.2
	井口	$2.5×10^4$	$3.0×10^5$	$2.0×10^4$	8.32	59.3
65-842	静混器	$2.0×10^3$	$2.0×10^3$	$1.5×10^3$	1.42	68.1
	井口	$3.5×10^4$	$3.5×10^4$	$3.0×10^5$	5.34	42.3
66-CS82	静混器	$1.2×10^3$	$1.0×10^4$	$1.0×10^3$	0.98	45.3
	井口	$1.0×10^6$	$2.5×10^5$	$1.0×10^7$	7.36	26.8
66-S832	静混器	$1.0×10^1$	$1.5×10^3$	$1.0×10^1$	0.55	15.6
	井口	$1.0×10^4$	$1.0×10^7$	$2.0×10^5$	6.11	5.4

6.4.2　注入管线对聚合物黏度损失的治理对策研究

针对注入管线还原性物质滋生问题开展治理对策研究。

6.4.2.1　高压污水清洗

高压污水清洗前后黏度及因子含量变化如表 6-96 所列。

⊡ 表 6-96　高压污水清洗前后黏度及因子含量变化

井号	黏损/%		SRB/(个/mL)		TGB/(个/mL)		FB/(个/mL)		硫化物/(mg/L)	
	清洗前	清洗后	清洗前	清洗后	清洗前	清洗后	清洗前	清洗后	清洗前	清洗后
66-S832	18.86	7.59	$1×10^4$	$1×10^1$	$2×10^5$	$1×10^1$	$1×10^7$	$1×10^4$	6.11	0.75
66-S822	26.19	10.43	$2.2×10^5$	$1×10^2$	$1×10^2$	$1.5×10^1$	$3×10^5$	$1.5×10^2$	4.22	0.30
65-CS82	21.95	11.82	$1×10^6$	$1.5×10^3$	$1×10^5$	$2×10^3$	$1×10^7$	$2×10^3$	7.36	0.25
65-85	18.75	9.6	$1.5×10^8$	$1.2×10^2$	$1.1×10^6$	$2.5×10^2$	$2×10^7$	$2.5×10^2$	11.75	0.96
66-842	12.97	9.05	$1.2×10^6$	$2×10^1$	$1×10^7$	$1×10^1$	$1×10^4$	$1.5×10^2$	1.62	0.32
平均值	19.74	9.69	$3×10^7$	$3.5×10^2$	$2.2×10^6$	$4.5×10^2$	$8×10^6$	$2.5×10^3$	4.87	0.52

在冲洗中，采取大排量、变压式冲洗，每 5min 进行一次排量由大到小再到大地调节，直至出口水与冲洗水水质一致为止，保证清洗效果。

实施高压污水清洗后，3 种细菌及硫化物含量大幅降低，注入管线黏损降低 10.02%，治理效果明显。

高压污水清洗可以直接将管壁上粘连的聚合物以及部分挂在管壁上的生物膜等进行有

效地冲刷，尤其是在聚合物黏损情况下是一个非常有效的办法。

6.4.2.2 化学清洗

在利用常规高压污水管线冲洗方式的同时，根据还原性物质成分开展化学冲洗技术研究，提高清洗效果。

利用井口拆卸的过滤器进行化学清洗室内评价，摸索确定化学清洗配方及实施方案。室内首先利用双氧水进行清洗，浓度设定为 0.06%、0.08%、0.12%、0.15%，反应时间为 5min、10min、15min、20min；实验表明 4 个浓度对管道影响的差异不大，在没有外力的作用下均不能使附着物脱落，但是在浸泡 10min 时均能够使附着物软化。

采用 0.06%、0.12%、0.15%双氧水清洗效果分别如书后彩图 26～彩图 28 所示。

室内又利用油田常用浓度为 0.3%的化学清洗剂进行清洗，同样跟踪 5min、10min、15min、20min 的清洗效果。浓度为 0.3%的清洗剂清洗效果并不理想，只有部分附着物被清洗掉。如书后彩图 29 所示。

最后室内采用 0.08%双氧水软化处理 10min 后，再进行清洗剂清洗的组合处理方案，跟踪清洗效果。如书后彩图 30 所示。

综上所述，组合的清洗方式清洗效果较好，能够清除大部分附着物，由于试验对象为井口过滤器，在过滤的作用下附着物比需要清洗的注入管线严重很多，为此，最终确定双氧水与化学清洗剂的组合清洗方式。

综合以上介绍，聚合物的黏度是保证聚合物驱油效率的关键，保证聚合物黏度是整个配注过程的核心任务。大庆油田采油七厂采用中低分抗盐聚合物进行驱油试验，配注模式采用污配污稀，在试验的过程中存在黏度损失问题。为摸清配注过程中黏度损失的原因，首先进行了配制污水对聚合物黏度影响的室内试验，在研究的 18 个影响因子中，Fe^{2+}、硫化物、悬浮物、硫酸盐还原菌、铁细菌、腐生菌是影响大庆油田采油七厂污配污稀工艺中聚合物黏度的主要影响因子。

对配制污水水质对聚合物黏度影响的研究结论进行了现场验证，悬浮物、Fe^{2+}、硫化物、硫酸盐还原菌、腐生菌、铁细菌、盐度、Cl^-、矿化度、含油量、碱度、Ca^{2+} 12 项因子作用下，聚合物黏度的变化规律与室内评价结论吻合较好。

针对室内研究和现场验证结果，提出了 3 种治理对策：

① 通过投加生态抑制剂、提高杀菌剂浓度、增设杀菌系统来抑制或杀灭硫酸盐还原菌、铁细菌和腐生菌；

② 采用过滤渗透反渗透污水处理系统降低污水中的氯离子、盐度和矿化度；

③ 通过添加臭氧处理设备或者投加氧化剂抑制羟基自由基对黏度的影响。

注入管道的角度越大，聚合物的黏度损失越小。设计管道时，在合理的条件下，应把管道的角度设计得更大，会降低管道对聚合物的黏损。同时，长期的注入过程中，细菌及硫化物等还原性物质大量滋生造成生物降黏，可以通过高压污水清洗和化学清洗管线来去除其中的还原性物质。

第 7 章

细菌对聚合物降黏的机制及效果研究

油田生产运行中，由于系统中细菌的存在对聚合物的黏度产生不利的影响。其中硫酸盐还原菌、腐生菌和铁细菌三种细菌对聚合物的黏度损失最大。为控制和杀灭这 3 种细菌，减轻其对驱油用聚合物的不利影响，本章将研究这 3 种细菌对聚合物降黏的机制，为现场实际生产运行的细菌抑制调控提供有效的理论支持。

7.1 生物作用对聚合物溶液黏度的影响

聚合物的降解主要分为机械降解、化学降解和生物降解 3 类[449]。

1）聚合物的机械降解

指聚合物在机械力的作用下产生的降解称为机械降解。

2）聚合物的化学降解

由于某些化学因素（氧、温度、残余杂质等）发生的氧化还原反应或水解反应，使聚合物分子链断裂或改变其结构，从而导致聚合物分子量的下降，黏度降低，甚至使聚合物溶液完全失去增黏性。

3）聚合物的生物降解

以前被认为是细菌的毒物，不发生生物降解。但后来研究认为，它也受细菌的作用而发生降解，特别是硫酸盐还原菌。但降解过程非常缓慢，一般需要几天的时间才可看到细菌的作用。

细菌水解聚丙烯酰胺的降解产物可作为细菌生命活动的营养物质，营养消耗的同时又会促进水解聚丙烯酰胺的降解。微生物降解聚丙烯酰胺的机理主要可分为生物物理作用、生物化学作用和酶直接作用 3 类。

1）生物物理作用

由于生物细胞增长使聚合物组分水解、电离或质子化而发生机械性破坏，分裂成低聚物碎片。

2）生物化学作用

微生物对聚合物作用而产生新物质。

3）酶直接作用

微生物侵蚀导致聚合物链断裂或氧化。实际上生物降解并非单一机理，而是复杂的生物物理、生物化学协同作用，同时伴有相互促进的物理、化学过程。

细菌和聚合物接触后并不立即进行分解反应，而要经过一段时间的诱导适应，通过活化使细菌经历了诱导适应过程后再与溶液中的聚合物接触，就会大大缩短诱导时间，使细菌获得新的分解能力或大大提高其分解能力。微生物的这种适应性在文献中曾有报道。微生物在降解过程中一方面以聚合物为营养源，产出降解聚合物的酶系而破坏聚合物结构，使链分解，聚合物黏度下降；另一方面，聚合物降解菌可以加快聚合物酰氨基水解，增加聚合物分子、聚合物链段间的排斥力，由于部分酰氨基水解生成羧基，微生物作用后聚合物溶液体系 pH 值下降。

7.2
细菌菌体对聚合物黏度的影响

细菌通过自身代谢消耗外界物质转化为内在物质，从而完成生长繁殖，也就是细菌本体代谢降黏过程。

本部分研究是在以聚合物为唯一碳源和氮源的情况下，利用采油七厂的配注污水进行三种细菌的提取及培养，与去离子水混合后配制成浓度 700mg/L、1000mg/L 的聚合物溶液，在温度为 4℃、20℃、30℃ 及 40℃ 条件下连续跟踪 0h、4h、12h、24h 及 48h 聚合物的黏度，分析细菌本体对聚合物的降黏作用。

7.2.1 硫酸盐还原菌对聚合物的影响

室内培养浓度为 10^6 个/mL 硫酸盐还原菌，连续跟踪其对 700mg/L、1000mg/L 聚合物溶液黏度的影响变化。

（1）硫酸盐还原菌对聚合物黏度的影响

硫酸盐还原菌在不同温度下对聚合物黏度的影响变化见表 7-1。

▣ 表 7-1　硫酸盐还原菌在不同温度下对聚合物黏度变化

聚合物浓度/（mg/L）	温度/℃	0h	4h	12h	24h	48h
700	4	52.15	52.25	51.83	52.64	51.7
	20	53.03	51.63	47.12	41.04	33.02
	30	52.44	49.32	43.43	36.66	22.21
	40	52.28	47.21	35.79	27.25	17.25

聚合物浓度/（mg/L）	温度/℃	0h	4h	12h	24h	48h
1000	4	76.21	76.01	75.56	76.23	75.98
	20	75.32	71.63	64.21	55.37	42.64
	30	75.22	68.42	61.12	49.41	35.23
	40	76.01	65.61	58.6	42.57	27.5

如图 7-1 所示，聚合物浓度为 700mg/L，当温度为 4℃时，硫酸盐还原菌活性较低，处于代谢缓慢状态，聚合物黏度变化不大，随着温度升高，硫酸盐还原菌代谢能力逐渐增强，黏度损失随之大幅增大；温度为 20℃时，黏度损失率为 37.7%；温度为 30℃时，黏度损失率为 57.6%；当温度为 40℃时，黏度损失率达到 67.0%。聚合物浓度为 1000mg/L 与 700mg/L 降黏规律基本一致，温度为 4℃时，聚合物黏度变化不大；温度为 20℃时，黏度损失率为 43.4%；温度为 30℃时，黏度损失率为 53.2%；当温度为 40℃时，黏度损失率达到 63.8%，数据证明硫酸盐还原菌降黏作用是发生在细菌代谢过程中，且随着温度升高降黏幅度增大。

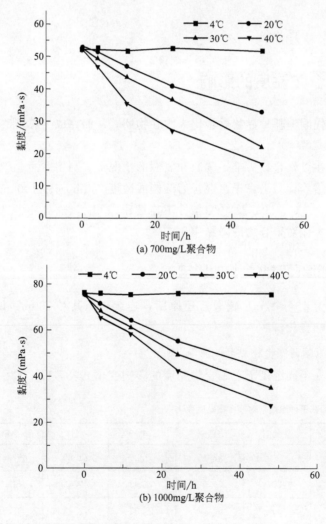

(a) 700mg/L聚合物

(b) 1000mg/L聚合物

图 7-1 不同温度下硫酸盐还原菌处理聚合物黏度的变化

（2）硫酸盐还原菌对聚合物空间结构的影响

为了更深入分析细菌降黏机理，选取 30℃ 条件下放置 48h 后的 700mg/L 聚合物样本，并配制相同条件下不加细菌的样品，放大 800 倍后检测降黏前后空间结构变化，分析细菌降黏机理。

高分子聚合物溶液（以下称聚合物溶液）由于分子线状主链及支链的相互缠绕，形成一定的空间网状结构，当受到外力时聚合物溶液的空间网状结构就会产生形变，在溶液内部储存能量，当外力去除时储存在溶液内部的能量立即释放，使溶液恢复原来的形态，因此聚合物溶液具有一定的黏弹性。聚合物溶液的黏弹性与聚合物分子量、分子量分布、支链数量与长短及聚合物溶液浓度等因素有关。通常情况下分子量越大、支链数量越多、长度越长、浓度越高，聚合物溶液的黏度越高。

从图 7-2 中可以看出在空白溶液中聚合物呈现空间网状结构，网状骨架清晰，呈现类"蜂窝煤"结构，骨架粗细均匀。空间特点为空间结构分布均匀，没有杂乱和不规则性。在温度为 30℃ 条件下，从硫酸盐还原菌作用 48h 后的聚合物空间结构照片可以看出，聚合物虽然仍呈现网状空间结构，但聚合物的骨架结构发生明显变化：一是聚合物空间网状结构分布均匀度下降，孔径分布不一；二是聚合物空间网链断裂和张开，空隙变大，主链骨架变得松散，使其储存能量的能力降低，从而导致黏度下降。

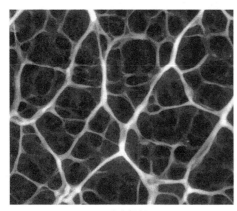 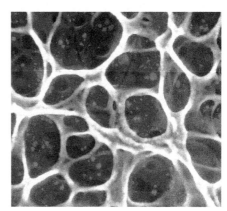

(a) 空白样品   (b) 细菌样品

图 7-2 硫酸盐还原菌处理后聚合物样品空间结构

（3）硫酸盐还原菌处理后聚合物红外光谱的分析

如图 7-3 所示为 SRB 处理前后聚合物红外光谱。对照组为去离子水配制的聚丙烯酰胺溶液，处理组为在聚丙烯酰胺溶液配制中加入 SRB 进行处理。从图 7-3 可以看出，SRB 处理后的吸收峰与处理前样品相比出现 $873cm^{-1}$ 和 $914cm^{-1}$ 处烯烃和芳烃的 C—H、$1030cm^{-1}$ 和 $1073cm^{-1}$ 处 C—O 以及 C—C 等不同。说明在处理后聚丙烯酰胺出现了断裂，猜测可能是侧链的 C—H 弯曲振动，或者是主链 C—O 伸缩振动或双键伸缩振动。

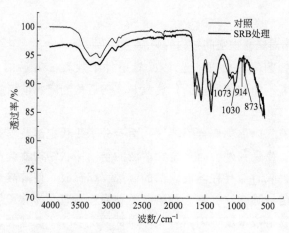

图 7-3 SRB 处理后聚合物溶液红外图谱

7.2.2 铁细菌对聚合物的影响

室内培养浓度为 10^6 个/mL 铁细菌，连续跟踪其对 700mg/L、1000mg/L 的聚合物溶液黏度的影响变化。

（1）铁细菌对聚合物黏度的影响

铁细菌在不同温度下对聚合物黏度的影响变化见表 7-2 和图 7-4。

□ **表 7-2 铁细菌在不同温度下对聚合物黏度的变化**

聚合物浓度/（mg/L）	温度/℃	0h	4h	12h	24h	48h
700	4	32.51	31.32	32.14	32.16	31.1
	20	31.43	28.67	23.71	18.23	12.67
	30	32.17	25.44	19.77	12.65	9.523
	40	32.33	22.11	17.21	9.425	7.382
1000	4	61.55	60.03	61.05	61.02	60.44
	20	61.34	56.63	48.34	39.33	28.47
	30	61.02	53.61	42.34	34.51	22.33
	40	61.43	51.55	37.32	27.64	15.63

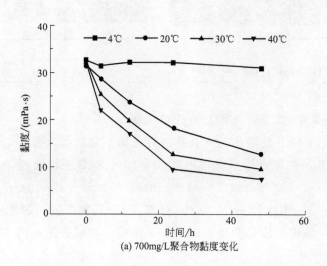

(a) 700mg/L聚合物黏度变化

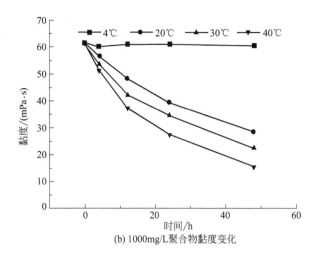

(b) 1000mg/L聚合物黏度变化

图7-4　不同温度下铁细菌处理聚合物黏度变化

铁细菌降黏规律与硫酸盐还原菌基本一致，但降幅略高，聚合物浓度为700mg/L，当温度为4℃时，聚合物黏度变化不大；温度为20℃时，黏度损失率为59.7%；温度为30℃时，黏度损失率为70.4%；温度为40℃时，黏度损失率达到77.2%。聚合物浓度为1000mg/L，温度为4℃时，聚合物黏度变化不大；温度为20℃时，黏度损失率为53.6%；温度为30℃时，黏度损失率为63.4%；温度为40℃时，黏度损失率达到74.6%。数据证明铁细菌降黏作用同样是发生在细菌代谢过程，且随着温度升高降黏幅度增大。

（2）铁细菌对聚合物空间结构的影响

为了更深入分析细菌降黏机理，同样观测聚合物空间结构变化。从图7-5中可以看出，聚合物溶液空间结构变化与硫酸盐还原菌基本一致，均呈现聚合物空间网状结构分布均匀度下降，空间网链断裂和张开，空隙变大，主链骨架变得松散等现象，使其储存能量的能力降低，从而导致黏度下降。

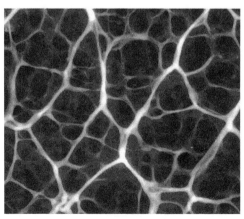

(a) 空白样品

图7-5

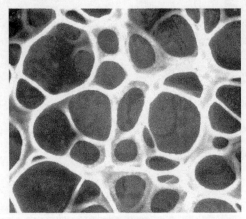

(b)细菌样品

图 7-5 铁细菌处理后聚合物样品空间结构

（3）铁细菌处理后聚合物红外光谱的分析

如图 7-6 所示为 FB 处理后聚合物红外光谱。对照组为去离子水配制的聚丙烯酰胺溶液，FB 处理组为在聚丙烯酰胺溶液配制中加入铁细菌进行处理。从图 7-6 可以看出，FB 处理后的吸收峰与处理前样品相比有 $782cm^{-1}$ 和 $845cm^{-1}$ 处 C—H、$1024cm^{-1}$ 处 C—H、C—O、C—X、C—C 的不同，说明这些区域主要包括 C—H 面外弯曲振动，C—O、C—X（卤素）等伸缩振动，以及 C—C 单键骨架振动等。

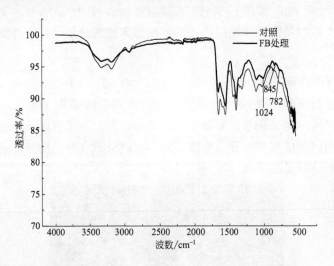

图 7-6 FB 处理后聚合物溶液红外图谱

7.2.3 腐生菌对聚合物的影响

室内培养浓度为 10^6 个/mL 腐生菌，连续跟踪其对 700mg/L、1000mg/L 的聚合物溶液黏度的影响变化。

（1）腐生菌对聚合物黏度的影响

腐生菌在不同温度下对聚合物黏度的影响变化见表 7-3。

聚合物浓度/（mg/L）	温度/℃	0h	4h	12h	24h	48h
700	4	63.31	63.51	62.98	63.81	62.16
	20	64.02	62.4	60.72	55.41	50.26
	30	63.72	61.32	57.24	52.11	45.39
	40	64.22	59.27	55.45	42.47	32.61
1000	4	103.5	103.9	103	104.1	103.5
	20	103.2	100.3	93.33	85.28	74.49
	30	103.8	95.44	84.46	76.23	63.55
	40	102.9	91.47	78.23	68.21	51.67

　　腐生菌降黏规律与铁细菌和硫酸盐还原菌基本一致，但降幅略低，聚合物浓度为 700mg/L，当温度为 4℃时，聚合物黏度变化不大；温度为 20℃时，黏度损失率为 21.5%；温度为 30℃时，黏度损失率为 28.8%；温度为 40℃时，黏度损失率达到 49.2%。聚合物浓度为 1000mg/L，温度为 4℃时，聚合物黏度变化不大；温度为 20℃时，黏度损失率为 27.8%；温度为 30℃时，黏度损失率为 38.8%；温度为 40℃时，黏度损失率达到 49.8%。数据证明腐生菌降黏作用同样是发生在细菌代谢过程，且随着温度升高降黏幅度增大（图 7-7）。

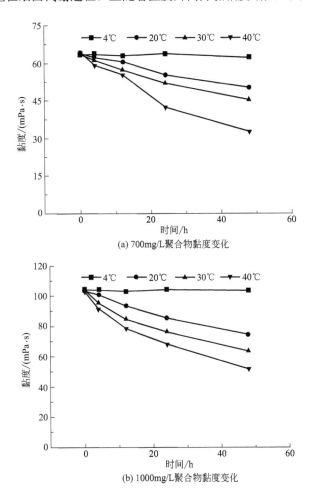

图 7-7　不同温度下腐生菌处理聚合物黏度变化

（2）腐生菌对聚合物空间结构的影响

如图 7-8 所示，聚合物溶液空间结构变化与硫酸盐还原菌及铁细菌基本一致，均呈现聚合物空间网状结构分布均匀度下降，空间网链断裂和张开，空隙变大，主链骨架变得松散等现象，使其储存能量的能力降低，从而导致黏度下降。

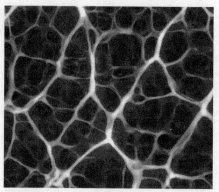

(a) 空白样品

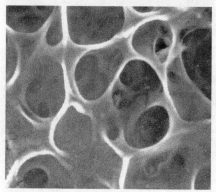

(b) 细菌样品

图 7-8　腐生菌处理后聚合物溶液空间结构

（3）腐生菌处理后聚合物红外光谱的分析

如图 7-9 所示为 TGB 处理后聚合物红外光谱。对照组为去离子水配制的聚丙烯酰胺溶液，TGB 处理组为在聚丙烯酰胺溶液配制中加入腐生菌进行处理。从图 7-9 可以看出，TGB 处理后的吸收峰与处理前样品相比有 $914cm^{-1}$ 处 C—H 不同、$1033cm^{-1}$ 和 $1074cm^{-1}$ 处 C—H、C—O 和 C—X 不同。说明该处 X—H 面内弯曲振动及 X—Y 伸缩振动，表明在处理后聚丙烯酰胺出现了断裂，猜测可能是侧链羧基断裂，也可能是主链的 C—C 骨架发生断裂。

7.2.4　细菌处理后聚合物 GC-MS 图谱分析

气相色谱法 - 质谱法联用（GC-MS）是一种结合气相色谱和质谱的特性，在试样中鉴别不同物质的方法，可以用于未知样品的测定。不同物质在不同的时间出峰，通过出峰时间和峰面积可以了解溶液中的有机物组成，能够在一定程度上反映出聚合物的分解情况。

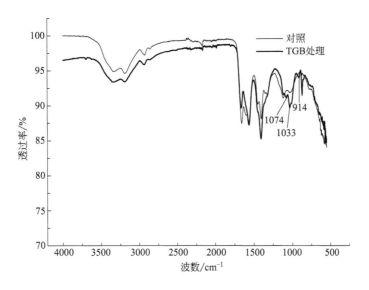

图 7-9 TGB 处理后聚合物溶液红外图谱

如图 7-10 所示为 3 种细菌处理后聚合物溶液 GC-MS 图谱,空白对照是不含细菌的聚合物溶液。

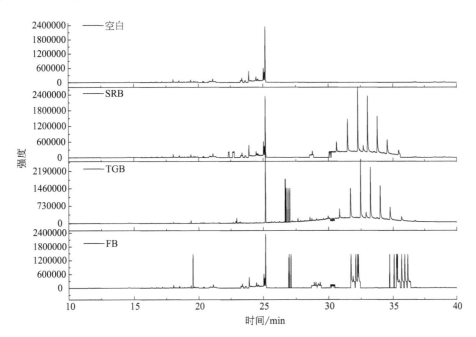

图 7-10 细菌处理后聚合物溶液 GC-MS 图谱

从图 7-10 中可以看出,3 种细菌的峰值出现与空白组存在显著差异性,说明经过 3 种细菌处理后聚合物溶液的有机物组成发生变化,3 种细菌利用聚合物将其部分降解,通过细菌的代谢产生了新的物质;从图 7-10 中的峰值的分布和出现的时间可以看出,主要聚合物的出峰位置没有发生变化,但是随着时间推移,空白组没有出现新的峰值,但在 3 种细菌都出现了不同的峰值,表明聚合物在细菌作用下发生了断链或分解,产生了新的有机物；同时，3 种细菌的峰值也存在一定的差异性，表明 3 种细菌对聚合物的分解存在差异，因此聚合物黏度损失率也不同，尤其铁细菌处理后的峰值与硫酸盐还原菌和腐生菌存在显著差异性，出峰位置较多，说明铁细菌对聚合物的分解能力更强。

通过以上的研究可知：

① 在细菌生长过程对聚合物溶液的影响研究中发现，随着温度的升高，3 种细菌造成的聚合物黏度的损失也越来越大，由于细菌的代谢能力在一定范围内随着温度的升高而升高，表明细菌代谢是引起聚合物黏度下降的主要原因，而细菌菌体并不导致聚合物黏度下降。细菌降黏反应时发生在细菌代谢过程中，如不发生代谢过程，即使高浓度细菌也不会产生降黏作用。

② 此外，通过 GC-MS 的结果可以看出经过 3 种细菌处理的聚合物溶液出现了大量有机物，这说明细菌生长对聚合物的原有结构具有破坏作用。

③ 此外，从细菌处理后的聚合物溶液空间结构和红外光谱分析可知，经过细菌处理后聚合物溶液中聚丙烯酰胺的空间结构发生了变化，出现了侧链和主链的断裂。

④ 在空间结构的分析检测中，可知细菌对聚合物溶液的影响主要是细菌附着在聚合物的骨架结构上，对聚合物的骨架进行破坏，进而导致聚合物的结构发生变化。

7.3
细菌代谢产物对聚合物黏度的影响

细菌在生长过程中将外源物质转换为细菌内源物质的过程中产生大量具有生物活性的物质，也就是细菌代谢产物，这些产物具有特殊的生物活性或者物理性质，能够与外界物质相互作用，进而影响物质的理化性质和结构。

有研究表明细菌的代谢产物对聚合物黏度影响很大[450-452]。铁细菌可以利用聚合物生长，是破坏聚合物黏度的主要微生物类群；硫酸盐还原菌不能直接利用大分子量聚合物，可以利用小分子或分子链断裂的聚合物生长；腐生菌或其代谢产物对聚合物黏度的影响很小。

因此为了评价细菌代谢产物是否会作用于采油七厂聚合物导致黏度下降，进行了室内评价试验。室内利用采油七厂的配注污水进行 3 种细菌培养后，用 $0.22\mu m$ 滤膜过滤，收集滤液，作为不同浓度的细菌代谢产物溶液，再与去离子水混合后配制成浓度 700mg/L、1000mg/L 的聚合物溶液，连续跟踪 0h、4h、12h、24h 及 48h 聚合物的黏度，分析细菌代谢产物的降黏作用。

7.3.1 细菌代谢产物组成分析

通过凝胶柱色谱、反相硅胶柱色谱及反相 HPLC、GC-MS、常规物质分析等方法对细菌的代谢产物进行分析检测，由于存在培养基的成分，需要进行对比检测，通过检测将代谢产物分为以下几类。

（1）有机类

通过对细菌培养基过滤后得到的滤液进行检测，对比扣除培养基成分，得到大量有机物质，包括醇类、氨基酸、酮类等，其中，硫酸盐还原菌代谢产物主要含硫氨基酸、Mannose（甘露糖）、2-甲基丙酸以及大量多聚糖体等；腐生菌代谢产物主要含乙酸、6-二十二烯酰胺、吡咯烷酮羧酸、L-2-氨-4-甲基戊酸等；铁细菌代谢产生草酰乙酸、正丁醇、戊酸甲酯、乙酸、3-羧基-2-丁酮、赖氨酸。以上几种成分中，很多成分如醇类、氨基酸、乙酸等都是细菌代谢的产物，有利于细菌的生长，证明了以聚合物为底物，3 种细菌是能够利用和转化的。

（2）盐类

通过无机离子检测等方式，对滤液分析得到的无机离子，对其分子组合进行检测。硫酸盐还原菌代谢主要产生硫代硫酸盐、硫化物等，其中，硫化物对聚合物黏度的影响较大，会造成聚合物黏度损失；铁细菌产生 $FeSO_4$、$Fe(OH)_3$ 等，其中，Fe^{2+} 对聚合物黏度的影响较大，少量即能导致聚合物黏度快速下降；腐生菌通常利用有机物进行代谢而不利用无机物，因此不产生盐类代谢产物。

7.3.2 硫酸盐还原菌代谢产物对聚合物黏度的影响

设定提取代谢产物的硫酸盐还原菌细菌浓度为 $10^2 \sim 10^6$ 个/mL 进行室内降黏试验，研究不同浓度的硫酸盐还原菌代谢产物对聚合物黏度的影响。

（1）硫酸盐还原菌代谢产物对聚合物黏度的影响

硫酸盐还原菌代谢产物对聚合物黏度的影响见表 7-4。

⊡ 表 7-4 不同浓度硫酸盐还原菌代谢产物对聚合物黏度的影响

聚合物浓度/（mg/L）	细菌浓度/（个/mL）	0h	4h	12h	24h	48h
700	空白	70.1	70.13	69.81	70.92	74.43
	10^2	36.57	36.23	36.18	35.05	33.27
	10^3	28.31	28.18	28.02	27.89	26.09
	10^4	25.33	24.24	24.01	22.55	21.46
	10^5	21.72	20.43	18.46	16.63	15.43
	10^6	18.54	18.2	17.89	16.11	14.34
1000	空白	123.6	121.4	123.1	121.1	121.6
	10^2	73.26	72.51	72.16	79.22	75.81
	10^3	57.23	56.11	54.62	53.18	53.32
	10^4	54.2	53.17	51.73	50.01	48.24
	10^5	52.28	50.45	48.89	45.46	43.11
	10^6	47.55	46.28	45.64	44.02	40.4

如图 7-11 所示，硫酸盐还原菌代谢产物会造成聚合物黏度下降，降黏反应随代谢产物浓度升高及时间延长而逐渐增大。聚合物浓度为 700mg/L 时，10^2 个/mL 的硫酸盐还原菌代谢产物造成的聚合物黏度损失率为 47.7%，10^6 个/mL 的硫酸盐还原菌代谢产物造成的聚合物黏度损失率为 73.5%；在聚合物浓度为 1000mg/L 时，10^2 个/mL 的硫酸盐还原菌代谢产物造成的聚合物黏度损失率为 40.4%，10^6 个/mL 的硫酸盐还原菌代谢产物造成的聚合物黏度损失率为 61.3%。

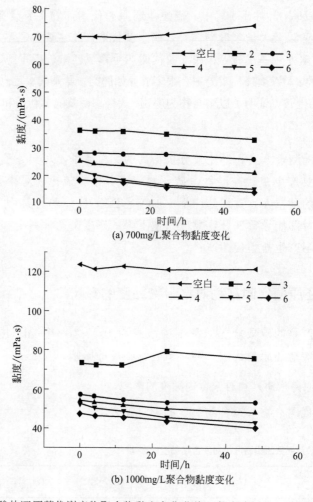

(a) 700mg/L聚合物黏度变化

(b) 1000mg/L聚合物黏度变化

图 7-11　不同浓度硫酸盐还原菌代谢产物聚合物黏度变化曲线　(数字表示为 10^n 的微生物代谢产物,下同)

（2）硫酸盐还原菌代谢产物对聚合物空间结构的影响

为了更深入分析代谢产物降黏机理，选取浓度为 10^6 个/mL 的硫酸盐还原菌代谢产物放置 48h 后的 700mg/L 聚合物样本，并配制相同条件下不加代谢产物的样品，放大 800 倍后，检测降黏前后空间结构变化，分析代谢产物降黏机理。

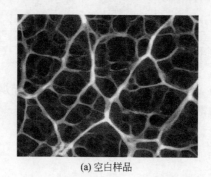

(a) 空白样品

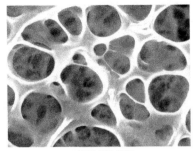

(b) 代谢产物样品

图 7-12 硫酸盐还原菌处理后聚合物样品空间结构

如图 7-12 所示，空白样品空间结构网状骨架清晰，骨架粗细均匀，没有杂乱和不规则性。加入硫酸盐还原菌代谢产物后，空间结构发生明显变化，破坏方式与细菌本体降黏基本一致，均呈现聚合物空间网状结构分布均匀度下降、空间网链断裂和张开、空隙变大、主链骨架变得松散等现象，使其储存能量的能力降低，从而导致黏度下降。

（3）硫酸盐还原菌代谢产物处理后聚合物红外光谱的分析

如图 7-13 所示为 SRB 代谢产物处理前后聚合物红外光谱。从图 7-13 可以看出，SRB 代谢产物处理后的吸收峰与处理前样品相比出现 $778cm^{-1}$、$868cm^{-1}$、$994cm^{-1}$ 处烯烃和芳烃的 C—H、C—O、C—X 以及 C—C 等不同。说明在该处 C—H 面内弯曲振动，C—O、C—X（卤素）等伸缩振动，以及 C—C 单键骨架振动等，由此可知，聚合物的主链和侧链发生破裂。

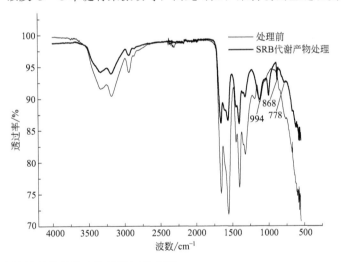

图 7-13 SRB 代谢产物处理前后聚合物溶液红外光谱

7.3.3 铁细菌代谢产物对聚合物黏度的影响

设定提取代谢产物的铁细菌细菌浓度为 $10^2 \sim 10^6$ 个/mL 进行室内降黏试验，研究不同浓度的铁细菌代谢产物对聚合物黏度的影响。

（1）铁细菌代谢产物对聚合物黏度的影响

铁细菌代谢产物对聚合物黏度的影响见表 7-5。

聚合物浓度 /（mg/L）	细菌浓度 /（个/mL）	0h	4h	12h	24h	48h
700	空白	70.1	70.13	69.81	70.92	74.43
	10^2	62.99	62.31	60.99	58.43	58.33
	10^3	55.41	53.36	50.41	46.21	44.91
	10^4	45.56	42.01	36.24	33.75	32.22
	10^5	30.26	27.42	22.56	21.51	20.38
	10^6	20.96	18.27	15.58	13.61	13.33
1000	空白	123.6	121.4	123.1	121.1	121.6
	10^2	113.1	110.5	107.8	106	104.1
	10^3	102	100.2	96.05	94.43	92.16
	10^4	88.18	84.31	80.36	75.84	74.43
	10^5	74.75	67.44	53.32	49.37	47.8
	10^6	50.07	45.21	38.23	33.79	28.49

如图 7-14（a）所示，铁细菌代谢产物会造成聚合物黏度下降，降黏反应随代谢产物浓度升高而逐渐增大，但随时间的延长降黏幅度变化不大。聚合物浓度为 700mg/L 时，10^6 个/mL 的铁细菌代谢产物造成的聚合物黏度损失率为 80.9%；在聚合物浓度为 1000mg/L 时，10^6 个/mL 的铁细菌代谢产物造成的聚合物黏度损失率为 76.8%。

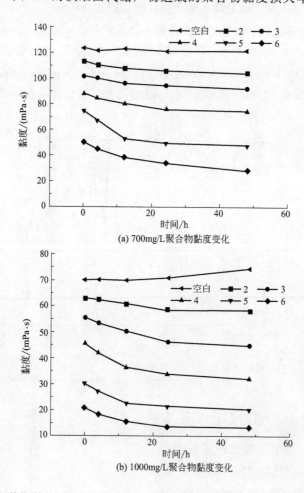

(a) 700mg/L聚合物黏度变化

(b) 1000mg/L聚合物黏度变化

图 7-14 不同浓度铁细菌代谢产物聚合物黏度变化（数字表示细菌代谢产物浓度数量级）

（2）铁细菌代谢产物对聚合物空间结构的影响

为了更深入分析代谢产物降黏机理，同样开展降黏前后空间结构变化检测。如图7-15 所示，加入铁细菌代谢产物后，空间结构变化与硫酸盐还原菌代谢产物基本一致，但空间网状结构破坏更加明显，空间网状结构分布更加不均匀，部分主链发生断裂，空间网链大面积张开，空隙变大，储存能量的能力大幅降低，从而导致黏度下降。

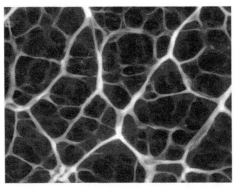

(a) 空白样品

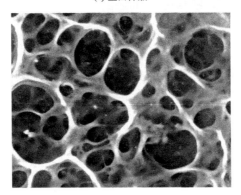

(b) 代谢产物样品

图 7-15　铁细菌代谢产物处理后聚合物溶液空间结构

（3）铁细菌代谢产物处理后聚合物红外光谱的分析

如图 7-16 所示为 FB 代谢产物处理前后聚合物红外光谱。从图 7-16 可以看出，FB 代谢产物处理后的吸收峰与处理前样品相比有 $981cm^{-1}$ 的 C—H 面外弯曲振动区、$1041cm^{-1}$ 处 C—H 面内弯曲振动及 X—Y 伸缩振动，说明聚合物溶液中的主链发生部分断裂，断裂位置猜测可能是 C—H 发生。

7.3.4　腐生菌代谢产物对聚合物黏度的影响

设定提取代谢产物的腐生菌细菌浓度为 $10^2 \sim 10^6$ 个/mL 进行室内降黏试验，研究不同浓度的腐生菌代谢产物对聚合物黏度的影响。

（1）腐生菌代谢产物对聚合物黏度的影响

腐生菌代谢产物对聚合物黏度的影响见表7-6。

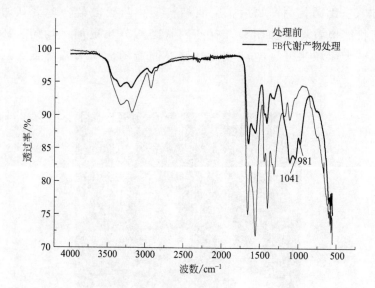

图7-16　FB代谢产物处理前后聚合物溶液红外图谱

▣ **表7-6**　不同浓度腐生菌代谢产物对聚合物黏度的影响

聚合物浓度 /（mg/L）	细菌浓度 /（个/mL）	0h	4h	12h	24h	48h
700	空白	70.1	70.13	69.81	70.92	74.43
	10^2	67.31	68.13	67.71	69.2	67.43
	10^3	66.72	67.13	66.97	67.3	67.03
	10^4	64.19	64.82	64.44	64.78	64.27
	10^5	60.92	60.57	60.23	60.89	60.12
	10^6	52.61	52.11	51.92	52.13	52.32
1000	空白	123.6	121.4	123.1	121.1	121.6
	10^2	115.3	114.6	115.7	115.2	114.3
	10^3	108.1	108.5	107.9	105.3	107.4
	10^4	105.9	105.2	105.5	104.9	105.3
	10^5	103.3	103.6	103.1	102.7	103.1
	10^6	98.33	97.58	98.37	98.04	98.2

如图7-17所示，腐生菌代谢产物会造成聚合物黏度下降，降黏反应随代谢产物浓度升高而增大，但随时间延长变化不大。聚合物浓度为700mg/L时，10^2个/mL（图中2）的腐生菌代谢产物造成的聚合物黏度损失率为3.8%，10^6个/mL（图中6）的腐生菌代谢产物造成的聚合物黏度损失率为24.8%；在聚合物浓度为1000mg/L时，10^2个/mL（图中2）的腐生菌代谢产物造成的聚合物黏度损失率为6.3%，10^6个/mL（图中6）的腐生菌代谢产物造成的聚合物黏度损失率为20.1%。

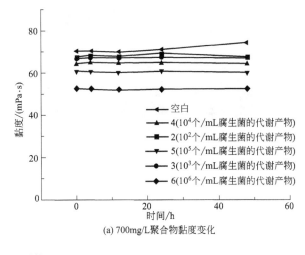

(a) 700mg/L聚合物黏度变化

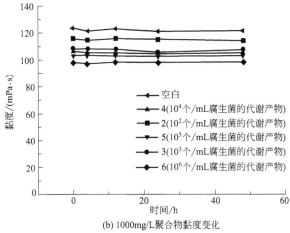

(b) 1000mg/L聚合物黏度变化

图 7-17　不同腐生菌浓度代谢产物聚合物黏度变化　(数字表示代谢产物浓度数量级)

（2）腐生菌代谢产物对聚合物空间结构的影响

如图 7-18 所示，加入腐生菌代谢产物后，空间结构变化与其他两种代谢产物规律基本一致，但空间网状结构破坏程度较小，只出现部分支链断裂、部分主链结构张开空隙变大，储存能量的能力在一定程度上降低，从而导致黏度下降。

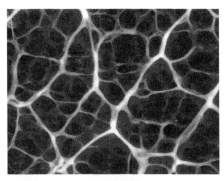

(a) 空白样品

图 7-18

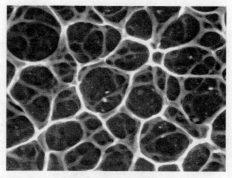

(b) 代谢产物样品

图 7-18 腐生菌代谢产物处理后聚合物溶液空间结构

（3）腐生菌代谢产物处理后聚合物红外光谱的分析

如图 7-19 所示为 TGB 代谢产物处理前后聚合物红外光谱。从图 7-19 可以看出，TGB 代谢产物处理后的吸收峰与处理前样品相比有 $1035cm^{-1}$ 和 $1341cm^{-1}$ 处 C—H 面外弯曲振动区、X—Y 伸缩振动，表明在处理后聚丙烯酰胺出现了断裂，猜测可能是主链的 C—C 骨架发生断裂。

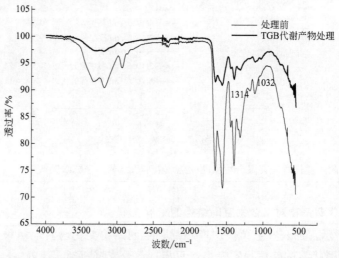

图 7-19 TGB 代谢产物处理前后聚合物溶液红外图谱

通过上面的研究我们可以获得以下信息：

① 通过对代谢产物的提取、实验，从研究中可知，硫酸盐还原菌、腐生菌、铁细菌 3 种细菌代谢产物均对聚合物溶液黏度有显著影响，造成聚合物溶液黏度损失，3 种细菌代谢产物作用效果的顺序为 FB＞SRB＞TGB。

② 从空间结构的分析中可以看出，细菌代谢产物对聚合物溶液结构的影响区别于细菌本身，细菌代谢产物对聚合物骨架的影响并不像细菌附着在聚合物骨架上那样，而是参与聚合物骨架的链接，改变了细菌骨架的组成。

③ GC-MS 和红外光谱分析中可以看出经过代谢产物作用后的聚合物溶液主链和支链均发生断裂。

④ 从代谢产物分子中发现，细菌的代谢产物主要是有机物质，如蛋白质、氨基酸等，

还有一些含 S 的氨基酸，以及乙酸等小分子有机物。

7.4
细菌活性对聚合物溶液黏度的影响

通过细菌本体及细菌代谢产物降黏分析可知，细菌降黏主要由细菌代谢过程及代谢产物降黏两部分组成，但根本原因是由细菌代谢造成的，因此如何准确反映细菌代谢能力是分析降黏的关键。细菌活性的定义是指细菌在生态环境中表现出的对污染物降解的能力，重点表现在受温度影响的蛋白酶的活性。因此，为了确定细菌活性是否已能够衡量细菌代谢能力，开展室内活性与聚合物降黏关系研究，同时分析影响细菌活性的关键因素，多方面掌握影响聚合物黏度的重要因素。

7.4.1 细菌活性与聚合物黏度的关系

室内利用现场污水分别培养 3 种细菌，与去离子水混合后配制 1000mg/L 的聚合物溶液，在保证单一细菌浓度不变的前提下，通过控制不同温度条件，连续跟踪 0~48h 黏度变化，并测定细菌活性值，分析细菌活性与黏损的关系。

细菌活性的计算：

$$U = \frac{D \times 10^3 \times (\Delta A_1 - \Delta A_2) \times V_t}{e \times V_s \times d \times h} \tag{7-1}$$

式中　D——稀释倍数，$D=1$；

ΔA_1——样品吸光度值变化；

ΔA_2——空白对照吸光度值变化量；

V_t——反应总体系；

e——摩尔吸光度值，依据检测细菌种类不同，$e(SRB)=2.598$；$e(TGB)=$ 2.765；$e(FB)=2.671$；

V_s——菌液体积；

d——比色皿光位；

h——时间。

其中，$D=1$；$d=1$；$V_s=100$；$V_t=110$。

7.4.1.1 硫酸盐还原菌活性与聚合物黏度

硫酸盐还原菌的活性与聚合物黏度的关系见表 7-7。

▫ 表 7-7　硫酸盐还原菌活性与聚合物黏度的关系

聚合物浓度 /（mg/L）	温度/℃	0h	4h	12h	24h	48h	黏损率 /%	活性
1000	4	83.84	83.01	84.23	83.27	82.97	1.0	0.412
	20	83.84	82.43	74.21	66.22	56.64	32.4	0.705
	30	83.84	81.96	69.62	59.91	48.28	42.4	0.812
	40	83.84	80.51	67.67	55.57	40.24	52.0	0.963

注：SRB 为 10^4 个/mL，表示硫酸盐还原菌的数量为 10^4 个/mL。

如图 7-20 所示，随着硫酸盐还原菌活性的增大，聚合物黏度损失率逐渐增大，在硫酸盐还原菌活性为 0.412 时聚合物黏度损失较小，在硫酸盐还原菌活性为 0.963 时聚合物黏度损失率为 52.0%。

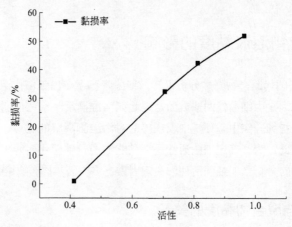

图 7-20 SRB 细菌活性与黏损率的关系

7.4.1.2　铁细菌活性与聚合物黏度

铁细菌的活性与聚合物黏度的关系见表 7-8。

表 7-8　铁细菌活性与聚合物黏度的关系

聚合物浓度 /（mg/L）	温度/℃	0h	4h	12h	24h	48h	黏损率/%	活性
1000	4	60.01	59.69	59.75	60.1	60.07	0.0	0.232
	20	60.01	58.86	47.53	38.21	26.39	56.0	0.641
	30	60.01	54.74	43.41	32.66	21.52	64.1	0.809
	40	60.01	52.15	38.33	26.56	15.01	75.0	0.927

注：FB 为 10^6 个/mL。

如图 7-21 所示，随着铁细菌活性的增大，聚合物黏度损失率逐渐增大，在铁细菌活性为 0.232 时，聚合物黏度损失较小，在铁细菌活性为 0.927 时，聚合物黏度损失率为 75.0%。

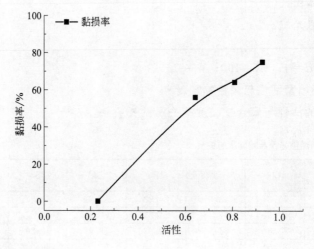

图 7-21 FB 细菌活性与黏损率的关系

7.4.1.3　腐生菌活性与聚合物黏度

腐生菌的活性与聚合物黏度的关系见表7-9。

☉ **表7-9　腐生菌活性与聚合物黏度的关系**

聚合物浓度/（mg/L）	温度/℃	0h	4h	12h	24h	48h	黏损率/%	活性
1000	4	106.2	105.9	106.4	106.3	106.4	0.0	0.182
	20	106.2	104.3	96.48	88.45	77.72	26.8	0.459
	30	106.2	103.1	87.24	81.01	68.54	35.5	0.667
	40	106.2	101.7	80.93	70.21	56.35	46.9	1.073

注：TGB 为 10^6 个/mL。

如图7-22所示，随着腐生菌活性的增大，聚合物黏度损失率逐渐增大，在腐生菌活性为0.182时聚合物黏度损失较小，在腐生菌活性为1.073时聚合物黏度损失率为46.9%。

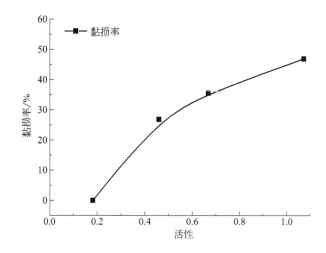

图 7-22　TGB 细菌活性与黏损率的关系

7.4.2　细菌活性影响因素分析

细菌的生命过程和它的生活环境有极为密切的关系，环境因素极大地影响着细菌的生长、繁殖和代谢。影响细菌活性的因素包括温度、pH 值及细菌营养物质等大量因素，种类繁多。在众多影响因素中与现场关系较大的因素为温度和营养物质，因此优选这两种因素进行室内研究分析。

7.4.2.1　温度对细菌活性的影响

室内利用现场污水培养3种细菌，在不同温度条件下，分别测定细菌活性值，分析温度对细菌活性的影响。不同温度下的细菌活性见表7-10。

☉ **表7-10　不同温度下的细菌活性**

细菌	温度/℃			
	4	20	30	40
硫酸盐还原菌	0.412	0.694	0.768	0.863
腐生菌	0.182	0.459	0.707	1.073
铁细菌	0.180	0.503	0.709	0.107

如图 7-23 所示，细菌活性随着温度的增加而增大。图 7-23 中，SRB 为 10^3 个/L，TGB 为 10^6 个/L，FB 为 10^6 个/L。但是不同细菌的活性随温度变化有较大不同，硫酸盐还原菌在温度较低的时候活性较其他两种细菌高，而在温度较高时活性较其他两种细菌低，说明温度的升高对 3 种细菌活性提升幅度有一定差异。

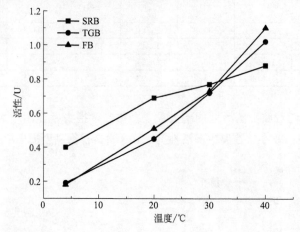

图 7-23 细菌活性与温度的关系

7.4.2.2 营养物质对细菌活性的影响

室内重点优选葡萄糖、乙酸及细菌培养基 3 种营养物质开展活性研究，葡萄糖能够被 TGB 和 SRB 等利用，乙酸主要被 SRB 和 FB 利用，SRB 培养基主要被 SRB 利用。首先利用现场污水提取 3 种细菌（硫酸盐还原菌浓度 10^3 个/mL，铁细菌浓度 10^2 个/mL，腐生菌浓度 10^4 个/mL），与去离子水混合后配制成 700mg/L 和 1000mg/L 聚合物溶液，分别添加浓度为 25mg/L 的 3 种营养物质，测定添加前后活性值，并连续跟踪 0～48h 黏损变化，分析营养物质与细菌活性、聚合物黏度的关系（表 7-11）。

表 7-11 不同营养物质与聚合物黏度及细菌活性的关系

聚合物浓度/(mg/L)	有机物种类	0h	4h	12h	24h	48h	活性值
700	空白	25.31	25.13	24.53	21.98	16.26	1.39
	葡萄糖	23.85	23.42	21.78	19.98	16.18	1.41
	乙酸	24.09	23.03	20.54	16.89	15.03	1.47
	SRB 培养基	23.25	22.12	19.2	16.76	12.34	1.54
1000	空白	57.32	55.47	53.98	52.58	41.53	1.40
	葡萄糖	56.45	55.53	53.21	51.01	41.17	1.42
	乙酸	55.54	54.68	52.47	50.56	38.78	1.50
	SRB 培养基	53.73	52.11	46.42	37.68	24.03	1.57

聚合物浓度为 700mg/L 时聚合物黏度的变化如图 7-24(a) 所示，营养物质的加入能够加快聚合物黏度的下降，加入葡萄糖后聚合物黏度损失率为 32.2%，加入乙酸后聚合物黏度损失率为 37.6%，加入 SRB 培养基后聚合物黏度损失率为 46.9%，聚合物黏损分别增加了 1.0%、6.4% 和 15.7%。

如图 7-24 (b) 所示，营养物质的加入能够加快聚合物黏度的下降，计算 48h 时的聚合物黏度损失，加入葡萄糖后聚合物黏度损失率为 27.1%，加入乙酸后聚合物黏度损失率为 30.2%，加入 SRB 培养基后聚合物黏度损失率为 55.3%，聚合物黏损分别增加了 2.1%、5.2% 和 30.3%。

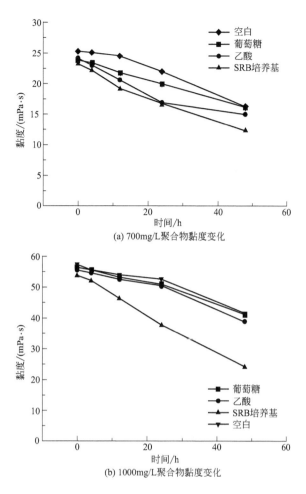

(a) 700mg/L聚合物黏度变化

(b) 1000mg/L聚合物黏度变化

图 7-24 营养物质与聚合物黏度的关系

如图 7-25 所示，加入葡萄糖、乙酸和 SRB 培养基的细菌活性依次升高，与聚合物的黏损增加结果一致，葡萄糖、乙酸各种微生物均能利用，乙酸更容易被 SRB 利用，而 SRB 培养基更有利于 SRB 的生长繁殖，因此推测现场配制的聚合物中硫酸盐还原菌对聚合物黏度影响较大。

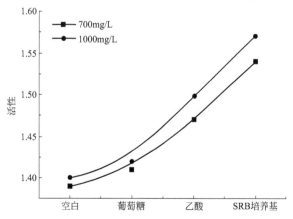

图 7-25 营养物质对细菌活性关系

综上所述，细菌活性与聚合物降黏反应存在直接关系，是衡量细菌代谢能力的关键指标，温度、营养物质等因素改变会影响细菌活性值；在降黏反应过程不含其他因素的影响下，细菌活性能够反映细菌代谢能力，可预判其对聚合物的影响，作为对聚合物黏度损失检测的辅助标准。

7.5
细菌之间的相互作用对聚合物黏度的影响

不同的细菌菌属之间可能存在着相互作用，一种菌属的生长代谢会对其他菌属的生长代谢存在促进、抑制或互不影响的作用。

由于现场配注污水中硫酸盐还原菌、铁细菌、腐生菌同时存在，为了弄清在细菌降黏反应过程中，三种细菌之间是否存在相互促进或抑制的降黏作用，通过开展室内多种细菌混合处理聚合物试验，确定细菌之间相互作用对聚合物黏度的影响，为现场试验细菌的调控提供支持。

室内试验利用去离子水与浓度均为 10^6 个/mL 的一种及多种细菌混合，配制 5000mg/L 聚合物母液，再稀释至 700mg/L 和 1000mg/L 聚合物溶液，连续跟踪 0h、4h、12h、24h 和 48h 聚合物黏度变化，分析细菌之间相互作用对黏度的影响规律。

7.5.1 硫酸盐还原菌与腐生菌相互作用对聚合物黏度的影响

由表 7-12 和图 7-26 可以看出，硫酸盐还原菌和腐生菌两种细菌混合后较单一细菌降黏幅度加大，但整体随时间变化规律与单一细菌相同，属于正常叠加降黏，不存在相互促进或抑制降黏作用。

▣ 表 7-12　硫酸盐还原菌与腐生菌混合黏度变化

聚合物浓度/（mg/L）	时间/h	0	4	12	24	48
700	SRB	53.03	51.63	47.12	41.04	33.02
	TGB	64.02	62.4	60.72	55.41	50.26
	TGB＋SRB	45.54	41.24	35.41	29.46	22.23
1000	SRB	75.32	71.63	64.21	55.37	42.64
	TGB	103.2	100.3	93.33	85.28	74.49
	TGB＋SRB	68.34	64.14	53.14	46.83	33.07

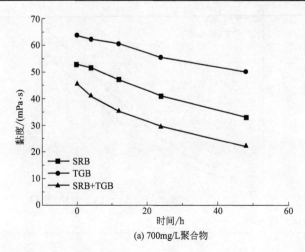

(a) 700mg/L聚合物

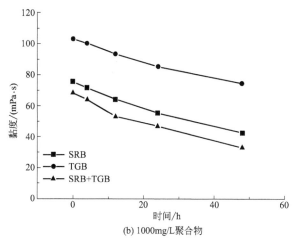

(b) 1000mg/L聚合物

图 7-26 硫酸盐还原菌与腐生菌相互作用降黏曲线

7.5.2 硫酸盐还原菌与铁细菌相互作用对聚合物黏度的影响

由表 7-13 和图 7-27 可以看出，硫酸盐还原菌和铁细菌两种细菌混合后较单一细菌降黏幅度加大，此外，随时间的延长降黏幅度进一步增大，不属于正常叠加降黏，而是存在相互促进降黏的反应。分析原因为硫酸盐还原菌代谢繁殖过程产生的硫离子会将 Fe^{3+} 转换成 Fe^{2+}：$2Fe(OH)_3 + S^{2-} \mathrel{\longequal} 2Fe(OH)_2 + S + 2OH^-$，产生的 S 可促进硫酸盐还原菌生长繁殖，而 Fe^{2+} 则被铁细菌利用转化成三价铁促进铁细菌繁殖：$4FeCO_3 + O_2 + 6H_2O \longrightarrow 4Fe(OH)_3 + 4CO_2$，形成的连锁反应导致两种细菌发生促进代谢降黏作用。

⊡ **表 7-13 硫酸盐还原菌与铁细菌混合黏度变化**

聚合物浓度/(mg/L)	时间/h	0	4	12	24	48
700	SRB	53.03	51.63	47.12	41.04	33.02
	FB	39.20	33.80	28.60	22.41	13.51
	SRB+FB	30.40	19.20	10.40	5.40	2.30
1000	SRB	75.32	71.63	64.21	55.37	42.64
	FB	61.34	56.63	48.34	39.33	28.47
	SRB+FB	55.39	33.53	24.54	17.11	10.86

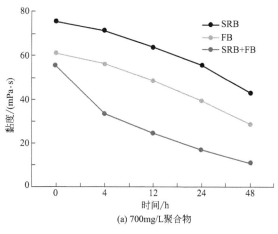

(a) 700mg/L聚合物

图 7-27

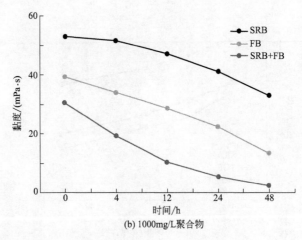

图 7-27 硫酸盐还原菌与铁细菌相互作用降黏曲线

7.5.3 铁细菌与腐生菌相互作用对聚合物黏度的影响

由表 7-14 和图 7-28 可以看出，两种细菌混合后较单一细菌降黏幅度稍有增加，且整体随时间变化规律与单一细菌相同，属于正常叠加降黏，不存在相互促进或抑制降黏作用。

□ **表 7-14** 铁细菌与腐生菌混合黏度变化

聚合物浓度/（mg/L）	时间/h	0	4	12	24	48
700	TGB	70.1	70.13	69.81	70.92	74.43
	FB	64.86	65.12	65.73	69.04	66.15
	TGB+FB	75.63	74.67	76.39	78.72	74.05
1000	TGB	103.2	100.3	93.33	85.28	74.49
	FB	61.34	56.63	48.34	39.33	28.47
	TGB+FB	58.23	56.31	48.75	36.83	26.21

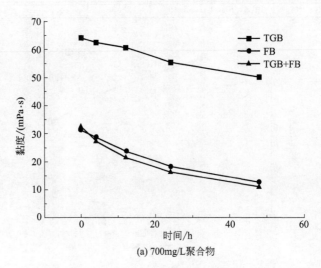

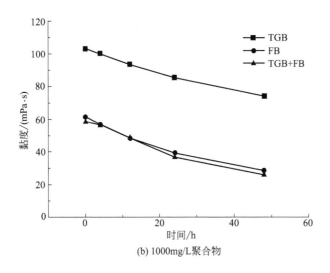

(b) 1000mg/L聚合物

图 7-28 铁细菌与腐生菌相互作用降黏曲线

在分析了硫酸盐还原菌、铁细菌和腐生菌 3 种菌相互作用对聚合物黏度的影响后，发现两种细菌相互作用会对聚合物黏度产生叠加影响。除了叠加影响外，硫酸盐还原菌与铁细菌存在一定程度的促进降黏作用，两种细菌相互作用会导致聚合物黏度损失的增大，在细菌降黏治理中应作为重点控制对象。

本章总结如下：

① 细菌的代谢是引起聚合物黏度下降的主要原因，而细菌菌体并不导致聚合物黏度下降。细菌降黏反应时发生在细菌代谢过程中，如不发生代谢过程，即使高浓度细菌也不会发生降黏作用。

② 细菌的活性是衡量细菌代谢能力的关键指标，温度、营养物质等因素改变会影响细菌活性值，在不含其他因素的影响下细菌活性能够反映细菌代谢能力，可预判其对聚合物的影响，作为对聚合物黏度损失检测的辅助标准。硫酸盐还原菌、铁细菌、腐生菌代谢产物对聚合物黏度影响的顺序为：FB＞SRB＞TGB。

③ 细菌生长代谢的过程中会破坏聚合物的主链和支链，导致原油结构发生改变，具体表现为聚合物黏度发生变化。

④ 硫酸盐还原菌、铁细菌和腐生菌 3 种菌其中任意两种菌相互作用，除了叠加影响外，硫酸盐还原菌与铁细菌存在一定程度的促进降黏作用，两种细菌相互作用会导致聚合物黏度损失的增大，在细菌降黏治理中应作为重点控制对象。

第8章

聚合物黏损生态调控技术及应用效果

8.1
抗盐聚合物驱开发现状

聚合物广泛应用于我国各油田的石油开采领域，在钻井液、驱油、酸化压裂、防垢阻垢和堵水调剖中发挥着重要的作用[453]；其中聚合物在三次采油技术中扮演着重要的角色，对于提高原油采收率、促进我国石油产业的发展具有重要意义。

聚合物在驱油中展现出良好的增稠性能，但是其溶液黏度对温度和盐度非常敏感，在高温高盐环境中溶液的保留黏度很低。并且随着聚合物驱规模的逐年扩大，驱油用聚合物配制水质和地下工作条件逐渐变差，采用常规的聚合物配注难以达到预期的技术经济效果。

为了保持聚合物的黏度，保证聚合物驱的正常使用，保障油田的正常生产，提高聚合物的抗温和耐盐性能十分必要。

为了解决聚合物溶液的耐温耐盐问题，从分子结构的角度提出了合成聚合物的研究方向。聚合物抗盐能力的提高主要依靠以下几点：

① 提高聚合物分子链刚性。聚合物分子链刚性的加大可以增加聚合物分子链在溶液中的均方旋转半径 R，增强聚合物分子间的缠结、加大碰撞的作用力，增大其在溶液中的流动阻力；同时分子链刚性的提高可以使聚合物分子在盐水中分子内卷曲和缠结趋势下降，降低聚合物的盐敏性，从而提高聚合物的抗盐能力；分子链刚性的提高还可以增强聚合物抵抗机械降解的能力，增大聚合物溶液的井口注入黏度。

② 提高聚合物分子链上的电荷强度。在功能单体分子中引入—SO_3^-、—COO^-等负离子基团，增加聚合物分子链内的静电排斥力，增大分子链的伸展性，有助于进一步提高聚合物的增黏性。

③ 增强聚合物的结构黏度。增加聚合物的结构黏度的方法主要有提高聚合物分子间静电引力、使分子间产生氢键及分子间的范德华力等。

目前油田中常用的抗盐驱油用聚合物主要有以下几种。

（1）疏水缔合水溶性聚合物

由于其结构特性，在外加盐的作用下更有利于分子间发生缔合形成网状超分子结构[454]。按来源的不同，疏水缔合水溶性聚合物可以分为疏水缔合改性羟乙基纤维素类（HMHEC）、疏水改性脲烷类（HEUR）、疏水改性聚氧乙烯类（HMPEO）、疏水缔合碱溶性乳液（HASE）、疏水缔合改性聚丙烯酰胺（HMPAM）等。

（2）梳形聚合物或星形聚合物

这是一种高度支化且没有形成交联的水溶性聚合物。由于聚合物具有高度支化的链结构，增加了水动力学体积，并且在较强离子强度条件下分子链的水动力学体积不会减小，增加了耐盐性。使用含支化结构的疏水单体如甘油长链烷基酯进行疏水改性可以得到梳形聚合物；使用二异氰酸或多官能异氰酸酯改性可以合成星形结构的聚合物。

（3）两性离子聚合物

分子链上带有正负两种电荷基团的水溶性高分子，一般仅带有较低的电荷密度。通过分子设计让少量的正负两种电荷合理分布到分子链上，聚合物在水溶液中由于正负离子的相互吸引而使分子链收缩，当加入小分子盐时，由于反离子作用，压缩双电层，吸引力减弱，聚合物链逐渐得到伸展，其水溶液黏度不降反升，表现出十分明显的"反聚电解质"效应。

（4）含功能基团的水溶性聚合物

在聚合物分子链上引入功能性基团，如刚性基团或磺酸基团。

（5）超高分子量的部分水解聚丙烯酰胺

虽然在高温高盐环境中，聚合物分子链由于盐敏性会发生塌陷，引起水动力学体积的降低，但是通过增加聚合物的分子量，增加分子链长，则有助于增加溶液的黏度。在抗盐聚合物的研究及应用过程中，通过增加聚合物分子链长即应用2500万以上的超高分子量聚合物提高了污水聚合物体系的黏度和黏弹性，已经在大庆油田上成功应用，解决了大庆油田主力油层污水聚合物驱问题，典型区块获得了采收率15%提高的显著效果。

通过表8-1可以看出，中低分子量聚合物表现出明显的耐盐增黏性能。通过较强分子间相互作用形成分子间聚集，从而使流动单元的流体力学体积明显增加，是中低分子量抗盐聚合物的增黏和抗盐机理之一。

在二、三类油层污水聚驱室内实验研究过程中，红外分子结果表明中低分子量抗盐聚合物在分子结构组成上区别于常规聚合物和2500万以上超高分子量聚合物，在宏观溶液黏度随矿化度升高的变化规律上，中低分子量抗盐聚合物表现出高矿化度下有较高的黏度保留率。

几种抗盐聚合物性能比较见表8-1。

☐ 表8-1 几种抗盐聚合物性能比较

类型	增黏性	滤过性	稳定性	耐盐性
疏水缔合聚合物	较好	一般	较好	好
两性聚合物	一般	好	一般	一般
星形或梳形聚合物	好	较差	一般	较好

类型	增黏性	滤过性	稳定性	耐盐性
超高分子量聚合物	好	好	一般	差
含中低分子量抗盐单体的聚合物	一般	好	好	好

8.1.1 试验区块简介

试验区位于大庆油田第七采油厂葡北二断块葡 65-84 井区，开发层位为葡Ⅰ组油层，该油层为一套细粒砂岩与灰绿色粉砂质泥岩组合，油层中部深度 1101m，砂体整体上呈近南北向展布。试验区含油面积 0.91km²，地质储量 100.75×10⁴t，注采井网为 150m×150m 井距五点法面积井网，平均单井钻遇砂岩厚度 13.6m，有效厚度 9.5m。聚驱对象主要为空气渗透率 150×10⁻³μm² 以上油层，且砂体注采关系完善，地质储量 90.33×10⁴t，平均单井射开砂岩厚度 11.2m，有效厚度 8.5m，平均空气渗透率 304×10⁻³μm²，有效渗透率 105×10⁻³μm²，有效孔隙度 23.6%，孔隙体积 182.65×10⁴m³。原始地层压力 10.8MPa，饱和压力 6.28MPa，油层中部温度 47.4℃，原始气油比 45m³/t，地层水为 NaHCO₃ 型，总矿化度为 8230.2mg/L。

8.1.2 开发历程

试验区于 1980 年投入开发，经历了以下 5 个开采阶段。

(1) 1980~1987 年，基础井网开采阶段

采用 600m×600m 反九点法面积井网，共投产油井 2 口，井网密度 1.53 口/km²，1982 年产油量达到峰值 2.58×10⁴t，之后产量进入递减阶段，到一次加密调整前，1987 年年产油量下降到 0.79×10⁴t，年均含水上升到 45.66%。

(2) 1988~1994 年，一次均匀加密调整阶段

针对井网稀、油层动用状况差、油田产量递减快等问题，采用井间加井、排间加排的方式，开展了一次加密调整，井网仍以反九点法面积井网为主，井距由 600m 缩小到 300m，共投产一次加密油井 10 口，井网密度由 1.53 口/km² 增大到 9.16 口/km²，1992 年产量上升到 1.75×10⁴t，年均含水 48.30%，采油速度由 0.48% 提高到 1.07%，到二次加密调整前，1994 年年产油 1.12×10⁴t，年均含水 63.85%。

(3) 1995~2013 年，二次非均匀加密调整阶段

一次加密调整后，油田开发效果得到一定的改善，但由于葡北二断块以水下窄小分流河道砂沉积为主，井网对砂体的控制程度仍然较低。1995 年、2011 年采用对角线中心加密方式，进行了二次非均匀加密调整，井网仍采用反九点法面积井网，井距由 300m 缩小到 212m，共投产二次加密井 11 口，配合加密转注老油井 3 口，加密调整后油水井数比为 2.3:1，井网密度达到 17.6 口/km²，水驱控制程度提高到 83.4%，2013 年年产油 0.79×10⁴t，年均含水 93.27%。

（4）2014年5月～2015年7月，聚合物驱井网调整阶段

2014年5月～6月新钻聚合物驱采出井31口，11月份注采井陆续投产，井网为五点法面积井网，转注老油井11口，井网调整后，共有注采井54口，其中，注入井18口，采出井36口，注采井距150m。调整后井网密度达到41.2口/km²，水驱控制程度由83.4%提高到92.4%。经过井网加密调整，2014年12月～2015年7月为聚驱试验空白水驱阶段。

（5）2015年8月至今，开始聚驱开发阶段

从含水阶段变化上，可划分为未见效期、含水下降期、含水低值期。

① 未见效期（2015年8～10月）：该阶段实施聚驱初期注入，油井尚未受效。

② 含水下降期（2015年11月～2016年11月）：该阶段采出井逐渐受效，含水呈下降趋势，由95.7%下降到91.6%，下降了4.1个百分点，阶段增油1.31×10⁴t。

③ 含水低值期（2016年12月～目前）：含水基本保持在90%左右，该阶段采出井进一步受效、含水达到最低点，全区含水最大降幅达到7.8个百分点，阶段增油5.45×10⁴t，含水低值期已达到31个月。

8.2
抗盐聚合物驱存在的问题与治理技术

8.2.1 抗盐聚合物驱开发存在的问题

通过室内试验，优选出效果最佳的中低分抗盐聚合物，并设计了最佳注入方案。但是，在大庆油田采油七厂的实际生产运行中还是存在着一些问题，影响着抗盐聚合物驱的效果：

①聚合物配制污水的水质差，使得聚合物母液的配制黏度低；

②细菌含量超标导致井口黏损严重。

8.2.1.1 配注污水水质差

目前抗盐聚合物配注存在配注污水水质差、开发初期母液配制黏度低等问题，在葡北聚驱现场试验采用污配污稀开发模式，即聚合物溶液配制及单井稀释均采用油田回注污水，与油田常用的清配清稀、清配污稀相比，水中悬浮物、含油及细菌等含量更高、成分更复杂。由于现场配注水来自联合站处理污水，污水处理质量受联合站日处理水量、设备运行状况等多种因素影响，出站水质波动较大，硫化物、二价铁及细菌等主要黏度影响指标频繁超标，导致聚驱开发初期母液配制黏度较低，水质较差比水质好时平均初始黏度下降41.67%，严重影响注入效果。

如表8-2所列为不同取样批次的配注现场污水水质情况。

取样批次	SS/（mg/L）	硫化物/（mg/L）	Fe^{2+}/（mg/L）	硫酸盐还原菌/（个/mL）	腐生菌/（个/mL）	铁细菌/（个/mL）
第 1 次	6.84	0.60	0.30	2.5×10^1	2.0×10^2	6.0×10^2
第 2 次	5.90	2.16	0.61	2.5×10^2	2.0×10^2	5.0×10^2
第 3 次	22.98	1.81	0.42	2.5×10^2	2.0×10^2	1.5×10^3
第 4 次	54.28	12.90	0.64	2.5×10^3	2.0×10^2	6.0×10^2
第 5 次	10.24	3.18	0.83	2.5×10^2	2.5×10^1	6.0×10^2
第 6 次	11.43	5.03	0.72	3.0×10^3	6.0×10^2	1.5×10^3
第 7 次	9.76	4.43	0.47	2.5×10^3	5.0×10^3	1.5×10^2
第 8 次	32.35	8.60	1.50	4.0×10^3	3.5×10^3	2.0×10^2
第 9 次	13.89	4.08	0.68	3.0×10^3	2.0×10^1	5.0×10^2
第 10 次	130.00	3.41	1.28	4.5×10^2	3.5×10^4	5.0×10^3
第 11 次	40.00	3.14	0.97	4.5×10^3	3.5×10^1	3.0×10^2

如表 8-3 所列，现场配注污水的水质波动范围较大。

⊡ 表 8-3　配注污水水质波动范围

因子	SS/（mg/L）	硫化物/（mg/L）	Fe^{2+}/（mg/L）	硫酸盐还原菌/(个/mL)	腐生菌/（个/mL）	铁细菌/（个/mL）
波动范围	5.9～130	0.6～12.9	0.3～1.5	25～4500	200～35000	150～5000

如表 8-4 所列为试验站母液配制黏度变化情况。不同水质下聚合物的黏度存在差异，且对聚合物黏度的影响较大。

⊡ 表 8-4　试验站母液配制黏度变化情况

项目 \ 批次		第 1 次	第 2 次	第 3 次	第 4 次	第 5 次	第 6 次	第 7 次	第 8 次	第 9 次	平均值
黏度/(mPa·s)	水质好	21.4	23.2	22.8	22.2	24.4	24.6	24	21.3	22.6	23.04
	水质差	15.6	14.5	13.1	15.3	14.5	12.8	13.7	11.4	13.2	13.44

8.2.1.2　井口黏损严重

现场采取水质组合治理措施后，配制污水水质指标得到有效控制，母液配制黏度基本保持稳定。但随着开发不断深入，2016～2017 年出现多次井口黏损突然大幅上升，平均黏损率超过 45%，达到正常黏损 2 倍以上，通过连续监测配注工艺节点细菌浓度发现，过滤器及静态混合器等节点细菌浓度严重超标，聚合物达到井口时硫酸盐还原菌、腐生菌及铁细菌含量最高达到 10^7 个/mL 数量级，是井口黏度下降的主要原因。由于配制污水细菌并不超标，分析原因为配注管线细菌大幅滋生导致黏度损失。

如表 8-5 所列为配注工艺节点细菌滋生浓度及井口黏损率情况，可以看出硫酸盐还原菌、腐生菌和铁细菌与聚合物黏损率相关联，且对聚合物的黏度影响较大。

⊡ 表 8-5 配注工艺节点细菌滋生浓度及井口黏损率情况

时间	配注工艺节点	硫酸盐还原菌 /（个/mL）	铁细菌 /（个/mL）	腐生菌 /（个/mL）	黏损率 /%
2016 年 6 月	过滤器	2.0×10^3	3.0×10^4	3.0×10^5	46.2
	静态混合器	1.5×10^3	2.0×10^5	4.0×10^5	
	井口	2.0×10^5	3.0×10^7	2.0×10^6	
2016 年 10 月	过滤器	1.5×10^3	3.5×10^4	2.0×10^4	47.5
	静态混合器	2.0×10^4	2.0×10^5	3.0×10^5	
	井口	4.0×10^6	2.5×10^6	2.0×10^7	
2017 年 7 月	过滤器	3.0×10^3	1.5×10^4	2.5×10^4	48.3
	静态混合器	4.5×10^5	2.0×10^5	1.5×10^5	
	井口	2.0×10^7	2.5×10^6	2.0×10^7	

8.2.2 抗盐聚合物驱问题的解决方法

针对抗盐聚合物驱中存在的问题，在现场实际操作中做出以下相应的措施控制聚合物的黏损，保证聚合物的黏度。

8.2.2.1 配注水水质治理方法

为保证配注污水水质，提高母液配制质量，严格控制黏度主要影响指标，开展水质治理技术攻关。

（1）优化曝氧工艺运行模式，去除硫化物及 Fe^{2+}

配注污水中的氧含量是控制硫化物及 Fe^{2+} 等还原性物质的关键指标，增加氧含量可以将硫化物及 Fe^{2+} 氧化成对聚合物黏度没有影响的硫和 Fe^{3+}，但与此同时，过高的氧含量会导致聚合物母液气泡过多，出现熟化不均匀、注入泵泵效变差、剪切降黏、注入泵排量下降等一系列问题，因此合理地控制氧含量至关重要，通过定期监测配注污水中硫化物及 Fe^{2+} 浓度变化，开展曝氧工艺运行模式优化，摸索确定合理氧含量控制区间，保证水质出现波动时能够及时有效地控制硫化物及 Fe^{2+} 含量。

氧含量合理控制区间见表 8-6。

⊡ 表 8-6 氧含量合理控制区间

项目	Fe^{2+} /(mg/L)	硫化物/(mg/L)	氧含量/(mg/L)
浓度区间	0.1～0.5	0.5～5.0	0.7～2.0
	0.5～2.0	5.0～15.0	2.0～3.5

由表 8-7 可知，曝氧工艺优化后，配注污水中的 Fe^{2+} 和硫化物的含量得到了有效的控制。

项目 \ 批次		第1次	第2次	第3次	第4次	第5次	平均值
Fe^{2+}/(mg/L)	优化前	0.89	1.05	0.96	0.88	0.77	0.91
	优化后	0.36	0.41	0.42	0.35	0.29	0.37
硫化物/(mg/L)	优化前	1.81	2.94	2.16	3.18	2.43	2.51
	优化后	0.39	0.44	0.48	0.51	0.43	0.45

（2）增设站内杀菌剂投加流程，控制细菌浓度

试验站内配注污水中的细菌主要依靠联合站水处理过程添加杀菌剂进行控制，当联合站平稳运行时，站内添加杀菌剂能够保证出站水细菌达标，但进入试验站前，污水长时间经过注水管线会发生细菌滋生问题，导致进站水细菌超标。当联合站异常运行时，站内添加的杀菌剂不能有效控制细菌含量，导致出站时细菌已严重超标。针对以上情况，为了有效控制细菌浓度，缓解细菌降黏问题，在站内空穴射流曝氧点增设杀菌剂投加点，实现配注站内二次加药，并根据水中细菌含量合理优化加药浓度，进站水细菌得到有效控制。

试验站内加药工艺如图 8-1 所示。

图 8-1　试验站内加药工艺

如表 8-8 所列为不同细菌浓度的加药浓度优化及加药结果。可以看出加药量为 50×10^{-6} 时，加药对硫酸盐还原菌、腐生菌和铁细菌数量的控制更好。

表 8-8　不同细菌浓度的加药浓度优化及加药效果

项目 \ 细菌	硫酸盐还原菌 /(个/mL)	腐生菌 /(个/mL)	铁细菌 /(个/mL)	加药量/10⁻⁶
加药前	5～100	200～5000	150～2000	50
加药后	5～25	100～500	50～500	
加药前	100～4500	5000～35000	2000～5000	100
加药后	25～100	100～1000	100～1000	

（3）新建污水膜处理工艺设备，降低悬浮物含量

当联合站正常运行时，出站污水进入试验站污水罐后进行沉降，实现悬浮物和原油与水分离，保证聚合物配制水质达标。当联合站异常运行时，水中悬浮物等指标超标严重，污水罐无法在有效时间内实现沉降分离，导致母液配制黏度下降。为此，配注站内新建一套污水膜处理工艺设备，在配制污水进入站内污水罐沉降后，再次进入该设备进行一次沉降和二级过滤，有效降低悬浮物含量，保证在进站污水水质较差时水质能够满足聚合物配制要求。

由表 8-9 可见，污水经污水膜处理设备处理后污水中的悬浮物含量明显降低，膜处理设备对污水中聚合物具有良好的去除效果。

表 8-9　污水膜处理设备处理前后悬浮物含量变化

项目 \ 批次	第1次	第2次	第3次	第4次	第5次	第6次	第7次	平均值
处理前/(mg/L)	15.0	49.0	40.6	17.3	58.0	12.8	31.5	32.03
处理后/(mg/L)	5.0	4.4	5.0	3.0	4.8	5.0	4.6	4.54

膜处理设备外部结构如图 8-2 所示，膜处理设备内部结构如图 8-3 所示。

图 8-2　膜处理设备外部结构

图 8-3　膜处理设备内部结构

通过采取优化曝氧工艺运行模式、投加杀菌剂和对污水进行膜处理三项组合治理措施，浓度为 700mg/L 的聚合物溶液初始黏度稳定在 23mPa·s，较治理前提高了 6.1mPa·s。

8.2.2.2　井口黏损的控制方法

通过研究表明，井口的黏损与配注系统中的细菌含量有关。为尽快降低细菌浓度、提

高注入黏度，现场采取提高站内杀菌剂浓度、更换过滤袋、冲洗静态混合器及注入管线等措施（图 8-4～图 8-6），井口黏度逐步控制在 21% 以内，达到正常水平。治理后配注工艺节点的细菌浓度及井口黏损率变化见表 8-10。

⊡ 表 8-10 治理后配注工艺节点的细菌浓度及井口黏损率变化

时间	配注工艺节点	硫酸盐还原菌 /（个/mL）	铁细菌 /（个/mL）	腐生菌 /（个/mL）	治理周期 /d	黏损率 /%
2016 年 6 月	过滤器	2.0×10^1	2.0×10^2	3.0×10^2	25	20.8
	静态混合器	3.0×10^1	2.5×10^2	3.5×10^2		
	井口	2.0×10^2	3.0×10^3	2.0×10^3		
2016 年 10 月	过滤器	2.5×10^1	3.5×10^1	2.0×10^2	20	20.9
	静态混合器	2.0×10^2	2.0×10^2	3.0×10^2		
	井口	2.5×10^2	2.5×10^3	2.5×10^3		
2017 年 7 月	过滤器	1.0×10^1	2.5×10^2	2.0×10^2	20	20.6
	静态混合器	1.5×10^2	4.5×10^2	2.5×10^2		
	井口	2.5×10^2	2.0×10^3	1.0×10^3		

图 8-4 更换过滤袋

图 8-5 冲洗静态混合器

图 8-6 冲洗注入管线

由表 8-10 可知,在采取相关措施后,配注系统中硫酸盐还原菌、腐生菌和铁细菌的含量均表现出明显的下降。但是平均的治理周期较长,均在 20d 以上。治理期间井口黏损仍较大,注入效果较差。

因此,为了解决井口黏度损失问题,应从细菌降黏机理方面进行,建立有效的防控及治理措施,保证聚合物的黏度,确保现场的有效注入。

8.3
生态调控控制聚合物黏损

经研究表明,聚合物的黏度主要受生物因素和非生物因素的影响,大庆油田采油七厂的实际运行中,在聚合物配制污水水质达标的情况下仍出现井口黏度损失现象。经检测发现,上述现象与配注系统中的硫酸盐还原菌、腐生菌和铁细菌相关。为了避免聚合物的黏度损失,保证聚合物的有效黏度,需对细菌进行抑制或杀灭。

目前油田细菌的控制方法主要分为物理法和化学法两类。

（1）物理法

物理法抑制或杀灭细菌是常规的控制方法之一,一般包括紫外线、γ 射线和 X 射线等电离射线及超声波杀菌、高压脉冲电场杀菌技术等[455-457]。物理法的成本较高,运行耗能较大,这些问题限制了其在油田细菌控制方面的应用。

（2）化学法

化学法控制主要采用的是投加杀菌剂。该方法操作简单、效果明显。常用的杀菌剂有氯、次氯酸钠、季铵盐、臭氧等[458-460]。细菌具有相当的生存适应能力,如果长时间只使用一种杀菌剂,就会使得污水中的细菌产生耐药性,一旦细菌对这种杀菌剂产生了耐药性,在进行杀菌工作时,其杀菌剂的使用量就会随着时间而逐渐增加,而且其杀菌的效果也会每况愈下。针对这样的情况,就要及时进行杀菌剂的更替。还需要注意的是,杀菌剂并非是专一性的杀死有害菌,对所有有益于油田开采的微生物也有毒害作用,并且大量使用杀菌剂也将会对环境造成污染。

因此,为了有效抑制杀灭配注系统中有害的硫酸盐还原菌、腐生菌和铁细菌,并且不杀灭系统中的有益菌,应从新的角度出发,对有害细菌进行控制。

8.3.1 生态调控聚合物黏损控制机制

油田污水中,普遍存在细菌含量超标的问题,其中对聚合物黏度影响较大的细菌有硫酸盐还原菌、腐生菌和铁细菌。硫酸盐还原菌、腐生菌和铁细菌三者之间的相互作用关系如图 8-7 所示。TGB 生长繁殖时产生的粘液极易因产生氧浓度差而引起电化学腐蚀,并会促进 SRB 和 FB 等微生物的生长和繁殖,使硫化物和 Fe^{2+} 含量升高,造成聚合物黏度损失增大;SRB 生长繁殖时会产生硫化物,能够把水中的 Fe^{3+} 还原成 Fe^{2+} 即 $S^{2-} + Fe^{3+} = S^0 + Fe^{2+}$,而 S^0 便于 SRB 的利用,使 SRB 生长速度加快,水中硫化物含量升高,与 Fe^{3+} 相比 Fe^{2+} 对聚合物黏度损失影响更大,造成聚合物黏度损失加快，硫化物会加快铁的腐蚀，从而加速 FB 的生长繁殖速度，使水中 Fe^{2+} 含量升高，造成聚合物黏度损失增大，同时 SRB 利用 TGB 代谢产物，减小代谢产物对 TGB 的抑制作用，促进 TGB 的生长。SRB、TGB 和 FB3 种细菌能够相互促进生长，从而加快了聚合物黏度损失。

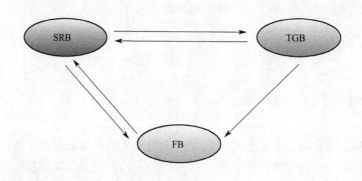

图 8-7 细菌相互影响关系

生态抑制调控是一种新的控制细菌的思路，是目前油田产业控制细菌的研究热点。生态抑制调控并非是杀灭细菌，而是利用反硝化细菌抑制硫酸盐还原菌，进而控制配注系统中细菌的数量，控制聚合物的黏度损失。目前对生态抑制的机理主要有以下几种：

① 反硝化细菌与硫酸盐还原菌的生存环境类似，可在同一环境中生存，当生存环境中营养物质有限时，反硝化细菌因基质亲和力、反应热力学及氧化还原电位较低等方面的优势，可以优先利用有限的营养物质，从而抑制硫酸盐还原菌的生长。

② 反硝化中间产物 NO_2^-、N_2O、NO 能抑制 SRB。NO_2^- 能抑制 SRB 中硫酸盐还原酶的活性，N_2O 阻碍 SRB 的代谢过程，NO 是高度活化状态，对许多细菌都有毒性，在反硝化过程中，这 3 种中间代谢产物共同作用于 SRB，抑制其生长繁殖。

③ 当系统内氧化还原电位高于 100mV 时会抑制硫酸盐还原菌的活性，可以通过添加硝酸盐来控制系统内的氧化还原电位，并控制硫酸盐还原菌的活性。

8.3.2 生态调控的应用效果

在大庆油田采油七厂开展了为期 6 个月的投加生态抑制剂加药试验，加药位置为配注污水曝氧点，并根据室内评价结论，确定生态抑制剂浓度为 50mg/L。通过优选不同注入浓度的 3 口试验井（葡 65-85、葡 65-斜 842 及葡 66-斜 832），重点监测站内来水、井口细菌浓度及井口黏损变化，分析加药效果。

8.3.2.1 细菌浓度的变化

现场加药期间，每月开展 2 次数据监测，分析加药效果，其中硫酸盐还原菌、腐生菌及铁细菌的浓度变化分别见表 8-11～表 8-13。

⊡ **表 8-11 硫酸盐还原菌浓度变化**

取样时间	细菌浓度/(个/mL)				备注
	站内来水	葡 65-85	葡 65-斜 842	葡 66-斜 832	
2018 年 11 月	7.0×10^3	3.0×10^1	5.0×10^1	4.0×10^1	加药后
	1.3×10^2	5.0×10^1	3.0×10^1	2.5×10^1	
2018 年 12 月	2.0×10^4	3.0×10^1	2.5×10^1	2.5×10^1	
	2.5×10^4	2.5×10^1	5.0×10^1	2.5×10^1	
2019 年 1 月	1.3×10^3	2.5×10^1	2.5×10^1	2.5×10^1	
	3.0×10^3	2.5×10^1	2.5×10^1	2.5×10^1	
2019 年 2 月	5.0×10^4	2.5×10^1	2.5×10^1	5.0×10^1	
	2.5×10^4	1.3×10^1	2.5×10^1	1.3×10^1	
2019 年 3 月	1.2×10^4	2.5×10^1	3.0×10^1	2.5×10^1	
	2.5×10^2	3.0×10^1	2.0×10^1	2.0×10^1	
2019 年 4 月	2.0×10^2	2.5×10^1	1.5×10^1	3.0×10^1	
	2.5×10^5	1.5×10^1	3.5×10^1	2.5×10^1	

⊡ **表 8-12 腐生菌浓度变化**

取样时间	细菌浓度/(个/mL)				备注
	站内来水	葡 65-85	葡 65-斜 842	葡 66-斜 832	
2018 年 11 月	3.0×10^4	2.0×10^2	2.5×10^2	3.0×10^2	加药后
	1.1×10^2	2.0×10^1	2.5×10^2	2.5×10^2	
2018 年 12 月	1.1×10^3	1.3×10^2	2.5×10^2	2.5×10^2	
	2.5×10^3	2.0×10^1	1.3×10^1	2.0×10^1	
2019 年 1 月	3.0×10^3	5.0×10^1	1.3×10^1	1.2×10^2	
	1.3×10^3	2.5×10^2	1.2×10^1	2.0×10^2	
2019 年 2 月	3.0×10^2	1.2×10^2	2.5×10^2	2.0×10^2	
	2.0×10^2	1.3×10^2	1.3×10^2	2.0×10^2	
2019 年 3 月	2.0×10^3	2.5×10^2	2.5×10^2	2.0×10^2	
	2.5×10^3	2.5×10^2	2.5×10^2	2.0×10^2	
2019 年 4 月	2.5×10^2	3.0×10^2	2.5×10^2	2.0×10^1	
	3.0×10^4	6.0×10^2	2.5×10^2	2.0×10^1	

⊡ **表 8-13 铁细菌浓度变化**

取样时间	细菌浓度/(个/mL)				备注
	站内来水	葡 65-85	葡 65-斜 842	葡 66-斜 832	
2018 年 11 月	3.0×10^3	2.0×10^2	1.3×10^2	1.3×10^2	加药后
	2.0×10^3	5.0×10^2	1.3×10^2	1.3×10^2	
2018 年 12 月	2.0×10^5	5.0×10^2	2.0×10^1	2.5×10^2	
	1.3×10^3	3.0×10^2	2.5×10^2	2.5×10^2	
2019 年 1 月	2.0×10^3	6.0×10^2	1.2×10^2	2.5×10^2	
	2.5×10^3	2.5×10^2	1.3×10^2	2.0×10^2	
2019 年 2 月	3.0×10^3	2.0×10^2	2.5×10^2	5.0×10^2	
	2.5×10^3	2.5×10^2	5.0×10^2	2.0×10^2	
2019 年 3 月	2.0×10^5	1.3×10^2	2.5×10^2	5.0×10^2	
	1.3×10^5	2.5×10^1	2.5×10^2	2.5×10^2	
2019 年 4 月	2.5×10^4	2.5×10^1	5.0×10^2	2.5×10^1	
	2.5×10^4	2.0×10^2	3.0×10^2	1.3×10^2	

　　根据站内来水及井口细菌加药后浓度变化可以看出，当站内来水细菌浓度较高或细菌浓度异常波动时生态调控技术均能较好地控制井口细菌浓度，将硫酸盐还原菌控制在 50

个/mL，腐生菌及铁细菌控制在 600 个/mL 以内，达到细菌控制目标。

8.3.2.2 黏损率的变化

在每批次检测井口细菌变化时，同步录取井口黏度，此外，除了优选的 3 口试验井以外，其他注入井同样跟踪井口黏度变化，系统分析加药的黏损治理效果。

2018 年 11 月～2019 年 4 月井口黏损情况统计如表 8-14～表 8-19 所列。

⊡ 表 8-14　2018 年 11 月井口黏损情况统计

井号	注入浓度/(mg/L)	初始黏度/(mPa·s)	井口黏度/(mPa·s)	黏损率/%
7P65-S842	800	30.4	25.4	16.4
7P66-S832	400	6.9	6.1	11.6
7P66-CS82	800	30.4	26.7	12.2
7P66-83	400	6.9	6.0	13.0
7P66-S822	800	30.4	26.4	13.2
7P67-84	800	30.4	26.1	14.1
7P66-CS84	700	23.0	20.1	12.6
7P67-F83	500	10.3	9.0	12.6
7P65-S822	700	23.0	17.7	23.0
7P65-832	400	6.9	5.1	26.1
7P66-85	700	23.0	16.9	26.5
7P67-85	600	16.1	10.7	33.5
7P65-85	500	10.3	7.6	26.2
7P64-842	800	30.4	20.4	32.9
7P64-832	600	16.1	12.3	23.6
平均值	633.3	19.6	15.8	19.7

⊡ 表 8-15　2018 年 12 月井口黏损情况统计

井号	注入浓度/(mg/L)	初始黏度/(mPa·s)	井口黏度/(mPa·s)	黏损率/%
7P65-S842	700	22.5	18.2	19.1
7P66-85	700	22.5	18.4	18.2
7P67-85	600	16.4	13.2	19.5
7P64-842	700	22.5	18.6	17.3
7P65-85	600	16.4	13.6	17.1
7P65-83	600	16.4	13.7	16.5
7P64-832	700	22.5	18.3	18.7
7P66-CS82	700	22.5	18.5	17.8
7P67-84	800	31.4	25.6	18.5
7P66-S822	800	31.4	24.7	21.3
7P65-S822	800	31.4	23.8	24.2
7P65-832	400	5.5	4.3	21.8
7P67-F83	500	11.7	8.9	23.9
7P65-84	500	11.7	9.1	22.2
7P66-S832	400	5.5	4.4	20.0
7P66-CS84	800	31.4	23.5	25.2
平均值	643.8	20.1	16.1	20.2

· 表 8-16 2019 年 1 月井口黏损情况统计

井号	注入浓度 /（mg/L）	初始黏度 /（mPa·s）	井口黏度 /（mPa·s）	黏损率 /%
7P65-832	400	5.4	4.8	11.1
7P67-F83	500	11.7	9.8	16.2
7P65-S822	600	16.4	14.5	11.6
7P66-S832	400	5.4	4.7	13.0
7P65-85	600	16.4	14.2	13.4
7P67-84	800	29.7	24.3	18.2
7P66-CS84	800	29.7	24.1	18.9
7P65-83	600	16.4	13.2	19.5
7P66-85	700	22.5	17.8	20.9
7P66-S822	700	22.5	17.7	21.3
7P65-S842	700	22.5	17.6	21.8
7P64-832	700	22.5	17.2	23.6
7P64-842	700	22.5	17.0	24.4
7P67-85	600	16.4	12.9	21.3
7P66-CS82	600	16.4	12.5	23.8
平均值	626.7	18.4	14.8	19.6

· 表 8-17 2019 年 2 月井口黏损情况统计

井号	注入浓度/（mg/L）	初始黏度 /（mPa·s）	井口黏度 /（mPa·s）	黏损率 /%
7P65-85	600	16.4	13.9	15.2
7P66-S832	400	5.4	4.6	14.8
7P66-85	700	22.5	18.6	17.3
7P66-CS82	700	22.5	18.3	18.7
7P67-85	500	11.7	9.9	15.4
7P65-832	400	5.4	4.5	16.7
7P66-S822	800	29.7	25.6	13.8
7P67-F83	500	11.7	10.2	12.8
7P65-S822	600	16.4	13.6	17.1
7P65-83	600	16.4	13.5	17.7
7P66-CS84	800	29.7	23.2	21.9
7P64-842	700	22.5	16.6	26.2
7P67-84	700	22.5	17.2	23.6
7P65-S842	700	22.5	16.1	28.4
7P64-832	700	22.5	16.6	26.2
平均值	626.7	18.5	14.8	19.9

· 表 8-18 2019 年 3 月井口黏损情况统计

井号	注入浓度 /（mg/L）	初始黏度 /（mPa·s）	井口黏度 /（mPa·s）	黏损率 /%
7P65-S822	700	23.4	20.5	12.4
7P66-CS84	700	23.0	19.6	14.8
7P65-S842	700	23.0	19.2	16.5
7P64-842	600	16.6	14.2	14.5
7P66-S832	400	6.9	5.9	14.5
7P65-85	500	11.8	9.7	17.8
7P67-84	800	32.6	25.7	21.2
7P66-S822	800	32.6	25.4	22.1

井号	注入浓度/(mg/L)	初始黏度/(mPa·s)	井口黏度/(mPa·s)	黏损率/%
7P67-F83	500	11.8	9.1	22.9
7P66-CS82	800	32.6	25.1	23.0
7P67-85	600	16.6	12.7	23.5
7P66-83	400	6.9	5.2	24.6
7P66-85	700	23.0	16.8	27.0
7P65-832	400	6.9	4.9	29.0
7P64-832	600	16.6	12.5	24.7
平均值	613.3	19.0	15.1	20.3

⊡ 表 8-19 2019 年 4 月井口黏损情况统计

井号	注入浓度/(mg/L)	初始黏度/(mPa·s)	井口黏度/(mPa·s)	黏损率/%
7P66-S832	400	5.4	4.7	13.0
7P65-832	400	5.4	4.6	14.8
7P64-842	700	22.5	18.9	16.0
7P66-CS84	800	27.3	23.7	13.2
7P65-84	500	11.7	9.8	16.2
7P65-S842	500	11.7	9.7	17.1
7P67-84	700	22.5	18.3	18.7
7P66-S822	800	27.3	21.6	20.9
7P64-832	700	22.5	17.8	20.9
7P65-85	600	16.4	12.9	21.3
7P65-S822	500	11.7	9.0	23.1
7P67-F83	500	11.7	8.9	23.9
7P66-85	700	22.5	16.8	25.3
7P65-83	500	11.7	8.7	25.6
7P66-CS82	600	16.4	12.1	26.2
7P67-85	500	11.7	8.7	25.6
7P66-83	400	5.4	4.3	20.4
平均值	576.5	15.5	12.4	20.2

加药期间分月黏损率统计见表 8-20。

⊡ 表 8-20 加药期间分月黏损率统计

时间	2018 年		2019 年			
	11 月	12 月	1 月	2 月	3 月	4 月
黏损率/%	19.7	20.2	19.6	19.9	20.3	20.2

　　根据各月的黏损率统计可以看出，2018 年 11 月～2019 年 4 月加药期间月度平均黏损率均控制在 21.0% 以内，且加药期间未出现井口整体黏度损失问题，证实生态调控技术能够有效控制细菌含量、降低细菌代谢能力，从根本上解决细菌降黏问题，保证现场注入效果。

8.4
配注系统中微生物群落解析

　　微生物群落是广泛存在于生态系统中的一种结构单位和功能单位，它们是生态系统的一部分，群落中各种不同的种群能以有规律的方式共处，同时它们具有各自明显的营养和代谢类型。从某种意义上说，群落的发展导致了生物的发展。在一定区域里，或一定生境里，各种微生物种群相互松散结合，或有组织紧凑结合的一种结构单位，在微生物群落中各种群之间相互作用。微生物群落结构分析的意义能更好地把握各菌种之间的关系，进而对环境的变化有一个微观角度的理解。在不同环境条件下，微生物的组成呈现一个动态变化规律，每种变化情况都体现了环境条件的变化下微生物的适应性发生变化，进行了一定的优胜劣汰的筛选，形成了新的微生物组成分布。

为更好地验证室内研究试验效果，在现场加入生态抑制剂的基础上，进行杀菌剂混合投加，最终现实井口细菌的含量达到研究要求，为更好地研究生态抑制剂和杀菌剂对配聚和注聚工艺水系统中微生物的影响，选取加入生态抑制剂时井口样品进行高通量测序，在加入杀菌剂稳定效果后同样进行取样测定微生物群落。

8.4.1　生态抑制剂对配注系统微生物的影响

为方便分析，将样品进行对应编号，后续分析采用编号，具体见表 8-21。

⊡ 表 8-21　样品编号（一）

测序编号	实际样品	目标微生物
ST_0	七厂二联来水	细菌
ST_1	井口 65-85	细菌
ST_2	井口 65-S842	细菌
ST_3	井口 66-S832	细菌

如图 8-8 所示为 Rank-Abundance 曲线，图中每一条曲线分别代表着每个样品中的微生物多样性，其曲线在横坐标上的覆盖范围表示样品物种丰富度的大小，覆盖范围越广，样品中的物种丰富度越大；曲线的整个平滑程度表示样品中物种分布的均匀度，曲线越趋于平滑说明样品中物种分布越均匀。因此，从图 8-8 中可以得出多样性顺序为 $ST_0 > ST_2 > ST_1 > ST_3$。

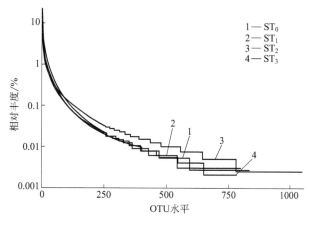

图 8-8　Rank-Abundance 曲线（一）

如图 8-9 所示，从曲线可以看出 4 个样本随着抽取样本数量增加所对应的 OTU 数目也不断增加，当抽取数量大于 20000 时曲线上升趋势减缓，表明测序结果可真实反映出样品的微生物数量，数据具有可信度，少量没有测出来的序列在整体序列中可以忽略不计。

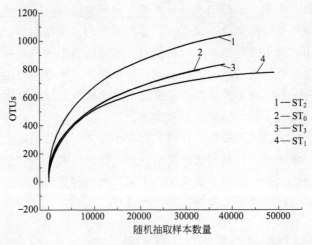

图 8-9 4个样品稀释曲线（一）

Beta 多样性表示的是微生物群落构成的比较，评估微生物群落间的差异，表示群落中每两个样本间的差异。如图 8-10 所示为不同工艺段 Beta 多样性分析结果，从图中可以看出 ST_0、ST_1、ST_2、ST_3 代表的 4 个微生物组成存在差异性。

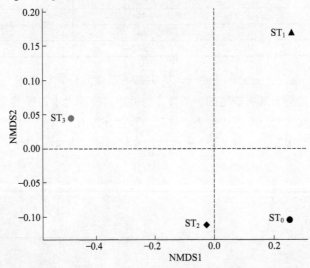

图 8-10 样品 Beta 多样性分析（一）

如书后彩图 31 所示为四个样品的 Heatmap 图，从图中颜色的变化说明所对应的细菌含量变化，可以看出在加入生态抑制后 3 个井口的细菌组成与来水中的细菌组成的差异性，并且可以看出 3 个井口的细菌组成之间存在一定的相似性，说明药剂对 3 个井口都有效果，改变了原有细菌组成。

如图 8-11 所示为样品主要细菌的系统发育进化树，在分子进化研究中，系统发生的推断能够揭示出有关生物进化过程的顺序，了解生物进化历史和机制，可以通过某一分类水平上序列间碱基的差异构建进化树。因此，从书后彩图 31 中可以看出不同细菌在系统进化中的地位。对细菌进化的所属有更好的认识。

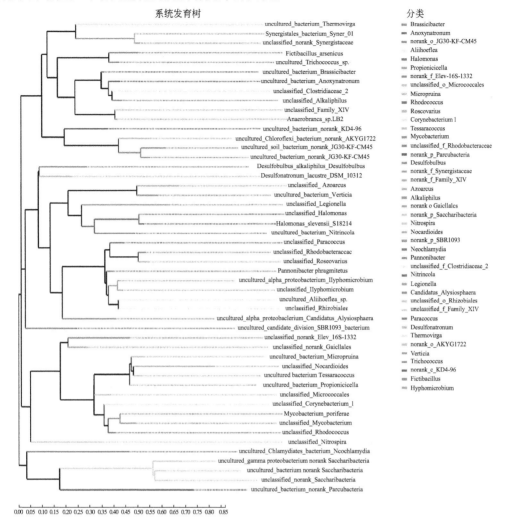

图 8-11 $ST_0 \sim ST_3$ 样品主要细菌系统发育进化树

8.4.2 生态抑制剂和杀菌剂复合使用对配注系统微生物的影响

为方便分析，将样品进行对应编号，后续分析采用编号，具体见表 8-22。

▣ **表 8-22 样品编号（二）**

测序编号	实际样品	目标微生物
ST_4	七厂二联来水	细菌
ST_5	井口 65-85	细菌
ST_6	井口 65-S842	细菌
ST_7	井口 66-S832	细菌

如图 8-12 所示为 Rank-Abundance 曲线，图中每一条曲线分别代表着每个样品中的微生物多样性，其曲线在横坐标上的覆盖范围表示样品物种丰富度的大小，覆盖范围越广，样品中的物种丰富度越大；曲线的整个平滑程度表示样品中物种分布的均匀度，曲线越趋于平滑说明样

品中物种分布越均匀。因此，从图 8-12 中可得出多样性顺序为 $ST_4 > ST_6 > ST_5 > ST_7$。

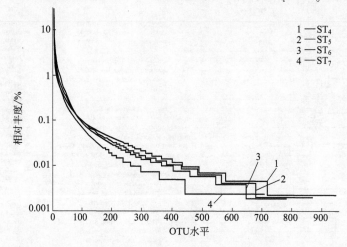

图 8-12　Rank-Abundance 曲线（二）

如图 8-13 所示，从曲线可以看出 4 个样本随着抽取样本数量增加所对应的 OTU 数目也不断增加，当抽取数量大于 20000 时曲线上升趋势减缓，表明测序结果可真实反映出样品的微生物数量，数据具有可信度，少量没有测出来的序列在整体序列中可以忽略不计。

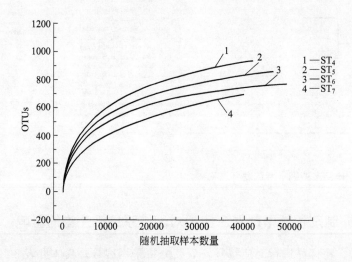

图 8-13　4 个样品稀释曲线（二）

Beta 多样性表示的是微生物群落构成的比较，评估微生物群落间的差异，表示群落中每两个样本间的差异。如图 8-14 所示为不同工艺段 Beta 多样性分析结果，从图 8-14 中可以看出 ST_5、ST_6 距离较近，说明组成相似，但是总体看来各样品彼此之间都存在差异性。

如书后彩图 32 所示，为 4 个样品的 Heatmap 图，再加入杀菌剂后，发现细菌组成与单独加入生态抑制剂时出现了显著差异，从图中颜色交替可以看出 ST_5、ST_6、ST_7 3 个样品中细菌含量都低于 ST_4 的含量，而且在 ST_7 样品中细菌大量减少，与其他样品出现较大差异性。

如图 8-15 所示为 4 个样品中主要细菌的系统发育进化树。从图 8-15 中可以看出，

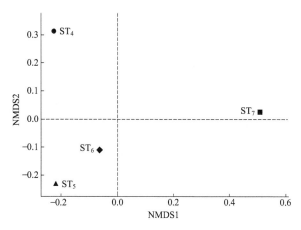

图 8-14 样品 Beta 多样性分析（二）

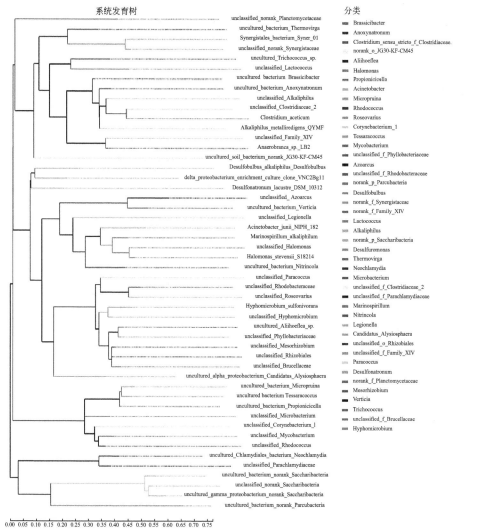

图 8-15 ST₄～ST₇ 样品主要细菌系统发育进化树

脱硫弯曲杆菌（*Desulfonatronum*）、脱硫叶菌（*Desulfobullbus*）、脱硫单胞菌（*Desulfuronmonas*）3 种硫酸盐还原菌在分类水平上，在进化树的支条上，在同一根大的分类"树枝"上。

本章简单总结如下：

① 通过优化曝氧工艺运行模式、增设站内杀菌剂投加流程和新建污水膜处理工艺设备，可以有效地去除硫化物及 Fe^{2+}、控制细菌浓度和降低悬浮物含量，改善配注污水的水质，控制聚合物的黏损。

② 采取提高站内杀菌剂浓度、更换过滤袋、冲洗静态混合器及注入管线等系列措施，可有效控制聚合物的黏度损失，保证聚合物的黏度。

③ 通过生态调控可有效抑制配注系统中硫酸盐还原菌、腐生菌和铁细菌的浓度，控制聚合物的黏损率。

④ 通过对配注系统的微生物群落解析发现，在单独加入生态抑制剂时，3 个井口的细菌组成与来水中的细菌组成差异性，并且可以看出 3 个井口的细菌组成之间存在一定的相似性，说明药剂对 3 个井口都有效果，改变了原有细菌群落组成。生态抑制剂和杀菌剂复合使用时，3 个井口的细菌组成与单独加入生态抑制剂时出现了显著差异。

第9章

井间示踪在聚合物驱油
生产中的应用

井间示踪监测技术是近年来发展起来的对油层进行精细描述的一种重要手段。井间示踪监测技术是向注入井中注入能够与已注入的流体相溶的示踪剂段塞，然后再用同样的流体驱替这个示踪剂段塞，通过示踪剂标记已注入流体的运动轨迹。这种利用示踪剂跟踪注入流体在油层中的运动状况，通过在生产井上监测示踪剂的开采动态特征，研究油层特性和开采动态的方法就是井间示踪技术。它是一种直接测定油层特性的方法，生产井检测到的示踪剂产出曲线（示踪剂的浓度与累积产水量的关系曲线），反馈了相关油层特性及开采现状的信息。这样我们就可以通过观察示踪剂在采油井中的开采动态，如示踪剂在生产井的突破时间、峰值的大小及个数、相应注入流体的总量、采出的示踪剂数量等参数，可定性地判断地层中高渗透层、大孔道、天然高渗透层、人工高渗透层、气窜通道、封闭断层、封闭隔层等的存在与否，而且可定量地求出高渗条带、大孔道、天然高渗透层、人工高渗透层、气窜通道的有关地层参数，如高渗层厚度、渗透率以及孔道半径等地层参数，为今后开发方案调整及聚驱、堵水等效果评价提供科学依据。随着科学技术的进步，井间示踪监测技术得到了很大发展，近年来在全国各油田得到广泛应用，目前主要应用于注水、注聚水相示踪监测。

9.1
井间示踪技术概述

9.1.1 井间示踪技术原理

井间示踪测试是为了跟踪已注入的流体，向注入井中注入溶解的示踪剂流体，然后再用流体驱替这个示踪剂段塞，从而标记已注入流体的运动轨迹，同时在生产井检测示踪剂的开采动态。示踪剂在储层中的流动情况如图 9-1 所示。这种跟踪注入流体在油层中的运动状况，通过研究示踪剂的开采动态，研究油层特性和开采动态的方法就是井间示踪技术。它是一种直接测定油层特性的方法，生产井检测到的示踪剂浓度突破曲线，反馈了有关油层特性及开采现状的信息[461]。

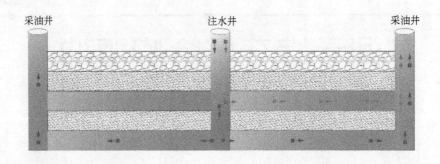

图 9-1 示踪剂在储层中的流动情况

把配制好的示踪剂溶液注入井后，注入液体会随着地层内的液体流动，首先液体会随着地层内的液体沿着大孔道和高渗层进入生产井，这时候示踪剂产出曲线会慢慢出现峰值，但是因为注采动态和储层参数不一样，使得示踪剂的产出曲线的形状也不一样。图9-2 是典型的示踪剂产出曲线。当主峰值期过去以后，因为高渗层和正常渗层的作用，仍然会有示踪剂产出。当所有的峰值都过去以后，产出的示踪剂会处于一个低浓度状态，并且这个状态会是较长的时间，但是由于时间的增加，示踪剂溶液的回采率也会慢慢地变大[462]。

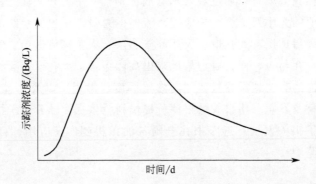

图 9-2 示踪剂产出曲线

均质油层在纵向上的渗流能力是一样的，所以示踪剂在流动的时候就有一次突破，并且此时的示踪剂产出曲线的浓度峰值很大；非均质油层的纵向上的渗流能力大小不一样，因为有不同渗流能力的孔道存在，由于这些孔道的渗流能力不同使流体会先后到达生产井，出现了时间不同的指进现象，由此可以得出，示踪剂的突破次数代表了油层中孔道的数量，次数多说明油层孔道数量多，油层纵向的非均质性越严重。

一般来说，储层均质性越好，对应油井中示踪剂出现的时间就越晚，注水效率高；反之，在短时间内沿高渗透通道的油井中就能检测到示踪剂，说明开发效果差。

利用解释软件对示踪剂产出数据进行处理，并结合储层资料建立相应的模型，得出井间连通关系、注水分配情况、储层非均质性等一系列参数，从而更好地认识油藏，为油田开发方案设计、调整及增产措施的实施提供科学依据。

9.1.2 示踪剂流动机理

多孔介质中的示踪剂注入流体，受对流和水动力弥散效应控制。对流传播速度引起整个流体的运动，它由达西定律主导，压力梯度导致对流作用的产生。压力梯度由两个因素引起：一是注采井之间的压差；二是流体密度的差异。对流作用主要依赖于井组形状及生产条件。在对流过程中，所有影响速度的参数（如相对渗透率、黏度、压力梯度）也将发挥作用，流体水动力学弥散包括分子扩散和机械弥散。分子扩散建立在组分之间的液体浓度差，分子从高浓度向低浓度扩散，与流速无关；而是机械弥散是多孔介质迁曲孔道中流体指点运动的结果。微观上，示踪剂的弥散是由流过单一孔道并聚合导致的速度变化引起的。在二维流动中，这种特点表现为流动的方向（经向）和垂直于流动方向（纬向）上的混合。由于示踪流体的弥散作用，逐渐扩展，除了占据了由于流体对流作用而影响的区域，还增加了一部分混合流动区域。混合作用影响区域大小取决于流动体系的几何形状及多孔介质分散程度。所以示踪产出曲线呈波状。测试表明，低速情况下，受分子扩散控制；高速则受机械弥散控制，纬向混合系数比经向上小很多。混合作用是局部现象，示踪剂在多孔介质运动时，示踪剂浓度被扩散和稀释。因此，一般情况下分子扩散和纬向的混合效果是微乎其微的[463]。

9.1.3 示踪剂解释机理

示踪剂被注入后是跟随地层中的流体流动的，它能够反映这些流体的运动情况，所以分析示踪剂产出曲线的形态可以了解油藏中液体的运动和分布情况。这主要表现在以下几个方面。

根据油井的动态和静态资料，其中包括吸水和产液剖面、砂体连通关系、沉积微相等，然后再结合示踪剂的突破情况，能够进行分析和研究影响突破的因素，从而确定示踪剂的产出层位和产出层位的沉积微相的种类，还可以明确砂体的连通类型，最后明确井间注采和纵向动用层位的关系。

在采出井取得示踪剂的测试数据，包括突破时间，峰值大小等数据，绘制示踪剂测试曲线，并结合数值模拟软件对示踪剂测试曲线进行分析，通过拟合曲线，可以得出很多的参数，包括地层渗透率、井间波及系数以及流线分布等参数，进一步分析可以大致判断井间油水流动的状况。

流体注入地层的过程会受到油层非均质性的影响。示踪剂的流动方向、流动速度、峰值持续时间等数据可以很好地帮助分析油藏的非均质特性。可以通过井间示踪剂实验结果以及现场的地层测试数据，建立数学模型，进行数值模拟研究，可以通过模拟计算出剩余油饱和度，进而判断已动用地层储量，为油藏制订下一步挖潜措施提供有效的指导。

9.1.4 示踪剂分类

示踪剂是指那些能随注入流体一起流动，指示流体在多孔介质中的存在、流动方向和渗流速度的物质。示踪剂的类型有很多，主要分为化学示踪剂、放射性同位素示踪剂、非放射性同位素示踪剂及微量物质示踪剂 4 大类[461,462,464]。

9.1.4.1　化学示踪剂

该类示踪剂发展较早，在油田应用效果较好，技术比较成熟，主要类型有无机离子类、有机染料类、低级醇类等，这些示踪剂以无机离子类应用效果最好。

（1）无机盐

如硝酸盐、碘盐、溴盐、氯盐等，这种示踪剂属于阴离子型，是能够溶于水的示踪剂。这种类型的示踪剂因为在地层表面的吸附量不多，以至于消耗量不大，很容易被分光光度计计法检测出来。但是这种类型的示踪剂稳定性比较差，在使用这种示踪剂的时候要考虑地层的物性。

（2）染料

如有机阴离子就可以作为水溶性示踪剂，此种示踪剂非常容易被检测出来，以至于它在分析研究上与其他种类的示踪剂相比较还是存在优势的，但这种类型的示踪剂在地层中易被其他物质干扰，在地层中停留的时间不长，并且在地层表面易被吸附，用来进行示踪剂测试是不太合适的，但是能够帮助我们了解地层中是否存在裂缝和它的连通性。

（3）卤代烃

如二溴丙烷、三氯乙烯、一氟三氯甲烷等，可以用作油溶性和气体示踪剂。此类示踪剂在地层表面的吸附量不多，能够使用气相色谱法检测出来，但在其中的有机氯会影响原油的加工和生产，还会在加工过程中污染环境。

（4）醇

如甲醇、乙醇、丙醇等低分子醇，它们价格比较低，很大程度是当作水溶性示踪剂和油水分配示踪剂使用，但此种示踪剂不具有较好的稳定性。

本次井间示踪剂监测试验采用油田应用效果较好、技术成熟的化学示踪剂，能够满足采油七厂葡北油田聚合物驱现场试验示踪剂测试，预期可以获得较好的应用效果。

9.1.4.2　放射性同位素示踪剂

放射性同位素示踪剂监测技术是在 20 世纪 80 年代发展起来的技术，放射性同位素示踪剂主要是含氚化合物，如氚化庚烷、氚化氢、氚水、氚化烷烃、氚化醇等，可以当作水示踪剂、油示踪剂、气体示踪剂、油水分配示踪剂来使用。

放射性同位素示踪剂在使用时能够从井口直接加入，使用的量相对于其他的示踪剂也是较少的，价格低廉，检出容易，这些都是放射性同位素示踪剂在使用时存在的优势。但是由于这类放射类示踪剂有放射性，会污染环境，并且危害人们的身体健康，所以其在使用时会受到限制。

9.1.4.3　非放射性同位素示踪剂

非放射性同位素示踪剂又称为稳定同位素示踪剂，初步应用于 20 世纪 80 年代末到 90 年代初，主要是把一定化学形态的物质标记上非放射性同位素作为示踪剂，以活化的非放射性同位素等为代表，检测手段为中子活化技术，检测精度可达到 10^{-12} g/g。稳定同位素示踪剂具有放射性同位素示踪剂的优点，同时克服了放射性同位素示踪剂在投加、取样、管理等方面的缺点。

微量元素通常是以钼、钒等微量金属元素为主，其化合物是以阳离子形式存在，具有监测方法灵敏度高、用量少的优点，同时对检测仪器要求高，样品处理麻烦。

9.1.4.4 微量物质示踪剂

这类示踪剂具有无放射性危害、测量精度高、现场操作简便、用量少、无高温转化等优点。但是由于这类示踪剂的样品种类少，所以测试的手段复杂，费用也比较昂贵，限制了这类示踪剂的发展。当前首要任务就是改善这种示踪剂的稳定性。

9.1.5 示踪剂的评价

一些油田应用示踪剂的性能评价见表 9-1。

☐ 表 9-1 油田应用示踪剂性能评价

示踪剂种类	示踪剂综合性能评价	应用建议
氚水	地层水本底低(有 10^3 pCi/L)，用液体闪烁计数仪测量，测量准确度高，物理化学性质稳定，水同步性好，使用在环境标准规定以下，污染小，易获得，费用为一口井 2 万～3 万元	效果较好，应继续使用
SCN⁻	地层水本底为零，比色分析检测准确度高，最低检出 0.3mg/L，水同步性好，物理化学性质稳定，使用在环境标准规定以下，污染小，易获得，费用为一口井 2 万～3 万元	效果较好，应继续使用
Br⁻	地层水本底低(2～5mg/L)，比色分析检测准确度高，最低检出 0.1mg/L，物理化学性质稳定，使用在环境标准规定以下，污染小，易获得，费用为一口井 3 万～4 万元	效果较好，应继续使用
I⁻	地层水本底低(2～3mg/L)，比色分析检测准确度高，最低检出 0.2mg/L，水同步性好，物理化学性质稳定，污染小，易获得，费用为一口井 30 万～40 万元	效果一般，费用高，应避免使用
非氚化放射性标记类	地层水本底低，缺少检测手段，性质稳定，污染大，获得困难，不易检测，费用高，一口井费用在 5 万元以上	同步性差，污染严重，不宜使用
有机染料类	地层水本底低，比色分析检测准确度高，吸附量大，与水同步性差，污染小，费用少，易获得，一口井费用为 1 万～2 万元	地层吸附严重，不适合使用
气体示踪剂	当前应用最广泛的是惰性气体和氚化烃，氚化烃不易获得，费用高，污染大，检测困难，惰性气体检测准确度不高，费用高，一口井费用在 4 万元以上	氚化烃应用效果好，惰性气体类应用效果差

9.2
井间示踪监测试验方案设计

葡北地区窄薄砂体井网加密及可提高现场试验采收率的油水井于 2014 年 11 月陆续投产、投注，2015 年 8 月实施聚驱现场注入，进入聚驱试验阶段。为了有效指导注入井参数优化调整，分析判断采出井受效情况，指导聚驱调整措施，开展示踪剂测试试验。选出了试验区 5 口注入井，开展聚驱井间示踪监测，监测试验区注入井注入聚驱注剂推进方向、注采井之间连通情况，进而判断优势聚驱方向、推进速度，为下步参数优化调整提供科学依据。

9.2.1　监测井组的选择

本次示踪剂试验注入井共有 5 口井，井号分别为葡 65-斜 822、葡 65-84、葡 65-85、葡 66-85、葡 67-85，井位分布情况见图 9-3。

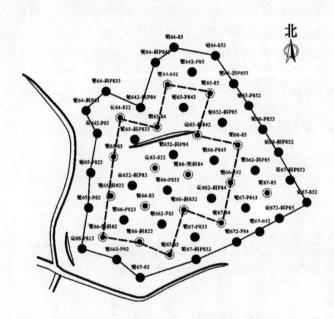

图 9-3　葡北油田聚合物示踪剂注入试验井位

9.2.2　示踪剂的选择

在示踪剂的品种选择上应遵循以下原则：
① 地层内背景浓度低，易于检测识别；
② 地层中吸附滞留量少；
③ 化学或生物稳定性好，与示踪流体配伍性好；
④ 分析方法简便，易操作，灵敏度高；
⑤ 对相邻具有相同取样监测井的注示踪剂井，应注入不同的示踪剂。

本次选取 5 口注入井进行注示踪剂监测试验，均为笼统注入井，每口井只需要注入 1 种示踪剂。对于相邻注入井并具有相同取样监测井，应注入不同示踪剂加以区分。依据试验井区井位分布情况，3 种示踪剂能够满足本次井间示踪剂监测试验要求，根据上述示踪品种选择原则，参照以前示踪剂使用效果，本次试验选用硫氰酸钠、溴化钠、亚硝酸钠作为示踪剂。为了验证 3 种示踪剂在本试验区的适用性能，开展现场应用背景浓度检测、示踪剂配伍性、示踪剂稳定性、检测方法适用性 4 个方面的试验工作。

（1）示踪剂背景浓度检测

示踪剂在试验区采出水中背景浓度是影响示踪性能的重要指标，背景浓度越低越适合作为示踪剂使用。

但是由于油田地层水组成复杂以及油田示踪试验对示踪剂性能要求严格，在地层水中不存在，又符合作为示踪剂试验的物质很少。为此，调查了试验区采出水中示踪剂背景浓度，分别于 2015 年 10 月 18 日、19 日对试验区 22 口采出井进行了取样，并对采出井水样中硫氰酸钠、溴化钠和亚硝酸钠 3 种物质的背景浓度进行了检测。检测结果见表 9-2。

⊡ 表 9-2　葡北油田注聚试验区块选用示踪剂在采出井背景浓度

序号	井号	硫氰酸钠/（mg/L）		溴化钠/（mg/L）		亚硝酸盐/（mg/L）	
		10 月 18 日	10 月 19 日	10 月 18 日	10 月 19 日	10 月 18 日	10 月 19 日
1	葡 65-P823	0.00	0.00	2.62	2.88	0.00	0.00
2	葡 652-P82	0.00	0.00	2.65	2.75	0.00	0.00
3	葡 652-斜 P83	0.00	0.00	2.81	2.82	0.00	0.00
4	葡 66-P823	0.00	0.00	2.31	2.78	0.00	0.00
5	葡 65-斜 P833	0.00	0.00	3.05	2.85	0.00	0.00
6	葡 642-斜 P84	0.00	0.00	2.93	2.75	0.00	0.00
7	葡 652-斜 P84	0.00	0.00	3.05	2.60	0.00	0.00
8	葡 65-P843	0.00	0.00	2.65	2.72	0.00	0.00
9	葡 642-P85	0.00	0.00	2.65	2.71	0.00	0.00
10	葡 64-852	0.00	0.00	2.86	2.78	0.00	0.00
11	葡 65-斜 P853	0.00	0.00	2.78	2.78	0.00	0.00
12	葡 652-斜 P85	0.00	0.00	2.56	2.75	0.00	0.00
13	葡 65-P852	0.00	0.00	2.87	2.62	0.00	0.00
14	葡 66-P843	0.00	0.00	2.82	2.69	0.00	0.00
15	葡 66-P853	0.00	0.00	2.38	2.88	0.00	0.00
16	葡 662-斜 P85	0.00	0.00	3.05	2.90	0.00	0.00
17	葡 66-斜 P852	0.00	0.00	2.55	2.65	0.00	0.00
18	葡 67-P843	0.00	0.00	2.62	2.78	0.00	0.00
19	葡 67-斜 P853	0.00	0.00	2.75	2.39	0.00	0.00
20	葡 67-842	0.00	0.00	2.78	2.82	0.00	0.00
21	葡 672-斜 P85	0.00	0.00	2.65	2.78	0.00	0.00
22	葡 67-852	0.00	0.00	2.85	2.86	0.00	0.00
平均值		0.00		2.75		0.00	

从背景浓度检测结果看，试验区水样中主要有溴化钠，背景浓度为 2.75mg/L，亚硝酸钠、硫氰酸钠在地层水中未检出。因此，这 3 种物质在地层水中背景浓度较低，可以作

为葡北油田注聚区块井间示踪监测试验使用。

（2）示踪剂配伍性能评价试验

示踪剂配伍性是示踪剂跟随被示踪流体在地层运动时受地层吸附与滞留的特性。为了验证示踪剂配伍性能进行如下试验：首先取含油砂岩破碎成粉末后充填于玻璃柱中，这种装有油砂岩玻璃柱，作为吸附试验使用吸附柱；然后，配制已知准确浓度示踪剂水溶液 800 mL，并缓慢倒入充填含有油砂岩玻璃柱中，在玻璃柱下端接收流过含有示踪剂流出的水溶液；最后，检测流出液中所含示踪剂浓度。试验结果见表 9-3。

⊡ 表9-3 示踪剂吸附性能评价实验结果

示踪剂种类	配制标准示踪剂溶液浓度 /（mg/L）	流出液中检测示踪剂浓度 /（mg/L）	差值
硫氰酸钠	10.0	9.95	−0.05
溴化钠	5.0	4.98	−0.02
亚硝酸钠	5.0	4.94	−0.06

（3）示踪剂稳定性试验

由于示踪剂注入地层后需要在地层流动滞留较长一段时间，示踪剂在地层条件下稳定性是影响示踪剂性能好坏的重要指标。为此，将含油砂岩与一定量试验区油井采出水混合后，定量加入 3 种示踪剂，在实验室高温高压反应釜中，在温度 55℃、压力 11.0MPa 模拟地层条件下放置 7d，取出后检测 3 种示踪剂浓度变化情况，试验结果见表 9-4。

⊡ 表9-4 示踪剂稳定性试验结果

示踪剂种类	加入示踪剂后溶液浓度 /（mg/L）	放置后示踪剂浓度 /（mg/L）	差值
硫氰酸钠	10.0	9.88	−0.12
溴化钠	5.0	5.04	+0.04
亚硝酸钠	5.0	4.92	−0.08

从表 9-4 获得的试验数据可以看出，在模拟地层条件下，3 种示踪剂在地层条件下反应前后浓度略有变化；其中，有 2 种示踪剂浓度降低，1 种示踪剂浓度升高，但是无论浓度升高还是降低，幅度均较小。说明示踪剂在地层条件下能够稳定存在，也表明选用的 3 种示踪剂是符合油田井间示踪剂对其稳定性能的要求。

（4）示踪剂浓度检测方法的适用性评价

评价示踪剂检测方法是否适用本次井间示踪监测的重要指标是加标回收率，即在试验区油井采出水样中定量加入示踪剂，检测加入后的水样中示踪剂浓度，检测结果扣除空白水样中示踪剂背景浓度值，获得加剂后示踪剂浓度变化值，与加入已知示踪剂量进行对比，计算出示踪剂在实际样品中加标回收率。

理想的加标回收率 100%，实际上任何一种检测方法都做不到。油田水中示踪剂检测加标回收率达到 95% 以上就可以满足试验要求，加标回收率高（＞108%）或低（＜90%）说明检测方法不适合试验区油井采出水样中示踪剂含量分析。本次评价试验是从试验区选出 10 口井空白样品进行加标回收率试验，试验结果见表 9-5。

序号	选出水样井号	硫氰酸钠示踪剂（加入标准浓度10.0mg/L）			溴化钠示踪剂（加入标准浓度5.0mg/L）			亚硝酸钠示踪剂（加入标准浓度5.0mg/L）		
		背景浓度/(mg/L)	实测值/(mg/L)	回收率/%	背景浓度/(mg/L)	实测值/(mg/L)	回收率/%	背景浓度/(mg/L)	实测值/(mg/L)	回收率/%
1	葡65-P823	0.00	9.95	99.5	2.62	7.58	99.2	0.00	5.03	100.6
2	葡652-P82	0.00	9.84	98.4	2.65	7.52	97.4	0.00	5.14	102.8
3	葡652-斜P83	0.00	10.08	100.8	2.81	7.75	98.8	0.00	4.88	97.6
4	葡66-P823	0.00	10.14	101.4	2.31	7.25	98.8	0.00	4.96	99.2
5	葡65-斜P833	0.00	9.68	96.8	3.05	8.11	101.2	0.00	4.80	96.0
6	葡642-斜P84	0.00	9.75	97.5	2.93	7.94	100.2	0.00	4.85	97.6
7	葡652-斜P84	0.00	10.25	102.5	3.05	7.92	97.4	0.00	5.12	102.4
8	葡65-P843	0.00	9.94	99.4	2.65	7.57	98.4	0.00	4.84	96.8
9	葡642-P85	0.00	9.78	97.8	2.65	7.72	102.4	0.00	5.02	100.4
10	葡64-852	0.00	9.86	98.6	2.86	7.74	97.6	0.00	4.86	97.2
平均回收率/%			99.27			99.14			99.02	

从试验区选出的10口井采出水样加标回收率试验结果来看，3种示踪剂加标回收率平均值达到99.0%以上，3种示踪剂单个样品加标回收率分布在96%～102.8%，由于标准在实际水样中检测结果与标准加入真值误差均少于5%，说明试验采用示踪剂检测方法准确可靠，能够较好地检测出试验区采出水中示踪剂浓度值，适用于本次试验。

示踪剂优选试验结果表明，优选的3种示踪剂性能具备地层背景浓度低、地层中吸附滞留量少、化学或生物稳定性好、与示踪流体配伍性好的特点，符合油田井间示踪试验对示踪剂性能的要求，能够满足本次试验要求。从示踪剂加标回收率试验结果来看，平均值达到99%以上，表明选择的示踪剂检测方法具有准确性高，并适合试验区实际样品检测。示踪剂最低检出限低于百万分之一（1mg/L），符合检测方法灵敏度高的要求。

9.2.3　选用示踪剂性质及检测方法

本次示踪剂监测方案的设计要求使用了3种示踪剂，分别为硫氰酸钠（NaSCN）、溴化钠（NaBr）、亚硝酸钠（$NaNO_2$）。示踪剂性能及检测技术如下。

（1）NaSCN性质及检测方法

NaSCN是一种无机盐类，白色或无色结晶体或粉末，熔点287℃，密度1.735g/cm^3，易溶于水、乙醇、丙酮等溶剂，水溶液呈中性，空气中易潮解，与铁盐作用生成红色的硫氰化铁。该物质作为示踪剂的有效成分是硫氰酸根（SCN^-），SCN^-在水中溶解度高，性质稳定，在原油中不溶解。因此硫氰酸钠可以作为水溶性示踪剂使用，在井间示踪监测试验中获得较好的应用效果。实验室检测时，根据 SCN^- 与铁盐反应生成红色的硫氰化铁络合物，络合反应化学方程式如下。

$$Fe^{3+} + nSCN^- \longrightarrow Fe(SCN)_n^{3-n}$$

由于 Fe^{3+} 与 SCN^- 形成红色络合物，SCN^- 浓度在 $0.1 \sim 20 mg/L$ 范围内符合朗伯-比耳定律，可以定量检测出 SCN^- 浓度。

（2） NaBr 性质及检测方法

NaBr 是一种无机盐类，无色晶体或白色颗粒状粉末、无臭、味咸而微苦、密度 $3.203 g/cm^3$，熔点 747℃，在空气中有吸湿性，易溶于水，水溶液呈中性，微溶于醇。该物质作为示踪剂的有效成分是溴离子（Br^-），NaBr 在水中溶解度高，且性质稳定，在原油中不溶解，因此 NaBr 可以作为水溶性示踪剂使用。在井间示踪监测试验中获得较好的应用效果。实验室检测原理是根据含有 Br^- 水样加入氧化剂氯胺 T 后，在酸性介质中 Br^- 被氧化成为游离溴，游离溴与酚红染料反应生成四溴酚红，随 Br^- 含量的增大，颜色由黄绿色变成紫色，在比色波长为 590nm 时 Br^- 浓度在 $0 \sim 2 mg/L$ 范围内，吸光度与 Br^- 浓度成正比关系。因此，可以定量检测出 Br^- 浓度。其反应方程式为：

$$C_{19}H_{14}O_5S + 2Br_2 \longrightarrow C_{19}H_{14}O_5Br_4S$$

（3） $NaNO_2$ 性质及检测方法

$NaNO_2$ 为白色或微黄色斜方晶体，密度 $2.168 g/cm^3$，熔点 271℃，在 320℃易分解，易溶于水中，水溶液性质稳定，微溶于甲醇、乙醇、乙醚，吸湿性强，由于易检测，作为实验室普遍使用的分析试剂。因此，可作为油田示踪剂使用，并取得较好的现场应用效果。试验室检测 $NaNO_2$ 的原理是：NO_2^- 在 $pH = 2 \sim 2.5$ 酸性条件下与特定化学试剂（GR 试剂）发生反应，生成红色重氮颜料，红色重氮颜料在 50nm 光波条件下，浓度在 $0.05 \sim 1.3 mg/L$ 范围内符合朗伯-比耳定律，可以定量检测出亚硝酸盐浓度。

NaSCN、NaBr 和 $NaNO_2$ 的性质和检测方法分析研究表明，3 种物质性能符合油田水溶性示踪剂性能要求，3 种物质检测采用检测方法科学、易操作。

9.2.4 示踪剂注入种类和用量确定

9.2.4.1 示踪剂种类确定

根据上述优选出试验结果，确定本次试验选用 NaSCN、NaBr、$NaNO_2$ 作为示踪剂，由此确定各个井组选用示踪剂种类。

各注示踪剂井试验层段选用示踪剂情况见表 9-6。

⊡ 表 9-6 各注示踪剂井试验层段选用示踪剂情况

井号	注入方式	选用示踪剂种类
葡 65-斜 822	混层注入	亚硝酸钠
葡 65-84	混层注入	硫氰酸钠
葡 65-85	混层注入	亚硝酸钠
葡 66-85	混层注入	溴化钠
葡 67-85	混层注入	硫氰酸钠

9.2.4.2　示踪剂的用量

根据国内外相关资料，油田井间示踪剂用量设计计算有最大稀释体积法和 Brigham-Smith 公式计算方法两种。

（1）最大稀释体积计算方法

$$V_p = \pi R^2 H \Phi S_w \tag{9-1}$$

式中　V_p——最大稀释体积，m^3；

　　　R——注入井与观察井间的距离，m；

　　　H——注入井有效厚度，m；

　　　Φ——孔隙度，%；

　　　S_w——砂层含水饱和度，%。

示踪剂用量：

$$A = \mu N V_p \tag{9-2}$$

式中　A——示踪剂物质用量，g；

　　　μ——保障系数；

　　　N——最低检测浓度，可以是仪器的分析检测限，也可以是最大本底浓度的 4 倍，一般取两者中的最大值。

（2）Brigham-Smith 公式计算方法

Brigham-Smith 公式为 W. E. Brigham 和 D. H. Smith 两个美国人研究发布，冯宝峻等编译《油田井间示踪技术译文集》，于 1994 年在石油工业出版社出版，其中第 7 页"示踪剂在五点井网中流动特性的预测方法"中给出示踪剂用量计算公式推导过程，给出了五点法面积井网示踪剂用量计算公式为：$m = 0.625 h \varphi S_w C_p a^{0.265} L^{1.735}$，该公式油层参数采用是英制单位，公制单位计算公式是：

$$m = 4.87 h \varphi S_w C_p a^{0.265} L^{1.735} \times 10^{-6} \tag{9-3}$$

式中　m——示踪剂用量，t；

　　　h——油层平均有效厚度，m；

　　　φ——油层孔隙度，%；

　　　S_w——油层含水饱和度，%；

　　　C_p——设计示踪剂最高采出浓度；

　　　a——扩散系数，0.22；

　　　L——注采井距，m。

最大稀释体积法主要存在以下问题：一是只考虑地下孔隙体积对示踪剂稀释作用，而没有考虑示踪剂在推进、采出过程中动态稀释作用以及示踪剂扩散作用对示踪剂的影响；二是没有考虑示踪剂在不同井网条件下推进情况差异以及其他井网对其稀释的作用；三是用量计算设计时只考虑如何保证注入示踪剂检出，而没有考虑如何使用示踪剂检测结果研究地层参数问题。

Brigham-Smith 公式计算方法是根据示踪剂在五点井网中的流动特性，推导出示踪剂注入量计算方法，同时考虑井网布井情况和示踪剂扩散作用对示踪剂采出浓度的影响，该方法设计最高浓度时考虑了如何使用示踪剂检测结果研究地层参数问题。

根据上述示踪剂用量计算方法讨论，结合大庆油田应用示踪剂的经验和本次试验井网是五点井网特点，选用 Brigham-Smith 公式计算方法设计示踪剂用量，同时，考虑周围其他 3 口注入井对采出井示踪剂采出浓度稀释作用的影响，本次设计示踪剂最高采出浓度为 200mg/L。

同时考虑周围同层系采油井的采出情况以及注采井间连通状况，计算确定示踪剂用量，各井示踪剂用量见表 9-7。

▣ 表 9-7 各井示踪剂计算使用参数及示踪剂用量

注示踪剂井号	监测层位	平均有效厚度/m	注采井距/m	孔隙度/%	含水饱和度/%	示踪剂种类	计算用量/t	设计用量/t
葡 65-斜 822	PI	9.5	150	23.6	34	亚硝酸钠	2.96	3.0
葡 65-84	PI	12.8	150	23.6	34	硫氰酸钠	3.99	4.0
葡 65-85	PI	7.6	150	23.6	34	亚硝酸钠	2.37	2.4
葡 66-85	PI	7.4	150	23.6	34	溴化钠	2.31	2.3
葡 67-85	PI	7.4	150	23.6	34	硫氰酸钠	2.31	2.3

9.2.4.3 示踪剂的注入浓度确定

根据冯宝峻等编译《油田井间示踪技术译文集》的"油田应用水溶性示踪剂"一文中，其采用示踪剂注入浓度在 10000～29000 倍检测方法极限浓度之间，考虑本次试验每口采出井周围对应了 4 口注入井，4 口注入井注水对示踪剂浓度存在稀释作用，本次试验注入浓度应设计为 40000～116000 倍检测方法极限浓度之间，采用的 3 种化学示踪剂其极限检出浓度在 1mg/L 左右，注入浓度应在 4%～11.6% 之间，考虑 3 种化学示踪剂在水中溶解度均可以达到 20% 以上，为了减少由于现场作业损失对试验结果的影响，选择示踪剂注入浓度为 10%。

9.2.5 注入方式及施工要求

（1）注入方式

① 注入示踪剂前同一井组内注入井、采出井应处于正常生产状态，并且生产状态稳定；

② 达到正常生产后，按照设计方案要求注入示踪剂，注入压力低于地层破裂压力；

③ 示踪剂注入完成后，试验区内注入井 7 个月内按正常配注方案正常注入。

（2）施工方式

施工所需要设备：

① 水泥车 1 台，泵压应大于 20MPa，用于示踪剂井口注入；

② 水罐车 2 台，用于运水和配制示踪剂；

③ 卡车 1 辆，用于运输示踪剂；

④ 连接管线及现场安装所需要的工具。

（3）示踪剂注入步骤

① 注入管线连接；

② 注入泵站停止对施工注入井的注水；

③ 按要求连接好注入井入口、泵车与水罐之间的管线。管线接口不漏水，泵车与注入井、泵车与水罐之间应安装控制阀门；

④ 通过泵车试压来检验连接管线情况。

（4）注入液配制

① 按设计要求用量将示踪剂加入水罐中，示踪剂注入浓度和注入量按表 9-7 和表 9-8 进行；

② 水车到相应水站取水并按要求注入水槽中。

⊡ **表 9-8　示踪剂注入浓度**

示踪剂种类	硫氰酸钠	溴化钠	亚硝酸钠
注入浓度/%	10	10	10

（5）示踪剂注入

使用泵车按设计注入量连续稳定注入示踪剂，直至所有的示踪剂注入完毕，注入压力不超过油层破裂压力。

（6）恢复注水

示踪剂注入工作完成后，恢复施工井原来井口，确保管线阀门无泄漏，恢复注水。

（7）注意事项

由于 $NaNO_2$ 在冷水里溶解缓慢，注入时需要使用热水，其温度高于 50℃。

综上所述，依据试验区采出井水样性质和井位分布特点，结合现场背景浓度检测、示踪剂配伍性、示踪剂稳定性试验进行了示踪剂种类优选，通过优选，确定本次示踪监测试验示踪剂类型为 NaSCN、NaBr 和 $NaNO_2$ 3 种。该 3 种示踪剂性能符合试验区油田井间示踪剂要求，检测方法灵敏度高、准确性高、科学简便；示踪剂用量设计选择比较科学的 Brigham-Smith 公式，设计的示踪剂用量科学合理，符合现场试验要求，达到了示踪剂检测方案设计科学合理的要求。

9.3
井间示踪监测结果与综合分析

9.3.1　葡 66-85 井注采井组示踪剂检测结果与综合解析

（1）试验井组开发状况

葡 66-85 井为葡北油田聚驱 1 口注入井，该井砂岩厚度为 12.7m，有效厚度 9.4m；该井与周围连通油井有 6 口，平均单井射开连通砂岩厚度为 8.4m，有效厚度为 5.4m，目前平均单井日产液 14.5t，日产油 0.7t，综合含水 95.8%。

葡 66-85 井组周围油井生产情况见表 9-9。

表 9-9　葡 66-85 井组周围油井生产情况

井号	连通砂岩/m	连通有效/m	日产液/t	日产油/t	含水/%
葡 65-P852	8.0	6.0	8.0	0.3	96.5
葡 652-斜 P85	12.1	8.3	17.1	1.0	94.1
葡 66-P843	10.7	6.7	32.9	1.4	95.8
葡 66-P853	3.4	0.6	2.0	0.1	97.0
葡 662-斜 P85	9.0	7.3	23.1	1.2	94.7
葡 66-斜 P852	7.3	3.2	4.1	0.1	96.5
平均	8.4	5.4	14.5	0.7	95.8

（2）检测结果

葡 66-85 井注入溴化钠示踪剂，周围油井取样监测结果表明，6 口监测井中有 5 口井见示踪剂，示踪剂突破最快的是葡 66-P843 井和葡 652-斜 P85 井，见剂时间为 16d，示踪剂监测结果统计见表 9-10，示踪剂采出曲线见图 9-4～图 9-8。

表 9-10　葡 66-85 注采井组示踪剂采出情况

注入井	对应采出井	突破时间/d	见剂种类	峰值时间/d	峰值浓度/（mg/L）
葡 66-85	葡 65-P852	76	溴化钠	91	9.55
	葡 652-斜 P85	18	溴化钠	33	13.58
	葡 66-P843	16	溴化钠	33	14.32
				69	10.66
	葡 66-P853	—	未见	—	—
	葡 662-斜 P85	64	溴化钠	76	11.23
	葡 66-斜 P852	85	溴化钠	103	9.68

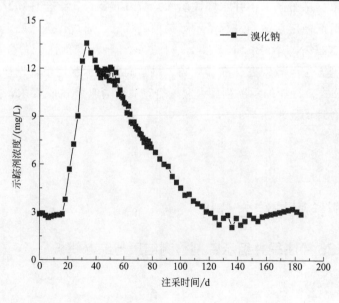

图 9-4　葡 652-斜 P85 井溴化钠示踪剂采出曲线

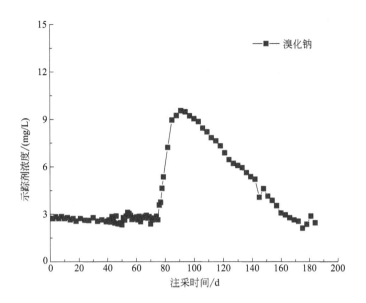

图 9-5 葡 65-P852 井溴化钠示踪剂采出曲线

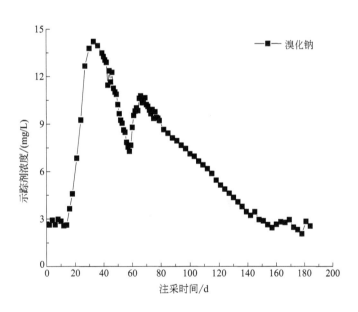

图 9-6 葡 66-P843 井溴化钠示踪剂采出曲线

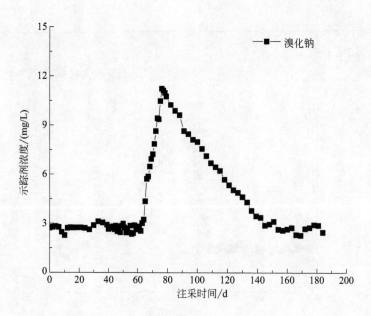

图 9-7 葡 662-斜 P85 井溴化钠示踪剂采出曲线

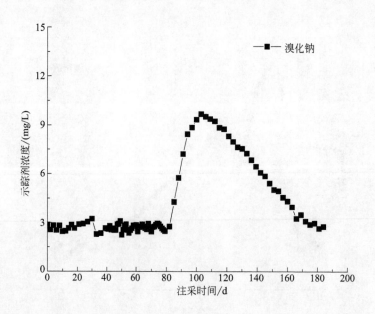

图 9-8 葡 66-斜 P852 井溴化钠示踪剂采出曲线

（3）监测结果综合解析

葡 66-85 井位于试验区东部 1 口注入井，该注采井组示踪剂监测试验结果表明，周围 6 口采出井中，有 5 口井监测到溴化钠示踪剂采出。其中，葡 652-斜

P85 和葡 66-P843 井见剂速度快、见剂浓度高；葡 66-P843 井采出液中示踪剂浓度出现双峰，说明注入井注聚向生产井推进速度存在差别，注聚液是沿两个不同渗透性地层推进；从注入井与葡 66-P843 采出井之间地层连通情况来看，注采井之间存在葡 I7、葡 I9 和葡 I11^{1}3 个层段连通，并且葡 I7、葡 I9 层段为主河道砂连通，3 个层段吸液比例占全井 70.2%。从地质沉积相带发育情况和地层吸液情况分析来看，注采井之间也存在两层段以上注水连通，

葡 66-P843 井方向应为注聚优势推进方向；葡 652-斜 P85 连通关系的有葡 I2^3、葡 I7 层段，均为主河道砂连通，吸水比例占全井 32.4%，结合见剂时间来看，葡 652-斜 P85 井方向也应为注聚优势推进方向。其余 3 口井示踪剂突破时间在 60d 以上，见剂速度慢，见剂浓度较低，从该井组地质情况与生产动态结合来看，该注入井主要有葡 I2^3、葡 I5^3、葡 I7、葡 I9 和葡 I11$^{1-2}$5 个层吸液（图 9-9），注聚次要推进方向的 3 口采出井与注入井之间都存在吸液与地层连通，应为注聚次要推进方向。葡 66-P853 井未见剂，该井周围砂体发育较差，砂体发育有效厚度只有 0.6m，以浅滩为主，该井未见剂与地层砂体发育情况吻合。该

层号	射开厚度/m	射开砂岩/m	射开有效/m	测试日期	2015年11月20日
				注入量/m³: 40	
				注入压力/MPa: 8.3	
				测试方式: 示踪相关	
0230	1.6	1.6	1.6	6.5	16.2
0310	0.6	0.6			
0530	1.1	1.1		5.4	13.5
0700	3.2	3.2	2.1	6.5	16.2
0900	5.6	5.6	4.3	16.2	40.5
111-112	1.4	1.4	0.8	5.4	13.5
1130	0.6	0.6	0.6		

图 9-9 葡 66-85 注水井吸水剖面图

试验井区注入示踪剂推进优势方向见图 9-10，注入示踪剂沿相带推进示意见图 9-11。

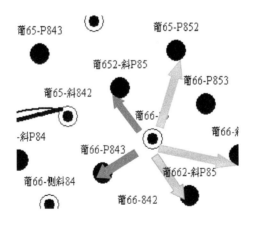

图 9-10 葡 66-85 井组示踪剂推进优势方向（深色箭头代表优势推进方向）

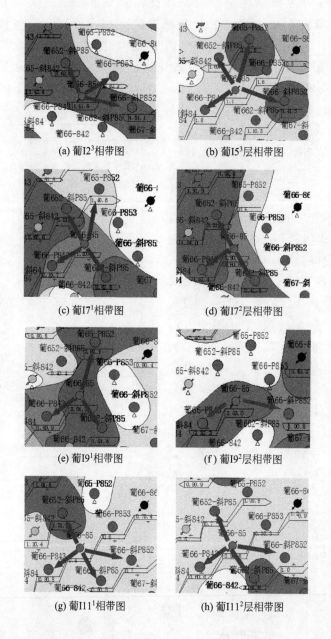

(a) 葡I2³相带图　　　　　(b) 葡I5³相带图

(c) 葡I7¹相带图　　　　　(d) 葡I7²层相带图

(e) 葡I9¹相带图　　　　　(f) 葡I9²层相带图

(g) 葡I11¹相带图　　　　　(h) 葡I11²层相带图

图 9-11　葡 66-85 井注入示踪剂沿相带推进示意

（4）示踪剂采出曲线拟合

将葡 66-85 井区示踪剂采出曲线和地层参数输入计算机，采用示踪剂模拟软件进行曲线拟合，拟合获得曲线见图 9-12～图 9-16，从拟合获得曲线图上可以看出，实测曲线与拟合曲线吻合较好，表明拟合获得地层参数能够反映地层实际情况，拟合获得地层反演参数见表 9-11。

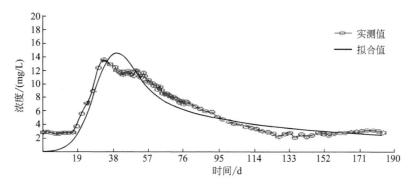

图 9-12　葡 652-斜 P85 井计算机拟合获得示踪剂采出曲线

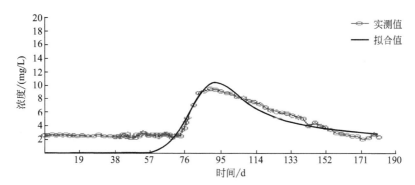

图 9-13　葡 65-P852 井计算机拟合获得示踪剂采出曲线

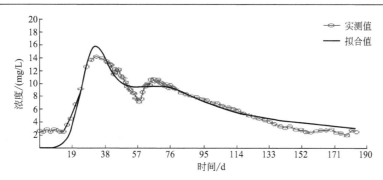

图 9-14　葡 66-P843 井计算机拟合获得示踪剂采出曲线

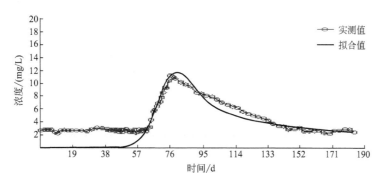

图 9-15　葡 662-斜 P85 井计算机拟合获得示踪剂采出曲线

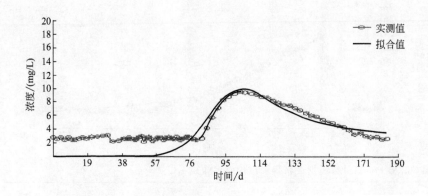

图 9-16　葡 66-斜 P852 井计算机拟合获得示踪剂采出曲线

⊡ **表 9-11**　葡 66-85 注采井组计算机拟合获得地层反演参数

注入井	采出井	推进速度/(m/d)	高渗透层厚度/m	连通层渗透率/μm²	连通层孔道半径/μm
葡 66-85	葡 65-P852	1.25	0.91	0.194	2.49
	葡 652-斜 P85	3.95	0.75	0.522	4.09
	葡 66-P843	4.55	0.66	0.597	4.37
		2.27	0.54	0.253	2.84
	葡 662-斜 P85	1.83	0.96	0.298	3.09
	葡 66-斜 P852	1.43	0.88	0.232	2.73

（5）试验结果综合评价

从葡 66-85 注采井组监测到注入突破示踪剂时间和见剂峰值浓度综合判断，葡 652-斜 P85 和葡 66-P843 为注聚优势推进方向，葡 66-P843 井示踪剂检测结果为双峰，说明注聚沿 2 个不同渗透层段向该井方向推进；注入井与周围 5 口采出井之间除了葡 66-P853 井外存在注聚连通；注聚液推进速度最快为 4.55m/d，最慢为 1.25m/d，平均值为 2.55m/d；注采井之间注聚连通高渗透层平均厚度为 0.78m，平均渗透率为 0.349μm²，孔道半径平均值为 3.27μm。

9.3.2　葡 65-84 井注采井组示踪剂监测结果与综合解析

（1）试验井组开发状况

葡 65-84 井为葡北油田聚驱 1 口注入井，该井砂岩厚度 19.1m，有效厚度 16.6m，笼统方式注入硫氰酸钠示踪剂；该井周围连通的采出井有 4 口，平均单井射开连通砂岩厚度为 12.1m，有效厚度为 9.0m，目前该井组平均单井日产液 54.6t，日产油 2.7t，综合含水 94.6%。葡 65-84 注采井组周围油井生产情况见表 9-12。

井号	连通砂岩/m	连通有效/m	日产液/t	日产油/t	含水/%
葡 65-斜 P833	9.8	8.4	57.0	2.1	96.3
葡 642-斜 P84	13.2	10.4	55.3	3.1	94.4
葡 652-斜 P84	13.9	8.2	73.0	2.7	96.3
葡 65-P843	11.4	8.8	33.0	2.9	91.3
平均	12.1	9.0	54.6	2.7	94.6

（2）检测结果

葡 65-84 井组示踪剂检测结果表明，注入硫氰酸钠示踪剂在 4 口油井中均被采出，示踪剂突破最快的是葡 652-P84 井和葡 65-P843 井，见剂时间分别为 18d 和 21d，该注采井组示踪剂采出曲线见图 9-17～图 9-20。检测结果统计见表 9-13。

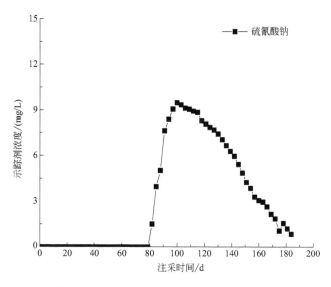

图 9-17　葡 65-斜 P833 井硫氰酸钠示踪剂采出曲线

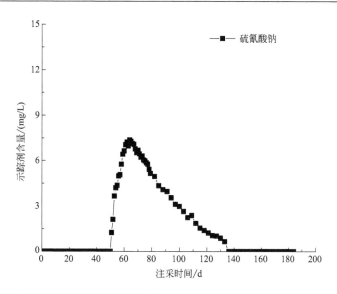

图 9-18　葡 642-斜 P84 井硫氰酸钠示踪剂采出曲线

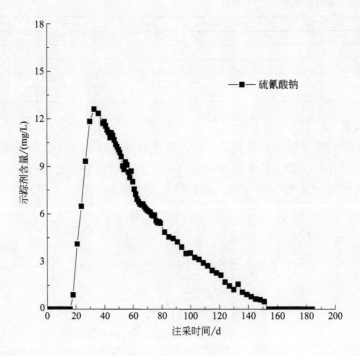

图 9-19　葡 652-斜 P84 井硫氰酸钠示踪剂采出曲线

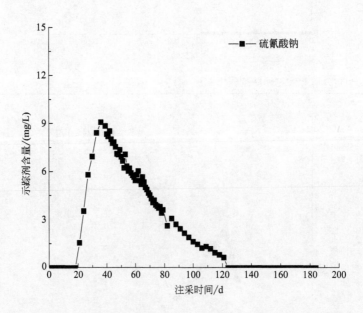

图 9-20　葡 65-P843 井硫氰酸钠示踪剂采出曲线

⊡ 表 9-13 葡 65-84 注采井组示踪剂采出情况

注入井	对应采出井	突破时间/d	见剂种类	峰值时间/d	峰值浓度/(mg/L)
葡 65-84	葡 65-斜 P833	82	硫氰酸钠	100	9.48
	葡 642-斜 P84	51	硫氰酸钠	64	7.36
	葡 652-斜 P84	18	硫氰酸钠	33	16.82
	葡 65-P843	21	硫氰酸钠	36	9.08

（3）监测结果综合解析

葡 65-84 井位于试验区中部的 1 口注入井，该井组示踪剂监测试验结果表明，周围 4 口采出井都监测到硫氰酸钠示踪剂产出，葡 652-斜 P84 井和葡 65-P843 井见剂速度快、见剂浓度高，说明了葡 652-斜 P84 井和葡 65-P843 井为注聚推进优势方向；葡 642-斜 P84 井和葡 65-斜 P833 井也是见剂井，但示踪剂突破时间较晚，峰值浓度较低，应为注聚次要推进方向。从该井组地质情况与生产动态结合来看，该注入井葡 $I2^{3}$、葡 $I5^{2}$、葡 $I7\text{-}8^{2}$ 以及葡 I10-11 层段吸液（图 9-21），吸液层段与周围见剂采

测试日期				2015年12月01日	
层号	射开厚度/m	射开砂岩/m	射开有效/m	注入量/m^3: 70.2 注入压力/MPa: 5.9 测试方式: 同位素	
0230	2.2	2.2	2.0	6.0	8.5
0520	2.6	2.6	1.2	10.0	14.2
071-082	11.8	11.8	10.9	41.2	58.7
100-110	4.1	4.1	2.5	13.0	18.5

图 9-21 葡 65-84 注水井吸水剖面

出井存在主河道砂体连通。其中，葡 I7-8^2 层段为主要吸液层段，相对吸液比例为 58.8%，注入井与周围采出井在该层段不同沉积单元存在主河道砂连通，说明示踪剂检测结果与该井组动静态情况吻合。从地层相带图来看，在葡 65-84 注入井与葡 652-斜 P84 采出井之间存在断层分割，而葡 65-84 井注入的示踪剂在葡 652-斜 P84 示踪剂较好产出，说明断层对注聚液推进没有形成阻隔，表明了该处断层不存在或存在但不封闭；另外，葡 I8^2 层段注入井只与葡 652-斜 P84 井为主河道砂连通，与其余 3 口井连通关系差，说明该层段吸液主要向葡 652-斜 P84 井推进，其余方向为次要推进方向；葡 I5^2 层只与葡 652-斜 P84 井单向连通，该层吸液比例相对较低，应为葡 652-斜 P84 井次要推进层。葡 I10-11 层段注入井与葡 65-P843 井连通关系较好，两个层段吸液比达到 32.7%，结合葡 65-P843 井见剂时间，该层段注聚主要向葡 65-P843 井方向推进，其他方向为次要方向。说明了示踪剂监测结果与该试验井组动静态情况吻合较好。注入示踪剂推进方向见图 9-22，注入示踪剂沿相带推进示意见图 9-23。

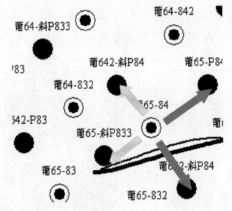

图 9-22 葡 65-84 井示踪剂推进优势方向图（深色箭头代表优势推进方向）

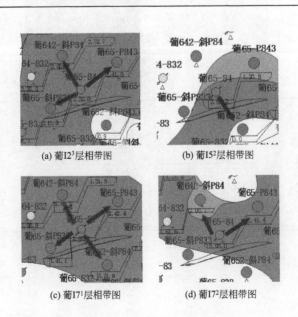

(a) 葡 I2^3 层相带图   (b) 葡 I5^2 层相带图

(c) 葡 I7^1 层相带图   (d) 葡 I7^2 层相带图

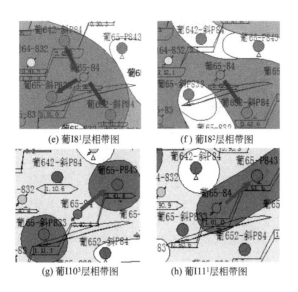

(e) 葡I8¹层相带图　　　　　　(f) 葡I8²层相带图

(g) 葡I10³层相带图　　　　　　(h) 葡I11¹层相带图

图 9-23　葡 65-84 井注入示踪剂沿相带推进示意

（4）示踪剂采出曲线拟合

将葡 65-84 井区示踪剂采出曲线和地层参数输入计算机，采用示踪剂模拟软件进行曲线拟合，拟合获得曲线见图 9-24～图 9-27，从拟合获得曲线图上可以看出，实测曲线与拟合曲线吻合较好，表明拟合获得地层参数能够反映地层实际情况，拟合获得地层参数见表 9-14。

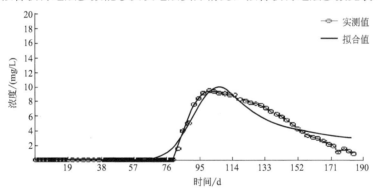

图 9-24　葡 65-斜 P833 井计算机拟合获得示踪剂采出曲线

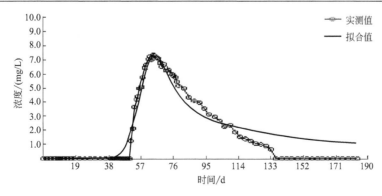

图 9-25　葡 642-斜 P84 井计算机拟合获得示踪剂采出曲线

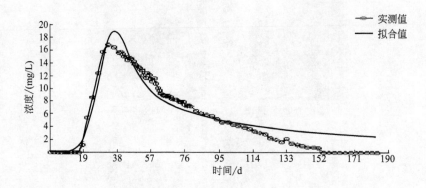

图 9-26　葡 652-斜 P84 井计算机拟合获得示踪剂采出曲线

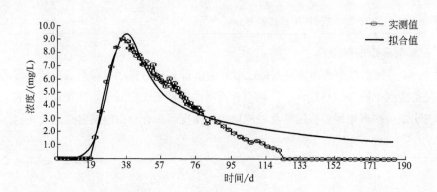

图 9-27　葡 65-P843 井计算机拟合获得示踪剂采出曲线

⊡ 表 9-14　葡 65-84 注采井组计算机拟合获得地层参数

注入井	采出井	推进速度 /(m/d)	高渗透层厚度 /m	连通层渗透率 /μm²	连通层孔道半径 /μm
葡 65-84	葡 65-斜 P833	1.41	1.05	0.198	2.52
	葡 642-斜 P84	2.31	0.85	0.323	3.22
	葡 652-斜 P84	4.08	1.28	0.531	4.12
	葡 65-P843	3.95	0.82	0.511	4.04

（5）试验结果综合评价

从葡 65-84 注采井组监测到注入突破示踪剂时间和见剂峰值浓度综合判断，葡652-斜 P84 井和葡 65-P843 井为注聚优势推进方向，葡 642-斜 P84 井和葡 65-斜 P833井为注剂次要推进方向，注入井与周围 4 口采出井均存在注聚连通；注聚液推进速度最快为 4.08m/d，最慢为 1.41m/d，平均值为 2.94m/d；注采井之间注聚连通高渗透地层平均厚度为 1.00m，平均渗透率为 $0.391\mu m^2$，孔道半径平均值为 $3.48\mu m$。

9.3.3 葡 67-85 井注采井组示踪剂检测结果与综合解析

（1）试验井组开发状况

葡 67-85 井为葡北油田聚驱 1 口注入井，该井砂岩厚度为 11.7m，有效厚度 10.5m，该井周围连通 7 口油井，平均单井射开连通砂岩厚度为 6.3m，有效厚度 4.3m，目前平均单井日产液 28.8t，日产油 1.1t，综合含水 95.9%（表 9-15）。

⊡ 表 9-15　葡 67-85 井组周围油井生产情况

井号	连通砂岩/m	连通有效/m	日产液/t	日产油/t	含水/%
葡 662-斜 P85	6.6	4.9	23.1	1.2	94.7
葡 66-斜 P852	5.0	0.8	4.1	0.1	96.5
葡 67-P843	3.6	1.2	25.4	1.0	96.0
葡 67-斜 P853	7.4	6	35.2	1.8	94.9
葡 67-842	5.9	5.2	20.7	1.0	95.3
葡 672-斜 P85	7.7	4.3	14.1	0.5	96.8
葡 67-852	7.8	7.8	78.8	2.4	96.9
平均	6.3	4.3	28.8	1.1	95.9

（2）检测结果

葡 67-85 井注入硫氰酸钠示踪剂，周围 7 口一线油井中 6 口油井监测示踪剂，其中，葡 66-斜 P852 井、葡 672-斜 P85 井以及葡 67-842 井见剂快，示踪剂突破时间少于 20 天；葡 662-斜 P85 井见剂最晚，见剂时间为 56 天；葡 67-P843 井未见剂。该注采井组示踪剂在周围采出井采出曲线见图 9-28～图 9-33（由于葡 67-P843 无采出情况，故无该井采出曲线图）。检测结果统计见表 9-16。

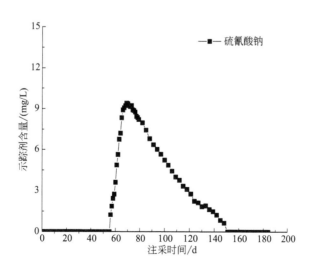

图 9-28　葡 662-斜 P85 井硫氰酸钠示踪剂采出曲线

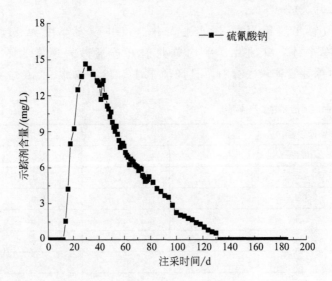

图 9-29 葡 66-斜 P852 井硫氰酸钠示踪剂采出曲线

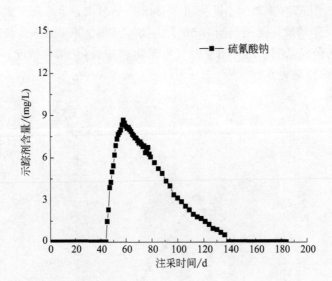

图 9-30 葡 67-斜 P853 井硫氰酸钠示踪剂采出曲线

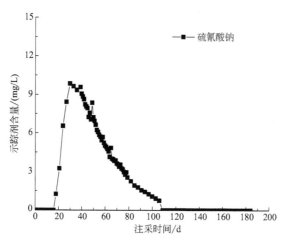

图 9-31　葡 67-842 井硫氰酸钠示踪剂采出曲线

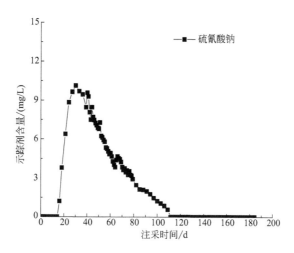

图 9-32　葡 672-斜 P85 井硫氰酸钠示踪剂采出曲线

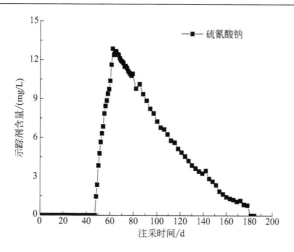

图 9-33　葡 67-852 井硫氰酸钠示踪剂采出曲线

注入井	对应采出井	突破时间/d	见剂种类	峰值时间/d	峰值浓度/(mg/L)
葡 67-85	葡 662-斜 P85	56	硫氰酸钠	69	9.42
	葡 66-斜 P852	14	硫氰酸钠	30	14.62
	葡 67-P843	—	未见	—	—
	葡 67-斜 P853	45	硫氰酸钠	58	8.66
	葡 67-842	18	硫氰酸钠	30	9.85
	葡 672-斜 P85	14	硫氰酸钠	30	10.12
	葡 67-852	48	硫氰酸钠	62	12.86

（3）监测结果综合解析

葡 67-85 井是位于试验区东南部 1 口注入井，周围 7 口监测井中有 6 口井监测到注入的硫氰酸钠示踪剂。葡 66-斜 P852 井、葡 672-斜 P85 井和葡 67-842 井见剂快，峰值浓度高，应为注聚优势推进方向；葡 67-852 井示踪剂突破时间为 48d，但是示踪剂采出峰值浓度达到 12.86mg/L，示踪剂采出持续时间较长，也应该是注聚优势推进方向。另外，葡 66-斜 P852 井、葡 67-斜 P853 井也监测到注入示踪剂采出，但是见剂较晚，采出浓度低，应该为注聚次要推进方向。

从该井组地质情况与生产动态结合来看，葡 67-85 井有葡 I3^1、葡 I6^2、葡 I7、葡 I9^2、葡 I10^1 和葡 I11$^{1-2}$ 六个吸水层（图 9-34）。其中，葡 67-842 井、葡 67-852 井、葡 66-斜 P852 井、葡 672-斜 P85 井与注入井之间在不同吸液层段存在主河道砂体连通。在葡 I3^1 层段注入井只与见剂井中葡 67-842 井存在地层连通，该层段注聚液主要向葡 67-842 井推进；葡 I6^2 层段注入井与葡 67-852 井、葡 66-斜 P852 井、葡 67-斜 P853 井以主河道地层连通，这三口井应为该层段注聚液主要推进方向；葡 I7^1 层段与葡 67-852 井、葡 662-斜 P85 井连通关系较好，葡 67-852 井、葡 662-斜 P85 井应为该层段注聚推进方向；葡 I9^2 层段除了与葡 67-843 井、葡 662-斜 P85 井不存在地层连通，与周围其他井连通关系较好，该层段注聚向周围其他 5 口井方向均有推进可能；葡 I10^1 层段与葡 67-852 井、葡 672-斜 P85 井连通关系较好，葡 67-852 井、葡 672-斜 P85 井为该层段注聚可能推进方向；葡 I11^2 砂体发育较好，葡 I11^2 层注入井与葡 67-842 井、葡 67-852 井、葡 662-斜 P85 井和葡 67-斜 P853 井 4 口井连通关系较好，因此，4 口油井均可能是该层段注聚可能的推进方向。未见剂葡 67-P843 井与注入井吸水层段连通关系差，只有葡 I11^1 注采井之间存在连通地层，连通类型为浅滩—主河道连通，该井未见剂与沉积相带发育情况相符。

注入示踪剂沿相带推进示意见图 9-35。该注采井组注入示踪剂推进优势方向见图 9-36。

测试日期				2015年11月12日	
层号	射开厚度/m	射开砂岩/m	射开有效/m	注入量/m³: 55	
				注入压力/MPa: 7.9	
				测试方式: 示踪相关	
0310	1.2	1.2	1.2	8.4	15.3
0420	1.6	1.6	1.0		
0620	0.6	0.6	0.6	5.7	10.4
0700	3.8	3.8	3.2	16.2	29.4
0920	1.0	1.0	1.0	7.5	13.6
1010	1.1	1.1	1.1	5.6	10.2
111-112	2.4	2.4	2.4	11.7	21.2

图 9-34 葡 67-85 注水井吸水剖面

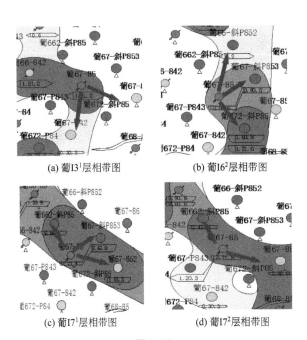

(a) 葡I3¹层相带图

(b) 葡I6²层相带图

(c) 葡I7¹层相带图

(d) 葡I7²层相带图

图 9-35

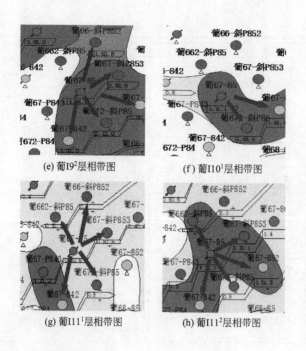

(e) 葡I9²层相带图　　　　　　(f) 葡I10¹层相带图

(g) 葡I11¹层相带图　　　　　　(h) 葡I11²层相带图

图 9-35　葡 67-85 井注入示踪剂沿相带推进示意

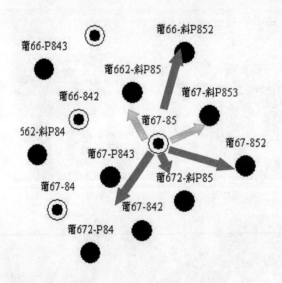

图 9-36　葡 67-85 井组示踪剂优势方向

（4）示踪剂采出曲线拟合

将葡 67-85 井区示踪剂采出曲线和地层参数输入计算机，采用示踪剂模拟软件进行曲线拟合，拟合获得曲线见图 9-37～图 9-42，从拟合获得曲线图上可以看出，实测曲线与拟合曲线吻合较好，表明拟合获得地层参数能够反映地层实际情况，拟合获得地层反演参数见表 9-17。

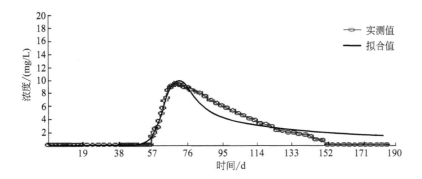

图 9-37 葡 662-斜 P85 井计算机拟合获得示踪剂采出曲线

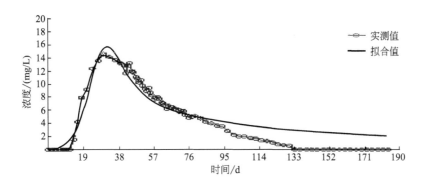

图 9-38 葡 66-斜 P852 井计算机拟合获得示踪剂采出曲线

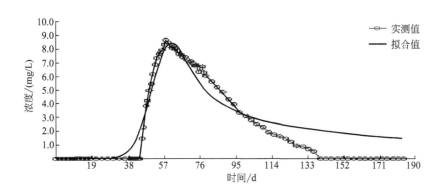

图 9-39 葡 67-斜 P853 井计算机拟合获得示踪剂采出曲线

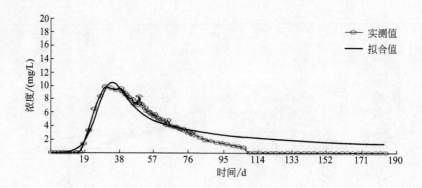

图 9-40 葡 67-842 井计算机拟合获得示踪剂采出曲线

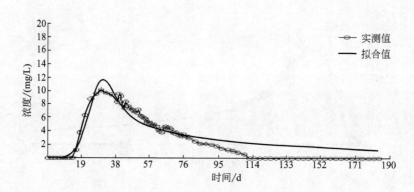

图 9-41 葡 672-斜 P85 井计算机拟合获得示踪剂采出曲线

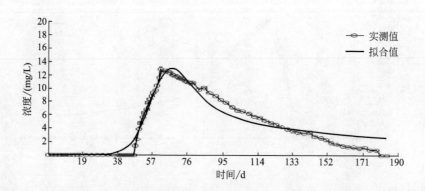

图 9-42 葡 67-852 井计算机拟合获得示踪剂采出曲线

表 9-17 葡 67-85 注采井组计算机拟合获得地层反演参数

注入井	采出井	推进速度 / (m/d)	高渗透层厚度 /m	连通层渗透率 /μm²	连通层孔道半径 /μm
葡 67-85	葡 662-斜 P85	2.06	1.03	0.331	3.25
	葡 66-斜 P852	4.67	0.65	0.573	4.28
	葡 67-斜 P853	2.46	0.81	0.403	3.58
	葡 67-842	4.35	0.75	0.547	4.18
	葡 672-斜 P85	4.69	0.62	0.598	4.38
	葡 67-852	2.21	1.16	0.301	3.10

（5）试验结果综合评价

从葡 67-85 注采井组监测到注入突破示踪剂时间和见剂峰值浓度综合判断，葡 67-842 井、葡 67-852 井、葡 66-斜 P852 井和葡 672-斜 P85 井为注聚优势推进方向，注入示踪剂在周围 7 口监测井中的 6 口井采出，说明了除葡 66-斜 P852 井外均存在注聚连通；注聚液推进速度最快为 4.69m/d，最慢为 2.06m/d，平均值为 3.41m/d；注采井之间注聚连通高渗透地层平均厚度为 0.84m，平均渗透率为 0.459μm²，孔道半径平均值为 3.80μm。

9.3.4　葡 65-斜 822 井注采井组示踪剂监测结果与综合解析

（1）井组开发状况

葡 65-斜 822 井为葡北油田聚驱 1 口注入井，砂岩厚度为 16.4m，有效厚度为 12.8m；该井对应一线油井有 4 口，平均单井射开连通砂岩厚度为 9.1，有效厚度为 6.3m，目前该井组平均日产液 42.3t，日产油 3.6t，综合含水 87.5％。

葡 65-斜 822 井组周围油井生产情况见表 9-18。

表 9-18 葡 65-斜 822 井组周围油井生产情况

井号	连通砂岩 /m	连通有效 /m	日产液 /t	日产油 /t	含水 /%
葡 65-P823	4.2	2.6	15.9	5.3	66.9
葡 652-P82	12.8	8.1	37.6	1.6	95.7
葡 652-斜 P83	9.7	7.1	57.0	4.7	91.8
葡 66-P823	9.8	7.3	58.8	2.6	95.6

（2）检测结果

葡 65-斜 822 井注入亚硝酸钠示踪剂，取样检测结果表明，周围 4 口采出井均有注入示踪剂采出，该注采井组示踪剂在周围采出井采出曲线见图 9-43～图 9-46。检测结果统计见表 9-19。

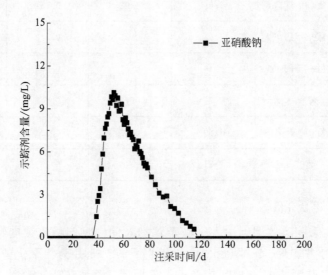

图 9-43　葡 65-P823 井亚硝酸钠示踪剂采出曲线

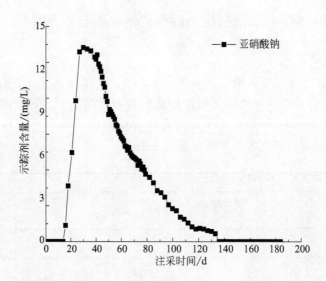

图 9-44　葡 652-P82 井亚硝酸钠示踪剂采出曲线

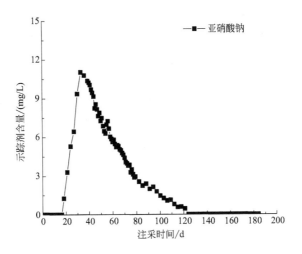

图 9-45 葡 652-斜 P83 井亚硝酸钠示踪剂采出曲线

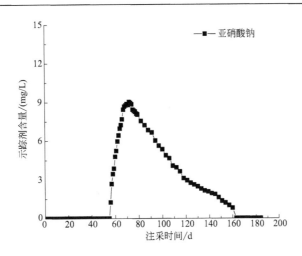

图 9-46 葡 66-P823 井亚硝酸钠示踪剂采出曲线

⊡ **表 9-19** 葡 65-斜 822 注采井组示踪剂采出情况

注入井	对应采出井	突破时间/d	见剂种类	峰值时间/d	峰值浓度/（mg/L）
	葡 65-P823	39	亚硝酸钠	53	10.15
葡 65-斜 822	葡 652-P82	16	亚硝酸钠	30	16.24
	葡 652-斜 P83	18	亚硝酸钠	33	11.02
	葡 66-P823	56	亚硝酸钠	72	9.02

（3）监测结果综合解析

葡 65-斜 822 井位于试验区西南部 1 口注入井，该井示踪剂监测试验结果表明，周围 4 口采出井都监测到亚硝酸钠示踪剂产出，葡 652-P82 井和葡 652-斜 P83 井见剂速度快，示踪剂突破时间为 16 天和 18 天，葡 652-P82 井示踪剂采出峰值浓度最高达到 16.24mg/L，葡 652-斜 P83 井峰值浓度为 11.02mg/L，说明了西南和东北方向为注剂井优势推进方向，并存在注剂通道。葡 66-P823 井和葡 65-P823 井也监测到注入示踪剂采出，由于见剂时间晚、浓度低，应为注剂次要推进方向。

从该井组地质情况与生产动态结合来看，该注入井葡 I2、葡 I5^2、葡 I8^1、葡 I9 层段吸液（图 9-47），其中，葡 I9 层段为主要吸液层段，相对吸液比例为 33.3%，注入井与葡 652-P82 井在葡 I9^2 连通类型为主河道砂连通，与葡 65-P823 井在葡 I9^1 存在主河道-浅滩地层连通关系，与周围其余油井不存在地层连通，该层段注聚主要推进方向为葡 652-P82 井，次要推进方向为葡 65-P823 井。另外，葡 I2、葡 I5^2 累积吸液比例为 44%，注入井与葡 652-斜 P83 井在葡 I2、葡 I5^2 连通类型为主河道砂连通，示踪剂监测结果表明，葡

	测试日期			2015年12月13日	
层号	射开厚度/m	射开砂岩/m	射开有效/m	注入量/m³: 70 注入压力/MPa: 7.7 测试方式：同位素	
0200	2.8	2.8	2.2	21.1	30.1
0520	1.6	1.6	1.6	9.7	13.9
0810	2.0	2.0	2.0	15.9	22.7
0900	4.6	4.6	3.4	23.3	33.3
100-110	5.4	5.4	3.6		

图 9-47　葡 65-斜 822 注水井吸水剖面

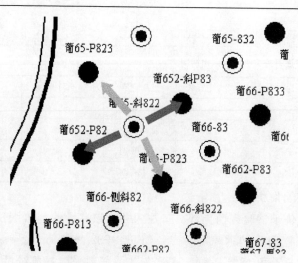

图 9-48　葡 65-斜 822 井组示踪剂优势方向（深色箭头代表为优势方向）

652-斜 P83 井是注聚优势推进方向。由于在葡 I2³ 层段与葡 66-P823 井，葡 I5² 与葡 652-P82 井也为主河道砂体连通，因此，葡 I2、葡 I5² 注聚存在向葡 66-P823 井和葡 652-P82 推进。从上述分析可以看出，该注采井组示踪剂测试试验结果与井组动静态情况相符，说明示踪剂监测试验结果较好反映试验井区动静态生产情况。

该注采井组注入示踪剂推进方向见图 9-48，注入示踪剂沿相带推进示意见图 9-49。

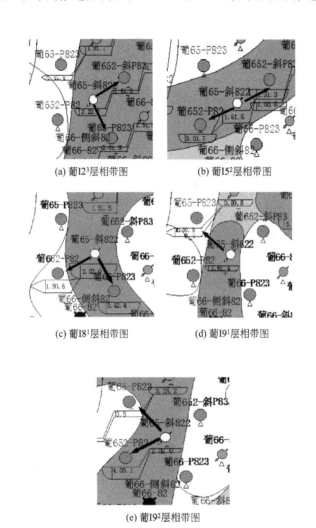

(a) 葡I2³层相带图

(b) 葡I5²层相带图

(c) 葡I8¹层相带图

(d) 葡I9¹层相带图

(e) 葡I9²层相带图

图 9-49 葡 65-斜 822 井注入示踪剂沿相带推进示意

（4）示踪剂采出曲线拟合

将葡 65-斜 822 井区示踪剂采出曲线和地层参数输入计算机，采用示踪剂模拟软件进行曲线拟合，拟合获得曲线见图 9-50～图 9-53，从拟合获得曲线图上可以看出，实测曲线与拟合曲线吻合较好，表明拟合获得地层参数能够反映地层实际情况，拟合获得地层反演参数见表 9-20。

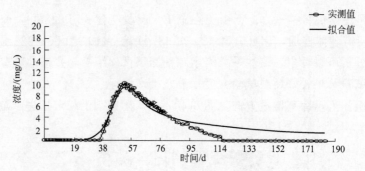

图 9-50 葡 65-P823 井计算机拟合获得示踪剂采出曲线

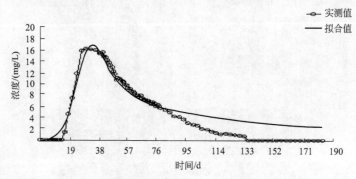

图 9-51 葡 652-P82 井计算机拟合获得示踪剂采出曲线

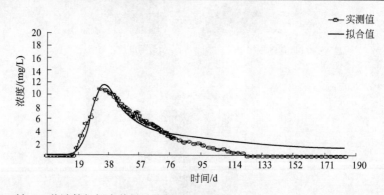

图 9-52 葡 652-斜 P83 井计算机拟合获得示踪剂采出曲线

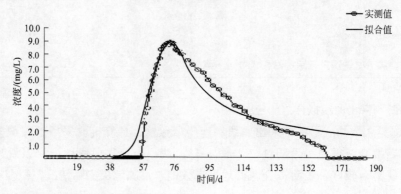

图 9-53 葡 66-P823 井计算机拟合获得示踪剂采出曲线

注入井	采出井	推进速度 /（m/d）	高渗透层厚度 /m	高渗层渗透率 /μm²	高渗层孔道半径 /μm
葡 65-斜 822	葡 65-P823	2.78	0.78	0.429	3.70
	葡 652-P82	4.41	0.93	0.588	4.34
	葡 652-斜 P83	4.17	0.55	0.537	4.14
	葡 66-P823	2.00	0.97	0.342	3.31

（5）试验结果综合评价

从葡 65-斜 P822 注采井组监测到注入突破示踪剂时间和见剂峰值浓度综合判断，葡 652-P82 井和葡 652-斜 P83 井为注聚优势推进方向，注入井与周围 4 口采出井均存在注聚连通；注聚液推进速度最快为 4.41m/d，最慢为 2.0m/d，平均值为 3.34m/d；注采井之间注聚连通高渗透地层平均厚度为 0.81m，平均渗透率为 0.474μm²，孔道半径平均值为 3.87μm。

9.3.5　葡 65-85 井注采井组示踪剂检测结果与综合解析

（1）试验井组开发状况

葡 65-85 井为葡北油田聚驱 1 口注入井，该井射开砂岩厚度为 12.4m，有效厚度 8.6m，与周围 6 口油井连通，6 口油井平均单井射开连通砂岩厚度为 8.9m，有效厚度为 6.5m，目前平均单井日产液 20.2t，日产油 1.3t，综合含水 93.7％。

葡 65-85 井组周围油井生产情况见表 9-21。

⊡ 表 9-21　葡 65-85 井组周围油井生产情况

井号	连通砂岩/m	连通有效/m	日产液/t	日产油/t	含水/%
葡 65-P843	12	9.4	33.0	2.9	91.3
葡 642-P85	8.4	5.5	33.9	2.2	93.5
葡 64-852	4.2	4.2	4.0	0.4	90.8
葡 65-斜 P853	11	8.1	25.1	1.0	96.0
葡 65-P852	8.3	5.2	8.0	0.3	96.5
葡 652-斜 P85	9.7	6.7	17.1	1.0	94.1
平均	8.9	6.5	20.2	1.3	93.7

（2）检测结果

葡 65-85 井注入亚硝酸钠示踪剂，检测结果表明，注入示踪剂在周围 6 口采出井中均被采出，该注采井组示踪剂在周围采出井示踪剂监测曲线见图 9-54～图 9-59。检测结果统计见表 9-22。

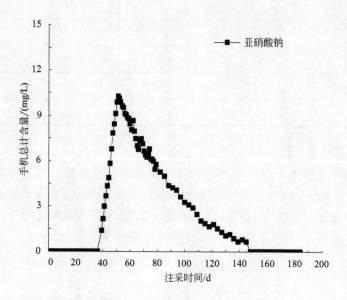

图 9-54 葡 65-P843 井亚硝酸钠示踪剂采出曲线

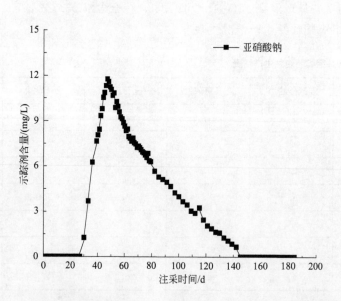

图 9-55 葡 642-P85 井亚硝酸钠示踪剂采出曲线

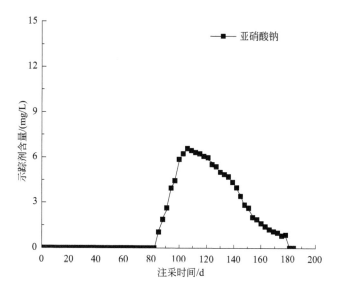

图 9-56 葡 64-852 井亚硝酸钠示踪剂采出曲线

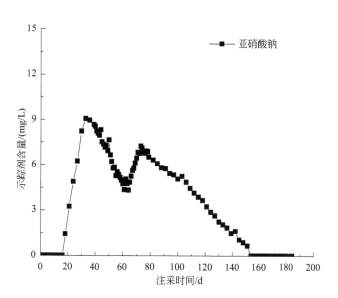

图 9-57 葡 65-斜 P853 井亚硝酸钠示踪剂采出曲线

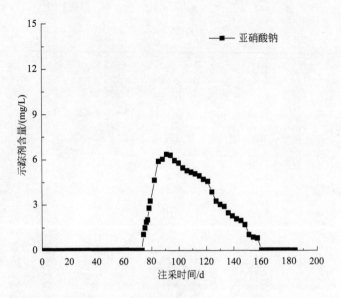

图 9-58 葡 65-P852 井亚硝酸钠示踪剂采出曲线

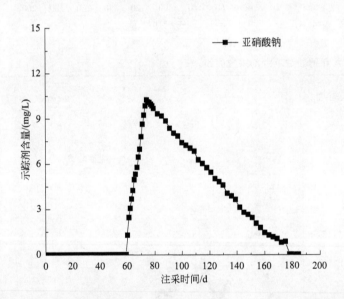

图 9-59 葡 652-斜 P85 井亚硝酸钠示踪剂采出曲线

⊡ 表 9-22 葡 65-85 注采井组示踪剂采出情况

注入井	对应采出井	突破时间/d	见剂种类	峰值时间/d	峰值浓度/（mg/L）
葡 65-85	葡 65-P843	39	亚硝酸钠	51	10.27
	葡 642-P85	30	亚硝酸钠	47	11.76
	葡 64-852	85	亚硝酸钠	106	6.58
	葡 65-斜 P853	18	亚硝酸钠	33	9.05
				73	7.25
	葡 65-P852	74	亚硝酸钠	91	6.34
	葡 652-斜 P85	60	亚硝酸钠	74	10.24

（3）监测结果综合解析

葡 65-85 井位于试验区中部的 1 口注入井，该井组示踪剂监测试验结果表明，周围 6 口采出井都监测到亚硝酸钠示踪剂产出。葡 65-斜 P853 井见剂速度最快，示踪剂突破时间为 18d，并且示踪剂浓度监测到 2 个峰值，第一个峰值时间是 33 天，峰值浓度最高达到 9.05mg/L，第二个峰值时间为 73d，峰值浓度为 7.25mg/L，说明注聚有 2 个以上不同渗透地层向该井推进，说明该井是注聚优势推进方向；从相带图来看，该注入井与葡 65-斜 P853 井连通较好的沉积相带有葡 I3、葡 I7、葡 I9 和葡 I11 层(图 9-60)，这些层段注聚均有可能在葡 65-斜 P853 井产出。葡 65-P843 井和葡 642-P85 井见剂在 30 多天，峰值浓度为 10mg/L 以上，见剂效果较好，吸液层段也存在较好连通，可能存在注聚推进层段较多，应为注聚优势推进方向。葡 652-斜 P85 井示踪剂突破时间为 60d，示踪剂峰值浓度较高，说明注聚向该井方向推进较多，并且该井在葡 I2、葡 $I7^2$ 和葡 I11 层段注采井是以主河道砂体连通，也应该为注聚优势推进方向。葡 64-852 井、葡 65-P852 井示踪剂突破时间较晚，峰值浓度较低，应为注聚次要推进方向。

	测试日期			2015年11月18日	
层号	射开厚度/m	射开砂岩/m	射开有效/m	注入量/m³:45 注入压力/MPa:7.5 测试方式:示踪相关	
0200	4.0	4.0	1.1	12.1	26.9
0320	1.4	1.4	0.8	4.2	9.3
0700	2.4	2.4	2.4	5.0	11.1
0820	0.8	0.8	0.8	3.6	8.0
0910	0.8	0.8	0.8	3.6	8.0
1100	2.7	2.7	2.7	13.8	30.7
1130	1.3	0.7		2.7	6.0

图 9-60 葡 65-85 注入井吸水剖面

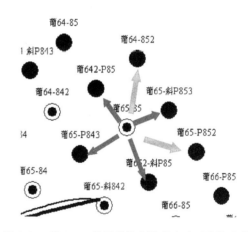

图 9-61 葡 65-85 井组示踪剂优势方向（深灰色箭头代表优势方向）

注入示踪剂推进方向见图 9-61，注入示踪剂沿相带推进示意见图 9-62。

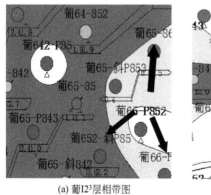

(a) 葡 I2³ 层相带图　　(b) 葡 I3² 层相带图

图 9-62

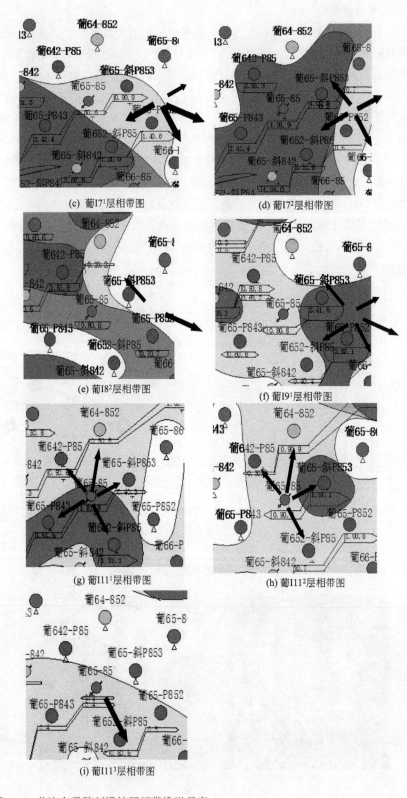

(c) 葡I7¹层相带图

(d) 葡I7²层相带图

(e) 葡I8²层相带图

(f) 葡I9¹层相带图

(g) 葡I11¹层相带图

(h) 葡I11²层相带图

(i) 葡I11³层相带图

图 9-62　葡 65-85 井注入示踪剂沿地层相带推进示意

（4）示踪剂采出曲线拟合

将葡 65-85 井区示踪剂采出曲线和地层参数输入计算机，采用示踪剂模拟软件进行曲线拟合，拟合获得曲线见图 9-63～图 9-68，从拟合获得曲线图上可以看出，实测曲线与拟合曲线吻合较好，表明拟合获得地层参数能够反映地层实际情况，拟合获得地层反演参数见表 9-23。

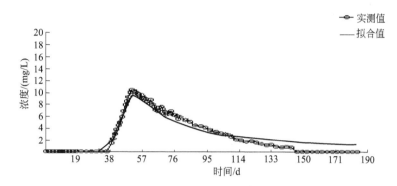

图 9-63 葡 65-P843 井计算机拟合获得示踪剂采出曲线

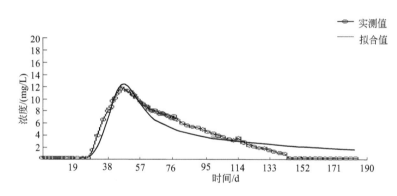

图 9-64 葡 642-P85 井计算机拟合获得示踪剂采出曲线

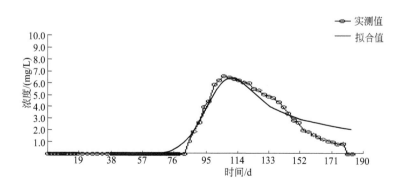

图 9-65 葡 64-852 井计算机拟合获得示踪剂采出曲线

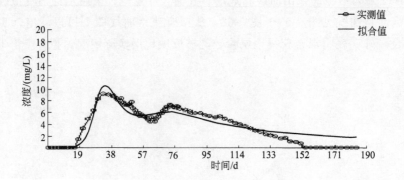

图 9-66 葡 65-斜 P853 井计算机拟合获得示踪剂采出曲线

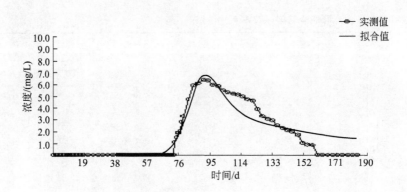

图 9-67 葡 65-P852 井计算机拟合获得示踪剂采出曲线

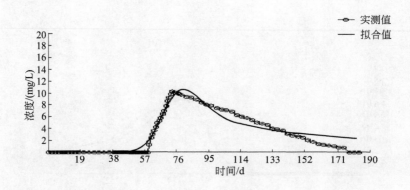

图 9-68 葡 652-斜 P85 井计算机拟合获得示踪剂采出曲线

注入井	采出井	推进速度 /(m/d)	高渗透层厚度 /m	连通层渗透率 /μm²	连通层孔道半径 /μm
葡 65-85	葡 65-P843	2.76	0.56	0.423	3.68
	葡 642-P85	3.12	0.47	0.477	3.91
	葡 64-852	1.35	0.85	0.189	2.46
	葡 65-斜 P853	4.28	0.38	0.601	4.39
		1.95	0.46	0.255	2.86
	葡 65-P852	1.56	0.59	0.267	2.93
	葡 652-斜 P85	1.85	0.84	0.315	3.17

（5）试验结果综合评价

从葡 65-85 注采井组监测到注入突破示踪剂时间和见剂峰值浓度综合判断，葡 65-斜 P853 井、葡 652-斜 P85 井、葡 65-P843 井和葡 642-P85 井为注聚优势推进方向，其中，葡 65-斜 P853 井存在 2 个以上不同渗透层段的注聚连通；葡 64-852 井、葡 65-P852 井示踪剂突破时间较晚，峰值浓度较低，应为注聚次要推进方向；注入井与周围 6 口采出井均存在注聚连通。注聚液推进速度最快为 4.28m/d，最慢为 1.35m/d，平均值为 2.41m/d；注采井之间注聚连通高渗透地层平均厚度为 0.59m，平均渗透率为 0.361μm²，孔道半径平均值为 3.34μm。

9.4
聚合物驱油方案设计

9.4.1　不同聚合物性能室内评价

结合葡北油田聚合物驱先导性试验、大庆长垣三类油层聚合物驱试验以及本次试验区油藏地质特点，选定了分子量为 1200 万的普通中分聚合物和分子量为 800 万的中低分抗盐聚合物，进行室内实验研究，以评价优选聚合物类型。

（1）聚合物性能检测

利用大庆标准盐水和污水配制聚合物溶液，两种聚合物均具有较高的黏度和较好的理化性能，两种聚合物理化性能检测见表 9-24。

⊡ 表 9-24　聚合物理化性能检测

检验项目	中低分抗盐聚合物	普通中分聚合物
分子量/万	860	1360
水解度/%	24.2	24.5

检验项目	中低分抗盐聚合物	普通中分聚合物
黏度/(mPa·s)	67.5(模拟污水)	46.9(标准盐水)
固含量(质量分数)/%	90.9	90.6
过滤因子	1.5	1.2
水不溶物(质量分数)/%	0.048	0.0191
溶解速度/h	<2	<2

（2）聚合物分子量对油层的适应性

在抗盐聚合物浓度 800mg/L、普通聚合物浓度 1000mg/L 的条件下测定两种聚合物的注入能力。如图 9-69 和图 9-70 所示，空气渗透率 $150 \times 10^{-3} \mu m^2$ 以上油层注入 800 万分子量抗盐聚合物和 1200 万分子量普通聚合物不会出现堵塞，因此试验区注聚目的层与中低分抗盐聚合物和普通中分聚合物是匹配的。

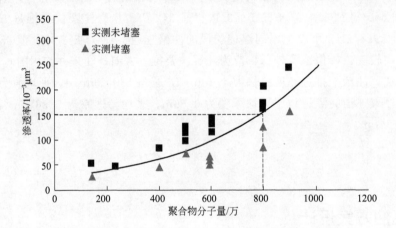

图 9-69　抗盐聚合物分子量与渗透率匹配关系

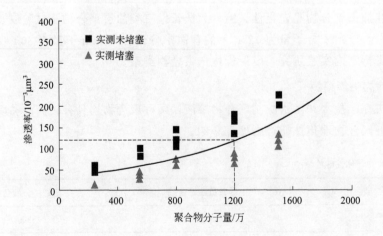

图 9-70　普通聚合物分子量与渗透率匹配关系

同时，对低渗透天然岩心与低分抗盐聚合物的适应性进行了评价，评价结果见表9-25。

表 9-25 低渗透天然岩心注入能力评价实验

天然岩心	孔隙度/%	空气渗透率/$10^{-3}\mu m^2$	水测渗透率/$10^{-3}\mu m^2$	聚合物浓度/（mg/L）	聚合物黏度/（mPa·s）	阻力系数	残余阻力系数
t7-2	24.87	113	61.97	700	25	83.6	13.8
t4-3	24.66	121	52.23	700	25	91.1	16.4

聚合物分子量为 600 万，污水体系聚合物浓度为 700mg/L，通过压力变化曲线及阻力系数和残余阻力系数分析，未发生堵塞，可以有效注入，因此，空气渗透率为 $120\times10^{-3}\mu m^2$ 左右的低渗透岩心与低分抗盐聚合物是匹配的。综上所述，分子量在 500 万～800 万的中低分抗盐聚合物与葡北油田葡I组油层空气渗透率 $150\times10^{-3}\mu m^2$ 以上油层是匹配的。

低渗透天然岩心注入压力变化曲线如图 9-71 所示。

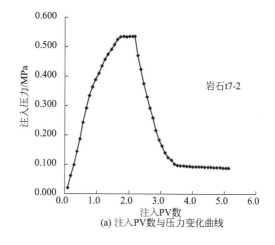

(a) 注入PV数与压力变化曲线

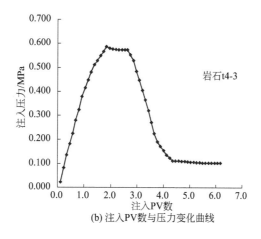

(b) 注入PV数与压力变化曲线

图 9-71 低渗透天然岩心注入压力变化曲线

（3）增黏性实验

在清配污稀及污配污稀两种条件下，配制浓度为5000mg/L不同分子量聚合物母液，加水稀释至不同浓度的目的液，在温度47.4℃条件下测定溶液浓度与黏度的关系。如图9-72所示，抗盐聚合物具有较好的增黏性能，在溶液浓度600mg/L及以上时溶液黏度增幅明显，黏度值远高于同浓度下的普通中分聚合物。

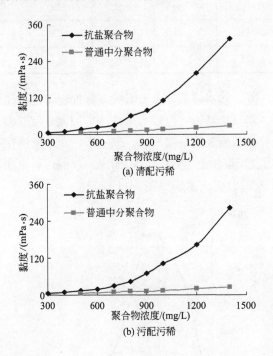

图 9-72　聚合物溶液浓黏变化曲线

（4）稳定性实验

配制浓度为5000mg/L的聚合物母液，抗盐聚合物稀释至600mg/L，普通中分聚合物稀释至1200mg/L，在温度47.4℃条件下真空除氧，测定各聚合物溶液体系黏度随时间变化的情况。如图9-73和图9-74所示，两种聚合物溶液的黏度稳定性均较好，黏度保留率较高，在清配污稀条件下黏度保留率在90%以上，在污配污稀条件下抗盐聚合物溶液黏度保留率89.7%，较普通中分聚合物溶液高4.5个百分点。

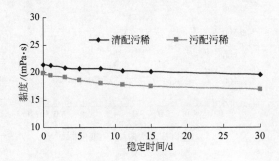

图 9-73　普通中分聚合物溶液黏度稳定性曲线

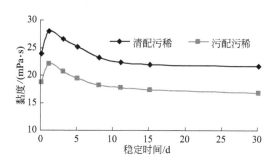

图 9-74 抗盐聚合物溶液黏度稳定性曲线

（5）阻力系数与残余阻力系数测定实验

模拟油田实际生产条件，在恒压条件下（0.016MPa），利用人造均质岩心、天然岩心分别进行普通中分聚合物、抗盐聚合物的阻力系数与残余阻力系数测定实验，以评价在清配污稀和污配污稀两种配制方法下的聚合物溶液改善流度比和降低油藏渗透率的能力，测定结果见表 9-26 和表 9-27。

▫ **表 9-26 阻力系数、残余阻力系数测定结果（天然岩心）**

岩心编号	有效渗透率/$10^{-3}\mu m^2$	聚合物类型	配制方法	浓度/（mg/L）	黏度/（mPa·s）	阻力系数	残余阻力系数
1	90.3	普通中分聚合物	污配污稀	1200	19.79	29.4	7.5
2	93.69	抗盐聚合物		800	42.27	92.3	20.9
3	88.74			800	42.70	96.7	29.3

▫ **表 9-27 阻力系数、残余阻力系数测定结果（人造均质岩心）**

岩心号	气测渗透率/$10^{-3}\mu m^2$	聚合物类型	配制方法	浓度/（mg/L）	黏度/（mPa·s）	阻力系数	残余阻力系数
A9	254			800	11.02	15.86	4.91
A12	253		清配污稀	1000	15.42	21.23	5.98
A13	259			1200	21.34	35.00	8.33
A11	251	普通中分聚合物		1400	27.51	38.61	9.08
A15	259			800	10.25	15.67	4.71
A18	242		污配污稀	1000	14.43	18.54	6.57
A21	252			1200	19.79	29.99	7.63
A23	243			1400	25.49	31.20	8.27

岩心号	气测渗透率/$10^{-3}\mu m^2$	聚合物类型	配制方法	浓度/(mg/L)	黏度/(mPa·s)	阻力系数	残余阻力系数
A22	243			500	15.33	45.05	13.40
A10	257			600	23.94	62.19	18.22
A14	256		清配污稀	700	30.87	75.81	23.19
A25	243	抗盐聚合物		800	59.88	107.96	32.20
A24	243			500	13.18	36.50	10.29
A19	242		污配污稀	600	18.87	52.34	14.60
A20	240			700	28.34	69.80	20.81
A26	257			800	42.27	96.47	29.89

由表9-26和表9-27可知,两种聚合物溶液均为堵塞,表现出了很好的注入性,阻力系数和残余阻力系数均随着溶液浓度的增加而增加,抗盐聚合物溶液的阻力系数和残余阻力系数明显高于普通中分聚合物;两种聚合物清配污稀时的阻力系数和残余阻力系数均比污配污稀时的高,抗盐聚合物表现得更加明显,降低多孔介质渗透率的能力明显比普通中分聚合物强。

(6)驱油效果实验

利用人造岩心和天然岩心,在清配污稀及污配污稀条件下,对不同浓度聚合物溶液开展驱油效果实验,人造岩心注入速度为0.9mL/min,天然岩心注入速度为0.3mL/min,注入聚合物溶液均为0.65PV。由表9-28和表9-29可知,抗盐聚合物浓度在600mg/L及以上时聚合物驱采收率可提高12个百分点以上;相同黏度对比,抗盐聚合物提高采收率值较普通中分聚合物高3~4个百分点;污配污稀条件下,影响采收率1个百分点左右,且抗盐聚合物浓度小于800mg/L时,污配污稀配制条件对驱油效果影响较小,在0.5个百分点左右。

▫ 表9-28 聚合物驱油效果室内实验(清配污稀)

岩心类型	聚合物类型	注入浓度/(mg/L)	黏度/(mPa·s)	水测渗透率/$10^{-3}\mu m^2$	孔隙度/%	含油饱和度/%	水驱采收率/%	聚合物驱采收率/%	总采收率/%
人造岩心	普通中分	800	11.02	110.52	23.64	63.09	46.94	7.61	54.55
		1200	21.34	117.29	23.38	63.85	45.80	8.96	54.76
		1400	27.51	115.70	23.74	63.69	46.82	9.45	56.27
	抗盐	400	8.28	113.61	23.81	64.02	46.18	9.54	55.73
		600	23.94	107.62	23.33	62.50	46.35	12.74	59.09
		700	30.87	110.63	23.87	63.45	45.54	13.37	58.91
		800	59.88	109.05	23.63	63.70	45.05	14.64	59.69

岩心类型	聚合物类型	注入浓度/(mg/L)	黏度/(mPa·s)	水测渗透率/10⁻³μm²	孔隙度/%	含油饱和度/%	水驱采收率/%	聚合物驱采收率/%	总采收率/%
天然岩心	普通中分	1200	21.34	97.50	28.30	62.50	44.15	8.28	52.43
	抗盐	700	30.87	105.19	28.23	61.32	45.18	12.54	57.72

⊡ 表9-29 聚合物驱油效果室内实验（污配污稀）

岩心类型	聚合物类型	注入浓度/(mg/L)	黏度/(mPa·s)	水测渗透率/10⁻³μm²	孔隙度/%	含油饱和度/%	水驱采收率/%	聚合物驱采收率/%	总采收率/%
人造岩心	普通中分	800	10.25	110.87	23.64	63.15	46.89	7.36	54.25
		1200	19.79	116.58	23.38	63.78	45.83	8.21	54.04
		1400	25.49	114.62	23.74	63.84	46.79	8.56	55.35
	抗盐	400	8.05	113.89	23.81	64.22	46.26	9.37	55.63
		600	18.87	108.57	23.33	62.59	46.44	12.06	58.50
		700	28.34	111.34	23.87	63.35	45.48	12.95	58.43
		800	42.27	109.82	23.63	63.62	45.12	13.47	58.59
天然岩心	普通中分	1200	19.79	100.64	28.15	62.57	44.24	7.59	51.83
	抗盐	700	28.34	108.04	28.36	61.46	45.09	12.06	57.15

综合上述室内实验研究，中低分抗盐聚合物在增黏性、稳定性、注入性、驱油效果等方面均优于普通中分聚合物，具有低分高粘的特性，且黏度相当的条件下，抗盐聚合物可节省50％聚合物干粉用量。因此，本次试验选择聚合物类型为中低分抗盐聚合物。同时，考虑注入性及抗盐聚合物对污水的适应性，聚合物溶液采用污水配制，污水稀释，分子量为500万～800万。考虑到首次在葡北油田应用中低分抗盐聚合物，现场注入过程中，如果初期出现注入困难，经过注入参数调整仍不能注入的情况，要及时调整聚合物类型，选用普通中分聚合物。

9.4.2 聚合物溶液浓度及黏度选择

室内研究结果表明，抗盐聚合物具有较好的增黏性，当聚合物溶液浓度大于600mg/L时，溶液黏度增幅明显，但注入聚合物浓度过高，黏度过大，将导致注入压力快速上升，注入困难，影响开发效果。因此，需结合聚驱开发效果，选择合理的聚合物溶液浓度及黏度。

抗盐聚合物浓黏关系曲线如图 9-75 所示。

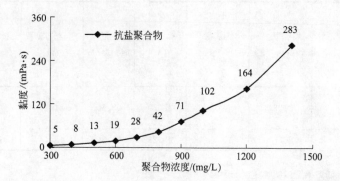

图 9-75 抗盐聚合物浓黏关系曲线（污配污稀）

通过室内评价聚合物溶液浓度及黏度与提高采收率值的关系，可知随着聚合物溶液浓度及黏度增大，提高采收率值增加，但当黏度大于 30 mPa·s，浓度大于 700 mg/L 时，采收率提高值幅度减小（图 9-76、图 9-77）。同时，抗盐聚合物浓度在 700 mg/L 时可以保持较好的注入性，体系黏度在 28 mPa·s。

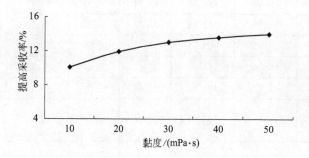

图 9-76 抗盐聚合物黏度与提高采收率曲线

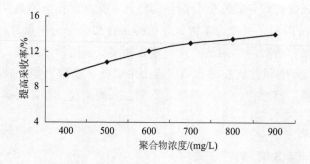

图 9-77 抗盐聚合物浓度与提高采收率曲线

利用数值模拟技术计算了试验区不同聚合物注入浓度的驱油效果，聚合物注入浓度与采收率提高值的关系见表 9-30。

浓度/（mg/L）	黏度/（mPa·s）	聚驱采收率/%	采收率提高值/%	含水下降幅度/%
400	8.05	44.23	3.32	4.05
500	13.18	46.01	5.10	6.54
600	18.87	47.41	6.50	7.91
700	28.34	48.66	7.75	9.89
800	42.27	48.96	8.05	10.28
900	71.13	48.39	7.48	10.67
1000	101.68	47.84	6.93	11.46

通过数值模拟结果表明：

① 聚合物浓度越大，含水率下降幅度越大。当注入聚合物浓度为 700mg/L 及以上时，含水率下降幅度在 9 个百分点以上，含水下降幅度随着注入聚合物浓度增加下降幅度减缓。

② 提高采收率值随聚合物浓度增加先增加、后略有减小。当聚合物浓度小于 700 mg/L 时，提高采收率值随聚合物浓度增大而快速增大；当聚合物浓度大于 700 mg/L 时，注聚后期注入困难，注入量减少，提高采收率值随聚合物浓度增大而增幅减缓，后略有减小。

试验区地下原油黏度为 4.9 mPa·s，聚合物溶液考虑炮眼剪切影响，为确保有效注入和驱油效果，井口黏度应在 20 mPa·s。因此，结合室内研究和数值模拟研究结果，同时借鉴高台子油田高Ⅲ断块聚合物驱矿场试验和葡北油田聚合物先导性试验的开发经验，确定试验区注入聚合物浓度为 700 mg/L，在不同注入阶段可根据实际情况调整注入浓度。注入初期，适当降低注入浓度，根据注入压力变化情况，适时调整，确保可平稳注入。

9.4.3　聚合物注入速度选择

聚合物驱动态规律表明，由于注入体系黏度增加，且聚合物在油层孔隙中有吸附捕集现象，使油层渗透率降低，流体渗流阻力增加，尤其是注聚初期，注入井周围油层渗透率下降较快，导致注入压力上升快。当近井地带油层的吸附捕集达到平衡后，渗流阻力趋于稳定，注入压力亦接近稳定或上升缓慢；当降低注入浓度或转入后续水驱后，注入压力又开始逐渐下降。因此，在选择注入速度时应考虑以下几个因素：

① 注入井的注入压力不能超过油层的破裂压力。

② 适当控制注入速度，可以降低聚合物溶液通过油层时的剪切降解，使聚合物溶液在油层中有较高的工作黏度。

③ 区块的整体注入速度与各注入井的注入能力兼顾。

根据以下公式确定注入速度与井口最高注入压力的关系：

$$V = 180 P_{max} N_{min} / (L^2 \times \varphi) \tag{9-4}$$

式中　　P_{max}——井口最高注入压力，MPa；

　　　　V——注入速度，PV/a；

φ——油层孔隙度,%;

L——注采井距,m;

N_{min}——油层最低视吸水指数,$m^3/(d \cdot m \cdot MPa)$。

参考葡北油田聚合物驱先导性试验,注聚后最大视吸水指数下降45%～60%,试验区注采井距150m,油层最高允许注入压力为14.3MPa,由不同注入速度井口允许的最高注入压力计算结果得出:在不同的视吸水指数下降幅度条件下,当注入速度≤0.15PV/a时,注入压力都不会超过最高允许注入压力(表9-31)。

⊡ 表9-31 不同注入速度条件下的井口最高注入压力

注入速度 /(PV/a)	平均单井日 注量/(m³/d)	单井注入强度 /[m³/(d·m)]	N_{min}= 0.40 P_{max}/MPa	N_{min}= 0.35 P_{max}/MPa	N_{min}= 0.33 P_{max}/MPa	N_{min}= 0.30 P_{max}/MPa
0.06	17.8	1.75	4.43	5.06	5.36	5.71
0.08	23.7	2.32	5.90	6.74	7.15	7.61
0.10	29.6	2.90	7.38	8.43	8.94	9.52
0.12	35.6	3.49	8.85	10.11	10.73	11.42
0.14	41.5	4.07	10.33	11.80	12.52	13.32
0.15	44.4	4.35	11.06	12.64	13.41	14.27
0.16	47.4	4.65	11.80	13.49	14.30	15.23
0.17	50.4	4.94	12.54	14.33	15.20	16.18
0.18	53.3	5.23	13.28	15.17	16.09	17.13

利用数值模拟方法研究不同注入速度对聚合物驱油效果的影响。从数值模拟计算结果可以看出,随着注入速度的增加,聚驱最终采收率变化不大,而开采时间减少。因此,注入速度是影响开采时间的一个重要因素,注入速度越低,聚合物驱开采时间越长,导致管理费用的增加;同时,注入速度越低,聚合物在地下滞留时间越长,聚合物在地下滞留时间的长短对聚合物本身特性有影响,但从现场实际应用情况看,聚合物在地下油层中滞留5年左右,对聚合物驱效果影响不大。

在不超过破裂压力的限制条件下确定注入速度为0.15PV/a。在实施过程中可视单井压力变化情况适当调整注入速度。

9.4.4 聚合物用量选择

(1)聚合物用量调整过程

聚合物驱现场试验前期进行了注入聚合物用量设计,设计注入体积0.66PV,聚合物用量455 mg/(L·PV)。与水驱开发效果对比,聚合物驱可提高采收率7.65个百分点,累积增油6.91×10^4 t。

截至2019年2月累积注入聚合物溶液$120.3 \times 10^4 m^3$,注入地下孔隙体积0.617PV,阶段累积增油6.18×10^4 t,提高采收率6.84个百分点,取得了较好的试验效果。但含水仍较低,全区含水92.10%。因此,开展葡北地区窄薄砂体井网加密及提高采收率现场试验方案调整，利用数值模拟技术，优化调整聚合物溶液注入量。

（2）聚合物用量优化调整

为了系统评价葡北油田聚驱试验效果和效益，充分挖潜储层剩余油，依据调整原则，利用数值模拟技术优化注入量调整。

不同聚合物注入量驱油效果主要技术指标分析如表 9-32 所列。

表 9-32 不同聚合物注入量驱油效果主要技术指标分析

方案	注入孔隙体积倍数/PV	聚合物用量/(mg/L·PV)	聚合物溶液注入量/10⁴m³	聚驱后最终采收率/%	聚驱结束时综合含水/%	聚驱采收率提高值/%	聚驱累积增油量/10⁴t	吨剂增油/t	采收率提高值×吨剂增油
原方案	0.66	572	128.7	49.79	92.10	7.88	7.12	57.4	452.64
方案1	0.74	628	144.3	50.42	93.16	8.51	7.69	56.5	480.83
方案2	0.82	684	159.9	50.98	94.06	9.07	8.19	55.3	501.48
方案3	0.90	740	175.5	51.45	95.04	9.54	8.62	53.8	512.80
方案4	0.98	796	191.1	51.70	95.93	9.79	8.84	51.3	502.04
方案5	1.06	852	206.7	51.83	96.54	9.92	8.96	48.5	481.58

共设计 5 套调整方案，按照注入孔隙体积倍数依次增加 0.08PV 考虑，注入孔隙体积分别为 0.74PV、0.82PV、0.90PV、0.98PV、1.06PV，注入浓度参考当前注入浓度，确定为 700mg/L。可以看出，聚驱提高采收率随着注入量增加而增加，当注入量大于 0.90PV 时，增加幅度减缓；注入聚合物溶液 0.90PV（方案 3）时，聚驱采收率提高值为 9.54 个百分点，累积增油 8.62×10^4 t，吨剂增油 53.8t；此外，该方案聚驱结束时综合含水 95.04%，处于含水回升的中后期，停注时机较合适，且与原方案对比，采收率提高值增加 1.66 个百分点，累积增油增加 1.50×10^4 t，进一步表明，在现阶段延长注入，可有效挖潜剩余油，有利于进一步提高采收率。

聚合物溶液注入量与提高采收率曲线如图 9-78 所以。

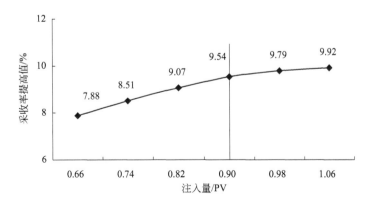

图 9-78　聚合物溶液注入量与提高采收率曲线

2015~2018 年增油量按实际发生油价计算，2018 年之后的增油量油价按 $ 60/bbl 计算(1bbl＝1 桶，1t＝7.3 桶)，投入费用包括药剂费用、钻井及基建费用，产出考虑井网加密效果和聚驱效果。结合数模预测结果，对比不同方案投入产出比和创效情况，可以看出，随着聚合物溶液注入量增加，投入产出比先增加后减小，当注入聚合物溶液为 0.90PV 时，投入产出比 1∶1.39，创效 6016 万元，投入产出比和效益达到最大，与原方案对比，多创效 2392 万元，若进一步增加聚合物注入量，投入产出比、创效情况均下降（表 9-33），表明阶段投入大于产出，经济效益开始变差。

☐ 表 9-33 不同注入量效益指标分析

方案	注入孔隙体积倍数 /PV	聚合物用量 /[mg/(L·PV)]	投入产出比	创效情况 /万元
原方案	0.66	572	1∶1.25	3624
方案 1	0.74	628	1∶1.30	4513
方案 2	0.82	684	1∶1.35	5282
方案 3	0.90	740	1∶1.39	6016
方案 4	0.98	796	1∶1.38	5980
方案 5	1.06	852	1∶1.36	5657

因此，综合考虑聚驱效果、经济效益等因素，确定聚合物溶液注入量调整最佳方案为方案 3，即聚合物溶液注入孔隙体积为 0.90PV，较原方案增加 0.24PV，聚合物用量较原方案增加 168mg/(L·PV)。现场注入过程中可根据实际生产动态、注采能力、驱油效果适当增加或减少聚合物溶液注入孔隙体积倍数及聚合物用量。

（3）开发指标预测

利用数值模拟进行聚驱注入量调整后开发指标预测，增加注入量可有效减缓含水回升幅度，当全区综合含水达到 98％时，聚驱最终采收率为 51.45％，与水驱开发效果对比，聚合物驱可提高采收率 9.54 个百分点，累积增油 8.62×10^4 t，每吨聚合物增油 53.8t。

试验区开发指标预测曲线如图 9-79 所示。

根据室内评价结果，方案优选聚合物类型为中低分抗盐聚合物，分子量为 600 万～1200 万，设计注入浓度 700mg/L，注入速度 0.15～0.16PV/a，日注聚合物溶液 800m³，聚合物用量 740mg/(L·PV)，注入体积 0.90PV，采取笼统注入方式，聚合物溶液采用污水配制、污水稀释，预计可提高采收率 9.54 个百分点，累积增油 8.62×10^4 t。

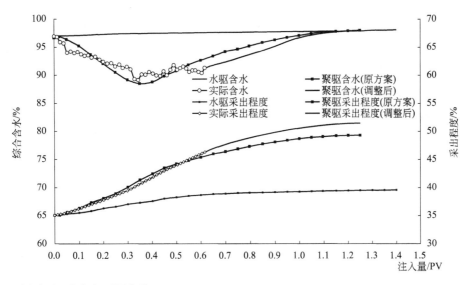

图 9-79 试验区开发指标预测曲线

9.5
聚合物驱油执行情况及成果

9.5.1 聚合物驱油执行情况

9.5.1.1 注入井生产情况

截至 2019 年 2 月，试验区日注入量 808m³，注入浓度 606mg/L，平均单井注入压力 13.5MPa，视吸入指数 0.33m³/(d·MPa·m)，注入黏度 14.8mPa·s，黏损率 19.9%。与注聚前对比，注入压力上升 6.8MPa。

葡 65-84 井区聚驱试验区注入井生产变化曲线如图 9-80 所示。

注入过程中，针对注聚不同阶段，分别采取相应的调整方式。注聚试注，采取低浓低速的调整方式，全区注入浓度控制在 550～650 mg/L，注入速度控制在 0.144～0.165 PV/a，注入压力上升到 7.8 MPa；注聚初期，采取渐强式提浓提速的调整方式，全区注入浓度由 600 mg/L 逐步提升到 1000 mg/L，注入速度由 0.165 PV/a 提高到 0.19 PV/a，注入压力上升到 11.7 MPa；注聚中后期，采取平稳式降浓降速的调整方式，全区注入浓度由 1000 mg/L 逐步控制到 600 mg/L，注入速度由 0.19 PV/a 控制到 0.15 PV/a，注入压力上升到目前的 13.5 MPa。

9.5.1.2 采出井生产情况

截至 2019 年 2 月，全区日产液 840.6t，日产油 73.3t，综合含水 91.3%，产液强度 3.1t/(d·m)。与注聚前对比，日产油增加 44.2t，增油倍数 1.52，综合含水下降 5.6 个百分点。与注聚前对比，含水连续 3 个月降幅超过 3 个百分点的见效井比例达到 100%。其中，含水降幅在 5 个百分点以上且单井增油超过 500t 的明显见效井 30 口，占总井数比例的 83.3%。

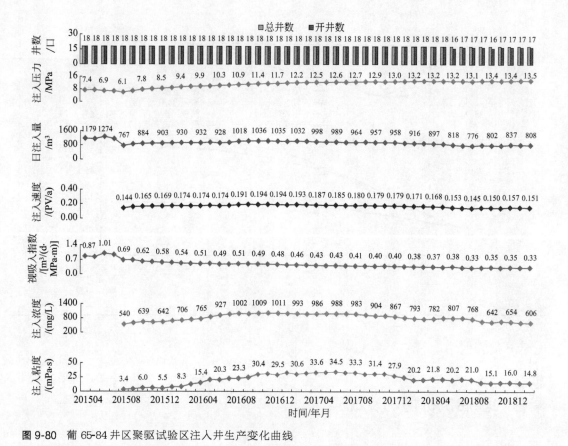

图 9-80 葡 65-84 井区聚驱试验区注入井生产变化曲线

葡 65-84 井区聚驱试验区采出井生产变化曲线如图 9-81 所示。

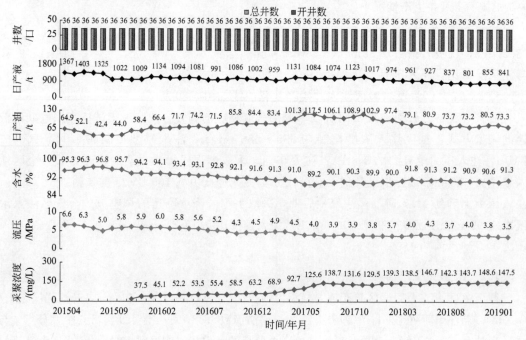

图 9-81 葡 65-84 井区聚驱试验区采出井生产变化曲线

9.5.2 聚合物驱油成果

9.5.2.1 注入井注入状况及效果

试验开展以来，针对性开展注入参数优化调整，及时开展大排量洗井、措施增注等手段，注入状况相对稳定。截至2019年2月，试验区平均注入压力13.5 MPa，日注入量808 m³，注入浓度606 mg/L，井口黏度14.8 mPa·s，与聚驱前相比，注入压力上升6.8 MPa，聚驱过程中注入井动态变化特征主要体现在3个方面。

（1）注入压力平稳上升，压力分布趋于均衡

注聚以来，从注入压力变化情况分析，分为快速上升期、缓慢上升期、平稳上升期三个阶段（图9-82）。截至2019年2月，单井注入压力主要分布在13～14 MPa，共有15口，占开井数比例的88.2%，聚驱后井间注入压力差异逐渐减小，平面上井间注入压力分布较均匀，单井注入压力与平均注入压力差异控制在1.5MPa以内（书后彩图33）。

（2）油层动用程度提高，层间及平面矛盾得到有效调整

聚驱后油层动用状况得到明显改善。试验区注入井油层动用情况对比如表9-34所列。

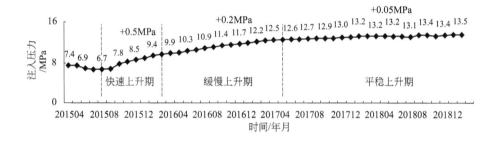

图 9-82 试验区注入井压力变化曲线

⊡ **表 9-34** 试验区注入井油层动用情况对比（17口井）

空气渗透率分级/10⁻³μm²	全井有效厚度/m	聚驱前动用比例		聚驱初期		聚驱中期		目前		目前差值	
		有效/%	吸液/%	有效/%	吸液/%	有效/%	吸液/%	有效/%	吸液/%	有效/%	吸液/%
<150	16.8	19.0	8.3	29.4	10.7	27.8	10.8	31.8	9.8	12.8	1.5
150～250	24.7	60.8	13.5	78.5	18.6	83.1	20.2	87.1	21.2	26.4	7.7
250～350	70.2	69.7	36.4	83.2	37.3	91.9	35.4	92.5	37.6	22.8	1.3
≥350	67.7	87.8	41.8	91.1	33.4	95.8	33.6	96.1	31.4	8.3	-10.4

空气渗透率分级 /$10^{-3}\mu m^2$	全井有效厚度/m	聚驱前动用比例		聚驱初期		聚驱中期		目前		目前差值	
		有效/%	吸液/%	有效/%	吸液/%	有效/%	吸液/%	有效/%	吸液/%	有效/%	吸液/%
合计	179.4	71.9	100.0	80.3	100.0	85.9	100.0	87.2	100.0	15.3	0.0

根据注入井连续注入剖面资料分析，注入初期高渗透储层相对吸液量减少，向中低渗透储层转移，油层有效动用比例提高到 80.3%，较聚驱前提高 8.4 个百分点，截至 2019年 2 月，油层动用比例 87.2%。其中，渗透率大于 $150\times10^{-3}\mu m^2$ 的储层动用比例达到93.2%，提高 17.1 个百分点，是聚驱受效的主力储层；而渗透率小于 $150\times10^{-3}\mu m^2$ 的储层由于渗透性较差，动用比例有所提高，但提高幅度不大，进一步表明聚驱可有效改善中、高渗储层的动用状况，调整层间及平面矛盾（表 9-34）。整体上，油层动用程度较高，未出现明显的剖面返转。

（3）注入能力保持稳定

进入注聚中后期以来，注入速度保持在 0.15 PV/a 以上，日注入量保持在 800 m³ 以上，达到了方案设计要求。从视吸水指标变化来看，由注聚初期的 0.69 m³/(d·MPa·m)下降到目前的 0.34 m³/(d·MPa·m)，下降幅度 50.7%，与先导试验相比，下降幅度减少 4.2 个百分点（图 9-83）。注聚过程中，注采比基本保持在 1.0 以上，地层压力10.5 MPa 左右，实现了注采平衡。

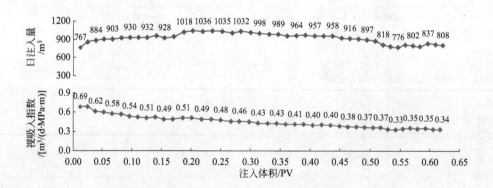

图 9-83　试验区视吸入指数变化曲线

9.5.2.2　采出井采出状况及效果

试验以来，通过加强跟踪调整，优化生产参数，适时采取压裂等增产措施，使采出井见到了较好的聚驱效果。截至 2019 年 2 月，试验区日产液 840.6t，日产油 73.3t，综合含水 91.3%，与聚驱见效前相比，日增油 44.2t，含水下降 5.6 个百分点，采出井动态变化特征主要体现在 5 个方面。

（1）增油降水效果明显，含水低值期时间长

注聚 3 个月后采出井逐步见到聚驱效果，含水呈下降趋势，随着试验的推进，见效油井增多，16 个月后试验进入含水低值期，含水最大降幅 7.8 个百分点，日增油 85.2t。目前含水仍处于低值期。

从含水阶段变化上，可划分为未见效期、含水下降期、含水低值期。未见效期（2015 年 8～10 月）：该阶段实施聚驱初期注入，油井尚未受效；含水下降期（2015 年 11 月～2016 年 11 月）：该阶段采出井逐渐受效，含水呈下降趋势，由 95.7% 下降到 91.6%，下降了 4.1 个百分点，阶段增油 1.31×10^4t；含水低值期（2016 年 12 月～目前），含水基本保持在 90% 左右，该阶段采出井进一步受效、含水达到最低点，全区含水最大降幅达到 7.8 个百分点，阶段增油 4.87×10^4t，含水低值期已达到 27 个月。

试验区采出井含水变化曲线如图 9-84 所示。

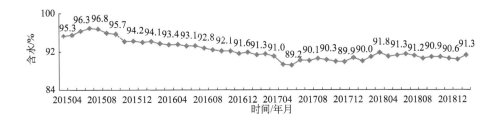

图 9-84 试验区采出井含水变化曲线

（2）采出能力保持较好

通过优化参数调整、配套措施挖潜，试验区 2018 年以前产液量平稳，保持在 1000t 以上，2018 年以来随着注入端注入速度控制，产液量有所下降，但仍保持在 850t 左右，采出能力保持稳定。聚驱以来，试验区采液指数由 0.79t/(d·m·MPa)下降到 0.45t/(d·m·MPa)，下降幅度为 43.0%，与先导试验相比，少降幅 3.2 个百分点，综合分析，聚驱后采出能力保持较好。

试验区产液量和采液指数变化曲线如图 9-85 所示。

（3）措施挖潜效果明显，进一步提高了聚驱见效程度

针对注聚以来产液量及含水降幅较大的油井，为进一步提高油井供液能力，改善试验效果，优选发育及连通较好的井，适时油井压裂改造。共实施油井压裂 19 井次，其中含水下降期压裂 5 井次，含水低值期压裂 14 井次，措施初期平均单井日增液 21.5t，日增油 3.7t，含水下降 4.3 个百分点。目前单井已累积增油 1067t，有效期达到 303d，取得了较好的效果。同时，深入总结措施效果和经验，形成了聚驱油井压裂技术标准。在压裂选井上，重点针对产液降幅较大、沉没度水平低、聚驱见效井或有见效趋势的井；在压裂选层上，重点对含油饱和度高、有一个以上连通方向且含水较低的油层；在压裂方式上，采取多裂缝压裂结合普压、全井压裂以及选择性压裂。

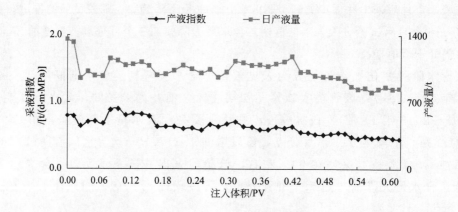

图 9-85 试验区产液量和采液指数变化曲线

试验区不同阶段油井压裂效果如表 9-35 所列，试验区油井压裂技术标准如表 9-36 所列。

☐ **表 9-35** 试验区不同阶段油井压裂效果

阶 段	井数 /口	砂岩 /m	有效厚度 /m	初期日增液 /t	初期日增油 /t	含水下降 /%	累积增油 /t	有效期 /d
下降期	5	12.8	8.4	26.6	5.1	−4.2	2467	554
低值期	14	9.7	6.2	19.6	3.3	−4.1	567	214
合计	19	10.5	6.8	21.5	3.7	−4.3	1067	303

☐ **表 9-36** 试验区油井压裂技术标准

阶段	含水下降期	含水低值期	含水回升期
目的	减缓液量下降	提高增油效果 延长低含水稳定期	挖潜薄差层剩余油
选井要求	(1)产液量下降幅度>30%； (2)含水<92%； (3)沉没度<300m	(1)产液量下降幅度>20%； (2)含水<90%； (3)沉没度<300m	(1)产液量下降幅度>20%； (2)含水<92%； (3)沉没度<300m
选层要求	(1)含油饱和度>28%； (2)连通方向1个以上； (3)层位含水低于90%； (4)高渗层连通层数2个以上	(1)含油饱和度>28%； (2)连通方向1个以上； (3)层位含水低于90%； (4)高渗层连通层数1个以上	(1)含油饱和度>28%； (2)连通方向1个以上； (3)层位含水低于92%
压裂方式	多裂缝压裂结合普压	多裂缝压裂结合全井压裂	多裂缝压裂结合选择性压裂

（4）见效井比例高，储层发育好的井增油效果明显

与注聚前对比，含水连续 3 个月降幅超过 3 个百分点的见效井比例达到 100％，36 口采出井存在不同程度的见效，其中，最大含水降幅超过 15 个百分点且单井增油大于 2000t 的采出井 7 口，目前单井含水下降 7.3 个百分点，日增油 1.3t；最大含水降幅 10～15 个百分点且单井增油大于 1500t 的采出井 10 口，目前单井含水下降 5.8 个百分点，日增油 1.2t；最大含水降幅 5～10 个百分点且单井增油大于 500t 的采出井 13 口，目前单井含水降幅 4.2 个百分点，日增油 0.6t。

试验区含水降幅分级如表 9-37 所列。

▣ 表 9-37　试验区含水降幅分级

见效类别	最大含水降幅，单井增油分级	井数/口	目前生产情况			与见效前差值			最大含水降幅/%	单井增油/t
			日产液/t	日产油/t	含水/%	日产液/t	日产油/t	含水/%		
Ⅰ类	≥15％且≥2000t	7	22.6	2.4	89.4	−11.9	1.3	−7.3	−15.5	3646
Ⅱ类	≥10％且≥1500t	10	28.2	2.5	91.3	−14.1	1.2	−5.8	−11.5	1977
Ⅲ类	≥5％且≥500t	13	27.1	2.0	92.5	−17.1	0.6	−4.2	−5.4	1188
Ⅳ类	<5％或<500t	6	8.0	0.9	88.3	−7.5	0.5	−8.8	−9.1	159
合计		36	23.4	2.0	91.3	−13.6	0.9	−5.6	−7.8	1713

按照储层发育、砂体连通情况，将聚驱见效井分为三类，储层发育好、河道砂厚度比例高、砂体连通程度高的井增油效果显著。其中，Ⅰ类井含水最大降幅 15.5 个百分点以上，平均单井增油 2700t 以上，该类井平均单井发育河道砂厚度 7.8m，单井聚驱控制程度 60.4％；Ⅱ类井含水最大降幅 11.5 个百分点以上，平均单井增油 1700t 以上，该类井平均单井发育河道砂厚度 5.3m，聚驱控制程度 51.3％；Ⅲ类井含水最大降幅在 5.4 个百分点，平均单井增油 500t，该类井河道砂比例及聚驱控制程度相对较低。

试验区采出井分类情况统计如表 9-38 所列。

▣ 表 9-38　试验区采出井分类情况统计

分类	井数/口	有效射开长度/m	河道		300mD 以上高渗层		聚驱控制程度/%	连通碾平厚度/m	2019 年 2 月			含水最大降幅/%	单井增油/t
			厚度/m	比例/%	厚度/m	比例/%			日产液/t	日产油/t	含水/%		
Ⅰ类	12	10.9	7.8	71.9	5.3	48.2	60.4	4.8	35.9	3.2	91.1	15.5	2751
Ⅱ类	13	7.4	5.3	71.1	3.7	49.6	51.3	2.6	22.1	1.8	92.0	11.5	1772
Ⅲ类	11	3.9	2.1	54.0	0.8	21.0	47.3	1.2	11.1	1.1	90.2	5.4	512
合计	36	7.5	5.2	68.8	3.3	44.4	53.1	2.9	23.4	2.0	91.3	7.8	1713

（5）中、高渗储层增油效果更为明显

截至 2019 年 2 月，聚驱阶段采出程度 11.27%，阶段增油 6.18×10^4 t，阶段提高采收率 6.84 个百分点。不同渗透率级别储层均得到一定程度动用，$250 \times 10^{-3} \mu m^2$ 以上中、高渗透储层增油效果更为明显，阶段采出程度分别达到 10 个百分点以上，阶段增油超过 2.5×10^4 t，阶段提高采收率达到 7 个百分点以上，明显高于低渗透储层。

试验区不同渗透率级别储层动用情况如表 9-39 所列。

▣ 表 9-39 试验区不同渗透率级别储层动用情况

渗透率分级 /$10^{-3} \mu m^2$	地质储量/10^4t	聚驱前剩余储量 /10^4t	聚驱阶段采出程度 /%	阶段增油/10^4t	阶段提高采收率 /%
<150	9.99	7.99	4.52	0.11	1.10
150~250	18.47	12.57	7.96	0.86	4.64
250~350	32.61	20.22	12.24	2.51	7.71
≥350	29.26	17.90	14.57	2.70	9.22
合计	90.33	58.68	11.27	6.18	6.84

本章简单总结如下：

① 选用硫氰酸钠、溴化钠和亚硝酸钠作为本次试验使用的示踪剂，3 种示踪剂具有在油井采出水中背景浓度低、吸附及稳定性能好和易于检测的特点；3 种示踪剂在试验井区油井均有采出，能较好反映注入流体在地下的推进情况，说明示踪剂选择正确、用量设计合理及检测方法科学、准确性高、易操作。

② 葡北油田聚合物驱示踪剂测试结果与该试验区块动静态资料对比分析表明，示踪剂测试结果与试验区动静态情况吻合较好，例如未见剂葡 67-P843 井和葡 66-P853 井与对应的注入井地层连通关系很差；葡 65-84 井区相带图给出注入井葡 65-84 和采出井葡 652-斜 P84 之间存在断层分割，而示踪监测结果表明葡 652-斜 P84 较快监测到硫氰酸钠示踪剂，说明葡 65-84 和采出井葡 652-斜 P84 之间断层不存在或存在不封闭。

③ 葡北油田聚合物驱示踪剂测试结果表明，周围油井见剂效率为 90% 以上，油井见剂率明显高于其他试验井区，其原因：a. 本次采用混层注示踪剂，注水井吸液层段多，注入井与周围油井之间存在不同类型的砂体连通，注聚通过不同连通地层向周围油井推进；b. 葡北油田聚合物驱注采井距近，示踪剂向生产井推进速度较快。

④ 示踪剂采出曲线拟合结果表明，注剂推进速度最快为 4.69m/d，见剂井平均注剂推进速度为 2.88m/d；注采井连通地层渗透率最高为 601mD（1mD=$0.987 \times 10^{-3} \mu m^2$），平均渗透率为 401mD。见剂井注剂推进波及地层平均厚度为 0.78m。

⑤ 由于采用笼统注示踪剂方式进行试验，监测到见剂的采出井注剂应是沿地层发育好、注采井连通关系好或存在高渗透地层推进，地层发育或连通较差，注水没有推进或推进速度较慢，未监测到示踪剂采出。

⑥ 本次示踪剂检测试验能很好地反映不同测试井组聚驱优势方向，确定各个试验井组聚驱推进速度、注采井连通情况以及不同井组高渗透地层连通情况，为试验井组参数优化调整提供了依据。

⑦ 通过室内试验优选出的聚合物驱油方案在执行中：a. 注入井注入压力平稳上升，压力分布趋于均衡；油层动用程度提高，层间及平面矛盾得到有效调整；注入能力保持稳定。b. 采出井增油降水效果明显，含水低值期时间长；采出能力保持较好；措施挖潜效果明显，进一步提高了聚驱见效程度；见效井比例高，储层发育好的井增油效果明显；中、高渗储层增油效果更为明显。

参考文献

[1] 王启民，冀宝发，隋军，等. 大庆油田三次采油技术的实践与认识 [J]. 大庆石油地质与开发，2001（2）：5-12，20，139.

[2] 郭万奎，程杰成，廖广志. 大庆油田三次采油技术研究现状及发展方向 [J]. 大庆石油地质与开发，2003，021（3）：1-6.

[3] 夏惠芬，王德民，刘中春. 粘弹性聚合物溶液提高微观驱油效率的机理研究 [J]. 石油学报，2001（4）：60-65.

[4] 武明鸣，赵修太，邱广敏，等. 驱油聚合物水溶液粘度影响因素探讨 [J]. 石油地质与工程，2005，19（2）：44-46.

[5] 康万利，孟令伟，牛井岗，等. 矿化度影响 HPAM 溶液黏度机理 [J]. 高分子材料科学与工程，2006，022（5）：175-177，181.

[6] 王方，吴艳峰，王书明. 驱油聚合物溶液粘度稳定性研究 [J]. 精细石油化工进展，2009（02）：11-13，18.

[7] 荆国林，于水利，韩强. 聚合物驱采油废水回用技术研究 [J]. 给水排水，2005（3）：71-74.

[8] 鲍敬伟. 采油污水配制聚合物溶液室内研究 [D]. 北京：中国石油大学，2007.

[9] 刘学智. 影响聚合物溶液黏度的主要因素 [J]. 油气田地面工程，2013（2）：102-103.

[10] Abidin A, Puspasari T, Nugroho W A. Polymers for Enhanced Oil Recovery Technology [J]. Procedia Chemistry, 2012, 4: 11-16.

[11] Wever D A Z, Picchioni F, Broekhuis A A. Polymers for enhanced oil recovery: A paradigm for structure-property relationship in aqueous solution [J]. Progress in Polymer Science, 2011, 36 (11): 1558-1628.

[12] Chen H X, Tang H M, Gong X P, et al. Effect of partially hydrolyzed polyacrylamide on emulsification stability of wastewater produced from polymer flooding [J]. Journal of Petroleum Science and Engineering, 2015, 133: 431-439.

[13] Zhao X, Liu L, Wang Y, et al. Influences of partially hydrolyzed polyacrylamide (HPAM) residue on the flocculation behavior of oily wastewater produced from polymer flooding [J]. Separation and Purification Technology, 2008, 62 (1): 199-204.

[14] Wang Z, Wu J, Zhu L, et al. Activation of glycerol metabolism in Xanthomonas campestris by adaptive evolution to produce a high-transparency and low-viscosity xanthan gum from glycerol [J]. Bioresource Technology, 2016, 211: 390-397.

[15] Li P, Li T, Zeng Y, et al. Biosynthesis of xanthan gum by Xanthomonas campestris LRELP-1 using kitchen waste as the sole substrate [J]. Carbohydrate Polymers, 2016, 151: 1-29.

[16] Lee L T, Lecourtier J, Chauveteau G. Influence of Calcium on Adsorption Properties of Enhanced Oil Recovery Polymers [M]. Washington, DC: American Chemical Society, 1989.

[17] Gao C. Viscosity of partially hydrolyzed polyacrylamide under shearing and heat [J]. Journal of Petroleum Exploration & Production Technology, 2013, 3 (3): 203-206.

[18] Samanta A, Ojha K, Sarkar A, et al. Mobility control and enhanced oil recovery using partially hydrolysed polyacrylamide (PHPA) [J]. International Journal of Oil Gas & Coal Technology, 2013, 6 (3): 245.

[19] Afolabi R O. Effect of Surfactant and Hydrophobe Content on the Rheology of Poly (acrylamide-co-N-dodecylacrylamide) for Potential Enhanced Oil Recovery Application [J]. American Journal of Polymer Science, 2015, 5 (2): 41-46.

[20] Thomas A, Gaillard N, Favero C. Some Key Features to Consider When Studying Acrylamide-Based Polymers

for Chemical Enhanced Oil Recovery [J]. Oil & Gas Science & Technology, 2013, 67 (6): 887-902.

[21] 王荣健，薛宝庆，卢祥国，等. 疏水缔合聚合物与储层适应性对采收率的影响 [J]. 油田化学, 2016, 33 (1): 79-82, 92.

[22] Chen Q, Wang Y, Lu Z, et al. Thermoviscosifying polymer used for enhanced oil recovery: rheological behaviors and core flooding test [J]. Polymer Bulletin, 2013, 70 (2): 391-401.

[23] Wang Y, Lu Z Y, Han Y G, et al. A Novel Thermoviscosifying Water-Soluble Polymer for Enhancing Oil Recovery from High-Temperature and High-Salinity Oil Reservoirs [J]. Advanced Materials Research, 2011, 306-307, 654-657.

[24] Abidin A Z, Puspasari T, Nugroho W A. Polymers for Enhanced Oil Recovery Technology [J]. Procedia Chemistry, 2012, 4: 11-16.

[25] Sheng J J. Critical review of alkaline-polymer flooding [J]. Journal of Petroleum Exploration & Production Technology, 2017, 7 (1): 1-7.

[26] Fortenberry R, Kim D H, Nizamidin N, et al. Use of Cosolvents To Improve Alkaline/Polymer Flooding [J]. SPE Journal, 2015, 20 (02): 255-266.

[27] Blehed M S A. Feasibility Of Oil Recovery By Polymer/Alkaline Flooding Through Horizontal Well [J]. Engineering Journal of the University of Qatar, 2000, 13: 13-28.

[28] Hendraningrat L, Li S, Torsæter O. A coreflood investigation of nanofluid enhanced oil recovery [J]. Journal of Petroleum Science & Engineering, 2013, 111: 128-138.

[29] AlAnssari S, Barifcani A, Wang S, et al. Wettability alteration of oil-wet carbonate by silica nanofluid [J]. Journal of Colloid & Interface Science, 2016, 461: 435.

[30] Dai C, Wang X, Li Y, et al. Spontaneous Imbibition Investigation of Self-Dispersing Silica Nanofluids for Enhanced Oil Recovery in Low-Permeability Cores [J]. Energy & Fuels, 2017, 31 (3): 2663-2668.

[31] Yousefvand H, Jafari A. Enhanced Oil Recovery Using Polymer/nanosilica [J]. Procedia Materials Science, 2015, 11: 565-570.

[32] Son H A, Yoon K Y, Lee G J, et al. The potential applications in oil recovery with silica nanoparticle and polyvinyl alcohol stabilized emulsion [J]. Journal of Petroleum Science & Engineering, 2015, 126: 152-161.

[33] Zhu D, Wei L, Wang B, et al. Aqueous Hybrids of Silica Nanoparticles and Hydrophobically Associating Hydrolyzed Polyacrylamide Used for EOR in High-Temperature and High-Salinity Reservoirs [J]. Energies, 2014, 7 (6): 3858-3871.

[34] Cheraghian G. Application of nano-fumed silica in heavy oil recovery [J]. Liquid Fuels Technology, 2016, 34 (1): 12-18.

[35] Healy R N, Reed R L. Physicochemical Aspects of Microemulsion Flooding [J]. Society of Petroleum Engineers Journal, 1974, 14 (05): 491-501.

[36] Esumi K, Miyazaki M, Arai T, et al. Mixed micellar properties of a cationic gemini surfactant and a nonionic surfactant [J]. Colloids & Surfaces A Physicochemical & Engineering Aspects, 1998, 135 (1): 117-122.

[37] Reekmans S, Gehlen M, De Schryver F C, et al. Micellar properties of aqueous solutions of hexadecyltrimethylammonium salts in the presence of nonionic polymer [J]. Macromolecules, 1993, 26 (4): 687-694.

[38] Wang H Y, Cao X L, Zhang J C, et al. Development and application of dilute surfactant - polymer flooding system for Shengli oilfield [J]. Journal of Petroleum Science & Engineering, 2009, 65 (1-2): 45-50.

[39] Holm L, Robertson S. Improved Micellar/Polymer Flooding With High-pH Chemicals [J]. Journal of Petroleum Technology, 1981, 33: 161-172.

[40] Thomas S, Ali S M F. Micellar-Polymer Flooding: Status And Recent Advances [J]. Journal of Canadian Petroleum Technology, 1992, 31 (08): 53-60.

[41] Das B M, Gogoi S B, Mech D. Micellar-polymer for enhanced oil recovery for Upper Assam Basin [J]. Resource Efficient Technologies, 2017, 3 (1): 82-87.

[42] Samanta A, Bera A, Ojha K, et al. Comparative studies on enhanced oil recovery by alkali - surfactant and

polymer flooding [J]. Journal of Petroleum Exploration & Production Technology, 2012, 2 (2): 67-74.

[43] Hirasaki G J, Miller C A, Puerto M. Recent Advances in Surfactant EOR [J]. SPE Journal, 2008, 16 (4): 889-907.

[44] Liu S, Miller C, Hirasaki G. ASP Process: Wide Range of Conditions for Good Recovery [C]. SPE 113936 presented at SPE/DOE Improved Oil Recovery Symposium Proceedings, 2001.

[45] Gao S, Li H, Yang Z, et al. Alkaline/Surfactant/Polymer Pilot Performance of the West Central Saertu, Daqing Oil Field [J]. Spe Reservoir Engineering, 1996, 11 (3): 181-188.

[46] Alvarado V, Manrique E. Enhanced Oil Recovery: An Update Review [J]. Energies, 2010, 3: 1529-1575.

[47] Zhu Y Y, Zhang Y, Niu J L, et al. The research progress in the alkali-free surfactant-polymer combination flooding technique [J]. Petroleum Exploration & Development, 2012, 39 (3): 371-376.

[48] Gao C, Shi J, Zhao F. Successful polymer flooding and surfactant-polymer flooding projects at Shengli Oilfield from 1992 to 2012 [J]. Journal of Petroleum Exploration & Production Technology, 2014, 4 (1): 1-8.

[49] Zhao F, Ma Y, Hou J, et al. Feasibility and mechanism of compound flooding of high-temperature reservoirs using organic alkali [J]. Journal of Petroleum Science & Engineering, 2015, 135: 88-100.

[50] Sharma A, Azizi-Yarand A, Clayton B, et al. The Design and Execution of an Alkaline/Surfactant/Polymer Pilot Test [J]. Spe Reservoir Evaluation & Engineering, 2013, 16 (4): 423-431.

[51] 钱思平. 配注工艺对聚合物溶液的降解研究 [D]. 北京: 中国地质大学 (北京), 2006.

[52] 李杰训, 赵忠山, 李学军, 等. 大庆油田聚合物驱配注工艺技术 [J]. 石油学报, 2019, 40 (9): 1104-1115.

[53] 李景岩, 王端阳. 降低聚合物驱配注系统黏度方法 [J]. 油气田地面工程, 2013 (11): 59-60.

[54] 庄清泉, 张丽平. 大庆油田聚合物配制注入技术优化简化 [J]. 油气田地面工程, 2011 (10): 37-38.

[55] 郭胜利, 李树柏, 李晓颖. 聚合物配注工程中的外输供液工艺 [J]. 油气田地面工程, 2001, 20 (2): 19-20.

[56] 李岩, 于力, 唐述山. 大庆油田聚合物配注系统发展简述 [J]. 油气田地面工程, 2008 (8): 36, 41.

[57] 关高生. 注入站聚合物粘损影响因素分析 [J]. 内蒙古石油化工, 2014 (6): 35-36.

[58] Yen H Y, Yang M H. The ultrasonic degradation of polyacrylamide solution [J]. Polymer Testing, 2003, 22 (2): 129-131.

[59] Yang M H. The Two-Stages Thermal Degradation of Polyacrylamide [J]. 1998, 17 (3): 191-198.

[60] Caulfield M J, Hao X, Qiao G G, et al. Degradation on polyacrylamides. Part I. Linear polyacrylamide [J]. Polymer, 2003, 44 (5): 1331-1337.

[61] 朱麟勇, 常志英, 李妙贞, 等. 部分水解聚丙烯酰胺在水溶液中的氧化降解 I: 温度的影响 [J]. 高分子材料科学与工程, 2000 (01): 113-116.

[62] El-Mamouni R, Frigon J C, Hawari J, et al. Combining photolysis and bioprocesses for mineralization of high molecular weight polyacrylamides [J]. Biodegradation, 2002, 13 (4): 221-227.

[63] Caulfield M J, Qiao G G, Solomon D H. Some aspects of the properties and degradation of polyacrylamides [J]. Chemical Reviews, 2010, 33 (44): 274.

[64] 关淑霞, 范洪富, 朱建喜, 等. 聚丙烯酰胺黏度稳定性的测定 [J]. 大庆石油学院学报, 2007, 31 (02): 113-114, 121.

[65] 孙红英, 陈红祥, 李金波, 等. 聚丙烯酰胺溶液粘度的影响因素 [J]. 精细石油化工进展, 2005, 6 (9): 1-3.

[66] 韩岐清, 李少甫, 陈锐, 等. 聚合物驱溶液黏度影响因素实验研究 [J]. 石油化工应用, 2017, 036 (2): 137-139.

[67] 刘文海. 浅析影响聚合物溶液黏度的主要原因 [J]. 化工管理, 2017 (023): 125.

[68] 徐楠. 采出水配注聚合物对粘度影响因素分析 [J]. 内蒙古石油化工, 2011 (13): 85-87.

[69] 杨威. 采出水配注聚合物对粘度影响因素探析 [J]. 石化技术, 2017, 024 (8): 148.

[70] 卢大艳, 白俊, 唐劲松. 渤海湾注聚油田聚合物降解和保粘工艺 [J]. 石油化工应用, 2015 (9): 71-75.

[71] 李金环. 污水水质对聚合物黏度影响研究 [J]. 石油地质与工程, 2012, 026 (006): 125-128.

[72] 孙琳, 蒲万芬, 辛军, 等. 碱/聚合物复合驱体系粘度影响因素分析 [J]. 精细石油化工进展, 2007 (04): 15-17, 20.

［73］ 周忠贺. 含聚采出液流变特性对旋流器分离性能的影响研究 ［D］. 大庆：东北石油大学，2018.

［74］ Shupe D R. Chemical Stability of Polyacrylamide Polymers ［J］. Journal of Petroleum Technology，1981，33 （08）：1513-1529.

［75］ 廖广志，周吉生，刘凤岐，等. 化学驱油过程中部分水解聚丙烯酰胺的二级结构研究 ［J］. 高等学校化学学报，2003，24 （8）：1519-1521.

［76］ 刘美君. 聚驱水掺混对三元复合驱采出水水质特性的影响研究 ［D］. 哈尔滨：哈尔滨工程大学，2014.

［77］ 魏巍，王敏，王磊，等. 含聚污水配注聚合物影响因素的实验研究 ［J］. 科学技术与工程，2012，012 （32）：8684-8686.

［78］ 陈明磊，孙志强，王江顺，等. 配注过程中聚合物溶液的黏度损失分析 ［J］. 西安石油大学学报（自然科学版），2007，22 （3）：60-63.

［79］ 孙志涛. 污水稀释聚合物粘度损失的研究 ［D］. 大庆：东北石油大学，2017.

［80］ 黄漫. 提高含 Fe～（2＋）和 S～（2－）污水配聚粘度及降粘机理研究 ［D］. 青岛：中国石油大学（华东），2014.

［81］ 黄漫，李美蓉，田兰兰，等. 亚铁离子对驱油聚合物溶液黏度的影响及其降黏机理 ［J］. 应用化学，2013，30 （12）：1399-1403.

［82］ 刘芬芬，周媛，罗发奎，等. 沸石去除水中二价铁的研究 ［J］. 净水技术，2007，026 （4）：37-40.

［83］ 王莹. 聚合物在油田污水中降粘降解机理研究 ［D］. 大庆：东北石油大学，2011.

［84］ 孟令伟，康万利，刘莉萍，等. 硫离子对 HPAM 溶液黏度的影响及除硫方法研究 ［J］. 油田化学，2009 （3）：57，61-63.

［85］ 袁林，童倚勤，许涛. 除硫剂在油田污水中的应用 ［J］. 复杂油气藏，2010 （1）：88-90.

［86］ Pojják K，Mészáros R. Association between branched poly （ethyleneimine） and sodium dodecyl sulfate in the presence of neutral polymers ［J］. Journal of Colloid & Interface Science，2011，355 （2）：410-416.

［87］ 刘鹏，唐洪明，何保生，等. 含聚污水回注对储层损害机理研究 ［J］. 石油与天然气化工，2011，040 （3）：280-284.

［88］ 林永红. 驱油聚合物粘度稳定剂及稳定性影响因素研究 ［D］. 杭州：浙江大学，2003.

［89］ 徐卫东，孙琳，蒲万芬. GH 稳粘剂对碱/聚二元体系驱油性质的影响 ［J］. 西南石油大学学报（自然科学版），2008 （4）：24-25，179-181.

［90］ 郑伟林. 采油污水配制聚合物技术在孤东油田的应用 ［J］. 上海化工，2006，031 （008）：27-30.

［91］ 常胜龙. 还原性物质及溶解氧对聚合物溶液性能影响研究 ［D］. 大庆：东北石油大学，2014.

［92］ 马莉. 油田地面配注工艺降低黏损的对策 ［J］. 化学工程与装备，2019 （5）：118-119.

［93］ 赵相平. 比例调节注入工艺粘损控制方法研究 ［J］. 化学工程与装备，2019，267 （04）：46，74-75.

［94］ Khayet M. Solar desalination by membrane distillation：Dispersion in energy consumption analysis and water production costs （a review） ［J］. Desalination，2013，308：89-101.

［95］ Lee C C. Energy consumption and GDP in developing countries：A cointegrated panel analysis ［J］. Energy Economics，2005，27 （3）：415-427.

［96］ Mohsenatabar Firozjaii A，Akbari M，Zargar G. Sensitivity analysis and optimization on effective parameters during chemical enhanced oil recovery （CEOR） using experimental design and numerical simulation ［J］. Energy Sources Part A Recovery Utilization and Environmental Effects，2018，1-15.

［97］ Lyons W C. Working Guide to Reservoir Engineering ［M］. Gulf Professional Publishing，2009.

［98］ Sheng J J. A comprehensive review of alkaline-surfactant-polymer （ASP） flooding ［J］. Asia-Pacific Journal of Chemical Engineering，2014，9：471-489.

［99］ Abidin A Z，Puspasari T，Nugroho W A. Polymers for Enhanced Oil Recovery Technology ［J］. Procedia Chemistry，2012，4：11-16.

［100］ Firozjaii A M，Zargar G，Kazemzadeh E，et al. An investigation into polymer flooding in high temperature and high salinity oil reservoir using acrylamide based cationic co-polymer：experimental and numerical simulation ［J］. Journal of Petroleum Exploration & Production Technology，2019，9 （2）：1485-1494.

[101]　宋考平，杨二龙，王锦梅，等. 聚合物驱提高驱油效率机理及驱油效果分析 [J]. 石油学报，2004，25（3）：71-74.

[102]　郑磊. 高浓度粘弹性聚合物驱油效果评价 [D]. 大庆：东北石油大学，2010.

[103]　Almansour A O, Alquraishi A A, Alhussinan S N, et al. Efficiency of enhanced oil recovery using polymer-augmented low salinity flooding [J]. Journal of Petroleum Exploration & Production Technology, 2017, 7 (4): 1149-1158.

[104]　Jia Z, Li D, Yang J, et al. Numerical Well Test Analysis for Polymer Flooding considering the Non-Newtonian Behavior [J]. Journal of Chemistry, 2015, 2015: 1-10.

[105]　Sorbie K S. Polymer-Improved Oil Recovery [M]. Springer Science & Business Media, 1991.

[106]　Pitts M J, Campbell T A, Surkalo H, et al. Polymer Flood of the Rapdan Pool, Saskatchewan, Canada [J]. SPE Reservoir Engineering, 1995, 10 (3): 183-186.

[107]　Sheng J. Modern Chemical Enhanced Oil Recovery: Theory and Practice [M]. Gulf Professional, 2011, 569-600.

[108]　Schneider F N, Owens W W. Steady-State Measurements of Relative Permeability for Polymer/Oil Systems [J]. Society of petroleum engineers journal, 1982, 22 (1): 79-86.

[109]　Zheng C G, Gall B L, Gao H W, et al. Effect of polymer adsorption and flow behavior on two-phase flow in porous media [J]. SPE Reserv Eval Eng, 2000, 3: 216-223.

[110]　Al-Sharji H H, Grattoni C A, Dawe R A, et al. Disproportionate Permeability Reduction Due to Polymer Adsorption Entanglement, SPE 68972 presented at European formation damage conference [C]. 2001.

[111]　Ogunberu A L, Asghari K. Water Permeability Reduction Under Flow-Induced Polymer Adsorption [J]. The Journal of Canadian Petroleum Technology, 2005, 44 (11): 56-61.

[112]　Denys K, Fichen C, Zaitoun A. Bridging adsorption of cationic polyacrylamides in porous media, SPE 64984 presented at SPE international symposium on oilfield chemistry [C]. 2001.

[113]　Chauveteau G, Denys K, Zaitoun A. New insight on polymer adsorption under high flow rates, SPE 75183 presented at SPE/DOE improved oil recovery symposium [C]. 2002.

[114]　Stavland A, Nilsson S. Segregated flow is the governing mechanism of disproportionate permeability reduction in water and gas shutoff, SPE 71510 presented at SPE annual technical conference and exhibition [C]. 2001.

[115]　Dehghanpour H, Kuru E. A new look at the viscoelastic fluid flow in porous media: a possible mechanism of internal cake formation and formation-damage control, SPE 121640 presented at SPE international symposium on oilfield chemistry [C]. 2009.

[116]　Urbissinova T S, Trivedi J J, Kuru E. Effect of elasticity during viscoelastic polymer flooding-a possible mechanism of increasing the sweep efficiency [J]. J Can Pet Technol, 2010, 49 (12): 49-56.

[117]　Wang D, Cheng J, Yang Q, et al. Viscous-Elastic Polymer Can Increase Microscale Displacement Efficiency in Cores [C]. SPE 63227 presented at SPE Annual Technical Conference and Exhibition, 2000.

[118]　Xia H, Wang D, Wang G, et al. Mechanism of the Effect of Micro-Forces on Residual Oil in Chemical Flooding [C]. SPE 114335 presented at SPE Symposium on Improved Oil Recovery, 2008.

[119]　Hou J, Li Z, Zhang S, et al. Computerized Tomography Study of the Microscopic Flow Mechanism of Polymer Flooding [J]. Transport in porous media, 2009, 79 (3): 407-418.

[120]　Cheng J C, Wei J G, Song K P, et al. In Study of Remaining-Oil Distribution After Polymer Injection [C]. SPE 133808 presented at Annual Technical Conference and Exhibition, 2011.

[121]　Chen G, Han P, Shao Z, et al. History Matching Method for High Concentration Viscoelasticity Polymer Flood Pilot in Daqing Oilfield [C]. SPE 144538 presented at SPE Enhanced Oil Recovery Conference, 2011.

[122]　Meybodi H E, Kharrat R, Wang X. Study of Microscopic and Macroscopic Displacement Behaviors of Polymer Solution in Water-Wet and Oil-Wet Media [J]. Transport in Porous Media, 2011, 89 (1): 97-120.

[123]　Wang D, Wang G, Wu W, et al. The Influence of Viscoelasticity on Displacement Efficiency-From Micro- to Macro Scale [C]. SPE 109016 presented at SPE Annual Technical Conference and Exhibition, 2011.

[124] Wang D，Wang G，Xia H . Large Scale High Visco-Elastic Fluid Flooding in the Field Achieves High Recoveries [C]. SPE 144294 presented at SPE Enhanced Oil Recovery Conference，2011.

[125] Zhang L J，Yue X A. Displacement of polymer solution on residual oil trapped in dead ends [J]. Journal of Central South University of Technology，2008，15（1）：84-87.

[126] Yin H，Wang D，Zhong H，et al. Flow Characteristics of Viscoelastic Polymer Solution in Micro-Pores [C]. SPE 154640 presented at SPE EOR Conference，2001.

[127] Denys K，Fichen C，Zaitoun A. Bridging adsorption of cationic polyacrylamides in porous media [C]. SPE 64984 presented at SPE international symposium on oilfield chemistry，2001.

[128] Wang D，Xia H，Liu Z，et al. Study of the Mechanism of Polymer Solution With Visco-Elastic Behavior Increasing Microscopic Oil Displacement Efficiency and the Forming of Steady " Oil Thread" Flow Channels [C]. SPE Asia Pacific Oil and Gas Conference and Exhibition，2001.

[129] Huh C，Pope G A . Residual Oil Saturation from Polymer Floods：Laboratory Measurements and Theoretical Interpretation [C]. SPE 113417 presented at SPE/DOE Improved Oil Recovery Symposium，2008.

[130] Delshad M，Kim D H，Magbagbeola O A，et al. Mechanistic Interpretation and Utilization of Viscoelastic Behavior of Polymer Solutions for Improved Polymer-Flood Efficiency [C]. SPE 113620 presented at SPE/DOE Improved Oil Recovery Symposium，2008.

[131] Seright R S，Fan T，Wavrik K，et al. New Insights Into Polymer Rheology in Porous Media [J]. SPE Journal，2011，16（01）：35-42.

[132] Kim D H，Lee S，Ahn C H，et al. Development of a Viscoelastic Property Database for EOR Polymers [C]. SPE 129833 presented at SPE Improved Oil Recovery Symposium，2010.

[133] Sharma A，Delshad M，Huh C，et al. A Practical Method to Calculate Polymer Viscosity Accurately in Numerical Reservoir Simulators [C] SPE 147239 presented at SPE Annual Technical Conference and Exhibition，2011.

[134] Zhang Z，Li J，Zhou J. Microscopic Roles of "Viscoelasticity" in HPMA polymer flooding for EOR [J]. Transport in Porous Media，2011，86（1）：199-214.

[135] Cheng L S，Cao R Y. Constitutive Model of Viscous-Elastic Polymer Solution in Porous Media [J]. Petroleum Science and Technology，2010，28（11）：1170-1177.

[136] Pye J D. Improved Secondary Recovery by Control of Water Mobility [J]. Journal of Petroleum Technology，1964，845：911-916.

[137] Standnes D C，Skjevrak I. Literature review of implemented polymer field projects [J]. Journal of Petroleum Science and Engineering，2014，122：761-775.

[138] Li C，Chen Y，Hou J，et al. A mechanism study on the viscosity evolution of heavy oil upon peroxide oxidation and pyrolysis [J]. Fuel，2018，214（FEB. 15）：123-126.

[139] Chen J，Lang X，Wang Y，et al. Comparative evaluation of different non-condensable gases on thermal behaviors，kinetics，high pressure properties，and product characteristics of heavy oil [J]. Energy Conversion and Management，2018，162：13-25.

[140] Lie K A，Nilsen H M，Rasmussen A F，et al. Fast Simulation of Polymer Injection in Heavy-Oil Reservoirs on the Basis of Topological Sorting and Sequential Splitting [J]. SPE Journal，2014，19（06）：991-1004.

[141] Guo K，Li H，Yu Z. In-situ heavy and extra-heavy oil recovery：A review [J]. Fuel，2016，185（dec. 1）：886-902.

[142] S Shah A，Fishwick R，Wood J，et al. A review of novel techniques for heavy oil and bitumen extraction and upgrading [J]. Energy & Environmental Science，2010，3（6）：700-714.

[143] Pei H，Zhang G，Ge J，et al. Analysis of Microscopic Displacement Mechanisms of Alkaline Flooding for Enhanced Heavy-Oil Recovery [J]. Energy & Fuels，2011，25（10）：4423-4429.

[144] Salmo I C，Pettersen O，Skauge A . Polymer Flooding at an Adverse Mobility Ratio：Acceleration of Oil Production by Crossflow into Water Channels [J]. Energy & Fuels，2017，31（6）：5948-5958.

[145] Cao J, Song T, Zhu Y, et al. Application of Amino-functionalized Nano-silica in Improving the Thermal Stability of Acrylamide Based Polymer for Enhanced Oil Recovery [J]. Energy & Fuels, acs. energyfuels, 2018, 32 (1): 246-254.

[146] Gbadamosi A O, Junin R, Manan M A, et al. Recent advances and prospects in polymeric nanofluids application for enhanced oil recovery [J]. Journal of Industrial and Engineering Chemistry, 2018, 1-62.

[147] Amirian E, Dejam M, Chen Z. Performance forecasting for polymer flooding in heavy oil reservoirs [J]. Fuel, 2018, 216: 83-100.

[148] Shi L T, Zhu S J, Zhang J, et al. Research into polymer injection timing for Bohai heavy oil reservoirs [J]. Petroleum Science, 12 (1): 129-134.

[149] Taborda E A, Alvarado V, Franco C A, et al. Rheological demonstration of alteration in the heavy crude oil fluid structure upon addition of nanoparticles [J]. Fuel, 2017, 189 (feb. 1): 322-333.

[150] Zamani N, Bondino I, Kaufmann R, et al. Computation of polymer in-situ rheology using direct numerical simulation [J]. Journal of Petroleum Science and Engineering, 2017, 159: 92-102.

[151] Sharafi M S, Jamialahmadi M, Hoseinpour S A. Modeling of viscoelastic polymer flooding in Core-scale for prediction of oil recovery using numerical approach [J]. Journal of Molecular Liquids, 2018, 250: 295-306.

[152] Wang J, Liu H. A novel model and sensitivity analysis for viscoelastic polymer flooding in offshore oilfield [J]. Journal of Industrial and Engineering Chemistry, 2014, 20 (2): 656-667.

[153] Guo Z, Dong M, Chen Z, et al. Dominant Scaling Groups of Polymer Flooding for Enhanced Heavy Oil Recovery [J]. Industrial & Engineering Chemistry Research, 2013, 52 (2): 911-921.

[154] Luo Y Y, Cheng L S, Ding Z P. A Transient Flow Model of Non-Newtonian Heavy Oil Under Different Bottom-hole Producing Pressure Conditions [J]. Petroleum Science & Technology, 2014, 32 (5): 505-513.

[155] Dong X, Liu H, Wang Q. Non-Newtonian flow characterization of heavy crude oil in porous media [J]. Journal of Petroleum Exploration & Production Technology, 2013, 3 (1): 43-53.

[156] Chen M, Rossen W, Yortsos Y C. The flow and displacement in porous media of fluids with yield stress [J]. Chemical Engineering Science, 2005, 60 (15): 4183-4202.

[157] Wenli K E, Gaoming Y U, Zhou W, et al. Experimental study on start-up pressure gradient for nonlinear flow of heavy oil [J]. Oil Drilling & Production Technology, 2016, 38 (03): 341-346.

[158] Saboorian-Jooybari H, Dejam M, Chen Z. Heavy oil polymer flooding from laboratory core floods to pilot tests and field applications: Half-century studies [J]. Journal of Petroleum ence and Engineering, 2016, 142: 85-100.

[159] Bengar A, Moradi S, Ganjeh-Ghazvini M, et al. Optimized polymer flooding projects via combination of experimental design and reservoir simulation [J]. Petroleum, 2017, 3 (4): 461-469.

[160] Sudarshan K K, Praveen C, G D Veerappa Gowda. A finite volume method for a two-phase multicomponent polymer flooding [J]. Journal of Computational Physics, 2014, 275: 667-695.

[161] Jackson G T, Balhoff M T, Huh C, et al. CFD-based representation of non-Newtonian polymer injectivity for a horizontal well with coupled formation-wellbore hydraulics [J]. Journal of Petroleum Science and Engineering, 2011, 78 (1): 86-95.

[162] Garland J, Neilson J, Laubach S E, et al. Advances in carbonate exploration and reservoir analysis [J]. Geological Society London Special Publications, 2012, 370 (1): 1-15.

[163] Manrique E J, Muci V E, Gurfinkel M E. EOR Field Experiences in Carbonate Reservoirs in the United States [J]. SPE Reservoir Evaluation & Engineering, 2013, 10 (6): 667-686.

[164] Mohan K, Gupta R, Mohanty K K. Wettability Altering Secondary Oil Recovery in Carbonate Rocks [J]. Energy & Fuels, 25 (Sep. -Oct.): 3966-3973.

[165] Belayneh M, Cosgrove J W. Hybrid veins from the southern margin of the Bristol Channel Basin, UK [J]. Journal of Structural Geology, 2010, 32 (2): 192-201.

[166] Alsofi A M, Liu J S, Han M, et al. Numerical simulation of surfactant - polymer coreflooding experiments

for carbonates [J]. Journal of Petroleum Science & Engineering, 2013, 111: 184-196.

[167] Patel J, Borgohain S, Kumar M, et al. Recent developments in microbial enhanced oil recovery [J]. Renewable and Sustainable Energy Reviews, 2015, 52: 1539-1558.

[168] Mohammad, Ali, Ahmadi, et al. Implementation of a high-performance surfactant for enhanced oil recovery from carbonate reservoirs [J]. Journal of petroleum science & engineering, 2013, 110: 66 – 73.

[169] Deng S, LÜ W, Liu Q, et al. Research on oil displacement mechanism in conglomerate using CT scanning method [J]. Petroleum Exploration and Development, 2014, 41 (3): 365-370.

[170] Hashmet M. R, Alsumaiti A M, Qaiser Y, et al. Laboratory Investigation and Simulation Modeling of Polymer Flooding in High-Temperature, High-Salinity Carbonate Reservoirs [J]. Energy & Fuels, 2017, 31 (12): 13454-13465.

[171] Wang G, Yi X, Feng X, et al. Synthesis and study of a new copolymer for polymer flooding in high-temperature, high-salinity reservoirs [J]. Chemistry & Technology of Fuels & Oils, 2012, 48 (2): 112-119.

[172] Sarsenbekuly B, Kang W, Fan H, et al. Study of Salt Tolerance and Temperature Resistance of A Hydrophobically Modified Polyacrylamide Based Novel Functional Polymer for EOR [J]. Colloids & Surfaces A Physicochemical & Engineering Aspects, 2016, 514: 91-97.

[173] MS K, AS S, UA A M, et al. Review on Polymer Flooding: Rheology, Adsorption, Stability, and Field Applications of Various Polymer Systems [J]. Polymer Reviews, 2015, 55 (3): 491-530.

[174] Wang Z, Liu Y, Le X, et al. The effects and control of viscosity loss of polymer solution compounded by produced water in oilfield development [J]. International Journal of Oil Gas & Coal Technology, 2014, 7 (3): 298-307.

[175] Zhao X, Rui Z, Liao X. Case studies on the CO_2 storage and EOR in heterogeneous, highly water-saturated, and extra-low permeability Chinese reservoirs [J]. Journal of Natural Gas Science and Engineering, 2016, 29: 275-283.

[176] Zhong J, Wang P, Zhang Y, et al. Adsorption mechanism of oil components on water-wet mineral surface: A molecular dynamics simulation study [J]. Energy, 2013, 59: 295-300.

[177] Park H, Han J, Sung W. Effect of polymer concentration on the polymer adsorption-induced permeability reduction in low permeability reservoirs [J]. Energy, 2015, 84: 666-671.

[178] Wang Z, Le X, Feng Y, et al. The role of matching relationship between polymer injection parameters and reservoirs in enhanced oil recovery [J]. Journal of Petroleum Science and Engineering, 2013, 111: 139-143.

[179] Lotfollahi M, Farajzadeh R, Delshad M, et al. Mechanistic Simulation of Polymer Injectivity in Field Tests [J]. SPE J, 2016, 21 (04): 1178-1191.

[180] Dang T Q C, Chen Z, Nguyen T B N, et al. The Potential of Enhanced Oil Recovery by Micellar/Polymer Flooding in Heterogeneous Reservoirs [J]. Energy Sources, 2014, 36 (14): 1540-1554.

[181] Zaitoun A, Makakou P, Bin N, et al. Shear stability of EOR polymers [J]. SPE J, 2012, 117: 335-339.

[182] Taber J J . Research on enhanced oil recovery: past, present and future [J]. Pure & Applied Chemistry, 1981, 52 (5): 1323-1347.

[183] Levitt D, Jackson A, Heinson C, et al. Identification and Evaluation of High-Performance EOR Surfactants [J]. SPE Reservoir Evaluation & Engineering, 2009, 12 (02): 243-253.

[184] Trushenki S P Improved Oil Recovery by Surfactant and Polymer Flooding [M]. Journal of Colloid and Interface Science, 1978, 66 (2): 375.

[185] Shah D O. Improved Oil Recovery by Surfactant and Polymer Flooding [M]. Elsevier, 2012.

[186] Kryachko Y, Semler D, Vogrinetz J, et al. Enrichment and identification of biosurfactant-producing oil field microbiota utilizing electron acceptors other than oxygen and nitrate [J]. Journal of Biotechnology, 2016, 231: 9-15.

[187] Gassara F, Suri N, Stanislav P, et al. Microbially Enhanced Oil Recovery by Sequential Injection of Light Hydrocarbon and Nitrate in Low- And High-Pressure Bioreactors [J]. Environmental Science & Technology,

2015, 49 (20): 12594-12601.

[188] Moradiaraghi A. A review of thermally stable gels for fluid diversion in petroleum production [J]. 2000, 26 (1): 1-10.

[189] Muggeridge A, Cockin A, Webb K, et al. Recovery rates, enhanced oil recovery and technological limits [J]. Philosophical Transactions of the Royal Society A: Mathematical, Physical and Engineering Sciences, 2013, 372: 20120320.

[190] Hu Z, Haruna M, Gao H, et al. Rheological Properties of Partially Hydrolyzed Polyacrylamide Seeded by Nanoparticles [J]. Industrial & Engineering Chemistry Research, 2017, 56 (12): 3456-3463.

[191] Seright R, Skjevrak I. Effect of Dissolved Iron and Oxygen on Stability of Hydrolyzed Polyacrylamide Polymers [J]. SPE Journal, 2015, 20 (03): 433-441.

[192] Xun X U, Wang S J, Liu H Y, et al. Emulsifying Viscosity Reducer Used for Xinjiang Crude Oil [J]. Oilfield Chem, 2014, 31 (02): 236-239.

[193] Lai N J, Song X H, Wen Y P, et al. Laboratory simulation study on chemical huff and puff technique of heavy oil emulsified viscosity-reducing [J]. Oilfield Chem, 2014, 31 (2): 261-264.

[194] Chen Z, Zhao X. Enhancing Heavy-Oil Recovery by Using Middle Carbon Alcohol-Enhanced Waterflooding, Surfactant Flooding, and Foam Flooding [J]. Energy & Fuels, 2015, 29 (4): 2153-2161.

[195] Alizadehgiashi M, Shaw J M. Fickian and Non-Fickian Diffusion in Heavy Oil plus Light Hydrocarbon Mixtures [J]. Energy & Fuels, 2015, 29: 2177-2189.

[196] Chen Z, Zhao X. Enhancing heavy-oil recovery by using middle carbon alcohol-enhanced hot polymer flooding [J]. Journal of Petroleum Science & Engineering, 2016, 149: 193-202.

[197] Maghzi A, Mohebbi A, Kharrat R, et al. An Experimental Investigation of Silica Nanoparticles Effect on the Rheological Behavior of Polyacrylamide Solution to Enhance Heavy Oil Recovery [J]. Petroleum Science & Technology, 2013, 31 (5): 500-508.

[198] Vahdati A R, Sadeghi B. A study on the assessment of DNA strand-breaking activity by silver and silica nanoparticles [J]. Journal of Nanostructure in Chemistry, 2013, 3 (1): 7.

[199] Ghodrati K, Hosseini S H, Mosaedi R. Convenient, efficient, and green method for synthesis ofbis (indolyl) methanes with nanoSiO$_2$ under ultrasonic irradiation [J]. International Nano Letters, 2013, 3 (1): 13.

[200] Goshtasp C. Effect of nano titanium dioxide on heavy oil recovery during polymer flooding [J]. Liquid Fuels Technology, 2016, 34 (7): 633-641.

[201] Khalilinezhad, Seyyed, Cheraghian, et al. Characterizing the Role of Clay and Silica Nanoparticles in Enhanced Heavy Oil Recovery During Polymer Flooding [J]. Arabian Journal for Science & Engineering, 2016, 41 (7): 2731-2750.

[202] Sheng J J. Mobility control requirement in multiphase displacement processes in porous media [J]. Asia-Pacific Journal of Chemical Engineering, 2013, 8 (4): 555-566.

[203] Cao J, Song T, Wang X, et al. Studies on the rheological properties of amphiphilic nanosilica and a partially hydrolyzed polyacrylamide hybrid for enhanced oil recovery [J]. Chemical Engineering Science, 2019, 206: 146-155.

[204] Rezaei A, Abdi-Khangah M, Mohebbi A, et al. Using surface modified clay nanoparticles to improve rheological behavior of Hydrolized Polyacrylamid (HPAM) solution for enhanced oil recovery with polymer flooding [J]. Journal of Molecular Liquids, 2016, 222: 1148-1156.

[205] Rellegadla S, Bairwa H K, Kumari M R, et al. An Effective Approach for Enhanced Oil Recovery using Nickel Nanoparticles Assisted Polymer Flooding [J]. Energy & Fuels, 2018, 32 (11): 11212-11221.

[206] Pei H, Zhang G, Ge J, et al. Investigation of synergy between nanoparticle and surfactant in stabilizing oil-in-water emulsions for improved heavy oil recovery [J]. Colloids and Surfaces A: Physicochemical and Engineering Aspects, 2015, 484: 478-484.

[207] Mandal A, Samanta A, Bera A, et al. Characterization of Oil? Water Emulsion and Its Use in Enhanced Oil

Recovery [J]. Indengchemres，2010，49（24）：12756-12761.

[208] Karambeigi M S，Abbassi R，Roayaei E，et al. Emulsion flooding for enhanced oil recovery：Interactive optimization of phase behavior，microvisual and core-flood experiments [J]. Journal of Industrial & Engineering Chemistry，2015，29：382-391.

[209] Kumar R，Dao E，Mohanty K. Heavy-Oil Recovery by In-Situ Emulsion Formation [J]. SPE journal，2012，17（2）：326-334.

[210] Dong M，Ma S，Liu Q. Enhanced heavy oil recovery through interfacial instability：A study of chemical flooding for Brintnell heavy oil [J]. Fuel，2009，88（6）：1049-1056.

[211] Pei H，Zhang G，Ge J，et al. Comparative Effectiveness of Alkaline Flooding and Alkaline-Surfactant Flooding for Improved Heavy-Oil Recovery [J]. Energy Fuels，2012，31（14）：52-55.

[212] Pei H，Zhang G，Ge J，et al. Potential of alkaline flooding to enhance heavy oil recovery through water-in-oil emulsification [J]. Fuel，2013，104：284-293.

[213] Pei H，Zhang G，Ge J，et al. Effect of polymer on the interaction of alkali with heavy oil and its use in improving oil recovery [J]. Colloids & surfaces a physicochemical & engineering aspects，2014，446（446）：57-64.

[214] Pei H，Zhang G，Ge J，et al. Study of polymer-enhanced emulsion flooding to improve viscous oil recovery in waterflooded heavy oil reservoirs [J]. Colloids & Surfaces A Physicochemical & Engineering Aspects，2017，529：409-416.

[215] Sakthivel S，Gardas R L，Sangwai J S. Effect of Alkyl Ammonium Ionic Liquids on the Interfacial Tension of the Crude Oil-Water System and Their Use for the Enhanced Oil Recovery using Ionic Liquid-Polymer Flooding [J]. Energy & Fuels，2016，30（3）：2514-2523.

[216] 赵端. 聚丙烯酰胺特性及生产技术研究 [J]. 化工管理，2018，498（27）：170.

[217] 余亮. 聚丙烯酰胺生产工艺的研究 [D]. 杭州：浙江工业大学，2017.

[218] 赵春森，陈根勇. 聚丙烯酰胺聚合物提高采收率机理及发展趋势 [J]. 化学工程师，2019，33（04）：61-64.

[219] 王忠元. 耐温抗盐型磺化聚丙烯酰胺的合成及性能研究 [D]. 大庆：东北石油大学，2013.

[220] 魏哲. 非稳态体系合成聚丙烯酰胺 [D]. 青岛：青岛科技大学，2018.

[221] 杨晶晶. 溶解性可控的聚丙烯酰胺-co-乙烯胺型交联染料的合成及性能研究 [D]. 大连：大连理工大学，2012.

[222] 王梦琦. 聚丙烯酰胺在大庆地区土壤中迁移转化规律研究 [D]. 大庆：东北石油大学，2019.

[223] 张建晔，金龙渊，张跃虎. 聚丙烯酰胺在油田三次采油的应用 [J]. 化工管理，2018，489（18）：42.

[224] 梁宝兴. 驱油用磺化聚丙烯酰胺的合成与性能研究 [D]. 大庆：东北石油大学，2013.

[225] 王晓黎. 聚丙烯酰胺类疏水缔合聚合物的合成与表征 [D]. 济南：山东大学，2015.

[226] 卢伟. 阴离子聚丙烯酰胺絮凝剂的制备及其对水中特征有机物的处理研究 [D]. 重庆：重庆大学，2013.

[227] 柏少玲. 阴离子型聚丙烯酰胺微球的水分散聚合法制备 [D]. 天津：天津大学，2018.

[228] 方强. 四元梳型聚丙烯酰胺的合成及其性能研究 [D]. 天津：天津大学，2018.

[229] 吴玲玲. 超高分子量阴离子型聚丙烯酰胺的合成及其对矿山废水絮凝应用研究 [D]. 烟台：鲁东大学，2018.

[230] 赵忠庆. 高品质驱油用高分子量聚丙烯酰胺工业化试验 [D]. 大庆：东北石油大学，2015.

[231] 闵敬丽. 聚丙烯酰胺类耐温抗盐聚合物的合成及其性能研究 [D]. 济南：山东大学，2017.

[232] 宋武. 聚丙烯酰胺的合成及应用研究进展 [J]. 中国石油和化工标准与质量，2018，473（15）：191-192.

[233] 于德志. 驱油用磺化改性聚丙烯酰胺的合成与性能研究 [D]. 大庆：东北石油大学，2015.

[234] 刘昌盛. 电化学方法在聚丙烯酰胺合成中的应用研究 [D]. 合肥：合肥工业大学，2010.

[235] 郑美珍. 光引发聚合阳离子型聚丙烯酰胺的制备、表征及应用 [D]. 重庆：重庆大学，2012.

[236] 邓祥睿，郑怀礼，寿倩影，等. 紫外光引发聚合聚丙烯酰胺絮凝剂的研究与发展 [J]. 光谱学与光谱分析，2016（S1）：401-402.

[237] 范维骁. 无外加稳定剂的双水相共聚相分离及成滴机理 [D]. 杭州：浙江大学，2017.

[238] 袁鹰，曹健，王红雨. MA/AMPS/AA水质稳定剂的制备和性能研究 [J]. 化学与粘合，2016，38（5）：361-365.

[239] 刘祥，杜荣荣，杨添麒，等. 抗温耐盐聚合物冻胶的低温合成及性能 [J]. 材料科学与工程学报，2016，34 (4)：596-602.

[240] 潘小杰，杨隽，徐黎刚，等. XG/AMPS/BIS 凝胶体系调剖剂的研究 [J]. 武汉工程大学学报，2016 (5)：442-446.

[241] 高艳梅. 甲基丙烯酸甲酯的原子转移自由基聚合的研究 [D]. 海口：海南大学，2010.

[242] 许文梅. 在胶束溶液体系中铈盐引发制备双亲嵌段共聚物 PSt-b-PVP 及其自聚集行为的研究 [D]. 太原：中北大学，2011.

[243] 冯全祥，刘才林，任先艳，等. CoSO$_4$ 催化 H$_2$O$_2$-NaHSO$_3$ 引发合成聚羧酸减水剂 [J]. 现代化工，2019，39 (9)：157-161，167.

[244] 蔡晓生. 双水相共聚合成阴离子型聚丙烯酰胺 [D]. 杭州：浙江大学，2011.

[245] 孙鹏飞，王阳，张欢，等. 丙烯酰胺在乙醇/水介质中的 RAFT 分散聚合 [J]. 石油化工高等学校学报，2018，132 (04)：9-14.

[246] 周阜成. 阳离子聚丙烯酰胺水包水乳液的制备、扩试与应用 [D]. 广州：华南理工大学，2018.

[247] 余先巍，付聪丽，顾爱群，等. 阳离子聚丙烯酰胺合成工艺条件及絮凝性能的研究 [J]. 化学研究与应用，2017 (3)：33-38.

[248] 岳秀伟. 阳离子聚丙烯酰胺的合成工艺及絮凝性能研究 [D]. 天津：天津大学，2012.

[249] 赵珣，万美，吴海平，等. 水分散聚合合成两性聚丙烯酰胺 [J]. 精细与专用化学品，2014，22 (1)：18-22.

[250] 王鸿萍. 超高分子量聚丙烯酰胺的合成及其性能研究 [D]. 大庆：东北石油大学，2014.

[251] 苏智青，姜祖明，黄光速，等. 部分交联聚丙烯酰胺的合成机理 [J]. 高分子材料科学与工程，2012，028 (005)：53-56.

[252] 李振东，王玲，程双，等. 单电子转移活性自由基聚合法制备两亲星形聚丙烯酰胺 [J]. 化工科技，26 (4)：4-10.

[253] 宋华，王忠元，丁伟，等. 复合引发体系制备磺化聚丙烯酰胺及性能评价 [J]. 化学工业与工程，2013，030 (005)：37-41.

[254] 吴林健. 新型疏水改性阳离子聚丙烯酰胺的合成及污水处理应用研究 [D]. 北京：北京化工大学，2015.

[255] 蒋世龙. 过硫酸钾-偶氮复合引发体系合成杂化高分子絮凝剂 PACS-PAM 及其表征与应用 [D]. 重庆：重庆大学，2015.

[256] 赵传靓. 超声波引发合成阳离子疏水微嵌段絮凝剂及其絮凝性能研究 [D]. 重庆：重庆大学，2018.

[257] 郑怀礼，孙永军，张育新，等. 一种紫外光引发疏水改性阳离子聚丙烯酰胺的合成方法：CN 201310031643.8 [P]. 2013-05-01.

[258] 廖熠. 紫外光引发疏水缔合阳离子聚丙烯酰胺及其絮凝性能研究 [D]. 重庆：重庆大学，2015.

[259] 伊帆，周春兵，魏浩. 我国聚丙烯酰胺的产业化现状与发展建议 [J]. 山西化工，2019，39 (05)：25-27.

[260] 谢育红，李妍，罗鸿信，等. 新型聚丙烯酰胺絮凝剂的合成与研究进展 [J]. 海峡科学，2013 (6)：13-14.

[261] 刘音，常青，于富美，等. 聚丙烯酰胺在油田生产中的应用 [J]. 石油化工应用，2014 (04)：15-17，26.

[262] 宫丽斌. 聚丙烯酰胺降解研究 [J]. 山西化工，2019，039 (002)：6-8.

[263] 范风利. 驱油剂聚丙烯酰胺在河南油田生产中的应用 [J]. 山东工业技术，2016，12 (03)：4.

[264] 唐延彦. 聚丙烯酰胺相对分子质量对冻胶稳定性的影响研究 [J]. 精细石油化工进展，2018，19 (3)：39-41.

[265] 张明锋，李军. 一种堵水剂用交联剂的研制与性能评价 [J]. 石油化工高等学校学报，2016，29 (3)：64-68.

[266] 郭永贵. 朝阳沟油田一类区块深部调剖剂配方优选与性能评价 [C]. 采油工程文集，2016 (3)：22-26，89.

[267] 彭双磊，冯雪钢，田剑，等. 国内钻井液增粘剂的研究与应用进展 [J]. 广州化工，2012，40 (12)：10-11.

[268] 罗志华，于培志，王瑜，等. 一种星型聚丙烯酰胺共聚物及其制备方法和钻井液：07586360 A [P]. 2018-01-16.

[269] 郑伟娟，刘刚，张锋三，等. 延长气田刘家沟组以上地层无固相钻井液体系研究 [J]. 内蒙古石油化工，2014 (11)：138-140.

[270] 马悦. 有机钛/AM/AA/DEAM 三元共聚物压裂液体系制备及应用研究 [D]. 西安：陕西科技大学，2015.

[271] 王所良，黄永章，樊庆缘. 可回收聚合物压裂液体系及其性能研究 [J]. 油田化学，2017，34 (4)：594-598.

[272] 周逸凝，崔伟香，杨江，等. 一种新型超分子复合压裂液的性能研究 [J]. 油田化学，2015（02）：26-30.

[273] 郑超. 表面改性纳米二氧化硅的制备及其对 HPAM 驱油性能的影响 [D]. 郑州：河南大学，2017.

[274] 翟永刚. 耐温抗盐共聚物的合成与性能测定 [D]. 大庆：东北石油大学，2013.

[275] 伊卓，杨付林，刘希，等. 中低渗透高温高盐油藏驱油共聚物 P（AM/AMPSNa/AANa）的合成及性能 [J].
应用化学，2015，32（5）：519-526.

[276] 徐辉，孙秀芝，韩玉贵，等. 超高分子聚合物性能评价及微观结构研究 [J]. 石油钻探技术，2013，041
（3）：114-118.

[277] 徐辉. 超高分子缔合聚合物溶液特性及驱油效果研究 [J]. 石油钻探技术，2015（2）：78-83.

[278] 张鹏飞. 三次采油用聚丙烯酰胺聚合物驱油效果分析 [J]. 化工设计通讯，2019，45（02）：11.

[279] 符晓旭. 三元磺化聚丙烯酰胺的合成及驱油性能评价 [D]. 大庆：东北石油大学，2019.

[280] 索庆华. 中分子量抗盐聚丙烯酰胺的研究 [D]. 大庆：东北石油大学，2015.

[281] 姜在祥. 疏水缔合类聚合物的合成及性能研究 [D]. 成都：西南石油大学，2017.

[282] 苟绍华，罗珊，马永涛，等. AM/NVP/N-MAM 三元共聚物驱油剂的合成及性能研究 [J]. 应用化工，
2014，43（8）：1399-1402，1407.

[283] 欧阳坚，朱卓岩，王贵江，等. 丙烯酰胺、3-丙烯酰胺-3-甲基丁酸钠和 N-烷基丙烯酰胺三元共聚物的溶液特
性研究 [J]. 高分子通报，2005（1）：82-85.

[284] 宋华，翟永刚，丁伟，等. AM/AMPS 共聚物的合成与耐温抗盐性能研究 [J]. 能源化工，2013，34（5）：
49-52.

[285] 何晓燕，周文瑞，徐晓君，等. 两性离子聚合物的合成及应用 [J]. 化学进展，2013，25（6）：1023-1030.

[286] 李美平，邹琴，周瀚，等. 耐高温两性离子聚合物压裂液的制备与性能 [J]. 高分子材料科学与工程，2018，
034（012）：7-12.

[287] 邓利民，李世伟，侯映天，等. 亚硫酸酯盐型共聚物的合成及性能研究 [J]. 化学研究与应用，2018，20
（4）：557-564.

[288] 彭川，苟绍华，费玉梅，等. 含孪尾结构两性离子共聚物的合成及性能 [J]. 精细化工，2019，36（7）：
1459-1466.

[289] 孙群哲. 驱油用耐温抗盐共聚物的合成与性能研究 [D]. 大庆：东北石油大学，2014.

[290] 宋华，孙群哲，李锋. 油田用磺化聚丙烯酰胺研究进展 [J]. 精细石油化工进展，2013，14（4）：1-5.

[291] 刘淑参. 速溶聚丙烯酰胺的合成与性能研究 [D]. 天津：天津大学，2010.

[292] 宋华，梁宝兴，李锋，等. 复合引发体系制备磺化聚丙烯酰胺的研究 [J]. 化学与生物工程，2013（1）：
33-36.

[293] 孙群哲，宋华，李锋，等. 三元驱油用磺化聚丙烯酰胺的合成与性能研究 [J]. 化学工业与工程技术，2014，
35（3）：41-44.

[294] 白小东，郑晓旭，王昊，等. 弱凝胶钻井液成胶剂 AM/AMPS/OA_8 的合成与表征 [J]. 合成化学，2017
（11）：12-17.

[295] 朱科，李菁熠，费贵强，等. 长碳侧链表面活性聚合物的合成及驱油性能 [J]. 精细石油化工，2019，36
（01）：5-10.

[296] 王伟，杨怀军，闫云贵，等. 耐温抗盐聚合物 PAMA 的表征及溶液性能研究 [J]. 石油炼制与化工，2014，
45（2）：31-34.

[297] 刘卫红，许明标. 一种用作钻井液增黏剂的反相微乳液的性能研究 [J]. 油田化学，2013，30（3）：13-16.

[298] 于洪江，李霞，齐红显. 反相微乳液法合成耐温抗盐聚合物驱油剂 [J]. 化学工程师，2009（10）：54-57.

[299] 宋辉，张淑芬，马希晨，等. 叔胺-磺酸型淀粉基高分子聚合物的合成及应用 [J]. 现代化工，2006（8）：
35-39.

[300] 姜志高，郑晓宇，郭文峰，等. 反相悬浮聚合法制备交联聚合物微球改善聚合物驱的效果 [J]. 油田化学，
2016（4）：687-691，704.

[301] 陈行. 聚丙烯酰胺交联微球的制备及性能研究 [D]. 天津：天津大学，2016.

[302] 孙齐伟，张翠红，高燕，等. 分散聚合法制备 P（AM-AN）微凝胶及其性能研究 [J]. 纳米科技，2012，9

（2）：26-30.

[303] 林莉莉，郑晓宇，刘可成，等. 分散聚合法制备深部调剖用交联聚合物微球 [J]. 油田化学，2014，31（3）：361-365.

[304] 陈涛. 疏水缔合聚合物凝胶的合成与性能测试 [D]. 青岛：中国石油大学（华东），2017.

[305] 刘平平. 耐高温清洁乳液压裂液的合成与性能研究 [D]. 青岛：中国石油大学（华东），2018.

[306] 刘宇龙. 耐温抗盐离子型丙烯酰胺疏水共聚物的合成及其性质研究 [D]. 济南：山东大学，2018.

[307] 胡莹莹. 疏水缔合聚合物的合成与性能评价 [D]. 成都：西南石油大学，2018.

[308] 滕大勇，牛心蕙，徐俊英. 疏水缔合水溶性聚合物的合成与应用研究进展 [J]. 化工技术与开发，2014，43（5）：13，34-39.

[309] 谢彬强，郑力会. 基于疏水缔合聚合物的新型钻井液封堵剂 [J]. 石油钻采工艺，2015，37（05）：41-45.

[310] 朱芮. 耐温抗盐疏水缔合聚合物 AM/AMPS/OA 的合成及性能 [D]. 成都：成都理工大学，2015.

[311] 陈俊华. 不同分子结构疏水缔合聚合物复配体系性能评价与机理研究 [D]. 成都：西南石油大学，2015.

[312] 牛娜. 微环境对疏水缔合水凝胶性能的影响研究 [D]. 长春：吉林大学，2017.

[313] 胡成，代加林，陈星光. 疏水缔合聚合物 P（AM-AMPS-SA）的合成与性能研究 [J]. 应用化工，2014，43（11）：2052-2055.

[314] 刘侨，刘磊，徐斌，等. AM-nBS-SSS 三元疏水缔合聚合物 PAnBS 的合成及溶液性能 [J]. 精细化工，2013（06）：79-84.

[315] 吴伟，刘平平，武继辉，等. 反相乳液聚合制备疏水缔合聚合物 AAMS-2 及其压裂液性能评价 [J]. 应用化工，2016，045（002）：203-206.

[316] 赵禧阳. 疏水缔合聚丙烯酰胺的反相乳液聚合及其性能研究 [D]. 西安：陕西科技大学，2018.

[317] 张新. 一类新型疏水缔合聚合物的合成及成胶性能 [J]. 东北石油大学学报，2013，037（002）：124-128.

[318] 俞磊. 三异丁基铝存在下 4-乙烯基吡啶的活性负离子聚合及其嵌段共聚物的合成研究 [D]. 北京：北京化工大学，2013.

[319] 林亿超，郑君，唐涛. 基于活性阴离子聚合合成结构明确的梳形聚合物 [C]. 2013 年全国高分子学术论文报告会，2013.

[320] 蔡文斌. 聚合物乳液水动力学及其注入工艺研究 [D]. 北京：中国石油大学，2009.

[321] 李雪. 聚合物配制站母液配制情况浅析 [J]. 化工管理，2019（005）：98-99.

[322] 付忠伟. 聚合物母液合格率影响因素与对策 [J]. 油气田地面工程，2012（6）：73.

[323] 王颖. 聚合物母液配制质量的影响因素及改进措施 [J]. 中国石油和化工标准与质量，2014（5）：254.

[324] 陈雪. 聚表剂在聚合物配制工艺中的不适应性及应对措施 [J]. 化学工程与装备，2008，262（11）：235-238.

[325] 秦笃国. 冲洗管线降低聚合物黏损的效果分析 [J]. 石油石化节能，2016，6（3）：21-23.

[326] 谢明辉，周国忠，刘敏，等. 海上平台聚合物熟化过程搅拌器的优化 [J]. 化学工程，2009（7）：33-36.

[327] 谢明辉，虞培清. 聚合物熟化过程搅拌器的优化 [C]. 全国工业搅拌技术会议，2008.

[328] 吴华晓，刘敏，邹明华，等. 海上油田聚合物熟化过程双搅拌器的优化 [J]. 化学工程，2013，41（12）：48-50.

[329] 林苏奔，周国忠，谢明辉，等. 组合式搅拌器对疏水缔合聚合物溶解特性的影响 [J]. 化工进展，2014，33（07）：1707-1712.

[330] 吴桐. 聚合物配制生产过程中辅助系统的完善及现场应用 [J]. 内蒙古石油化工，2014（12）：22-25.

[331] 曾黎. 油田地面配注工艺降低黏损的措施分析 [J]. 油气田地面工程，2016（8）：118-121.

[332] 杨超. 三柱塞注聚泵保粘改造研究 [D]. 大庆：东北石油大学，2016.

[333] 张浩男. 静态混合器中聚合物混配实验研究 [J]. 化学工程与装备，2017（6）：148-150.

[334] 张学丰. 新型低剪切静态混合器在油田的应用 [J]. 化工管理，2018（10）：207.

[335] 张吕鸿，董佳鑫，周雪松，等. 新型三次采油用静态混合器组合的性能研究 [J]. 天津大学学报（自然科学与工程技术版），2015，48（10）：894-900.

[336] 张广玉，李隆球，宋文平，等. 一种螺旋型低剪切静态混合器：103252182 A [P]. 2013-08-21.

[337] 周钢，刘涛，黄延强. 聚合物驱用高效静态混合器内部结构优化研究 [J]. 油气田地面工程，2017，36（7）：

90-92.

[338] 李志远. 物化含聚污水配制稀释聚合物体系性能研究 [D]. 大庆：东北石油大学，2018.

[339] 王广，张晓冉，梁玉杰. 污水配制聚合物注入能力研究 [J]. 内蒙古石油化工，2013 (11)：24-25.

[340] 卡依沙尔·吐鲁洪. 三次采油技术研究 [J]. 中国石油和化工标准与质量，2012 (7)：103.

[341] 张毅. 三次采油技术的研究现状与未来发展 [J]. 化学工程与装备，2011 (4)：119-120.

[342] 苏延昌，刘德宽，高峰，等. 喇嘛甸油田污水配制高分子高浓度聚合物驱油试验研究 [J]. 大庆石油地质与开发，2006，25 (3)：82-84.

[343] 王宝江，李彦兴，姚兰，等. 清水配制污水稀释聚合物溶液试验研究 [J]. 大庆石油地质与开发，2001 (2)：90-92，95，143.

[344] 马婧，张文. 萨南开发区污水配制聚合物注入能力研究 [J]. 石油化工高等学校学报，2016，29 (04)：72-75，86.

[345] 龚振楠. 污水配制聚合物及应用状况分析 [D]. 大庆：东北石油大学，2018.

[346] 袁斌，韩霞. 泡沫复合驱污水配注聚合物溶液粘度损失原因及对策 [J]. 油气地质与采收率，2013，20 (2)：83-86.

[347] 张博. 剪切、SRB 对污水配制聚合物溶液粘度的影响 [J]. 内蒙古石油化工，2013 (01)：34-35.

[348] 樊剑，韦莉，罗文利，等. 污水配制聚合物溶液黏度降低的影响因素研究 [J]. 油田化学，2011 (03)：16-19，28.

[349] 王雪艳. 大庆油田 LH 2500 新型抗盐聚合物驱矿场试验动态特征研究 [J]. 中外能源，2018 (6)：52-55.

[350] 何金钢，杨晶，唐生，等. 含聚污水配制稀释聚合物的可行性 [J]. 油田化学，2014 (4)：73-78.

[351] 马强. 生活污水用于三次采油配制聚合物溶液的应用研究 [D]. 长春：吉林大学，2012.

[352] 周峰. 污水配制稀释聚合物技术研究 [D]. 大庆：东北石油大学，2016.

[353] 孙先达，曹瑞波，王田甜，等. 配制水质对聚合物驱效果的影响 [J]. 新疆石油天然气，2014 (4)：7，62-66.

[354] 张承丽，孙铎，宋国亮. M 区块不同配制水质对聚驱开发效果影响研究 [J]. 数学的实践与认识，2017 (22)：97-101.

[355] 何金钢，韩明原，于宏宇，等. 含聚污水配制稀释聚合物体系性能研究 [J]. 科学技术与工程，2014 (14)：196-199.

[356] 王天智，董烈，李榕. 聚合物驱不同可采储量评价方式对开发经济评价的影响 [J]. 大庆石油地质与开发，2019，38 (03)：87-92.

[357] 孙焕泉. 胜利油田三次采油技术的实践与认识 [C]. 复杂油气田勘探开发学术研讨会，2008.

[358] 陶光辉，李洪生，刘斌. 聚驱后油藏超高相对分子质量聚合物驱油技术 [J]. 大庆石油地质与开发，2019，38 (03)：87-92.

[359] 金鑫. 基于 PLC 聚合物注入站自控系统研究 [D]. 大庆：东北石油大学，2017.

[360] 伊继涛，袁春海，赵宪堂. 我国海上油田开采模式与强化采油技术研究 [J]. 山东国土资源，2012，028 (2)：34-37.

[361] 刘敏，邹明华，吴华晓，等. 海上油田聚合物驱平台配注工艺技术 [J]. 中国海上油气，2010 (04)：51-53.

[362] 于跃军. 海上油田安全环保的隐患与应对方式 [J]. 区域治理，2019，45 (02)：153.

[363] 王立垒，李彦来，瞿朝朝，等. 海上油田聚合物注入质量浓度优化新方法 [J]. 断块油气田，2018，25 (06)：97-100.

[364] 欧阳隆绪. 海上作业员工的压力管理 [J]. 现代职业安全，2013 (7)：114-117.

[365] 蔡艺. 渤海油田含蜡原油乳状液流动特征与析蜡特征的实验研究 [D]. 北京：中国石油大学（北京），2017.

[366] 周守为，韩明，向问陶，等. 渤海油田聚合物驱提高采收率技术研究及应用 [J]. 中国海上油气，2006 (6)：386-389，412.

[367] 陈文娟，赵文森，张健. 海上油田聚合物溶液高效配制方法研究 [J]. 油气田地面工程，2017，36 (05)：20-23.

[368] 邢爱忠，彭刚. 海上 CB1F 平台二元复合驱先导试验工艺探讨 [J]. 油气田地面工程，2011 (3)：37-39.

[369] 邹明华，刘敏，王瑶，等. 渤海油田聚合物驱配注工艺及系统的改进与应用 [J]. 中国海上油气，2013，(3)：61-64.

[370] 邹明华，刘敏，程心平，等. 渤海油田井组注聚配注系统优化 [J]. 石油钻采工艺，2012，34 (S1)：88-90.

[371] 杨功伟. 配注一体化管理平台在提高聚驱质量管理上的应用 [J]. 石油工业技术监督，2014，(12)：85-87.

[372] 于力. 大庆油田地面工程三元配注工艺的发展历程 [J]. 油气田地面工程，2009 (7)：46-47.

[373] 李江. 杏北油田三元配注工艺适应性研究 [J]. 中外能源，2013，18 (7)：42-45.

[374] 陈海军. "低压二元＋高压二元"配注工艺应用效果分析 [J]. 石化技术，2018，25 (01)：156.

[375] 金红英. 喇北东块地面工艺三元复合驱优化调整 [J]. 油气田地面工程，2015 (9)：105-106.

[376] 孟凡雪，赵文森. 聚合物配注地面工艺设计特点分析 [J]. 化学工程与装备，2015 (9)：26-29.

[377] 孙建平，鲍慎平. 大港油田聚合物驱撬装模块化配注工艺技术 [J]. 油气田地面工程，2017，36 (01)：77-78，85.

[378] 乔明. 无碱二元驱配注工艺及粘度损失控制技术 [J]. 中国新技术新产品，2014 (02)：124-125.

[379] 刘田玲，冉蜀勇，赵美刚，等. 七中区二元复合驱配制注入工艺 [J]. 内蒙古石油化工，2014 (13)：51-53.

[380] 张宏奇. 聚合物驱采出水深度处理及配聚粘损调控技术研究 [D]. 大庆：东北石油大学，2017.

[381] 连宇博，刘贵宾，陈吟龙，等. 长庆油田污水配聚溶液黏度降低的原因分析 [J]. 石油化工应用，2016 (5)：152-155.

[382] 夏丽华. 金属阳离子及矿化度对超高分聚合物溶液黏度的影响 [J]. 化工设计通讯，2017，043 (6)：205，216.

[383] 张继红，朱莹. 曝氧量对聚驱污水稀释聚合物溶液性能的影响 [J]. 2015，28 (1)：46-50.

[384] 丁玉娟，张继超，马宝东，等. 污水配制聚合物溶液增黏措施与机理研究 [J]. 油田化学，2015，32 (1)：123-127.

[385] 王璐. 大庆油田聚合物溶液粘度控制因素研究 [J]. 化工管理，2017 (3)：17-79.

[386] 宋丽明. 杀菌剂在油田污水处理站的应用 [J]. 中国石油和化工标准与质量，2012，32 (7)：18.

[387] 罗锋，孙刚. 污水配制聚合物溶液稳定性及改进方法研究 [J]. 当代化工，2016 (4)：661-664.

[388] 马征宇. 聚合物配制生产过程中辅助系统的完善及现场应用 [J]. 中国石油和化工标准与质量，2018，038 (021)：31-32.

[389] 唐立伟. 高浓度大配制量聚合物分散溶解装置研究 [D]. 大庆：东北石油大学，2014.

[390] 王斐斐，王子振，舒腾飞. 聚合物分散溶解系统数值模拟研究 [J]. 石油机械，2018，046 (010)：65-71.

[391] 高城，密封式上料除尘装置：202845200 U [P]. 2013-04-03.

[392] 周钢. 密闭式上料除尘系统运行效果分析 [J]. 内蒙古石油化工，2015 (15)：77-78.

[393] 马辉. 密闭式上料除尘装置的现场适应性 [J]. 油气田地面工程，2016，35 (3)：88-90.

[394] 许晶. 文丘里粉体喷射器结构对性能的影响研究 [D]. 常州：常州大学，2017.

[395] 裴煜. 鼓风射流型分散装置溶解罐射流搅拌可行性分析 [J]. 化工管理，2015 (22)：181.

[396] 周彦霞. 聚合物不熟化配注工艺可行性试验研究 [J]. 科学技术与工程，2011 (10)：167-169，177.

[397] 唐述山，路学喜，侯鹏，等，聚合物母液一体化熟化装置：201220703872. 0 [D]. 2012-12-19.

[398] 吴桐. 聚合物配制生产过程中辅助系统的完善及现场应用 [J]. 内蒙古石油化工，2014，40 (12)：22-25.

[399] 许雪岩. 聚合物驱动态混合器与配套技术设计 [D]. 大庆：东北石油大学，2014.

[400] 陈盼盼. 双螺杆泵螺杆转子结构设计及性能分析与优化 [D]. 天津：天津理工大学，2015.

[401] 张元勋. 螺杆泵容积效率特性分析与螺杆齿面精确成型方法研究 [D]. 重庆：重庆大学，2014.

[402] 辛泽宇，邰永娜，胡孝奎，等. 聚丙烯酰胺母液胶状杂质组分分析及成因研究 [J]. 内蒙古石油化工，2011 (12)：7-9.

[403] 吴栋，关淑霞，邰永娜，等. 聚丙烯酰胺母液过滤袋更换周期的影响因素 [J]. 化学研究，2011，22 (4)：84-88.

[404] 赵培法. 三柱塞泵曲轴的应力场分析及优化 [D]. 济南：山东大学，2012.

[405] 苍丽娜. 延长泵前过滤器清洗周期 [J]. 内蒙古石油化工，2016，42 (Z2)：77-78.

[406] 刘海霞，张国强，白玉. 论注聚泵的常见故障与日常管理 [J]. 石化技术，2019，26 (03)：323-324.

[407] 张春成. SK 型静态混合器污泥与药剂混合性能研究 [D]. 长沙：中南大学，2014.

[408] 陈兰兰. 静态混合器在石油化工中的应用 [J]. 金山油化纤，1986（04）：81-84.

[409] 刘涛. SK 型静态混合器与喷射混合器的 CFD 模拟研究 [D]. 青岛：青岛科技大学，2009.

[410] 张宏斌. 高粘度聚合物母液静态混合器混合特性研究 [D]. 大庆：东北石油大学，2013.

[411] 韩发年. 新型静态混合器结构对流动与混合特性的影响 [D]. 杭州：中国计量大学，2019.

[412] 周锐. 基于 FLUENT 对管式静态混合器的优化设计 [D]. 武汉：华中科技大学，2018.

[413] 申立亮. 采用 SV 静态混合器为直接接触换热器的蒸气压缩式热泵的研究 [D]. 天津：天津大学，2017.

[414] 袁丁. 三次采油注聚物静态混合器结构优化及性能研究 [D]. 大庆：中国石油大学，2010.

[415] 陈均凯. 静态管道混合器流场分布特性研究 [D]. 青岛：青岛科技大学，2015.

[416] 王峰. 随动式动态混合器混合性能研究 [D]. 北京：北京化工大学，2014.

[417] 张学丰. 新型低剪切静态混合器在油田的应用 [J]. 化工管理，2018（010）：207.

[418] 安博. 新型静态混合器可行性研究 [J]. 化学工程与装备，2017（6）：126-129.

[419] 陈辰，皮成忠，杨镇亮，等. 三角形管壁叶片式静态混合器的结构与流场数值模拟 [J]. 中国造纸学报，2018，33（03）：37-45.

[420] 傅鑫亮. 仿柳叶型静态混合器的试验研究 [D]. 杭州：中国计量大学，2018.

[421] 傅鑫亮，闫志勇. 仿柳叶形静态混合器的流动及混合特性 [J]. 化工学报，2017，68（12）：4600-4606.

[422] 张春梅，刘建. HEV 型静态混合器翼片结构优化研究 [J]. 沈阳化工大学学报，2019，33（04）：333-338.

[423] 周云. 重力式翅片静态混合器的研发与应用 [J]. 科技经济导刊，2019，27（30）：78.

[424] 张继红，杨丰源. 聚驱污水稀释聚合物溶液黏度影响因素分析 [J]. 石油化工高等学校学报，2016（3）：59-63.

[425] 田津杰，敖文君，吴晓燕，等. 污水配制污水稀释聚合物溶液黏度影响实验研究 [J]. 科学技术与工程，2016，16（14）：166-169.

[426] 吴晓燕，田津杰，朱洪庆，等. 含聚污水配制聚合物溶液的影响因素实验研究 [J]. 广东化工，2014，041（23）：51-53.

[427] 王雨，林莉莉，斯绍雄，等. 聚合物驱采油污水的水质深化处理技术 [J]. 油田化学，2018（2）：356-361.

[428] 崔茂蕾，吕成远，海玉芝，等. 高钙镁油藏钙镁离子对聚合物溶液黏度的影响 [J]. 科技导报，2014（01）：32-35.

[429] 王芳. 配聚污水中亚铁离子和硫化物去除效果及降粘机理研究 [D]. 济南：山东大学，2016.

[430] 李景岩. 含聚污水稀释聚合物影响因素研究 [J]. 油气田地面工程，2017，36（12）：25-27.

[431] 张林彦. 污水中离子对恒聚聚合物溶液粘度的影响研究 [J]. 化工管理，2018（04）：83-84.

[432] 胡渤，王芳，高宝玉，等. 油田配聚污水水质对聚合物溶液黏度的影响及其机理 [J]. 山东大学学报（工学版），2016，46（01）：80-85.

[433] 张铁刚. 配聚污水对聚合物溶液粘度影响及对策 [J]. 当代化工，2017，46（08）：1582-1584.

[434] 周敏. 油田污水对聚合物粘度影响及对策研究 [J]. 化工管理，2018（13）：93-94.

[435] 韩斯琴，李百广，孙绮，等. 微生物对油田污水-聚丙烯酰胺体系粘度的影响 [J]. 生物技术通报，2008（S1）：362-365，373.

[436] 宋景新. 污水配制聚合物溶液黏度损失因素与解决途径 [J]. 节能环保，2016，2：228.

[437] 王娜娜. 油田采出污水在聚合物配制稀释中的应用 [J]. 管理观察，2009（31）：14.

[438] 魏巍，王敏，王磊，等. 含聚污水配注聚合物影响因素的实验研究 [J]. 科学技术与工程，2012，012（032）：8684-8686.

[439] 王玉婷. 含聚污水稀释聚合物溶液影响因素研究及处理工艺优选 [D]. 哈尔滨：哈尔滨工业大学，2015.

[440] 窦绪谋. 聚合物体系粘度不稳定因素分析 [J]. 内蒙古石油化工，2016（5）：48-49.

[441] 张文帅. 曝氧量对污水聚合物黏度影响的室内实验研究 [J]. 当代化工，2015（06）：44-45.

[442] 李亚. 曝氧油田污水再利用配置驱油剂溶液性质研究 [J]. 石油石化节能，2011，001（6）：11-14.

[443] 王志华，于雪莹，李杰训，等. 降低油田采出水配制聚合物溶液黏度损失的曝氧调控方法 [J]. 油田化学，2017，34（01）：143-148，154.

[444] 王荣义，王维. 曝氧对污水聚合物溶液黏度影响研究 [J]. 电子测试，2015 (10)：60，151-152.

[445] 孙倩茹. 应用于锦 16 块化学驱中杀菌剂的研究与应用 [J]. 精细石油化工进展，2018，19 (06)：20-22.

[446] 张煜晗. 杏北油田注入水质处理技术研究 [D]. 大庆：东北石油大学，2017.

[447] 任佳维，周锡生，张栋. 污水配制聚合物溶液影响因素及增粘效果分析 [J]. 当代化工，2016 (2)：272-275.

[448] 万小迅. 吸附污水钙镁离子及增粘效果 [J]. 应用化工，2015，044 (012)：2167-2169.

[449] 夏婧. LH2500 抗盐聚合物粘度损失机理及治理对策研究 [D]. 大庆：东北石油大学，2018.

[450] 王学佳. 含油污水中细菌与聚丙烯酰胺双向影响研究 [J]. 油气田地面工程，2008，27 (8)：17-18.

[451] 陈艳锟. 聚合物驱注入系统内还原物质特性分析及治理 [J]. 管理观察，2010 (17)：189-190.

[452] 冯世德. 大庆油田聚合物溶液粘度控制因素研究 [D]. 大庆：东北石油大学，2013.

[453] 杨小华，林永学. 无机聚合物材料及其在油田中的应用 [J]. 应用化工，2019，48 (02)：188-193.

[454] 施雷庭. 疏水缔合水溶性聚合物在多孔介质中的缔合研究 [D]. 成都：西南石油学院，2003.

[455] 李文浩. 油田污水处理物理杀菌技术的应用 [J]. 中国科技财富，2011 (14)：57.

[456] 冶君妮，董鹏敏，吴民生，等. 超声波-超滤膜技术在油田污水处理中的应用研究 [J]. 煤炭技术，2010 (12)：178-180.

[457] 汤国强，沙俊杰，黄宝军. 油田污水处理中高压脉冲电场杀菌方法的研究 [J]. 化工自动化及仪表，2015，42 (08)：901-903.

[458] 马荣. 二氧化氯杀菌技术在油田回注水处理中的应用效果 [J]. 油气田地面工程，2016 (6)：88-89.

[459] 梁平. 双聚季铵盐杀菌剂在兴二联合站污水处理中的应用 [J]. 精细石油化工进展，2015 (03)：36-37.

[460] 卢学艳. 油田污水常用杀菌技术研究 [J]. 中国石油和化工标准与质量，2014 (3)：261.

[461] 朱锦艳. 定边樊学油区井间示踪剂优选研究 [D]. 西安：西安石油大学，2018.

[462] 赵丽娟. 井间示踪剂技术在大庆油田 D 区的应用研究 [D]. 大庆：东北石油大学，2015.

[463] 李翀. 井间示踪剂监测解释方法研究及应用 [D]. 荆州：长江大学，2014.

[464] 查锋. 井组示踪剂产出曲线解释方法研究 [D]. 大庆：中国石油大学，2010.

葡北 1# 聚驱试验站流程图

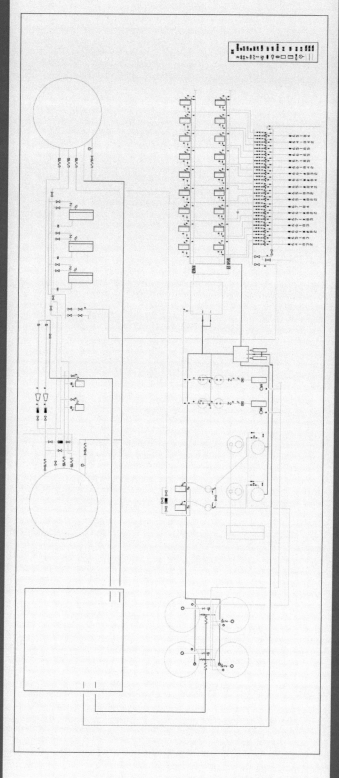

彩图 1 葡北 1# 聚驱试验站流程

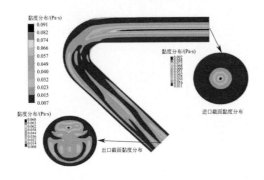

彩图 2　45°管线的黏度分布

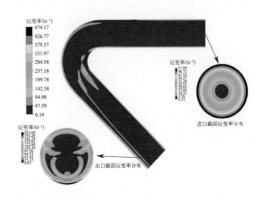

彩图 3　45°管线的应变率分布

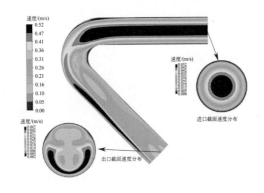

彩图 4　45°管线速度分布

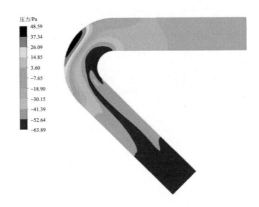

彩图 5　45°管线的压力分布

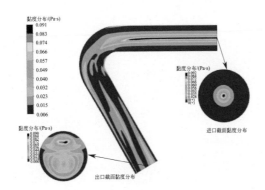

彩图 6　60°管线的黏度分布

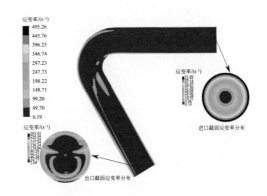

彩图 7　60°管线的应变率分布

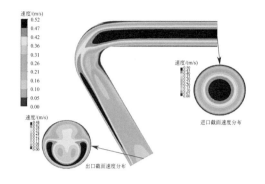

彩图 8 60°管线的速度分布

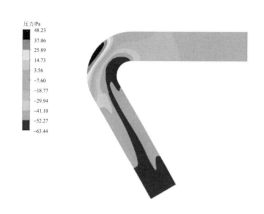

彩图 9 60°管线的压力分布

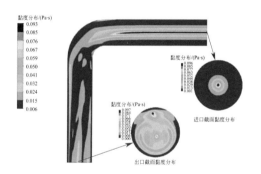

彩图 10 90°管线的黏度分布

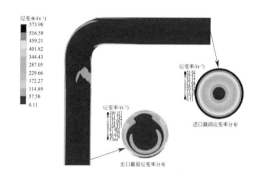

彩图 11 90°管线的应变率分布

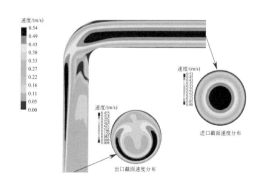

彩图 12 90°管线的速度分布

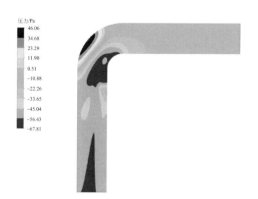

彩图 13 90°管线的压力分布

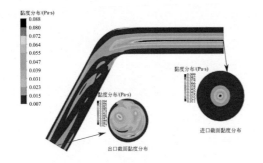

图 14　120°管线的黏度分布

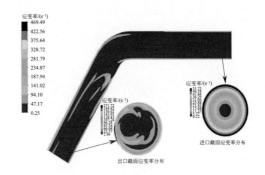

图 15　120°管线的应变率分布

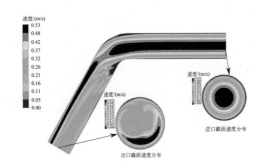

彩图 16　120°管线的速度分布

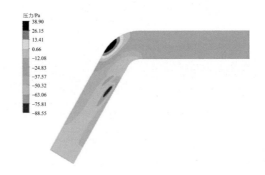

彩图 17　120°管线的压力分布

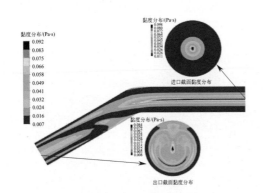

彩图 18　150°管线的黏度分布

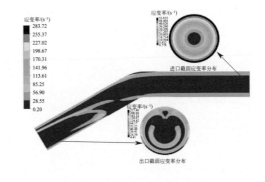

彩图 19　150°管线的应变率分布

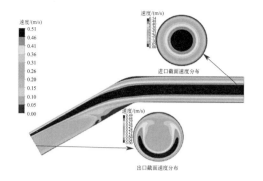

彩图 20 150°管线的速度分布

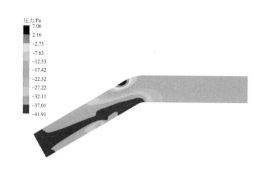

彩图 21 150°管线的压力分布

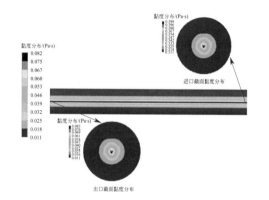

彩图 22 180°管线的黏度分布

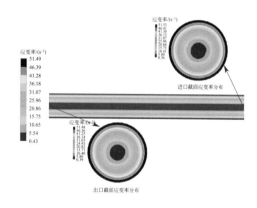

彩图 23 180°管线的应变率分布

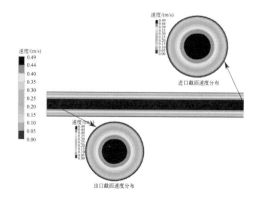

彩图 24 180°管线的速度分布

彩图 25 180°管线的压力分布

 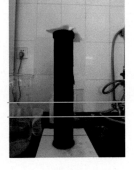  

| 5min | 10min | 15min | 20min |

彩图 26　0.06% 双氧水清洗效果

  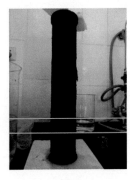 

| 5min | 10min | 15min | 20min |

彩图 27　0.12% 双氧水清洗效果

| 5min | 10min | 15min | 20min |

彩图 28　0.15% 双氧水清洗效果

| 5min | 10min | 15min | 20min |

彩图 29 0.3% 清洗剂清洗效果

| 5min | 10min | 15min | 20min |

彩图 30 0.08% 双氧水与 0.3% 清洗剂组合清洗效果

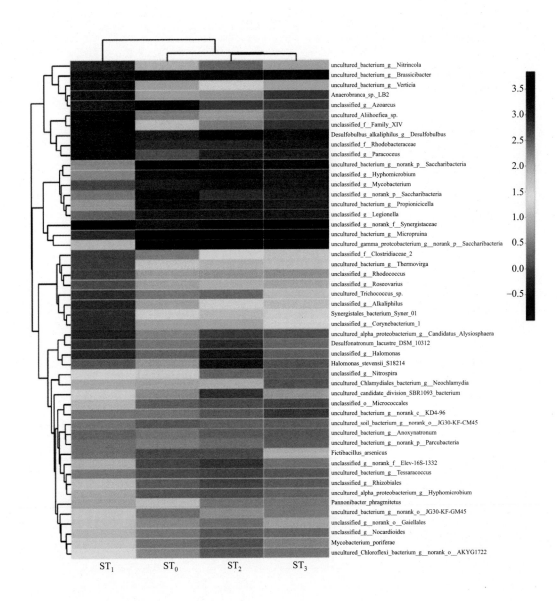

彩图 31 ST₀ ~ ST₃ 四个样品的 Heatmap 图

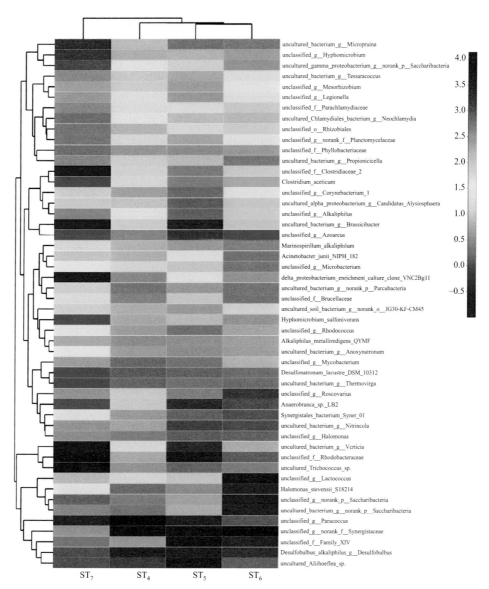

彩图 32　ST₄～ST₇ 四个样品的 Heatmap 图

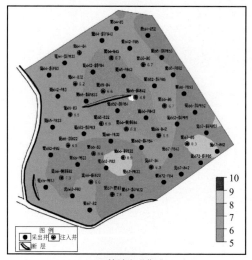

(a) 快速上升期

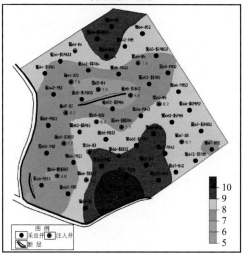

(b) 缓慢上升期

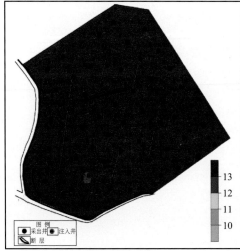

(c) 平稳上升期

彩图 33 试验区注入井压力变化图